잊혀진 조상의 그림자

SHADOWS OF FORGOTTEN ANCESTORS
by Carl Sagan, Ann Druyan

Copyright ⓒ 1992 by Democritus Properties, LLC and Ann Druyan
All right reserved including the rights of
reproduction in whole or in part in any form.

Korean Translation Copyright ⓒ ScienceBooks 2008, 2017

Korean translation edition is published by arrangement with
Democritus Properties, LLC.

이 책의 한국어판 저작권은 Democritus Properties, LLC.와
독점 계약한 (주)사이언스북스에 있습니다.
저작권법에 의해 한국 내에서 보호를 받는 저작물이므로 무단 전재와 무단 복제를 금합니다.

사이언스 클래식 13

잊혀진 조상의 그림자

인류의 본질과 기원에 대하여

칼 세이건 · 앤 드루얀

김동광 옮김

우리에게 인간이라는 종(種)이
이러한 역사를 가질 수도 있었다는 것을
확인해 주는 사례를 제공한 레스터 그린스푼에게
이 책을 바친다.

그녀는 이렇게 말했다.
"나는 간절히
내 죽은 어머니의 영혼을 포옹하고 싶었다.
세 차례나 어머니의 형상을 붙잡으려 했지만
세 번 모두 내 팔을 빠져나가고 말았다.
마치 그림자처럼, 꿈처럼."
──호메로스, 『오디세이』

한국어판 서문

생명의 성스러운 메시지를 들어라

서양의 고대 유대교 전통의 다섯 번째 계율은 '네 부모를 공경하라.' 이다. 그러나 서구 전통의 신은 직계 부모 이전 세대에 대해서는 어떻게 행동해야 할지에 대해서는 거의 또는 전혀 이야기 해 주지 않는다. 우리보다 훨씬 먼저 태어났고 우리가 개인적으로 알지 못하는 사람들에게 경의를 표해야 한다는 의무감을 느끼려면, 우리는 다른 지역을 살펴보아야 한다.

서양에서 조상 숭배라는 개념은 최근까지 지위나 재산을 위한 일종의 속물 근성으로 있었을 뿐이었다. 더구나 그것은 운 좋은 소수에게만 해당되었다. 그러나 아프리카의 일부와 아시아의 여러 문화들과 마찬가지로 한국에서는 조상 숭배가 수천 년 동안 규범으로 작용해 왔다.

과거 지구에 존재했던 생명의 역사에 대해 최근에 얻게 된 생물학적 이해 덕분에 우리는 조상들에 대한 존경에 새로운 차원을 더할 수 있게 되었다. 과학은 이러한 특별한 종류의 영적 관여에 깊은 토대가 있음을 밝혀 준다. 결국, 모든 생물 속에 들어 있는 생명의 성스러운 메시지는 우리 조상들이 쓴 것이다. 우리는 그들을 모를 수 있지만, 그 생명들은 우리 안에 살아 있다.

칼 세이건과 내가, 혼자 또는 함께 쓴 30권 이상의 책들 중에서 우리는 특히 여러분이 손에 들고 있는 이 책에 가장 큰 자부심을 느낀다. 이 책은 과학이 우리에게 이야기해 주는 위대하고, 아직 밝혀지지 않은 이야기를 종합하려는 시도이다. 창세기의 과학적 버전은 자연의 실제 모습을 반영한다는 점에서 더욱 흥미로울 뿐만 아니라 더 강력한 '영적' 의미를 가지고 있다. 근대 과학 혁명이 준 핵심적인 생물학적 통찰, 즉 지상의 모든 생물들이 친척이라는 깨달음은 우리가 가슴에 깊이 새겨야 할 계시인 것 같다. 대담하게도, 나와 세이건은 이 놀라운 깨달음을 간직한 생명의 이야기를 충분히 명료하고 열정적으로 잘 전달할 수 있다면, 지구 생명 보호를 최우선 순위에 두지 못하도록 방해하는 무기력에서 사람들을 깨어나게 할 수 있을지도 모른다고 생각하고 있다.

25년 전에 칼은 지구 온난화와 그 밖의 기후 변화에 대해 경고했던 최초의 과학자들 중 한명이었다. 다른 많은 분야와 마찬가지로, 이 분야에서도 그는 다른 사람들이 이제야 막 깨닫기 시작한 과제들을 수십 년 전에 이미 예견했다.

내가 이 글을 쓰고 있을 때, 1980년에 시작된 「코스모스」 텔레비전 시리즈가 미국 주요 전국 케이블 방송의 황금 시간대 프로그램으로 다시 편성되어 방송되었다. 무려 30년이나 흘렀지만 주요 시간대에 편성될 만큼 오늘날까지 여전히 가치 있는 과학 시리즈가 또 무엇이 있을지 상상해 보라. 그것은 칼 세이건이 보여 주었던 엄밀한 과학성과 무궁한 상상력의 가치에 대한 인정이다. 이 책 역시 그러하다. 때로는 경건하고, 때로는 놀라울 정도로 불경스러운 이 책의 책장을 넘기면서 여러분은 내가 사랑했던 공저자의 그 누구에도 견줄 수 없는 정열을 조금쯤 경험하게 될 것이다.

칼 세이건이 세상을 떠났을 때, 그의 학생이자 친구였던, 당시 부통령 앨버트 고어 2세가 조사를 헌정했다. 그는 칼이 『브리태니커 백과사전』의 생명 항목을 집필했을 뿐만 아니라, 생명권의 일부로서 어떻게 살아가야 하는지에 대해 많은 것을 가르쳐 주었다고 말했다. 여기에 우리가 함께 집필한 생명에 대한 책이 있다. 아무쪼록 여러분이 이 책을 읽고 생명을 위한 행동에 나설 수 있게 만들어 주는 무언가를 발견하기 바란다.

2008년 1월 1일
뉴욕 이타카에서
앤 드루얀

머리말

인간이라는 종의 기원

우리의 부모가 세대에서 세대로 이어지는 질긴 사슬의 고리를 이어야 한다는 의무를 진지하게 수행했다는 점에서 우리 두 사람은 무척이나 행운아인 셈이다. 그런 의미에서 이 책의 주된 탐구 내용은, 우리 두 사람이 거의 무한대에 가까운 사랑을 받고 모든 역경으로부터 보호받던 유년 시절에서부터 이미 시작되었다고 말할 수 있을지 모른다. 이런 책임감은 포유류가 아주 오래전부터 몸에 익히고 있던 습성이다. 그러나 그것을 실행하는 일은 그다지 용이하지 않다. 현대 사회에 들어서면서 그런 책임감을 수행하기가 더욱 어려워졌을지도 모른다. 여전히 숱한 어려움이 따르게 마련이며, 그런 어려움 중 상당수는 전혀 예상치 못한 것일 경우가 많다.

이 책을 집필하기 시작한 때는 1980년대 초였다. 당시 미국과 구소련 사이에서는 군비 확장 경쟁이 한창이었다. 상호 간의 견제, 위압, 자존심, 공포 등 갖가지 이유로 날로 증강된 핵병기는 6만 기에 달했고, 양국은 일촉즉발의 상황으로까지 치달았다. 서로 자기 나라가 정당하다고 떠들어 댔고, 때로는 인간 이하의 언사를 동원해 서로를 비난했다. 미국은 이 냉전에 1조 달러를 소모했다. 그것은 토지를 제외한 미국 내의 모든 물자를 사들이고도 남을 만한 거액이었다.

한편, 미국 사회를 떠받치는 기반인 하부 구조가 붕괴되었고, 환경이 열악해졌으며, 민주주의적 제반 과정들이 전복되었고, 도처에 부정이 흘러넘치고 있었다. 그리고 세계 최대의 채권국이던 미국은 어느새 최대의 채무국으로 전락해 있었다. 우리는 이렇게 자문했다. 도대체 어쩌다가 모든 것이 엉망진창인 구렁텅이로 빠지게 되었는가? 어떻게 하면 이 혼란된 상황에서 벗어날 수 있을까? 아니, 그 이전에 이 상황에서 탈출할 수는 있을까?

그래서 우리는 핵 군비 확장 경쟁의 정치적·감정적인 기원을 파헤쳐 보기로 했다. 핵 군비 확장 경쟁의 가장 가까운 뿌리는 제2차 세계 대전이었다. 그리고 제2차 세계 대전은 제1차 세계 대전에서 비롯되었다. 제1차 세계 대전은 국민 국가 대두의 결과로 발발했으며, 그 토대는 문명의 태동에까지 닿아 있다. 문명은 농경과 목축의 부산물로 시작되었고, 그 이전에는 자연이 베풀어 준 풍부한 혜택을 인간이 채집하고 사냥하면서 살아가던 기나긴 시대가 있었다. 어느 시기인지, 어느 시점인지 명확하게 짚어 이야기할 수는 없지만, 인류가 오늘날 처해 있는 곤경의 뿌리는 바로 이런 과정 속에 박혀 있다. 그것을 이해하기 전에, 우리는 최초의 인류와 그들의 선조를 찾고 있었다. 결국 우리는, 오늘날 우리 인류 스스로가 쳐 놓은 올가미에 빠져 있다는 사실을 이해하기 위해서는, 인간이 등장하기 이전의 아득한 과거에 일어났던 사건들을 알아야만 한다는 결론에 도달했다.

인간이라는 종(種)의 진화의 길 위에서 일어난 중요한 전환점과 변화를 가능한 지점까지 추적해 들어가기 위해서 우리 두 사람은 우리의 내면을 들여다보기로 작정했다. 우리는 이 탐구 여행이 어디로 이어지든 절대 되돌아오지 않기로 다짐했다. 우리는 오랫동안 서로에게서 많은 것들을 배웠지만, 두 사람의 생각이 언제나 일치하지는 않왔다. 딱 한 번, 우리 두 사람 모두 또는 어느 한 사람이, 우리 스스로가 정의 내린 믿음의 일부를 포기할 뻔한 적도 있었다. 그러나 이 책이 약간의 성공이라도 거둘 수 있다면 민족주의, 군비 확장 경쟁, 냉전과 같은 여러 문제에 대해 훨씬 더 많은 사실들을 이해할 수 있게 해 주리라고 생각했다.

그런데 집필을 끝내자 냉전은 종결되었다. 그렇지만 아직 진정한 해결에 이르기까지는 갈 길이 멀다. 새로운 위험이 차례차례 머리를 쳐들고, 해묵은 분쟁들이 다시 우리를 습격해 오고 있다. 민족 간의 폭력적인 분쟁, 되살아나는 국가주의, 어리석은 지도자, 교육의 황폐, 가족의 붕괴, 환경 파괴, 종의 멸종, 인구 증가 등, 그동안 인류를 괴롭혀 왔던 숱한 문제들은 오히려 더 많아지고 더 심각해지고 있다. 혼란이 일어난 이유와 위기 상황에서 벗어나기 위한 방법을 찾는 일이 이렇게까지 시급했던 시대는 지금까지 한 번도 없었을 것이다.

이 책은 먼저 아득한 과거, 인간의 기원에 해당하는 가장 초기의 형성 단계라고 생각되는 시기에서 시작된다. 그런 다음 거기에서부터 이어져 온 가느다란 실타래들을 하나로 모아 나가는 방법을 취할 것이다. 우리 두 사람보다 앞서 숱한 역경을 헤치면서 먼 과거의 여러 시대와 세계에 대해 탐구했던 사람들의 저술에서 얻은 교훈도 많다. 그 과정에서 우리는 "폭넓은 인식을 통한 명료함의 추구"라는 물리학자 닐스 보어(Niels Bohr)의 말을 가슴 깊이 새겼다. 그러나 여기에서 전제가 되는 '폭넓음'은 우리를 위압할 만큼 많은 것을 요구한다. 수많은 자연 과학 분야, 정치학, 종교학, 윤리학……, 이 책의 탐구에 필요한 각 학문 체계 사이에는 서로를 가로막는 높은 벽이 존재하고 있다. 우리는 그 벽에 나 있는 나지막한 문을 찾기 위해 끊임없이 노력했고, 때로는 그 벽을 타넘거나 그 밑으로 굴을 파고 들어가기도 했다. 그렇지만 우리의 탐구에 한계가 있다는 사실을 알 필요가 있음을 깨달았다. 우리의 지식과 통찰력이 모두 부족하다는 사실을 잘 알고 있다. 그러나 그 두꺼운 벽이 얇아지지 않는 한, 이런 노력이 성과를 거둘 수 있는 가능성은 없다. 설령 우리가 실패하더라도, 그 실패가 누군가 다른 사람이 더 나은 탐구 여행을 계속하도록 고무하고 촉발하는 계기가 되기를 기대하면서 계속 노력하는 수밖에 없다.

지금부터 이 책에 나오는 이야기들은 여러 과학 분야의 최신 성과에 기초를 둔 것이다. 그렇지만 이 책을 읽는 독자들은 현재의 지식만으로는 아직도 불충분하다는 점을 헤아려 주기 바란다. 과학은 미완성이다. 과학이란 원래 근사적인 방법을 축적하면서 완전하고 정확하게 자연계를 이해해 나가는 것이지만, 아직 그런 상태에 도달하기까지는 많은 여정이 남아 있다. 주요한 발견의 대부분은 20세기에 들어서면서, 특히 지난 10년 동안에 이루어졌지만, 아직도 가야 할 길이 멀다는 것은 분명하다. 과학에는 끝없는 논쟁과 수정, 그에 따른 발전 그리고 괴로운 재평가와 혁명적인 통찰력이 항상 필요하다. 그렇지만 이제 "인간이란 무엇인가?"라는 명제에 접근하는 데 관건이 되는 몇 가지 중요한 단계를 재구축할 수 있을 만큼의 지식은 축적되어 있는 것 같다.

탐구 여행 중에 우리는 관대하게도 귀중한 시간을 할애해 주거나 전문 지식과 지혜를 나누어 준 많은 분들을 만날 수 있었다. 그리고 비판적인 관점에서 주의 깊게 이 책의 일부 또는 전부를 읽어 준 분들도 있었다. 그런 분들 덕분에, 비효율성의 문제를 해결하고 사실이나 해석의 오류를 바로잡을 수 있었다. 특히 다음 분들에게는 이 자리에서 이름을 열거해 감사의 뜻을 나타낸다.

다이앤 애커먼(Diane Ackerman), 크리스토퍼 시바(Christopher Chybar,

NASA 에임스 연구소), 조너선 코트(Jonathan Cott), 제임스 크로(James F. Crow, 위스콘신 대학교 매디슨 분교 유전학과), 리처드 도킨스(Richard Dawkins, 옥스퍼드 대학교 동물학과), 어빙 듀보어(Irven de Vore, 하버드 대학교 인류학과), 프란스 드발(Frans B. M. de Waal, 에모리 대학교 심리학과, 여키스 영장류 연구소), 제임스 댑스 2세(James M. Dabbs Jr., 조지아 주립 대학교 심리학과), 스티븐 엠렌(Stephen Emlen, 코넬 대학교 신경 생물학·행동학과), 모리스 굿먼(Morris Goodman, 웨인 주립 의과 대학 해부학·세포 생물학과), 스티븐 제이 굴드(Stephen Jay Gould, 하버드 대학교 비교 동물학 연구소), 제임스 굴드(James L. Gould), 캐럴 그랜트 굴드(Carol Grant Gould, 프린스턴 대학교 생물학과), 레스터 그린스푼(Lester Grins-poon, 하버드 의과 대학, 정신 의학과), 하워드 그루버(Howard E. Gruber, 컬럼비아 대학교 발달 심리학과), 존 롬버그(Jon Lomberg), 낸시 팔머(Nancy Palmer, 하버드 대학교 케네디 정치학 연구소, 쇼렌스타인 바로네 신문 연구센터), 린다 옵스트(Lynda Obst), 윌리엄 프로빈(William Provine, 코넬 대학교 유전학과, 과학사학과), 두에인 럼보(Duane M. Runbaugh), E. 수 새비지럼보(E. Sue Savage-Rumbaugh, 조지아 주립 대학교 언어학 연구 센터), 도리언 세이건(Dorian Sagan), 제러미 세이건(Jeremy Sagan), 니컬러스 세이건(Nicholas Sagan), J. 윌리엄 쇼프(J. William Schopf, 캘리포니아 공과 대학 로스앤젤레스 분교, 생명의 기원과 진화에 관한 연구 센터), 모티 실스(Morty Sills), 스티븐 소터(Steven Soter, 스미스소니언 연구소), 제러미 스톤(Jeremy Stone, 전미 과학자 협회), 폴 웨스트(Paul West).

이렇게 많은 분들이 친절하게도 자신들의 전공 분야의 미발표 논문을 복사해 주었다. 두 필자 중 한 명인 칼 세이건의 생명 과학 분야 은사였던 허먼 조지프 멀러(Hermann Joseph Muller), 슈얼 라이트(Sewall Wright), 조슈아 레더버그(Joshua Lederberg)에게도 감사를 전한다. 이 책에서 나올 수 있는 모든 착오나 실수는 이분들의 책임이 아님을 이

자리에서 분명히 밝혀 둔다.

원고가 완성되기까지 여러 단계에서 도움을 둔 분들에게도 감사드린다. 특히 문헌 조사와 복사, 자료 정리 그리고 그 밖의 여러 가지 일에 대해서는 앤 드루얀의 조수인 캐런 고브레트(Karenn Gobrecht)와 오랫동안 칼 세이건의 경리를 맡아 왔던 코넬의 엘리너 요크(Eleanor York)에게 큰 빚을 졌다. 낸시 번 스트럭먼(Nany Birn Struckman), 돌로레스 히가레다(Dolores Higareda), 미셸 레인(Michelle Lane), 로런 무니(Loren Mooney), 그레이엄 파크스(Graham Parks), 데버러 펄스타인(Deborah Pearlstein), 존 울프(John P. Wolff) 등 여러분에게도 역시 감사드린다. 코넬 대학교의 도서관 시스템은 매우 편리한 구조를 갖추고 있어 이 책을 집필하는 데 더없이 중요한 자료를 제공해 주었다. 그리고 마리아 파지(Maria Farge), 줄리아 포드 다이아몬드(Julia Ford Daiamond), 리즈베스 콜라치(Lisbeth Collacchi), 마미 존스(Mamie Jones), 레오나 커밍스(Leona Cummings) 등, 많은 분들의 손을 거치지 않았다면 이 책은 완성될 수 없었을 것이다.

우리는 스콧 메레디스 저작권 사무소의 스콧 메레디스(Scott Meredith), 잭 스코빌(Jack Scovil) 두 분에게서도 귀중한 격려와 지원을 받았다. 앤 고도프(Ann Godoff)가 편집을 맡으면서 이 책의 제목이 『잊혀진 조상의 그림자(Shadows of Forgotten Ancestors)』으로 최종 확정되었다. 랜덤 하우스 출판사의 해리 에번스(Harry Evans), 조니 에번스(Joni Evans), 낸시 잉글리스(Nancy Inglis), 짐 램버트(Jim Lambert), 캐럴 슈나이더(Carol Schnieider), 샘 보건(Sam Voughan)에게도 감사의 뜻을 표한다.

《퍼레이드(Perade)》의 월터 앤더슨(Walter Anderson) 편집장은 폭넓은 독자들에게 우리 두 사람의 생각을 전달할 수 있는 기회를 주었다. 그와 데이비드 커리어(David Currior)와 함께 일한 기간은 즐거운 추억으로 남을 것이다.

이 책은 넓은 독자층을 대상으로 집필되었다. 가능하면 쉽고 명료하게 기술하기 위해 때로는 중요한 이야기를 한 번 이상 강조하기도 했다. 제한 조건이나 예외가 있는 사실에 대해서는 독자들에게 알리기 위해 최선을 다했다. '우리'라는 표현은 때로는 이 책의 저자들을 가리키고, 다른 경우에는 인간이라는 생물 종을 지칭하기도 한다. 어느 쪽을 의미하는지는 문맥을 통해 쉽게 알 수 있을 것이다. 이 책보다 더 깊은 내용을 알기 원하는 사람들을 위해 책 끝에 참고 도서 목록을 실었다. 그 목록에는 전문서와 대중서가 모두 포함되어 있다. 이 책의 제목은 세르게이 파라야노프(Sergei Parajanov)의 1964년 영화 제목에서 따온 것이다. 파라야노프에게는 이 영화 외에도 유사한 두 편의 작품이 있다.

이 책을 쓸 수 있는 중요한 직감을 처음 얻은 이래 발간을 준비하기까지의 몇 년 동안, 우리는 알렉산드라 레이첼(Alexandra Rachel)과 새뮤얼 데모크리투스(Samuel Democritus)라는 두 아이의 부모가 되었다. 이 사랑스러운 두 아이의 이름도 잊을 수 없는 조상들에게서 따온 것이다.

뉴욕 이타카에서
1992년 6월 1일
칼 세이건 · 앤 드루얀

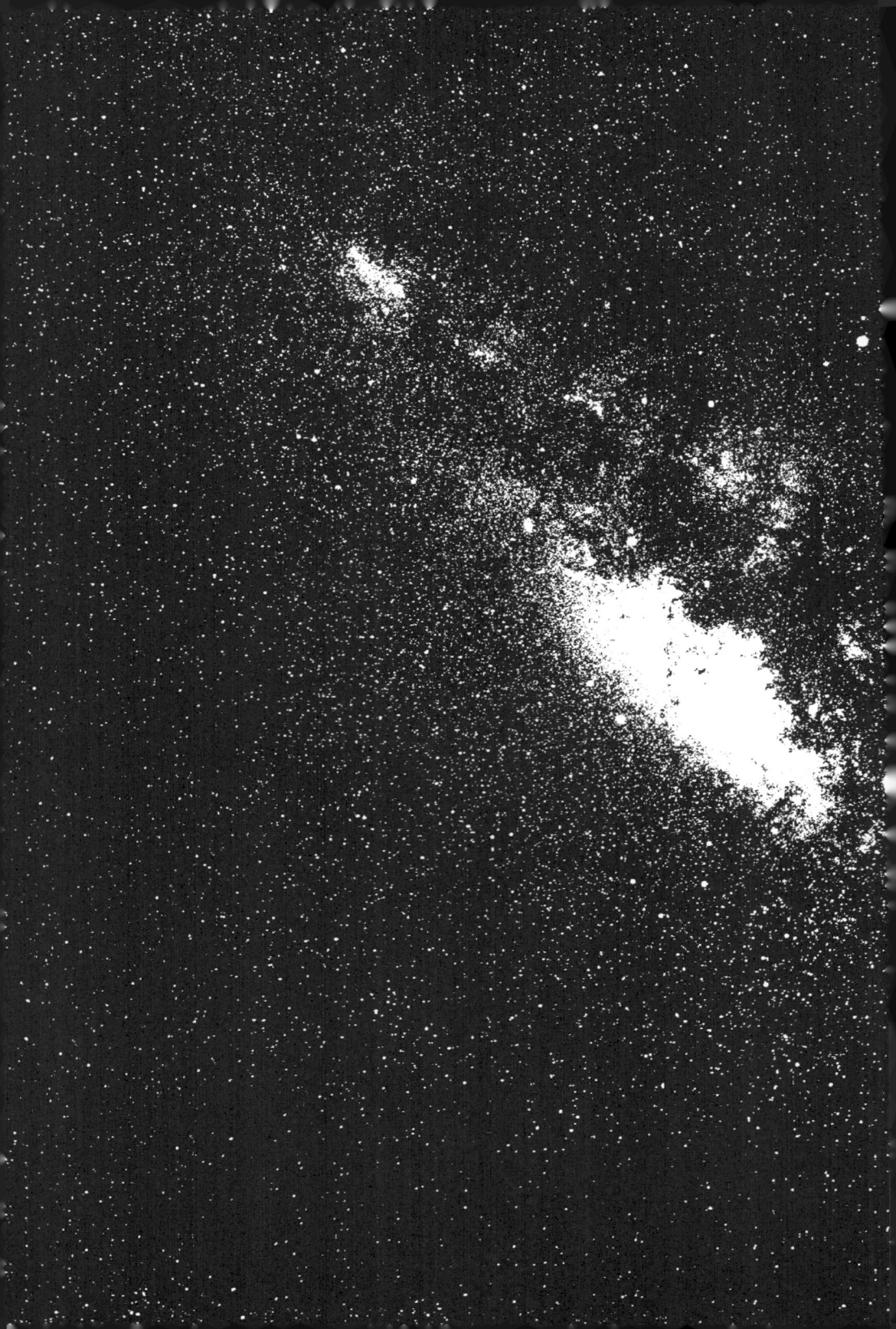

차례

한국어판 서문	생명의 성스러운 메시지를 들어라	9
머리말	인간이라는 종의 기원	15
프롤로그	인간이라는 고아의 이력서	27
1장	우주 공간 속 지구라는 행성에서	39
2장	화톳불 위로 떨어져 내리는 눈송이	53
3장	너는 도대체 무엇을 만들고 있는 거냐	73
4장	진흙 더미의 복음서	101
5장	3문자 단어에 불과한 생명	135
6장	나와 너	173
7장	처음 불이 타올랐을 때	209
8장	성과 죽음	241
9장	종이 한 장의 차이	265
10장	마지막 치유 수단	299
11장	지배와 복종	331
12장	카이니스와 카이네우스	357
13장	생존을 향하여	389
14장	암흑가	145
15장	굴욕적인 반영	429
16장	유인원의 삶	471
17장	정복자에 대한 경고	505
18장	원숭이 세계의 아르키메데스	539
19장	인간이란 무엇인가	569
20장	인간 속에 내재하는 동물	603
21장	잊혀진 조상의 그림자	637
맺음말		645
옮긴이의 말	과학적 엄밀함과 상상력의 결합	651
주(註)		656
저작권 사용 허락에 대한 감사		695
찾아보기		697

프롤로그

인간이라는 고아의 이력서

인간은 태어나서 죽을 때까지

삶의 극히 일부밖에는 보지 못한 채,

연기처럼 사라져 간다. 자신이 마주친 것이

전부라는 헛된 믿음을 안은 채…….

그렇다면 누가 전체를 보았다고 주장할 수 있는가?

　　　　　　　　　　——엠페도클레스, 『자연에 대하여』[1]

인간이란 어떤 존재인가?

이 물음에 답하는 것이 과학의

유일한 임무는 아니다. 그러나 과학에 부여된

한 가지 과제임은 분명하다.

　　　　　　　　　　——에어빈 슈뢰딩거, 『과학과 인문주의』[2]

모든 것을 압도하는 광대한 암흑이 깔려 있고, 여기저기 희미한 빛의 점들이 흩어져 있다. 그 빛의 점에 가까이 다가가면, 각각의 점은 핵융합의 불길로 타오르면서 주위의 협소한 공간을 데우고 있는 엄청난 크기의 항성(恒星)임을 알 수 있다. 그런 항성들을 무수히 포함하고 있는 우주는 거의 완전한 암흑으로 뒤덮여 있는 허공이다. 이런 항성을 직접 에워싸고 있는 영역은 우주 자체의 광대함에 비교한다면 그야말로 하찮을 만큼 작은 일부에 지나지 않는다. 그러나 항성 주위의 이처럼 밝고, 따뜻하고, 활기찬 영역에는 상당수——아마 거의 대부분——의 행성(行星)들이 들어차 있다. 우리의 은하계에만 해도 그런 천체가 수천억 개는 족히 존재할 것이다. 은하계 변방에 있는 한 항성인 태양 주위를, 멀지도 가깝지도 않은 거리를 두고 여러 행성들이 중력의 법칙에 따라 조용히 돌고 있다.

지금부터 시작하는 이야기는, 다른 행성과 그다지 다르지 않은 한 천체에 관한 것이다. 그리고 그 천체에서 진화한 생물들, 특히 그중에서도 어느 한 종(種)을 중심으로 이야기가 전개되어 간다.

탄생 이래 수십억 년이라는 시간이 흐르는 동안 살아남았다는 이유 하나만으로도, 생명이란 끈질기고 대단한 능력을 가지고 있으며 엄청난 축복을 받은 행운의 존재임에 틀림없다. 여기까지 오는 과정에는 무수한 장애물이 있었다. 그러나 생명체들은 끈질김, 게걸스러운 탐욕, 독거성(獨居性), 위장, 많은 자손을 번식시키는 다산성(多産性) 등으로 그런 난관을 극복해 왔다. 또한 생명체들은 무시무시한 포식자를 피하기 위해 안전하게 하늘을 나는 방법, 물속을 미끄러지듯 헤엄치는 방법, 땅속에서 굴을 파고 사는 방법, 독액(毒液)을 내뿜는 방법, 또는 다른 생물의 유전 물질 자체에 남몰래 침투해 들어가는 방법, 또는 포식자가 접근하거나 강물이 오염되고 먹이가 줄어들 때 일시적으로 다른 장소로 피난하는 방법 등을 터득해 살아남을 수 있었다.

여기서 우리가 특별한 관심을 두는 생물은, 그 역사는 그다지 오래되지 않지만 극도의 군거성(群居性)을 가지고, 시끄럽게 떠들기를 좋아하고, 걸핏하면 싸움을 벌이고, 나무에서 사는 습성이 있고, 으스대기를 좋아하고, 유성 생식을 하며, 도구를 사용할 정도로 현명하고, 긴 유년기를 가지며, 새끼를 잘 돌보는 특징을 가진 동물이다. 이런 여러 특징들이 서로 연관되어 연쇄적으로 작용한 결과, 그들의 자손은 눈 깜짝할 사이에 행성 전체에 흘러넘칠 만큼 번식하고, 모든 경쟁 종들을 살육하고, 전 지구에 걸쳐 변화를 일으키게 된 기술을 낳고, 함께 좁은 공간을 공유하고 있는 수많은 생명체들의 생존을 위협하고 있다. 더욱이 이들은 다른 행성이나 항성을 방문할 준비까지 하기 시작했다.

우리는 도대체 누구인가? 우리는 어디에서 온 것일까? 우리는 왜 '이런' 모습을 하고 있으며, 왜 다른 과정을 거쳐 지금과는 완전히 다른 모습을 갖지 않았는가? 인간이란 어떤 의미를 가지고 있는가? 만약 필요하다면, 밑바닥에서부터 모든 것을 바꿀 수 있는가? 그렇지 않으면, 인간은 이미 이 세상에는 존재하지 않는 선조들의 손에 의해, 그 귀결이 좋든 나쁘든 간에, 더 이상 어찌할 수 없이 방향이 정해진 것인가? 인간은 그 본성을 바꿀 수 있는가? 사회를 좀 더 나은 방향으로 개선하는 것이 가능한가? 자손들에게 현재보다 쾌적한 세계를 남겨 줄 수 있을까? 우리는 인간을 괴롭히고 문명을 붕괴시키는 악마의 손에서 벗어날 수 있을까? 긴 안목에서 볼 때, 인간은 어떤 변화를 일으켜야 하는지를 알 만큼 현명한가? 우리는 우리 자신의 미래를 믿을 수 있는가?

사려 깊은 사람들은 이런 문제들이 인간이 다루기에는 지나치게 큰 문제이며, 인간 본성의 핵심 문제를 취급하는 것도 온당하지 않다고 느끼는 한편, 이미 발걸음을 떼어 놓은 이상 인간의 행보를 이제 돌이킬 수 없으며, 아무리 뛰어난 정치나 종교, 사상도 결국 인간사의 해묵은 악습의 편력에 마침표를 찍지는 못했다는 사실에 불안과 의구심을 느낄 것이다. 더욱이 이처럼 종의 문제에 대해 생각하는 것 자체가 권력의 경직화, 남용, 피난처를 만들어 주는 구실이 되지 않을까 걱정하는 사람도 있다. 만약 그런 의구심들이 모두 사실이라면, 우리는 그런 문제를 해결하기 위해 어떤 노력을 기울일 수 있겠는가?

모든 인류 문화는 '우리는 누구인가?'라는 문제를 해결하기 위한 나름대로 체계화된 신화를 가지고 있다. 숱한 신화 속에서 인간에 내재하는 모순은 동등한 힘을 가진 대립하는 두 신(神) 사이의 싸움 탓으로 돌려진다. 창조자의 불완전성이나, 전능한 존재와 그에게 반역하는 천사들 사이에 벌어지는 역설적인 싸움, 아니면 신과 그에게 반항하는 인간 사이의 훨씬 더 불평등한 싸움에서 모순의 원인을 찾기도 한다. 반면 신은 이런 일과는 아무런 관계도 없다고 믿는 사람들도 있다. 그런 인물 중 한 사람인 교토의 다이도쿠지(大德寺) 료코인(龍光院)의 고(故)

고보리 난레이(小堀南嶺) 원장은 언젠가 내게 이런 이야기를 들려준 적이 있다.

신은 인간의 발명품이다. 그래서 신의 본질은 그다지 불가사의하지 않다. 진실로 깊은 수수께끼는 다름 아닌 인간의 업(業)이다.

생명과 인류의 역사가 수백 년, 기껏해야 수천 년 정도 이전에 시작되었다면, 인간은 이미 과거에 일어났던 중대한 사건을 대부분 알고 있을 것이다. 우리에게 알려지지 않은 사건들 중에서 중요한 것은 거의 없을 것이다. 그리고 과거로의 간단한 여행으로 그 기원까지 더듬을 수 있을 것이다. 그러나 실제로 인류의 역사는 수십만 년 전까지 거슬러 올라간다. 인간을 포함하는 사람속(屬)의 역사는 수백만 년, 영장류(靈長類)의 역사는 수천만 년, 그리고 포유류의 역사는 2억 년 이상이며, 생명의 역사는 무려 40억 년가량 된다. 이에 비하면 문서에 남아 있는 기록은 그 역사의 100만분의 1에 불과한 극히 짧은 기간에 불과하다. 인간의 시작, 즉 사람이 비로소 사람답게 되었을 때 일어난 중요한 사건에는 쉽게 접근할 수 없다. 직접적인 기록은 어느 것 하나 전해지지 않는다. 기억을 더듬어도, 그런 사실을 가르쳐 주는 '연보'는 어디에서도 찾을 수 없다.

애석하게도 인류의 역사는 너무나도 짧다. 인간으로 발전하기 이전의 선조들 대다수는 이미 지상에서 사라졌고, 오늘날 그들의 모습은 어디에서도 찾아볼 수 없다. 우리의 선조에게는 이름도, 얼굴도 그리고 자기 과시라는 결점도 없다. 그들의 존재를 우리에게 전하는 단 하나의 가족 비사(秘史)도 남아 있지 않다. 아무것도 알려지지 않은 채 그들은 영원히 사라져 갔다. 아담에게서는 그들에 대한 어떤 사실도 알아낼 수 없다. 만약 당신의 100대 선조——1,000대 선조, 1만 대 선조까지는 생각할 필요도 없다.——가 두 팔을 벌리며 거리 저편에서 당신에게 달려온다면, 또는 뒤에서 다가와 살짝 어깨를 건드린다면 당신은 그에게 반갑게 인사를 건넬 수 있을까? 아니면 경찰이라도 부를 것인가?

우리 필자 두 사람이 제각기 가계의 역사를 더듬을 수 있는 범위는 너무나 좁다. 뚜렷하게 기억할 수 있는 것은 2대조까지가 고작이다. 3대조 증조부가 되면 벌써 희미해지고, 더 윗대의 조상에 대해서는 거의 아무런 사실도 모른다. 4대조인 고조부에 대해서는 직업, 국적, 경력은 물론이거니와 이름마저 모르기 때문이다. 이런 사정은 거의 모든 사람들에게 마찬가지일 것이다. 대개 몇 세대 앞의 선조의 기록은 거의 아무것도 남아 있지 않다.

인간이든 아니든 간에 모든 생물을 연결하는 존재의 대사슬(vast chains of being, 모든 생물이 위계 체계를 형성하며 연결된다는 개념——옮긴이)은 우리 모두를 모든 생물의 최초의 선조에게 연결시켜 준다. 그중에서 극히 최근의 관계만이 희미한 생명을 받아 간신히 우리의 기억 속에서 빛나고 있다. 정도의 차이는 있겠지만 과거와 미래, 그 밖의 다른 모든 관계들은 암흑 속에 묻혀 거의 찾아보기 힘들다. 비교적 상세한 기록을 유지할 수 있었던 불과 몇 안 되는 행운의 가계 역시 고작 수십 세대의 기록을 갖고 있을 뿐이다. 그리고 10만 세대 이전의 선조들을 인간으로 인식할 수 있다고 하더라도, 그 이전에는 더욱 긴 지질 시대가 펼쳐져 있다. 세대를 거치면서 과거에 대한 탐구 방법은 진보하지만, 대부분의 사람들은 새로운 세대가 탄생하면 낡은 세대의 정보를 잊게 마련이다. 우리는 자신의 과거에서 단절되어, 우리의 기원으로부터 멀리 격리된 채 살아가고 있다. 기억 상실이나 전두엽

절제술 때문이 아니라, 생명이 더듬어 온 측량할 수 없을 만큼 긴 시간이 우리와 우리의 기원 사이에 가로놓여 있기 때문이다.

그런 의미에서 인간은 이름이나 태어난 곳을 적어 놓은 출생 기록 한 장 없이 문 앞에 버려진 갓난아이와도 같다. 유전적 배경이 어떠한지, 어떤 결점을 가지고 있는지 모르는 것은 물론이거니와 부모가 누구인지조차 모른다. 우리는 이 고아에 대한 모든 기록을 찾아내지 않으면 안 된다.

모든 고아가 그러하듯이, 자신이 버림받은 데 대한 책임을 물을 사람은 자신 이외에 아무도 없다. 무수한 문명, 숱한 시대에 걸쳐 우리는 스스로 위안을 찾기 위해 우리의 선조들에 대한 갖가지 환상 만들기를 되풀이해 왔다. 내 부모님은 나를 무척 사랑했을 것이다, 선조들은 현재의 나보다 훨씬 뛰어나고 영웅적이었을 것이다 등……[3] 항상 불안에 시달리는 인간들은 이런 이야기에 집착하듯 매달리고, 굳이 그런 이야기에 의심을 품는 자들에게는 중벌을 내리기까지 해 왔다. 그렇지만 아무것도 하지 않는 것보다는 나은 셈이었다. 자신의 기원에 대한 무지를 인정하거나, 발가벗겨진 채로 문 앞에 버려진 오갈 데 없는 고아의 처지를 그저 받아들이는 것보다는 훨씬 나았다.

유년 시절에 그 아이는 인간이 세계의 중심에 위치한다는 이야기를 들었다. 따라서 우리가 세계의 중심에 있다고 생각하지는 않더라도, 우주가 인간을 위해 만들어졌다고 확신하던 시대가 한때 있었다. 오랜 역사를 가진 이 편안한 사고방식, 세계에 대한 가장 안전한 관점은 지난 5세기 동안 산산조각이 나 버렸다. 이 세계가 어떻게 이루어져 있는지에 대해 더 많이 알게 될수록 더 이상 신을 불러낼 필요가 없어지고, 신의 개입이 필요했던 시대와 인과 관계로부터 모두 멀어지게 되었다. 그러나 그 대가로 그동안 계속 몸을 감싸 왔던 쾌적했던 세계관이라는 모포를 포기해야 했다. 이 고아의 청년기는 롤러코스터를 타듯 위태롭고 어지러웠다.

1859년 벽두, 인류의 기원이 아무런 신비도 없는 자연스러운 과정으로, 즉 신의 존재 없이 이해될 수 있다는 사실이 밝혀지면서 고독의 아픔은 드디어 사실로 다가왔다. 인류학자 로버트 레드필드의 말을 빌자면, 이때부터 세계는 "도덕성을 잃기" 시작했고, "냉담한, 인간에 대해 무관심한 계(系)"로 변했다고 한다.[4]

신들과 그들의 권능인 신벌(神罰)의 위협이 사라지면서, 이제 인간은 짐승과 다를 바 없는 상태로 전락하는 것이 아닐까? 도스토예프스키는 아무리 마음이 착한 사람이라도 종교를 부정한다면, 모두 "대지를 피로 물들이는 최후를 맞이할 수밖에 없다."[5]라고 경고했다. 그러나 우리는 대지를 끊임없이 물들여 온 유혈 사태가 문명의 태동 이래 흔히 종교라는 이름으로 자행되어 왔음을 잘 알고 있다.

우주가 우리의 존재에 아무런 관심이 없고, 심지어 더 고약하게는 존재한다는 것 말고는 아무런 목적도 없다는 불유쾌한 전망(과학이 우리에게 가져다준 세계관이다.)은 과학에 대한 공포, 부정, 태만을 낳았고, 과학이 인간을 소외시킨다는 사고방식까지 배태시켰다.

과학의 시대가 가르쳐 준 것은 대다수의 사람들이 받아들이기 힘든 냉혹한 진실이었다. 우리는 마치 공허한 우주 한가운데에서 외롭고 어찌할 바를 모르는 상태에 내던져진 듯한 느낌을 받는다. 우리는 우리 자신의 존재 의미를 갈망하고 있다. 이 세상이 우리를 위해 만들어진 것이 아니라는 이야기는 듣고 싶지 않다. 인간은 죽을 수밖에 없는 운명을 지고 있다. 하지만 그 말을 들어도 우리의 도덕 규범은 아무런 충격을 받지 않는다. 우리가 원하는 것은 어딘가 높은 곳에서 인간들에게 주어지는 도덕이었다. 그리고 모든 생물이 우리의 조상이라는 이야기는 되도록 인정하고 싶지 않았다. 어쨌든 그들은 우리와는 다른 낯선 존재들이기 때문이다. 한때는 우리의 선조가 우주에 군림한 왕이라고 생각했는데, 이제는 진흙이나 점액과 같은 무생물, 그리고 육안으로는 보이지도 않을 만큼 작고 하등한 생물의 자손임을 인정하라고 요구받고 있는 것이다.

왜 과거에 초점을 맞추는가? 왜 인간과 동물 사이의 고통스러운 유추를 고집해 스스로를 괴롭히려 드는가? 왜 그냥 미래를 보려고 하지 않는가? 이런 질문에 대한 답은 하나이다. 만약 우리가 우리의 가능성을 알지 못한다면, 그리고 우리가 유명한 성자도 아니고 악명 높은 전쟁 범죄자도 아닌 평범한 인간이라면, 어떤 성향을 발전시키고 어떤 성향을 경계해야 하는지 알 수 없을 것이다. 따라서 제시된 경로 중에서 어떤 행동을 선택하면 실현 가능성이 있고 어떤 경로는 실현되기 힘든지, 또는 위험한 감상으로 끝나고 말지를 알 도리도 없는 셈이다. 철학자 메리 미즐리(Mary Midgley)는 이렇게 말했다.

> 천성적으로 나쁜 기질을 가지고 태어났다는 사실이 나를 화나게 만드는 것은 아니다. 그와는 반대로 내가 타고난 기질은 나의 도덕적 투정과 도덕적 분개를 구분해 주고 있다. 따라서 그런 성질을 용인한다고 해서 내 자유가 특별히 위협당한다고 생각하지는 않는다. 더군다나 어떤 견지에서도 내가 가진 나쁜 기질이 다른 동물과 비교해서 별반 두드러지지는 않는다고 생각한다.[6]

생명의 역사, 그 진화의 과정, 또한 이 행성 위에서 함께 살아가는 생물들의 특성에 대한 연구를 통해 우리는 모든 생물을 이어 주는 과거의 고리에 약간이나마 이해의 빛을 비출 수 있게 되었다. 우리는 아직 우리의 잊혀진 선조들을 직접 만나지는 못했지만, 어둠 속에서 그 존재만은 분명하게 확인할 수 있게 되었다. 그들의 그림자는 여기저기 남아 있다. 우리가 지금 지상에 살고 있듯이, 한때 그들도 지상에 존재했다. 그들이 없었다면 우리 역시 없었을 것이다. 우리와 그들의 본성은 둘 사이를 갈라놓은 긴 시간의 벽을 넘어 떼려야 뗄 수 없이 연결되어 있다. 바로 그들의 그림자 속에 "인간이란 어떤 존재인가?"라는 의문을 풀 수 있는 열쇠가 들어 있다.

과학이 밝혀낸 새로운 지식과 과학적인 방법을 모두 동원해서 인류의 기원을 찾기 위한 탐험을 시작했을 때, 우리 두 사람은 거의 공포에 가까운 기분에 휩싸여 있었다. 도대체 무엇이 발견될지 두려웠다. 그리고 우리는 인류의 미래에 대해 희망을 품을 수 있을 뿐만 아니라 그럴 만한 충분한 근거가 있음을 알게 되었다. 그 근거를 이제부터 설명할 것이다.

이 '천애 고아'에 대한 기록은 실로 방대하다. 우리 인간은 이제 그 파편과 부스러기 들을 간신히 손에 넣었을 따름이다. 그중 일부 기록은 계속 연결해서 읽을 수 있지만, 완전한 장(章)을 이룰 만큼 자세한 부분은 어디에도 없다. 대부분은 오늘날까지 전해지지 않으며, 남아 있는 기록 중 상당 부분의 단어들도 흐릿하게 번져 읽을 수 없다.[7]

지금부터 나오는 이야기는 이 '천애 고아'의 기록의 맨 처음 부분을 복원한 것이다. 그것은 현관 앞에 버려진 아이의 목에 걸리거나 품에 간직되었어야 할 잃어버린 기록이며, 동시에 이 책의 주요 내용이 될 인류의 기원 그리고 우리의 잃어버린 선조에 대한 기록이라고도 할 수 있다. 많은 전설이나 민담이 그러하듯, 이 기록 또한 옛날 옛적 호랑이 담배 피우던 시절, 어딘가 먼 지방에서 시작된다. 상황은 아주 불확실해서, 거기에서 어떤 일이 벌어지고 어떤 귀결로 이어질지 아직 아무도 알지 못한다.

우리는 인간의 역사와 인간이 더듬어 온 길을 추적해 나갈 것이다. 다시 말해서 인간이 어떻게 오늘날의 모습, 상태에 도달하게 되었는가를 알기 위한 작업은 분명 여기에서 시작된다. 우리의 목적에 비추어 볼 때 최초의 순간부터 시작하는 것이 좋을 것이다. 아니면 그보다 조금 전부터.

1장
우주 공간 속 지구라는 행성에서

저 별빛들은 얼마나 오랜

세월 동안 희미해져 왔을까,

등불이 희미해지듯이…….

　　　　　　——남천 보원(南泉普願, 748~834년, 중국의 선사)[1]

대지가 탄생하기 시작하자

그들은 '대지'라고 외쳤다.

대지는 마치 구름처럼, 안개처럼

갑작스럽게 탄생해 그 형태를 갖추고

모습을 드러냈다.

　　　　　　——『포폴 부』(마야의 생명 탄생에 대한 기록)[2]

 지상 위 천상에서 영원한 것은 하나도 없다. 심지어 항성들마저도 나이를 먹으면서 점차 시들어 가고 이윽고 죽음을 맞이한다. 그 모든 것들이 죽고, 다시 태어난다. 아득한 과거에 태양도 지구도 없었던 때가 있었다. 밤낮의 구별조차 없었던 시기, 먼 미래에 태어날 후세를 위해 천지 창조의 모습을 기록할 그 누구도 없었던 때가 있었다. 그렇지만 당신이 그 순간을 직접 두 눈으로 지켜본 목격자라고 상상해 보라.
 기체와 먼지의 거대한 덩어리가 자체 중력으로 급속히 붕괴하면서 점차 빠른 속도로 회전함에 따라, 혼돈과 같이 불규칙하던 구름이 점차 질서 정연한 얇은 원반형 구조로 변해 간다. 그 원반의 한가운데 부분은 짙은 진홍색으로 물들어 간다. 원반 위쪽으로 멀리 떨어진 장소에서 1억 년가량 관찰을 계속한다면, 중앙부의 덩어리가 서서히 흰빛을 더하면서 여러 차례의 시행착오를 거친 후에 돌연 핵융합의 불길을 뿜어내며 밝게 타오르기 시작하는 광경을 볼 수 있을 것이다. 바로 태양의 탄생이다. 이후 50억 년 동안 태양은 밝기를 증가시켜 왔다. 원반 속에 들어 있던 물질이 생물로 진화하고, 태양계의 기원, 나아가 그들 자신의 기원을 재구성해 설명할 수 있는 능력을 가진 생

물이 등장할 때까지.

원반은 가장 깊은 부분만 빛나고 있다. 조금 떨어진 곳까지는 빛이 도달하지 않는다. 그래서 어떤 불가사의한 일이 일어나고 있는지 확인하기 위해 구름 사이로 뛰어들어 본다. 그러면 가장 먼저, 100만 개나 되는 작은 암석 덩어리가 중앙부의 거대한 불덩어리 주위에서 분쇄되고 있다는 사실을 알게 된다. 조금 큰 천체가 여기저기 수천 개가량 흩어져 있고, 그 대부분은 태양 주위를 선회하고 있지만, 아득히 먼 곳을 돌고 있는 것도 있다. 그 천체들은 얼마 지나지 않아 서로 합치고 하나로 뭉쳐, 이윽고 지구를 형성하도록 운명 지어져 있다.

천체 형성의 모태가 되는 회전하는 원시 원반은 은하계 속에 펼쳐져 있는 광대한 성간(星間) 진공에 점재하는 희박한 물질이 모여 형성된다. 그것을 구성하는 원자들과 입자 알갱이들은 우주 진화의 역사 속에서는 쓰레기나 부스러기와 같은 부산물로 탄생했다. 예를 들면, 산소 원자는 오래전에 죽은 적색 거성 내부의 지옥불처럼 뜨거운 곳에서 헬륨으로부터 만들어졌다. 탄소 원자는 은하의 완전히 다른 장소에 있던 탄소가 풍부한 별의 대기에서 방출되었다. 철(Fe) 원자는 그보다 훨씬 전에 일어난 강력한 초신성(超新星) 폭발에서 탄생해 우주 공간으로 방출되어 이후 천체 형성의 재료가 되었다. 이런 과정을 거쳐 탄생한 원자가 50억 년 후 우리의 혈액 속을 여행하고 있을 것은 분명하다.

우리의 이야기는 어둠 속에서 희미하게 빛나면서 끊임없이 성장하고 있는 이 원시 원반에서 시작된다. 그 밖에도 다른 많은 이야기들이 펼쳐질 것이다. 우리가 살고 있는 지구라는 행성과 지상에 살고 있는 숱한 종(種)들에 대한 이야기, 지구 이외의 다른 천체에서는 생명이 태어나지 않도록 운명 지어진 이유도 포함될 것이다. 원시 원반

은 미래의 숱한 가능성을 숨긴 채 파도처럼 일렁이고 있다.³

별이 일생의 대부분 동안 빛나는 것은 수소를 헬륨으로 변환시키고 있기 때문이다. 이 변환은 별 내부의 깊은 곳에서, 상상할 수 없이 높은 압력과 높은 온도에서 일어난다. 은하계 내에서는 기체와 먼지의 거대한 구름 속에서 지난 100억 년 동안 항성들이 탄생해 왔다. 기체와 먼지라는 태반(胎盤)은 일단 별을 둘러싸고 별에 영양분을 공급해 주는 원천으로 사용된 다음에는 대부분 소실되어 별에 흡수되거나 다시 성간 공간으로 흩어진다. 별들이 조금 더 나이를 먹게 되면——그렇지만 별의 역사에서 볼 때 아직도 유년기에 해당한다.——기체와 먼지 속에서 탄생할 수 있었던 원시 원반은 차츰 뚜렷한 형태를 띠게 된다. 안쪽 원반이 별 주위를 빠른 속도로 회전하는 데 비해, 바깥쪽 층의 움직임은 좀 더 느리고 안정적이다. 이제 기체는 사라지고 대부분은 먼지가 되어, 먼지 알갱이 하나하나가 마치 작은 행성처럼 중심에 위치한 별 주위를 돈다. 이런 원시 원반은 별의 '청년기' 이후에는 거의 사라진다. 바깥쪽 층은 이미 먼지까지 잃어 거의 보이지 않는다. 태양과 비슷한 크기의 젊은 별 중에서 절반 정도는 이런 원반을 가진다. 그러나 성장이 끝난 별에서는 완전히 사라지거나 있어도 거의 보이지 않게 된다. 우리 태양계에서는 현재 황도운(黃道雲)이라고 불리는, 태양 주위를 회전하는 넓게 확산된 희박한 먼지의 대(帶)가 남아 있는 정도이다. 이 거대한 원반에서 행성계가 태어났다.

지금까지의 관측 결과는 우리에게 다음과 같은 사실을 알려 준다. 별은 가스와 먼지가 모여 있는 거대한 솥 속에서 탄생한다. 농축된 물질 덩어리는 부근에 있는 기체나 먼지를 끌어당겨 계속 커지고 밀도 역시 높아진다. 커지면 커질수록 물질을 모으는 효율이 높아져, 문자 그대로 단번에 '스타덤'에 오르게 되는 것이다. 중심부의 온도와 압력이 충분히 높아지면, 우주 공간에서 가장 흔한 수소 원자가 압축되어 핵융합 반응이 시작된다. 핵융합 반응의 규모가 충분히 커지면 별은 점화되어 주위의 어둠을 몰아낸다. 다시 말해서 물질이 빛으로 변하는 것이다.

형태가 무너져 가는 구름은 회전을 시작하고, 원반 벽에 부딪혀 압축되면서 차츰 물질이 모여 덩어리를 형성하게 된다. 처음에는 연기 입자 정도의 크기에서 시작해서, 모래 입자가 되고 돌이 되고 바위가 되고 옥석(玉石)이 되고 이윽고 소천체(小天體)가 된다. 그런 다음 가장 큰 덩어리가 중력을 이용해 작은 파편을 먹어 치우는 단순한 방식으로, 구름은 자연스럽게 정리되어 간다. 중심 별은 점점 더 밝아지면서, 강한 수소 바람을 불어 내기 시작하고, 주위 입자를 다시 우주 공간으로 보낸다. 은하의 어딘가 먼 곳에서는, 수십억 년 뒤에 태어날 운명을 안고 있는 다른 행성계가 이렇게 버려진 파편들을 이용해 탄생하게 될 것이다.

무수히 많은 별을 에워싸고 있는 기체와 먼지 구름 속에서, 서로 떨어져 독립되어 있던 여러 개의 별들이 모여 하나로 합쳐진다. 우리 은하계의 곳곳에서 거대하고 불규칙한 형태의 칠흑 같은 성간 물질 덩어리가 자체 중력으로 응축되어 항성이나 행성을 낳는 엄청난 과정이 진행되고 있다. 우리 은하계에서만 한 달에 한 번꼴로 이런 과정이 일어난다. 지구에서 관측 가능한 전 우주에는 1000억 개 정도의 은하가 있으므로 1초에 100개의 태양계가 태어나고 있는 셈이다. 물론 그렇게 탄생한 천체들의 환경은 대부분 너무나 가혹해서 생명이 살아갈 수 없을 것이다. 그러나 푸른 나무와 풀이 무성한 비옥한 천체가 있다고 해도 결코 불가사의한 일은 아니다. 그리하여 제각기 자신의 별의 환경에 훌륭하게 적응한 생물이 탄생하고 진화를 거듭해, 이 책처럼 그들 자신의 기원에 관한 책을 쓰고 있는지도 모른다. 우주가 숨기고 있는 가능성은 인류의 상상을 훨씬 뛰어넘는다.

먼지가 가라앉고 원반이 얇아지면서, 그 속에서 어떤 일이 일어나고 있는지 외부에서도 알 수 있게 된다. 태양 주변에는 조금씩 다른 궤도를 가진 소천체들이 서로 밀치며 통과하는 길이 나 있다. 인내심을 발휘해서 조금 더 관찰하기로 하자. 시간이 흐른다. 무수히 많은 천체가 바람처럼 빠른 속도로 지나친다. 이제 그 천체들이 충돌하는 것은 시간 문제이다. 좀 더 가까이 다가가 보면, 거의 모든 곳에서 충돌이 일어나고 있음을 알 수 있다. 태양계의 시작은 상상을 초월하는 혼돈이었다. 빠른 속도로 정면 충돌이 일어나면 파멸적인 폭발이 일어나고, 그런 뒤에는 크고 작은 파편밖에 남지 않는다. 그렇지만 두 개의 소천체가 거의 같은 궤도를 따라 같은 방향, 비슷한 속도로 회전하고 있다면, 충돌은 얌전히 서로를 미는 정도로 일어날 수 있다. 그리고 두 천체가 합쳐져 두 개 크기의 새로운 소천체가 태어난다.

또 다른 시대에는 그보다 훨씬 커다란 일부 천체들이 위험천만한 초기 충돌로 인한 파괴를 운 좋게 피해 커다란 천체로 자라나는 모습을 관찰할 수 있을 것이다. 작은 천체들을 나누어 먹기라도 하듯이 먹이 구역(feeding zone)을 정해 놓은 이 천체들은 차츰 크기를 불려 간다. 이런 대형 천체들은 점차 중력의 영향을 받아 불규칙한 형태에서 벗어나게 되고, 충분한 크기가 되면 완전한 구형을 이루게 된다. 자기보다 큰 천체와 충돌하지 않을 정도의 거리까지 접근한 경우, 소천체의 궤도는 휘어 새로운 궤도로 옮아간다. 만약 그 새로운 궤도에 다른 천체가 있다면 충돌이 일어나 산산이 분쇄될 것이다. 아니면 갓 태어난 태양에 끌려들어가 뜨겁고 탐욕스러운 식욕의 제물이 될 수도 있다. 아니면 중력의 엄청난 힘에 휘둘리다가 성간의 암흑 속으로 방출될 운명을 안고 있는지도 모른다. 먹히지도 않고, 분쇄되어 소멸되지도 않고, 태양의 불길 속에 녹지도 않고, 암흑 속으로 추방되지도 않은 운 좋은 궤도를 가진 극소수의 천체만이 성장을 계속할 수 있다.

일정 크기 이상이 되면, 천체는 먼지뿐만 아니라 행성과 행성 사이에 있는 거대한 행성 간 기체 흐름까지 끌어당길 수 있게 된다. 그런 다음에는, 광물과 금속으로 이루어져 있는 핵(核) 둘레에 수소와 헬륨으로 구성된 거대한 대기(大氣)를 포함하는 상태에 이르게 된다. 목성, 토성, 천왕성, 해왕성의 네 개의 큰 행성은 이런 과정을 거쳐 태어났다. 이런 행성들에는 독특한 띠 모양[帶狀]의 구름이 있다. 행성 주위를 도는 위성이 혜성과 충돌을 일으켜 여러 가지 패턴을 가진 아름다운 무지갯빛의 어렴풋한 고리를 만들기도 한다. 폭발로 만들어졌던 천체의 파편은 다시 모이고, 여러 가지 기원의 잡동사니가 결합해 새로운 위성이 탄생하게 된다.

관찰을 계속하면 아득히 먼 곳에서 태양을 향하고 있던 천왕성에 같은 방향으로 궤도를 돌고 있던 지구와 비슷한 크기의 천체가 부딪혀서 방향이 변하는 모습을 목격할 수 있을 것이다. 원시 원반의 가스가 이미 사라져 버린, 태양에 좀 더 가까운 곳에 위치한 천체들 중에는 지구와 비슷한 모습을 가진 지구형 행성으로 발달한 것도 있다. 이들은 천체를 전멸시키는 중력 법칙이라는 룰렛 게임의 세계에서 살아남은 다른 형태의 승자이다. 태양계에 행성이 탄생하기까지 경과된 시간은 고작 1억 년 정도였다. 이때까지의 태양계의 나이를 인간의 평균 수명에 비교한다면, 태어난 지 겨우 9개월이 지났을 뿐이다. 암석과 금속, 유기물이 풍부한 수백만 개에 달하는 소행성 역시

도넛 형상의 띠, 이른바 소행성대를 형성하면서 살아남았다. 그리고 수조 개에 이르는 얼어붙은 소천체, 즉 혜성도 행성계의 가장 바깥쪽 행성에서조차 아득히 먼 암흑 속의 궤도를 따라 태양 주위를 선회하고 있다.

태양계의 골조에 해당하는 기본 구조는 이렇게 형성되었다. 거의 모든 먼지(우주진)가 사라져 버려 한껏 투명해진 행성 간 공간을 태양 광선이 통과하면서 행성을 내리쬐어 따뜻하게 데워 주었다. 행성들은 태양 주위를 끊임없이 공전한다. 그러나 더 가까이 접근해서 관찰해 보면, 새로운 변화가 시작되고 있음을 알 수 있다.

이 행성들 중 그 어느 것도 자신의 의사에 따라 움직일 수는 없다는 사실을 새겨 둘 필요가 있다. 어느 행성도 특정한 궤도에 고정되려고 애쓰지는 않았다. 그러나 그 과정에서 규칙적인 회전 궤도를 가지는 행성이 나온다. 반대로, 어지러울 만큼 제멋대로이고 불규칙한 궤도를 가지거나 지나치게 급한 경사 궤도를 가진 행성은 점차 배제되어 간다. 시간의 흐름에 따라, 초기에는 모든 것이 뒤범벅이고 혼돈에 빠진 것처럼 보이던 태양계가 차츰 질서 있고 단순하고 규칙적인 상태로 변해 간다. 그리고 각 행성의 궤도는 눈에 띄게 아름다운 조화를 이루어 간다. 일부 행성만이 선택되어 살아남고, 다른 행성들은 사멸하거나 먼 곳으로 추방되어 소멸한다. 이런 선택은 운동과 중력의 법칙이라는 몇 안 되는 극히 간단한 법칙에 따라 이루어진다. 비록 이웃에 대해 우호적인 대외 정책을 가지는 온건한 궤도의 천체라고 해도, 악명 높은 방랑자인 소천체가 궤도에 있는 경우에는 충돌을 피할 수 없다. 가장 안전한 원궤도를 유지하는 행성도, 완전한 파멸이라는 무서운 운명에서 100퍼센트 안전을 보장받는 것은 아니다. 지구와 같은 행성이 살아남기 위해서도 많은 행운이 이어지지 않으면 안 된다.

    이 모든 과정에서 임의적인 우연과 밀접하게 연관된 무엇의 역할은 매우 중요하다. 어떤 천체가 산산조각으로 부서지거나 추방될 것이고, 어떤 천체는 무사히 행성으로서의 지위를 유지하게 될 것이라고 단정 짓기는 어렵다. 두 천체의 상호 작용에는 엄청나게 복잡한 요인들이 개입되며, 최종적으로 행성들이 어떻게 배치될 것인가를 알기는 어렵다. 태양계가 아직 기체와 먼지의 형태에서 벗어나지 못하고 있던 초기나 행성들이 거의 모습을 갖추게 된 이후의 시기를 살펴본다고 해도 사정은 마찬가지이다. 어딘가 다른 별에 좀 더 문명이 발달한 관찰자가 있다면, 그런 과정을 설명하고 그 미래를 예측할 수 있을지도 모른다. 아니, 이런 과정을 자신의 의지에 따라 관장해서 수십억 년 후에 자신이 원하는 결과가 나타나도록 할 수 있을는지도 모른다. 그렇지만 현재 인류의 상황에서는 아직 불가능하다.

    여러분은 성간의 암흑 속에서 응축되어 떠돌아다니던 가스와 먼지 구름에서 출발했다. 그리고 이제 마치 보석처럼 아름다운 태양계가 태어났다. 태양은 밝게 빛나고 행성들은 각기 일정한 간격으로 태양계의 공간을 질서 정연하게 채우고 있다. 이 모든 것들은 마치 시계바늘처럼 정확하게 운행되고 있다. 불필요한 성간 물질과 소천체들이 모두 사라졌기 때문에, 이제 행성들은 말쑥한 모습으로 대열을 이루고 있는 것이다.

    한때 모든 행성들이 동일 평면 위의 궤도를 교차하지 않으면서 공전하는 현상을 해명하려 들었던 과거의 자연 과학자들이 신의 손만이 행성들의 운행을 관장할 수 있다고 믿었던 이유를 우리는 쉽게 납득할 수 있다. 이 정도의 정확성과 질서를 설명할 수 있는 이론을 상상할 수 없었던 것이다. 그러나 거기에 신의 뜻이 가해졌음을 나타내는 증거는 없다는 것이 현대의 상식이다. 아니, 최소한 물리학이나 화학의 법칙을 초월하는 사건은 존재하지 않는다. 오히려 압도적인 다수의 천체가 파괴된 무자비하고 폭력적인 시대가 과거에 존재했음을 알고 있다. 현재 태양계가 보여 주는 대단한 정밀도가 진화 과정에서 있었던 성간 구름의 무질서 속에서 어떻게 가능할 수 있었는지는 어느 정도까지 알 수 있다. 물론 이 과정에서 작용했던 자연의 법칙은 운동, 중력, 유체 역학, 물리 화학 등 모두 우리가 알고 있는 법칙들이다. 혼돈을 질서로 바꾸어 놓은 것은 비정한 선택의 반복이었다.[4]

그런 상황에서 암석과 금속이 풍부하고 태양에서 세 번째로 가까운 행성인 지구는 45억~46억 년 전에 탄생했다. 그러나 지구의 탄생 과정이 태양빛이 내리쬐는 가운데 조용하고 순조롭게 진행되었다고 생각해서는 안 된다. 소천체와의 충돌이 완전히 멎은 시기는 단 한 번도 없었다. 심지어는 오늘날까지도, 우주 공간에서 지구로 떨어지거나 지구가 뒤쫓아 가다가 충돌하는 많은 물체가 있다. 비교적 가까운 과거에 소행성이나 혜성이 지구에 충돌해서 남긴 상흔(傷痕)도 있다. 그러나 지구에는 그런 상처와 흉터들을 덮어 주고 메워 주는 메커니즘이 존재한다. 물과 용암의 흐름, 조산(造山) 운동 그리고 지구조판의 운동 등이 그것이다. 따라서 오래된 충돌의 흔적은 어느새 사라져 버린다. 그렇지만 달과 화성은 이런 화장을 할 수 없다. 그래서 달과 화성의 남쪽 고원 지대나 다른 행성의 위성을 관찰하면 오랜 과거의 참사 기록인 무수한 충돌 흔적이 겹쳐지듯 남아 있는 모습을 볼 수 있다. 이제 인류는 달의 파편을 지구로 가지고 돌아와 그 연대를 알아낼 수 있고, 충돌 흔적의 연대기를 작성해서 과거 태양계에서 일어났던 대충돌극을 재현할 수도 있게 되었다. 다가오는 미래에 간혹 작은 충돌뿐만 아니라 세계의 종말을 고하는 계시록적인 거대한 충돌도 일어날 수 있다는 사실이 인접한 천체의 표면에 보존된 기록에서 얻을 수 있는 결론이다.

태양이 중년의 나이에 들어선 현재까지, 지구 가까운 곳에 있던 위험스러운 천체는 모두 사라졌다. 지구 가까이 찾아오는 소행성이 있기는 하지만, 커다란 소행성이 지구에 직접 충돌할 가능성은 극히 낮다. 소수의 혜성이 자신의 고향에서 먼 여행을 떠나 지구 근처까지 찾아오기도 한다. 혜성들은 지구에서 아득히 멀리 떨어진 곳에서 다른 항성이나 인접한 거대한 질량의 성간 구름에서 방출되기도 하고 얼어붙은 소천체군(群)이 되어 태양계 안까지 침입하기도 한다. 그렇지만 가까운 미래에 대규모 혜성이 지구에 충돌할 가능성은 매우 희박하다.

그러면 이제부터 하나의 천체에 초점을 맞추어 이야기를 전개하기로 하자. 물론 그 천체는 지구이다. 우리는 대기와 지표(地表) 그리고 그 아래쪽에서 일어난 변화 과정을 살펴보게 될 것이다. 그런 다음에는 생명, 동물 그리고 인간이 탄생하는 과정을 되짚어 볼 것이다. 그러기 위해서는 우주 전체와는 분리된 우리 자신, 자신의 임무에 충실한 자기 완결적인 지구라는 행성에 집중하는 편이 나을 것이다. 실제로 우리의 행성 지구와 지구에서 탄생하고 진화해 온 생명체의 역사와 운명은 지구 외부에서 오는 결정적인 영향을 받았다. '저 밖(out there)'의 영향은 지구가 탄생하던 기원의 순간뿐만 아니라 오늘에 이르기까지 전 역사 과정을 관통해서 계속되었다. 해양, 기후, 생명체의 재료, 변이, 대규모적인 종의 절멸, 진화의 시기와 속도 등 헤아릴 수 없을 정도이다. 만약 지구가 우주의 다른 어느 곳에 완전히 밀폐된 채 외부로부터는 오직 태양 광선만 받을 수 있는 상태였다면, 이 모든 현상들과 과정들은 결코 해명될 수 없을 것이다.

지구를 구성하고 있는 모든 물질은 우주에서 온 것이다. 막대한 양의 유기물이 우주 공간에서 지상으로 떨어져 내렸고, 태양 광선의 작용으로 변성(變成)되어 이윽고 생명을 배태하기 위한 재료가 될 수 있었다. 생명이 탄생한 뒤, 환경의 변화에 대응해 모습을 바꾸고 적응해 나갈 수 있었던 것도, 우주선(宇宙線, cosmic ray)이나 천체의 충돌과 같은 외부 요소와 관련된다. 오늘날 지구의 거의 모든 생물들은 가장 가까운 항성에서 얻은 에너지를 사용해 살아가고 있다고 할 수 있다. 어디까지가 지구에서 나온 것이고, 어디부터가 지구 밖에서 온 것인지 확실히 구분할 수는 없다. 현재의 지구에 존재하는 모든 원자는, 은하계의 다른 곳에서 쏟아져 내린 원자들의 방사성 붕괴로 인해 생성된 극히 일부를 제외하고는 분명 과거에 지구 이외의 곳에 존재했던 것이기 때문이다.[5]

우리 인류의 선조들이 모두 오늘날과 같이 하늘과 땅을 분명하게 구분한 것은 아니었다. 민족이나 인종에 따라서는 하늘과 땅을, 떨어질 수 없이 밀접하게 연결된 무엇으로 인식하고 있었다. 예를 들면, 고대 그리스 신화에서는 올림포스 신(神)들의 할아버지는 하늘의 신 '우라노스'[6]이고, 그의 아내, 즉 신들의 할머니는 대지의 신 '가이아'이다. 따라서 이 두 신이 인류의 선조가 되는 셈이다. 고대 메소포타미아의 신앙도 같은 생각에 토대를 두고 있었다. 이집트 왕조에서는 남녀 관계가 역전되어, 여신 '누트'가 천공의 신, 남신(男神) '게브'가 대지의 신이었다. 인도 히말라야 산맥에 사는 코냑 나가 족의 주신은 지금도 대지와 하늘을 결합하는 신 '가왕(Gawang, Earth-Sky)', 하늘과 대지를 연결하는 '장반(Zangban, Sky-Earth)'이라는 두 신이다. 오늘날 멕시코와 과테말라에 사는 키체마야 족은 우주를 '하늘과 땅'을 의미하는 '카훌레우(cahuleu)'라고 부른다.

그곳이 바로 우리가 살고 있는 곳이자 우리가 태어난 고향이다. 이처럼 하늘과 땅은 하나이다.

2장
화톳불 위로 떨어져 내리는 눈송이

인간은 아직 단 한 사람도 없었다.

짐승도, 새도, 물고기도, 게도,

나무도, 돌도, 동굴도, 협곡도, 풀이나 숲도 없고,

오직 하늘만이 있었다.

——『포폴 부』(마야의 생명 탄생에 대한 기록)[1]

아득히 멀고 먼 옛날,

내가 가장 사랑하는 것들이 시작되었던 때가 있었지.

그날, 가장 나이 많은 마술사가 만물을 예비해 두었네.

먼저 대지를, 다음에 바다를,

그러고는 동물들에게

이제 나와 마음껏 뛰놀라고 말했네.

——러디어드 키플링, 「바다와 노는 게」[2]

지구 중심을 향해 차로 달려갈 수 있다면, 한두 시간이면 지구의 상부 맨틀 층의 깊숙한 곳까지 들어갈 수 있을 것이다. 대륙이라는 지붕에서 아득히 아래쪽으로 내려가면, 바위가 끈적이는 액체가 되어 붉게 타오르며 유동하는 작열(灼熱) 지옥과도 같은 곳에 다다르게 된다. 그리고 하늘을 향해 차를 몰 수 있다면, 한 시간 만에 행성들 사이에 펼쳐져 있는 거의 진공에 가까운 공간에 도착한다.³ 그리고 우리 눈 아래에는 희고 푸른, 숨이 막힐 만큼 광대한, 생물로 흘러넘치는 멋진 행성이 펼쳐진다. 이것이 인류와 다른 숱한 생물들을 탄생시키고 길러 낸 지구의 모습이다. 생물들은 지구에서도 환경이 온난한 표면 근처에 거처하고 있다. 지구의 크기와 비교한다면 무척이나 얇은 두께이다. 학교에 있는 커다란 지구의(地球儀) 표면을 칠한 래커의 두께 정도밖에 되지 않는다. 그러나 아주 먼 옛날, 하늘과 땅 사이의, 생명이 살아 숨쉬고 있는 이 좁은 영역마저 생명을 잉태할 준비가 되어 있지 않았던 시대가 있었다.

지구는 암흑 속에서 성장해 왔다. 이미 원시 태양은 불타오르고 있었지만, 당시에는 지구와 태양 사이에 여전히 대량의 가스나 먼지가 가득 차 있어 빛이 통과할 수 없었다. 지구는 행성 간(行星間) 파편을 끊임없이 모으고 있었기 때문에 마치 검은 고치 속에 묻혀 있는 것 같았다. 가끔씩 가스 사이를 뚫고 들어온 빛이 탐조등처럼 지구를 비추면, 그 섬광 속에서 천연두를 앓기라도 한 듯 곰보 자국으로 뒤덮이고 아직 완전한 구형도 아닌, 초췌하고 황량한 원시 지구를 볼 수 있다. 우주 공간을 떠도는 먼지부터 소천체까지 주변 물질들을 계속 모아 가면서, 지구는 점차 구형에 가까운 매끄러운 모습으로 바뀌어 갔다.

소천체와의 충돌은 대폭발을 일으키면서 지표에 커다란 크레이터를 만들었다. 충돌한 천체들은 대부분 분말이나 분자 상태로까지 분쇄되었다. 충돌은 무수히 계속되었다. 충돌하면서 발생한 열 때문에 얼음은 수증기로 변해 지구 전체를 덮었다. 점차 온도가 상승하면서, 이윽고 지구 표면은 완전히 녹아 비등하는 용암의 바다가 되었다. 자체의 열로 붉게 타오르는 지표를 숨막히는 증기가 뒤덮었다. 지구가 주위의 물질을 흡수하는 과정은 이제 최종 단계로 들어서고 있었다.

바로 이 시기, 지구가 갓 태어난 이 무렵에 그 긴 역사 속에서도 가장 큰 대참사, 즉 상당히 큰 천체와 지구의 충돌이 있었다. 지구를 두 쪽으로 갈라놓을 정도는 아니었지만, 그 충돌은 주변 공간에 엄청난 양의 파편을 흩뿌렸다. 파편은 지구 주위를 돌면서 토성에서 볼 수 있는 것과 같은 고리를 만들었고 이윽고 다시 하나로 뭉쳐졌다. 그 결과로 탄생한 것이 달이다.

탄생 직후의 달은 지금보다 훨씬 지구 가까이에 있었다. 따라서 지구에서 보는 달은 무척이나 컸다. 지구가 탄생했던 최초의 시기에 지구의 자전 속도는 지금보다 무척 빨라서 하루의 길이는 고작 몇 시간이었다. 그러나 달이 태어나자 달의 인력의 영향을 받아 지구 바다의 조석(潮汐) 현상과 지구 내부의 순환이 일어났다. 그리고 고체인 달에도 지구의 중력이 영향을 미쳤다. 이런 영향으로 지구의 자전 속도는 점차 느려졌고, 하루의 길이는 길어져 갔다. 달은 아주 조금씩 지구에서 멀어져 갔다. 그 위치가 완전히 고정된 지금도 달은 우리 머리 위를 지나면서 "그때 충돌한 천체가 조금만 더 컸다면, 지구는 태양계 내부에서 산산조각으로 부서져, 다른 수많은 천체들과 마찬가지로 단명(短命)에 그치고 말았을지 모른다."라는 사실을 일깨워 주는 듯하다. 만약 그렇게 되었다면, 인류를 비롯한 생명은 태어날 수 없었을 것이다. 그리고 우주의 실현되지 못한 가능성의 기다란 목록에 불행한 항목을 하나 더 추가했을 것이다.

지구가 형성된 직후, 녹아 있던 내부에서 대류에 따른 순환이 시작되었다. 지구가 회전하면서 거대한 대류가 일어나 중금속은 중심부에 모여 거대한 액체 상태의 핵을 형성하고, 용해된 철 속에서 일어난 대류가 점차 강한 자장(磁場)을 만들어 내게 되었다.

태양계에서 가스, 먼지 그리고 방랑자 소천체들이 일소될 무렵, 지구의 대기는 아직 열을 유지한 채 확산하기 시작했다. 지구와 천체의 충돌도 대기를 우주 공간으로 몰아내는 데 한몫했다. 대류는 뜨거운 마그마를 계속 지표 가까운 곳으로 밀어 올렸다. 그러나 용융된 암석에서 나온 열이 그대로 우주 공간으로 방출되자 지구 전체는 오히려 서서히 냉각되기 시작했다. 암석의 일부는 굳어 처음에는 깨지기 쉬운 얇은 껍질을 형성했지만, 점차 단단하고 두껍게 성장해 갔다. 마그마와 열, 가스는 지표의 약한 부분이나 암석의 갈라진 틈새를 비집고 끊임없이 지상에 도달했다.

단속적으로 계속되던 하늘로부터의 소천체 폭격은 점차 줄어들었다. 큰 충돌이 있을 때에는 거대한 먼지 구름이 일었다. 초기에는 충돌이 너무도 빈번하게 일어나, 미세한 입자의 막이 지구 전체를 뒤덮은 적도 있었다. 이 시기에는 태양빛이 지구에 도달할 수 없고 대기의 온실 효과도 작용하지 않아 지구의 온도는 낮아졌다. 마그마의 바다가 응고한 후 소천체의 폭격이 멎기 전에, 녹았던 지표가 굳고 지구가 온통 얼어붙었던 시기가 있었을 것으로 추정된다. 이렇듯 황량한 대지를 조사한 사람이 있었다면, 과연 지구라는 행성이 생물이 살아가기에 적합한 곳이라는 결론을 내릴 수 있었을까? 아무리 낙천적인 관찰자라도 언젠가 이 불모의 대지에 작약이 꽃피고 독수리가 하늘을 나는 날이 오게 되리라고 예상할 수 있었겠는가?

끊임없이 퍼붓던 소천체의 소나기가 지상을 덮고 있던 원래의 대기를 완전히 우주 공간으로 몰아냈다. 그러자 이번에는 지구 내부에서 솟아 나온 성분이 지표에 머물면서 2차 대기가 형성되었다. 소천체의 충돌이 차츰 멎고, 지구를 가리고 있던 먼지 막이 얇아졌다. 이 무렵 지표에서 바라본 태양은 아주 느리게 돌린 영화처럼 불안스레 깜빡거리고 있었을 것이다. 이윽고 먼지의 장막이 걷히고 태양빛이 처음 지상에 도달하는 날이 찾아온다. 만약 지구에서 이 광경을 목격한 사람이 있었다면, 그는 그때 처음 태양과 달과 별의 존재를 느꼈을 것이다. 최초의 일출이 찾아오고 지구가 맞는 첫날밤이 왔다.

해가 비치고 있는 동안 지표는 따뜻하게 데워진다. 그러나 낮 동안 지구 내부에서 올라온 수증기는 밤이 되어 온도가 내려가면 응축되어 물방울이 되어 저지(低地)나 소천체의 충돌이 만들어 낸 움푹 꺼진 분지에 고이게 되었다. 얼음 덩어리도 계속 하늘에서 떨어져 내려 지구 가까이 접근하면서 수증기로 변했다. 지구 밖에서 내리는 격렬한 비도 원시 바다의 형성에 큰 역할을 했다.

탄소와 그 밖의 원자로 구성된 분자를 유기(有機) 분자라고 한다. 그리고 지상의 모든 생물은 이 유기 분자로 이루어져 있다. 유기 분자가 생명의 기원에 앞서 생명의 재료로 합성되고 있었다는 사실은 아무도 부인할 수 없을 만큼 확실하다. 물 분자와 마찬가지로, 유기 분자도 (우주 공간과 땅속에서부터) 지상에 도달하게 되었다. 자외선과 태양풍(太陽風), 번개와 천둥의 섬광과 굉음, 오로라[極光] 전자, 강력한 방사선, 지상으로 낙하하는 물체가 만들어 내는 충격파(衝擊波) 등이 원시 대기를 활성화해 갔다. 오늘날 실험실에서 추정상의 원시 대기 성분에 이런 에너지를 가하면, 상상할 수 없을 만큼 간단하게 생명의 재료가 되는 이러한 분자들을 상당수 만들 수 있다.

생명이 탄생한 시기는 소천체의 격렬한 폭격이 끝나 갈 무렵이었다. 이 시기가 결코 우연히 결정되지는 않았을 것이다. 달과 화성, 수성의 운석공으로 뒤덮인 표면은 소천체의 충돌로 인한 충격이 얼마나 큰 변형을 초래하는지 웅변해 준다. 한편 오늘날까지 살아남은 혜성과 소행성 등은 상당 부분 유기물로 이루어져 있기 때문에, 유기물이 풍부한 다수의 소천체가 40억 년 전의 지구에 떨어져 생명의 기원에 기여했을 것이라고 추측할 수 있다.

이런 천체와 그 파편 중에는 완전히 타 버린 다음 원시 대기의 일부가 된 것도 있었다. 그러나 고스란히 형태를 유지해 그 속에 싣고 온 유기물을 무사히 지상에 착륙시킨 것도 있었다. 작은 유기물 입자가 우주 공간에서 미세한 그을음 빛깔의 눈[雪]처럼 난무하며 지상으로 떨어져 내렸을지도 모르는 일이다. 우리는 얼마나 많은 양의 유기물이 지구 밖에서 유입되었고, 또한 어느 정도가 원시 지구에서 자체적으로 만들어졌는지, 다시 말해서 수입품과 국산품의 비율을 알지 못한다. 그러나 원시 지구가 단백질의 재료가 되는 아미노산, 핵산을

구성하는 염기와 당(糖)을 매우 풍부하게 공급받았다는 사실은 분명하다.[4]

지상에 그런 생명의 재료가 끊임없이 흘러넘쳤던 수억 년의 기간을 상상해 보라. 지구의 기후는 소천체의 충돌로 인해 판이하게 달라졌다. 충돌 때문에 형성된 먼지가 태양을 가리고 있을 때에는 기온이 어는점 아래로 내려간다. 그러나 일단 먼지가 가라앉으면 다시 따뜻해진다. 이렇듯 격렬한 환경 변화는 웅덩이나 호수에도 영향을 미쳤다. 밝고 따뜻하고 자외선이 흘러넘치다가 어느새 암흑 속에서 모든 것이 꽁꽁 얼어붙는다. 이처럼 변화무쌍하고 유기물을 가득 포함하고 있는 육수(陸水) 속에서 생명이 태어났다.

생명이 탄생했을 무렵, 하늘에는 격렬한 충돌과 들끓는 용암의 바다로 형성된 거대한 달이 군림하듯 위용을 떨치며 빛나고 있었다. 만약 오늘 밤의 달이 꼭 팔 길이만큼 떨어진 곳에서 반짝이는 5센트짜리 동전 크기라면, 당시의 달은 커피 잔 받침만 한 크기였을 것이다. 가슴을 저미는 아름다운 달의 모습이었으리라. 그러나 지상의 생명이 그 아름다운 달의 모습을 처음으로 흠모하게 되기까지는 그때부터 수십억 년의 기간이 필요했다.

태양계의 진화라는 시간 척도에서 본다면, 생명의 출현은 눈 깜짝할 사이에 일어난 사건이었다. 지표가 마그마의 바다였던 시기는 약 44억 년 전까지 계속되었다. 영원히 걷히지 않을 것처럼 보였던 먼지의 장막은 조금 더 지속되었다. 이 시기가 지나자 소천체의 충돌로 인한 큰 충격이 단속적으로 수억 년간 계속되었다. 그중에서 가장 큰 충돌은 다시 지표를 녹였고, 바다를 끓여 증발하게 만들었고, 대기를 우주 공간으로 안개처럼 흩뜨렸다. 지구의 역사 속에서 가장 오래된 이 시대를 '지옥 같은 시대'라는 뜻인 '하데스대(Hadean Era, 명왕대)'라고 부른다. 실제로 그 시기는 지옥과도 같은 상태였다. 그동안 생명은 여러 차례 탄생했다. 그러나 먼 우주 공간에서 새롭게 도착한 난폭하기 그지없는 소천체와의 충돌이 있을 때마다 생명은 전멸하고 말았다. 이런 '외계 천체 충돌에 의한 생명의 좌절'이 약 40억 년 전까지 되풀이되었을 것이다. 그러나 최소한 36억 년 전에는 현재에까지 이어지는 활기 넘치는 생명의 탄생이 이루어졌다.

지구는 거대한 무덤이다. 우리는 그 무덤 속에서 우리의 선조를 파낸다. 우리가 상상할 수 있는 가장 오래된 화석은 현미경으로나 볼 수 있는 정도의 크기이다. 그런 화석은 어려운 과학적 분석을 통해서만 발견된다. 그러나 지구의 생물이 남긴 가장 오래된 흔적 중 일부는 전문적인 훈련을 받지 않은 사람의 육안으로도 쉽게 관찰할 수 있다(물론 그 흔적을 남긴 생물 자체는 현미경으로나 볼 수 있는 크기이지만). 스트로마톨라이트(남조류가 성장하면서 형성되며, 주로 석회암으로 구성된 층상 침전물—옮긴이)라고 부르는 화석은 거의 완벽한 상태로 남아 있다. 농구공이나 수박만큼 상당히 큰 표본도 흔히 볼 수 있다. 때로는 축구장 절반 크기나 되는 것도 발견된다. 그 화석을 포함하고 있는 오래된 현무암의 방사능을 측정해서 화석의 연대를 알아낸다.

스트로마톨라이트는 오늘날에도 바하칼리포르니아(캘리포니아 반도의 멕시코 쪽 지역)와 오스트레일리아 서부, 바하마 제도의 따뜻한 만(灣), 석호(潟湖), 사주(砂洲)의 어귀 등지에 번성하고 있다.

그것들은 밀생(密生)한 세균 분비물의 퇴적층으로 이루어진다. 세균들은 이웃과 서로 도우면서 함께 살아가는 방법을 일찍이 터득하고 있었던 모양이다.

우리는 이 생물을 통해 가장 오래된 생물이 살아갔던 모습을 흘낏

들여다볼 수 있다. 생명에 전달된 최초의 메시지는 이빨과 손톱을 피로 물들인 약육강식의 자연이라는 신(神)에게서 온 것이 아니고, 협동과 조화의 신에게서 온 전갈이었다. 물론 이런 양극단 모두 완전한 사실과는 거리가 멀 것이다. 현생의 스트로마톨라이트를 좀 더 상세하게 조사해 보면, 밀생한 세균 속이나 그 주변을 자유롭게 헤엄치고 있는 단세포 생물들을 발견할 수 있다. 일부는 자신의 동료들을 부지런히 잡아먹고 있다. 아마도 유리된 이 세포들도 처음부터 그곳에 있었을 것이다.

어떤 스트로마톨라이트 군집은 광합성 능력을 가지고 있었고, 태양빛, 물, 이산화탄소를 먹이로 변환하는 방법을 알고 있었다. 우산이끼 같은 고등 생물은 물론이고, 현재의 인류가 가지고 있는 기술로는 광합성 미생물과 같은 정도의 변환 효율을 갖는 기계를 만드는 것조차 어렵다. 그러나 36억 년 전의 스트로마톨라이트 세균은 틀림없이 그런 능력을 가지고 있었다.

다양한 생물의 모태가 된, 유기물이 풍부한 원시 바다가 형성된 때부터 오늘날 인류의 능력을 넘어서는 능력을 갖춘 스트로마톨라이트가 등장하기까지의 기간 동안에는 틀림없이 또 하나의 사건이 있었을 것이다. 스트로마톨라이트를 최초의 생물이라고 할 수는 없다. 그들이 군집을 이루기 이전에는 개체로 독립한 단세포 생물로 살아가던 때가 있었을 것이다. 그 전에는 좀 더 단순한 생물의 시대가 있었을 것이다. 그리고 시대를 더 거슬러 올라가면, 주위에 흩어져 있는 유기물을 먹는 작은 생물이 있었을 것이다. 유기물을 먹는 쪽이 그것을 세포 안에서 만들기보다 훨씬 간단했을 것이다……. 이런 식으로 계속 생명의 역사를 거슬러 올라가 보면 우리는 마침내 조악하게나마 자신을 그대로 복제하는 능력을 가진 유기 분자와 그 집합체가 태어난 시기에 이른다.

그러면 생물의 군집성은 왜 이처럼 빠른 시기에 시작되었을까? 필경 그 이유에는 대기의 조성(造成)이 관계하고 있을 것이다. 오늘날 식물이 만들어 내고 있는 산소는 지구가 초목으로 덮이기 이전에는 극소량밖에 없었다. 그런데 오존은 산소에 의해 만들어진다. 다시 말해서, 산소가 없으면 오존층 역시 형성되지 않는다. 오존층이 없으면 화학 작용이 강한 태양의 자외선이 지상에까지 도달한다. 외부의 공격에서 자신을 지킬 수 있는 아무런 방어벽도 없는 미생물에게는, 당시의 지표에 내리쬐는 자외선의 세기는 치사에 이르는 수준이었을 것이다. 그리고 그것은 현재의 화성과 같은 수준이었을 것이다. 오늘날 인류는 공업 문명의 산물인 플루오르화탄화수소(CFC, 냉매로 이용되는 탄소, 염소, 불소 등의 유기 화합물——옮긴이)가 오존의 양을 20~30퍼센트나 감소시키지나 않을까 큰 걱정을 하고 있다. 물론 그렇게 생각하는 데에는 충분한 이유가 있으며, 실제로 그렇게 된다면 생물이 받게 될 영향은 엄청나다. 오존층이라는 방패가 없다면 생물들은 심각한 타격을 받게 될 것이다.

치명적인 자외선이 수면까지 도달하고 있던 시대에는 태양 광선을 어떻게 차단하느냐가 생존의 관건이었다. 현생 스트로마톨라이트는 다른 개체와 달라붙거나 해저(海底)에 정착하기 위해 일종의 점착 물질을 세포 밖으로 분비했다. 물속에서도 살아남기에 가장 적당한 깊이가 있다. 수면 바로 아래 있으면 제대로 차단되지 않은 자외선에 타 죽을 수 있고, 또한 너무 깊이 들어가면 가시광선이 지나치게 약해져 광합성이 불가능하기 때문이다. 세포는 바닷물이 광선을 알맞게 차단하는 깊이에서 자외선과 자신 사이를 불투명한 분비물로 차단함으로써 좀 더 유리한 환경 조건을 만들 수 있었을 것이다.

스트로마톨라이트 세균과 같은 단세포 생물이 분열해서 자손을 만드는 경우를 생각해 보자. 그들은 서로 독자적인 생활을 하는 한편 분열을 되풀이하면서도 서로 분리되지 않고 달라붙은 부정형의 군집을 형성했을 것이다. 바깥쪽 세포들은 자외선의 공격을 정면으로 받지만, 안쪽의 세포는 외곽 세포들 덕택에 보호받을 수 있었을 것이다. 만약 모든 세포가 따로따로 떨어져 바다 표면에 얇게 분포되어 있었다면 모두 죽었을 것이다. 그렇지만 무리를 이루어 군생한다면, 안쪽의 세포는 대부분 자외선의 해를 피할 수 있을 것이다. 아마도 이런 이유가 군집이라는 생물들의 생활 방식을 촉진했을 것이다. 일부는 죽지만 다른 세포들은 살아남을 수 있는 것이다.•

대략 36억 년 이전의 과거에는 지표면에 생물이 거의 살 수 없었기 때문에 스트로마톨라이트보다 오래된 화석은 알려지지 않고 있다. 당시 지각(地殼)의 거의 대부분은 지구 내부로 들어갔거나 파괴되었다. 그런데 유독 그린란드에는 신기하게도 38억 년 전의 지층이 남아 있고, 거기에는 탄소 원자와 비슷한 흔적이 있어서, 당시에 이미 생명체가 광범위하게 존재했을 수도 있다는 가능성을 보여 주고 있다. 만약 그것이 사실이라면 생명의 탄생은 40억 년 전부터 38억 년 전까지의 기간에 이루어졌을 것이다. 하데스대의 지구는 생명체가 살아갈 수 없는 황폐한 곳이었고, 스트로마톨라이트가 군집을 형성할 만큼 진화하기까지는 그만한 시간이 걸린다. 그런 사정을 감안하

• 그렇지만 의식적인 이타주의의 발로는 결코 아니다. 어느 개체라도 스트로마톨라이트 군집 외부의 위험 지대보다는 안쪽에 있는 편이 훨씬 안전할 것이다. 군집의 논리는 대다수의 구성원에게 유리한 방향으로 작동한다. 바깥쪽의 세포가 자외선에 타 죽는 덕분에, 위험에서 완전히 벗어나지는 못하더라도, 그 논리는 평균이란 의미에서는 비용 대비 효과의 편익 분석이 행해졌을 때처럼 완수되고 있다.

면, 생명 탄생의 순간은 긴 지구의 역사에서 볼 때 매우 짧은 시간에 해당한다. 생명은 매우 빠른 속도로 등장한다.

천애 고아로 태어난 생명은 그 후 1억 년 동안 숱한 시행착오와 우여곡절을 겪으며 미래를 향해 확실한 뿌리를 내리기 위해 온갖 노력을 기울인다. 그런 과정이 '어떻게' 이루어졌는지 밝혀내는 작업은 '언제' 일어났는지 알아내는 일보다 훨씬 어렵다. 주변 환경에 널려 있는 치명적인 위험을 서로 몸을 접근시키는 방법으로 극복하는 일종의 공생(共生) 방어, 나아가 무수한 작은 생명체들의 희생——물론 이 미생물들에게 남을 위한 희생 정신이나 죽기 싫다는 의식이 있었던 것은 결코 아니다.—— 같은 현상은 거의 생명이 탄생한 순간부터 시작된, 생명을 존속시키기 위한 본질에 가까운 것이었다. 어떤 미생물은 자기 동료의 희생 덕택에, 그리고 어떤 미생물은 동료를 먹은 덕택에 살아남을 수 있었다.

생명이 처음 모습을 드러냈을 무렵, 지구는 소천체의 충돌로 생겨난 운석공과 화산 분출로 생겨난 섬들이 여기저기 얼굴을 내밀고 있을 뿐 온통 물로 덮인 바다의 행성이었을 것이다. 대륙이 처음 형성된 것은 대략 40억 년 전이다. 오늘날과 마찬가지로 대륙은 가벼운 암석으로 이루어져 있었고, 땅속 깊은 곳에서 느린 속도로 움직이고 있는 거의 비슷한 크기의 지각의 판 위에 올라타 있었다. 지표면은 지구 내부에서 압출되어 그 모습을 드러냈고, 거대한 컨베이어 벨트 위에 올려진 것처럼 이동해서 다시 반(半) 액체 상태의 지구 내부로 들어가 소멸했다. 이 과정은 오늘날도 마찬가지이다. 한편 새로운 판이 형성되고 있었다. 다량의 암석 지표부와 심부(深部)가 천천히 뒤바뀌면서 대륙을 움직이는 거대한 열기관 역할을 했다.

약 30억 년 전에 대륙은 크게 성장했다. 판 위에서 여기저기로 옮겨지고, 그 개폐(開閉) 작용에 따라 바다가 태어났다가는 사라지곤 했다. 대륙들은 완만한 속도로 서로 충돌하기도 했다. 그럴 때면 지각이 휘어지며 주름이 잡혀 산악 지대가 융기했다. 수증기를 비롯한 여러 가지 기체들이 중앙 해령(海嶺)이라 불리는 해저 산맥과 판 가장자리에서 뿜어 올라왔다.

오늘날 우리는 대륙의 성장이나 지표의 상대적인 이동(때로 대륙 이동이라고 불린다.), '지구조판 운동(plate tectonics)'이라고 일컫는 운동 양식으로 인해 해양 밑이 안쪽으로 밀려 들어가는 현상에 대해 잘 알고 있다. 대륙을 실은 판이 내부로 밀려 들어가 파괴된 후에도 대륙은 그대로 떠 있는 경우가 많다. 그렇지만 더 오랜 시간이 흐르면 거대한 육지도 그대로 존재할 수 없다. 오래된 많은 대륙 지괴(地塊)는 조금씩 깊은 곳으로 옮겨진다. 오늘날 오래된 대륙의 흔적은 오스트레일리아, 캐나다, 그린란드, 스와질란드, 짐바브웨 등에서 발견할 수 있을 뿐이다.

화산에서 분출된 각종 기체는 온실 효과를 일으켜 지구를 데운다. 같은 화산의 산물이라도 성층권까지 도달한 미립자는 반대로 지구를 냉각시키는 방향으로 작용한다. 대륙의 윤곽 변화와 함께, 우기와 건기, 계절풍의 유형, 난류와 한류의 순환 양식이 정해지게 된다. 대륙이 하나로 모여 있으면, 해양의 환경 변화는 자연히 한정된다. 대륙이 지상의 여기저기에 흩어져 있으면 환경도 다양한 모습을 띠게 된다. 특히 생물에게 일어난 가장 근본적인 생물학적 혁신은 상당 부분 연안(沿岸) 지역에서 일어난 것으로 생각된다.

이처럼 생명의 역사와 그로부터 인류에까지 연결되는 진화 단계의 대부분은 거대한 지반과 지저(地底)를 순환시키는 마그마의 지배

아래 진행되었다. 그리고 그 거대한 운동에 동력을 공급하는 기계의 열은 지구를 탄생시켰던 먼 과거의 천체에서, 지구의 핵을 구성하는 액체 상태의 철이 지구 중심으로 가라앉는 과정에서, 그리고 아득히 먼 항성이 죽어 가는 고통 속에서 만들어 낸 방사성 원자의 붕괴에서 나온 것이었다. 만약 이런 사건들이 조금이라도 다른 식으로 이루어졌다면, 거기에서 나오는 열의 총량도 달라졌을 것이다. 지구조판 운동의 유형이나 속도도 현재와는 달랐을 것이다. 그에 따라 생명의 진화도 무수한 가능성 중에서 지금과는 다른 길을 선택하게 되었을 것이다. 그리고 지구에서 지배적인 위치를 차지하는 생물도 지금의 인간과는 매우 다른 모습을 하고 있을지도 모른다.

지구 역사의 최초 40억 년 동안 육지가 어떤 윤곽을 가지고 있었는지에 대해서는 거의 알지 못한다. 대륙은 해양 전체에 널리 분산되었다가 다시 하나로 모이는 과정을 몇 번이나 되풀이했다. 최소한 지금까지 지구 역사의 85퍼센트에 해당하는 시기 동안 지구 전체의 지도는 다른 천체의 것이 아닐까 의심할 만큼 현재의 형태와는 판이하게 달랐다. 현 단계에서 구체적으로 알 수 있는 가장 오래된 대륙 재편성은 6억 년 전에 일어났다. 당시 북반구의 대부분은 바다였다. 남반구에는 거대한 대륙이 있었고, 그 밖의 몇몇 육지 단편들이 매년 몇 센티미터 정도의 아주 느린 속도로 이동하고 있었다. 그리고 이 육지 단편들 또한 마침내 대륙의 일부가 되었다. 나무가 수직으로 성장하는 속도는 육지가 수평으로 이동하는 속도보다 빠르다. 그렇지만 만약 수백 년 동안 관찰할 수 있는 시간의 여유가 허용된다면, 대륙이 충돌하면서 지도를 수정해 나가는 데에는 그 정도의 속도가 가장 적합하다는 사실을 깨달을 수 있을 것이다.

현재의 남반구에 위치한 남극, 오스트레일리아, 아프리카, 남아메리카 대륙들은 인도 아대륙(亞大陸)까지 포함해서 수억 년이라는 오랜 시간 동안 하나로 모여 있었다. 그것이 바로 지질학자들이 이야기하는 곤드와나 대륙이다.● 후일 북아메리카, 유럽, 아시아 대륙을 이루게 되는 부분은 몇 개의 덩어리로 나뉘어 바다 전체로 퍼져 나갔다. 이동을 계속한 대륙의 거의 모든 단편들이 하나로 모여 초(超)대륙을 형성한 시기가 있었다. 그 시기의 지구를 거대한 염수호(鹽水湖)를 가진 대륙의 행성이라고 불러야 할지, 아니면 거대한 섬이 하나 떠 있는 바다의 행성이라 불러야 할지의 여부는 단순한 정의의 문제일 뿐 큰 중요성은 없을 것이다. 어쨌든 당시는 생물들의 입장에서는 더없이 훌륭한 환경이었을 것이다. 최소한 바다로 가로막힌 육지가 없었고, 육지 내에서도 어디든 걸어서 갈 수 있었다. 지질학자들은 이 대륙에 '지구 전체'를 의미하는 '판게아(Pangaea)'라는 이름을 붙였다. 당시에 곤드와나 대륙도 그 가운데 포함되어 있었다.

판게아가 탄생한 시기는 지구가 최대의 시련을 맞이하고 있었던 무렵인 페름기로, 약 2억 7000만 년 전이다. 이 시기에 지구 전체의 기후는 온난해지고 있었다. 일부 지역에서는 습도가 극히 높아져 거대한 습지가 형성되었고, 나중에는 광대한 사막으로 변모해 갔다. 약

● 지질학과를 졸업한 어떤 학생의 차 범퍼에 "곤드와나 대륙을 재통일시키자!"라고 적힌 스티커가 붙어 있는 것을 본 적이 있다. 정치적인 비유로 이용된 경우를 제외한다면(그 경우에도 실현 가능성은 거의 없다고 생각되지만), 이는 거의 가망이 없는 절망적인 주장이다. 그러나 지질학적인 시간 척도에서 생각한다면 이야기는 달라진다. 대륙의 이합집산이 시작되는 것은 먼 훗날의 이야기일지도 모른다. 그렇지만 구형의 지구 위에서 멀어진다는 것은 실제로는 반대쪽 가장자리가 서로 가까워지는 것을 의미한다. 따라서 수억 년 후, 만약 인류가 그때까지 살아남을 수 있다면, 초대륙이 다시 모이는 순간을 목격할 수 있을지도 모른다. 곤드와나 대륙이 재통일되는 것이다.

2억 5500만 년 전, 판게아는 갈라지기 시작했다. 펄펄 끓고 있는 깊은 핵에서부터 맨틀 층을 통해 용암이 갑자기 솟아올랐기 때문일 것으로 추정되지만, 확실한 이유는 아직 밝혀지지 않았다. 텍사스 주, 플로리다 주, 영국 등은 당시에는 적도에 위치했다. 중국의 북부와 남부는 바다를 사이에 두고 갈라져 있었다. 말레이시아와 인도차이나는 하나의 섬이었고, 시베리아도 하나의 거대한 섬이었다. 빙하기가 250만 년마다 찾아왔고, 그에 대응해서 해수면도 상승과 하강을 되풀이했다.

페름기가 끝나 갈 무렵 육지의 모습은 놀랍게 변했다. 미래에 시베리아가 될 부분은 얇은 용암층으로 덮여 있었다. 판게아는 회전하면서 북쪽으로 이동했고, 이윽고 시베리아도 북극에 가까운 지금의 위치로 향하고 있었다. '메가 몬순(mega monsoon, 거대한 계절풍)'이 불기 시작하면서, 유례없이 맹렬한 우기가 계속되었다. 육지는 홍수로 물바다가 되었다. 중국 남부는 서서히 뒤틀리면서 아시아의 일부를 형성했다. 수많은 화산들이 일제히 분화하면서 성층권으로 유황을 토해 냈다. 분명히 그 때문에 지구는 다시 냉각되었을 것이다. 그로 인해 생물이 받았던 영향은 상상할 수 없을 만큼 컸다. 육상에서도 바다에서도 전 지구에 걸친 대규모의 멸종이 일어났다.[5] 이것은 그 전에도, 그 후에도 예를 찾아볼 수 없을 만큼 엄청난 대멸종이었다.[6]

판게아의 분열은 계속되었다. 오늘날에는 마치 조각 그림 맞추기처럼 딱 들어맞는 남아메리카 대륙과 아프리카 대륙은 약 1억 년 전에는 좁은 해협으로 갈라져 있었을 뿐이었고, 연간 2.5센티미터 정도의 속도로 서로 멀어지기 시작하고 있었다. 당시 아직 파나마 지협(地峽)은 형성되지 않았지만, 북아메리카와 남아메리카 대륙은 서로 분리된 대륙이었다. 인도는 마다가스카르에서 분리되어 북쪽으로 이동하고 있는 커다란 섬이었다. 그린란드와 영국은 유럽 대륙에 연결되어 있었고, 인도네시아, 말레이시아, 일본 등은 아시아 대륙의 일부였다. 알래스카와 시베리아는 연결되어 있어 걸어서도 건널 수 있었다. 오늘날에는 흔적도 찾아볼 수 없지만 대륙 안에는 거대한 내해(內海)가 있었다. 이 시기가 되면 지구는 아득히 먼 곳에서 보더라도 금세 지구라고 알아볼 수 있는 모습을 갖추고 있었다. 그러나 육지와 바다의 윤곽을 자세히 관찰해 보면, 여전히 부주의한 지도 제작자가 제멋대로 만든 지도를 보는 듯한 느낌을 받게 된다. 이 시기는 공룡의 전성기에 해당한다.

이후 대륙은 지구조판 운동에 의해 계속 분리되었다. 아프리카 대륙과 남아메리카 대륙은 더욱 벌어져 그 사이에 대서양이 탄생했다. 오스트레일리아 대륙은 남극 대륙에서 분리되었고, 인도는 아시아 대륙과 충돌해 히말라야 산맥을 융기시켰다. 이 무렵에 이미 영장류의 시대가 시작되고 있었다.

거대한 우주의 변방에 위치한 보잘것없는 태양이라는 항성 주위를 돌고 있는 10개 안팎의 천체로 구성되는 작은 행성계 속에 있는 지구라는 행성, 그 행성의 바깥쪽 껍질에서만 생존할 수 있었던 생물, 그것이 바로 인간이라는 종(種)이다. '지구조판 운동'이라는 거대한 동력 장치는 그 위에 살고 있는 모든 생물에 대해서는 아무런 관심도 없다. 지구의 궤도나 지축의 극히 작은 변화, 태양 밝기의 변동, 제멋대로의 궤도를 가지고 지구에 충돌하는 소천체 등도 마찬가지이다. 이런 메커니즘은 지난 수십억 년 동안 지구 표면에서 무슨 일이 일어나든 아랑곳하지 않고 계속되어 왔다. 그런 현상들과 과정들은 생물에 대한 배려 따위는 전혀 하지 않는다.

지상에서 가장 오랫동안 살아남았던 생물도 지구의 나이에 비하면 100만분의 1 정도의 수명에 불과하다. 세균의 수명은 그 기간의 100조분의 1이다. 따라서 어떤 생물 개체도 대륙 이동이나 기후 변화, 진화 양식 전체를 볼 수 없다는 것은 자명하다. 생물 개체는 지구라는 무대에 발을 올려놓는 순간 사라져 간다. 로마 황제 마르쿠스 아우렐리우스(Marcus Aurelius, 121~180년)는 "어제의 한 방울의 정액, 내일은 한 줌의 재"[7]라고 썼다. 지구의 나이를 사람의 수명에 비교한다면, 일반적인 생물의 탄생에서 죽음까지 걸리는 시간은 몇 분의 1초에 불과하다. 그야말로 우리는 화톳불의 불길 위에 나풀거리며 떨어져 내리는 눈송이처럼 덧없는 존재이다. 아직 극히 일부에 불과하지만, 그런 우리가 자신의 기원을 이해하게 된 것은 날카로운 통찰력과 용기로 얻은 뛰어난 승리라고 할 수 있다.

우리는 어떤 존재일까? 왜 이곳에 살고 있을까? 이런 의문들은 그림 조각들이 하나씩 맞춰지면서 전체적이고 완전한 그림이 완성될 때에야 풀릴 수 있을 것이다. 그 완전한 그림이란 영겁의 시간, 수백만 종에 이르는 생명체, 무수한 행성 등을 모두 포함하고 있을 것이다. 이런 관점에서 볼 때, 우리가 종종 우리 자신의 존재를 불가사의하다고 느끼는 것은 당연하다. 우리 인간들이 제아무리 우월하다고 뽐내도, 실제로는 이 작은 행성에서마저 진정한 지배자의 위치에 도달하지 못하고 있는 것이다.

무상(無常)

오, 왕이시여! 저희가 모르는 시간이 있었다는 사실을 생각하면, 현재를 살아가는 인간의 목숨이란 당신이 장군들이나 대신들과 함께 어느 겨울날 저녁에 거처하는 방 앞을 날아가는 제비의 날갯짓과도 같은 것입니다. 밖에는 매서운 겨울바람이 휘몰아치고 있지만 방 한가운데에는 따뜻한 불이 타고 있습니다. 우리의 삶이란 한 마리 제비가 한쪽 문에서 날아들어와서 곧바로 다른 쪽 문으로 나가는 것과도 같습니다. 제비가 바람 속에서도 무사할 수 있는 것은 방 안에 있는 짧은 순간 동안만입니다. 극히 짧은 안락한 공간을 지나 당신의 시야에서 사라지는 순간, 원래의 어두운 겨울밤이 기다리고 있습니다. 그와 마찬가지로 인간의 목숨도 순간에 불과해서, 그전에 무엇이 있었는지, 뒤에 어떤 운명이 기다리고 있을지에 대해서는 아무것도 알 수 없습니다.

— 가경자 비드●, 『영국 교회사』[8]

● 8세기 영국의 신학자, 역사가 — 옮긴이

3장

너는 도대체 무엇을 만들고 있는 거냐

질그릇 가운데서도 작은 한 조각에 지나지 않으면서,
자기를 지은 이와 다투는 자에게는 화가 닥칠 것이다.
진흙이 토기장이에게 '너는 도대체 무엇을 만들고 있는 거냐?' 하고
말할 수 있겠느냐?

—「이사야서」 45장 9절

인류가 신을 위해 창조되었듯이, 지구와 그 위의 삼라만상은 인류를 위해 만들어졌다. 이런 자신만만한 주장이 지난 2,000년 동안, 특히 중세 이후부터 급속도로 인류 공통의 신조로 퍼져 나갔다. 황제도, 노예도, 로마 교황도, 시골 교구의 사제도 이 생각을 지지했다. 지구는 탁월한 솜씨를 가진 무대 감독이 호사스럽게 장식한 무대 장치이며, 더욱이 신은 자신만이 그 출처를 아는 다채로운 배역들까지 모아 왔다. 큰부리새, 벚나무깍지벌레, 뱀장어, 밭쥐, 느릅나무, 야크 그리고 그 밖의 무수한 생물들……. 감독은 그 배역들에게 화려한 개막 의상을 입혀 인류 앞에 등장시켰다. 그들은 분명 우리를 기쁘게 하기 위한 존재였다. 무거운 짐을 옮기고, 쟁기를 끌고, 집을 지키고, 갓난아기를 위한 우유와 저녁 식탁의 고기를 제공해 주었다. 심지어는 호박벌처럼 우리에게 유익한 교훈을 주는 것도 있었다. 그렇지만 실제로 그들은 우리에게 근면이라는 교훈을 주기 위해 열심히 일하는 것이 아니라, 유전이라는 전제 군주의 명령에 따라 일하고 있을 뿐이다. 설령 그렇다 하더라도, 감독은 왜 수백 종이나 되는 진드기와 잉어가 인류에게 필요하다고 생각한 것일까? 고작 한두 종이면 충분할 텐데 말이다. 또 어째서 딱정벌레 종류는 지상에 서식하는 그 어떤 생물보다 훨씬 다양한 것일까? 그 답을 아는 사람은 아무도 없을 것이다. 극단적이라고까지 할 수 있는 다양한 생물들이 한데 어우러져 내는 효과는 인류를 위해 무대 장치를 만들고, 배경을 그리고, 조연과 단역들을 준비해 준 '조물주'의 존재를 가정하지 않는 한 도저히 이해할 수 없다. 설령 '조물주'가 있다고 가정한다 해도 그 이유를 모두 알 수는 없지만, 수천 년 동안 신학자와 과학자를 포함한 거의 모든 사람들은 감성과 지성의 양면에서 이런 감독의 존재야말로 다양성의 존재를 해명해 주는 가장 타당한 설명이라고 생각해 왔다.

이렇듯 거의 모든 사람들 사이에 통용되던 공통의 믿음은 후일 한 사람에 의해 무너졌다. 그러나 그 역시 내키지 않지만 어쩔 수 없이 한 행동이었다. 그가 종래의 권위를 뿌리에서부터 무너뜨리겠다는 신념이나 주의를 가지고 있었던 것은 아니다. 또한 그 도화선이 되겠다는 야심도 없었다. 약간의 우연이 작용하지 않았다면, 그는 그림 엽서처럼 아름다운 19세기의 전원에서 모범적인 영국 국교회의 신도로서 계속 살아갔을 것이다. 그러나 사태는 그런 방향으로 나아가지 않았고, 그는 낡은 질서를 완전히 파괴하는 개혁의 봉화에 불을 댕겼다.[1] 그 충격은 과거에 있었던 어떠한 폭력적인 정치 변혁보다도 큰 것이었다. 떠들썩한 대화를 참기 어려워했다는 이 사람은 과학의 위대한 힘의 도움을 받아 혁명가 중의 혁명가가 되었다. 이후 100년 이상 동안이나, 그의 이름을 거론하는 것만으로도 신앙심 깊은 사람들은 불안에 떨었고, 도서 검열자들은 잠을 설쳤다.

그는 바로 찰스 로버트 다윈(Charles Robert Darwin)이었다. 다윈은 1809년 2월 12일, 로버트 워링 다윈(Robert Waring Darwin)과 수재나 웨지우드(Susannah Wedgwood)의 다섯 번째 아이로 영국 슈루즈베리에서 태어났다. 두 집안은 저명한 작가이자 내과 의사이며 발명가이기도 했던 에라스무스 다윈(Erasmus Darwin)과, 빈곤에서 벗어나 일대 도자기 왕조라고 불릴 수 있는 웨지우드 사(社)를 창립한 사람으로 유명한 조사이어 웨지우드(Josiah Wedgewood) 시대부터 친분을 나눠 왔다. 두 사람은 급진적이라고까지 할 수 있는 진보적인 관점을 가지고 있다는 공통점이 있었고, 미국의 독립 전쟁에서도 반란을 일으킨 식민지 편에 설 수 있었다. 에라스무스는 "압정을 허용한 자들 역시 범죄자이다."라고 썼다.[2]

그들이 만들었던 모임을 '루나 협회(The Lunar Society)'라 불렀다. 그런 이름이 붙게 된 것은 밤늦게 말을 타고 귀가해도 안전한 만월(滿月)의 날에만 모임을 가졌기 때문이다. 회원 중에는 후일 토머스 제퍼슨(Thomas Jefferson)에게 과학을 가르쳤던 윌리엄 스몰(William Small, 제퍼슨은 당시 스몰이 자기 생애의 "방향을 결정 지을 만큼 큰 영향을 주었다."라고 말했다.[3]), 증기 기관을 발명해서 영국이 대영제국으로 발돋움할 수 있는 초석을 다진 제임스 와트(James Watt), 산소를 발견한 화학자 조지프 프리스틀리(Joseph Prestley), 전기에 대한 연구를 계속하고 있던 벤저민 프랭클린(Benjamin Franklin) 등이 포함되어 있었다.

시인(詩人)인 새뮤얼 테일러 콜리지(Samuel Taylor Coleridge)는 자신이 알고 있던 사람들 가운데 에라스무스가 "가장 독창적인 인물이었다."라고 평했다. 에라스무스는 의사로서도 이름을 떨쳐 조지 3세에게 시의로 초빙받은 일도 있었지만, 그는 이 영예를 사양했다(쾌적한 시골 생활을 포기하고 싶지 않다는 것이 표면적인 이유였지만, 아마도 미국의 독립 전쟁을 앞장서서 옹호했던 정치적인 견해도 작용했을 것이다.). 그러나 뭐니뭐니 해도 그의 진가는 백과 사전적인 폭넓은 범위에 미치는 일련의 논문에서 유감없이 드러난다.

베스트셀러가 된 에라스무스 다윈의 『식물원(*The Botanic Garden*)』은 1789년에 집필된 『식물 애호(*The Loves of the Plants*)』와 그 속편인 『재배의 경제(*The Ecomomy of Vegetation*)』라는 두 권으로 이루어져 있다. 이 책이 호평을 받자, 그는 다음에 동물에 관한 책에 도전하게 되었다. 그 노력의 결실이 2,500쪽의 산문 대작 『동물 생리학 또는 생물의 법칙(*Zoonomia or the Laws of Organic Life*)』이다. 이 책에서 그는 탁월한 선견지명을 잘 드러내는 다음과 같은 의문을 제기하고 있다.

> 기어다니는 애벌레가 나비가 되고 수면 밑을 헤엄치는 올챙이가 개구리가 되듯이, 동물에게는 탄생 뒤에도 큰 변화가 일어난다는 사실을 가장 먼저 생각하지 않으면 안 된다. 두 번째로, 개나 말과 같은 동물은 인공적인 사육 환경에서 놀라울 만큼 큰 변화를 일으킬 수 있다는 점을 생각해야 한다. 그리고 세 번째로 생각해야 할 것은, 포유류, 조류, 수생 동물 등 모든 온혈 동물들의 신체 구조는 우리 인류와 너무나 흡사해서, 모든 온혈 동물이 공통의 선조형 또는 원시형에서 출발했으리라는 것이다.[4]

에라스무스는 "생물의 형태를 변화시키는 원동력은 생물의 세 가지 욕망"이라고 믿었다. 배고픔에서 벗어나려는 욕망, 안전을 확보하려는 욕망, 그리고 특히 강한 성적(性的) 욕망이다. 마지막 작품이 된 『자연의 신전 또는 사회의 기원(*The Temple of Nature or the Origin of Society*)』[5]라는 책에서 그는 몇 번이나 되풀이해서 "성애(性愛)의 신성(THE DEITIES OF SEXUAL LOVE)"을 강조했다. 에라스무스는 이 어구를 모두 대문자로 강조했다. 이 책에서 그는 수사슴이 "암컷을 독점하려는 목적으로" 다른 수컷들과 싸우는 무기로 뿔을 발전시켰다고 주장했다. 그가 뛰어난 직관력을 가지고 있었던 것은 분명하다. 그러나 그의 독창성은 아직 막연한 상태이며, 논리적 추구라기보다는 오히려 순간적인 번뜩임이라고 할 만한 것이었다. 과학은 그 통찰을 얻는 대가로 그것을 추구하는 자에게 노력과 지루함이라는 '입장료'를 부과했다. 에라스무스는 그 이상의 입장료를 미리 지불할 생각이 전혀 없었다.

기꺼이 비싼 입장료를 치르게 될 그의 손자 찰스는 『동물 생리학 또는 생물의 법칙』을 두 번 읽었다. 18세 때 이 책을 처음 읽고, 그로부터 10년 후 세계 일주 여행을 끝낸 뒤에 두 번째 읽었다. 그는 시대를 앞질러 많은 사실을 예견한 할아버지를 자랑스럽게 생각했다. 찰스와 마찬가지로 에라스무스의 견해를 받아들인 장 바티스트 드 라마르크(Jean Baptiste de Lamarck) 역시 20년 후에는 매우 유명한 인물이 되었다. 그러나 에라스무스가 자신의 영감이 어디까지 확실한 것인지 주의 깊고 엄밀하게 조사하려 하지 않았던 점에 대해서 찰스는 "무척 실망했다."라고 말했다.

근대 자연사 박물관 발전의 선구적 인물인 라마르크는 원래 군인이었으며 독학으로 식물학과 동물학을 공부했다. 다른 학자들이 '1,000년' 단위로 생각하고 있던 무렵, 그는 이미 '100만 년'의 척도로 세계를 보고 있었다. 그는 생물계를 '종(種)'이라는 서로 분리된 칸막이로 구분할 수 있다는 생각은 환상에 불과하다고 믿고 있었다. '종'은 극히 느린 속도로 모습을 바꾸어 나가며, 만약 관찰하고 있는 우리의 생명이 영원에 가깝게 길다면, 그 사실을 직접 알 수 있을 것이라고 그는 주장했다.

라마르크는 후천적으로 획득한 형질이 선조에서 자손으로 이어진다는 주장으로 잘 알려져 있다. 그가 자신의 이론을 설명하기 위해 예로 든 기린의 목 이야기는 유명하다. 기린은 높은 나뭇가지에 달린 잎을 따먹으려고 노력한다. 여러 차례 목을 늘이는 동안 목은 조금씩 길어지고, 그것이 자손에게 전달된다는 것이다. 그렇지만 라마르크는 몇 세대에 걸쳐 기린의 계통을 조사하지는 않았다. 또한 필요 없다고 생각해 간과한 자료도 꽤 있었다.

예를 들어 유대나 이슬람 세계에서는 지난 수천 년 동안 계속해서 아이들에게 할례를 시켜 왔다. 그러나 포피(包皮)를 갖지 않은 채 태어난 아이들은 지금까지 단 한 명도 없다. 여왕벌과 수벌(생식에만 관여한다.)은 일하지 않는다. 이런 습성은 긴 지질학적 시간을 통해 계속되어 왔다. 그렇지만 여왕벌과 수벌 사이에서 태어난 일벌이 세대를 거치면서 점차 태만해지리라고는 상상할 수 없다. 일벌들은 오랜 시간이 지난 지금도 여전히 이름처럼 부지런히 일한다.[6] 가축과 사육되고 있는 동물들은 여러 세대를 거치는 동안 꼬리나 귀를 짧게 잘리고 옆구리에 낙인이 찍히는 일이 많다. 그렇지만 그 새끼들이 꼬리가 잘리거나 옆구리에 낙인이 찍힌 채 태어나는 일은 결코 일어나지 않는다. 중국에서는 여성의 발을 잔인하게 동여매 변형시키는 전족의 풍습이 과거 몇 세기 동안 되풀이되어 왔다. 그러나 어린 소녀들은 여전히 건강하고 정상적인 발을 가지고 있다.[7] 이런 반증에도 불구하고, 찰스는 "획득 형질은 유전한다."라는 라마르크와 자신의 조부 에라스무스의 주장을 진지하게 받아들였다.

물론 찰스는 불연속적인 유전의 단위, 즉 유전자가 재편성되고 다음 세대로 계승되어 가는 과정, 유전자가 임의적으로 스스로를 변화시키는 방법, 그 분자 화학적인 성질, 화학 물질에 기록된 장대한 정보를 보존하고 정확하게 복제하는 놀라운 능력에 대해 아무것도 알지 못했다. 유전이라는 현상이 완전한 수수께끼 속에 가려져 있던 당시, 생명의 진화를 이해하기 위해서는 아주 비상식적인 사고방식을 가지거나 예외적인 능력을 갖지 않으면 안 되었다.

　조사이어 웨지우드와 에라스무스 다윈은 미래에 그들의 아이들을 결혼시켜 양가의 친교를 더욱 돈독히 다지기를 바라고 있었다. 그렇지만 두 사람 가운데 에라스무스만이 그 희망의 실현을 직접 볼 수 있었다. 내과의인 에라스무스의 아들 로버트가 조사이어의 딸 수재나와 결혼을 하게 되었기 때문이다. 크고 뚱뚱한 체구로 디킨스를 연상시키는 로버트는 친절했지만 까다롭고 변덕이 심한 성격이었다. 그날의 기분에 따라 달라지는 진료 태도는 환자를 기쁘게 하기도 했지만 반대로 불안하게 만들기도 했다. 한편 수재나는 "상냥하고 천성적으로 사려 깊은" 품성에 남편의 과학적 관심을 적극적으로 도와 널리 존경받고 있었다. 그러나 찰스가 여덟 살이 되었을 때 수재나는 세상을 떠났다. 격렬한 위통으로 무척이나 고통스러워 하던 어머니의 목소리는 들을 수 있었지만, 그 모습은 볼 수 없었다. "임종 자리와 어머니의 검은색 벨벳 가운 그리고 조금 기묘한 모양으로 만들어졌던 재봉대 이외에는" 어머니에 대한 기억이 아무것도 남아 있지 않다고 만년의 찰스는 쓰고 있다.

　그의 자식과 손자들에게 줄 선물로, "내가 죽은 다음 저세상에서나 자신의 생애를 돌아보는 것처럼" 집필한 자서전에서 찰스 다윈은 자신이 "여러 면에서 개구쟁이"였음을 인정한다. 그는 이렇게 쓰고 있다. "나는 교묘한 거짓말을 지어 낼 수 있는 축복받은 재능을 가지고 있었다. 그리고 그 모든 거짓말들은 단지 지적 흥분을 얻기 위한 것이었다." 그는 다른 소년에게 "색깔 있는 액체에 물을 타는 방법으로, 갖가지 색깔의 폴리앤서스(서양 앵초의 일종)와 앵초를 만드는 데 성공했다."라고 자랑을 늘어놓은 일도 있었다고 한다. 물론 그것은 터무늬없이 꾸며 낸 이야기였다. 그러나 이런 이야기를 통해 다윈이 어린 시절부터 식물의 다양성과 변이(變異)에 대해서 생각하기 시작했음을 알 수 있다. 평생 동안 계속되었던 자연에 대한 관심이 이미 뿌리를 내리고 있었던 것이다. 그 무렵의 대다수 소년들이 돌멩이로 주머니를 가득 채우듯이, 다윈 역시 대자연의 부분들이나 조각들을 모으는 일에 열중했다. 특히 그는 딱정벌레에 열중했는데, 그의 누이는 단지 수집을 위해 곤충의 목숨을 빼앗는 일은 부도덕하다고 그를 설득했다. 다윈은 누이의 설득을 받아들여 그 후로는 죽은 곤충만 모으기로 작정했다. 그는 새를 관찰하고 그 행동을 기록하기도 했다. 후일 그는 "순진한 생각이기는 했지만, 왜 모든 신사들이 조류학자가 되지 않는지 의아해하기도 했다."라고 썼다.

아홉 살이 되었을 때, 다윈은 버틀러 박사의 학교에 다니게 되었다. 그는 그 학교를 "나의 정신 형성 과정에서 그 학교만큼 형편없었던 곳은 다시없었을 것이다."라고 혹평했다. 버틀러 박사는 학교란 지적 흥분이나 학문에 대한 관심을 충족시켜 주는 장소는 아니라는 신조를 가지고 있었다. 그래서 다윈은 시꺼멓게 손때가 묻을 만큼 되풀이해서 읽었던 『세계의 불가사의(Wonders of the World)』라는 책과 함께 가족에게서 자신의 지적 욕구를 채웠다. 가족은 소년의 많은 의문에 인내심을 갖고 답해 주었다. 특히 그의 숙부가 청우계(晴雨計)의 구조를 설명해 주었을 때 맛보았던 기쁨은 만년이 된 이후에도 생생히 기억할 수 있었다고 다윈은 고백한다. 형인 에라스무스——할아버지의 이름을 받아 그렇게 불렀다.——는 뜰에 있는 창고를 화학 실험실로 개조하고, 다윈에게도 실험을 돕게 했다. 이 일로 다윈은 학교에서는 '가스(Gas)'라는 애칭으로 불렸고, 그 때문에 버틀러 박사에게 호된 꾸지람을 들었다.

다윈의 학업 성적은 그다지 좋은 편이 아니었기 때문에, 형이 에든버러 대학교에 들어갔을 때 아버지는 그도 동행시키려 했다. 아버지는 두 형제가 모두 의학을 배우기를 원했다. 그러나 그곳에서의 수업 역시 다윈에게는 몹시 지루했다. 특히 해부학은 견딜 수 없이 따분했다. 클로로포름 냄새에 채 익숙해지지도 않은 상태에서, 어린아이의 수술이 실패하는 광경을 직접 목격한 체험은 평생 동안 그를 따라다녔다. 에든버러에서 얻은 수확이라면 과학에 대한 정열을 함께 나눌 수 있는 친구들을 처음 얻은 것뿐이었다.

두 학기가 끝났을 때, 다윈이 의사가 되려는 생각이 없음을 알게 된 아버지는 아들에게 의학을 가르치려던 계획을 포기했다. 그런 다음 아버지는 그를 목사로 만들려는 생각을 품었던 것 같다. 아버지에게 순종적이었던 다윈은 이번에도 반대하지 않았다. 그러나 그 무렵 다윈은 일생을 바쳐 다른 사람에게 가르침을 전하기 위해서는 그 자신이 영국 국교회의 교의에 통달할 필요가 있다고 생각했다. 그는 이렇게 썼다. "그런 생각으로 피어슨의 『신조(Creed)』를 비롯한 몇 권의 신학 책을 정독하게 되었다. 성서에 씌어 있는 한 마디 한 마디가 엄밀하고 정확한 진실이라는 것에 추호의 의심도 없었고, 나는 곧 국교의 교의를 완전히 받아들여도 좋겠다고 납득하게 되었다."

에든버러를 떠난 다윈은 그 후 케임브리지 대학교에서 3년을 지냈다. 그 기간 동안 다윈은 좋은 성적을 올릴 수 있었다. 그러나 교과 과정에 대해서는 끊임없이 불만을 느꼈다. 역시 가장 즐거운 시간은 자신이 좋아하는 딱정벌레(산 것이든 죽은 것이든)를 뒤쫓고 있을 때였다.

내가 얼마나 (딱정벌레에) 몰두했는지 한 가지 일화를 소개하겠다. 어느 날 오래된 나무 껍질을 벗기고 있을 때, 희귀한 딱정벌레가 두 마리 나왔다. 오른손과 왼손에 한 마리씩 쥐고는 다시 한 번 나무 껍질 속을 살펴보았더니 세 번째, 그것도 다른 종류의 녀석이 있었다. 어느 것 한 마리도 놓치고 싶지 않은 욕심에서 엉겁결에 오른손에 들고 있던 놈을 입에 물었다. 그러자 어떻게 되었겠는가! 입에 물고 있던 벌레는 강력한 산을 내뿜으며 완강히 저항했다. 혀가 불에 덴 듯이 아파서 결국 입에 물었던 곤충을 뱉을 수밖에 없었다. 그래서 입에 물었던 딱정벌레 한 마리는 도망치고 말았다.[8]

실제로 그를 다룬 최초의 출판물도 딱정벌레 채집자로서의 다윈에 대한 것이었다. 그는 이렇게 썼다. "첫 시집을 펴낸 시인이 느끼는 어떤 기쁨도 스티븐의 『영국 곤충 도감(Illustations of British Insects)』에서 "찰스 다윈이 채집함"이라는 구절을 처음 보았을 때 내가 느꼈던 희열과는 비교할 수 없을 것이다."

케임브리지에서 다윈은 애덤 세지윅(Adam Sedgwick)의 지질학 과정을 이수하라는 권유를 받았다. 한 번은 다윈이 어떤 노동자에게서 들었던, 괴상하지만 상당히 신빙성이 있는 질문을 세지윅에게 던진 일이 있었다. 그 질문은 슈루즈베리의 모래 채굴장에서 오래된 열대성 대형 권패(卷貝, 나선 모양을 한 연체동물의 껍데기—옮긴이)가 발견된 이유가 무엇이냐는 것이었다. 세지윅은 그것이 전혀 이상하지 않고 간단하게 해결될 수 있는 문제라고 답했다. 누군가가 그곳에 조개를 묻었기 때문이라는 것이다. 다윈은 당시의 추억을 자서전에서 다음과 같이 썼다.

"만약 (조개가) 그곳에 묻혔다는 말이 사실이라면, 지질학으로서는 더할 수 없는 불행인 셈이 된다. 지금까지 영국 내륙 지방의 표층(表層) 퇴적물에 대한 지식이 뿌리에서부터 뒤집히기 때문이다."라고 세지윅은 덧붙였다. 이런 모래층은 빙하기의 것이 분명하다는 사실은 후일 나 자신이 이 지역에서 극지성(極地性) 조개 파편을 발견했기 때문에 실제로 확인할 수 있었다. 그러나 당시 나는 영국의 내륙 지층에서, 그것도 지표면 가까운 곳에서 열대 조개가 발견되었다는 이야기처럼 멋진 사건에 대해 세지윅이 기뻐하지 않는다는 것을 알고 무척 놀랐다. 그 무렵 나는 이미 여러 분야의 과학서를 읽고 있었지만, 과학이라는 것이 실제로는 많은 사실을 모으고 분류해서 그로부터 일반적인 법칙이나 결론을 도출하는 것에 지나지 않는다는 사실을 깨달은 것은 그때가 처음이었다.[9]

비슷한 시기에 다윈의 사촌이 그를 존 스티븐 헨즐로(John Steven Henslow)의 식물학 강의에 데려 가 주었다. 그 일은 다윈에게 "평생 동안 가장 큰 영향을 주었던 사건"이었다. 아직 30대 초반의 젊고 매력 넘치는 헨즐로는 교사의 품성을 타고난 사람이었다. 그의 수업은 매우 활력이 넘쳤고, 지난해에 이미 그의 강의를 들었던 학생이 이듬해에 재수강하는 일도 흔했다. 게다가 학생들의 생각을 놀랄 만큼 잘 알아차리고 사려 깊게 대응해 주었으며, 초보자의 어리석은 질문에도 진지하게 답해 주고는 했다. 매주 있었던 자택 개방에는 누구라도 참여할 수 있었고, 그의 가족까지 동석한 만찬이 정기적으로 열렸다. "케임브리지 시대의 후반 동안, 나는 거의 매일처럼 오랜 시간 헨즐로와 산보를 즐겼다. 몇몇 교수들은 나를 '헨즐로와 걷고 있는 남자'라고 부를 정도였다."라고 다윈은 쓰고 있다. 다윈은 헨즐로가 폭넓은 지식을 갖추었으며 "특히 식물학, 곤충학, 화학, 광물학, 지질학에 뛰어났다."라고 평했다. 그는 헨즐로가 "어느 날 내게 39조(영국 국교회의 신앙의 증거)가 단어 하나라도 바뀐다면 그것은 지극히 슬픈 일일 것이라는 이야기를 할 만큼 신앙심이 깊고 정통성을 중시한 인물"이었다고 덧붙였다.

그런데 공교롭게도 "로버트 피츠로이(Robert FitzRoy) 함장이 무보수로 비글호 항해에 참가하고 선실을 함께 쓸 젊은 박물학자를 찾고 있다."라는 정보를 다윈에게 준 사람은 다름아닌 헨슬로였다. 헨슬로는 "서인도 제도를 거점으로, 푸에고 군도로 가는 2년 정도의 여정이네. 자네야말로 그들이 찾고 있는 인물이 틀림없다고 생각하네."라고 말했다.

그 후 벌어진 일은 쉽게 상상할 수 있다. 스물두 살의 다윈은 숨이 멎을 만큼 흥분해서 대학교에서 집으로 날듯이 돌아왔다. 가장 중요한 상황에서 궁지에 몰아넣는 아버지가 지금까지의 아들의 방종한 생활 태도와 무모한 탐험 계획에 대해 한없이 긴 설교를 늘어놓는 동안, 다윈은 의자에 앉아 지루함을 견디느라 몸을 비틀었다. "처음에는 의사에서, 다음에는 목사, 이번에는 탐험가, 도대체 다음에는 무엇을 하고 싶다고 이야기를 꺼낼 참이냐? 틀림없이 그들은 이번 항해에 적합한 다른 사람들을 물색하다가 뜻대로 되지 않는 바람에 네게까지 이 일이 돌아왔을 게다. 그 배에는 뭔가 중대한 결함이 있는 게 분명하다. 아니면 그 탐험 자체에 문제가 있거나……."

오랜 토론을 거친 후에 마침내 아버지는 "누군가 제대로 상식을 갖춘 사람이 네게 가라고 권한다면, 나도 찬성하겠다."[10]라고 말했다. 실의에 빠진 다윈에게 상황은 거의 절망적으로 보였고, 다윈은 헨슬로에게 정중한 거절의 편지를 썼다.

다음날, 다윈은 웨지우드 가를 방문했다. 숙부인 조사이어—다윈의 할아버지의 유쾌한 친구의 이름을 땄다.—는 이번의 항해가 일생에 한 번밖에 없는 기회라는 사실을 이해해 주었다. 그는 아버지의 반대에 조목조목 반박하는 편지를 써 주었다. 그날 늦게 조사이어는 자신이 직접 다윈의 아버지를 만나면 편지보다 훨씬 큰 효과를 얻을지 모른다는 생각을 떠올렸다. 그는 조카의 팔을 이끌고 다윈의 집으로 달려가 아들을 항해에 보내도록 설득했다. 로버트는 조사이어의 설득을 받아들였고 결국 다윈의 항해에 동의했다. 아버지의 관대함에 크게 감동한 데다가 지금까지 자신의 성실하지 못했던 생활 태도에 죄책감을 느끼고 있던 다윈은 "비글호에 타고 있는 동안, 내게 허용된 것 이상으로 많은 성과를 얻도록 현명하게 행동하겠습니다."라는 말로 아버지에게 사죄하려고 했다.

그러자 아버지는 웃으면서 이렇게 말했다. "그러나 그들은 내게 이미 네가 아주 똑똑하다고 말하던데."

아버지의 허락을 얻어 내기는 했지만 아직도 몇 가지 장애물이 남아 있었다. 피츠로이 함장은 상당히 오랫동안 숙식을 함께해야 할 상대로 다윈을 선택하는 문제를 재고하기 시작했다. 케임브리지에는 다윈을 잘 아는 친척이 있었다. 그는 다윈이 나쁜 아이가 아니라고 피츠로이에게 말해 주었다. 그러나 그가 휘그당과 2년 동안 같은 방에서 생활했다는 사실을 피츠로이가 알고 있었을까? 피츠로이는 휘그당과 대립하는 토리당의 간부 당원이었다. 게다가 다윈의 코 생김새도 약간 문제가 있었다. 피츠로이는 그와 동시대의 많은 사람들이 그랬듯이 골상학을 신봉했고, 지성의 유무나 성격의 좋고 나쁨은 두개골의 형태에 따라 정해진다고 믿고 있었다. 이런 사고방식을 코의 모양에까지 확대하는 사람들도 있었는데, 그런 부류의 한 사람이었던 피츠로이는 다윈의 코를 눈여겨 살펴보고는 정력과 의사 결정력에서 중대한 결점이 있다고 판단했다. 그러나 당분간 함께 지낸 후에 피츠로이는 여전히 의구심을 떨치지 못하면서도 이 젊은 박물학자와 함께 탐험을 계속하기로 결심했다. 다윈은 "결국 그는 내 코에서 받은 자신의 인상이 잘못이었다는 사실을 깨닫고 무척 만족했던 것 같다."라고 쓰고 있다.

이전에 있었던 비글호의 첫 남아메리카 탐험은 불유쾌한 것이었다. 악천후가 계속되었고, 전(前) 함장은 항해 도중에 자살하고 말았다. 영국 해군성은 황급히 리우데자네이루에 있던, 약관을 갓 넘긴 23세의 피츠로이에게 배의 지휘를 맡기게 되었다. 모든 면에서 피츠로이는 탁월한 인물이었다. 푸에고 군도나 인근 섬에 대한 최초의 조사가 이루어졌을 때, 이미 피츠로이는 비글호를 지휘하고 있었다. 비글호의 구명정 한 척을 도난당하는 사건이 일어나자 그는 그 사건으로 푸에고 인(Fuegian)이라 불리는 현지인 다섯 명을 잡아 조사했다. 결국 배를 되찾을 가능성이 없음을 깨닫고 인도적인 차원에서 그들을 풀어 주었지만, 푸에지아 바스켓이라는 이름의 소녀만은 돌아가려고 하지 않았다. 피츠로이는 푸에고 인을 영국으로 데려가면 그들의 언어나 풍습, 종교 등에 대해서 연구할 수 있을 것이라고 생각하기 시작했다. 영국에서 현지와의 연락을 계속 유지하면, 푸에고 군도의 사람들이 남아메리카 대륙 남단에서 영국의 전략적 이익의 충실한 보호자 역할을 해 주지 않을까라는 생각도 품었다. 해군성 장관은 피츠로이의 주장을 받아들여, 푸에고 인들을 영국으로 데려오도록 허가했다. 예방 접종을 했지만 돌아오던 항해길에 네 명 중 한 사람은 천연두로 사망했고, 푸에지아 바스켓, 제미 버턴이라는 10대 소년, 요크 민스터라는 어린아이, 세 사람이 완즈워스 지역의 목사의 지도를 받아 영어와 영국 국교를 공부하게 되었다. 그리고 피츠로이에 의해 왕가 부처에게도 알현이 허용되었다.

드디어 푸에고 인들—영국인들은 모두 푸에고 인이라고만 불렀을 뿐 아무도 그들의 정확한 이름을 알려고 하지 않았다.——이 돌아가야 할 때가 되었다. 육지와 마찬가지 정도로 정확하게 해양의 많은 섬들의 경도(經度)를 결정하기 위해 비글호가 남아메리카를 다시 조사하게 되었기 때문이었다.[11] 이번 임무는 "전 세계의 경도의 측정"으로까지 확대되어, 배는 먼저 남아메리카 동쪽 기슭을 따라 남하해서 서안을 따라 북상한 다음, 태평양을 횡단해서 지구를 일주하고 영국으로 돌아오게 되어 있었다. 다시 함장으로 비글호의 지휘를 맡게 된 피츠로이는 이번에는 지난번과는 완전히 다른 탐험을 해 보겠다고 각오를 다졌다. 그는 대부분 사비를 들여 먼저 27미터 길이의 가로돛을 새로 달았다. 그런 다음 선체를 재도장하고, 갑판을 좀 더 높이 올리고, 제1사장(bowsprit, 이물 앞쪽으로 돌출한 둥근 재목——옮긴이)으로 장식하고, 세 개의 높은 마스트에는 당시 기술 수준으로는 최고의 피뢰침을 설치했다. 그는 기상에 관한 모든 지식을 얻으려고 애썼고, 그 결과로 당시 겨우 태동기였던 근대 기상학의 선조 가운데 한 사람이 되었다. 1831년 12월 27일, 마침내 비글호의 출항 준비가 끝났다.

출발 전날 밤까지도 다윈은 엄습하는 불안감을 떨칠 수 없었고 심계항진(心悸亢進, 가슴이 두근거리는 증상)에 시달렸다. 이런 증세와 위통, 심한 기력 감퇴와 우울증 등은 그 뒤에도 평생 그를 따라다녔다. 그 원인에 대해서는 여러 가지 추측이 가능하다. 어린 소년 시절에 어머니를 잃은 정신적 충격에 따른 심리적 반응 때문이라고 생각하는 사람도 있다. 신의 가르침이나 일반 상식과는 동떨어진 결론을 내려야 한다는 공포에서 비롯된 불안스러운 신경증이라고 말하는 이도 있다. 스스로도 느끼지 못했던 과호흡증(hyperventilate, 갑작스러운 충격으로 인한 호흡 증세로 혈중 이산화탄소가 감소하는 증세——옮긴이)을 가지고 있었다는 설, 간호에 뛰어난 아내의 환심을 사기 위한 꾀병이라는 특이한 주장

3장 너는 도대체 무엇을 만들고 있는 거냐

(그는 결혼하기 전부터 지병을 앓고 있었기 때문에 이 주장은 납득하기 어렵다.)까지 무척 다양하다. 어쨌든 전후 관계를 종합해 보면, 비글호 항해 중에 남아메리카에서 감염된 기생충 때문에 병에 걸렸다는 주장이 가장 타당한 것 같다. 결론을 내리는 일이 간단하지는 않지만, 이 병 때문에 대담한 탐험가인 다윈이 생애의 마지막 3분의 1을 거의 자택에서 보냈던 것은 거의 확실하다.

다윈이 배에 가지고 갔던 책 가운데 두 권은 주목할 만한 것이었다. 모두 항해 축하 선물로 받은 것으로, 하나는 헨즐로가 선물한 알렉산더 폰 훔볼트(Alexander von Humbolt, 1769~1859년)의 『여행기(Travels)』영어판이었다. 다윈은 케임브리지 시절에 이미 훔볼트의 『자전(Personal Narrative)』과 허셜의 『자연 철학 입문(Introduction to the Study of Natural Philosophy)』을 읽었고, 자연 과학의 고상한 체계에 미력이나마 기여해야 한다는 뜨거운 정열을 불태웠다.[12] 다른 한 권은 피츠로이 함장이 선물한 찰스 라이엘(Charles Lyell)의 『지질학 원리(Principles of Geology)』제1권이었다. 그런데 그 책을 선물한 함장은 후일 자신이 책을 잘못 선택한 것이 아닌지 후회했다고 한다.

당시 유럽 계몽 사상의 영향을 받아 과학적인 해명이 지구의 기원과 그 역사에 대한 성서의 기술에 대해 불온한 도전을 제기하고 있었다. 이런 움직임 중에서 새롭게 얻은 사실이나 사고방식을 성서의 교의와 일치시켜 화해를 도모하려는 사람들이 있었다. 그들은 지구의 현재 모습을 최종적으로 결정한 것은 노아의 홍수였다고 믿고 있었다. 그들은 지구의 지형(地形)을 불과 40주 동안에 바꿀 수 있을 만큼 강력한 현상은 대규모 홍수 이외에는 생각할 수 없고, 그런 설명은 지구의 나이가 고작 7,000년 정도에 불과하다는 사실과도 모순되지 않는다고 주장했다. 이런 입장을 고수하는 사람들은 「창세기」에 적혀 있는 문구를 약간 다르게 해석하는 정도로 그 엄청난 과정을 모두 설명할 수 있다고 생각하고 있었다.

라이엘은 오랫동안 변호사 일을 계속하고 있었다. 그러나 서른 살이 되자 오래전부터 흥미를 가지고 있던 지질학을 연구하기 위해 변호사 일을 그만두었다. 지구는 몇 주일이나 몇천 년이라는 짧은 시간 동안 만들어진 것이 아니라, 좀 더 오랜 세월에 걸쳐 단계적인 과정이 축적되면서 오늘과 같은 모습을 형성하게 된 것이라는 '균일 과정설'을 더욱 발전시켜 쓴 것이 『지질학 원리』였다. 당시에는 지구의 모습이 형성된 과정을 홍수나 그 밖의 천재지변으로 설명할 수 있다는 논리가 지배적이었지만, 저명한 지질학자들 중에는 이미 노아의 홍수만으로는 설명이 불충분하며 좀 더 많은 홍수나 천재가 있었을 것이라고 생각한 사람들도 있었다. 이런 과학적 격변론자들의 입장은 라이엘의 "오랫동안 반복적으로 축적되었다."라는 주장과 일치하는 것이었다.

그러나 성서의 일문일구(一文一句)를 절대시하는 사람들의 입장에서 라이엘의 주장은 기괴하기 짝이 없는 것이었다. 라이엘의 주장이 옳다면, 지상에 있는 암석의 연령은 구약 성서에서 이야기하는 6일간의 천지창조나 「창세기」에 나오는 성서의 계도(系圖)의 연령을 합산하는 방법으로 산출할 수 있는 지구의 연령은 틀린 것이 분명하다. 비글호는 「창세기」에 뚫려 있는 구멍을 통해서 역사의 바다로 항해를 떠나고 있었다.

주로 함장의 이야기 상대와 전령 역으로 고용된 다윈은 정치적으로 보수적이고 인종 차별론자에다 성서 원리주의적 경향이 강한 피츠로이의 설교를 태연히 참아 낼 수 없었다. 대부분의 항해 기간 동안 두 사람은 서로의 철학적·정치적 입장 차이로 인한 충돌을 가능한 한 피하려 애썼다. 그러나 아무리 노력해도 그대로 넘어갈 수 없는 문제도 있었다.

> 브라질의 바히아에서 있었던 일이다. 내가 가장 혐오하는 노예 제도를 피츠로이가 옹호하며 극구 칭찬했다. 그는 자신이 방금 많은 노예를 거느리고 있는 사람을 방문했으며, 그가 불러 모은 노예들은 모두 "자유롭게 되고 싶은가?"라는 물음에 대해 "아니요."라고 답했다고 의기양양하게 말했다. 그래서 나는 미소를 머금고 이렇게 물었다. "주인 앞에서 노예들이 한 답변에 어느 정도의 진실성이 있다고 생각하십니까?" 그러자 그는 몹시 격분하면서 "내 말을 의심한다면, 더 이상 함께 지낼 수 없네." 하고 단언했다.[13]

다윈은 강제 하선하는 사태까지 각오했다. 두 사람의 말다툼을 들은 하급 장교들은 누가 그와 같은 방을 쓸 특권을 누릴 것인지를 둘러싸고 입씨름을 벌였다. 간신히 평정을 되찾은 피츠로이는 다윈에게 사과한 다음, 자신의 하선 명령을 철회했다. 실제로 다윈이 진화에 대해 갖게 된 생각의 일부는, 피츠로이의 완고한 보수성에 대한 끓어오르는 분노에서 싹텄고, 가슴 깊은 곳에서 치밀어 오르는 반론을 5년 동안이나 억눌러야 했던 젊은 다윈의 고충 속에서 자라났는지도 모른다.[14]

같은 계급에서 자라난 사람 가운데 아무도 느낄 수 없었던 체제의 모순과 부당함을 다윈이 인식할 수 있었던 데에는 할아버지 에라스무스가 남긴 유산이 큰 몫을 했을 것이다. 그의 저서『비글호 항해기(The Voyage of the Beagle)』의 첫머리에서 다윈은 리우데자네이루 근처에서 일어난 이야기를 다음과 같이 쓰고 있다.

이곳은 도망친 노예들이 오랫동안 은신처로 사용한 악명 높은 장소이다. 그들은 산꼭대기 가까운 곳의 좁은 토지를 경작해서 가까스로 목숨을 이어 가고 있었다. 그러나 결국 노예들은 발각되어 군인들이 파견되었다. 붙잡힌 노예들 가운데, 다시 노예가 되느니 차라리 죽음을 선택한 늙은 여자는 산꼭대기에서 몸을 날려 자살하고 말았다. 만약 그녀가 고대 로마의 부인이었다면, 자유를 갈구한 숭고한 행위로 뭇사람들에게 칭송받았을 것이다. 그러나 가난한 흑인 여성의 투신은 한낱 야만스러운 행동으로 치부되고 만다.[15]

새로운 종의 새나 딱정벌레를 발견할 수 있을지 모른다는 기대감이 다윈을 남아메리카 대륙으로 강하게 이끌었다. 그러나 그가 실제로 그 대륙에 가서 가장 먼저 목격한 것은 유럽 인들이 자행하고 있던 대학살이었다. 식민주의자들의 오만, 노예 제도, 오직 침략자의 배를 불리기 위한 단순한 목적으로 자행되는 무수한 생물의 멸종, 열대 우림의 파괴적인 수탈이었던 것이다. 식민주의는 미개한 나라에도 이익이 된다든가, 삼림 자원은 얼마든지 벌채할 수 있는 무한한 것이라든가, 부인용 모자 가게에는 '마지막 심판의 날'까지도 쓸 수 있을 만큼 천문학적인 백로 깃털(모자를 장식하는 데 쓰였다.)이 이미 비축되어 있다는 식의 서구 열강의 오만한 주장——오늘날 우리 주위에 만연하는 범죄적 어리석음과 같은 것이다.——을 듣고 다윈은 괴로웠다. 『비글호 항해기』가 오늘날에도 여전히 우리에게 감동을 주는 탐험담으로 사랑받는 이유 가운데 하나는 다윈이 가능한 한 많은 사람들에게 들으려고 노력했던 이야기를 명료하고 생생하게 기술했기 때문일 것이다. 그리고 그의 독특한 감수성도 중요한 요인일 것이다.

그러나 동시에 이 책은 과학 역사에서도 매우 중요한 분기점이 되었다. 다윈이 자연선택에 따른 진화가 존재함을 보여 주는 증거의 대부분(단순한 직관이 아닌 실제적인 자료로서)을 수집할 수 있었던 것은 분명이 탐험을 통해서였다. 후일 그는 이렇게 썼다. "마침내 깨달음의 서광이 비쳐 왔다. 나는 종이 결코 불변의 것이 아니라는 확신을 가지게 되었다. 그러나 그 생각은 마치 살인을 자백하는 격이었다."

에콰도르 연안에 있는 갈라파고스 군도는 13개의 큰 섬과 많은 작은 섬으로 이루어져 있다. 만약 지구의 모든 생물 종이 변하지 않는다면 육지에서 고작 80~90킬로미터밖에 떨어져 있지 않은 이 섬들에 살고 있는 핀치 새의 부리 형태가 섬마다 그토록 달라진 것은 무슨 이유 때문인가? 어떤 섬에 사는 핀치의 부리는 작고 가늘며 앞이 뾰족한데, 왜 인근 섬에서는 앵무새처럼 크고 구부러진 형태가 되는 것일까? 후일 그는 이렇게 썼다. "하나의 작은 집단에 속하는 같은 종류의 새의 다양한 형태와 그 사이의 단계적인 변화를 보고 있노라면, 누구나 과거 이 군도에 살고 있던 어느 선조 종(先祖種)이 점차 모습을 바꿔 지금과 같은 모습이 되었다는 생각을 하게 되지 않을까(현재 화산섬인 갈라파고스 군도는 최소한 500만 년 전에 형성된 것으로 추정된다.)?" 이런 예는 핀치만이 아니었다. 코끼리거북과 흉내지빠귀에서도 그와 유사한 현상을 찾아볼 수 있었다.

영국에서는 헨즐로와 세지윅이 다윈이 보낸 편지를 과학자들의 모임에서 공개했다. 다윈이 1836년 10월에 귀국했을 때 그는 탐험가로서 명성을 얻고 있었다. 그의 아버지도 다윈이 거둔 성공을 몹시 기뻐했고, 주위 사람들의 험담은 더 이상 들리지 않게 되었다. 지질학자인 라이엘과는 같은 달에 처음 만났다. 한때 사이가 좋지 않은 시기도 있었지만, 평생 지속된 두 사람의 우정은 이때부터 시작되었다.

다윈은 지질학 분야에서도 매우 중요한 공헌을 남겼다. 한 예로 비글호 항해 중에 이해하게 된, "산호초의 존재는 그곳이 한때 섬이었던 해산(海山)이 천천히 침강한 장소임을 보여 주는 확실한 증거이다."라는 설명 등은 오늘날까지도 훌륭하게 통용된다. 1838년에는 지진과 화산 활동, 조산(造山) 운동 등은 반(半) 액체 상태인 지구 내부에서 일어나는, 느리지만 끊이지 않고 계속되는 거대한 운동에 의해 발생한다고 주장하는 논문을 발간했다. "거의 예언에 가까운" 이 주장[16]은, 그 부분에 한해서는 현대의 지구 물리학적인 이해 그 자체라고 말할 수 있다. 같은 해, 영국 지질학회에서 열린 학술 회의 의장으로 행한 연설 중에서, 철학자인 윌리엄 휴얼(William Whewell)은 이런 성과를 언급하면서 다윈의 이름을 거론했다. 연설 중에 다윈이라는 이름은 다른 저명한 지질학자들보다 두 배 이상 자주 등장했다. 다윈은 생물학뿐만 아니라 지질학 분야에서도 큰 변화는 오랜 시간에 걸친 작은 변화가 축적되어 일어난다는 라이엘의 입장에 동조했다.

1839년 다윈은 사촌인 엠마 웨지우드와 결혼했다. 열 명의 아이를 낳으면서, 40년 이상 지속된 깊은 사랑으로 두 사람은 거의 완벽에 가까운 행복한 생활을 누릴 수 있었다. 결혼 뒤 얼마 지나지 않아 다윈은 이미 진화론의 시론(試論)에 착수하고 있었다. 그렇지만 아직 그것을 공개 발표하려는 생각은 없었다. 다윈 부부는 모든 면에서 생각이 일치했지만, 종교관에서는 차이가 있었다. 그녀는 한 편지에서 이렇게 썼다. "아직 약혼도 하기 전부터 아버지는 제가 안고 있는 의문을 입 밖으로 발설하지 않도록 조심하라고 충고해 주었습니다. 아버지는 그렇게 할 수 없었기 때문에 비참한 결말을 맞이하게 된 부부를 알고 있었기 때문이었지요."[17] 결혼식이 있은 지 몇 주일 후에 그녀는 다음과 같은 편지를 썼다.

증명되기 전까지는 아무것도 믿을 수 없다는 과학적 탐구 습관이 그런 방법으로는 증명될 수 없는 문제 그리고 인간의 이해 가능성을 넘어서는 진실에까지 불필요한 영향을 미치는 것이 아닐까 하는 생각이 듭니다.

몇 년 후 다윈은 엠마에게서 받은 이 편지 말미에 다음과 같이 덧붙였다.

내가 죽은 다음, 당신이 생전의 내가 이 편지를 읽고 얼마나 울부짖었는지, 몇 번이나 키스를 퍼부었는지 알게 된다면…….[18]

다윈은 가정 내에서 자신이 받는 긴장이 공개적으로 표출되지 않도록 최선의 노력을 기울였다. 그러나 그렇게 하면 인류의 역사는 비밀이 풀리지 않은 채 암흑과 치욕 속에 그대로 묻혀 버리게 될 것이다. 또한 그 사실을 분명히 발표하면, 대다수의 사람들은 현재의 종교적인 규범에 대한 모독, 또는 인류의 존엄성에 대한 도전으로 받아들이게 될 것이다. 역으로 그 사실을 숨긴다면, 그것이 함축하는 내용이 사람들을 혼란시킨다는 이유로 과학적인 사실을 배척하는 셈이 된다. 다윈은 누군가를 설득하기 위해서는 확고한 증거에 토대를 둔 논의를 진행시키는 방법 이외에 별다른 길이 없음을 깨달았다.

1844년, 기본적으로는 의사(擬似) 과학의 영역에 속하는, 세상을 떠들썩하게 만든 한 권의 책이 출간되었다. 그 책의 제목은 『창조의 자연사의 흔적(Vestiges of the Natural History of Creation)』이었다. 저자의 이름은 명기되지 않았지만, 백과 사전 편집자이자 아마추어 지질학자였던 로버트 챔버스(Robert Chambers)의 저작이었다. 그는 인간의 선조를 개구리까지 추적해 들어갔다. 챔버스의 추론은 '설익은' 것이었지만(에라스무스 다윈의 저작만큼 심하지는 않았지만), 그 대담성은 사람들의 이목을 집중시키기에 충분했다. 수면 밑에서 맴돌고 있던 천지창조에 대한 의문이 일순간에 거품이 되어 물 위로 터져 나오기 시작하고 있었다. 다윈도 가능한 한 자신의 이론을 누구도 반박할 수 없을 만큼 완벽하게 써야 한다는 생각을 가지게 되었다. 2년 전부터 쓰고 있던 짧은 글을, 「가축화된 상태와 자연 상태의 생물 변이에 대해서(On the Variation of Organic Beings under Domestication and in the Natural State)」와 「종(種)이란 공통의 선조에서 자연적으로 발생해 온 자손이라는 견해에 대해 유리한 증거와 불리한 증거에 대하여(On the Evidence Favourable and Opposed to the View That Species Are Naturally Formed Races Descended from Commom Stock)」라는 2부로 이루어진 논문으로 재구성했다. 그렇지만 아직도 그 논문을 출판할 생각은 없었다. 그는 실질적인 유언 보충서에 해당하는 편지를 엠마에게 보냈다. 만약 자신이 죽을 때를 대비해, 그는 다음과 같은 일을 아내에게 부탁했다.

> 출판을 위해 400파운드 그리고 당신에게는 논문을 출간하는 번거로운 수고를……. 내 초고를 누군가 유능한 사람에게 맡겨 주기 바라오. 이 돈으로 논문을 고쳐 쓰고 내용을 보충해 달라고 부탁해 주시오.[19]

자신이 매우 중요한 일을 하고 있다는 자각은 있었지만, 그는 빈번한 지병 발작 등으로 생전에 그 일을 완성할 자신이 없었다.

그런데 그 후 정작 다윈이 한 일은 이해하기 힘든 것이었다. 그는 이후 8년 동안이나 진화론 연구를 한편으로 밀어 두고 조개류에 대한 연구에 몰두했다. 후일 그의 절친한 친구인 식물학자 조지프 후커(Joseph Hooker)는 다윈의 아들 프랜시스에게 이렇게 말했다. "이 시기 동안 자네 부친의 머릿속에는 칠레에서 가져온 조개가 떨어지지 않고 달라붙어 있었네."[20] 박물학자로서의 다윈의 신뢰감을 부동의 것으로 만들어 준 것은 바로 이 철저한 연구를 통해서였다. 역시 그의 친구인 동시에 뛰어난 논객이자 해부학자였던 토머스 헨리 헉슬리(Thomas Henry Huxley)는 다윈에 대해 다음과 같이 쓰고 있다.

> 다윈은 지름길을 택하는 사람이 아니었다. …… 우리와 마찬가지로 그 역시 정규적인 생물학 교육을 받지는 않았다. 그가 항상 과학 교육의 필요성을 느끼고 있었던 것은 그의 과학적 통찰력의 발로이고, 그것을 얻기 위해 실제 노력을 기울이지 않았던 것은 그의 용기를 보여 주는 것이다. 그런 덕성은 항상 나를 감동시킨다. …… 그것은 일종의 사소한 비판적인 자기 훈련이었지만, 그러한 훈련이 얼마나 큰 효과를 가져왔는지는 훗날 발표된 그의 저작에 잘 나타나 있다. 그리고 그런 자기 훈련이야말로 끝없이 발생하는 사소한 오류로부터 그를 지켜 줄 수 있었다.[21]

챔버스의 저서에 마음의 동요를 느낀 과학자는 다윈뿐만이 아니었다. 측량 기사에서 박물학자로 변신한 앨프레드 러셀 월리스(Alfred Russel Wallace) 역시 챔버스의 주장에 대해, 큰 감동까지 느끼지는 못했지만, 생물의 진화에는 인류가 인식할 수 있는 일정한 법칙이 작용하고 있다는 생각을 가지게 되었다. 1847년에 그는 그런 생각을 뒷받침해 주는 증거를 찾기 위해 남아메리카의 아마존 지역을 여행했다. 불행히도 배에서 화재가 일어나 어쩔 수 없이 귀국하게 되었을 뿐만 아니라 그동안 수집한 표본까지 모두 잃었다. 그러나 그는 단념하지 않았고, 이번에는 말레이 반도로 새로운 수집 여행을 떠났다. 그의 논문, 「새로운 종의 탄생을 지배하는 법칙에 대해서(On the Law Which

Has Regulated the Introdction of New Species)」는 1855년 9월에 발간된《자연사 잡지 연보(Annals and Magazine of Natural History)》에 게재되었다.

　이때까지 다윈은 이미 20년 동안이나 그 문제와 씨름을 벌여 왔다. 그러나 이제 생명의 가장 큰 수수께끼를 최초로 해명했다는 업적은 그의 손을 떠났다. 만약 과학이 성인(聖人)들의 업적으로 이루어지는 학문이라면, 이때 다윈과 월리스 두 사람의 태도는 확실히 성인다웠다. 다윈은 자신도 계속 같은 문제를 연구하고 있었다는 내용의 편지를 써서, 마음에서 우러나는 축복을 월리스에게 전했다.

　다윈의 벗인 헉슬리와 후커는 더 이상 시간을 낭비하는 짓은 그만두고 진화의 존재를 부동의 것으로 만드는 논문을 하루라도 빨리 집필하도록 권했다. 다윈도 그 권고를 받아들여 1858년에는 논문의 완성을 앞두고 있었다. 같은 무렵, 인도네시아에 있던 월리스는 말라리아에 걸려 고초를 겪었기 때문에 새로운 문제에 눈을 돌리고 있었다. "왜 어떤 종은 멸종하고, 어떤 종은 존속하는 것일까?"[22]라는 명제와의 씨름이 이미 시작되고 있었다. 혼미한 상태에서 벗어나면서도 월리스는 다윈이 말하는 '자연선택'을 이해하게 되었다. 그는 곧장 「원종(原種)에서 무한히 벗어나는 다양화 경향에 대해서(On the Tendency of Varieties to Depart Indefinitely from the Original Type)」라는 논문을 써서 다윈에게 보냈고, 그 문제의 해결을 위해 어떤 일을 해야 좋을지 조언을 구했다. 다윈은 월리스가 보낸 논문이 자신이 쓴 1839년과 1842년의 논문과 너무도 비슷하다는 사실을 알고는 다시 큰 괴로움을 겪을 수밖에 없었다. 그는 1844년에 이미 두 편의 논문을 하나로 모으고 있었지만, 아직 출판은 하지 않은 상태였다. 다윈은 이 풀기 어려운 문제에 도의적으로 어떻게 대처하면 좋을지 벗들과 상의했다. 후커와 라이엘이 현명한 해결책을 제시해 주었다. 월리스의 논문과 다윈의 1844년 논문을 린네 협회의 다음 회합에서 동시에 발표하고 회보의 같은 호에 게재하는 것이 좋겠다는 의견이었다.[23] 그 후 월리스는 강연에서 '진화론'은 다윈의 이론이라고 소개했고, 다윈도 두 발견이 서로 독립적으로 이루어진 것임을 강조해서 월리스의 공적을 높이 샀다. 이제야 다윈은 간신히 좀 더 큰 소란을 일으키게 될 다음 저서의 집필에 전력을 쏟아부을 수 있게 되었다.

1859년 11월 24일, 『종의 기원(*The Origin of Species*)』(원래 제목은 『자연선택에 의한 종의 기원, 즉 생존 경쟁에 있어서 유리한 종족의 존속에 관하여(*On the Origin of Species by Means of Natural Selection, or the Preservation of Favoured Races in the Struggle for Life*)』이다.—옮긴이)이 출판되었다. 초판 1,250부는 서점에서 순식간에 동이 나고 말았다. 다윈은 책 전체를 통해 사람에 대해 언급한 부분에서는 세심한 주의를 기울였고, 오직 한 군데에서만 "인간의 기원과 그 역사에 빛이 비치게 될 것이다."라고 표현했을 뿐이다.[24] 이 미묘한 문제를 더욱 추구해서 『인간의 유래 및 성(性)에 관한 선택(*The Descent of Man, and Selection in Relation to Sex*)』(앞으로는 『인간의 유래』로 줄여 씀—옮긴이)의 발간에 이르게 되기까지는 그로부터 12년이 걸렸다. 그러나 아무리 붓을 억제해도 다윈은 아무도 속일 수 없었다. 그 동안 축적된 방대한 자료 때문에, 더 이상 『종의 기원』과 「창세기」는 양립할 수 없는 존재가 되었다.

4장
진흙 더미의 복음서

나는 인간의 본성을 비하시키는 모든 체제를 혐오한다.
설령 인류가 존경받을 만한 그 무엇을 신에게 부여받았다는
주장이 자기 환상에 불과하더라도,
나 자신은 그 착각 속에서 살아가고 또한 죽는다.
우리 인류가 굴욕과 모멸의 빛 속에
서 있는 모습을 눈에 담고 싶지는 않다.
자신의 부모형제나 모국에 대한 욕설을 들었을 때,
온전한 정신의 소유자라면 누구나 격렬한 분노를 느낄 것이다.
자기 자신의 종족을 경멸하는 사람에 대해,
분노가 치밀지 않는 사람이 있을까?

　　　　　　　　　　　　──토머스 리드의 1775년 편지[1]

모든 생물은 신의 손으로 특별히 만들어진 것이 아니라,
캄브리아기 최초의 지층이 퇴적하기 훨씬 전에 살고 있던
몇 종(種)의 생물의 직계 자손이었다. 이런 생각을 가질 때면,
적어도 내게는 모든 생물의 모습이 훨씬 더 고귀하게 보인다.

　　　　　　　　　　　　──찰스 다윈, 『종의 기원』 제15장[2]

다윈은 『종의 기원』에서 "인류는 오랫동안 거대한 규모의 실험을 계속해 왔다."라고 썼다. 아마도 인류가 "농경(다윈의 강조)"을 통해, 그들 자신에게 유용한 동식물의 신품종을 만들어 내는 데 성공했다는 점에 착안한 말일 것이다. 자연은 미래의 세대에게 계승해 줄 우수한 성질을 가진 변종을 제공해 주었고, 사람들은 그 변종을 선택해 숫자를 늘려 왔다. 낙타 털로 만든 솔로 인위적으로 꽃가루를 꽃에서 꽃으로 옮기고, 종마(種馬)를 암말과 교배시키는 방법으로 인간은 스스로 신을 대신해서 어느 수컷을 어느 암컷과 교배시킬 것인가를 결정하는 역할을 떠맡았다. 소화시킬 수 없는 곡물, 허약한 말, 여윈 칠면조, 비비 꼬인 털을 가진 양, 젖을 많이 내지 못하는 소 ……, 이런 개체를 번식시킬 이유는 없다. 수 세대에 걸쳐 이런 선택을 반복하는 과정에서 인류는 자신이 번식을 관리하고 있는 동식물에 유전이라는 현상이 있다는 사실에 흥미를 가지게 되었다. 자연 그 자체도 이런 선택을 도왔다. 자연은 스스로 다른 종(種)보다 뛰어난 적응도를 나타내는 동식물을 선택해 왔다. 이처럼 운 좋은 생물은 우선적으로 재생산되어 많은 자손을 후세에 남기고, 시간이 흐르면 완전히 경쟁 상대를 대체하게 된다. 사육할 때 인위적으로 이루어지는 이런 선택 과정은 자연선택이 어떻게 이루어지는지를 쉽게 이해하게 해 준다.

많은 개체들을 먹여 살릴 수 있는 자연 환경의 능력, 이른바 '부양 능력'에는 필연적으로 한계가 있게 마련이다. 생물의 수가 늘어남에 따라 모든 생물이 다 살 수는 없게 된다. 따라서 부족한 자원을 둘러싸고 냉혹한 생존 경쟁이 벌어진다. 관찰자의 평범한 눈에는 분간하기조차 힘든 극히 작은 능력의 차이가 생물의 '생과 사'를 가르는 분기점이 된다. 자연선택은 생물을 걸러 내는 거대한 '체'이다. 압도적 다수 중에서 선두에 서는 극소수만이 그 체를 통과해서 그 유전적 형질을 다음 세대에 남기도록 허락받는다. 자손들의 유전자 구성을 정하는 과정에서도, 자연선택은 그 어떤 냉정하고 고집스러운 인간 사육가도 따라올 수 없을 만큼 냉혹하고 무자비하다. 동물을 가축으로 사육한 역사가 고작 수천 년인 데 비해 자연선택은 수십억 년 동안 끊임없이 생물에 작용해 왔다.

한 예로 인위선택에 따라 개에게 일어난 다양한 특수화를 생각해 보자. 그레이하운드나 보르조이(러시아 사냥개)는 늑대를 능가하는 속도로 달릴 수 있으며, 콜리(스코틀랜드 원산의 양치기 개)는 양치기에, 비글과 포인터, 세터는 사냥에 이용된다. 래브라도 레트리버는 어부가 그물을 회수하는 것을 돕고, 맹도견(盲導犬)은 시각 장애인의 길잡이 역할을 한다. 범죄자를 추격하는 블러드하운드(영국산 경찰견), 굴속에서 여우나 토끼를 잡는 테리어, 경비 임무를 맡는 매스티프, 원래 전쟁용이었던 원종(原種) 발바리(오늘날에는 왜성(矮性) 계통이 남아 있을 뿐이다.) 등 이들은 모두 겨우 지난 2,000~3,000년에 인간이 개의 짝짓기에 간섭을 계속한 결과로 탄생한 품종이다. 다양한 품종의 콜리플라워(꽃양배추), 순무, 브로콜리, 싹양배추 그리고 오늘날 어디서든 흔하게 발견할 수 있는 풍성한 양배추들은 모두 공통의 야생종에서 만들어진 것들이다(개의 경우와 마찬가지로, 이런 채소도 서로 교배가 가능하다.).

자연의 힘에 따른 훨씬 엄격한 선택이 수백만 배나 긴 시간에 걸쳐 가해지는 것을 생각해 보자. 거기에는 "이런 개나 식물을 만들자."라는 특정한 목표를 갖고 의식적으로 손을 대는 육종가는 없다. 있다면 오직 맹목적이고 아무런 의지도 없이 변화해 가는 자연 환경의 변화뿐이다. 인위적인 선택을 '거대한 규모의 실험'이라고 한다면, 이런 자연선택의 실험 규모는 도대체 어떻게 표현하는 것이 적당할까? 훌륭하게 적응해서 오늘날까지 살아남은 지상의 다양한 생물들이 모두 자연의 냉혹한 '체질'이라는 선발 과정을 거쳐 오늘에 이르렀다는 이야기를 납득할 수 있는가? 확실하게 말할 수 있는 사실은, 지금까지 우리에게 알려진 바로는 자연선택이 생물을 자연 환경에 적응시켜 가는 유일한 과정이라는 점뿐이다.[3]

다윈의 『종의 기원』에는 다음과 같은 구절이 있다. 여기에서 다윈은 최초로 인위선택과 자연선택을 비교해서 논하고 있다.

가축화되거나 재배된 생물들에게서 발견할 수 있는 가장 괄목할 만한 특징 가운데 하나는 그들 자신의 의사와는 전혀 관계 없이, 인간의 용도에 따라 적응 방법이 결정된다는 점이다. 인류에게 유용한 변이 중에는 겨우 한 단계를 거쳐 단번에 이루어지는 것도 있을 것이다. 그러나 수레를 끄는 말과 경주용 말, 단봉 낙타와 쌍봉 낙타, 농경지용과 산간 목장용 등 여러 가지로 분류되는 양의 품종, 제각기 여러 가지 목적을 위해 사육된 여러 품종, 각기 다른 형태로 인간에게 도움이 되는 다양한 개의 품종을 생각해 보면 좋을 것이다. 수탉 중에는 한 번 싸우기 시작하면 불굴의 투지를 보이는 투계가 있는 한편, 좀처럼 싸우기 싫어하는 품종이 있고, 끊임없이 알을 낳으면서도 결코 알을 품으려 들지 않는 것도 있으며, 작고 우아한 밴텀닭과 같은 종류도 있다. 다양한 곡물, 채소, 과일, 관상용 식물, 계절에 따라 여러 가지 목적으로 이용되며 우리의 눈을 즐겁게 해 주는 아름다운 식물들도 있다. …… 나는 그런 다양성에 단지 '변화하기 쉬움' 이상의 무언가가 있다고 생각한다. 모든 품종이나 계통들이 오늘날과 같이 완벽하고 유용한 모습으로 느닷없이 나타났다고 생각할 수는 없다. 우리는 종(種)의 역사를 통해 절대 그렇지 않다는 사실을 잘 알고 있다. 가장 중요한 요소는 선택을 반복해 온 인류의 '힘'이다. 자연은 인류에게 끊임없이 변이를 제공해 주었고, 인류는 그런 변이에 유용성이라는 방향성을 더해 주었다. 이런 의미에서 인간은 스스로 유용한 품종을 만들어 왔다고 할 수 있다.

자신이 가지고 있는 동물들 중에서 가장 열등한 개체를 번식용으로 사용할 사람은 아무도 없을 것이다.

가축들을 번식시킬 때 어미와 아비의 어떤 형질이 새끼에게 전해진다는 사실을 전혀 고려할 수 없을 만큼 미개한 야만인이 있다면, 그럴 수도 있을 것이다. 그러나 어떤 특정한 목적에 부응하는 유용한 동물은 기근이나 그 밖의 재난을 겪으면서도 세심하게 유지되어 왔다. 일반적으로 이렇게 선택된 개체는 그보다 열등한 다른 개체보다 많은 자손을 남긴다. 따라서 이 경우에도 일종의 무의식적인 선택이 이루어지고 있는 것이다.

인간에 의한 선택은 변이를 눈으로 확인할 수 있는 경우에만 행해진다는 특징이 있다.

(자연계에서는) 유리한 개체차(個體差)와 변이가 보존되고, 해로운 변이는 소멸되고 만다. 나는 그것을 자연선택 또는 적자생존이라고 불렀다. 유리하지도 불리하지도 않은 변이는 물론 자연선택의 대상이 되지 않을 것이다.

잎을 먹는 곤충은 초록색이고, 나무껍질을 먹는 곤충은 회색 반점이 있다. 알프스와 같은 고산 지대에 사는 뇌조는 겨울이 되면 흰색이 되고, 홍뇌조는 히스와 같은 연자주색이 된다. 이런 색의 변화는 생물들이 위험으로부터 몸을 지키는 데 도움이 된다고 믿어지고 있다. …… 바람을 이용해 종자를 좀 더 널리 퍼뜨려 식물에게 유리한 변이 역시 자연선택에 따른 것임을 상상할 수 있다. 목화나무를 재배하는 사람이 자신의 목화나무의 꼬투리 속에 들어 있는 목면의 솜털을 인위선택을 통해 개량하고 증산할 수 있다는 사실 역시 어렵지 않게 이해할 수 있다.

가축화의 과정에서 극히 효율적이었던 원리가 자연계에서 제대로 작동하지 않을 이유는 없다. 자연계에서 끊임없이 반복되는 생존 경쟁을 이겨 낸 개체나 종족을 통해, 우리는 훨씬 강력하고 지속적인 선택의 형식이 있음을 알 수 있다. 어떤 생물이든, 개체가 기하급수적으로 증가한 후에는 불가피하게 생존 경쟁이 뒤따른다. 이상 기후가 계속되거나 새로운 토지에 정착한 경우에, 동식물의 개체 수가 급격하게 증가하는 것은 계산상으로도 분명하다. 살아남을 수 있는 범위를 넘어선 개체들 중에서 어느 개체가 살고 어느 개체가 죽을지, 어느 계통이 번성하고 어느 계통의 숫자가 격감해서 결국 멸종에 이르게 될지는 선택이라는 천칭의 모래알만 한 추가 어느 쪽에 놓이느냐에 따라 결정된다. 어느 시기, 어느 계절에 경쟁 상대보다 극히 작은 유리한 성질을 가지고 있는 개체, 그 환경에서 살아남기에 조금이라도 적합한 개체는 비록 현재는 소수일지라도 긴 시간의 흐름 속에서 결국 '천칭'의 기울기를 역전시켜 살아남게 될 것이다.[4]

《린네 협회 회보(Linnaean Society Proceedings)》에 실린 1858년의 논문에서, 다윈은 "수백만 세대에 걸쳐' 자신이 원하는 특정한 형질만을 단 한 차례의 실수도 없이 계속 선택해 온 사람이 있다고 가정해 보라고 말한다. 자연선택은 그런 선택이 이루어질 수 있었던 무언가가 분명 존재했음을 — 물론 그렇다고 어떤 인격적 존재가 있었음을 말하는 것은 아니다. — 입증하고 있다. 진화를 위해서는 "거의 무한에 가까운 시간이 필요하다."라고 그는 말한다.

다윈은 끝없이 계속되는 자연선택이야말로 다양한 생물을 낳고 새로운 종을 탄생시키는 원동력이 되어 왔다고 주장한다. 예를 들어 기린의 경우, 간혹 일어난 유전적인 변이에 따라 조금씩 목이 길어진 것은 나무의 높은 가지에 달려 있는 잎을 따 먹기 위해서라고 한다. 그 덕분에 먹이가 부족한 시기에 다른 기린들보다 충분한 먹이를 확보할 수 있고, 결과적으로 목이 짧은 동료보다 많은 자손을 남길 수 있게 되었다는 것이다. 그는 여러 가지 생활 형태를 가지는 생물들이 느린 속도로 탄생하고, 나뉘어 갈라지고 때로는 하나로 합쳐지면서, 자연계에 대한 탁월한 적응형을 획득해 나가는 과정을 일목요연하게 보여 주는 거대한 계통수를 그려 보인 것이었다.

그는 "단순하기 짝이 없는 최초의 생명에서, 그토록 아름답고 훌륭한, 거의 무한할 만큼 다양한 형태로 펼쳐질(evolved) 수 있었던 과정은 장엄하기까지 하다."라고 생각했다.

추론을 계속해 나가면 모든 동식물이 단 하나의 원형(原型)에서 파생했다는 생각에 도달하게 된다. 나의 추론이 잘못된 것일지도 모르지만, 모든 생물들은 화학적 조성, 세포의 구조, 성장의 법칙성, 유해한 영향을 받기 쉬운 경향성 등 여러 측면에서 많은 공통점을 가지고 있다. 자연선택을 통해 다양한 형태가 탄생할 수 있다는 원칙에 선다면, 동물이나 식물 모두 그보다 낮은 단계의 미숙한 중간형의 선조로부터 진화해 왔을지 모른다는 주장도 받아들일 수 있게 된다. 그리고 이런 전제를 받아들인다면, 지상의 모든 생물이 어느 특정한 원시 생물에서 비롯된 것이라는 사실 또한 인정하지 않을 수 없다.

그러면 그 원시 생물은 어떻게 태어난 것일까? 1871년 다윈은 그의 벗 후커에게 그런 상상을 담은 편지를 썼다. "따뜻한 작은 연못이 인산(燐酸), 빛, 열, 전기 등 모든 조건을 갖추고 있다고 하자. 그래서 가령 단백질이 합성되고, 좀 더 복잡한 변화로 이어질 준비가 이루어졌다고 가정해 보자(이 얼마나 엄청난 가정인가!)."[5]

만약 이런 과정이 실제로 이루어질 수 있다면, 같은 일이 오늘날 우리 눈앞에서 벌어지지 않는 까닭은 무엇일까? 다윈은 스스로 한 가지 가능성을 예견했다. "현대에서 이런 물질은 생명을 발생시키기 이전에 다른 생물에게 먹히거나 흡수되어 버릴 것이다." 다윈의 견해에 덧붙이자면, 오늘날 우리는 원시 대기에 산소 분자가 없었다는 사실이 유기 분자가 형성되어 살아남는 데 도움을 주었음을 알고 있다(더욱이 당시에는 하늘에서 지상으로 떨어지는 유기 분자의 양도 태양계가 정돈되고 질서 있는 모습을 갖추게 된 현재보다 훨씬 많았다.). 실험을 통해, 작고 뜨거운 연못 또는 그와 비슷한 장소에서 쉽게 아미노산이 만들어진다는 사실이 밝혀졌다. 극히 적은 에너지만 공급해도, 아미노산은 빠른 속도로 결합해 '단백질 화합물'과 같은 물질이 된다. 그와 비슷한 실험으로 간단한 핵산도 만들 수 있다. 이런 측면에 한정한다면, 다윈의 생각은 현재로서는 상당히 많은 부분이 확인되었다고 할 수 있다. 아직까지 생명의 기원을 완전히 이해할 수는 없지만, 최소한 초기의 지구에 생명의 재료가 풍부하게 있었다는 사실은 분명히 알 수 있다. 그러나 우리 인류는 이제 그 문제를 조사하기 시작한 정도에 불과하다.

미리 예상했듯이, 『종의 기원』의 출판은 찬반 양론의 엄청난 반향을 불러일으켰다. 출판 직후에 열린 영국 과학진흥협회 회의에서도 논쟁의 회오리가 불었다. 그 주된 쟁점을 알려면 당시의 문헌 자료를 뒤져 보는 것이 최선의 방법일 것이다. 당시의 잡지는 대개 월간으로, 픽션과 논픽션, 산문과 운문, 정치, 철학, 종교, 과학 등 폭넓은 분야를 두루 취급했다. 그중에는 20쪽이 넘는 서평도 눈에 자주 띄었다. 대부분은 해당 분야의 저명인사가 집필했지만, 거의 대부분 서명이 들어 있지 않았다. 지금으로 따지면,《타임스》의 「문예 부록(Literary Supplement)」이나《뉴욕 북 리뷰(The New York Review of Books)》와 비슷한 성격이라고 할 수 있겠지만 그와 유사한 영어로 된 출판물은 오늘날에 비해 훨씬 적었다.

《웨스트민스터 리뷰(The Westminster Review)》1860년 1월호는 다윈의 책이 역사적으로 매우 중요하다는 것을 인식하고 있었다.

자연선택에 의해 생물의 형태가 변해 간다는 원칙이 다윈 씨에 의해 제기될 만큼 인정되었다면 …… 아직 아무도 발을 들여놓지 않은 광대한 연구 분야가 새롭게 열리는 셈이다. …… 분류라는 작업은 자연히 계통학이 되고, 진정 만물 창조의 계획이라 불릴 만한 그 무엇을 우리에게 주

게 될 것이다.[6]

그러나 《에든버러 리뷰(*The Edinburgh Review*)》 1860년 4월호의 서평(해부학자인 리처드 오언(Richard Owen)의 서명을 뺀 채 비판을 게재했다.)은 호의적이지 않았다.

> 원래 벌레의 기원을 해명하기 위한 시도에서 비롯된 이론을 인류의 기원이라는 고차원적인 문제에 응용하는 것은 적절치 않다. …… 스스로 영혼이 결여된 타락한 야수임을 절반은 자인하고 있는 그에게는, 비록 가능성이 낮다 하더라도, 하등한 생물 종의 시작을 좀 더 알기 쉽게 설명하려는 생각은 없는 것 같다. 그러기는커녕 자신의 존재를 조물주와 관련 지어 보기까지 하니, 그럴 필요조차 없는 모양이다. …… 다윈 씨가 우리에게 보여 준 것은, 지적인 문제로서는 …… 거의 무가치한 것이고, 그것을 입증할 만한 것은 자아도취 격인 그 자신의 확신 이외에는 없다.[7]

계속해서 평자는 자신의 자아도취 격인 사상 신조로 지적 세계를 교란시키지 않고 입증에 의해 학문을 풍부하게 만드는 과학자를 높이 칭송했다. 따라서 "자연에 대해 피상적이고 산만한 지식밖에 갖지 못한" 다윈은 확실히 그 대극에 위치한 인물이었다.

오언은 이집트의 분묘에 미라로 보존되고 있던 아프리카검은따오기(고대 이집트 인들이 신성시한 새—옮긴이)와 고양이 그리고 악어에 관한 퀴비에의 연구에 큰 영향을 받고 있었다. "이런 개체들이 미라가 되고 …… 수천 년이 경과하는 동안 …… 종(種)을 특징 짓는 주요 형태는 전혀 변하지 않았다."라는 것이다. 그는 단순한 사변에 의존하는 다윈의 설에 비해, 퀴비에가 보여 준 자료는 훨씬 높은 가치를 가진다고 말했다. 그러나 미라로 남아 있는 고대 이집트의 동물들이 지상을 활보했던 때는, 지질학적 시간 척도에서 본다면 그야말로 눈 깜짝하는 정도의 과거에 불과하다. 수백만 년을 필요로 하는 주요 형태 변화가 일어나기에는 지나치게 짧은 시간이다. 오언의 비평은 화려한 문구의 조롱과 비난으로 가득 차 있었다. 그는 계속해서 이렇게 말했다. "평범한 사고방식은 증거를 필요로 한다는 점에서 지루한 논의로 흐르기 쉽다. (진화론자처럼) 금단의 지식이라는 마약에 빠져들어가고 있는 사람은 그와는 다른 견해를 가진 탁월한 전문가가 인간을 돼지로 변신시키는 키르케(오디세우스의 부하에게 마법의 술을 마시게 해 돼지로 변신시킨 마법사—옮긴이)의 마법 술잔을 빼앗는 것이 온당할 것이다."

다른 평자는 좀 더 본질적인 문제에 대해 반론을 폈다. 지금까지 알려진 유익한 돌연변이나 유전적인 변화의 실례는 없다는 것이다. 당시까지 공룡이 출현하기 이전의 지질 시대에 생명이 존재했다는 증거는 밝혀지지 않았다. 그렇지만 공룡 이전에도 장구한 시간의 경과가 있었다는 추측에 의존하지 않을 수 없었던 다윈은 한 종과 다른 종의 과도기적인 형태는 분명 존재하며, 단지 그 화석이 발견되지 않았을 뿐이라는 설명을 시도했다. 다윈은 화석 증거의 결여가 자기 이론의 최대의 문제점이라는 사실을 잘 알고 있었다. 그러나 그는 유전 변화나 돌연변이에 필요한 시간에 대해 세상은 너무나 무지했다고 강조했다(다른 한편 그는 "나의 사고방식에 반대하는 사람들이, 야생의 개에서 그레이하운드나 불도그에 이르는 모든 중간형을 보여 줄 수 있다면, 나도 과도기적 형태의 화석을 보여 주겠다."라고 말하기도 했다.). 그 후 염색체와 유전자(그 실체는 핵산이다.)에 의한 유전 법칙이 해명되었을 뿐만 아니라 그 상세한 분자적인 구조까지 밝혀지게 되었다. 오늘날에는 하나의 분자가 다른 분자와 치환되어 일어나는 돌연변이 과정도 실증되고 있다. 화석 증거도 공룡 시대 이전으로 확대되었고, 단편적이긴 하지만 35억 년 전의 생명의 모습도 들여다볼 수 있게 되었다. 인위선택에 대해 철저히 조사했지만, 다윈은 야생종에 관해서는 자연선택의 역사를 보여 주는 단 하나의 실례도 발견할 수 없었다. 그러나 오늘날 우리는 이미 수백 종 이상의 증거를 가지고 있다.[8] 물론 화석 증거는 아직도 불충분하다. 그리고 진화의 주요 경로를 충분히 보여 줄 수 있는 정도는 아니지만, 과도기적 형태를 가지는 화석의 존재도 알려지게 되었다. 파충류와 조류의 중간 계통에 해당하는 시조새(*Archeopteryx*)의 발견 등이 그 대표적인 예이다. 게다가 다윈 시대의 과학에서는 앞으로 그런 학문 분야가 탄생할 것이라는 예측조차 할 수 없었던 분자 생물학에서도, 앞에서 살펴보았듯이, 진화의 좀 더 강력한 직접적인 증거가 나타나기 시작했다.

《노스 아메리칸 리뷰(*The North American Review*)》 1860년 4월호의 서평은 어눌한 궤변으로 다윈에 대한 반박을 시도했다. "진화에 필요한 장구한 지질 연대"란 사실상 "무한"이라는 말과 다르지 않다는 것이다. 분명 다윈의 수학 용어 사용법에는 모호한 구석이 있었다. 평자는 한 발 더 나아가 "다윈이 이야기하는 연대의 개념과 수학적으로 엄밀한 의미에서의 무한이라는 용어는 비록 약간의 차이가 있다고 하더라도 그 차이는 거의 무시할 수 있는 정도이다."라고 주장한다. '무한'이라는 개념은 과학이 아니라 형이상학에 속한다는 것이다. 인간으로서는 무시도 이해도 불가능한 '무한'을 근거로 한 이상, 진화론은 과학의 문제가 아니라 형이상학의 문제라는 것이 평자의 결론이다.[9] 그런데 마지막 지적은 평자 자신에게도 화살이 돌아간다. 가령 두 개의 수(數)가 있다고 하자. 극히 큰 수와 작은 수라고 할 때, 이 둘은 무한에서 각기 같은 거리만큼 떨어져 있다. 따라서 45억 년이라는 것도 매우 한정된 범위의 연대이고, 실제로는 진화라는 관점에서 '무한'이라는 문제가 끼어들 여지가 없다. 이런 주장(다른 비판도 마찬가지이지만)이 쓰고 있는 어색한 탈은 당시 사람들이 다윈의 사고방식을 배제하고 싶어 얼마나 안달이었는지 알려 준다(특히, 사람까지 포함하는 모든 생물이 현재도 진화를 계속하고 있고, 먼 미래에는 우리의 자손이 사람이라고 부를 수 없는 다른 생물로 변할지도 모른다는 만년의 다윈의 지적은 그에게 동정적인 평자들에게까지도 지나친 비약으로 간주되어 백안시되었다.).

《런던 쿼터리 리뷰(*The London Quarterly Review*)》1860년 7월호는「다윈의 『종의 기원』에 대해서」라는 제목의 기사를 게재했다. 그 잡지에서 다윈은 비록 익명이었지만 그의 논적인 영국 국교회의 옥스퍼드 주교 새뮤얼 윌버포스(Samuel Wilberforce)에게 엄한 질책을 받았다. 그는 여러 가지 내용에 두루 비난의 화살을 퍼부었지만, 특히 "방종에 가까운 무절제한 억측"과 "남용된 사색의 자유"가 강한 지탄의 대상이었다. 마지막으로 주교는 "자연에 대한 접근 방식" 전체에 대해 다음과 같이 선고했다.

> 인간 지성의 가장 숭고한 계몽가이자 정신 형성의 지도자이기도 한 고매한 과학의 수준을, 확실한 사실이나 관찰에 기초를 두지도 않은 채 단순한 상상의 게으른 유희라는 형편없는 수준으로 떨어뜨리는 것은 자연 과학 전체에 대한 모독이라고 할 수밖에 없다.

뿐만 아니라 다윈은, 마법의 지팡이를 흔들어 "확고한 진실"을 왜곡하고, "수억 년이라는 시간이 흐른다면, 이 모든 변화가 가능하지 않겠는가?"라고 한 발언에 대해서도 강한 비난을 받았다.

그 말 속에 내재해 있는 무시무시한 함축은 다윈이 "인간"이란 "조금 현명한 원숭이"에 불과한 존재라고 말하는 것과 다름없었다(이 점에 관한 한 윌버포스는 핵심에서 크게 벗어나지 않은 셈이다. 그의 추측은 다윈의 생각과 거의 일치했다.). 자연선택이 인류에게 적용될 수 있다는 생각은 "신의 가르침"과는 "절대 양립할 수 없는" 것으로 필연적으로 비난의 대상이 될 수밖에 없었다. 인류에게 신이 내려준 우월성, 언어를 이용해 명확하게 의사를 전달하는 능력, 이성으로 판단하는 천성, 자유 의사와 책임감, 타락과 구원, 하느님이 예수로 나타나는 성육화(聖肉化), 신의 뜻의 내재……, 이 모든 것들은 신의 형상을 따라 지어지고 하느님의 아들 예수에 의해 구원을 받은 인간의 기원을 짐승으로 비하하려는 다윈의 사고방식과 절대 양립할 수 없는 것이었다. 진화라는 사고방식을 인정한다면, "전능한 신의 속성 대부분이, 우리 마음속에서 추방될 수밖에" 없는 것이다. 윌버포스는 다윈의 관점을 "독기(毒氣)를 흡입한 사람이 가질 수 있는 광기에 가까운 영감"에 비유했다. 윌버포스는 다윈의 견해를 "훨씬 뛰어난 철인"들의 견해에 견주어 비판했다. 우리의 주제에서 조금 벗어나긴 하지만, 마치 10대를 타이르는 듯한 오언의 말을 인용해 보자.

> 오! 활력 넘치는 젊음의 소유자인 여러분, 하느님이 당신 편에 계신다는 말이 무엇을 의미하는지 곰곰이 생각하길 바랍니다. 여러분에게 주어진 평생 한 번뿐인 활력을 쓸데없이 낭비하지 마십시오. 감정에 치우쳐 그 싹을 죽이지 말고, 쾌락에 탐닉해 소중한 보물을 망치지 않도록 하십시오. 만물을 창조한 지상(至上)의 작품은 모든 동물 가운데 오직 하나, 자유롭게 사용할 수 있는 직립(直立)의 신체를 가지고 있는 당신 자신의 몸입니다. 그러면 인간은 왜 직립할 수 있을까요? 정신을 자유롭게 사용하기 위함입니다. …… 그 명예를 결코 더럽혀서는 안 됩니다.[10]

《노스 브리티시 리뷰(*The North British Review*)》의 1860년 5월호 서평 역시 적의를 드러내기 시작했다. "악명 역시 저작의 성공을 의미한다면, 다윈 씨는 충분한 성공을 거둔 셈이다." 이 글에서 다윈은 "비록 멀더라도 자신이나 독자와 각각의 신을 직접적으로 연결시켜 주는 존재인 자연에 대해 의심에 가득 찬 견해를 가지고 있는 것으로 생각되는" 저자들과 같은 부류로 치부되고 있다. 그 밖의 여러 부정적인 평론과 마찬가지로, 이 글도 다윈의 자연 관찰자로서의 업적과 명성을 인정하고 그의 탁월한 자세를 칭송하고 있다. 그러나 결국 다윈은 "돌팔이"이고 "조물주가 만물을 지배한다는 사실을 믿지 않는" 대역죄인이며, "얼핏 보기에는 심원한 것처럼 보이는" 그의 저작도 "단순한 암흑의 깊이"에 불과한 것으로 치부된다. "올림포스 산 너머 아득한 저쪽 어딘가"에 "저자들이 신봉하고 신이 앉아 있는" 왕좌를 새롭게 만들어 놓았다고 비난받았다. 그 '신'이란 자연선택 자체를 지칭하는 것이다. "비록 이단이기는 하지만, 그 '가능성'은 다른 어느 신보다도 훨씬 높은 것이다. 다윈 씨가 한 일은, 하느님의 지으심에 대한 연구와 귀납적 검증으로 얻어진 정통적인 자연 신학과 정면으로 대립한다. 창조주 자신이 성서 속에서 이야기한 모든 진실의 기록이 이제 심각한 모독의 위기에 처해 있다." 《노스 브리티시 리뷰》에 실린 글은 이렇게 결론 맺고 있다. 나아가 평자는 『종의 기원』의 출판 자체가 "잘못"이었다고 단언한다. "책이라는 형태로 발간하는 대신, 가령 「1720년의 과학적 사색에 대한 일 고찰」과 같은 제목을 붙여 논문으로 발표하는 편이 저자의 명성을 위해서도, 과학 그 자체를 위해서도 훨씬 낫지 않았을까?"라는 평자의 말은 그가 다윈의 주장을 시대에 뒤떨어진 케케묵은 생각으로 치부했음을 잘 보여 주고 있다.[11]

마치 마술처럼 혼돈 속에서 질서를 이끌어 내는 자연선택이라는 과정은 많은 사람들의 직관에 반하는 동시에 그들에게 혼란을 주었다. 따라서 다윈은 끊임없이 우상 숭배자와 같은 부류로 비난당했다. 그는 그런 비난에 대해 다음과 같은 말로 응수했다.

> 내가 자연선택을 능동적인 힘이나 심지어 신과 동격인 무엇인 양 주장했다는 말이 떠돌고 있다. 그러나 인력이 행성의 운동을 지배하는 본질이라고 말하는 저자에게 이의를 제기할 사람이 누가 있겠는가? 원래 비유란 표현을 간결하게 만들기 위한 것이고, 그것이 무엇을 의미하고 무엇을 암시하는지는 누구라도 알 것이다. 따라서 '자연'이라는 말의 의인화는 피할 수 없다. 그러나 내가 '자연'이라는 말을 사용할 때 그 의미는 단순히 수많은 자연 법칙의 작용과, 그것에 따른 결과의 집적에 불과하다. 그리고 '법칙'이란, 우리가 두 눈으로 확인할 수 있는 일련의 사건을 뜻하는 것에 불과하다. 이런 맥락을 이해한다면, 나를 향해 퍼부어지는 표면적인 반대는 어느 정도 불식될 수 있을 것이다. ……
>
> 인간은 무의식적이지만 나름대로의 규칙에 의거한 선택이라는 수단을 통해 엄청난 성과를 얻을 수 있고, 지금까지 실제로 그렇게 해 왔다. 자연선택의 영향 역시 그와 마찬가지가 아닐까? 사람은 눈에 보이는 외부 형태만을 선택의 대상으로 삼아 왔다. '자연'은──여기에서 나는 종(種)의 보존과 적자생존을 의인화할 뿐이다.──사람과는 달리, 그것이 어떤 생물에게 유용성을 갖지 않는 한, 외관에는 아무런 관심도 두지 않는다. 그 대신 유용한 것이라면, 내부의 기관, 여러 가지 체질의 차이, 기능 등 밖에서는 보이지 않는 모든 것이 그 대상이 된다. 다시 말하거니와 인간은 자신의 이익을 위해 인위선택을 계속해 왔다. 반면 '자연'은 있는 그대로 선택을 계속해 왔다. ……
>
> 조금 비유적으로 이야기하자면, 자연선택이라는 메커니즘은 매일 매

시각 전 세계에서 나타나는 극히 작은 변이까지 세밀히 찾아내서, 나쁜 형질을 배제하고, 좋은 형질은 보존하고 새롭게 첨가한다. 자연은 묵묵히 알아차릴 수 있을 만큼 느린 속도로 자신의 작업을 계속한다. …… 충분히 긴 시간이 지나지 않는 한 우리는 현재의 생명 형태가 과거의 그것과 어떻게 다른지 식별할 수 없다. 그리고 과거의 지질 시대의 모습을 완전히 알 수도 없다. 말할 수 있는 것은 오직, 현재 살아 있는 생물의 형태는 과거의 그들의 모습과는 다르다는 사실뿐이다.

다윈은 목적론자라는 비판을 받기도 했다. 다윈의 주장에 따르면, 자연은 일정한 장기적인 목표를 가지고 작업을 진척시키고 있다고 생각할 수 있기 때문이다. 그리고 그와는 정반대로 임의적이고 맹목적인 변이가 핵심적인 역할을 하는 자연을 구축하려 한다는 비판을 받기도 했다(천문학자인 존 허셜은 이것을 "뒤죽박죽 법칙(The law of higgledy-piggledy)"이라고 불렀다.). 사람들은 자연선택이라는 개념을 이해하는 데 큰 어려움을 겪었다. 다윈이 연구를 시작한 동기, 진지함, 공정함, 더욱이 그의 재능까지 의문시될 정도였다. 그런 비판자들은 다윈이 행한 논의의 내용이나 자신의 이론을 뒷받침하기 위해 축적해 놓은 엄청난 양의 사실이 가진 위력을 알지 못했다. 비판자들 중에는 당대의 저명한 학자들이 상당수 포함되어 있었는데, 가장 슬픈 일은 한때 그의 지질학 스승이었던 세지윅도 그중 한 사람이었다는 사실이었다. 세지윅이 다윈의 가설을 받아들이지 않은 이유는 다윈의 주장이 증거에 의해 뒷받침되지 않았기 때문이 아니었다. 그런 사실을 인정한다 하더라도, 인간의 지위를 저하시키고 영혼의 존재가 부정되고 신과 도덕이 경시되는 한편, 원숭이나 벌레들, 나아가 원시 바다의 진흙의 지위가 향상되는 인간 부재의 처지에 도달하게 될 것이라는 우려가 진정한 반대 이유였을 것이다. 토머스 칼라일(Thomas Carlyle)은 진화론을 "진흙 더미의 복음서(Gospel of Dirt)"라고 불렀다.

이처럼 윤리적·신학적 측면에서 쏟아진 비판에 대해 다윈이나 헉슬리와 같은 학자들은 어쩔 도리가 없었다. 천문학의 세계에서는 더 이상 천사가 행성들을 태양 주위로 돌게 만든다는 말을 믿는 사람은 아무도 없었다. 인력의 세기는 거리의 제곱에 반비례하고 뉴턴의 운동 방정식이면 모든 문제가 해결되기 때문이었다. 그렇지만 아무도 뉴턴의 운동 방정식이 '신의 존재'를 부정한다고는 생각하지 않았다. 뉴턴 자신은, 살아 있을 때 개인으로서는 삼위일체설에 의문을 느끼고 있었지만, 기본적으로는 전통적인 그리스도교도였다. 만약 필요하다면 자연의 법칙을 관장하는 것은 신이고, 그것을 2차적으로 변하게 만드는 것도 신의 뜻이라고 가정할 수 있다. 생물학에서는 돌연변이와 자연선택이 이런 원인들에 해당할 것이다(그러나 중력의 법칙을 신의 뜻으로 숭배한다면 많은 사람들이 불만을 느낄 것이다.).

논쟁이 몇 년 동안 계속되면서, 처음에는 낯설었던 자연선택이라는 개념도 점차 익숙해져 갔고 사람들이 받던 위화감도 점차 덜해졌다. 점차 많은 과학자, 문학자, 심지어는 일부의 성직자들까지 다윈 편으로 가세하게 되었다. 그러나 아직 모든 사람이 다윈 편이 된 것은 아니었다. 11년 전, 윌버포스의 익명의 통렬한 비판 문서를 게재했던 《런던 쿼터리 리뷰》의 1871년 7월호는 여전히 낡은 관점을 고수하고 있었다. "자연선택이 유용한 변이를 보존하는 방향으로만 작용하는 이유는 도대체 무엇인가? 그런 작용을 맹목적인 힘이라고 부를 수는 없을 것이다. 그것이 가능하기 위해서는 정신이 개입되지 않고는 불가능하다." 이 기사는 진화와 자연선택뿐만 아니라 당시 막 발견되었던 ─ 오늘날에는 근대 물리학의 기본 원리 중 하나인 ─

'에너지 보존의 법칙'까지도 거부하고 있었다.[12]

후일 자연선택이라는 사고방식이 좀처럼 받아들여지지 않았던 배경에 깔려 있던 일종의 잠재적인 감정을 극작가인 조지 버나드 쇼(George Bernard Shaw)는 다음과 같이 생생하게 표현했다.

> 다윈이 말하는 자연선택의 과정은 우연의 연속이라고 표현할 수 있을 것이다. 따라서 여러분은 처음에는 그것이 의미하는 내용을 제대로 이해할 수 없을 것이다. 그러나 그 중요성을 모두 이해하게 되었을 때, 당신의 기분은 마치 마음속에서 커다란 모래 산이 무너지듯 깊이 가라앉게 될 것이다. 그것은 무서운 운명론의 세계이다. 일순간 주위의 경관을 뒤바꾸어 놓는 눈사태나 사람의 몸뚱어리를 갈기갈기 찢어 놓는 철도 사고처럼 간혹 일어나는 큰 변화 앞에서는 아름다움도 지성도, 정신력도 의지도, 명예도 야심도 가치를 잃는다. 이것을 '자연선택'이라 부르는 것은 신에 대한 불경이다. 자연이란 죽어 있는 비활성 물질의 우연한 집적물에 불과하다고 생각하는 사람들이라면 모르지만, 바른 지성을 가진 사람의 영혼과 정신에는 영원히 받아들여질 수 없는 성질의 것이다. …… 만약 이런 선택으로 순록이 기린으로 변할 수 있다면, 아메바들이 가득 들어차 있는 연못이 어느새 프랑스 학술원으로 변하는 사태도 벌어질 수 있을 것이다.[13]

매우 훌륭한 문장이다. 그러나 그러한 "죽어 있는 비활성 물질" 속에 40억 년 이상 계속되어 온, 꿈에도 생각할 수 없는 어떤 힘이 숨어 있다면? 이런 반론은 자연선택의 철학적·사회적인 함의에 대해서만 화살을 겨눌 뿐(별다른 설득력을 갖추지도 못한 채), 그 과학적 증거의 존재를 문제로 삼은 것은 아니었다.

많은 자본가들을 포함해서 다윈을 적당하게 이해하는 사람들은 오늘날까지 자연선택을 인간 세계에 응용하면 빈자나 약자가 받고 있는 억압을 정당화할 수 있을 것이라는 등 제멋대로 자기 주장을 펴고 있다. 그리고 한편에서는 순진한 성서 학자와 환경 보호에 대한 관심이 부족하다고 비난당하는 일부 공무원들이 인간 이외의 생물의 멸종은 "어쨌든 세계는 곧 종말을 맞이하게 될 것"이라는 이유와, "인류가 만물의 …… 우위에 선다는 사실은 「창세기」에 씌어 있다."는 등의 이유로 아전인수 격으로 합리화했다.[14] 이런 식의 오해에 근거해 위험한 결론을 내리게 되면, 진화론이든 성서든 그 어떤 책도 가치를 잃을 수밖에 없을 것이다.

1870~1880년대가 되자 다윈에 의해 계속 축적된 증거들에 힘입어 많은 사람들이 마음을 바꾸게 되었다. 여러 평론들도 "자연선택의 작용의 확실성", 나아가 인간이 그보다 하등한 다른 동물로부터 진화했다는 사실까지 인정하기에 이르렀다.[15] 그러나 1871년에 발간된 『인간의 유래』의 일부 결론에는 다윈에 대한 가장 호의적인 평자들까지도 참아 낼 수 없는 내용이 들어 있었다. 이때부터 논쟁은 완전히 새로운 국면으로 접어들게 되었다.

> 우리는 (동물이) 그들 자신의 존재를 인식하거나 사물의 본질과 그 유래를 고찰할 만큼의 능력을 가진다고는 믿지 않는다. 우리는 동물들이 자신들이 알고 있다는 사실을 안다거나, 그런 과정에서 스스로를 인식한다고 생각하지도 않는다. 다시 말해서 동물이 '이성'을 갖고 있다는 사실 자체를 부정하는 것이다.

이 새로운 논점에 대해서는 나중에 다시 다루도록 하자. 여기에서는 다윈의 주장이 더 잘 이해됨에 따라 진화에 대한 신학적인 유보(留保)들이 어떻게 아침 안개처럼 흩어져 갔는가를 살펴보는 것만으로 족하다. "내 인생의 후반부에 회의주의와 합리주의가 세상에 퍼졌다는 사실만큼 멋진 일은 없을 것이다."라고 그는 자서전에 쓰고 있다.[16]

오늘날 현실 세계에서 자연선택의 예는 수없이 알려져 있지만, 그 중에서 하나만 살펴보기로 하자. 그것은 비참한 조건에서 간혹 확인되고는 있지만, 인류의 이익과 직결된 문제로 매우 흥미 있는 문제이다. 말라리아는 전 세계의 약 절반에 이르는 사람들(제2차 세계 대전 직전까지는 세계 인구의 3분의 2에 해당했다.)이 살고 있는 지역에서 확인된 감염증으로, 적당한 약이 없는 지역에 사는 사람이나 자연 면역을 갖지 않는 사람에게는 목숨까지 위협할 수 있는 풍토병이다. 오늘날에도 연간 수백만 명이 이 병으로 목숨을 잃고 있다. 말라리아를 일으키는 원인인 말라리아 병원충은 대개 모기를 통해 사람의 혈류 속으로 들어가게 되고, 결국 허파에서 체내에 산소를 옮기는 적혈구 세포를 공격한다. 감염된 적혈구는 점착성을 갖게 되어 모세혈관 벽에 달라붙으며, 그 결과 병원충을 파괴할 수 있는 지라로 흘러 들어가는 혈류를 차단하게 된다. 이렇게 되면 병원충으로서는 가장 바람직한 상황이지만, 사람으로서는 최악의 경우가 된다.

그런데 열대 아프리카 지역처럼 말라리아 다발 지역에 사는 사람들은 말라리아 병원충에 대해 일종의 적응도를 가지고 있다. 이른바 '겸형(鎌型) 적혈구(낫 모양을 하고 있는 비정상 적혈구. 대개 피부색이 검은 사람들에게 나타나는 유전병이다.―옮긴이)'가 그것이다. 현미경으로 관찰하면 그 이름에서도 알 수 있듯이, 낫이나 초승달 비슷한 모양으로 생긴 적혈구가 보인다. 변형된 적혈구가 가느다란 바늘 모양의 극히 미세한 사상체(絲狀體)로 둘러싸여 있는 경우도 있다. 여기서부터는 어디까지나 상상에 불과하지만, 이 구조는 고슴도치의 바늘과도 같은 일을 할 것이다. 말라리아 병원충은 바늘에 찔려 상처를 입게 된다. 그리고 병원충의 점착성 단백질을 피할 수 있었던 적혈구는 상처 입은 말라리아 병원충을 지라로 보낼 수 있게 된다. 병원충이 사멸하면, 대부분의 적혈구는 감염 이전의 평온한 상태로 돌아온다.[17] 그러나 문제는 이런 형태의 적혈구를 만드는 유전자가 부모 쌍방으로부터 아이에게 전달되는 경우이다. 이 경우에 중증의 빈혈을 일으키거나 모세 혈관의 순환 장애를 일으키는 병의 원인이 되기 때문이다. 이것은 말라리아로 인한 죽음의 위험을 대부분의 사람들에게서 없애 주는 편이 일부 사람들이 심한 빈혈로 시달리는 쪽보다 나을 것이라는 식의 거래 결과라고 생각하는 편이 타당할 것이다.

17세기에 네덜란드의 노예 상인들은 서(西)아프리카 황금 해안(지금의 가나 공화국)까지 도달했다. 그곳에서 노예 상인들은 많은 노예를 사거나 새로 붙잡아 카리브 해의 큐라소나 남아메리카의 수리남이라는 네덜란드의 두 식민지로 보냈다. 그런데 큐라소에는 말라리아가 없었다. 따라서 그곳에 도착한 노예들에게 겸형 적혈구는 빈혈을 일으키는 원인만 될 뿐 아무런 도움도 주지 못했다. 반면 말라리아는 수리남의 풍토병이었다. 따라서 겸형 적혈구의 유전자 유무가 때로는 생사를 갈라 놓기도 했다.

3세기가 지난 오늘날, 두 곳의 노예 자손들을 조사하면 겸형 적혈구를 가진 사람이 수리남에 많은 반면, 큐라소에서는 거의 흔적도 찾아볼 수 없다는 사실을 알 수 있다. 큐라소에서는 이 적혈구가 '부(負)'의 선택을 받았고, 수리남에서는 서아프리카에서와 마찬가지로 '정(正)'의 선택을 받았기 때문이다. 인간처럼 번식 속도가 느린 생물에서도, 이 정도로 짧은 시간 동안 자연선택이 진행되었다는 사실을 알 수 있다.[18] 일정한 인간 집단에는 반드시 유전 소질의 '폭'이 있게 마련이다. 그런 소질 가운데 일부는 주변 환경이 만들어 내지만 나머지는 그렇지 못하다. '진화'란 유전과 환경이 함께 어우러지는 일종의 협조 작업인 것이다.

만년에 다윈은 자신이 '제1원인'을 만든 존재로 창조주를 믿는 유신론자라고 생각하고 있었다. 그러나 아직도 의심은 계속되었다.

> 가장 하등한 동물과 비슷한 정도의 정신에서 출발한——나는 그 점에 대해서는 추호의 의심도 하지 않는다.——인간의 정신이 이토록 훌륭한 지능으로 발전하게 될 날이 오리라고 누가 알았겠는가?[19]

진화론이 무신론을 뜻하는 것은 결코 아니다. 그러나 성서를 문자 그대로 해석하면 진화론과는 분명 모순된다. 만약 성서가 창조주의 말을 완벽한 속기사가 한 마디 한 마디 베껴 쓴 것이 아니라 누군가 일반인이 쓴 것이라면, 또한 신도 때로는 이야기를 알기 쉽게 풀기 위해 비유를 사용했을 수 있다고 가정한다면, 진화론은 아무런 신학적 문제도 불러일으키지 않을 것이다. 그러나 문제를 일으키든 일으키지 않든 간에, 균일 과정인 자연선택이 진화가 어떻게 이루어졌는가를 완전히 설명할 수 있는지 여부는 논외로 치더라도, 최소한 진화가 있었다는 증거만은 아무도 부인할 수 없다.

DNA의 분자 구조에 대한 연구에서 유인원이나 인간의 행동 연구에 이르기까지, 다윈의 관점은 근대 생물학의 근간을 이루고 있다.[20] 그 관점은 우리를 잊혀진 먼 선조들 그리고 지구에 함께 살았던 우리의 친척인 수백만 종의 생물들과 연결 지어 준다. 그러나 다윈의 사상이 여기까지 도달하는 데 들어간 '비용'은 막대한 것이었다. 특히 미국에서는 지금까지도 진정한 인간성이라느니 온갖 이유를 들어 아직도 그 '지불'을 거부하고 있는 사람들이 있다. 진화론은 설령 신이 존재한다 하더라도 신은 '2차 원인'으로 작용하거나 잡역부로 일하는 편을 더 좋아한다고 주장한다. 따라서 신은 삼라만상의 운행을 시작하게 만들고, 자연계의 법칙을 만들어 낸 다음에는 무대에서 퇴장한다. 절대적인 권력자가 사라진 후 그 권력은 대리인에게 위임된다. 인간이 자비를 간구하든 그러지 않든 간에, 신이 스스로를 구원하려는 인간의 노력을 방해하는 일이란 결코 없다. 따라서 설령 신이 있다 하더라도 아득히 먼 곳에 있는 것이다. 결국 인류는 스스로 자신의 길을 개척할 수밖에 없다. 우리가 느끼고 있는 마음의 아픔이나 진화의 존재를 믿고 싶지 않다는 기대를 설명하기에는 턱없이 부족할 것이다. 인간은 누군가가 계속 권력의 정점에 있다는 사실을 믿고 싶은 것이다.

모든 인류는 인류가 아닌 공통 조상으로부터 유래하는 같은 가계의 친척들이라는 다윈의 탁월한 민주주의적 사고방식은 종래의 상식의 범주를 뛰어넘는 것이었다. 그러나 차별주의에 물든 문명은 그의 시각을 왜곡해 엉뚱한 용도로 이용해 왔다. 백인 지상주의자들은, 피부에 멜라닌 색소가 많은 사람들은 피부색이 흰 인종보다 훨씬 원숭이에 가깝다는 주장을 펴는 데 다윈의 이론을 원용했다. 이 어처구니없는 주장 속에도 혹여 어떤 진리가 숨어 있을지 모른다는 일말의 불안을 품었을 인종 차별 반대론자들은 사람과 원숭이의 친척 관계에 대해서는 깊이 파고들지 않았다. 그러나 실제로는 두 가지 입장 모두 대동소이한 것이었다. 예를 들면 원숭이의 사회적인 관계를 대초원 지대나 고립된 집단에 선택적으로 적용할 수는 있어도, 중역 회의나 육군 사관 학교에 적용한다거나, 원로원이나 상원 의회, 버킹엄 궁전이나 미국의 백악관에 응용하는 일은 결코 허용할 수 없는 것이었다. 인종 차별은 인류가 생명의 계통수 속에서 그야말로 아주 작은 가지에 불과하다는 피할 수 없는 인식이—좋든 나쁘든—보편적으로 확산되어 있지 않은 분위기 속에서 싹트는 것이다.

많은 사람들이 자연선택설을 자신들의 행동을 아전인수 격으로 정당화하는 데 사용해 왔다. 자본주의자도 공산주의자도, 백인도 흑인도, 나치도 자연선택설을 자신들을 위한 이데올로기의 중심 축으로 삼아 왔다. 다윈적인 사고방식이 수학적 능력이나 정치적 수완이 열등하다는 이유로 여성을 공격할 수 있는 기발한 무기를 남성 과학자들에게 제공할지 모른다는 우려를 여성주의자들이 품은 것은 전혀 놀라운 일이 아니다. 그러나 모두가 잘 알다시피, 호르몬의 불균형 때문에 폭력적으로 되기 쉬운 남성은 근대 국가의 지도자로 적합지 않다는 결론을 동일한 분석으로 이끌어 낼 수도 있다. 성차별이 온갖 편견으로 가득 찬 잘못된 사고방식이며, 그런 사실 역시 과학적인 검토에서 나온 것이라면, 우리는 과학적 방법에 따른 엄밀한 검증의 기회를 갖지 않으면 안 된다.

다윈의 이론을 인간 행동에 응용하는 데 대한 저항감은 오늘날까지 남아 있다. 그 대부분은 그 이론을 인종 차별주의자, 성차별주의자, 그 밖의 완고한 편견에 사로잡힌 사상가들이 잘못 사용하는 일이 없을까 하는 우려에서 비롯된다. 실제로 제2차 세계 대전의 잔혹하고 비참한 결과는 그런 사람들이 초래했다. 과학의 오용은 아무리 엄격한 검열을 거친다고 해도 교정될 수 없다. 필요한 것은 명쾌한 설명과 활발한 논의를 통해 많은 사람들이 좀 더 바람직한 방향으로 과학을 받아들일 수 있도록 만드는 일이다. 설령 우리가 어느 정도의 성향을 타고난다 하더라도——분명 일부는 사실일 것이다.——그 결과로 일어나는 행동을 약화하거나 강화하고, 가감하거나 방향을 바꾸는 일까지 불가능하지는 않을 것이다.

해군 중장이 된 피츠로이는 10년 이상 영국 무역 위원회의 기상 예보관을 지냈다. 그러나 1865년에 장기 예보에서 큰 실수를 범하는 바람에 큰 피해를 내게 되었다. 신문은 자만심 강하고 성마른 성격의 그를 통렬히 비난했다. 더 이상 조롱을 견딜 수 없었던 피츠로이는 스스로 자신의 목을 찔러 기상학의 첫 순교자가 되었다. 피츠로이는 '창조 논쟁'에서 공식적으로 다윈에 대해 반대 입장을 표명했고, 두 사람은 이미 8년 동안이나 얼굴을 마주하는 일이 없었지만, 피츠로이가 자살했다는 소식에 다윈은 큰 충격을 받았다. 두 사람이 함께 했던 젊은날의 탐험 중에서 어떤 추억이 다윈의 마음속에 떠올랐을까? 다윈은 후커에게 이렇게 말했다고 한다. "뛰어난 재능의 소유자였던 그가 왜 그토록 우울하게 생애를 마쳐야 했을까?"[21]

우울증이라면 다윈도 그에 지지 않았다. 그 무렵 다윈은 극도의 피로와 탈진, 우울증으로 힘든 나날을 보냈고, 병으로 자리에 눕는 일도 많았다. 그러나 이 비참한 시기에도 그는 연구를 계속했고, 아내 엠마와 열 명 중에서 살아남은 자녀들 그리고 많은 벗들과의 관계가 악화되는 일도 없었다. 다윈이 쓴 편지와 회상록을 조사해 보면, 다윈이 자기 자신의 감정이나 아이들에 대한 사랑, 가정의 평화를 매우 소중하게 생각하는 솔직한 사람이었음을 알 수 있다. 그의 딸은 다윈이 "자신이 그렇게 말했다는 사실만으로 아이들이 그 사실을 곧이곧대로 믿기를 바라지 않는다."라고 말했다고 회상했다. 아들인 프랜시스는 "아버지는 저희에게 평생 동안 상냥함과 애정 넘치는 태도를 변함없이 보여 주셨습니다. 저는 저희처럼 아버지에 대한 애정을 좀체 드러내지 않는 아이들에게 어떻게 그런 태도를 견지할 수 있었는지 불가사의한 생각이 든 적도 있었어요. 하지만 저는 저희가 당신의 애정 어린 말투와 태도를 얼마나 좋아했는지 아버지가 알아주기를 바랐어요. …… 아버지는 다 큰 아이들과 함께 웃고, 때로는 저희와 똑같은 아이들 말투로 대화를 나누기도 했어요."라고 쓰고 있다.[22]

다윈이 임종 순간에 진화론이라는 이단의 주장을 버리고 후회하기까지 했다는 이야기는 많은 사람들을 안도하게 만든다. 심지어는 오늘날까지도 다윈이 실제로 그러했다고 생각하는 사람이 있을 정도이다. 그러나 사실 죽음을 눈앞에 둔 다윈은 무척 평온한 상태였고, 후회 따위는 전혀 하지 않았다. 임종 자리에서 그가 한 말은 "죽음이 전혀 두렵지 않다."였다.[23]

유족은 다윈을 다운에 있던 가족 묘지에 묻으려 했지만, 국교회의 지원을 받고 있던 20명의 의회 의원들은 웨스트민스터 사원의 아이작 뉴턴의 무덤에서 불과 몇 미터 떨어지지 않은 장소에 매장할 것을 주장했다. 이 대목에서는 영국 국교회의 태도에 감복하지 않을 수 없다. 그것은 완벽할 정도로 관대한 행위였다. 아마도 그들은 이렇게 말했을 것이다. "모두가 진실이라고 생각하는 사실에 의문을 제기해 큰 공헌을 남긴 사람에게 최대의 경의를 표한다. 과학이 자신의 이상에 충실하려고 할 때, 필연적인 부산물로 나타날 수밖에 없는 실수와 오류를 바로잡으려는 노력에 대해 최고의 존경을 바친다."

헉슬리와 대논쟁

　1825년, 토머스 헨리 헉슬리는 영국의 대가족에서 태어났다. 그가 속한 계층은 생활고에 더해 유전성 질병을 얻었고, 마치 세상의 모든 숙명을 지고 있는 듯한 부류였다. 정규 교육이라곤 2년간의 초등학교 생활이 고작이었지만 탐욕스러울 만큼의 지식욕을 가지고 있었고, 자기 수련을 향한 정열도 전설적이었다. 17세가 되자 충동에 이끌려 지방 대학의 개방경쟁 시험에 응시하게 된 헉슬리는 그 시험에서 제약 협회의 은상(銀賞)을 수상했고, 런던의 채링크로스 병원에서 의학을 연구할 수 있는 장학금을 받게 되었다. 40년 후 그는 당시로서는 세계에서 가장 뛰어난 과학 연구 단체였던 왕립 학회의 회장에 취임했다. 그는 비교 해부학을 비롯한 많은 분야에서 큰 업적을 남겼고, '원형질', '불가지론' 같은 새로운 용어를 만들어 내기도 했다. 또한 그는 평생 동안 일반인들에게 과학 지식을 보급시키는 일에도 매우 열심이었다(상류 계급 사람들에게는 노동자 계급에 대한 강연에서 공감을 얻기 위해서 남루한 의복을 입은 사람으로 알려져 있었다.). 그는 사실에 대한 공평하고 과학적인 검증을 통해 유럽 인들이 인종적으로 뛰어나다는 잘못된 생각은 사라졌다고 생각했다.[24] 미국의 남북 전쟁이 끝났을 때 그는 이렇게 썼다. "이제야 노예가 자유롭게 되었다. 그러나 여성이라는 이름의 사람들, 즉 인간이라는 종(種)의 반수가 여전히 해방되지 않은 상태이다."*

　헉슬리의 최대 관심사 중 하나는 사람까지 포함해서 모든 동물이 "뇌 속에 들어 있는 물질의 분자적인 변화에 따라 …… 곧바로 다양한 의식 상태를 나타내는" 탄소를 주원료로 한 "자동 기계"가 아닐까 하는 생각이었다.[25] 다윈은 헉슬리에게 보낸 편지를 다음과 같은 글로 맺었다. "친애하는 내 오랜 벗이여. 다시 한 번 내 충심의 감사를 받아 주게. 이 세상

4장 진흙 더미의 복음서

에 자네 같은 자동 기계가 좀 더 많이 있다면, 세상은 훨씬 아름다웠을 텐데……."[26]

"만약 내가 누군가에게 기억된다면, 다른 어떤 칭호보다도 '대중들에게 도움을 주기 위해 전력을 기울인 사람'으로 기억될 수 있기를 바란다."[27]라고 헉슬리는 만년에 자신의 속마음을 털어놓았다. 그러나 사람들이 그에 대해서 가장 잘 기억하고 있는 점은 다윈의 이론이 인정을 받게 된 논쟁에서 뛰어난 명문으로 당당하게 주장을 편 발언자란 사실이다.

헉슬리-윌버포스의 논쟁은 1930년대에 다윈의 생애를 토대로 제작된 할리우드 영화에서도 절정을 장식한다.

《데일리 옥소니언(*The Daily Oxonian*)》제1면의 작은 제목은「영국 고등 과학 협회의 연차 회의가 내일 열린다」였다. 그날은 1860년 6월 29일이었다. 신문의 1면이 룰렛 게임판처럼 돌아가기 시작한다. 화면이 차례로 바뀌고, 옥스퍼드 거리를 따라 내려오는 로버트 챔버스(그의 배역을 맡은 배우는 조지프 코튼이었다.)의 뒤를 따라간다.

뒤에서 어떤 자가 그를 세게 밀친다. 깜짝 놀라 뒤돌아보는 순간, 그 사람이 누구보다 싸움을 좋아한다고 알려진 토머스 헨리 헉슬리(스펜서

• "여성은 남성에 존속되는 물건이나 장난감으로 길러지든가, 또는 남성을 지배하는 일종의 천사로 길러진다……. 두 성(性)의 평등성에 무슨 칸막이라도 쳐 놓으려는 것이 조물주의 뜻이 아니었고 …… 여성이라는 말이 장래 남성의 동료, 친구 등 평등한 상대라는 의미로 사용될 수 있다는 가능성은 그동안 여성들의 교육에 참여해 온 사람들이 한 번도 생각해 보지 않았던 것 같다. 이 사회를 더 낫게 발전시키기 위해 가장 먼저 하지 않으면 안 되는 일은 여성의 해방이다."라고 헉슬리는 말한다. "여성들의 머릿속에 뇌가 들어 있다는 사실을 인정한다고 해서 머리 바깥쪽에서 우아하게 흘날리는 여성들의 머리칼이 덜 아름답게 보이지는 않을 테니까 말이다."[28]

트레이시 분)임을 알게 된다. 당시 그는 세간의 화제였다. 다윈 이론이 진실이라는 확신을 워낙 강하게 드러냈기 때문에, 어느새 '다윈의 불도그'라는 별명까지 얻게 되었다.

챔버스는 조금쯤 짓궂은 생각이 들어, 드레이퍼가 연회에서 주재하는 강독회에 참석하지 않겠느냐고 물었다. 강독회의 제목은 '유럽의 지적 발전 ─ 다윈 씨의 견해에 관해서'였다. 헉슬리는 자신은 너무 바빠 참석할 의향이 없음을 전한다.

그러자 챔버스는 일부러 "아첨꾼 샘 윌버포스는 분명 나올 텐데."라고 그를 부추긴다. 그러나 더 방어적인 태도가 된 헉슬리는, "어차피 시간 낭비밖에 안 될 텐데."라고 자신의 뜻을 굽히지 않는다.

그러자 챔버스는 "그러면 자네는 주장을 포기하는 건가, 헉슬리?"하고 심술궂게 물고 늘어진다.

이튿날, 커다란 홀의 문이 활짝 열린다. 사람들로 가득 차 북적대고 있는 회장에 한 사람의 목소리만 울려 퍼진다. 옥스퍼드 주교 윌버포스(조지 앨리스 분)의 얼굴이 커다랗게 클로즈업된다. 그는 손가락을 옷깃에 넣은 채 노골적으로 헉슬리(잠시 후면 그와 한바탕 싸움을 벌이게 될 그는 물론 그 자리에 있다.)를 바라보면서 짐짓 정중함을 가장하며 질문을 던진다. "그런데 당신이 주장하듯 원숭이의 자손이라면, 당신의 할아버지 쪽을 통해서 이어져 온 것이오, 아니면 할머니 쪽 가계에서 온 것이오?"

특히 '할아버지'라는 대목에서는 간살을 떠는 듯 이상한 비음을 섞어 발음했다. 그러자 청중들은 낮게 "오!" 하는 탄성을 질렀고, 이내 모든 이들의 시선은 헉슬리에게 집중되었다. 헉슬리는 자리에 앉은 채 주위 사람들을 향해 거의 들릴락 말락 한 목소리로 이렇게 중얼거린다. "다행스럽게도 신이 윌버포스를 내게 인도해 주셨군요." 그는 자리에서 일어나 윌버포스를 응시하면서 입을 열었다. "두 마리의 원숭이 자손 쪽이 현실을 직시하기 두려워하는 사람보다는 낫다는 생각이 드는군요."

아무도 주교가 뭇 대중들이 지켜보는 가운데 그런 모욕을 당하는 것을 본 적이 없었다. 모든 사람들이 대경실색했다. 여성들은 실신하고, 남자들도 주먹을 부들부들 떨었다. 그러나 챔버스는 그런 청중들 속에서 매우 유쾌한 표정이다. 그때 누군가 한 사람이 벌떡 자리에서 일어났다. 뉴질랜드 총독의 임기를 마치고 막 영국으로 돌아왔던 전(前) 해군 중장 로버트 피츠로이(로널드 레이건 분)이다. "다윈의 미친 생각에 대해서는 벌써 30년 전에 비글호 선상에서 그와 논쟁을 벌인 적이 있습니다." 그런 다음 피츠로이는 성서를 꺼내 무기처럼 휘두르며 이렇게 말한다. "이것이, 그리고 이것만이 진실의 근원이오." 회장은 다시 숙연해졌다.

다음은 후커(헨리 폰다 분)의 차례이다. 그는 진지한 어투로 말을 시작한다. "제가 이 이론을 처음 접하게 된 것은 15년 전입니다. 물론, 저는 완전히 반대 입장이었지요. 저는 진화론에 대해 몇 번이나 거듭해서 비판했습니다. 전 세계를 두루 여행할 수 있었던 것도 그 덕분입니다. 이 분야에서의 과학적 사실은 과거만 해도 해석이 불가능하다고 생각되었지만, 다윈의 이론을 통해 하나씩 설명할 수 있게 되었습니다. 그러면서 어느새 제 신념은 서서히 전혀 원하지 않던 전향을 향해 떠밀려 가고 있었습니다."

카메라가 멀어지면서 회장 전체를 비춘다. 그 영상이 점점 희미해지고, 나뭇가지에서 쉬고 있는 되새를 크게 잡는다. 얼굴에 수염이 덥수룩한 한 남자(로널드 콜먼 분)가 조용히 가지 위의 새를 올려다보고 있다. 시골풍의 모자를 쓰고 망토를 걸치고 있다. 이미 6월의 햇살이 내리쬐고 있는데도 그 남자는 머플러를 한 채 사랑이 가득한 시선으로 새를 바라보고 있다. 카메라가 점점 멀어지면서, 큰 집에서 그를 부르고 있는 아내(빌리 버크 분)의 자애로운 높은 목소리는 전혀 들리지 않는 것 같다.

"찰스, 찰스. 트레버가 옥스퍼드에서의 회의 소식을 가지고 여기 와 있어요." 그 남자는 다시 한 번 감사의 마음이 담긴 눈길을 되새에게 던지고, 그제야 집 쪽으로 발길을 돌린다.[29]

5장

3문자 단어에 불과한 생명

맨 처음 생물들의 기나긴 여정을
시작하게 만든 사람은 누구인가?

———『케나 우파니샤드』(기원전 8~7세기, 인도)[1]

생사의 무상함을 누가 알랴?
부처라 한들 어찌 알겠는가.

———다이테쓰 소레이(大徹宗令, 1333~1408년, 일본 남북조 시대의 선승)[2]

　가끔 조용한 방 안에서 문틈으로 스며들어 오는 한 줄기 빛 속에서 무수한 먼지 입자들이 춤추는 모습을 볼 때가 있다. 공기의 흐름이 거의 없는데도 입자들은 마치 생명을 가진 듯이, 작지만 중대한 어떤 목적이라도 있는 듯이 활발하게 춤을 춘다. 고대 그리스의 철학자 피타고라스와 그의 제자들은 이런 입자들 속에 비물질인 영혼이 머물고 있어 그 입자들에게 어떻게 움직일지를 일일이 가르쳐 주고 있다고 생각했다. 인간이 자신에게 나아갈 방향을 제시하고, 무슨 일을 할지 가르쳐 주는 정신을 가지는 것과 완전히 동일하다는 것이다.[3] 라틴 어로 영혼이나 정신을 '아니마(*anima*)'라고 한다. 오늘날에도 많은 언어가 이와 유사한 어원을 가지고 있다. 영어의 animate(생명을 불어넣다.)와 animal(동물)이라는 단어도 여기에서 유래한 것이다.

　그렇지만 입자가 어떤 의사 결정력을 가지고 있을 리 만무하다. 그것들은 눈에 보이지 않는 힘을 받아 움직이고 있을 뿐이다. 입자는 매우 작기 때문에 대기 분자의 불규칙한 운동의 영향을 받는다. 한쪽에서 가해지는 힘이 조금이라도 크면 그 힘이 가해진 쪽으로 움직이고, 반대쪽에서 힘이 가해지면 반대 방향으로 움직인다. 그것이 대기 중에서 일어나는 입자 운동의 정체이고, 또한 이리저리 난무하는 입자들이 마치 (인간처럼) 의지와 우유부단함을 가지고 있는 것처럼 보이는 까닭이다. 가령 실이나 깃털처럼 조금 더 무거운 물체들은 이런 분자의 충돌이라는 은혜를 받을 수 없다. 공기의 흐름이 없으면 곧장 지상으로 낙하하고 말 것이다.

피타고라스 학파의 추종자들은 분명 잘못을 범하고 있었다. 그들로서는 극히 작은 물질에 물리적인 힘이 어떻게 작용하는지 이해할 수 없었다. 따라서 가장 그럴듯한 논의로, 입자를 조종하는 눈에 보이지 않는 실을 끌어당기는 영혼이 있을 것이라고 추론하게 된 것이다. 우리 주위를 둘러싸고 있는 생물계를 보자. 거기에는 많은 동물과 식물이 있고, 모든 종들은 자신의 목적에 따라 저마다 고유한 형태를 가지고 있다. 복잡한 적응 과정을 거쳐 기능과 형태를 교묘하게 짜맞추고, 오로지 자신과 자손을 생존시키기 위한 노력을 계속하고 있다. 먼지 입자에 영혼의 존재가 있듯이 생물계에도 그 아름다움, 우아함, 다양성 등을 관장하는 비물질적인 힘이 작용해서 저마다의 생물들은 그 독자적인 힘에 의해 지배되고 있다고 가정하는 편이 자연스러웠을 것이다. 실제로 이런 사고방식이 전 세계의 많은 문명에 존재했다. 그러나 우리 역시 피타고라스 학파처럼 극미(極微)의 세계에서 실제로 일어나고 있는 무언가를 보지 못하고 있는 것은 아닐까?

진화라는 개념이 없다면 동물이나 인간에 머무는 영혼의 존재를 믿을 수 있다. 역으로 진화를 믿으면 그 존재를 인정할 수 없을 것이다. 그러나 생명을 좀 더 자세히 조사하면 생명이 어떻게 움직이고 어떻게 오늘에 이르게 되었는지에 대해, 순수하게 그 구성 요소라는 관점에서 좀 더 많은 사실을 알 수 있지 않을까? '비물질'의 힘은 정말로 존재하는 것일까? 만약 실제로 존재한다면, 인간과 마찬가지로 모든 동물과 식물에도 있는 것일까? 아니면 생명이란 단지 물리적 ·

화학적인 힘이 미묘하게 작용한 결과로 진화해 온 것에 불과한가?

　이제 정규 교육 과정에서도 분자가 어떤 모습을 하고 있는지 눈으로 확인하고 그 움직임을 상상할 수 있는 시대가 되었다. 분자의 형태에 따라 그 기능이 결정된다는 사실도 밝혀졌다. 인간이라는 복잡한 분자 기계를 조립하는 놀랄 만큼 상세한 설계도도 이미 우리 앞에 놓여 있다. 인간의 설계도에 해당하는 분자는 매우 긴 두 개의 사슬이 서로 얽혀 있는 형상을 하고 있다. 각각의 사슬 전체에는 여러 가지 종류의 작은 분자 소재가 배열되어 있다. 편의적으로 A, C, G, T라는 문자로 표현되는 이 소재가 뉴클레오티드이다(각각의 뉴클레오티드 분자는 원자로 이루어진 하나의 고리 또는 두 개가 연결된 고리 모양을 하고 있다.). 배열을 계속 더듬어 나가면, 전체는 무려 수십억 문자 분량이나 된다. 극히 일부 배열을 떼어 내면 대체로 다음과 같다.

　　ATGAAGTCGATCCTAGATGGCCTTGCAGACACCACCTT
CCGTACCATCACCACAGACCTCCT……

반대쪽 나선에도 그와 비슷한 배열이 있다. 단 첫 번째 사슬이 A라면, 두 번째 사슬은 반드시 T, G이면 C가 된다. 역시 마찬가지로 T라면 A, C라면 G가 된다.

　　TACTTCAGCTAGGATCTACCGGAACGTCTGTGGTGGA
AGGCATGGTAGTGGTGTCTGGAGGA……

이것은 분명 오직 네 개의 알파벳으로만 쓰어진 기다란 단어의 열(列)

로 이루어진 부호이다. 고대에 사용된 문자 표기법과 마찬가지로, 이 문장에서는 단어와 단어 사이의 빈 공간을 찾아볼 수 없다. 그러나 이 분자 속에는, 특수한 생명의 언어로 씌어진 자세한 '명령'이 들어 있는 것이다. 더욱이 한쪽 사슬의 정보만 있으면, 초보적인 '치환식 부호'를 사용해서 언제든지 다른 한쪽 사슬의 정보를 복구할 수 있다. 다시 말해서 같은 명령에 대해 두 개의 원본이 있다고 생각하면 된다. 무수히 많은 이 유전 정보에는 이런 방식으로 안전 장치가 되어 있으며, 따라서 보수적인 경향이 극히 강하다. 그러니까 그 내용을 잃지 않고, 보존하고 싶은 소중한 '명령 내용'을 다음 세대에 충실하게 전달할 수 있는 것이다.

세계적으로 유명한 과학 잡지인 《네이처(*Nature*)》와 《사이언스(*Science*)》에는 거의 매호마다 여러 생물의 새로 발견된 유전자 염기 서열이 실린다. 비록 느린 속도이기는 하지만, 우리는 생명의 거대한 유전자 도서관을 판독하기 시작한 것이다. 물론 우리 자신의 유전 정보, 즉 인간 유전체 또한 점차 그 모습을 드러내고 있다(2000년 6월 26일 미국의 클린턴 대통령과 영국의 토니 블레어 수상이 인간 유전체 지도의 초안의 완성을 발표하고, 2003년 4월 14일 국제 인간 유전체 염기 분석 컨소시엄이 인간 유전체 지도의 완성을 발표해 인간 유전체 연구의 새로운 장을 열었다.—옮긴이). 그렇지만 아직 제대로 읽을 수 있는 '책'의 숫자는 극소수에 불과하다. 우리의 모든 세포에는 우리의 몸 전체를 만드는 데 필요한 완전한 명령 집합이 극도로 압축된 형태의 부호로 기록되어 있다. 원시 바다에서 탄생한 최초의 생물에서 시작해서 인류의 선조들을 거쳐 이어져 온 이 분자의 무게는 고작 1피코그램(picogram, 1조분의 1그램, 10^{-12}그램이다.) 정도에 불과하다. 그러나 당신 몸의 세포 하나하나 속에는 지구 전체 인구에 필적할 만한 수의 뉴클레오티드 벽돌들, 즉 '문자'들이 극미(極微)한 크기로 압축된 유전 정보들을 가지고 들어 있는 것이다.

유전 부호로 이용되는 모든 단어는 세 개의 문자로 이루어져 있다. 따라서 단어와 단어 사이에 띄어쓰기를 적용하면, 앞에서 예로 든 배열의 첫 부분은 다음과 같다.

ATG AAG TCG ATC CTA GAT GGC CTT GCA GAC ACC ACC TTC CGT ACC ……

뉴클레오티드는 네 종류(A, C, G, T)밖에 없기 때문에, 이 언어 체계에 허용되는 단어는 고작 64(4×4×4)개에 불과한 셈이다. 그러나 전달하려는 정보는 그 단어의 배열 순서가 핵심이기 때문에, 수십 개의 단어만 있으면 엄청난 양의 정보를 전달할 수 있다. 주의 깊게 선택된 단어가 10억 개가량 배열되어 있기 때문에 전달되는 정보의 양이 어느 정도일지 짐작할 수조차 없다. 그러나 이 정보를 읽는 데에는 상당한 주의가 필요하다. 단어 사이에는 구분할 수 있는 빈 공간이 없다. 만약 잘못된 장소에서 읽기 시작하면 의미가 완전히 뒤바뀔 수 있고, 분명한 메시지가 뜻 모를 횡설수설이 될 수도 있다. 이 거대 분자가 '여기서부터 읽기 시작하시오.', '여기서 읽기를 끝내시오.'라는 특별한 부호를 가지고 있는 것은 바로 그런 착오를 방지하기 위해서이다.

이 분자를 좀 더 자세히 조사하면, 두 개의 사슬이 (마치 지퍼가 열리듯) 간혹 풀려 있는 곳이 있다는 사실을 알 수 있을 것이다. 각각의 사슬은 주위에 있는 A, C, G, T를 재료로 삼아, 마치 구식 인쇄기에 금속 활자를 담아 두는 상자가 있었던 것처럼 정보를 복사한다. 즉 한 쌍의 정보가 동일한 메시지를 담고 있는 두 쌍의 정보열이 된 것이다. 이 거대 분자는 일종의 언어 체계이고, 복잡하고 방대한 암호책인 동시에 인쇄기이기도 한 것이다.

그러나 아무도 그 내용을 읽을 수 없다면 그 메시지가 무슨 소용이 있겠는가? 길게 이어진 사슬의 A, C, G 그리고 T들의 연관과 서열을 하나씩 차례차례 복사하면, 이 특수한 분자 기계의 각 부분을 만들기 위한 설계도와 작업 순서도가 된다. 어떤 종류의 염기 서열은 자신에게 명령을 내려 거대 분자를 비틀고 꼬아 일정한 조합의 명령이 나올 수 있도록 만든다. 그리고 그 명령이 설계도에 따라 이루어져 있는지를 확인하기 위한 염기 서열도 있다. 대부분의 '3문자 단어'는 특정한 아미노산에 대응한다(구두점이나 '시작'을 의미하는 경우도 있다.). 세포가 살아가는 데 없어서는 안 될 '부품'인 단백질의 아미노산 서열이 바로 이 3문자 단어의 배열 순서에 따라 결정되는 것이다. 일단 단백질이 생성되면 대개는 구부러지고 꼬인 스프링과 같은 형상을 가진 입체 구조가 된다. 때로는 다른 단백질 때문에 그런 모양이 만들어지는 경우도 있다. 그러나 기다란 이중 나선 분자나 외부에서 명령이 전달되면 상황은 일변한다. 다시 말해서 단백질이 스스로 활동을 시작해서 다른 분자를 제거하거나 새로운 분자를 만들고, 나아가 다른 세포에 화학적·전기적 정보 전달을 돕는 역할을 시작하는 것이다.

이런 일은 10조 개가량 되는 사람의 세포 속에서, 그리고 지상의 모든 동식물과 미생물 속에서 일상적으로 벌어지는 대단히 평범한 일이다. 이 작은 분자 기계는 분자 변환이라는 놀라운 일을 수행하고 있는 것이다. 그 분자 기계에는 쇠도 실리콘도 없으며 현미경으로도 보이지 않는 극미한 크기의 유기 분자에 불과하지만, 이런 분자에 특유한 형상 변화를 이용해서 놀랄 만한 솜씨를 보인다. 분자 수준에서 말하자면 생명은 그 탄생 순간부터 도구를 만들어 사용하고 있었다.

복잡한 정보를 가지고 있는, 자기 복제 능력을 가진 긴 이중 나선의 분자가 바로 유전자이다. 유전자는 실에 꿰여 있는 구슬과 비슷하다고도 할 수 있다.[4] 화학적으로 이 분자는 핵산(정확한 명칭인 디옥시리보핵산이라는 말 대신, 여기서는 DNA라는 단축형을 사용하기로 하겠다.)이다. 서로를 에워싸고 있는 듯한 두 가닥의 사슬이 그 유명한 이중 나선이다. 핵산의 염기는 아데닌(adenine), 시토신(cytosine), 구아닌(guanine), 티민(thymine)의 네 종류이다. 지금까지 사용해 온 A, C, G, T는 그 약자이다. 그 명칭은 이 염기들이 유전에서 중요한 역할을 하고 있다는 사실이 알려지기 전부터 사용되었다. 예를 들면, 구아닌은 물새의 똥이 굳은 것을 가리키는 '구아노'에서 유래한다. 거기에서 최초의 구아닌이 분리되었던 것이다. 구아닌은 다섯 개의 탄소 원자, 다섯 개의 수소 원자, 다섯 개의 질소 원자, 하나의 산소 원자로 이루어진 이중 고리 구조를 가지고 있다. 사람의 세포 하나하나에는 약 10억 개의 구아닌이 들어 있다(물론 아데닌과 시토신, 티민도 거의 비슷한 수만큼 있다.).

일부 희귀한 종류의 미생물을 제외하면, 지구의 모든 생물의 유전 정보는 DNA 속에 적혀 있다. DNA는 믿을 수 없을 만큼, 아니 거의 경악할 정도로 뛰어난 기술자인 셈이다. 긴 ACGT 집합에 인간을 만드는 모든 정보가 들어 있다. 침팬지의 DNA에는 침팬지를 만드는 데 필요한 정보가 있으며, 그 내용은 사람의 DNA와 거의 비슷하다. 늑대나 쥐의 DNA도 큰 차이는 없다. 그렇지만 나이팅게일, 방울뱀, 두꺼비, 잉어, 가리비, 개나리, 석송(石松), 해초, 세균의 경우에는 차이가 좀 더 커진다. 그러나 이 생물들도 전체적으로는 상당한 정도까지 공통된 ACGT 서열을 가지고 있다. 일반적으로 특정한 유전 형질을 전하거나 제어하는 유전자는 염기 숫자가 수천 개 정도의 길이이다. 물론 일부 유전자는 100만 개 이상의 ACGT 집합으로 이루어지기도 한다. 각각의 염기 서열은 특정한 화학적 명령을 지정한다. 예를 들어 사람의 눈을 갈색이나 초록색으로 물들이는 색소를 만들거나, 음식에서 에너지를 추출하고, 배우자가 될 이성(異性)을 찾는 모든 명령이 들어 있는 것이다.

이처럼 복잡한 정보계가 어떻게 시작되었고, 정확한 복제와 명령을 충실하게 수행하도록 제어하는 방법은 무엇인지를 아는 것은 생명이 어떻게 진화해 왔는가를 아는 것과 마찬가지이다. 『종의 기원』이 처음 출판되었을 무렵에는 핵산의 존재 자체가 알려지지 않았고, 부호의 형태로 씌어진 유전 정보가 해독된 것은 20세기 이후의 일이었다. 그러나 다윈이 주장한 진화론과 그가 보여 준 증거는 핵산의 존재와 모순되지 않는다. 지구의 다양한 생물들의 ACGT 서열에는 불완전하지만 생명의 진화 역사가 여기저기 흩어져 있다. 그것은 유전 공장의 최종 생산물에 해당하는 혈액, 뼈, 뇌와 같은 것이 아니라, 종(種)이 시대에 따라 다른 속도로 천천히 변화해 온 실질적인 생산 기록, 즉 가장 핵심적인 명령 그 자체이다.

생물의 진화는 무척이나 보수적이고, 작업 순서를 정하거나 부품의 설계를 결정하는 등의 중요한 명령을 함부로 변경하는 일은 없기 때문에 DNA의 부호 서열 속에는 아득한 과거로 거슬러 올라가는 고대의 생물학적 사건들이 그대로 보존되어 있을 것이다. 이미 퇴색해 버린 사건도 많지만, 먼 과거의 흔적이 글자를 덧쓴 양피지처럼 훌륭하게 보관되어 있는 곳도 있어서 덧씌워진 부분을 벗겨 내면 고대로부터의 메시지를 들을 수도 있다. 주위 환경의 변화에 대응해서 다른 유전 정보를 전용해 사용하고 있는 서열도 자주 있다. 단어, 단락, 쪽, 때로는 한 권이 통째로 뒤바뀌거나 재편성되어 문맥 자체가 변해 버린 곳도 있다. 그러나 중요한 서열은 오랜 기간을 경과해도 그다지 바뀌지 않은 채 이어져 오고 있다. 따라서 두 생물 사이에서 공통되는 유전자 서열이 다른 곳을 많이 만날수록 두 생물은 유연(類緣) 관계가 멀다고 할 수 있다.

DNA 서열은 그 생물이 살아온 연대기적 기록인 동시에 진화 과정에서 일어난 변화를 알기 위한 중요한 도구이기도 하다. 지난 20~30년 동안 발달한 분자 진화학 덕택에 우리는 지상 생물의 역사의 핵심에 가까이 다가갈 수 있게 되었다. 특정한 염기 서열을 이용해 생물의 계통도(혈통)를 그릴 수 있게 되었고, 몇 세대 이전은 물론이고 생명의 기원에까지 이르는 거의 모든 여정을 거슬러 올라갈 수 있게 되었다. 분자 생물학자들은 염기 서열을 판독해 모든 생물의 유연 관계를 측정하는 방법을 알아냈다.[5] 핵산의 내부 깊은 곳에는 조상들의 그림자가 진하게 드리워져 있었다.

오늘날에는 박물학자 로런 아이젤리(Loren Eiseley)의 다음과 같은 기술도 충분히 납득할 수 있게 되었다.

어두운 생명의 계단을 내려간다. 구르고 넘어지면서 간신히 마지막 계단까지 더듬어 가자 계단에 낀 물때에 미끄러져 진흙 속으로 빠져들었다. 간신히 몸을 일으킨다. 원시 양치식물 밑으로, 꿀꿀거리고 쉭쉭거리는 소리를 내던 시대를 지나 시간을 거슬러 올라간다. 눈도 귀도 없이 오직 원시의 바다 위에 부유하던 무렵, 보이지 않는 빛을 몸 전체로 느끼고, 물속을 떠다니는 희미한 맛의 물체를 향해 흡입 촉수를 뻗는다.[6]

인간의 혈액 응고에 중요한 역할을 맡고 있는 피브리노겐을 만드는 ACGT 서열이 있다. 뱀장어와 비슷하게 생긴 칠성장어 — 뱀장어와 칠성장어의 유연 관계는 사람과 뱀장어 사이보다도 멀지만 — 역시 혈관과 혈액을 가지고 있고, 유전자 속에는 피브리노겐 단백질을 만드는 명령을 갖추고 있다. 사람과 칠성장어의 공통 선조가 존재한 것은 지금부터 4억 5000만 년 전의 일이었다. 그런데도 인간의 피브리노겐을 만드는 유전 정보와 칠성장어의 유전 정보는 거의 유사하다. 생명은 부서지지 않는 것을 구태여 수정하지는 않는다. 인간과 칠성장어 사이의 차이가 이 분자 기계를 구성하고 있는 부품 중에서 그다지 중요하지 않은 부분에 한정되는 것도 하나의 증거일 것이다. 역할은 같지만, 다른 소재, 다른 상표명으로 만들어진 두 개의 드릴 프레스의 손잡이와 같다고 할 수 있다.

그러면 다른 예를 들어 보자.[7] 다음은 나방, 초파리 그리고 갑각류 동물의 DNA의 같은 부분에서 취한 유전 정보의 염기 서열이다.

나방: GTC GGG CGC GGT CAG TAC TTG GAT GGG TGA CCA CCT GGG AAC ACC GCG TGC CGT TGG……

초파리: GTC GGG CGC GGT TAG TAC TTA GAT GGG GGA CCG CTT GGG AAC ACC GCG TGT TGT TGG……

갑각류: GTC GGG CCC GGT CAG TAC TTG GAT GGG TGA CCG CCT GGG AAC ACC GGG TGC TGT TGG……

나방과 바닷가재가 얼마나 다른 모습을 하고 있는지 생각하면서, 이 생물들의 염기 서열을 비교해 보라. 이런 DNA 서열은 나방과 갑각류에서 거의 유사점을 발견할 수 없는 아래턱이나 다리를 만드는 작업 순서는 아니다. 분자 공작 기계 전체의 지휘를 받아 새로운 분자가 형성될 때 그 위치를 정확하게 정해 주기 위해 안내 역할을 하는 분자적인 지그(절삭 공구 등을 정해진 위치로 인도하는 장치—옮긴이) 구조의 정확한 규격에 해당한다. 이런 수준으로까지 내려가 비교해 보면, 나방과 갑각류는 나방과 초파리의 관계보다 유연 관계가 깊다고 할 수 있을 것이다. 나방과 갑각류의 비교를 통해 우리는 유전이라는 변화가 얼마나 느리고 보수적인지를 알 수 있다. 나방과 갑각류의 공통 선조가 원시 바다 밑에서 물의 흐름에 몸을 맡기고 있던 것은 아득한 옛이야기이기 때문이다.

ACGY 중 3개의 문자로 이루어지는 단어가 의미하는 내용은 오늘날 모두 알려져 있다. 3문자가 하나의 아미노산을 지정한다는 것 말고도 자연의 생명이 일자일어법(一字一語法, lexigraphy, 하나의 단어가 하나의 어의를 갖는다는 문법 규칙—옮긴이)을 생명의 문법으로 채택하고 있음을 알고 있다. 인류는 자신과 그 밖의 지상 생물들을 만드는 데 필요한 모든 명령을 해독하는 방법을 완전히 손에 넣었다. 그러면 '시작'이나 '종료'가 어떻게 정해지는지 살펴보기로 하자. 세균 이외의 생물에는 언제 부품의 제조를 시작할지, 긴 염기 서열의 어느 부분을 단백질로 번역해야 하는지, 또는 전사(轉寫) 작업의 속도를 어느 정도로 정해야 할지를 결정하는 특정한 핵산 집합이 존재한다는 사실이 알려졌다. 이처럼 제어에 관여하는 염기 서열을 '프로모터(promoter)' 또는 '인헨서(enhancer)'라고 부른다. 일례로 TATA라는 서열은 반드시 전사가 개시되는 위치 직전에 나타난다. CAAT나 GGGCGG라는 서열도 프로모터로 기능한다는 사실이 밝혀지고 있다. 물론 그 밖에도 어디서 전사 작업을 중단해야 하는지 알려 주는 염기 서열이 따로 있다.[8]

일반적으로 생각하면, 염기 서열 속에 있는 한 핵산이 다른 것으로 치환되어도 그다지 큰 일은 아닌 것 같다. 가령(공작 기계의 손잡이에 해당하는) 아미노산 구조 하나가 다른 것으로 바뀌는 정도로는 (제품에 해당하는) 단백질의 기능까지 바뀌는 일은 일어나지 않을 것이다. 그러나 단 하나의 치환이 치명적인 결과로 이어지는 경우도 있다. 예를 들어 특정한 아미노산의 제작을 지시하는 부분이 전사의 종료를 알리는 서열로 바뀔 수도 있기 때문이다. 이렇게 되면, 문제가 되는 분자 기계의 일부 단편만이 제작될 뿐이다. 그리고 그 영향으로 세포는 고장을 일으키게 될 것이다. 이처럼 변경된 명령을 가지는 생물이 많은 자손을 남길 수 없음은 불을 보듯 명확한 사실이다.

유전자 언어가 가지는 놀라운 정교함, 미묘함의 예는 아직도 많다. 때로는 같은 문자열, 같은 염기 서열을 가지고 여러 가지 메시지를 중첩해 전달하는 경우도 있다. 이 메시지는 어떻게 읽느냐에 따라 완전히 다른 두 가지 정보를 전달할 수 있다. 이것은 마치 한 권의 책을 사서 두 권 분량의 내용을 얻는 셈이다. 이처럼 교묘한 방법은 인류가 갖고 있는 어떤 언어에서도 찾아볼 수 없다. 물론 영어라는 언어의 긴 역사 속에는 간혹 다음과 같이 두 가지 읽기 방법이 쓰일 수 있는 문자열이 발생하는 일도 있다.[9]

ROMAN CEMENT TOGETHER NOWHERE ……

그리고

ROMANCEMENT TO GET HER NOW HERE ……

유전 언어의 의미 중복과 비슷하긴 하지만, 완전하게 의미를 이해할 수 있고 문법적으로도 정확한 두 문장이 여러 쪽에 걸쳐 이어지는 경우는 찾아볼 수 없다. 앞의 핵산의 예에서 볼 수 있었던 작문 기술은 아무리 위대한 인간 작가라도 흉내 낼 수 없는 수준이다. 독자들 중에서 도전해 볼 사람이 있기를 바란다.

좀 더 고등한 동물에게는 유전적으로는 아무런 역할도 하지 않는 긴 염기 서열이 많이 존재한다. 그것들은 앞의 유전자의 '종료'와 다음 유전자의 '개시'의 서열 사이에 위치해서, 일반적으로 판독되어도 번역되지 않은 채 무시된다. 이런 서열들은 먼 옛 선조의 시대에는 생존을 위해 중요하거나 필수 불가결한 것이었지만 오늘날에는 쓸모없거나 용도가 폐기된 명령의 흔적으로 생각된다.● 역할을 잃은 서열은 변화 속도가 빨라진다. 돌연변이가 일어나도 더 이상 해가 되지 않고 자연선택의 대상도 되지 않기 때문이다. 그중 일부는 아직까지 유용할 수도 있지만, 그것은 매우 특수한 경우에 한해서이다. 인간의 경우, ACGT 서열 중에서 무려 97퍼센트가 실제 역할을 갖지 않는 무용한 것임이 거의 확실하다. 인간을 인간으로 만드는 염기 서열은 나머지 3퍼센트에 불과한 셈이다.

ACGT 서열의 기능은 생물들의 다양한 외형과는 정반대로 전체 생물계를 통해 놀랄 만큼 유사하다. 더욱이 기본적으로 같은 기원을

● 과거에는 제대로 발음되었던 thougt나 height의 gh 또는 knife나 knight의 k와 같은 묵음은 오늘날 언어의 진화가 남긴 흔적에 불과하다. 프랑스 어에서 소멸되고 있는 악상 시르콩플렉스(ˆ), 세디유(,), 일본어나 중국어의 한자에서 나타나는 약자 등도 마찬가지 예라고 할 수 있을 것이다. 이에 비해, DNA 배열의 기능 상실은 한정된 문자에서 부분적으로 발생하는 것이 아니라, 시대에 뒤지고 불필요하게 된 일련의 정보 전체에 미친다는 것이 특징이다. 따라서 오히려 고대 아시리아 인들이 남긴 마차의 굴대 제조법이 시대가 흐름에 따라 가치를 잃게 된 과정과 유사한지도 모른다.

갖는다고 생각하지 않는 한 설명이 곤란할 만큼 비슷하다. 지구의 전체 생물이 40억 년 전에 존재한 공통의 선조로부터 탄생했다는 사실, 즉 모두가 친척이기 때문에 유사하다는 사실은 이제 분명하다.

그렇지만 이처럼 우아하고 정교하며 복잡하기 그지없는 메커니즘은 어떤 과정을 거쳐 만들어진 것일까? 이 어려운 수수께끼를 풀 수 있는 열쇠는 바로 분자 그 자체가 진화할 수 있다는 사실이다. DNA의 한쪽 사슬이 다른 한쪽을 복제할 때 착오가 일어나 원래의 것과는 다른 핵산 염기—예를 들면, 정상인 경우 G가 와야 할 자리에 A가 온 경우—가 새로운 염기 서열에 삽입되는 경우가 있다. 단순한 복제 실수도 일어날 수 있을 것이다. 그 자체는 대단한 문제가 아니더라도, 메커니즘 전체는 더 이상 완벽하지 않다. 우주선(cosmic ray)을 비롯한 그 밖의 방사선, 환경 속에 있는 화학 물질에 의해서도 같은 실수가 일어난다. 기온의 상승이 분자의 분해를 촉진시키고 착오가 일어날 확률을 높여 변화 속도를 빠르게 하기 때문이다. 핵산 자체가 자신을 변화시키는 물질을 만들어, 수천, 수만 단위에 이르는 염기를 소거시키는 경우도 생각할 수 있다.

메시지 안에 들어 있는 수정되지 않는 착오는 그대로 자손 세대에 전달되어 이윽고 고정되어 간다. 이런 A, C, G 그리고 T에 나타나는 변화—단 하나의 핵산 염기만이 치환된 경우까지 포함해서—를 돌연변이라고 부른다. 바로 이 돌연변이야말로 "진정 생명을 길러 낸" 장본인이다. 돌연변이는 생명의 역사와 그 본질에 근본적이고 돌이킬 수 없는 우연성을 불어넣었다. 돌연변이 중에는 생물체에게 아무런 도움도 피해도 주지 않는 것이 있다. 가령 여러분의 많은 정보가 반복 배열되어 있는 부분이나, 우리가 분자 공작 기계의 손잡이라고 불렀던 부분 그리고 '종료'와 다음 번 '개시' 사이에 있는 번역되지 않는 서열에서 일어나는 돌연변이가 그런 예에 해당한다. 그러나 대부분의 돌연변이는 해롭다. 가령 여러분이 정밀한 기계를 제작하고 있다고 가정해 보자. 그런데 당신이 보지 않는 동안, 제조 방법을 지시하는 컴퓨터 명령의 일부를 누군가가 임의적으로 바꾸어 놓았다. 그 경우 엉뚱하게 바뀐 명령에 따라 탄생한 기계가 원래 계획된 모델보다 우수하게 작동할 가능성은 많지 않을 것이다. 하물며 복잡하기 짝이 없는 일련의 명령 과정에 일어난 임의적인 변화가 중대한 문제를 일으킬 것은 자명하다.

그러나 임의적으로 일어난 돌연변이가 다행히 생물에 유리하게 작용하는 경우도 극소수 있다. 앞에서 살펴본 겸형 적혈구는 DNA상의 단 하나의 염기에 돌연변이가 일어나 아미노산 서열이 원래의 것과 다른 헤모글로빈 분자가 만들어진 예이다. 이런 변화로 인해 이번에는 적혈구의 형태가 변하고, 산소 운반 능력이 약해지는 대신 세포가 가지고 있는 병원충을 죽이는 능력을 얻게 된 것이다. 이 경우 실제 일어난 변이는 서열의 특정 부분인 T가 A로 치환된 것뿐이다.

물론 DNA가 만들어 내는 것은 헤모글로빈뿐만이 아니다. 신체를 구성하는 모든 부분, 생명의 모든 양상이 그에 대응하는 DNA 서열을 가지고 있다. 그리고 그 모든 돌연변이는 유해하지만, 극소수의 유용한 변이도 있다. 그렇지만 겸형 적혈구의 예에서 알 수 있듯이, 유용한 돌연변이라고 해도 일정한 대가를 치러야 하는 것이 보통이다. 따라서 돌연변이는 일종의 거래 또는 협상이라고 할 수 있다.

돌연변이는 생물이 진화할 수 있는 가장 기본적인 수단이자 원동력이다. 돌연변이는 약간의 희생을 감수한다고 해도, 복제가 이루어질 때 발생하는 불완전성을 역이용한다. 돌연변이는 우리가 원하는 대로 이루어지는 것은 아니다. 그렇다고 해서 특수한 피조물을 만들기 위해 신이 사용했던 방법도 아니다. 아무런 계획도 없고, 누구의 지시도 받지 않는다는 것이 돌연변이의 가장 큰 특징이다. 그 임의성은 가히 냉혹할 지경이다. 그로 인해 일어나는——만약 일어난다면——진화는 괴로울 정도로 느리게 진행된다. 새롭게 일어난 돌연변이로 인해 생활에서의 적응도가 약해진 모든 생물은 진화의 과정에서 탈락하고 만다.

예를 들면, 더 이상 뛰어오르지 못하게 된 귀뚜라미, 기형의 날개를 갖게 된 새, 호흡이 가빠진 돌고래, 햇빛을 이기지 못하고 말라 버리는 느릅나무 등이 그것이다. 좀 더 효율적이고 온화한 돌연변이는 없는 것일까? 왜 말라리아에 대한 내성을 얻으면 반드시 빈혈이라는 대가를 치러야 하는가? 행선지가 뚜렷하되 냉혹하지 않은 형식의 진화가 있으면 얼마나 좋을까? 사람들은 누구나 이런 생각을 한다. 그러나 우리 생물들은 진화라는 여정이 어디로 이어지는지 알지 못한다. 진화는 장기적인 계획을 갖지 않는다. 작정한 목표지도 없다. 목표를 정할 수 있는 마음(mind)도 없다. 그런 의미에서 진화는 목적론과는 정반대에 위치한다. 생명의 본질은 방랑자의 맹목성이다. 이렇듯 극도의 무관심과 임의성의 수준에서는 정의(正義)와 같은 개념은 무용지물에 불과하다. 이렇듯 진화는 대다수의 희생 위에서만 가능한 것이다.

그렇지만 돌연변이가 일어날 확률이 좀 더 높았더라도, 생물의 진화 과정은 오늘날 우리 눈에 보이는 모습에서 크게 달라지지 않았을 것이다. 어떤 환경에서는 살아가는 데 필수 불가결한 분자 공작 기계가 아무런 소용도 없게 될 만큼 높은 변이율이 있는 한편, 외부 환경에서 일어난 변화가 "적응 아니면 죽음"을 요구하는 경우에도 재정비가 불가능할 만큼 낮은 변이율도 있다. 모든 환경은 저마다 미묘한 균형을 필요로 한다.

세포 속에는 손상을 입거나 돌연변이를 일으킨 DNA를 수리하는 엄청난 분자 공장이 존재한다. 일반적으로 평상시에는 수백 개의 핵산 염기로 이루어지는 분자가 염기의 치환이나 판독 오류 여부를 순간마다 엄격하게 검사한다. 실수는 곧바로 교정된다. 따라서 복사가 이루어지는 과정에서 착오가 발생할 확률은 약 10억분의 1에 불과하다. 이 정도라면 오늘날의 출판, 자동차 제조, 전자 산업 등의 분야에서도 좀처럼 달성할 수 없는 높은 수준의 품질 관리와 제품의 신뢰성이라고 할 수 있다(이 정도 두께의 책에서 전혀 오자가 발견되지 않았다는 이야기는 들은 적이 없다. 미국 자동차 업계에서는 동력 전달 장치의 제조 과정에서 1퍼센트 정도의 결함이 나오는 것이 상식이다. 최신 병기 체계도 10퍼센트 정도의 시간은 수리를 위해 가동되지 않는다.). 이 교정 기계는 세포 속에서 활발하게 일하고 있는 DNA에 대해서만 집중적으로 작용하고, 작동하지 않는 분야나 번역되지 않는 서열, '무의미한' 서열은 무시하는 것이 보통이다.

평상시에는 작동하지 않는 유전자에서도 교정되지 않은 돌연변이가 계속 축적되면 암이나 다른 병의 원인이 되기도 한다. 중지 명령이 무시되어, 원래는 밖으로 나와서는 안 될 명령이 발현하기 때문일 것으로 생각된다. 따라서 사람처럼 수명이 긴 생물의 경우에는 기능을 하지 않는 DNA 부분의 수리에 대해서도 상당한 주의가 기울여지고 있는 것으로 알려지고 있다. 그러나 쥐와 같이 단명하는 생물은 그런 기능이 없고, 따라서 암세포의 증식으로 인해 죽는 경우가 많다.[10] 따라서 수명과 DNA 수리 사이에는 분명 깊은 관계가 있다는 사실을 알 수 있다.

태양의 자외선 복사가 흘러넘치던 원시 바다의 표층에서 부유 생활을 했던 단세포 생물을 생각해 보자. 그 생물의 DNA의 일부에 다음과 같은 염기 서열이 있었다고 가정하자.

······ TACTTCAGCTAG ······

자외선이 DNA에 곧바로 내리쬐면, 두 개의 인접한 T는 자주 새로운 결합을 만들게 된다는 사실이 알려져 있다. 이 결합은 그 염기 서열 전체의 본래 기능을 방해하고 동시에 자기 복제 능력도 저하시킨다.

새로운 결합
↓
······ TACTTCAGCTAG ······

그러니까 분자에 일종의 매듭이 생기는 셈이다. 이런 경우 대부분의 생물에서는 곧바로 손상을 복구하기 위한 '효소 수리 특공대'가 출동한다. 특별한 효소를 가진 이 특공대는 손상의 내용에 따라 서너 종류의 서로 다른 편성을 갖는다. 손상을 입은 부분과 인접한 염기(가령 CTTC)를 잘라 내고, 그 부분을 정확한 염기(예를 들면 CTTC)로 바꾼다. 유전 정보를 보호하고, 높은 충실도로 스스로를 재생산하게 하는 기능은 생명 유지를 위해 최우선으로 다루지 않으면 안 된다. 그렇게 하지 않으면, 생물이 주위 환경에 적응하는 데 없어서는 안 될 중요한 부분임이 이미 입증된 명령이 무작위적인 돌연변이로 인해 쉽사리 상실될 수도 있기 때문이다. 교정이나 수리를 담당하는 효소는 자외선뿐만 아니라 여러 가지 원인으로 일어나는 손상의 수정을 담당한다. 이런 효소는 아직 오존층이 형성되지 않아 태양의 자외선이 지상의 생물에게 심각한 위험으로 작용했던 아득한 과거부터 존재해 왔을 것이다. 물론 이들 구조대 자체도 격렬한 생존 경쟁을 치러 왔다. 그 결과 오늘날에는 이런 효소가 특정 수준의 방사선이나 독성이 있는 화학 물질에 노출되었을 때에도 훌륭하게 작용하게 된 것이다.[11]

　유익한 돌연변이가 일어나는 일은 매우 드물기 때문에, 때로는——특히 빠른 변화가 일어나는 때에는——돌연변이율이 증가하는 편이 상황 대처에 유리하다. 이런 상황에서 돌연변이의 원인이 되는 유전자는 스스로를 선택하게 된다. 다시 말해서 활동적인 돌연변이 유발 유전자의 다양성이 선택할 수 있는 돌연변이의 메뉴 폭을 넓히고 더욱 신속하게 적응할 수 있도록 작용하는 것이다. 돌연변이 유발 유전자의 이런 기능은 절대 신비스러운 것이 아니다. 대표적인 예가 일상적으로 올바른 해독을 감시하고 문제가 발생했을 때 교정하는 유전자 자체이다. 이 유전자가 오류-수정 기능을 상실하게 되면 당연히 돌연변이율은 상승한다. DNA를 높은 충실도로 복제하는 데 관여하는 효소인 DNA 폴리머라아제(이에 대한 자세한 설명은 나중에 나온다.) 역시 마찬가지이다. 이 유전자가 기능을 상실하면, 돌연변이율은 빠른 속도로 상승할 것이다. A를 G, G를 T, G를 A, T를 G로(또는 그 역으로) 바꾸는 돌연변이 유발 유전자, ACGT 서열을 부분적으로 손상시키는 유전자가 있다. 어떤 돌연변이 유발 유전자는 '틀 이동(frame-shift)' 돌연변이 현상을 일으키기도 한다. 일반적으로 3개 1조로 해독되지만, 하나 이상의 염기가 덧붙거나 결실되어 유전 부호를 해독하는 출발점이 바뀌는 경우가 틀 이동 돌연변이이다. 이렇게 되면 모든 내용이 뒤죽박죽이 되어 버린다.[11]

　이것이 그 놀라운 자기 성찰(self-reflexive)의 능력이다. 더욱 놀라운 사실은 극히 단순한 미생물도 그런 능력을 가진다는 사실이다. 주위 환경이 안정적일 때에는 증식의 정확성이 추구된다. 그러나 위기를 느끼게 되면, 새로운 유전적 변이를 차례로 만들어 나간다. 그 모습은 마치 미생물이 곤경에 빠진 자신의 처지를 알고 있는 것처럼 생각될 정도이다. 그러나 그들에게는 주위에서 벌어지는 일에 대한 희미한 인식조차 없다. 단지 간혹 그 환경에 적합한 유전자를 가진 개체가 살아남을 뿐이다. 다시 평온한 안정기가 돌아오면, 활발한 움직임을 보이던 돌연변이 유발 유전자는 사라진다. 부(負)의 선택이 작용하기 때문이다. 빠른 변화의 시기에 필요했던 불안정한 유전자도 마찬가지로 사라져 간다. 자연선택은 일련의 복잡한 분자 화학적 반응을 이끌어 내서 훌륭하게 작용하게 만든다. 그 모습은 유전자를 떡 주무르듯 하는 뛰어난 분자 생물학자의 통찰력과 지성을 연상시킨다. 그러나 실제로 일어나고 있는 현상은 외부 환경의 변화에 보조를 맞추어 일어나는 돌연변이와 그 증식 이외에는 아무것도 없다.

생물에 이로운 돌연변이는 자주 일어나지 않기 때문에 주요한 진화가 일어나기 위해서는 매우 긴 시간이 필요하다. 오늘날 밝혀지고 있듯이, 실제 지구의 역사상 충분한 시간이 허용되었다. 100세대가 지나도록 일어나지 않았던 과정도 1억 년이라면 일어날 수 있을 것이다. 1844년, 다윈은 다음과 같이 썼다. "인류는 100만 년이나 1억 년이라는 시간이 가지는 충분한 의미를 제대로 파악하지 못하고 있다. 따라서 거의 무한에 가까운 세대에 걸쳐 생물에게 일어난 작은 변이가 축적되었을 때 어떤 결과가 나타나는지에 대해서도 전혀 알지 못하고 있다."[12]

다윈이 이 글을 썼던 시대에 시간 척도라는 문제는 다루기 힘든 주제였다. 영국의 빅토리아 시대 후기를 대표하는 위대한 물리학자 켈빈 경(Lord Kelvin), 즉 윌리엄 톰슨(William Thompson)은 "태양이 탄생한 이후 고작 1억 년(뒤에 3000만 년으로 더 줄어들었다.)밖에 지나지 않았다. 따라서 지구의 나이도 그 이상이 될 수 없다."라고 자신만만하게 발표했다. 켈빈 경의 높은 명망은 다윈을 비롯한 여러 지질학자들과 생물학자들을 궁지에 몰아넣었다. "사실을 직시하는 학문인 물리학이 잘못된 것인가, 아니면 다윈의 주장이 틀린 것인가? 둘 중 어느 쪽이 오류를 저질렀는가?"라고 켈빈 경은 물었다.[13] 켈빈 경의 물리학에는 오류가 없었다. 그러나 그가 논의의 출발점으로 삼은 가정에 문제가 있었다. 그는 "태양이 빛을 내는 것은 운석이나 천체의 파편이 낙하하기 때문이다."라고 생각하고 있었다. 켈빈 경이 살았던 시대의 물리학에는 아직 핵융합 반응이라는 개념이 없었고, 물론 원자핵의 존재도 알려지지 않았기 때문에 그가 그렇게 생각한 것도 무리는 아니었다. 그 결과로 20세기의 처음 10년 동안, 지구의 탄생은 45억 년 전이 아니라 고작 1억 년 전의 일이며, 포유류가 공룡을 대체한 시기도 6500만 년 전이 아니라 300만 년 전이라는 것이 상식이었다.

이처럼 잘못된 가정을 토대로, 다윈과 그의 이론에 대한 비판은 "진화라는 개념이 원리상으로는 가능할지 모르지만, 현실적으로 실현될 만한 시간적 여유는 없었다."라는 식으로 변모했다.* 지구의 나이가 1만 년 정도밖에 안 된다면, 지상에 존재하는 모든 생물들이 서

---

* 방사성 동위 원소를 이용한 연대 측정법이 개발되기 전에는, 시간의 경과를 올바르게 측정할 수 있는 방법은 아무것도 없었다. 조석과 지구 중력의 관계 연구의 선구자였던 다윈의 아들 조지는 "많은 생물학적 진화의 터전이 되었다고 말하기에는 지구의 나이가 너무 어리다는 사실을 달의 역사가 입증해 준다."라는, 당시 정설로 인정되던 학설의 오류를 일부 반박했다. 오늘날 지구와 달, 소행성에서 얻은 시료를 방사성 동위 원소를 이용해 측정한 결과, 인근 천체에도 존재하는 무수한 소천체 충돌의 운석공, 그리고 태양의 진화에 대한 연구의 최신 성과 등 다른 방법으로 얻은 결과는 모두 독립적이고도 분명하게 지구의 탄생이 45억 년 전이었음을 보여 주고 있다.

로 혈연 관계를 갖고 있다는 생각은 터무니없는 소리가 된다. 돌연변이의 완만한 축적으로 다양성을 설명할 수 있다는 주장 또한 마찬가지이다. 따라서 그러한 전제 위에서는, 단순한 자기 신념의 토로가 아니라, 과학적으로 이치에 맞는 다음과 같은 주장을 펴는 것이 타당할 것이다. 그러니까 "모든 생물은 천지만물을 창조하기 직전에 모습을 드러낸 동일한 조물주에 의해, 각기 따로 만들어진 것이 분명하다."라고 말이다.

만약 지구의 역사가 고작 수천 년이라면, 파도에 의한 암석의 분쇄, 바람에 의한 돌 조각들의 이동, 화산의 경사면을 흘러내리는 용암만으로 지표의 양상이 크게 변화될 수 있다고 생각하기는 어렵다. 현실적으로 지상에 도달하기까지 좀 더 큰 변화를 거쳤음을 알려 주는 풍경은 흔하게 찾아볼 수 있다. 가령 지구가 기원전 4000년 전후에 만들어졌다는 성서의 연대기가 옳다면, 먼 옛날 우리가 알지 못하는 대홍수가 몇 번씩이나 되풀이되었다는 격변설(catastrophism, 지질 변화가 점진적인 변화가 아닌 격변에 의해 이루어졌다는 지질학 이론 — 옮긴이) 지지자들의 주장이 설득력을 가질 것이다. 유명한 노아의 홍수가 가장 대표적인 예이다. 그러나 지구의 연령이 45억 년이라면, 오늘날의 지형은 우리가 관찰할 수 없을 만큼 작은 변화가 축적된 결과라고 완전히 설명할 수 있다.

이제 지구 탄생의 드라마가 몇십억 년 단위로 확장된 것에 대해 이야기할 때가 되었다. 그 전에는 설명할 수 없었던 많은 사실들도 이제, 진드기의 발소리와 티끌의 침전, 빗방울의 낙하처럼 일견 아무런 연관도 없는 것처럼 보이는 숱한 사건들의 연쇄에 의해 차례차례 해명할 수 있게 되었다. 만약 바람과 비가 연간 10분의 1밀리미터만큼씩 산의 정상을 깎아내린다면, 1000만 년 만 지나도 지구에서 제일 높은 산도 평탄해질 것이다. 따라서 격변설은 지질학에서는 라이엘,

생물학에서는 다윈으로 대표되는 동일 과정설(uniformitarianism, 지질 변화가 동일한 반복적인 과정의 누적에 의해 이루어진다는 학설로서, 제임스 허턴(James Hutton)이 처음 주장했다.—옮긴이)에 자리를 내주게 되었다. 오늘날에는 임의적인 돌연변이가 생물에 축적되었다는 것은 상식에 속한다. 대홍수를 신봉하는 사람들의 수는 격감했고, 천지창조는 지질학과 생물학 분야 모두에서 장황하기만 할 뿐 쓸모없는 가설로 그 지위가 하락했다.

동일 과정설을 주장하는 사람들은 생물계에 격렬하고 극적인 변화는 한 번도 일어난 적이 없었다고 생각했다. 그 일례로 헉슬리는 1902년에 이렇게 썼다. "지금까지 대격변은 결코 일어나지 않았다. 다시 말해서 그 어떤 파괴자도 한 시대의 다양한 생물을 일거에 몰살시키고, 그들을 완전히 새로운 생물들로 대체한 일은 없다. 한 종이 없어지면 다른 종이 대신 그 자리를 메워 왔다. 어떤 특징적 형태를 가진 생물이 사라지면, 시간의 경과와 함께 또 다른 형태가 증가했다."[14] 현대의 과학적 상식에 비추어 봐도 헉슬리의 생각은 대체로 옳고, 지구 역사의 대부분의 기간은 그렇게 진행되어 왔다. 그렇지만 그는 지나치게 자신의 추론을 밀고 나갔다. 느리게 누적되어 눈에 보이지 않게 이루어지는 변화의 중요성을 인정할 수 있다고 해도, 과거에 이따금 전 지구 규모의 대격변이 일어났을 가능성까지 부정하는 것은 아니기 때문이다.

대격변이 지표를 휩쓸어 지형과 생물계에 큰 변화를 일으켰음을 보여 주는 증거는 최근 무수하게 발견되고 있다. 세계적 규모로 발견되는 화석의 단절은 이런 대격변으로 설명될 수 있다. 같은 시기의 다양한 생물에게 일어난 극적인 형태 변화도 많은 생물이 멸종한 대멸종이 그 원인이었을 것이다(몇 차례에 걸쳐 일어났을 대멸종 중에서도 고생대 말기인 페름기 후기에 일어난 대멸종이 가장 전형적인 보기이다. 공룡이 전멸한 백악기의 대멸종은 잘 알려져 있다.). 대격변이 휩쓸고 지나간 자리는 새로운 생물종의 조합이 이전의 생태계를 완전히 대체한다. 화석을 조사해 보면, 긴 시간에 걸쳐 느린 속도로 진행되던 형태 변화가 갑작스럽게——거의 순간적으로——폭발적으로 일어나는 시기에 의해 단절된다는 사실을 알 수 있다. 닐스 엘드리지(Niles Eldreage)와 스티븐 제이 굴드(Stephen Jay Gould)가 이야기하는 '단속 평형설(punctuated equilibrium)'이 그것이다.[15] 대격변과 균일한 변화는 우리가 살고 있는 지구에서 제각기 나름대로의 역할을 수행해 왔다. 다른 경우도 마찬가지이지만, 진실은 모든 것이 한꺼번에 변하는 대격변과 느리고 착실한 변화라는 마치 상반되는 것처럼 보이는 양극단을 모두 포용하며, 둘 사이에 존재하는 것 같다.

격변설과 동일 과정설 사이에 새로운 균형이 이루어졌지만, 이 균형은 세상이 신에 의해 창조되었다는 주장을 강화시키지 않았다. 격변설은 성서 직역주의자들에게는 피할 수 없는 난제였다. 신의 뜻에 따라 이루어진 세계의 설계(Divine Plan) 자체, 또는 그 설계에 따라 이루어진 창조 과정이 불완전함을 시사하기 때문이다. 대멸종은 살아남은 것들이 빨리 진화하고 과거에는 경쟁자들이 차지하고 있던 생태계의 '빈 자리'에 진출할 수 있는 기회를 주었다. 돌연변이에 대한 길고 지루한 선택은 격변이 있든 없든 착실히 계속되었다. 다수 생물의 종(種), 속(屬), 과(科), 목(目) 전체의 멸종, 임의적인 돌연변이, 분자공작 기계의 불완전성, 그리고 삼엽충이나 악어와 같은 화석 증거에서도 알 수 있듯이 진화에 필요한 엄청나게 긴 시간 등을 생각하면 이 모두가 숱한 시행착오를 거치며, 우유부단하기 짝이 없다는 생각이 든다. 이것이 전지전능한 힘을 가진 창조주의 '손길'이라고는 생각되지 않는다.

동굴고기류(일반적으로 시력이 없다.)나 두더지처럼 암흑 속에서 살고 있는 동물들이 눈이 안 보이거나 거의 시력을 잃게 된 것은 무슨 이유에서일까? 과거에는 이 문제에 대한 답이 "암흑 속에서는 눈이 진화한다는 것이 의미가 없기 때문이다."라고 잘못 생각했다. 그러나 이런 동물들 중 일부는 눈을 가지고 있다. 단지 그 눈이 기능을 잃고 피부 밑에 숨어 있을 뿐이다. 그 외의 다른 동물들은 전혀 눈을 갖지 않지만, 그들의 선조 종에게 눈이 있었다는 사실은 해부학적으로 확실하다. 가장 신빙성이 높은 대답은 "이런 동물들은 경쟁 상대나 포식자가 없는 동굴과 같은 새로운 서식지에 들어오게 된, 원래는 눈이 보였던 동물들로부터 진화한 것이다."일 것이다. 따라서 시력을 잃어도 몇 세대를 지나는 동안 아무런 불편이나 피해를 입지 않았을 것이다. 완전한 암흑 속에 살고 있다면, 눈이 먼다고 한들 무슨 어려움이 있겠는가? 따라서 언제든지 일어날 수 있는 맹목(盲目)을 향한 돌연변이(시각에 관계되는 유전 정보의 이상은 눈, 망막, 시신경, 뇌 등 여러 곳에서 일어날 수 있다.)는 배제되지 않은 채 축적되어 간다. 한쪽 눈이 남아도 암흑 세계에서는 아무런 이점이 없기 때문에 변이는 두 눈에 모두 영향을 미친다.

마찬가지로, 고래류에게서는 퇴화한 작은 골반과 다리뼈가 발견된다. 뱀 역시 체내에 네 개의 흔적지(痕迹肢)를 가지고 있다. 이런 기관들은 오늘날에는 전혀 쓸모없는 것들이다(남아프리카에 사는 독사 맘바(코브라의 일종)의 미발달 사지(四肢)가 발톱 모양의 돌기로 변화해 비늘 피부를 뚫고 나와 있는 것을 분명히 관찰할 수 있다.). 만약 당신이 헤엄을 치거나 미끄러질 뿐 절대 걷는 일이 없다면, 다리를 위축시키는 방향으로 돌연변이가 작용해도 큰 지장은 없을 것이다. 따라서 그런 변이에도 부(負)의 선택이 작용되지 않는다. 배제되기는커녕 오히려 적극적으로 선택되어 갈 것이다(다리는 좁은 구멍 속을 미끄러져 통과할 때 거추장스럽기만 하다.). 새의 날개에 대해서도 같은 설명을 할 수 있다. 포식자가 없는 외딴 섬에 사는 새들에게는, 세대를 거치면서 날개가 퇴화해도 손해 볼 일이 없다(최소한 유럽 인들이 그 섬에 도래해 모든 새들을 사냥해 먹어치우기 전까지는 그랬다.).

이처럼 특정 기능을 소실시키는 돌연변이는 일상적으로 일어나고 있다. 만약 그 변이로 인해 불이익을 당하지 않는다면, 그 돌연변이는 개체군 속에서 반드시 보존된다. 그중에는 오히려 유익한 돌연변이도 있다. 그런 변이들이 더 이상 유지시킬 가치가 없어진 부품을 다른 것으로 대체하는 것이다. 물론 대다수의 돌연변이는 생화학적으로 부적절한 것이며, 돌연변이가 일어난 생물은 심각한 기능 장애를 일으켜 발생 초기인 배아 단계에서조차 살아남을 수 없게 될 수도 있다. 그들은 태어나기도 전에 죽는 셈이다. 다시 말해서, 그런 변이는 생물학자의 조사의 손길이 미치지 못하는 단계에서 배제되고 마는 것이다. 우리 주위에서는 한시도 쉬지 않고 비정하고 가차 없는 '체질'이 계속되어 쭉정이를 바람에 날려 버리고 있다. 자연선택은 엄격한 규칙과 가차 없는 체벌이 지배하는 학교인 셈이다.

진화는 시행착오의 연속일 뿐이다. 승자는 번성하지만, 패자는 무자비하게 절멸된다. 그 과정이 완성되기까지는 엄청나게 긴 시간이 필요하다. 돌연변이를 일으키고 그것을 자손에 전달할 수 있으면 어떤 생물이든 진화할 수 있다. 그러나 그 길을 그들 자신이 선택할 수는 없다. 계속 자손(또는 근연 관계의 후손)을 남기고 싶으면 항상 승리해서 생명이라는 게임을 계속하지 않으면 안 된다. 비록 한 세대라도 세대를 이어 갈 수 없으면, 당신도 당신이 가지고 있는 고유한 DNA

서열도 모두 사형 선고를 당하는 운명이다. 이 냉혹한 게임에 집행 유예란 없다.

이 책의 영어판은 서아시아에서 유래한 문자와, 원래 중부 유럽에서 비롯된 언어를 이용해 인쇄되어 있다. 그러나 그것은 역사 속에서 이루어진 숱한 우연 가운데 하나에 불과하다. 상업 문화가 고대의 서남아시아 지방에서 번영을 구가하고, 무역 거래에 대한 체계적인 기록을 남길 필요성이 생기지 않았다면 알파벳은 발명되지 않았을지도 모른다. 스페인 어는 아르헨티나에서, 포르투갈 어는 앙골라에서 사용되고 있다. 캐나다의 퀘벡 주(州)에서는 프랑스 어가, 오스트레일리아에서는 영어가, 싱가포르에서는 중국어가 통용된다. 일종의 우르드 어(인도계 이슬람교도들이 쓰는 언어 ― 옮긴이)를 사용하는 남태평양의 피지, 일종의 네덜란드 어를 쓰는 남아프리카, 러시아 어를 사용하는 쿠릴 열도 등. 이 모든 현상들은 역사적인 사건이 우연히 그런 방향으로 이어진 결과이다. 역사의 경로가 조그만 비껴갔다면, 이런 지역에서 지금 사용되는 언어도 자연히 달라졌을 것이다. 스페인 어, 프랑스 어, 포르투갈 어가 차례로 그 세력을 넓혀 간 것은 로마 인들이 제국주의적 야망을 가졌다는 사실에 뿌리를 두고 있다. 색슨 족이나 노르만 족이 해외 정복에 힘을 쏟지 않았다면, 영어권의 판도는 현재와는 완전히 달랐을 것이다. 그 밖에도 유사한 예를 여럿 들 수 있다. 다시 말해서 언어는 역사에 의존한다.

지구 크기의 행성이 사각형이 아니라 구형이라는 사실, 태양 크기의 항성이 주로 가시광선을 복사한다는 사실, 지구 정도의 표면 온도와 압력을 가지는 천체에서는 물이 고체, 액체, 기체의 세 가지 상태를 가진다는 사실들은 약간의 초보적인 물리 법칙을 알고 있으면 쉽게 이해할 수 있다. 그런 현상들은 우연의 결과가 아니다. 사건의 순서, 즉 시간의 경과와는 특별히 관계가 없고, 다른 경로를 거쳐도 항상 같은 결과가 일어난다. 물리적인 실재(實在)는 영구불변이며, 그 규칙성은 어디에서도 성립된다. 그러나 그와 대조적으로 역사적인 실재는 변하기 쉽고 유동적이어서 거의 예측할 수 없으며, 이미 알고 있는 자연 법칙에 따라 결정되지 않는다. 역사적인 사건의 흐름에 질서를 부여하는 주된 역할을 하는 요인은 오히려 우연이나 확률이라고 생각할 수 있다.

생물학은 물리학이나 화학보다는 언어나 역사 쪽에 가깝다. 사람의 손가락은 왜 다섯 개인가? 사람의 정자 세포의 횡단면은 왜 단세포 동물인 유글레나를 닮았는가? 이런 의문들은 모두 과거에 있었던 역사적 우연을 강하게 반영하고 있다. 가령 물리학처럼 비교적 단순한 분야라면 만물에 내재하는 법칙성을 찾아낼 수 있고, 그 법칙이 전 우주에 적용된다고 생각할 수 있을 것이다. 그러나 언어학, 역사학, 나아가 생물학처럼 어려운 주제를 다루는 분야에서는 비록 자연을 지배하는 법칙이 있다 하더라도, 그 법칙성을 인식하기에는 인류의 지능이 터무니없이 낮은 수준에 불과하다. 더구나 우리가 연구하는 문제가 복잡하고 혼돈스럽고 아득한 과거의 일이어서, 그 초기 조건까지 알 수 없는 경우에는 특히 그러하다. 인류는 자신의 무지를 위장하기 위해 이 '우연적인 실재(contingent reality)'를 정식화하려 애썼다. 그 가운데에도 일말의 진실은 있을 것이다. 그렇지만 그것은 완전한 진실과는 거리가 멀다. 역사나 생물학에는 물리학에는 없는 '기억'이라는 현상이 있기 때문이다. 인류에게는 문화가 있고, 인간은 배운 사실을 기억하고 그에 따라 행동한다. 생명은 이전 세대의 적응의 결과로 증식을 계속했고, 수십억 년 이전까지 거슬러 올라가는 DNA

서열을 계속 유지시켜 왔다. 우리는 생물학이나 역사학이 그동안 높은 충실도로 복제되어 온 사건들을 인식할 수 있게 해 주는 강력한 확률론적 수단임을 잘 알고 있다.

DNA 폴리머라아제는 효소이다. DNA의 자기 복제를 돕는 이 효소는 그 자체도 단백질이며, DNA의 명령에 따라 연결된 아미노산에서 합성된다. 다시 말해서, DNA는 이런 과정을 통해 자신의 복제를 제어하고 있는 것이다. 요즈음에는 동네에 있는 실험용 약품 상점에서도 DNA 폴리머라아제를 쉽사리 손에 넣을 수 있다. 그리고 온도를 변화시켜 DNA의 나선 구조를 풀고, 그곳에 폴리머라아제를 작용시켜 복제시키는 PCR법(폴리머라아제 연쇄 반응법)이라는 실험 기술도 등장했다. 복제된 염기 서열은 스스로 두 가닥으로 나누어 계속 자신을 복제하기 때문에, 이 과정을 되풀이할 때마다 DNA분자의 수는 두 배가 된다.[16] 따라서 40번 반복하면 원래 분자의 1조 개의 복제를 만들 수 있는 셈이다. 물론 이 과정에서 일어난 모든 돌연변이도 함께 재생산된다. 따라서 PCR법은 시험관 내에서 진화를 시뮬레이션 (모의 실험)할 수 있는 실험법이라고 할 수 있다.● 이 방법은 다른 핵산

● 또한 PCR법은 고대 생물의 유해——예를 들면 보존 상태가 양호한 마스토돈(올리고세에서 홍적세까지 서식했던 코끼리의 선조로 생각되는 동물)의 장 속에 남아 있는 세균처럼——에서 얻은 극미량의 DNA를 연구에 필요한 충분한 양으로 증식시키는 데에도 사용할 수 있다. 최근에는 공룡을 물었던 흡혈성 곤충이 호박 속에 남아 있다면, 그 곤충으로부터 공룡의 생화학적 특성을 알 수 있는 시대가 도래할 것이라는 주장까지 제기되고 있다. 나아가 그 DNA를 재구성해서 1억 년 이전에 멸종한 공룡을 현대에 되살릴 수 있다는 주장도 있다(물론 그 가능성에 대해서는 논쟁의 여지가 많다.). 비록 그런 연구가 가능하다 하더라도, 그런 일이 가까운 장래에 실현될 가능성은 그다지 높지 않은 것 같다.

에 대해서도 마찬가지로 사용할 수 있다.

당신 앞에 있는 시험관에 RNA(리보 핵산)라는 다른 종류의 핵산이 들어 있다고 하자. RNA는 DNA와는 달리 외가닥이다. 이중 나선 구조가 아니기 때문에 복제를 위해 두 가닥으로 풀어 낼 필요는 없다. RNA의 경우 핵산 염기의 가닥은 항상 자신의 입으로 꼬리를 무는 듯한 형상으로 고리 모양의 분자를 만든다. 때로는 머리핀이나 그 밖의 다른 모습을 하고 있는 경우도 있다. 여기에서는 몇 개의 RNA 분자를 물속에서 혼합시키는 실험을 해 보자. 핵산을 합성하는 재료가 되는 염기 등의 분자도 시험관에 가한다. RNA를 다룰 때에는 세심한 주의를 기울이지 않으면 안 된다. 매우 까다롭고 극히 한정된 조건에서만 그 신비한 마술을 부리기 때문이다. 시험관 안에서 일어나는 작용은 확실히 마술이라 부를 만한 것이다. RNA는 자기 복제를 할 뿐만 아니라, 다른 분자가 기능을 발휘하게 해 주는 '결혼 중매업자' 노릇까지 톡톡히 하기 때문이다. RNA는 저마다 기묘한 형태를 한 분자들이 수월하게 결합할 수 있도록 자리를 깔아 주는 멍석이나 신혼 침대와 같은 역할을 한다. 그러니까 분자 공작 기계를 좀 더 정확하게 작동시키기 위한 안내역인 것이다. 일반적으로 이 과정을 촉매 작용(catalysis)이라고 한다.

RNA 분자는 자기 복제 능력을 가지는 촉매이다. 세포의 화학 반응을 제어하기 위해 DNA는 일꾼들의 구성 — 앞에서 살펴보았던 촉매 공작 기계인 분자, 단백질 등의 여러 종류 — 을 감독할 필요가 있다. DNA 자체는 반응을 촉진하는 작용을 할 수 없기 때문에 단백질을 만들지 않으면 안 된다. 뿐만 아니라 어떤 종류의 RNA는 그 자신이 촉매가 되는 능력도 가지고 있다.[17] 촉매를 만들 수 있으면서 동시에 스스로 촉매 역할을 할 수 있기 때문에, 생물은 최소의 비용으로 최대의 이익을 얻는 셈이다. 수백만 개에 달하는 분자의 생산을 제어하는 것이 촉매이다. 만약 당신이 촉매를, 그것도 매우 정확하게 기능하는 촉매를 만들고 있거나 당신 자신이 촉매라면, 당신은 그 생물의 운명을 좌지우지하는 조종간을 장악하고 있는 셈이다.

그런데 이 실험에서, 복수 세대의 RNA 분자가 일제히 시험관 안에서 복제를 시작했다고 하자. 이때 돌연변이의 발생은 피할 수 없다. 그리고 그 빈도는 DNA에 일어나는 돌연변이보다 높을 것이다. 명령문에 일어나는 불규칙한 변화가 유리한 경우는 좀처럼 드물기 때문에, 변이를 일으킨 RNA 서열의 상당수―또는 전부―는 복제를 남길 수 없을 것이다. 그러나 자기 복제를 촉진하고 생존에 유용한 변이도 가끔씩 나타난다. 그런 RNA 분자는 분명히 다른 분자보다 복제 속도가 빠르거나 복제의 정확도가 높을 것이다. 개개의 RNA 분자의 운명은 무시하고, 특정 분자만을 진보시키는 것―분자들의 입장에서는 왜 그렇게 하지 않으면 안 되는지 의아하게 생각할 뿐, 공감하지는 않겠지만―이 우리 실험의 목적이다. 실험 과정에서 대부분의 RNA 분자 계통은 소멸할 것이다. 특정 계통만이 주변 환경에 적응해 다수의 복제를 남길 수 있다. 그리고 느린 속도로 진화해 나갈 것이다. 40억 년 전, 원시 바다에 최초로 등장한 생명은 이런 자기 복제 능력과 촉매 능력을 함께 가진 RNA 분자였을 것이다. RNA와 가까운 친척뻘인 DNA는 RNA가 진화·발전하는 동안 태어났을 것이다.

매우 유사한 두 종류의 분자에 그것을 구성하는 원료를 실험적으로 가하면 복제를 시작한다는 사실은 핵산 이외의 유기 분자에서도 알려져 있다. 두 종류의 분자 사이에는 협조와 함께 경쟁이 시작된다. 복제 과정에서는 서로 도울 수도 있지만 원료가 한정되어 있기 때문이다. 현미경으로도 볼 수 없는 극미한 드라마 속으로 일반적인 가시광선을 비추면, 한쪽 분자가 돌연변이를 일으킨다는 사실을 관찰할 수 있다. 그 분자는 원래 복제자와는 조금 다른 분자로 바뀐다. 이 분자는 복제자이기는 하지만, 그것은 돌연변이를 일으키기 전의 모(母)분자와는 다르다. 이 새로운 분자는 원래의 두 계통의 분자보다 뛰어난 복제 능력을 가진 것으로 밝혀진다. 이렇게 되면 원래의 분자 수는 격감하고, 이윽고 변이를 일으킨 분자는 원래의 분자를 수적으로 능가하게 된다.[18] 우리는 시험관 속에서 복제, 돌연변이, 돌연변이의 복제, 적응 그리고 진화라는 과정이 벌어지는 모습을 살펴보았다. 이 실험에서 사용한 분자가 인간과 같은 생물을 구성하는 것은 아니다. 또한 생명의 기원에 관여한 분자일 가능성도 없다. 여기에서 사용된 분자보다 복제 능력이 뛰어나거나 변이를 일으키기 쉬운 분자도 있을 것이다. 그런데도 그런 분자계(molecular system)를 '살아 있다.'라고 말할 수 없는 이유는 무엇일까?

40억 년에 걸쳐 자연계에서 되풀이되면서 그 성공 위에 구축된 과정도 본질적으로는 이런 실험과 다르지 않다.

비록 아직 미숙한 단계라도 일단 복제가 가능하게 되면, 이제 엄청난 힘을 가진 이 기관이 전 세계에 퍼지는 것은 시간 문제이다. 예를 들어 풍부한 유기물로 가득 찬 태고의 바다를 생각해 보자. 오늘날 세균보다 훨씬 작은 생물(또는 자기 복제 능력이 있는 단일 분자)을 하나 바다 속에 던져 넣었다고 하자. 이 작은 생물은 이윽고 두 개가 되고, 계속 자신을 복제할 것이다. 포식자도 없고 먹이는 무진장 널려 있기 때문에, 개체의 수는 지수 함수적으로 증가한다. 그러나 그 과정이 100세대 동안 되풀이되면, 이 생물과 그 자손들은 지상의 모든 유기 물질을 소진하게 될 것이다. 오늘날의 세균은 이상적인 조건에서는 15분마다 분열한다. 원시 지구에 막 태어난 최초의 생물이 1년에 한 번씩만 재생산한다고 가정해도, 바다 속에 녹아 있는 유기 물질이 모두 소비되기까지는 100년 정도면 충분하다.

물론 그런 상태에 도달하기 훨씬 전에 자연선택이 작동하기 시작할 것이다. 선택의 유형은 종 내부의 경쟁―예를 들면 생명을 구성하는 분자가 될 수 있는 바다 속의 식량 자원이 줄어들면서 같은 종의 생물 사이에서 일어나는 경쟁―이 될 것이다. 아니면 다른 개체를 잡아먹는 포식(predation)이 일어날 수도 있을 것이다. 자칫 경계를 게을리 하면, 다른 개체의 습격을 받아 순식간에 알몸이 되고 산산조각으로 찢겨 다른 개체를 구성하는 분자의 일부가 되어 버릴 것이다.

주요한 진화가 일어나기 위해서는 100세대보다 훨씬 긴 시간이 필요하다. 그러나 100세대 정도의 기간이 경과하면, 지수 함수적인 복제의 파괴적인 힘은 매우 분명해진다. 개체 수가 적은 시기에는 생물체들이 서로 경쟁을 벌이는 일이 드물다. 그러나 폭발적인 복제가 이루어져 무수한 개체가 태어나게 되면, 혹독한 경쟁을 피할 수 없게 된다. 이 대목에서 비정한 선택이 무대에 나서서 중요한 역할을 하게 된다. 과밀(過密)이 새로운 상황을 만들고, 지상에 생물이 드물었던 시기 동안의 서로 친밀하고 유쾌했던 생활 양식과는 완전히 다른 반응을 일으키는 것이다.

외부 환경은 시시각각 변해 간다. 그 변화의 원인 가운데 일부는 폭발적인 개체 수 증가를 야기한 축복받은 환경 자체일 것이고, 다른 생물의 진화와 지질학적·천문학적인 변화도 원인으로 작용했을 것이다. 따라서 어떤 환경에도 적응할 수 있는 영구불변의 궁극적인 형태란 처음부터 존재하지 않았다. 어떤 생물에게 유리하고 안정된 환경이 계속되는 경우를 제외한다면, 적응은 끝없는 연쇄 반응일 뿐이다. 외부에서 관찰하면 생존 경쟁과 더 많은 자손을 남기기 위한 싸움이라고 볼 수 있지만, 당사자인 생물 자신은 그 사실을 느끼지 못한다.

진화란 우연적이고 확률적인 과정이며, 미래에 대한 아무런 전망도 갖지 않기 때문에 예측할 수도 없다. 진화하는 분자들은 미래에 대한 아무런 계획도 갖고 있지 않다. 단지 일련의 돌연변이를 끊임없이 만들고, 그런 변이들 중에서 간혹 원래의 것보다 조금 나은 개량형이 나올 뿐인 것이다. 아무도, 즉 생물 자신도, 환경도, 지구도, '조물주'도 이 문제를 진지하게 고민하지 않는다.

이런 진화의 근시안성(近視眼性)은 상당한 위험을 초래할 수도 있다. 가령 지금부터 1,000년 후에 일어날지도 모르는 환경 변화—물론 어떤 변화인지는 아무도 알 수 없다.—에 대해 완벽하게 대응할 수 있는 변이를 인류가 제거할 수도 있기 때문이다. 그러나 인류는 지금 이곳에서 출발해 그곳까지 가야만 한다. 한 시대에 겪는 위기에 대해 생명은 항상 해결책을 마련해 왔고, 그것이 자신을 유지하는 기본 전략이기 때문이다.

무상(無常)

만약 우리가 영원히 살 수 있다면, 들판의 이슬이 사라지지 않는다면, 화장터에서 피어오르는 연기가 흩어지지 않는다면, 인간은 만사에 대해 아무런 감정도 느낄 수 없을 것이다. 생(生)의 아름다움이란 그 일시성에 기인한다. 인간은 모든 생물 가운데 가장 오랫동안 살 수 있다. 그리고 우리가 누리는 1년은 무척이나 긴 것이다. 그렇지만 세상은 이렇듯 아름답고 사랑스럽기 때문에, 천년의 세월도 마치 하룻밤의 꿈처럼 사라져 간다.

── 요시다 겐코(吉田兼好, 일본의 수필가이자 가인(歌人) ── 옮긴이), 「쓰레즈레구사(徒然草)」(1330~1332년)[19]

6장
나와 너

너와 나 사이에, 그리고 너의 목자들 사이에,
어떠한 다툼도 있어서는 안 된다. 우리는 한 핏줄이 아니냐!

—「창세기」, 13장 8절

사자와 인간 사이에 굳은 맹세는 없었다.

— 호메로스, 『일리아스』[1]

지상에서 생명이 탄생한 일은 여러 차례 반복되었을까, 아니면 단 한 번 일어난 일에 불과했을까? 이 문제는 매우 중요하고도 풀기 어려운 수수께끼이다. 우리가 알고 있는 사실은 과거 수백만 종에 달하는 생물들이 막다른 골목에 다다르거나 잘못된 출발로 결국 멸종할 수밖에 없었다는 것뿐이다. 또한 새로운 종이 등장함에 따라 결국 지상에서 자취를 감추게 된, 오늘날 아무도 그 죽음을 슬퍼하지 않는 불운한 고대 생물의 계통도 분명 존재했을 것이다. 그러나 현재 지상에 존재하는 모든 생물이 오직 하나의 계통에 속한다는 사실은 부정할 수 없을 것이다. 모든 생물은 친척, 말하자면 서로 '먼 사촌'의 관계이다. 이것은 생물들이 어떻게 발생하고 어떻게 살아왔는지, 어떻게 형태를 바꾸고 유전 정보를 전달했는지를 비교해 보면 분명히 밝혀진다. 특히 DNA라는 형식으로 표현된 모든 생물의 설계도와 그 분자 기구의 유사성을 생각하면, 유연성(類緣性)은 명백하다. 모든 생물은 같은 혈통을 가진 친척이다.

최초로 생명이 탄생한 시기까지 시간을 거슬러 올라가 상상력을 발휘해 보자. 원시 생물들이 정보의 복제나 교정에 뛰어난 능력을 발휘하면서, 극도로 제한된 조건에서만 증식할 수 있는 오늘날의 DNA

와 RNA 등의 자기 복제 분자와 마찬가지 기능을 가지고 있었다고 생각하기는 어렵다. 초기 생물들은 현생 생물들에 비해 느리고, 조잡하고, 부정확하고, 비효율적이었을 것이다. 엉성하게 간신히 자신의 복제를 만들 수 있는 정도였을 것이다. 그렇지만 그 정도로도 생명이 출발하기에는 충분했다.

생명 진화의 어느 한 시점, 아마도 아주 오래전이었을 어느 시기에는 생물이 단 하나의 분자—그 분자가 어떤 능력을 가졌든 간에—로 이루어졌던 시대가 있었다. 그러나 지시에 따라 정확하게 명령을 수행하기 위해, 그리고 정보를 더욱 충실하게 자손에게 전달하기 위해 다른 분자가 필요하게 되었다. 자신을 에워싸고 있는 물속에서 자신을 구성하기 위한 소재를 찾아내고 그 재료를 목적에 적합한 형태로 바꾸는 분자라든가, DNA 폴리머라아제 등과 마찬가지로 복제 과정에서 '산파' 역할을 하는 분자, 그리고 새롭게 일어난 유전 정보의 조합을 교정해 주는 분자 등이 필요했다. 그런데 그런 역할을 해 줄 '보조 분자'가 물속으로 쓸려가 버린다면 그야말로 난감한 일이 아닐 수 없다. 따라서 유용한 분자들이 다른 곳으로 도망가지 않도록 붙잡아 둘 수 있는 장치가 필요하게 되었다. 가령 한쪽 방향으로만 열려 물을 통과시키는 밸브처럼, 꼭 필요한 분자만 들어오게 하고 절대 밖으로 내보내지는 않는 분자를 흔하게 발견할 수 있다. 그런 분자들은 일반적으로 작은 구형을 이룬다. 그것이 오늘날의 생물에서 볼 수 있는 세포막의 기원이 되었다.

초기의 세포는 계속적으로 증식과 분열을 거듭할 수 있었지만, 현재 인류가 가지고 있는 감각까지는 갖추지 못했다. 그렇지만 몇 가지 행동은 취할 수 있었다. 자기 복제 방법을 알고 있던 것은 물론, 세포 밖에서 받아들인 다른 분자를 변환하고 동화시키는 일까지 가능했다. 복제의 정확도와 물질 대사의 효율이 향상됨에 따라, 소수이지만 빛과 어두움을 구별할 수 있는 세포까지 등장하게 되었다.

외부에서 끌어들인 분자를 이용 가능한 상태까지 잘게 부수는 작업, 즉 먹이의 소화 흡수는 여러 단계를 거쳐 느린 속도로 착실하게 발생했다. 각 단계는 특정 효소에 의해 지배되고, 효소는 각기 독자적인 ACGT 서열 또는 유전자에 의해 제어되었다. 이런 유전자들 사이에는 교묘한 조화가 유지되지 않으면 안 된다. 그런 조화가 이루어질 수 없었던 계통은 번성할 수 없었다. 예를 들어 당분의 소화에는 각기 다른 역할을 갖는 수십 가지의 효소가 정교한 협조 관계를 유지하며 작용해야 했다. 한 효소가 역할을 다하면 다른 효소가 그 자리에 들어와 메우는 식이었다. 효소들은 저마다 특정한 유전자에 의해 만들어지기 때문에, 단 하나의 유전자만 결여되어도 이 방대한 공동 사업은 파산으로 끝나 버린다. 따라서 효소 연쇄(enzyme chain) 전체의 강도는 가장 취약한 효소에 의해 결정되는 셈이다. 이 단계에서 유전자는 오로지 효소 연쇄 전체라는 공공의 복지를 위해 헌신하는 존재였을 뿐이라고 해도 과언이 아니었다.

그런 초기 효소도 일정한 선별 능력을 갖추어야 했다. 특히 자신을 구성하고 있는 분자와 극히 유사한 분자를 분해할 때에는 극도로 세심한 주의가 필요하다. 자기 자신을 소화하기라도 하면 많은 자손을 남길 수 없다. 일례로 일부 DNA는 당으로 구성되어 있다. 다른 분자를 소화할 수 없어도 결과는 마찬가지이다. 다른 분자는 재료가 되는 유기 원료와 완성된 분자 상품의 저장 창고이기 때문이다. 35억 년 전의 세포도 어느 정도 '나[我]'와 '너[他]'를 구별할 수 있었을 것이다. 그리고 '나'보다는 '너'를 희생시키는 편이 나을 것이다. 그렇게 되면, 결국 개가 개를 먹고, 아니 미생물이 미생물을 먹는 세계가 아닌가? 그러나 잠깐 결론을 유보하자.

　대략 20억 년 전이나 30억 년 전에, 어떤 생물이 다른 생물을 통째로 자기 안으로 끌어들이는 데 데 성공했다. 두 생물이 코가 부딪힐 만큼 — 물론 아직 코는 없었겠지만 — 접근했을 때, 큰 생물의 세포벽이나 세포막이 오므라들면서 간혹 작은 생물이 그 속으로 들어가는 일이 벌어졌을 것이다. 그 후에 큰 생물이 작은 생물을 소화하려고 애썼을 것은 쉽게 상상할 수 있다. 가령 당신이 원시 바다 속에 있는 꽤 큰 단세포 생물이고, 이런 식으로 작은 광합성 세균의 일종을 게걸스럽게 잡아먹는다고 상상해 보자. 세균은 햇빛, 물 그리고 이산화탄소를 이용해서 당을 비롯한 그 밖의 탄수화물을 합성하는 전문가이다. 단세포 생물인 당신은 이 세균을 먹는다면 훨씬 쉽게 당을 섭취할 수 있을 것이며, 그 결과 다른 경쟁자들보다 더 많은 자손을 남길 수 있을 것이다(당은 유전 정보를 복제하는 데 없어서는 안 될 재료이며, 모든 힘의 공급원이기도 하다.).

　그러나 이렇게 몸 안으로 들어온 세균들이 특히 힘이 세고 산화(酸化)에 대한 내성이 있는 신형 모델이라면 단세포 생물이 가지고 있는 소화 효소에 굴복하지 않는 경우도 있을 것이다. 이렇게 될 경우 단세포 생물은 세균들에게는 새롭게 찾아낸 에덴 동산이 되는 셈이다. 단세포 생물은 세포막을 이용해 이 세균들을 많은 외적으로부터 지켜 준다. 세포막은 투명하기 때문에, 햇빛이 그 속에까지 도달할 수 있다. 물과 이산화탄소는 주위에 얼마든지 있다. 따라서 세포 안에 있어도 세균은 광합성이라는 마술을 계속 사용할 수 있다. 단세포 생물의 입장에서는 세균에서 흘러나오는 당이 고맙기 그지없는 먹이이다. 당신 몸속의 세균 중 일부는 죽을 것이고, 그러면 세균 속에서 빠져나온 분자들을 이용할 수 있다. 죽지 않은 세균들은 세포 내에서 번식하고, 증식하면서 당을 계속 공급한다. 이윽고 단세포 생물이 분열할 때가 왔다. 세균들 중에는 자손의 세포 속으로 보금자리를 옮기는 것들도 나온다. 단세포 생물과 광합성 세균의 이런 협조 관계는 권리-의무의 관계가 아니며, 세균의 어떤 유전자 서열도 단세포 생물의 핵산 속에 기록되지 않았기 때문에 단순히 우연한 사건으로 성립했다는 점에서 특징적이다.[2]

이 관계는 양쪽 모두에게 이익이 남는 거래이다. 광합성 세균의 입장에서는 거의 아무런 대가도 지불하지 않고 다른 생물의 몸속에 작은 패스트푸드 가게를 열 권리를 얻었다. 단세포 생물은 안전하고 안정된 환경을 제공할 뿐이다(최소한 손님마저 소화해 버리는 일이 없도록 주의를 기울이고 있는 한에서는). 누대에 걸쳐 단세포 생물이 완전히 다른 생물로 진화한 뒤에도 녹색의 작은 광합성 공장은 계속 살아남았다. 세포가 증식하면 공장도 증가한다. 자신의 일부이기도 하고 남이기도 한 불가사의한 관계, 거의 완전한 형태의 협력 관계가 탄생한 것이다. 이런 일이 생명의 역사 속에서 약 여섯 번 정도 일어났을 것으로 추측된다. 그런 과정이 이루어질 때마다 현재 우리가 관찰할 수 있는 식물의 큰 그룹이 탄생했을 것이다.[3]

오늘날 우리가 볼 수 있는 모든 식물은 체내에 그런 내포물, 즉 엽록체(chloroplast)를 가지고 있다. 그리고 엽록체는 지금도 그 선조인 독립적으로 생활하는 단세포 세균과 비슷하다. 자연계에 존재하는 초록색의 거의 전부는 엽록체에서 유래한 것이다. 이들이 바로 생명의 토대인 광합성 공장인 것이다. 인류는 자신이 지상에서 가장 지배적인 생명 형태라는 자부심을 갖고 있다. 그러나 진정한 생명 진화의 주역은 겸손하고 완벽한 손님인 작은 엽록체이다. 엽록체가 없으면 지구의 거의 모든 생물은 생명을 유지할 수 없다.

그런데 엽록체도 자신이 몸담고 있는 숙주에게 많은 양보를 해 왔다. 그들은 오랜 기간에 걸쳐 서로 도움을 주며 살아간다는 계약을 체결했다고 할 수 있을 것이다. 이런 관계를 공생(symbiosis)이라 부른다. 양자는 서로에게 의존해 살아간다. 이 공생 관계에서 엽록체 쪽이 나중에 들어온 손님임은 분명하다. 게다가 양자가 서로 다른 기원을 가졌다는 분명한 증거도 있다. 엽록체의 핵산과 식물 자체의 핵산이 조금 다르기 때문이다(물론 더 오래된 과거에는 그들 모두 공통된 조상을 갖고 있었겠지만). 이것은 서로 합쳐지기 이전의 양자가 서로 다른 진화의 길을 걸어왔다는 증거가 된다. 초기의 엽록체는 오늘날의 스트로마톨라이트 군집 속에서 사는 세균과 흡사한 광합성 세균에서 출발한 것으로 알려지고 있다.[4]

작은 단세포 생물을 현미경으로 관찰하면, 그들의 활동적인 움직임에 자못 놀라게 된다. 그들은 빛을 향해 헤엄쳐 가거나 먹이를 습격하고, 교묘히 적으로부터 도피한다. 이 생물들은 투명해서 세포 속까지 훤히 들여다보이고, 그런 움직임을 일으키는 것은 DNA에 의해 구동되는 원형질이라는 장치이다. 손에 넣은 먹이를 필요한 분자로 변환하고, 에너지나 세포 내 기관 또는 증식을 위한 원료로 만드는 능력은 가히 연금술에 비견할 만한 것이다. 그 속에 있는 공장은 공기, 물, 햇빛을 되는 대로 받아들이는 것이 아니라 특정한 조리법에 따라 엄격하게 선별한다. 그중에서 가장 단순한 과정도 유기 화학과 분자 생물학 책을 수십 권이나 채울 만한 분량의 내용이다. 기관이나 뇌도 없고, 대화를 나누거나 시를 쓸 수도 없고, 고도한 정신적 능력은커녕 지각조차 없는 단세포 생물이지만, 그 화학적 능력은 분명 인류가 자랑하는 최신 화학 공장을 능가할 것이다.

단세포 생물은 그 외에도 인류가 할 수 없는 여러 가지 일을 해낸다. 그들은 영원히 살 수 있다. 성(性)이 없는 단세포 생물은 분열을 통해 증식한다(물론 핵분열과는 다른 생물학적인 분열을 말한다.). 먼저 세포 한 가운데에 오목하게 들어간 작은 고랑이 생긴 다음 차츰 안쪽으로 밀려 들어간다. 내부 기관이 거의 공평하게 비슷한 크기로 나뉘면서 우리 눈앞에는 갑작스럽게 하나가 아닌 두 개의 생물이 모습을 드러낸다. 분열 전보다는 조금 작아졌지만 완전히 동일한 두 개의 개체가 된 것이다. 유전적으로 양자는 완전히 동일하며, 어느 쪽이 부모라 할 것도 없다. 오히려 쌍둥이라는 편이 적합할 것이다. 이윽고 둘 모두 성체(成體)의 크기로 성장한다.

그 후에도 이 과정은 계속된다. 따라서 극단적인 돌연변이체를 제외한다면, 현재 살고 있는 모든 개체는 먼 조상이 보내온 팩시밀리와도 같다. 진정한 의미에서 선조는 죽지 않고, 그 자체가 계속 살아간다는 편이 옳을 것이다. 그들이 계속해 온 분열의 행진을 거슬러 올라가도 어느 것이 그들 조상의 사체인지 분간할 수 없다. 예기치 않은 사고, 다른 미생물이 방출하는 독, 극심한 온도 변화, 먹이의 고갈, 크고 고약한 아메바와의 운 나쁜 조우……. 이런 일만 벌어지지 않는다면, 단세포 생물의 한 개체는 생물을 구성하는 유기물이 자연적으로 증식 속도를 늦추거나 지나친 재생산으로 인해 증식이 역전되기 전까지는 계속 생존할 것이다.

인간의 기준에 비추어 보면 어디에나 존재하고 눈에 보이지도 않는 하찮은 미물에 불과하지만, 이 생물은 불멸의 생명력을 가지고 있다. 오늘날에 이르기까지 이 생물들 역시 숱한 자연의 영고성쇠를 거치지 않을 수 없었을 것이다. 그러나 최소한 이들 중 하나나 둘은, 이 단세포 생물들보다 사치스럽고 경솔한 다른 생물들보다 오랫동안 살아왔다. 또한 지금까지 인간의 상상력의 한도 내에서 고안된 환생이나 '다중 생명 회귀(multiple life regression)' 식의 불사의 꿈보다도 오랜 수명을 가질 것이다. 실험에서 자주 사용되는 단세포 생물을 재료로 한 다음과 같은 실험 결과가 있다. 사용된 것은 중학교나 고등학교 생물 수업에서 친숙한 짚신벌레이다. 시험관 안에서 1만 1000세대가 계속 사육되었지만, 노화를 비롯해서 나이를 먹음에 따라 나타나는 어떤 변화의 징후도 발견할 수 없었다(인간의 경우, 1만 1000세대란 인류의 기원까지 거슬러 올라갈 수 있는 세대 수이다.).[5] 느린 속도로 돌연변이를 일으킨 계통을 제외한다면, 그 기나긴 세대의 마지막 자손에 해당하는 짚신벌레와 최초의 세대 사이에서 유전적인 변화를 찾아볼 수 없었다. 불사에 대한 갈망은 서구 문명의 특징 가운데 하나라 할 수 있다. 어떤 의미에서 이런 사상적 경향은 궁극적으로 아득히 먼 과거로의 회귀에 대한 갈망, 비등하는 원시 바다 속에서 부유하고 있던 단세포 생물로 돌아가고 싶은 동경이라고 할 수 있다.

생명의 기원을 향해 기나긴 진화의 역사를 거슬러 올라가는 우리의 여행은 이제 겨우 10억 년 전에 다다랐다. 그러나 오늘날 지상에서 전개되는 다양한 생물들에 관한 중요한 문제는 모두 그보다 훨씬 이전의 시대에 연결되어 있다. 그런 시대의 화석 중에는 현생종과 거의 구별할 수 없는 것도 있다. 스트로마톨라이트 등이 가장 잘 알려진 전형적인 예이다. 반대로 극적이라고 할 만큼 큰 변화를 보이는 것도 많다. 영겁에 비유될 수 있는 오랜 시기를 지나는 동안, 효소 연쇄라든가 DNA 복제의 충실도와 같은 생화학적 요소가 훨씬 정교해진 것은 분명하다. 그러나 그런 정교화를 비롯한 여러 가지 사실들을 화석만으로 확인하기란 매우 어렵다. 그렇지만 비록 외형에만 국한

시킨다 해도, 생물이 35억 년 동안 전혀 모습을 바꾸지 않았다는 사실은 놀랍기 그지없다. 우리는 여기에서 다시 한 번 생물 속에 내재된, 둔감하기까지 한 보수성(conservatism)을 뚜렷이 인식할 수 있다. 그러나 때로는 빠른 속도로 진행되는 근본적인 변화도 일어난다. 돌연변이에 따른 적응을 위한 다양한 메뉴가 제시되고, 그것을 자연선택이 검토한다. 그러나 이처럼 돌연변이가 제시한 여러 가지 메뉴가 진지하게 검토되고 실제로 시도되는 것은 그 생물이 사형 선고——또는 멸종 선고. 진화론의 관점에서 보면 다음 세대에 자손을 남길 수 없다는 위협은 사형 선고와 같은 것이다.——를 받은 때뿐이다. 결점을 보완하는 방향으로 일어난 변화를 제외한다면, 일반적으로 새로운 종류의 생물은 번성하지 못한다. 원래 변화란 어쩔 수 없는 선택의 결과이기 때문이다.

우리는 같은 종류의 분자가 몇 차례에 걸쳐 서로 다른 목적에 사용되는 경우를 볼 수 있다. 예를 들면 식물이 햇빛을 받기 위한 초록색 색소, 포유류의 혈류 안에서 산소를 옮기는 붉은색 색소, 작은 새우나 홍학을 분홍색으로 보이게 만드는 물질, 그리고 각종 생물이 당에서 에너지를 추출하기 위해 사용하는 효소들은 모두 복잡한 분자 구조의 극히 일부가 변화한 결과물일 뿐이며 원래는 같은 분자이다. 장래의 수요에 대비해서, 에너지는 유전 부호에 사용되는 핵산 염기 A, C, G, T와 거의 비슷한 분자에 저축된다. 이런 분자의 반복 이용이나 재이용을 통해, 우리는 생명이 놀라울 만큼 융통성이 풍부하지만 다른 한편 대단한 검약가이기도 하다는 사실을 알 수 있다.

그러나 이처럼 철저하게 보수적인 생물 중에도 사태를 바꾸고 싶어 하는——그 대부분은 극히 작은 변화에 불과하지만——급진주의자가 100만 개체에 하나꼴로 들어 있다. 그리고 그중에서 기존의 양식보다 압도적으로 뛰어난 생존 전략을 획득할 수 있는 것은 다시 100만분의 1이다. 이런 혁명가야말로 생명의 진화 방향을 결정하는 원동력이다.

먹이가 충분히 있을 경우에 미생물은 매우 빠른 속도로 증식한다. 따라서 어떤 미생물을 저장했다가 그것을 다시 검사하려고 꺼내기까지의 시간 동안에도 진화가 일어날 가능성이 있다. 세균이 항생 물질(antibiotic)에 대한 저항력을 '획득'하는 속도는 엄청나게 빠르기 때문에 항생제를 지나치게 반복 처방하는 일은 피하도록 규제된다. 일반적으로 항생 물질이 새로운 적응 돌연변이를 유발하는 경우란 없다. 오히려 항생제는 자연선택의 냉혹한 대리인 역할을 한다. 항생 물질은 간혹 약에 대한 저항력을 가지고 있던 극히 일부의 운 좋은 균 이외에는 가차 없이 죽인다. 살아남은 균은 그때까지는 어떤 이유로 경쟁에 이길 수 없었던 계통이었을 것이다. 세균이 눈 깜짝할 사이에 항생제에 대한 내성을 획득한다는 사실──곤충들이 DDT에 대한 내성을 획득하는 것도 마찬가지이다.──로부터, 미생물의 세계에서는 우리 눈에 보이지 않는 방식으로, 그 형태나 화학적 성질이 믿어지지 않을 정도로 다양하게 끊임없이 새롭게 탄생한다는 사실을 알 수 있다. 기생 생물과 숙주 생물 사이에서는 끊임없는 투쟁이 벌어진다. 세균과 항생 물질의 관계에 대해 이야기하자면, 새로운 항생 물질을 찾아내기 위해 애쓰는 제약 회사와 저항력을 가진 유전적 소질(계통)을 탄생시켜 이전의 약한 계통을 대체해 나가려는 세균과의 치열한 전쟁이 벌어지는 셈이다.

35억 년 전의 생물이 내부와 외부, 나와 너, 동료와 적을 구별할 수 있었던 것은 분명하다. 극히 초보적인 형태나마 자의식이 탄생한 것이다. 바다 속에 녹아 있던 유기 분자를 먹는 생물은 다른 생물을 구성하고 있는 분자도 먹을 수 있게 되었음이 확실하다. 먹는 쪽이나 먹히는 쪽이나 결국은 같은 분자이기 때문이다. 그러나 이번에는 자신을 먹지 않도록 주의할 필요가 제기된다. 원시적인 생물에게 다른 개체에 대한 측은지심이나 동정심 따위는 없다. 그것은 미생물적 세계관과는 어긋나는 일이다. 그렇지만 엄밀한 구별은 사활이 걸린 문제이다. 세포 안에 들어 있는 엽록체에 대해서 어떤 감정이 있는 것은 아니라 해도, 만약 그것을 소화해 버린다면 큰 문제가 발생할 것이기 때문이다. '나'와 '너'도 구별하지 못하고 소화 효소의 분비를 제어하지도 못한다면, 그 생물은 거의 자손을 남기지 못할 것이다. 거기에는 어떤 감정도 개입될 여지가 없다. 그런데도 생물들은 욕망이나 요구, 좋고 싫음, 정서, 본능을 가지고 있는 것처럼 행동하기 시작한다.

집단으로 서식하는 생물이 동료 생물을 먹어 버린다면 아무에게도 도움이 되지 않을 것이다. 아무리 흉포한 육식동물이라도, 같은 무리의 동료나 친척들에게는 쉽게 먹힐 수 있기 때문이다. 그래서 동종(同種)의 식별을 위해 세포막 바깥쪽을 화학 물질로 덮는다. 주위에서 도착되는 동종 분자를 감지하면, 당신은 그 즉시 호의적인 태도로 바뀐다. 어떤 물질은 '친구'라고 말해 주고, 다른 물질은 '자매'라는 정보를 전해 주기 때문이다. 물론 다른 정보를 전하는 물질도 있다. 일부 세균들은 일종의 화학적 전사라고 할 수 있는 물질을 끊임없이 만들어 낸다. 이것이 이른바 항생 물질인데, 자신이나 같은 계통의 세균에게는 무해하지만 다른 계통의 세균이나 다른 생물에게는 치명적인 물질이다. 외부에 대한 적의와 내부에 대한 협조, 나와 너의 미묘한 균형은 이렇게 해서 진화해 왔다. 배타주의와 민족주의의 뿌리는 이렇듯 이른 시기에 시작되었던 것이다.

몸집이 큰 육식동물은 자신들의 생활을 즐긴다(그것은 다른 생물을 먹는 단세포 생물의 경우도 마찬가지이다.). 동물이 영양학적 전문 지식을 갖추고 사냥을 하는 것은 아니다. 다만 사냥이 즐겁기 때문에, 다시 말해서 포획물을 뒤쫓고, 습격하고, 불구로 만들거나 죽이고, 갈가리 찢어 먹는 등의 일이 삶의 기쁨이기 때문에 사냥을 한다. 그런 행동을 하려는 충동은 결코 억제될 수 없다. 집에서 기르는 뚱뚱한 고양이나 게으른 개는 사냥을 하지 않아도 식욕을 충족시킬 수 있을 것이다. 그런데도 그들은 때로 천성적인 미각의 요구에 따라 과거의 습성을 되살린다. 따라서 도시에서 애완동물을 기르는 사람도 간혹 귀여운 동물들의 발밑에서 죽은 쥐나 비둘기를 발견하게 되는 것이다. 동물들에게 식욕을 느끼게 만드는 장치는 고정 배선된(hardwired) 기계와도 같다. 미리 프로그램이 되어 있는 컴퓨터인 셈이다. 적절한 자극이 주어지면, 기계 전체가 자동적으로 움직인다. 이 수렵 본능을 만족시킬 수 있는 다른 방법은 없다. 따라서 개는 항상 막대기나 프리스비(개에게 던지기 놀이를 시키는 플라스틱 원반—옮긴이)를 물어 오고 고양이는 언제나 거미집을 건드리고 털실 뭉치를 쫓아다니는 것이다.

쥐를 사냥하는 고양이의 모습이 전형적인 고정 배선의 예라고 하더라도, 이런 행동은 상당 부분 과거의 경험에 의존한다. 심리학자 궈런위안(郭任遠)이 수행한 일련의 고전적인 실험이 있다.[6] 그 실험에 따르면, 어미가 쥐를 잡아먹는 모습을 본 새끼 고양이들은 거의 모두 같은 일을 할 수 있었다. 그러나 쥐와 같은 우리에 넣어 다른 쥐나 어미가 새끼를 죽이는 모습을 절대 보여 주지 않고 키운 새끼 고양이는 대부분 스스로 쥐를 죽이지 않았다. 또한 쥐와 함께 기르고, 어미 고양이가 우리 밖에서 쥐를 죽이는 모습을 보게 한 새끼 고양이는 대략

반수가 쥐를 죽이는 것을 기억했다. 그러나 이 경우에는 어미가 죽인 것과 같은 종류의 쥐만을 선택적으로 죽이고, 함께 살고 있는 종류의 쥐는 죽이지 않는 경향이 있었다. 마지막으로, 쥐를 볼 때마다 전기 충격을 주는 실험을 하면 새끼 고양이는 쥐를 죽이지 않는 습성을 가지게 되고, 쥐를 발견하면 충격이 두려워 피하는 경향을 보였다.

따라서 고양이의 포식 행동이라는 기본적인 고정 배선까지도 훈련을 통해 바꿀 수 있다는 사실을 알았다. 물론 인간은 고양이와 다르다. 그러나 어릴 때의 체험이나 교육, 문화 등이 태어날 때부터 가지고 있는 성향을 상당 정도 누그러뜨릴 수 있다고 추측하고 싶은 경향을 억누를 수 없다.

초기의 미생물 이래, 행동에 관여하는 메커니즘은 먼저 사냥과 도피의 동작을 몸에 익히고, 나아가 경험을 통해 자신의 경향을 바꿔 나가는 습성을 발달시킨다. 포식자의 입장에서는 점차 체구의 대형화, 빠른 동작, 야무진 외형으로 진화해 가고, 포식에 유리한 새로운 작전——예를 들면 위장 등——을 가지게 된다. 먹이가 되는 쪽도 마찬가지로 크고 빠르고 야무진 외형을 발달시켜 가며, 예를 들어 '죽은 척하기(playing dead)'와 같은 작전으로 포식자에 대항한다. 아무 대응도 하지 못하면, 더 많은 개체가 먹히기 때문이다. 따라서 살아남기 위한 갖가지 전략이 고안되었고, 성공한 자만이 살아남을 수 있었다. 보호색, 신체를 둘러싼 단단한 외피, 추적을 피하기 위한 먹물과 독액 살포, 독이 있는 바늘이나 가시, 포식자가 없는 새로운 서식지——바다 밑의 야트막한 구멍, 조개껍질 속의 안식처, 새로운 섬이나 대륙——의 개발 등 묘안이 백출했다. 그리고 특별한 대응이랄 것도 없이 많은 자손을 남겨 그중에서 일부가 살아남게 만드는 것도 하나의 전략(인해 전술)이었다. 그러나 다시 한 번 강조하지만 먹이가 되는 동물들이 그런 식의 적응 계획을 가졌던 것은 절대 아니다. 다만 시간이 흐르면서 살아남은 개체들이 마치 그런 계획을 가진 것처럼 보일 뿐이다. 아무리 온순하고 상냥한 기질을 가진 생물도 포식자에게 잡아먹힐 가능성이 있으면, 자연선택에 의해 그 대응책을 향해 강제로 떠밀려 갈 수밖에 없는 것이다.

약 6억 년 전에 많은 다세포 생물이 자신들의 유연한 신체를 껍데기나 등딱지(갑각)로 둘러쌌던 시기가 있었다. 또한 그들은 소규모 토목 기술을 익혀 규산염이나 탄화물로 방어벽을 만들었다. 대합조개와 진주조개, 게와 바닷가재, 외골격을 가지는 그 밖의 많은 생물의 생활 양식이 여기에서부터 발달했다. 물론 그중에는 현재 멸종되어 없는 것도 있다. 예외가 없지는 않지만, 동물 사체 중에서 부드러운 부분은 빨리 분해되고 딱딱한 부분과 그 흔적은 오랫동안 남아, 때로는 수억 년 후에 고생물학자들이 이것들을 발견하기도 한다. 그들의 먼 방계 친척인 인류가 아득히 먼 생물들의 외골격의 진화를 추적할 수 있는 것은 그런 화석이 있기 때문이다.

먹는 자와 먹히는 자 사이의 전쟁은 식물계에까지 파급된다. 식물은 스스로 독을 만들어 아예 동물들이 자신들을 먹으려는 생각을 품지 못하도록 해 왔다. 그에 대응해 동물은 해독법을 습득하고 해독을 위한 특별한 기관——간(肝)이 가장 두드러진 예이다.——을 발달시켜서 식물의 진화에 보조를 맞추었다. 예를 들면 사람들이 좋아하는 커피 성분은 원래 곤충이나 작은 동물들이 커피콩을 먹지 못하도록 막기 위해 만들어 낸 독이다.[7] 사람들이 그 독을 즐겨 마실 수 있는 까닭은 인류가 고도로 발전된 해독 기관인 간을 가지고 있기 때문이다.

포식자가 피식자보다 항상 클 필요는 없다. 병원 미생물도 감염된 생물을 공격해 때로 죽음에 이르게 한다. 또한 기생하는 숙주를 바꾸어 가면서 병원체를 다른 생물에게 확산시킨다는 점에서도 무서운 포식자라고 할 수 있다. 가장 좋은 예가 광견병 바이러스이다. 온순하고 사랑스러운 개의 혈류 속으로 들어간 바이러스는 분노를 제어하는 스위치가 있는 대뇌의 변연계(邊緣系)로 직행한다. 그곳에서 바이러스는 이 불쌍한 동물을 으르렁대며 아무에게나 달려드는 흉포한 포식자로 일변시켜, 심지어는 먹이를 주려는 주인의 손까지 물어뜯게 만든다. 이 병에 걸린 동물에게 무서운 것이라곤 아무것도 없다. 게다가 바이러스의 일부는 침을 삼키는 신경의 기능을 급속하게 저하시키고, 타액 분비선을 과도하게 자극한다. 이렇게 과잉 분비되는 타액에는 대량의 바이러스가 들어 있다. 바이러스의 볼모가 된 개는 원인을 알 수 없이 난폭해지고, 공격 충동을 억누를 수 없게 된다. 공격이 성공하면, 개의 타액 속에 들어 있던 바이러스는 상처를 통해서 희생자의 피 속으로 들어간다. 이제 바이러스는 새로운 숙주를 발견한 것이다. 이런 식으로 흉포한 바이러스의 숙주 사냥은 계속된다.

광견병 바이러스는 매우 뛰어난 시나리오 작가라 할 수 있다. 그 바이러스는 자신이 공격할 상대를 너무도 잘 알고 있으며, 어떻게 다루어야 하는지 꿰고 있다. 바이러스는 개의 모든 방어 체계를 무력화한다. 교묘하게 침입한 다음에는 뛰어난 계략으로 상대를 제압하고, 마침내 자기보다 훨씬 큰 생물 내부에서 쿠데타를 성공시킨다. 그 무엇으로도 이 무서운 병균을 이길 수 없다는 생각이 절로 들 정도이다.*

인플루엔자 또는 감기에 걸렸을 때, 기침을 하고 재채기를 하는 증

● 인간은 최근에야 진화한 생물이다. 그래서 사람이 전 지구적인 규모로 다른 생물에게 기생할 수 있는 숙주 역할을 하게 된 것도 불과 얼마 전이다. 따라서 미래에 광견병 바이러스 이상으로 인간을 완벽히 지배하고, 의학적인 대응책조차 세울 수 없는 신종 미생물이 진화하게 되리라는 예상을 할 수도 있다.

상도 감염과 함께 나타나는 우연한 부수물이 아니다. 오히려 바이러스가 증식해서 인간을 지배하게 되었음을 의미하는 신호탄에 해당한다. 미생물이 숙주를 제 마음대로 조종하는 예는 그 외에도 많다.

콜레라균이 만드는 독소는 장에서 이루어지는 수분의 재흡수를 방해한다. 그 결과 심한 설사 증세가 일어나고, 그것을 통해 감염이 확산되어 간다. 담배 모자이크 바이러스는 숙주의 세포막에 나 있는 작은 구멍인 막공의 확대를 일으킨다. 그 구멍을 통해 바이러스는 아직 감염되지 않은 세포에 도달한다. 창형 흡충(초식동물을 감염시키는 기생충—옮긴이)은 감염된 개미를 풀잎 끝까지 올라가게 하고 그곳에서 움직이지 않고 가만히 있도록 만들어, 다음 숙주인 양이 풀을 먹고 쉽게 감염될 수 있도록 해 감염 확률을 높인다. 디스토마는 자신이 기생하는 달팽이를 노출된 해안 지역으로 나가게 만들어, 디스토마의 다음 숙주가 될 갈매기가 쉽게 잡아먹을 수 있게 한다.[8]

포식자와 먹이 사이의 생사를 건 혈투가 몇 세대 동안 계속되면, 그들 사이에는 일종의 영구적인 군비 확장 경쟁이 정착하게 된다. 포식자 쪽에서 공격 기술의 진보를 이룰 때마다, 그 공격을 막아야 하는 수비 측에서도 그에 대응한 발전을 이룬다. 그리고 그 역의 경우도 성립한다. 도전과 응전이 반복된다. 이 과정에서 아무도 분명한 우위에 서거나 확실한 안전을 확보할 수는 없다.

어떤 종류의 생물은 집단으로 새끼를 키우고, 집단으로 번식하며, 무리를 지어 언제든지 함께 살아간다. 그들의 안전 장치는 바로 그 수에 있다. 무리를 지어 번식을 하면 그중에서 가장 강한 개체가 큰 포식자를 위협할 수도 있기 때문에 무리를 지키는 가장 효율적인 방법일 수 있다. 더군다나 전체 피식자 무리는 포식자를 상대로 반격을 가할 수도 있다. 그리고 무리 중에서 망보기를 세워 경계를 계속할 수 있다는 이점도 있다. 그러다가 무리 전체가 위험하다는 판단을 내리게 되면 한꺼번에 도망을 친다. 그 생물이 빨리 달릴 수 있다면 포식자 앞을 쏜살같이 달려 공격자의 목표를 혼란시켜 무리 속에 포함되어 있는 새끼들을 보호할 수도 있을 것이다. 그러나 포식자도 여럿이 합세하면 우위에 설 수 있다. 예를 들어 한 그룹이 위협을 가하는 한편, 다른 그룹은 잠복한 채 먹잇감을 기다리는 식이다. 포식자나 피식자 모두에게 집단 생활은 외톨이 생활보다 훨씬 유리하다.

포식자와 먹이의 진화 경쟁이 진행되면서, 궁극적으로는 한층 복잡한 행동 양식이 요구된다. 일례로 상대를 좀 더 먼 곳에서 발견할 수 있으면 상당한 우위에 설 수 있다는 것은 양쪽 모두에게 마찬가지이다. 촉각과 미각처럼 접촉 상태에서 기능을 하는 감각뿐만 아니라 후각, 시각, 청각 이외에도 초음파 탐지 능력 등 원거리에서 작용을 하는 감각도 포식자나 피식자에 대해 우위에 서는 데 중요한 역할을 하게 된다. 뿐만 아니라 작은 동물의 머릿속에는 과거를 기억하는 능력도 발달해 왔다. 불의의 사태에 직면했을 때 주위의 변화에 어떻게 대응해야 할지, 가령 Z라는 상황에서는 A라는 행동으로 대응하고, Y라는 상황이 벌어지면 B로 대응하는 초보적인 판단 능력이 유전자 안에 기록된다. 이런 능력은 좀 더 복잡하게 분기된 다양한 사태에 대응할 수 있는 수준으로 향상되고, 마침내 아직까지 경험하지 못한 새로운 요구에 대응할 수 있는 논리로까지 발달하게 된다. 그 수준까지 발달한 수단은 생존이라는 싸움에서 큰 도움이 된다. 특히 먹이가 부족한 상황에서는, 먹이를 찾아야 하는 포식자에게 더 많은 능력이 필요하다. 피식자가 아무런 회피 행동을 보이지 않아도 말이다.

생물의 행동은 모두 ACGT라는 언어를 사용해 미리 작성된 일련의 프로그램에 기초를 둔다. 따라서 과거 그 생물이 진화하는 과정에서 경험한 환경이 계속되는 한 모든 사태에 대해 프로그램으로 대처할 수 있다. 그러나 미리 짜여 있는 프로그램이 아무리 정교하고 지금까지 아무리 성공적으로 작동했더라도 급격한 환경 변화 속에서 계속 살아남을 수 있으리라는 보장은 없다. 자연선택에 따른 진화는 경험에 토대를 둔 학습 중에서도 가장 일반화된 상징적인 학습에 불과하다. 따라서 다른 무엇이 필요하다.

가령 당신이 먹이를 사냥하는 경우를 생각해 보자. 예를 들어 당신이 사냥하려는 먹이가 운동성이 매우 높고 아주 다른 환경 속에서 움직이고 있을 때, 종 내의 사회적 관계에서 포식자와 먹이 사이의 관계에서나 나타날 법한 복잡한 사태가 일어날 때, 그리고 외부에서 들어오는 엄청난 양의 정보를 처리해야 할 때, 바로 이런 때 뇌가 필요하다. 뇌가 있다면 당신은 과거에 경험했던 일을 떠올리고, 그 경험을 현재의 상황과 연관 지을 수 있게 된다. 당신의 모습을 발견하고 다가오는 포식자를 인식하고, 상대가 당신을 습격할지 여부를 판단하고, 과거에 안전하게 도망칠 수 있었던 가장 가까운 피난처나 바위의 갈라진 틈새를 기억해 내는 것도 모두 뇌의 역할이다. 먹이를 찾고 사냥하고 적을 피하기 위한 시나리오가 결정적인 위기에서 당신을 구해 줄 수 있는 것이다. 뇌는 집적된 정보를 처리하고, 그 패턴을 인식해서 우발적인 사고에 대한 대응책을 마련해 준다. 그런 역할을 위해 뇌를 중심으로 한 신경 회로가 발생했다. 이제 생물은 예측이라는 예고 체계를 갖추게 되었다.

다른 진화도 마찬가지이지만 뇌의 진화가 착실한 진보 과정을 거친 것은 아니었다. 화석 자료는 특정 시점에 단기간에 빠른 속도로 급격한 진화가 이루어져 뇌의 용적에 아무런 변화가 나타나지 않던 매우 오랜 기간을 단속(punctuate)시켰음을 보여 준다(이것은 변화가 없는 시기가 오랫동안 지속되다가 급격한 변화가 일어나 지속이 끊어진다는 의미이다. 이것을 '단속 평형설'이라고 한다.—옮긴이). 초기 포유류의 진화와 인류의 진화 과정을 비교해 보아도, 그 사실은 확실하다.[9] 그 진화 과정은 마치 뇌가 적응하기 좋은 일련의 희귀한 사건이 연속된 것처럼 보인다. 어쩌면 DNA 서열과 외부 환경 모두가 함께 변화했을 수도 있을 것이다. 새로운 생태적 지위(niche)는 곧바로 채워지고, 그 후 오랫동안 이어진 진화는 자신이 얻은 영토를 공고히 다지는 작업을 계속해 나갔다. 그렇지만 뇌의 진화는 다르다. 정보를 처리하고, 다른 감각 기관에서 전달받은 정보를 하나로 통합하고, 주변에 존재하는 법칙성을 모형화하고 그것에 근거해 판단하는 등, 뇌 신경계에서 일어난 진보는 그다지 효율성이 높지 않다. 대다수의 동물에게 이렇듯 제각기 독자적으로 여러 단계를 거쳐야 하는 능력은 지나치게 호사스러운 것이었다. 그런 기능은 먼 미래에나 덕을 볼 수 있다. 반면 진화란 '지금 당장(here-and-now)'에 고정된다. 그러나 사고의 진보는 아무리 작은 것이라도 환경에 적응하는 데 도움을 준다. 즉 적응적이다. 뇌의 부피가 빠른 속도로 늘어나는 현상은 생명의 역사에서 자주 발견된다. 이 사실만으로도 우리는 뇌가 생물에게 유용하다는 결론을 내릴 수 있을 것이다.

최소한 포유류에서, 감정은 주로 뇌의 낮은 등급의 오래된 부분에서 제어된다. 그에 비해 사고를 제어하는 것은 비교적 최근에 진화한, 고도로 발달한 바깥쪽의 층이다.[10] 초보적인 사고 능력은 유전적으로 프로그램되어 있는 기존의 여러 가지 행동 양식——이런 행동 양식들은 감정이라는 형태로 인식되는 뇌 내부의 특정한 상태에 해당할 것이다.——과 중첩된다. 예를 들면 예기치 않은 상황에서 포식자와 마주치게 되었을 때, 어떤 생각이 떠오르기 전에 먼저 뇌 속에 축적되어 있던 경험이 포식자에게 잡아먹힐 수 있다는 위험을 경고하는 식이다. 이처럼 당황스럽고 엄청난 공포에 사로잡히는 상황에서는 일련의 감정들이 복합적으로 나타난다. 사람의 경우, 손에 진땀이 흐르고 심장 박동수가 늘어나고 근육이 긴장하며, 숨이 가빠지고 머리카락이 곤두서고, 속이 메슥거리고, 급한 요의나 변의를 느끼게 되고, 강한 전투 의욕이 솟구치는 동시에 도망치고 싶은 욕구가 생긴다.●

대부분의 동물들이 느끼는 공포감은 아드레날린이나 그와 유사한 공통된 분자 때문에 일어난다. 따라서 공포감은 거의 모든 동물에게서 같다고 할 수 있다. 뇌가 최초로 받게 된 감각이 이런 공포감이라고 추측해도 틀리지는 않을 것이다. 혈액 속에 아드레날린이 증가하면, 공포감도 어느 정도 함께 증폭된다. 아드레날린을 주사하면 공포감을 느꼈을 때와 똑같은 상태를 인위적으로 일으킬 수 있다. 때로 이를 치료하기 위해 치과의 치료용 의자에 앉았을 때에도 이와 마찬가지의 감정을 느낄 것이다(피의 응고 속도가 빨라지는 것도 포식자와 마주쳤을 때 유용한 적응 방식의 하나이다. 그리고 치과에 갔을 때에도 당연히 같은 종류의 아드레날린이 분비될 것이다.). 공포란 그런 화학 물질의 작용에 상응하는 느낌을 주도록 '되어 있다'. 따라서 그다지 유쾌하지 않은 것은 자명한 이치이다.

포식자의 안구 - 망막 - 뇌가 한데 맞물려 움직이는 물체를 찾는 기능으로 특수화되었기 때문에, 피식자는 가만히 정지해 있는 쪽이 가

● '공격-도피(fight-or-flight)' 반응이 생물을 위기에서 구해 내기 위해 발달된 것임은 쉽게 이해할 수 있다. 가령 비슷한 예로 한기나 허기를 느끼는 것은 소화에 사용된 혈액이 근육으로 이동하기 때문에 나타나는 현상이다.

장 바람직하다. 우리는 오랫동안 꼼짝하지 않고 가만히 있는 방어 전략을 사용하는 동물들을 흔히 볼 수 있다. 물론 다람쥐나 사슴이 포식자의 시각계의 작동 원리를 이해하기 때문에 그렇게 대응하는 것은 아니다. 그러나 자연선택에 따라 먹는 자와 먹히는 자의 전략은 아름다운 공명을 일으키며 확립되어 가는 것이다. 먹이가 되는 동물들은 빨리 달리거나 죽은 척 위장을 하고, 몸을 부풀려 적에게 크게 보이려 하고, 털을 곤두세우거나 소리를 내고, 악취나 독성이 있는 분비물을 만들어 내고, 갑작스러운 역습으로 포식자를 당황하게 만드는 등, 그야말로 온갖 다양한 생존 전략을 구사한다. 피식자의 이런 행동 역시 의식적인 사고의 결과물인 것은 아니다. 단지 그런 행동을 취했을 때 도피할 수 있는 길이 열리거나 자신이 갖고 있는 정신적 명민함이 발휘되기 때문이다. 거의 동시에 일어나는 두 가지 반응이 있다. 첫 번째는 유전적으로 정해진 행동 양식이다. 이것은 오래된 범용(凡用) 대응 양식으로, 동물은 이 방식에 상당히 숙달되어 있지만 정교하지도 않고, 그로부터 취할 수 있는 대응도 다양하지 않다. 반면 다른 하나는 완전히 새롭고 거의 시도되지 않은 지적 장치이다. 이 행동 양식은 갑작스럽게 닥친 위급한 상황에 대해 전혀 예상치 않았던 대응책을 고안해 낼 수 있다. 그러나 큰 뇌는 동물들에게 새로운 선택을 강요한다. '심장'과 '뇌'는 저마다 장점을 가지고 있다. 그리고 대부분의 동물들은 심장 쪽을 택한다. 그러나 가장 큰 두뇌를 가진 동물 중 하나인 인간은 그 선택에서 두뇌 쪽을 더 선호했다. 그렇지만 어느 쪽이든 절대적인 보장은 없다.

생물은 환경에 나타나는 변화의 굽이마다 실수 없이 적응해 나가기 위해서 그에 대응해 진화를 거듭해 왔다. 유기체들은 지질학적 시간의 광대한 여정을 한 단계 한 단계 힘들게 지나, 불완전한 적응으로 살아남을 수 없었던 무수한 동료의 시체를 타넘으면서 알아챌 수 없을 만큼 작은 변화를 쌓아 왔다. 이런 과정을 통해, 화학적·형태적 측면에서, 그리고 활용할 수 있는 행동 유형적인 측면에서 생물은 복잡성과 능력을 높여 왔다. 물론 이런 변화는 ACGT의 부호로 씌어진 메시지의 정교화, 즉 유전자 수준의 향상을 반영하는—실제로는 그에 의해 촉발되었다는 편이 정확할 것이다.—것이다. 신체를 보호하기 위한 수단으로 연골 조직을 갖추거나 산소 호흡을 하는 등의 획기적인 발명이 이루어지면, 그런 기능에 관여하는 유전 정보는 세대가 경과하면서 미개척의 생물학적 영역 속으로 확장되어 나간다. 처음에는 어떤 동물도 이런 특수한 명령을 갖고 있지 않았을 것이다. 그렇지만 시간이 흐르면서 지상의 모든 동물들이 그런 명령 덕택에 생명을 유지할 수 있게 된다.

이 과정에서 실제로 일어나는 일은 유전 명령의 진화이고, 서로 경쟁하는 생물들의 유전 명령, 공격과 방어를 지시하는 유전 명령 사이의 치열한 싸움이라는 사실을 쉽게 이해할 수 있을 것이다. 이것은 동물과 식물 모두 마찬가지이다. 따라서 이들 모두 자동 인형에 불과한 것이다. 유전자는 자신을 지속시킬 수 있는 방향으로 서열을 바꾸어 나간다. 그러나 이 '서열 조정'은 미래에 대한 예견을 토대로 이루어지지 않는다. 잘 조화된 유전 명령이란 단지 같은 명령에 따르는 생물을 더 많이 만들어 낼 수 있는 생물을 우연히 거주지로 삼을 수 있도록 순서 지어진 명령 체계일 뿐이다.

여기에서 다시 한 번 광견병과 인플루엔자 바이러스—핵산으로 구성된 본체가 단백질의 외피를 쓰고 있다.—의 감염으로 일어나는 이상 행동에 대해서 생각해 보자. 감염되기 이전에 사람의 행동은 자신의 유전자를 통해 좀 더 정교하게 제어되고 있었을 것이다. 그러나 바이러스의 침입으로 인해 인간 특유의 생리적 또는 행동학적 성질이라는 껍질이 벗겨져 나가면, 발가벗겨진 생명은 여러 가지 정보 중에서 특정한 ACGT 메시지의 우선적인 복제라는 태고의 본연적인 모습을 드러낸다. 이것은 서로 다른 유전적 처방 사이의 충돌, 유전 언어 사이의 전쟁인 것이다.

이런 관점에 서면,[11] 선택되고 진화하는 것은 다름 아닌 유전 정보 그 자체가 된다. 아니면 모든 생물 개체가 유전적 명령의 엄격한 제어를 받아 선택되고 진화한다고도 표현할 수 있다. 그러나 진화를 설명하는 이론 중에는, 종은 서로 경쟁을 벌이고, 종을 구성하는 개체는 자신들의 국가를 유지하기 위해 충실하게 협조하는 시민처럼 자신들의 종을 보존하기 위해 협조한다는 집단 선택(group selection)이라는 가설이 있다. 그렇지만 유전자 수준에서 생각하면, 이 집단 선택 가설이 성립할 여지는 없다. 분명 이타주의로 보이는 행동도 실제로는 혈연 선택에서 기인하는 것이다. 어미 새는 포식자를 자신의 새끼에게서 떨어뜨리기 위해 여우 앞에서 천천히 날갯짓을 하거나 한쪽 날개가 부러진 것처럼 행동하여 유인한다. 결국 어미 새는 목숨을 잃지만 어미 새의 유전 정보와 매우 유사한 다수의 유전 정보가 새끼들의 DNA에 남는다. 손익 계산에 의거해 훌륭한 거래가 이루어진 것이다. 유전자는 순전히 이기적인 동기에서 살과 피를 이용해 자신을 외부 세계에 기록한다. 따라서 진정한 의미에서의 이타주의――비(非)혈연을 위한 자기 희생 정신――는 한낱 감상적인 환상인 것이다.[12]

혈연을 중시하는 경향과 그에 근거한 사고방식은 동물――식물도 마찬가지이다.――의 행동에서 가장 보편적인 지혜로 정착했다. 그런 경향은 많은 사실을 설명할 수 있다. 인간 사회에서는 연고 채용이라든가 양자 학대가 많다는 사실(예를 들면 미국에서는 친자식보다 양자의 학대 비율이 100배나 높다.)[13] 등을 설명할 수 있을 것이다.

스트로마톨라이트처럼 군집을 형성하는 생물도 모두 가까운 친척 사이이기 때문에, 유전자 수준에서의 이기주의의 예라고 할 수 있다. 서로 공생 관계를 유지하는 세포와 엽록체 사이의 협조도 이기적이라고 할 수 있을까? 엽록체를 소화해 버리는 세포는 생존 경쟁에서 우위를 차지할 수 없다. 세포가 엽록체를 소화하지 않는 것은 엽록체에 대해 일말의 이타적 감정을 가지기 때문이 아니다. 엽록체가 없으면 생명을 유지할 수 없기 때문에 소화하지 않을 따름이다. 먹는 기쁨보다 장래의 실리를 취하는 것, 즉 충동을 제어하고 단기적인 이기주의를 제어하는 데 성공한 것이다. 이기주의는 분명 존재한다. 그러나 거기에도 단기적인 것과 장기적인 것의 구별이 있다는 사실을 알아 둘 필요가 있다.

많은 사회성 동물이 가까운 친척과 함께 살고 있는 데에는 분명한 이유가 있다. 서로 협조하고 일견 이타적이라고 생각할 수 있는 행동을 취해도, 그것은 필연적으로 혈족을 향하는 것이다. 다시 말해서 혈연 선택인 것이다. 생물이 자신의 증식을 단념하더라도, 친척(자신과 매우 유사한 DNA의 소유자)의 증식과 생존에 전념하게 되는 것은 충분히 가능한 일이다. 만약 어떤 염기 서열이 장래의 생물에게 널리 사용되었는지를 살펴볼 수 있다면, 이타주의 경향을 가진 종이 번성했다는 사실을 확인할 수 있을 것이다. 그런 종들은 신체를 구성하는 모든 원자를 다음 세대에 전달하지는 못해도 자신의 유전 정보의 대부분을 미래에 전달하는 데 성공할 수 있었던 것이다.[14]

유전학자 로알드 피셔(Roald A. Fisher)는 영웅주의란 "가족 생활에 만족하지 못할 가능성이 높은" 사람들이 가지는 경향이라고 주장한다. 또한 피셔는, 사람이든 동물이든 이런 영웅주의야말로 자신과 가장 유사한 친척의 유전 서열을 보존하고, 그것을 다음 세대로 이어 주는 가장 유리한 성향이라고 말한다. 그의 주장은 혈연 선택의 가능성을 다루었던 논의 중에서는 가장 오래된 것 중 하나이다. 부모가 아이들을 위해 희생하는 것도 같은 관점에서 설명할 수 있다. 영웅적이고 애정이 풍부한 부모는 자신의 유전 자원의 이익이나 위험을 계산한 결과로서가 아니라, 단지 그렇게 하는 것이 '옳다'고 느껴서 그런 행동을 한다. 그러면 왜 그런 행동이 '옳다'고 생각할까? 이 문제에 대해 피셔는 양심적인 육아와 영웅주의라는 특성을 가진 확장된 가족[種]들이 번성하는 경향을 갖기 때문이라는 주장을 제기한다.●

동물들은 가까운 가족을 위해서 기꺼이 자신을 희생할 수 있다. 그러나 유연관계가 먼 다른 상대를 위해서라면 그런 행동을 하지 않는다. 이렇게 생각해 볼 수 있다. 가령 당신의 아이가 굶고 있고, 집도 없고, 중병에 걸려 있는데 당신 자신은 편안하게 잠을 이룰 수 있을까? 대개의 사람들에게 이런 일은 상상하기 어려울 것이다. 그러나 지구에서 매일 4만 명의 어린아이들이 굶은 채 방치되거나 병에 걸려 죽어 간다. 그 죽음은 능히 피할 수 있는 것이다. 국제 연합 아동 보호 기금(United Nations Children's Fund)과 같은 기관은 간단한 예방 접종과 소금, 설탕만 있어도 이런 아이들을 구할 수 있다고 말한다. 하루 몇 센트 정도의 돈이면 충분하다는 것이다. 그러나 그 적은 돈을 어디에서도 구할 길이 없다. 우리는 그보다 중요한 요구에 떠밀리고

● 물론 이 이야기는 유성 생식을 하는 생물에게서만 성립된다. 둘로 분열되어 증식하는 단성(單性) 생물에게는 자기 희생의 정신을 통해 자손의 적응성을 높여 가는 것은 불가능하다.

있다고 생각한다. 우리가 편안하게 자는 동안에도 아이들의 죽음은 계속된다. 그러나 그런 아이들은 멀리 떨어져 있다. 최소한 내 아이가 아닌 것이다. 자, 이제 당신은 혈연 선택이 실재하지 않는다고 말할 수 있을까?

혈연 관계가 없는 집단 속에 있는 경우에도, 서로 손을 잡고 공통의 적에 대처하는 편이 유리한 경우가 있다. 서로 혈연관계가 없는 동물들이 결합해 집단 생존을 도모하는 경우에도, 혈연 선택을 목적으로 발달해 온 행동 양식은 이용 가능하다.* 생물이 이타적 행동을 본능적으로 갖추고 있다면, 그것을 다른 종의 동물에게 사용하는 경우도 있을 수 있다. 개는 아무런 혈연관계도 없는 인간을 위해, 그들 자신의 위험을 돌보지 않는다. 장래 받을지 못 받을지도 모르는 보수에 대한 기대만으로는 이런 행동을 설명하기 힘들다.

돌고래는 물에 빠진 사람을 발견하면 코로 떠받쳐 계속 수면 위로 밀어 올리면서 해안까지 데려온다. 우리는 이런 돌고래의 인명 구조를 어떻게 설명할 수 있을까? 돌고래가 실수로 자신의 어린 새끼와 물에 빠진 사람을 구별하지 못해서일까? 돌고래의 식별력이 뛰어나다는 점을 감안하면, 그런 가능성은 희박하다. 버려지거나 길을 잃고 헤매는 어린아이를 새끼 잃은 어미 늑대가 기르는 일, 또는 뻐꾸기 알을 다른 종의 새가 기르는 행위 등은 어떻게 해석해야 할까? 뒷좌

• 이런 행동은 사람들 사이에서 흔히 찾아볼 수 있다. 다민족 국가로 구성된 국가는 흔히 '아버지의 나라', '모국' 등으로 불리며, 지도자는 그런 명칭으로 애국심을 고취시킨다. '애국적인'이라는 의미의 patriotic이라는 단어 자체가 그리스 어로 '아버지'를 뜻하는 말에서 유래하고 있다. 특히 군주제 국가에서는, 나라 전체를 '가족'으로 비유하는 일이 많다. 멀리 떨어져 있는 강력한 왕은 국민들에게 아버지에 해당하고, 모든 사람들이 그 은유를 이해한다.

석에 앉아 있는 자신의 아이가 위험에 빠질 수 있는데도 불구하고 길에 뛰어든 개를 피하기 위해 운전자가 핸들을 꺾는 것은 왜일까? 고양이를 구하기 위해 불타고 있는 집 안으로 뛰어드는 소년은? 이처럼 다른 종의 생물을 향한 애정이나 용기는 분명 혈연 선택 기능의 잘못된 작동에 따라 일어난 결과일 것이다. 그러나 이런 사건은 분명히 존재하고, 그런 행동이 누군가의 생명을 구하는 것 또한 사실이다. 비록 혈연관계는 아닐지라도, 인간이라는 '같은' 종에 속하는 다른 사람에 대해서 이런 이타적 행동이 가능하다고 생각할 수 있지 않을까?

두 집단을 생각해 보자. 한쪽은 무자비한 이기주의자들이 모여 있는 집단이고, 다른 한쪽은 때때로 다른 사람——비록 관계가 먼 사람이라도——을 위해 기꺼이 희생할 수 있는 결속력이 강한 집단이라고 하자. 외부의 공통 적(敵)에 대해서는 전자보다 후자 쪽이 훌륭하게 대처하지 않을까? 단 완벽한 이타주의자들이 가지는 약점은 외부에서 자신들을 습격하는 자들의 이익을 위해서까지 자신들의 목숨을 포기할 우려가 있다는 점이다. 이런 집단은, 이기적인 경향을 습득하지 않는 한 오랫동안 유지되기 힘들 것이다.

어떤 집단이 공동 작업을 할 수 있는 임계 크기(critical size)라는 것이 존재할까? 집단의 구성원 숫자가 일정 수준 이하가 되면 공동 작업이 곤란하게 되리라는 사실을 쉽게 추측할 수 있다. 집단의 규모가 커질수록 체온을 따뜻하게 유지하거나[15] 포식자를 역습하기가 쉽다.[16] 반대로 숫자가 적어지면, 집단이 얻을 수 있는 효과는 거의 상실된다. 그런 경우, 집단에 대한 봉사 정신이 완전히 결여된 철저히 이기적인 유전자의 존재를 상상할 수 있다. 가령 위험하기 때문에 집단 공격에 가담하지 않는 식으로 행동하게 하는 유전자가 있을 수 있다. 이런 성향을 가진 유전자가 증가하면, 결국에는 아무도 공격에 참가하려

들지 않는 사태가 발생한다. 그렇게 되면, 그 집단이 포식자에게 잡아먹힐 위험성은 매우 높아진다. 유전자 수준에서 볼 때, 장기적으로는 이기적인 쪽이, 단기적으로는 이타적인 쪽이 적응에 좀 더 유리하다는 사실을 알 수 있다. 그리고 실제로 집단이 가까운 친척만으로 형성되지 않은 경우에도 그런 방향으로 선택이 이루어질 수 있었다. 관계가 매우 긴밀한 집단은 개체에 대한 자연선택과 집단 선택에 가까운 양식의 두 가지 선택이 함께 작용한 결과 존속할 수 있다.

새로운 학파의 생물학자나 게임 이론의 전문가들은 집단적인 선택이 실재한다는 사실을 입증할 수 있는 여러 가지 실례를 찾기 위해 거의 광적이라 할 수 있는 독창성으로 노력해 왔다. 그중에는 상당히 그럴듯한 이론도 있지만, 모두 그런 것은 아니다. 예를 들면 포식자가 톰슨가젤을 습격할 때, 무리 중에서 꼭 한두 마리는 포식자 가까이에서 펄쩍펄쩍 뛴다고 한다. 이런 행동을 '스토팅(stotting, 눈에 띄는 행동으로 관심 끌기—옮긴이)'이라고 부른다. 이 부류의 집단 선택론자들은 매우 직선적인 사고를 하고 있다. 그러니까 이 개체들은 집단 전체를 구하기 위해 일부러 포식자의 주의를 끌고 자신이 희생될 위험을 감수한다는 것이다(그러나 굳이 이런 '관심끌기'가 고안되지 않았더라도, 포식자는 톰슨가젤을 한 마리 이상 사냥할 수 없지 않은가? 관심끌기 방법을 알지 못하는 가젤의 다른 종과 비교했을 때, 과연 톰슨가젤이 새로 고안한 방법 덕분에 희생자 숫자를 줄일 수 있었을까?). 역으로 일반적인 개체 선택의 입장을 지지하는 사람들은 '관심끌기'가 자신의 운동 능력을 과시하면서 포식자에게 "운동 능력이 낮은 다른 가젤을 선택하는 편이 쉬울 거요."라고 말한 것이라고 생각한다. 그들의 주장에 따르면 톰슨 가젤은 완전히 이기적인 동기에서 관심끌기 행동을 취한다[17]는 것이다(하지만 포식자가 접근했을 때 왜 대다수의 톰슨가젤이 그런 행동을 취하지 않는 것일까? 이처럼 유리한 이기주의가 왜 무리 전체에 확산되지 않는 것일까? 과연 포식자가 실제로 두드러진 행동을 취하는 개체보다 그렇지 않은 가젤을 주목할까?).

그들 역시 고전적인 환상처럼 사물의 어느 한쪽 면만을 보고 있는 것은 아닐까? 동일한 정보라도 다른 관점에서 보면 집단 선택도, 개체 선택도 될 수 있다(어느 쪽도 완전히 만족스러운 설명을 제시하는 것은 아니지만.). 물론 두 가지 입장 모두 나름대로의 가치와 유용성이 있다.[18] 일반적으로 집단 선택과 개체 선택은 병행될 수밖에 없다(과학적으로 이야기하자면, 고도의 상호 연관성을 가진다.). 그렇지 않으면 진화란 아예 일어날 수 없기 때문이다. 우리는 지금까지의 논의를 통해 그중에서 개체 선택 쪽이 약간 우세하다고 주장할 수 있을 것이다. 그 이유는 개체는 집단 속에 존재할 수 있지만, 그 역은 불가능하기 때문이다. 그러나 원숭이를 포함해서, 집단을 형성하지 않고 살아갈 수 없게 된 동물들이 많이 존재한다는 것도 분명하다.

엄밀한 의미에서의 이기주의와 이타주의는 생물의 특성을 연속적으로 늘어놓은 스펙트럼 속에서 적응 불능이라는 딱지가 붙은 양극단에 위치한다고 생각할 수 있다. 생존의 최적 조건은 양극단 사이에 위치하며 새로운 환경에 따라 시시각각 변화한다. 그리고 선택은 매 시기마다 극단을 버린다. 끊임없이 변화하는 환경에서 스스로 최적 조건을 발견하기란 어려운 법이다. 따라서 그 결정권을 다른 권위자(자연선택)에게 위임하는 편이 가장 안전하지 않겠는가? 이 대목에서 다시 뇌가 등장할 필요가 있다.

혈연 선택에 대해 한 번 더 생각해 보자. 새들이 자신의 숙부와 사촌을 얼마나 분별할 수 있는지에 대한 최근의 골치 아픈 논쟁은 여기서 되풀이하지 않겠다. 특히 작은 집단에서 그런 문제는 중요치 않다. 모든 구성원이 매우 가까운 친척 관계인 작은 집단 속에서는, 간혹 혈연관계가 없는 인근 집단에 들어가는 일이 발생한다 하더라도 혈연 선택은 통계적인 의미에서 작용하기 때문이다. 자신과 밀접하게 연관된 유전자를 얼마나 많이 남길 수 있을 것인가라는 관점에서 볼 때, 예를 들어 형제자매(50퍼센트의 유전자를 공유하고 있다.)의 목숨을 구하기 위해 자신이 죽을 수 있는 40퍼센트의 가능성을 받아들일 수 있을 것이다. 또한 숙부나 조카, 손자(25퍼센트의 유전자를 공유하고 있다.)의 경우에도 20퍼센트, 사촌(정확하게 12.5퍼센트의 동일한 유전자를 공유한다.)이라면 10퍼센트에 해당하는 죽음의 위협을 무릅쓸 것이다. 그렇다면 이번에는 자신의 가계가 다음 세대에 가능한 한 많은 후손을 남기기 위해, 자신의 직접적인 자손을 단념하는 문제에 대해서는 어떨까? 과연 시끄럽게 울어 대는 팔촌들을 배불리 먹이기 위해 당신 수입의 10퍼센트를 내놓을 의향이 있는가? 10촌 동생들의 교육비를 위해 평소에 사려고 벼르던 사치품을 포기할 수 있을까? 그리고 사돈의 팔촌쯤 되는, 친척인지 구별할 수조차 없는 사람들에게 입사 추천서를 써 주거나 빚 보증을 설 수 있겠는가?

혈연 선택 역시 연속된 스펙트럼이다. 한 사람의 희생 정신이 아주 먼 혈연에게 반영되는 일도 있다. 더욱이 생물이 모두 같은 친척인 이상, 한 사람의 희생은 인류뿐만 아니라 지상의 모든 생물에게도 의미가 있다. 혈연 선택은 본질적으로 가까운 친척 이외에도 확대 작용하는 것이다.

야생 원숭이의 소집단에서 두 마리를 선택하면, 일반적으로 10~15퍼센트까지 유전자가 같다(전체적으로 보면, ACGT 서열의 99.9퍼센트는 공유된다. 다른 유전자라고 해도, 실제로는 수천 개의 핵산 염기 중에서 겨우 한 개가 틀리는 정도이다.).[19] 따라서 무리 중에서 임의적으로 어느 개체를 추출해도, 공통성은 부모나 자식, 형제, 숙부, 숙모, 조카, 질녀, 육촌에 이르기까지 크게 변하지 않는다. 그 관계 속에서 누가 누구인지 분간할 수 없다 하더라도, 그들을 위해 희생하는 것은 진화에서 매우 큰 의미가 있다. 그들 중 누구의 생명을 구하기 위해 목숨을 버리더라도 10퍼센트가량의 가능성은 기대할 수 있을 테니까 말이다.

  원숭이의 행동 규범에 관한 기록 중에 좋은 예가 있다. 가령 마카크원숭이(짧은꼬리원숭이의 일종)의 예를 들어 보자. 그들은 사촌 무리가 모인 결속력이 강한 집단을 이루어 생활한다.[20] 어느 원숭이든 통계적으로는 자신과 공통의 유전자를 많이 가지고 있다고 볼 수 있기 때문에(당신도 그중 한 사촌이라고 가정하자.), 겉모습으로는 얼마나 가까운 친척인지를 판정할 수 없고, 당신은 그들을 구하기 위해 굳이 목숨을 걸지 않아도 정당화될 수 있다. 다음 실험을 보자.[21] 원숭이가 사슬을 당기면, 다른 방에 수용된 혈연관계가 없는 원숭이에게 전기 충격이 가해지고, 줄을 당긴 원숭이는 유리창 너머로 그 원숭이의 고통스러운 표정을 볼 수 있다. 그러나 사슬을 당기지 않으면 자신이 굶어죽을 수밖에 없다. 전후 사정을 모두 깨닫게 된 원숭이는 그 후로는 사슬 당기는 것을 자주 거부하게 되었다. 어떤 실험 결과에서는 사실을 알고도 계속 사슬을 당긴 원숭이는 13퍼센트뿐이며, 나머지 87퍼센트는 스스로 굶는 쪽을 선택했다. 그리고 전기 충격을 당해 본 경험이 있는 원숭이는 사슬당기기에 훨씬 더 심한 거부 반응을 나타냈다. 사회적인 관계 또는 원숭이의 본성이 동료에게 상처를 주는 행위를 참을 수 없게 만든 것이다.

  원숭이에게 이런 파우스트적 거래를 강요한 인간 실험자와 동료에게 고통을 주는 대신 극도의 허기를 참아 낸 원숭이 중 어느 쪽을 선택하겠느냐는 물음을 받는다면, 우리의 도덕적 공감은 비정한 실험을 한 과학자 쪽으로 향하지는 않을 것이다. 그러나 이 실험은 동료를 구하기 위해 자신을 희생한다는 숭고한 정신이 사람이 아닌 동물에게도 존재한다는 사실을 가르쳐 주었다. 원숭이는 교회의 주일학교에 다닌 적도 없고, 십계명에 대해 들어 본 일도 없을 것이며, 중학교에서 지루한 도덕 수업을 듣느라 몸을 비튼 경험도 없을 것이다. 사람의 기준에서 본다면 그들의 행동은 모범적이라고까지 할 수 있는 도덕심을 바탕으로 한 것이고, 뛰어난 용기로 사악한 유혹을 뿌리쳐 귀감이 될 만하다. 최소한 이 경우에 국한한다면 원숭이들에게는 영웅적 행동이야말로 최대의 행동 규범인 것이다. 입장을 바꾸어 인간이 원숭이 과학자에게 붙잡혀 똑같은 실험을 받는다면, 사람도 원숭이처럼 훌륭한 행동을 할 수 있을까?[22] 인류 역사상 타인을 위해 죽음을 선택해 길이 존경받는 인물은 소수이다. 그런 상황에서도 아무런 행동도 취하지 않는 사람이 압도적으로 많다.

헉슬리는 해부학 연구를 집대성해서 지상의 모든 생물이 서로 관계를 가지고 있다는 매우 중요한 결론을 내린 인물로 알려져 있다. 모든 생물이 핵산과 단백질을 이용한다는 사실, DNA 정보가 모두 같은 언어로 씌어지고 더욱이 같은 위치에서 같은 언어로 번역된다는 사실, 극단적으로 다른 생물에도 많은 공통의 유전자 서열이 존재한다는 사실 등은 헉슬리의 시대 이후에 발견되었다. 이런 발견은 그의 통찰력을 깊고 넓게 확장시키는 힘으로 작용했다. 하물며 그의 시대에는 생물이 이타주의와 이기주의 사이에서 살고 있는 존재라는 데까지는 생각이 미치지도 않았다. 두터운 수수께끼의 막을 한 겹 한 겹 벗겨 내, 모든 생물의 혈연의 고리가 인정될 수 있게 된 것은 그 후 상당한 시간이 지난 후였다.

그리고 오늘날 인간과 다른 생물과의 결코 분리될 수 없는 질긴 관계는 턱없는 감상주의가 아닌 엄밀한 과학적인 검증을 통해 증명되었다. 인간과 다른 동물은 부분적으로는 차이가 있지만, 본질적으로는 똑같다. 혈연 선택은 생명의 본질이고, 작은 집단을 형성해 생활하는 동물에 대해서는 특히 강하게 작용한다. 이타주의는 사랑과 매우 유사하다. 이렇듯 실재하는 현상 어딘가에 우리의 도덕이 숨어 있을지도 모른다.

무상

덧없는 존재

떨어지는 나뭇잎처럼 죽어야 할 운명을 지고 있는 존재들이 지금은 따뜻한 생명이라는 형태로 한때 번성하지만, 그런 다음에는 모두 죽고 자취도 없이 사라진다.

— 호메로스, 『일리아스』[23]

7장

처음 불이 타올랐을 때

내가 아니라, 세계가 이렇게 말했다.
"만물은 하나이다."

— 헤라클레이토스[1]

공기 중의 산소는 녹색 식물이 만들어 낸다. 식물은 산소를 대기로 방출하고, 인간을 포함한 동물들은 대기 속에서 게걸스럽게 산소를 들이마신다. 미생물이나 식물의 호흡도 마찬가지이다. 한편, 동물은 이산화탄소를 대기 중에 방출한다. 식물은 그 이산화탄소를 열심히 흡입한다. 우리는 그 사실을 좀처럼 느끼지 못하지만, 식물과 동물은 서로에게 불필요한 노폐물을 이용하는 긴밀한 관계를 맺고 있다. 두 가지 과정을 결부해서, 식물과 동물이 넓은 의미에서의 공생 관계를 이루고 있는 곳이 지구의 대기이다. 그 밖에도 질소 순환이나 이온의 순환처럼, 대기에 의해 매개되어 생명체와 생명체를 결부시키는 물질 순환들이 있다. 분명 대기야말로, 모든 생물을 관련 지어 이 행성 전체를 하나의 생명체라 부를 수 있는 상태에 이르게 만드는 장본인이다.

처음 지구의 원시 대기에는 산소 분자가 포함되어 있지 않았다. 그런데 현재로부터 약 35억 년 전에, 세균을 비롯한 그 밖의 단세포 생물이 지상에 출현했다. 그들 중 어떤 것이 태양빛을 이용해 물 분자를 분해하는 초기 광합성을 시작하면서 그 과정에서 버려진 기체인 산소를, 마치 폐수를 바다에 흘려 버리듯, 대기 중으로 방출하게 되었다. 이렇게 해서 생물이 아닌 유기 물질에 대한 의존에서 벗어나서 독립적으로 광합성을 하는 생물이 번성하게 되었다. 그리고 광합성 생물이 지상에 가득 흘러넘치게 되자, 대기에도 산소가 많이 포함되게 되었다.

오늘날 산소는 인간에게 특별한 분자이다. 우리는 산소를 흡입하고, 그 산소로 생명을 유지하고, 산소가 없으면 살아갈 수 없다. 따라서 자연스럽게 산소라는 원소에 대해 좋은 인상을 갖게 되었다. 날로 심각해지는 대기 오염 때문에 우리는 좀 더 많은 산소를, 좀 더 순도 높은 깨끗한 산소를 원한다. 현대 영어의 inspire(영감을 주다, 생기를 불어넣다.)는 말 그대로 '속으로 숨을 쉬다.'의 뜻이다. 마찬가지로 aspire(갈망하다.)는 '~를 향해 숨을 쉬다.', conspire(음모를 꾸미다.)는 '~와 함께 숨을 쉬다.', perspire(땀을 흘리다.)는 '~을 통해 숨을 쉬다.', transpire(발산하다.)는 '너머로 숨을 쉬다.', respire(호흡하다, 한숨 돌리다.)는 '다시 숨쉬다.', expire(종료하다, 죽다.)는 '숨을 쉬지 않다.'를 각기 의미하고 있다. *Dum spiro, spero.*라는 라틴 어 격언은 "숨이 붙어 있는 한, 희망을 버리지 않는다."라는 의미인데, 이런 표현은 인간이 자신들의 여러 가지 천성을 '호흡'과 관련 지어 생각해 왔다는 사실을 가르쳐 준다. sprit(정신, 영혼)이라는 단어도, 알코올이나 연금술에서 말하는 암모니아를 가리키는 경우나, spiritual(영적인, 교회의), spirited(생기발랄한)와 같은 파생어까지 포함해서, 모두 같은 라틴 어 어원을 가지고 있다. 이렇듯 '숨을 쉬다.'라는 표현에 고착되는 이유는 결국 에너지 효율 문제와 연관될 것이다. 산소 호흡은 음식에서 효율적으로 에너지를 추출할 수 있는 방법이다. 가령 산소를 이용하지 않는 발효라는 수단밖에 모르기 때문에, 당류를 이산화탄소와 물이라는 최종 단계까지 분해하지 못하고 에틸알코올이라는 중간 상태까지 분해하

는 데 그치는 효모균에 비해 산소 호흡의 효율은 무려 열 배나 된다.●

 그렇지만 타오르는 통나무나 벌겋게 달아오른 석탄은 산소가 매우 위험한 존재라는 사실을 일깨워 준다. 불의 세기를 조금만 강하게 하면, 오랜 세월 동안 진화해 온 유기물의 정교한 구조를 순식간에 파괴시켜 한 줌의 재와 수증기로 바꾸어 버리고 만다. 불을 사용하지 않아도 산소 대기 속에서는 '산화(oxidation)' 현상이 유기물을 천천히 부식시켜 붕괴되게 만든다. 유기물보다 훨씬 단단한 무기물인 구리나 철도 산소 중에서는 변색해 결국 녹이 되고 만다. 생물을 구성하는 분자로서는 산소가 해로운 독이다. 물론 원시 지구에 탄생했던 최초의 생물들에 대해서도 마찬가지로 해로웠다. 따라서 산소가 대기에 포함된 것은 생명의 긴 역사 중에서 가장 큰 위기의 시작이었다. 표현을 바꾸자면, 산소에 노출된 생물이 질식해서 결국 죽게 된다는 이야기는, 『오즈의 마법사(The Wizard of Oz)』에 나오는 사악한 서쪽 마녀가 자신의 몸뚱어리에 작은 물방울이 떨어지자 녹아 버리는 이야기만큼이나 기묘하고 믿기 어렵다. 그러나 이 말은 "자신에게는 고기이지만, 타인에게는 해로운 독"이라는 서양 속담을 표현만 바꾼 것이

● 주조 회사는 에틸알코올(C_2H_5OH)이라는 중독성이 있는 위험한 마약을 경제적인 이익을 위해 맥주, 포도주, 증류주 등의 형태로 제조하고 있다. 그들은 그 제조 과정에서 효모 등의 생화학적인 불완전성을 이용하고 있다. 해마다 전 세계의 수백만 명에 달하는 사람들이 이렇게 만들어진 술 때문에 목숨을 잃고 있다. 반대로 생각한다면, 효모균의 성장을 돕고 그 산물을 산업적 규모로 세계에 퍼뜨리는 주류 제조업자들이 효모균에게 이용되어 왔다고도 말할 수 있다. 우리 인간들이 이러한 미생물의 배설물을 좋아라고 마셔 대고 있기 때문이다. 만약 그 균들이 말을 할 수 있다면, 아마도 자신들이 얼마나 훌륭하게 인류를 사육해 왔는지 자랑스럽게 떠벌일 것이다. 또한 효모균은 인체 내부의 어둡고, 수분 많고, 산소가 적은 장소를 자신의 식민지로 삼고 있다. 어떤 면에서 보면 인류는 효모균에게 훌륭하게 봉사하고 있는 셈이다.

나 마찬가지이다.*

　어쨌든 산소에 익숙해지든지 산소를 피해 달아나지 않는 한, 생물들은 죽을 수밖에 없었다. 실제로 그렇게 할 수 없었던 많은 생물들이 멸종했으며, 할 수 없이 지하나 바다 밑의 진흙 속처럼 산소가 없는 장소를 찾아 이주한 생물도 있었다. 오늘날 원시적이라고 생각되는 모든 생물들이 혐기성 미생물이다. 유전자의 기본 구성은 다른 생물들과 깊은 관련을 가지고 있다는 사실을 통해 우리는 이 생물들이 어쩔 수 없이 산소가 없는 장소를 선택하도록 강요당했다는 사실을 알 수 있다. 그에 비해 오늘날 지상에 살고 있는 생물의 대다수는 산소를 능숙하게 처리하는 방법을 알고 있고, 산소로 인한 화학적인 손상을 치유할 수 있는 교묘한 메커니즘을 갖추고 있다.

　사람뿐만 아니라 많은 생물의 세포에는 산소를 전문적으로 처리하는 독립된 '분자 공장'이 있다. 그것은 바로 미토콘드리아이다. 산화시킨 음식에서 추출한 에너지는 여기에 비축되고, 세포 안에 있는 다른 '소공장'으로 옮겨진다. 미토콘드리아에는 독자의 DNA가 있다. A, C, G, T로 이루어졌다는 점에서는 마찬가지이지만, 이중 나선이 아니라 데이지 화환과 같은 원 모양을 하고 있으며, 그 명령 계통도 세포 본체를 움직이는 DNA와는 다른 방식이다. 그러나 미토콘드리아와 엽록체의 DNA는 아주 비슷하다. 미토콘드리아도 엽록체와 마찬가지로 과거에는 독립된 생활을 유지했던 세균과 비슷한 생물이었을 것으로 생각된다. 생명이 진화한 초기 단계에서, 이종(異種) 생물의 협조와 공생이 중요한 역할을 했다는 사실은 여기서도 다시 한 번

● 고대 그리스 철학자인 헤라클레이토스는 또 다른 예를 보여 주고 있다. "바닷물은 가장 청정한 동시에 가장 오염된 물이다. 물고기는 그 물을 마시며 생명을 유지하지만, 인간은 그 물을 마시면 목숨을 잃기 때문이다."[2]

입증된다.

다행히 산소 위기에 대응할 수 있는 생화학적 해결책이 발견되었다. 만약 그렇지 않았다면 오늘날 지구상에는 광합성을 할 수 있는 식물 이외에는, 진흙 속으로 기어들거나 한없이 깊은 바다 속 화산의 분기공에서 살아가는 생물밖에 남지 않았을 것이다. 인류는 자신의 선조나 숱한 방계 친척들의 죽음이라는 엄청난 희생을 치르고 '산소'라는 위험한 물질을 처리할 수 있었다. 우리는 이 사건을 통해 생명이 파국으로 이어지는 실수로부터 벗어날 수 있는─최소한 단기적으로는─예지 능력이나 지혜를 선천적으로 타고나지 않는다는 사실을 알 수 있다. 생명은 인류가 문명을 탄생시키기 훨씬 전부터 엄청난 양의 독성 폐기물을 만들어 왔고, 그 실수로 인해 막대한 벌금을 지불해 온 것이다.

이런 생화학적인 관리 방식에서 사태가 조금만 바뀌었다면, 지구상의 모든 생명이 거의 모두 소멸했을지도 모른다. 또한 소행성이나 혜성의 충돌로 인해, 아직 미숙한 모든 미생물이 전멸당하는 비극이 일어났을 가능성도 있다. 그러나 앞에서도 이야기했듯이, 설령 그런 일이 일어났다 해도, 지구상에서 탄생하거나 우주 공간에서 내려온 유기 분자가 언제든지 새로운 생명의 기원이 되어 또 다른 형태로 진화할 수 있었을 것이다. 그러나 이윽고 화산의 분화구나 분기공에서 분출되는 가스에 포함된 수소의 함량이 낮아져, 더 이상 쉽게 유기 분자를 만들어 낼 수 없게 되는 때가 온다. 유기물이 생성되기 어려워진 이유의 하나는 산소 대기 그 자체에도 있다. 산소가 화산 가스를 산화시킨 것이다. 이때쯤 되면 지구 밖에서 날아오는 유기 분자도 더 이상 생명의 재료가 될 수 있을 만큼 많은 양이 아니었다. 결국 생명이 탄생할 수 있는 조건이 갖추어진 시기는 대략 20억~30억 년 전까지이다. 그 이후 시대에는 일단 생물이 지상에서 사라져 버리면 재생이 불가능해진다. 그렇게 되면 지구도 아득히 먼 미래까지, 즉 태양이 꺼질 때까지 황량한 불모지의 상태를 계속 유지하게 될 것이다.

그러면 대기 중의 산소가 급속하게 현재의 상태에 가까워진 시기로 돌아가 보자. 그것은 대략 20억 년 전이나 그보다 조금 더 이전 시기가 될 것이다. 산소는 지질학적인 시간을 거치며 착실하게 늘어나서, 오늘날 대기 기체 분자의 5분의 1이 산소이다.

그보다 조금 전에 최초의 진핵생물이 진화했다. 우리의 세포는 진핵세포(eukaryote)이다. '진핵'이란 그리스 어로 '좋은 세포' 또는 '진정한 핵'을 의미한다. 쇼비니즘(여기에서는 인간 중심주의를 뜻한다.—옮긴이)적인 우리 인류가 진핵을 높이 칭송하는 까닭은 단지 우리가 그것을 가지고 있기 때문이다. 그러나 진핵 생물은 지상에서 매우 성공적으로 번성해 왔다. 세균이나 바이러스는 진핵 생물이 아니다. 꽃이나 나무, 벌레나 물고기, 개나 사람은 모두 진핵 생물이다. 바닷말과 같은 조류(藻類), 곰팡이 등의 균류, 원생동물, 영장류, 포유류, 척추동물 등 모든 동물 역시 마찬가지이다. 진핵 세포의 가장 큰 특징은 세포 전체의 통제 기구에 해당하는 DNA가 세포핵 속에 매우 소중하게 보관되어 있다는 것이다. 그것은 중세에 축조된 성이 이중 성벽을 가지고 있는 모습과 매우 흡사하다. 이중 나선의 모습을 가진 DNA는 풀려 있는 상태에서는 한쪽 길이만도 1미터나 된다. 특정 종류의 단백질들이 그 DNA를 에워싸고 싸안듯이 결합해서 변형시키기 때문에, DNA를 세포 중심부의 작은 방(세포핵)에 들어갈 수 있는 크기로 압축할 수 있다. 어쩌면 세포핵은 원래 미토콘드리아가 산소를 이용하고 있는 동안에 DNA를 산소의 독으로부터 보호하기 위해 태어났을지도 모른다. 따라서 세포핵은 산소가 풍부한 광합성 생물 근처에서 진화했을 것으로 추측된다.

DNA 이중 나선을 이루는 두 개의 가닥을 염색체라고 부른다. 사람의 경우는 23쌍으로 이루어져 있다. 두 가닥으로 형성되어 있는 우리의 유전 정보 속에 씌어 있는 A, C, G, T의 문자들은 모두 약 40억 쌍이다. 그 정보량을 지금 독자들이 보고 있는 이 책의 활자와 판형으로 환산하면 대략 1,000권 분량에 해당한다. 이 숫자는 종의 다양성에도 불구하고 '고등' 생물들의 경우에는 거의 동일하다.

DNA를 둘러싸고 있는 것과 같은 종류의 단백질——물론 그 단백질들도 DNA의 명령으로 만들어진다.——은 DNA의 일부를 가리거나 드러내는 방식으로 유전자의 스위치를 '켜고(on)', '끄는(off)' 역할도 맡고 있다. 일정하게 지정된 시간이 되면, 모습을 드러낸 ACGT 정보는 염기 서열에 전사되고 이 메시지는 재빨리 핵에서 나와 다른 세포에 전해진다. 이렇게 전달된 정보 속에 들어 있는 명령에 따라 새로운 분자 공작 기계인 효소가 만들어진다. 이렇게 탄생한 효소는 세포 자체의 대사나 다른 세포와의 연락 임무를 맡게 된다. 미국에서는 '전화 놀이(Telephone)', 영국에서는 '할머니의 속삭임(Grandmother's Whisper)', 일본에서는 '전언(傳言) 게임' 등으로 불리는, 여러 사람의 귀속말로 메시지를 전달하는 아이들의 놀이가 있다. 이 놀이와 마찬가지로 전해야 할 염기 서열이 길면 길수록, 정보 내용이 도중에 왜곡될 가능성도 높아진다. 따라서 메시지 내용이 잘못 전달되거나 뒤죽박죽으로 섞이지 않게 하기 위해서는 세심한 배려가 필요하고, 모든 명령은 철저히 준수되어야 한다.

세포는 핵이라는 성 안에 소중히 보존해 온 DNA를 왕으로 모시는 왕국에 비교할 수 있다. 이 왕국의 행복을 위해서는 엽록체와 미토콘드리아의 지속적인 협력이 절대적으로 필요하지만, 이들은 각기 독립 영지를 다스리는 자부심 강한 공작에 해당한다고 할 수 있다.* 그리고 세포를 위해 일하는 다른 모든 분자나 그 복합체가 왕국의 백성들인 셈이다. 이들은 모든 명령에 철저히 복종할 의무를 갖고 있다. 세포 내에서는 명령의 내용이 잊히거나 잘못 전달되지 않도록 세심한 주의가 기울여진다. 의사 결정이 DNA에서 다른 분자에게 위임되는 경우도 간혹 있지만, 일반적으로 세포 내의 도구 보관실에 있는 분자 기계들의 수명은 짧다.

그런데 이 왕은 가끔씩 채신없게 세포 내의 가장 낮은 서열에 해당하는 분자 일꾼들에 대해서까지 의미 없는 명령을 내리는 것 같다. 앞에서도 이야기했듯이 인간을 비롯한 진핵 생물의 DNA는 그 대부분 유전자로서의 의미를 갖지 않는다. 따라서 그 속에 들어 있는 '개시', '종료' 등의 명령은 무시된다. 정신 나간 대통령 옆에 분별력 있는 보좌관이 버티고 있어서 쓸데없는 명령을 걸러 주는 격이다. 실제로 무의미한 염기 서열은 "여기부터는 무시하고 지나치세요."라는 경고로 시작되고, 마지막 부분에서는 "무의미한 부분은 여기까지가 끝."이라는 메시지로 끝난다. DNA는 가끔씩 똑같은 명령을 여러 차례 되풀이한다. 예를 들어 미국 남서부에 서식하는 캥거루쥐의 DNA에서는 24억 회의 AAG, 22억 회의 TTAGGG 그리고 12억 회의

* 미토콘드리아가 사용하는 유전 부호는 핵에서 사용되는 것과는 조금 다르다. 미토콘드리아는 마치 자신이 해야 할 일을 핵으로부터 명령받지 않도록 진화한 것처럼 보인다. 이것은 핵과 미토콘드리아가 서로 독립된 존재임을 보여 주는 좋은 증거이다. 예를 들어 AGA는 미토콘드리아의 핵산에서는 '종료'를 의미하지만, 세포핵의 핵산에서는 아르기닌(arginine)이라는 아미노산을 지정한다.[3] 미토콘드리아는 일부만 명료할 뿐 나머지 대부분은 모호한 핵의 명령을 간단히 무시한다. 미토콘드리아는 자신의 영주인 미토콘드리아 DNA의 명령에만 따른다.

ACACAGCGGG가 교대로 반복된다.[4] 이렇게 반복되는 염기 서열이 전체 유전 정보의 절반을 차지하고 있다. 이러한 무의미한 염기 서열의 반복이 같은 DNA 안에 존재하는 서로 다른 유전자 복합체 간의 통제권을 둘러싼 일종의 치열한 전투라는 주장도 있지만, 반복되는 염기 서열에 우리가 알지 못하는 어떤 기능이 있는지는 아직 밝혀지지 않고 있다. 그러나 정밀한 전사와 수리를 반복하는 과정에서 지나친 조심성으로 지나간 과거의 염기 서열까지 보존해 왔다는 점에서, 진핵 세포의 역사에 익살극 같은 요소가 있는 것은 사실이다.[5]

세균의 여러 진화 계통이 DNA 명령의 일부를 여러 개의 완벽한 복사본으로 베껴 두는 일을 시작한 것은 대략 20억 년 전의 일이라고 추정된다. 그런 다음 이처럼 기능을 갖지 않는 여분의 서열이 점차 특화되어, 알아차릴 수 없을 만큼 느린 속도로 '무의미'가 '의미'로 진화했다.[6] 이와 유사한 반복이 초기 진핵 생물에게도 일어났다. 오랜 시간이 흐르면서 여분의 반복 서열이 제각기 독자적인 돌연변이를 누적하는 과정에서 우연히도 더욱 유익하고 생존에 적합한 의미를 갖는 짧은 서열로 바뀌어 나갔을 것이다. 이 과정은 원숭이에게 타자기를 주고 오랜 시간이 흐른 후에 완전한 셰익스피어 작품이 나오기를 기다린다는 고전적인 가상 실험보다는 훨씬 쉽다. 가령 매우 짧은 새로운 서열—단지 구두점 하나와 같은—이 주어져도 어떤 생물이 환경 변화에 대해 살아남을 가능성이 높아질 수 있기 때문이다. 원숭이의 실험과는 달리 여기에는 자연선택이라는 체가 작용한다. 조금이라도 생존에 적합한 서열이 있다면(비유를 계속하면, 가령 TO BE OR처럼 셰익스피어 원문에 조금이라도 비슷한 서열이 뜻모를 횡설수설 중에서 나타날 때가 의미 있는 부분의 '시작' 위치가 될 것이다.). 이후에는 그 서열이 우선적으로 복제될 수 있게 된다. 무의미한 서열의 임의적인 변화로 인해 간혹 나타날 수 있는 의미의 파편들이 보존되고 여러 차례 복제된다. 그리고 마침내는 상당량의 의미 있는 부분이 등장하게 된다. 여기에서 가장 중요한 비결은 어떤 부분이 어떤 기능을 가지는지 기억하는 것이다. 생명이 막 시작되었던 초기의 핵산에서도 임의적으로 배열된 핵산 염기에서 의미를 추출하는 작업이 이루어진 것은 분명하다.

생물학자 리처드 도킨스(Richard Dawkins)는 DNA의 짧은 서열의 진화 양상과 유사하다고 생각되는 컴퓨터 실험을 시도했다. 먼저 제멋대로 늘어놓은 28문자의 문자열(공백도 1문자로 센다.)에서 실험이 시작되었다.

WDLTMNLT DTJBKWIRZREZLMQCO P.

컴퓨터는 전혀 의미가 없는 이 메시지의 복제를 되풀이한다. 단, 매번의 복제 과정에서 한 문자만이 완전히 임의적으로 바뀌는 돌연변이를 일으킨다고 가정한다. 선택 또한 모의 실험되었다. 최초의 문자열과는 완전히 다른 28문자의 목표를 준비하고, 최초의 문자열이 목표 문자열에 조금이라도 접근하면 그것을 유리한 돌연변이로 보존하도록 컴퓨터를 프로그램한 것이다(물론 생물에 일어나는 자연선택에서 미리 목표로 하는 ACGT 문자열이 정해지는 것은 아니다. 그러나 자연에서 생물의 환경 적응성을 조금이라도 높여 주는 변화가 일어난다면 그것이 우선적으로 보존되기 때문에 결국은 이 실험과 같은 셈이다.). 특별한 의미가 있었던 것은 아니지만, 도킨스는 그의 자연선택이 목표로 삼은 28문자로——광인을 가장한 햄릿이 폴로니우스를 괴롭힐 때 종종 했던 말인——"족제비 같은 놈"이라는 구절을 선택했다.

METHNKS IT IS LIKE A WEASEL.

제1세대에서는 먼저(DTJBKW에 있는) K가 S로 바뀌는 돌연변이가 일어났다. 이 정도로는 최초의 서열과 큰 차이가 없다. 그러나 제10세대에서는 다음과 같이 되었다.

MDLDMNLS ITJISWHRZREZ MECS P.

그리고 제20세대의 배열은 이렇다.

MELDINLS IT ISWPRKE Z WECSEL.

제30세대가 되면 꽤 목표에 가까워졌다.

METHINGS IT ISWLIKE B WECSEL.

그리고 마침내 목표에 도달한 것은 제41세대였다.

 이런 실험 결과를 통해 도킨스는 다음과 같은 결론을 내렸다. "누적적인 선택——작은 개량도 장래의 빌딩 건축을 위한 기초로 이용된다.——과 그렇지 않은 일회적인 선택——항상 새로운 '시도'가 이루어진다.——사이에는 큰 차이가 있다. 만약 진화가 일회적인 선택 방식에 의존할 수밖에 없었다면, 어떠한 발전도 이룰 수 없었을 것이다."[7]

 문자를 임의적으로 바꾸는 방법은 책을 쓰는 데는 능률적이 아니라고 생각하는 사람도 있을 것이다. 그러나 한 번에 막대한 양의 복제가 이루어지지 않는다 해도, 무수한 세대를 통해 조금씩 변화가 누적되면서 새로운 명령문은 외부 환경 변화에 의해 끊임없이 시험받는다. 만약 인류가 어떤 생물 종의 DNA에 명령을 써넣어야 한다면, 우리는 그 자리에서 앞표지부터 뒤표지까지 그 생물이 무엇을 해야 하는지 써넣을 것이라고 상상할 것이다. 그러나 실제로 우리는 절대 그런 식으로 명령을 써넣을 수 없다. DNA도 마찬가지이다. DNA 자체는 미리 어떤 염기 서열이 환경에 적응하기 쉽고 어떤 염기 서열이 부적당한지에 대한 희미한 단서도 갖고 있지 않았다는 사실을 다시 한 번 상기할 필요가 있다. 진화 과정은 어떤 전능한 존재가 미래를 내다보며 다가올 위기를 피할 수 있도록 위에서 아래로 진행되는 것이 절대 아니다. 오히려 무수한 시행착오를 거치며, 근시안적이고, 위기를 회피하기보다 완화시키며, 밑에서 위로 진행된다는 편이 적당할 것이다. 인간이나 DNA 분자 모두 메시지 내용의 극히 일부가 변했을 때 어떤 결과가 발생할지 예상할 수 있을 만큼 현명하지 못하다. 따라서 확실한 오직 한 가지 방법은 '어쨌든 해 보는 것'이다. 기능을 유지시킨 채 나타난 변화가 어떤 결과를 가져오는지 실험해 보는 방법이다.

일반적으로 더 많은 수단을 알고 있을수록 그 생물은 발전하고, 살아남을 확률 또한 높아진다고 생각된다. 그러나 어느 곳에서나 발견되는 단세포 생물인 아메바가 3000억 쌍의 핵산 염기를 가지고 있는데 비해 사람을 만드는 데 필요한 DNA는 고작 40억 쌍에 불과하다. 그렇지만 아메바가 사람보다 100배 이상 진보했다는 증거는 없다. 물론 이런 한 가지 측면에서만 이 문제를 추구하려는 사람들이 있다는 의미는 아니다. 다시 한 번 반복하지만 유전자가 갖고 있는 명령의 일부, 아니 대부분은 반복된 것이거나 번역이 불가능한 의미 없는 것이다. 여기에서 우리는 다시 한 번 생명의 핵심부에 존재하는 심오한 불완전성을 살짝 엿볼 수 있다.

때로는 다른 생명체가 전혀 모르는 사이에, 진핵 생물의 방어 체계를 뚫고 삼엄한 경비로 둘러쳐진 성스러운 장소에까지 침투하는 경우가 있다. 침입자는 왕, 즉 DNA의 염기 서열 중에서도 가장 오랜 시간 동안 검증되었고 신뢰성이 높은 부분에 결합된다. 그리고 새로운 핵산을 만들라는 명령이 포함된, 지금까지는 없었던 메시지가 왕에게서 하달된다. 물론 그 메시지는 침입자가 가지고 있던 것이다. 다시 말해서 세포가 침입자에게 점령된 것이다.

돌연변이 이외에도 새로운 유전자 염기 서열이 매 세대마다 발생하는 여러 가지 경우――잠시 후 살펴보게 될 감염과 성이 거기에 해당한다.――가 있다. 그 결과로 DNA에 부호로 기록된 법칙, 주의, 교의(敎義) 등을 시험하기 위한 자연의 실험이 매 세대마다 여러 차례 반복된다. 지금도 모든 진핵 세포는 그런 실험의 장이 되고 있다. DNA의 각 서열 사이에서 일어나는 경쟁은 매우 치열하다. 그 명령이 조금이라도 적응에 유리하면, 모든 진핵 세포가 그 서열을 가지게 된다.

현재까지 알려진 가장 오래된 진핵 생물은 약 18억 년 전에 해양 표면에 살고 있던 플랑크톤이다. 유성 생식은 11억 년 전에 시작되었다. (조류, 균류, 육상 동식물의 탄생에 이어) 진핵 생물의 폭발적 진화가 일어난 것도 거의 비슷한 시기이다. 최초의 원생동물이 등장한 것이 8억 5000만 년 전, 주요 동물군이 육지에 정착한 것은 5억 5000만 년 전이다.[8] 이런 획기적인 사건은 대기 중의 산소 농도 상승과 밀접한 관계가 있는 것 같다. 식물이 산소를 발생시키기 이전 시기에는 생물의 진화가 양적으로 제한되지 않았을 것이라고 생각된다. 물론 당장 다음 주에라도 어떤 고생물학자가 그보다 오래된 화석을 발견할 가능성이 있기 때문에 절대적으로 확신할 수는 없다. 생명의 고도화가 크게 진전된 것은 지난 20억 년 동안의 일이었고, 그중에서도 진핵 생물이 가장 뛰어나게 발달했다는 사실은 주위를 둘러보기만 해도 쉽게 알 수 있다.

그러나 진핵 생물의 생활 양식은, 조잡한 초기 생명체와는 달리, 정교하게 구성된 분자 관료 체계의 거의 완벽에 가까운 기능을 토대로 하고 있다. 그 분자 기구의 역할에는 DNA에 일어날 수 있는 발작적인 부적절한 변화를 감시하고 교정하는 일까지 포함된다. 일부 DNA 서열은 생명 유지를 위한 핵심적 과정에서 가장 기본적인 역할을 하기 때문에 어떤 변화에도 안전할 수 없다. 이처럼 중요한 명령은 몇 세대에 걸쳐 아무런 변화 없이 정확하게 복제되어 왔으며, 이후에도 영원히 변하지 않을 것이다. 명령의 중대한 변경은 단기적으로 보면 엄청난 손실을 가져온다. 따라서 그런 변화를 일으키는 DNA 서열은, 설령 장기적으로는 유리하게 작용할 수 있다 하더라도 자연선택에 의해 버려진다. 진핵 세포 DNA의 일부는 분명 먼 과거의 세균이나 시원 세균(세균 이전에 출현한 것으로 알려진 동물도 아니고 세균도 아닌 미생물—옮긴이)에서 유래한 것이다. 장대한 ACGT의 문자열을 완전히 다른 먼 고대 생물에게 받아 수십억 년 동안 충실하게 복제해 왔다는 점에서, 우리가 가지고 있는 DNA는 키메라(사자의 머리, 염소의 몸, 뱀의 꼬리를 가졌다는 상상의 동물—옮긴이)라고 할 수 있다. 이렇듯 인간을 비롯한 고등 생물의 일부, 아니 대부분은 그 기원이 매우 '오래되었다.'

엽록체나 미토콘드리아가 특정한 세포 안에서 특수한 기능을 가질 수 있게 된 것과 마찬가지로, 이윽고 많은 생물의 세포들이 제각기 고유한 임무를 갖게 되었다. 독소의 분해나 제거를 담당하는 세포도 있다. 이동, 호흡, 감정 그리고 훨씬 나중에 생겼을 사고 등을 관장하는 신경계도 서서히 진화를 시작하고, 그 일부에는 전기 자극을 전달하는 도선 역할을 하는 것도 있었다. 그리고 이처럼 다양한 기능을 가진 세포들은 조화를 유지하면서 서로 연결되어 있다. 이보다 몸집이 큰 생물에서는 내부 기관의 분화가 이루어졌고, 이제 다시 생존은 서로 다른 구성 부분들의 협조에 의존하게 되었다. 뇌, 심장, 간, 신장, 뇌하수체 그리고 생식기는 일체가 되어 일한다. 각 기관 사이에 경쟁 관계는 없다. 이런 기관들은 전체로서 부분의 산술적인 총합 이상의 역할을 한다.

5억 년 전, 최초의 양서류가 뭍으로 기어오를 때까지, 우리의 선조와 그 친척들은 바다에 한정되어서만 살고 있었다. 오존층은 아직 충분히 발달하지 않았다. 이 두 가지 사실 사이에는 깊은 관계가 있을 것이다. 그 전까지는 생명에 치명적인 영향을 주는 태양의 자외선이 지표에까지 도달하고 있었기 때문에 겁 없이 육지 진출을 시도한 선구자들을 태워 죽였을 것이다.● 앞에서도 이야기했지만, 오존은 대기권 상층부에서 산소가 태양의 복사로 인해 변성(變性)되어 발생한다. 식물이 원시 대기에 일으킨 심한 오염이 이번에는 우연히 육지를 거주 가능한 장소로 만드는 유익한 결과를 낳았다. 누가 이런 결과를 예상할 수 있었겠는가?

수억 년이 지나자 땅 위에는 후미진 곳과 바위가 갈라진 틈새에 이르기까지 구석구석 다양한 생태계가 펼쳐지게 되었다. 이동하는 대

● 바닷물은 일정한 깊이 이상이 되면 자외선을 통과시키지 않는다. 게다가 원시 바다는 그 표면이 자외선을 흡수하는 유기 분자의 막으로 덮여 있었을 가능성이 높다. 따라서 바다는 생명체에게 안전한 장소였다.

륙판은 마치 식물이나 동물, 미생물을 잔뜩 실은 화물선과도 같았다. 새로운 땅덩어리가 바다 속에서 모습을 드러내면, 어느새 생물들이 그 위에 터전을 마련했고, 오래된 지각이 지구 내부로 밀려들어 가면 그 위에 올라탄 생물들도 운명을 같이했다. 판 구조론이 이야기하는 컨베이어 벨트는 고작 1년에 몇 센티미터 정도밖에 움직이지 않는다. 생물은 그보다 훨씬 빨리 이동할 수 있다. 그러나 컨베이어 벨트에서 뛰어내릴 수 없는 태고의 화석은 판의 움직임에 따라 파괴될 수밖에 없었다. 우리 선조의 귀중한 기록과 유물이 지하 깊은 곳에 위치한 반 액체 상태의 맨틀 속으로 들어가 영원히 묻혔다. 오늘 우리가 화석으로 발견할 수 있는 것들은 그런 재난을 피할 수 있었던 얼마 안 되는 잔존물들이다.

충분한 산소가 없었던 시기에는 아무것도 탈 수 없었다. 불도 없었다. 인류의 핵에너지 이용이 1942~1945년 이전에는 불가능했던 것과 마찬가지로, 불은 물질 속에서 잠재적 가능성으로 묻혀 있을 수밖에 없었다. 지상에서 최초의 불길이 일어났을 때, 즉 불이 탄생한 순간이 있었다. 번갯불이 말라 버린 양치식물에 불을 붙인 것이 지구에 나타난 최초의 불이었을 것이다. 식물은 동물보다도 훨씬 빨리 육상 생활을 시작하고 있었기 때문에 그 광경을 목격한 동물은 하나도 없을 것이다. 최초의 불은 기체도, 액체도, 고체도 아닌, 물리학자가 플라스마라고 부르는 상태로 타고 있었다. 그 전에 지상에 불길이 일어났을 가능성은 없다.

식물은 인간이 등장하기 훨씬 전부터 불을 이용하고 있었다. 식생이 과밀해져서 여러 식물 종들이 어깨를 부빌 정도가 되자 양분이나 지하수, 특히 햇빛을 둘러싸고 경쟁이 벌어졌다. 일부 식물들은 줄기나 잎은 금방 불에 타 버리지만 종자만은 불길에도 견딜 수 있는 단단한 껍질로 둘러싸는 방법을 고안했다. 번개가 이 식물들을 내려치면 갑작스럽게 격렬한 불길이 치솟고 다른 경쟁 종의 종자를 포함해서 모든 것이 타 버렸지만, 타지 않는 종자를 가지는 식물은 살아남을 수 있었다. 소나무의 여러 종은 이런 진화 전략으로 살아남은 식물의 대표 격이다. 녹색 식물이 산소를 만들고, 그 산소가 불을 탄생시키고, 이번에는 일부 식물들이 다시 그 불을 인근의 경쟁 종에 대한 공격이나 말살 수단으로 이용하게 된 것이다. 환경 변화의 다양한 측면들은 항상 생물들의 생존 전략에 어김없이 이용되었다.

무섭게 타오르는 불길은 이 세상의 것이라고 생각되지 않는다. 그러나 정작 불은 태양계에서도 지구에만 존재하는 특유한 현상이다. 모든 행성, 위성, 소행성, 혜성들 중에서 불이 있는 곳은 지구뿐이다. 지구에는 대량의 산소가 존재하기 때문이다. 그리고 아득한 훗날 불은 우리의 생활이나 지능 발달에 큰 영향을 끼치게 되었다. 이렇듯 하나의 사건은 다른 사건의 도화선이 되었다.

인간의 계통은 이리저리 굽이를 돌아 마침내 40억 년 전 생명이 처음 탄생한 시기까지 거슬러 올라갔다. 모두 같은 기원에서 출발했다는 점에서 지구의 모든 생물은 인류에게 친척인 셈이다. 그러나 오늘날 지상에서 발견할 수 있는 생물들 중에 인류의 선조는 없다. 그 후 진화가 일어났기 때문이다. 마침내 인간으로 이어지는 계통이 발생했다고 해서 다른 생물들이 진화를 멈추었다는 뜻은 아니다. 그 시점에서는 진화의 계통수에서 어느 가지가 어디로 뻗어 가게 될지 알 수 없었으며, 인류가 탄생하기 전에는 그런 문제를 생각하는 생물도 존재하지 않았다. 인간으로 발전하게 되는 계통 이외의 다른 생물들도 내부 형태와 외형 모두에서 진화를 계속했고, 진화할 수 없었던 생물들은 멸종했다. 아마 거의 모든 생물들이 멸종해 지구에서 자취를 감추었을 것이다. 우리는 화석에 남아 있는 기록을 통해 인간의 전임자들이 누구였는지 알고 있다. 그러나 이제 그들은 더 이상 이 세상에 존재하지 않기 때문에 그들을 연구실로 불러들여 이야기를 나눌 수는 없다.

그러나 다행스럽게도, 과거에 존재했던 생물과 매우 유사한, 일부분의 경우에는 거의 흡사한 생물들이 오늘날까지 계속 살아 있다. 스트로마톨라이트라 불리는 화석 속에서 발견되는 생물은 광합성 기능을 가지고 있었을 것으로 추측되고, 그 행동도 현재의 스트로마톨라이트에 가깝다. 이런 사실은 오늘날까지 살아남아 있는 근연 관계의 생물들에 대한 조사를 통해 밝혀졌다. 그러나 그런 추측을 절대적으로 믿을 수는 없다. 고대에 살았던 생물들이 모든 면에서 현재의 생물들보다 단순했다고 단정할 수는 없기 때문이다. 한 예로 바이러스나 기생 생물은, 여러 가지 증거를 토대로 판단할 때, 일반적으로 훨씬 자립도가 높았던 그들의 선조로부터 여러 가지 기능을 상실하는 방향으로 진화해 왔을 가능성이 높음을 시사한다.

오늘날 생물에서 나타나는 대부분의 특성은 비교적 최근에 형성된 것들이다. 예를 들어 생식 행위는 생명의 역사가 4분의 3이 경과한 이후에야 겨우 진화했다. 사람이 육안으로 볼 수 있을 만한 크기를 가진 동물——당시 인류가 존재했다는 가정에서——, 즉 다양한 세포로 구성된 동물이 탄생한 것도 역시 비슷한 시기였을 것이다. 미생물 이외의 생물이 육상에 처음 기어오른 것은 생물 역사의 90퍼센트가 경과한 후였고, 신체의 크기에 적당한 뇌를 가진 생물이 출현하기까지는 생물 역사의 99퍼센트가 지나야 했다.

오늘날에는 다윈 시대에 알려진 것보다는 작다는 사실이 밝혀졌지만, 아직도 화석에 의한 기록에는 상당히 큰 단절이 있다. 새로운 화석이 발견되는 속도가 상당히 느리다는 점에서(전 세계에 좀 더 많은 수의 고생물학자가 있다면, 좀 더 분명하게 이야기할 수 있겠지만), 우리는 고대에 살았던 생물들의 화석이 거의 보존되지 않았다는 사실을 알 수 있다. 우리가 아무것도 알지 못하고, 오늘날까지 단 하나의 화석조차도 남기지 못한 생물들 중에는 인간의 직접적인 조상이나 생명의 계통수에서 인간과 같은 가지 위에 있던 생물도 포함되어 있을지 모른다. 물론 대부분은 인간과는 관계가 없었을 것이다.

화석 기록의 불완전성을 고려한다고 해도, 생물의 다양성 또는 '종(種)의 분류학적 풍부함'이 증가한 시기는 지금부터 1억 년 전까지의 기간이다.9 생물의 다양성은 인간이 실질적인 진화를 시작하려고 했을 때 절정에 도달했고, 그 후에는 감소 추세로 돌아섰다. 빙하기 역시 하나의 원인으로 작용했지만, 큰 요인은 의도적으로 행해졌거나 부주의로 이루어진 인류의 수탈이다. 지금 인류는 그들 자신의 탄생의 모태가 된 생명과 환경의 다양성을 파괴하고 있다. 현재 하루에 100여 종의 생물이 멸종되고 있다고 한다. 마지막 개체가 자손을 남기지 못한 채 지상에서 영원히 사라져 가는 것이다. 장구한 기간 동안 온갖 고초를 겪으면서도 소중하게 보존되고 힘든 개량을 거쳐 먼 미래를 향해 전달되어 온 그들의 메시지가 영원히 사라져 버리는 것이다.

오늘날 지상에는 100만 종 이상의 동물이 존재하고 있다는 사실이 밝혀져 있다. 진핵을 가지는 식물이 대략 40만 종 정도, 그 밖에 세균류를 포함해서 진핵 생물에 속하지 않는 생물이 이미 알려진 종만 해도 수천 종이 있다. 많은 종, 어쩌면 대부분의 종이 사라져 버린 것은 분명하다. 일부 학자들은 역사상 존재했던 생물의 종류가 1000만 종을 훨씬 넘을 것으로 추정한다. 만약 이 계산이 옳다면 우리가 지금까지 알게 된 생물은 전체의 10퍼센트에 불과한 셈이다. 인류가 그 존재를 알지도 못한 채 영원히 자취를 감춘 종도 적지 않을 것이다. 한때 지상에 살았던 모든 생물 종으로 시야를 넓힌다면, 수십억에 가까운 거의 대부분의 종이 이미 멸종한 셈이다. 따라서 멸종되는 것이 일반적이고, 오늘날까지 살아남은 것은 오히려 극히 성공적인 예외에 속한다.

고생대 페름기가 끝나갈 무렵인 약 2억 4500만 년 전, 지표에는 큰 변화가 일어났을 것으로 생각된다. 화석을 통해 판단할 수 있는 한, 이 격변은 생물의 역사 속에서 일어난 모든 사건 중에서 가장 큰 재앙을 일으켰을 것이다. 당시 지구상에 존재하고 있던 종의 95퍼센트가 당시 멸종했을 것으로 추측된다.* 해양저에 달라붙어 바닷물을 걸러 먹이를 섭취하던 동물은 당시 지구를 대표하는 생물이었지만, 그 후에는 전혀 보이지 않는다. 갯나리류의 극피동물은 98퍼센트가 소멸하고 극히 일부만이 살아남았으며, 오늘날 그 종에 대해 많은 사실을 알기는 어렵다. 현재 발견할 수 있는 갯나리가 그 남아 있는 종이다. 오늘날 지상에 정착하고 있는 양서류나 파충류도 거의 전멸에 가까운 멸종을 당했다. 한편 해면동물과 대합과 같은 쌍각류 조개처럼 페름기 말엽의 대멸종에도 비교적 훌륭하게 살아남은 동물도 있다. 이런 생물들이 오늘날 풍부하게 발견되는 것은 이런 사정을 반영하는 것이다.

- 95퍼센트라면 거의 100퍼센트에 가까운 엄청난 수치이다. 굉음을 울리며 대륙을 이동시키는 지구 내부의 거대한 엔진이 딸꾹질을 일으킬 때마다 지상에 있던 무수한 생물들이 멸종했을 것이라는 생각을 하면 불안한 느낌이 든다.

한 차례 대규모 멸종이 일어나면, 지상에 생물 다양성이 회복되기까지 무려 1000만 년이라는 오랜 시간이 필요하다. 그리고 이렇듯 새롭게 마련된 무대에는 이전과는 다른 새로운 생물들이 등장한다. 그중에는 새로운 환경에 훌륭하게 적응할 수 있는 생물, 장기적인 생존 전략이 뛰어난 생물 그리고 그렇지 않은 생물들이 포함되어 있을 것이다. 페름기가 끝나고 수백만 년이 지나자 화산 활동이 진정되면서 지구는 점차 따뜻해졌다. 그 결과로 일어난 온도 상승으로 페름기 말기의 찬 기후에 적응해 왔던 육상 식물들이나 동물들이 죽어 갔다. 이런 단계적인 기후 변화에 따라 침엽수와 은행나무가 탄생했다. 그리고 대멸종 이후에 탄생한 새로운 생태계 속에서 최초의 포유류도 파충류로부터 진화하게 되었다.

페름기 말기에 살았던 동물 중에서, 다음 시대까지 자손을 남길 수 있었던 것은 겨우 25종 정도였을 것으로 추정된다. 그 가운데 10종이 오늘날 현생 척추동물의 약 98퍼센트에 해당하는 동물들의 선조가 되었다. 그 숫자는 4만 종에 달한다.[10] 거의 발작에 가까우리만큼 급작스럽고 맹목적인 진행 경로를 가진 변화, 그리고 한번 일어나면 거의 모든 것을 한꺼번에 쓸어 버리는 변화 등, 진화로 인한 변화는 무척이나 다양한 형태로 일어난다. 이전에는 비어 있던 생태적 지위를 처음 채운 경우에는 흔히 대변혁이 그 뒤를 이었을 것이다. 새로운 종은 매우 짧은 시간 동안 빠른 속도로 출현하고, 그 후로 수백만 년 동안 지속된다. 태반을 가진 포유류의 놀라운 다양화가 진행된 것은 지구 생명의 긴 역사 속에서 마지막 2~3퍼센트에 불과한 짧은 시기이다.

뒤쥐류, 고래류, 토끼나 쥐와 같은 설치류, 개미핥기류, 나무늘보류, 아르

마딜로류, 말과 같은 기제류(奇蹄類), 돼지나 영양과 같은 우제류(偶蹄類), 코끼리류, 해우(海牛)류, 늑대류, 곰류, 호랑이 등의 고양이류, 바다표범, 박쥐류, 원숭이류, 유인원류 그리고 인류……[11]

장구한 지구 역사 속에서 극히 최근에 이르기까지 이런 동물들은 단 한 종도 존재하지 않았다. 그리고 현재도 단지 잠정적으로 존재하고 있을 따름이다.

어떤 생물의 유전자 구성을 생각해 보자. 거기에는 10억 쌍에 이르는 ACGT의 부호(핵산 염기)가 있다. 그중 극히 일부를 임의적으로 변경해 보자. 변경된 염기 서열이 단순히 구조적인 유전자나 별다른 기능을 갖지 않는 유전자라면 생물 자체는 결코 변하지 않을 것이다. 그러나 만약 생명 유지에 중요한 의미를 가진 DNA 서열이라면, 생물은 크게 변해 버린다. 더군다나 그런 변이의 대부분은 대단히 희귀한 예외적인 경우를 제외한다면 외부 환경에 대해 적응성을 갖지 않는다. 일반적으로 변화가 크면 클수록 환경에 대한 순응도 어려워진다. 돌연변이나 자연적으로 일어나는 유전자의 재조합, 자연선택 등을 모두 합친다 해도, 현재 지상에서 계속되고 있는 진화 실험은 유전 부호에 따라 여러 가지 명령을 만드는 형식을 취하는 생물의 가능한 범위에 비하면, 극히 단편적인 일부에 지나지 않는다. 물론 그런 실험에 사용된 생물은 단순히 적응에 부적합했거나 기형적인 정도가 아니라 처음부터 전혀 생존이 불가능한 경우도 적지 않다. 물론 그들이 이 세상에서 계속 살아남을 수 없었다는 것은 분명한 사실이다. 그런데도 이 세상에 존재했을 것이라고 상상할 수 있는 생물들의 총수는 실제로 과거에 생존한 생물들의 숫자에 비해 훨씬 많다. 이처럼 실현되지 못한 가능성 중 일부는 인간까지 포함해서 지금까지 지상에 살아왔던 어떤 생물보다도, 우리가 적용하려는 기준을 적용하더라도, 적응성이나 가능성이 더 풍부했을 것은 분명하다.

6500만 년 전, 지구상의 생물 종을 대부분 일소시킨 사건이 있었다. 아마도 혜성이나 소행성의 충돌 사건이었을 것이다. 곤드와나 대륙이 분열을 시작하기 이전부터 약 2억 년에 걸쳐 지구를 지배하면서 모든 생물의 정점에 서 있던 공룡들도 이 사건으로 멸종해 갔다. 이 대멸종은 그때까지 잔뜩 몸을 움츠리고 겁에 질려 살아가던 소형 야행성 동물에 불과했던 포유류에게는 무시무시한 포식자의 소멸을 의미했다. 태양을 중심으로 삼지 않는 궤도를 돌던 천체의 궤도를 수정해서, 행성 간 공간을 정돈하던 과정의 최종 단계에서 일어난 이 충돌이 없었다면, 우리의 선조도 인류도 결코 태어나지 못했을 것이다. 만약 혜성의 궤도가 조금만 달랐다면, 그 충돌로 인해 지구의 공전 궤도는 완전히 달라졌을 것이다. 지구의 공전 궤도가 현재 상태에서 이탈했다면 분명 태양 가까이 접근하게 되었을 것이고, 그 결과로 얼음은 모두 녹고, 그 속에 포함되어 있던 암석과 유기물 성분은 분말이 되어 행성 간 공간에 천천히 흩뿌려졌을 것이다. 그런 다음 그것들이 주기적인 유성우가 되어 지구에 쏟아졌다면, 기묘한 형태의 커다란 뇌를 가진 파충류가 새롭게 진화했을 가능성이 크다.

태양계 전체 규모에서 본다면, 공룡의 멸종과 포유류의 대두는 거의 동시에 일어났다고 할 수 있다. 비유적으로 말하면, 그 인과 관계라는 복도는 겨우 몇 센티미터의 폭을 가지고 있을 뿐이다. 혜성의 속도가 조금만 빠르거나 늦었다면, 또는 그 방향이 조금이라도 달랐다면, 충돌 그 자체가 일어나지 않았을 것이다. 역으로 실제로 지구를 스쳐 지나갔던 혜성의 하나가 조금 다른 궤도를 가졌다면 지구를 직격해서 공룡과는 다른 시대의 생물의 대부분을 멸종시켰을지도 모른다. 그것은 천체 충돌이라는 룰렛 게임에서 멸종이라는 운 나쁜 패가 우리 시대에 나올 수도 있다는 뜻이 된다.

공룡 화석이 더 이상 출토되지 않는 지층 바로 밑에 이리듐이라는 원소를 포함하는 얇은 층이 전 세계에 폭넓게 분포하고 있다. 이 원소는 우주 공간에는 많지만 지구 표면에는 거의 존재하지 않기 때문에, 소행성 충돌의 확실한 증거가 된다. 이 층에는 작은 천체가 지구와 빠른 속도로 충돌했음을 입증하는 작은 입자들도 포함되어 있다. 이 미립자도 전 세계에 걸쳐 발견된다. 이때의 충격으로 형성된 것으로 추정되는 운석공이 유카탄 반도에 인접한 멕시코 만에서 발견되었다. 이 이리듐 층에서 발견된 것은 그 밖에도 또 있다. 그것은 바로 검댕이다. 지구는 큰 충격과 함께 지구 전체 규모의 화재에 휩싸였음이 분명하다. 거대한 충돌로 튀어나온 파편들은 대기 중으로 높게 올라간 다음 지구 전역으로 떨어져 내렸다. 쉴 새 없이 쏟아져 내리는 유성의 소나기에 지상은 대낮보다도 밝게 빛났을 것이다. 그러나 그 때문에 지구 전 지역의 육상 식물들은 거의 동시에 불길에 휩싸였다. 그리고 그 대부분이 소멸했다. 산소, 식물, 거대한 충격, 지구 전체를 휩쓴 화재 등 이런 사건들 사이에는 기묘한 인과 관계가 이루어졌던 것이다.

이 충격이 장기간에 걸쳐 형성된, 그리고——이렇게 표현할 수 있을지는 잘 모르겠지만——자기 완결적인 생명을 소멸시키는 과정에는 몇 가지 경로가 있었을 것으로 생각된다. 폭발이 일어난 후 최초의 섬광과 열이 지나간 뒤에는 충격으로 피어오른 먼지의 두터운 막이 1년 이상 지구를 가렸다. 생물에게는 광범위한 화재와 온도의 저하 그리고 산성비 이상으로 1~2년간 계속된 빛의 부족이 심각한 타격이었다. 빛이 부족하면 광합성이 제대로 일어날 수 없기 때문이다.

오늘날과 마찬가지로 당시에도 지구 표면의 상당 부분을 덮고 있던, 바다에 살고 있던 최초의 원시적인 광합성 생물은 작은 단세포 식물성 플랑크톤이었다. 영양분을 저장하는 수단이 없었던 이 생물에게는 빛의 부족이 특히 큰 피해를 주었다. 일단 빛이 약해지자 이제 엽록체는 태양빛을 받아들여 탄수화물을 만들 수 없게 되었다. 다시 말해서 플랑크톤은 죽을 수밖에 없었다. 이 작은 식물은 단세포 동물에게는 소중한 먹이이다. 게다가 단세포 동물보다 조금 큰 새우와 같은 작은 동물이 단세포 동물을 먹고, 작은 물고기가 그 작은 동물들을 먹고, 큰 물고기가 작은 물고기를 먹는다. 따라서 불이 꺼지고, 광합성 플랑크톤이 사라진다는 것은 모든 먹이 사슬이 트럼프로 지은 정교한 집처럼 차례차례 무너져 내리는 것을 의미했다. 육상에서도 사정은 마찬가지였다.

지구상의 생물들은 서로에게 의지하며 살고 있다. 생물 전체가 복잡하게 짜인 직물이나 거미줄처럼 서로 긴밀하게 얽혀 있다. 그중에서 몇 가닥의 실을 뽑아 내면 직물 전체에 어떤 손상을 줄지 또는 전체가 조각조각으로 갈라져 버릴지 아무도 예측할 수 없다.

곤충이나 그 밖의 절지동물은 죽은 식물이나 동물의 배설물을 청소해 주는 중요한 역할을 한다. 고대 이집트에서 태양신과 동일시되고 숭배의 대상이었던 신성투구풍뎅이, 즉 말똥풍뎅이는 그런 배설물 처리의 전문가였다. 그들은 지상에 쌓여 있는 질소 성분이 풍부한 배설물을 모아, 식물의 뿌리가 있는 땅속으로 옮겨 식물이 비료로 이용할 수 있게 만들어 준다. 아프리카에서는 한 덩어리의 신선한 코끼리 똥에 몰려든 풍뎅이의 숫자가 1만 6000마리나 되었다는 보고가 있었다. 거대한 똥 덩어리가 두 시간 만에 자취도 없이 어딘가로 사라져 버린다.¹² 이런 곤충이 없었다면 오늘날 지표는 완전히 다른 모습이 되어 버렸을 것이다. 현미경으로나 볼 수 있는 진드기나 도약충류의 날개는 식물이 번식하는 데 필요한 부식토의 구성 요소이다. 이번에는 그 식물을 동물이 먹는다. 산소와 이산화탄소를 교환하듯이 동물과 식물은 서로의 노폐물을 이용하며 살고 있다.

흙 속에 사는 동물들 중에는 어린 식물을 죽이는 종류도 있다. 겉보기에는 평화스러워 보이는 시골의 뜰 아래쪽에서 우리가 모르는 사이에 벌어지는 잔혹한 생존 경쟁을 실증하기 위해 자신이 했던 작은 실험을 다윈은 다음과 같이 쓰고 있다.

> 길이 90센티미터, 폭 60센티미터 넓이의 흙을 갈아엎어 외부 요인이 식물에 영향을 미치지 않게 조심하면서 그곳에서 나오는 모든 잡초의 어린 싹에 대한 조사를 계속했다. 그런데 모두 357개에 달하는 잡초 중에서 무려 295개가 주로 괄태충(나방 유충의 총칭)과 곤충류 때문에 피해를 입고 있었다. 벌레나 가축에게 갉아 먹힌 잔디가 그대로 방치될 경우, 생명력이 왕성한 식물들이 약한 식물을 서서히 죽이면서 완전히 성장하게 된다.¹³

일부 식물들은 특정한 동물에게만 먹이를 공급한다. 그 대신 그 동물은 식물의 번식을 매개하는 역할을 한다. 수그루의 꽃가루를 암그루에게 옮기는 배달부 노릇을 하는 것이다. 그러나 이런 역할은 인위 선택과는 성격이 다르다. 동물은 (인간처럼) 식물에게 지나친 요금을 요구하는 횡포를 부리지 않기 때문이다. 이 배달부에게 지불되는 대금은 대개 먹이이다. 둘 사이의 계약은 항상 이런 식으로 계속되어 왔다. 식물의 입장에서 동물이란 직접적으로는 수분(受粉)을 매개해 주는 곤충, 새, 박쥐 그리고 털이 나 있는 가죽으로 가시가 나 있는 종자를 묻혀 옮겨 주는 포유류일 것이다. 그 밖에 둘 사이의 거래에는 동물이 공급하는 비료 대신 식물이 동물에게 먹이를 주는 식의 물물 교환도 포함된다. 육식동물에게도 그 털이나 비늘을 청결하게 유지시켜 주거나 고기를 먹고 남은 찌꺼기를 주는 대신 이빨을 청소해 주는 공생자가 있다. 새는 달콤한 과실을 먹는 대신, 식물의 종자가 소화관을 통해 멀리 떨어진 비옥한 대지에 뿌리를 내릴 수 있도록 도와준다. 여기에는 또 다른 계약이 체결되어 있다. 과일나무와 딸기 관목은 종자가 분산 가능한 상태가 되기 시작할 때 단맛을 내서, 그 시기에만 동물들이 과일을 먹어야 한다는 교훈을 준다. 이 식물들은 설익은 과일을 먹으면 복통을 일으킨다는 사실을 동물들에게 가르치는 것이다.

 식물과 동물의 협조가 항상 원활한 것은 아니다. 식물의 입장에서 본다면, 동물은 그다지 신용이 없다. 동물들은 기회만 있으면 눈에 들어오는 모든 식물을 먹어 치우려 든다. 그에 대응해 식물은 그처럼 반갑지 않은 동물로부터 자신을 보호하기 위해 가시를 만들거나 자극물과 독, 자신을 소화할 수 없게 만드는 갖가지 물질을 만들어 낸다. 동물의 DNA 합성을 방해하는 물질을 만들어 내는 식물도 있다. 이번에는 동물 쪽에서 식물들의 자기 방위를 위한 적응을 수포로 돌아가게 만드는 물질을 만들어 낸다. 그리고 다음에는 다시 식물의 공세가 시작된다. 이 모든 일은 슬로모션처럼 아주 천천히 이루어진다.

 동물과 식물 그리고 미생물은 서로 밀접하게 결합해, 거대하고 복잡하며 아름다운 생태적 기계의 톱니바퀴를 이룬다. 지구 크기에 맞먹는 이 거대한 기계의 동력을 태양이 공급해 준다. 결국 이 모든 것은 태양빛에서 나온 것이다.

대지가 식물들로 덮여 있을 때, 태양빛의 0.1퍼센트가 유기 분자로 변환한다. 초식동물이 이런 식물을 먹었다고 하자. 일반적으로 초식동물은 식물 속에 들어 있는 에너지의 10분의 1을 추출할 수 있다. 동물의 에너지 효율을 100퍼센트라고 가정하면 동물은 태양빛의 약 1만분의 1을 이용하는 셈이다. 이번에는 육식동물이 초식동물을 습격해 잡아먹는다. 그중에서 약 10퍼센트의 에너지가 포식자에게 옮겨 간다. 따라서 육식동물이 이용하는 태양 에너지는 원래 에너지의 10만분의 1이다. 물론 효율 100퍼센트의 엔진이란 존재하지 않는다. 그런 의미에서, 먹이 사슬의 각 단계에서 발생하는 에너지의 낭비는 피할 수 없을지도 모른다. 그러나 먹이 사슬의 정점에 위치하는 생물들의 비효율성은 무책임할 정도로 크다.●

생물학자 클레어 폴섬(Clair Folsome)은 지상의 생물들이 뗄 수 없을 만큼 밀접한 상호 연관과 상호 의존의 관계를 가지고 살아가는 이미지를 다음과 같이 생생하게 묘사했다. 그는 근육이나 뼈 등 인간의 신체를 구성하고 있는 모든 세포가 마술처럼 모두 사라진 상태를 상상해 보라고 말한다.

남아 있는 것은 유령과도 같은 모습뿐이다. 피부의 윤곽은 세균이나 균류, 회충과 같은 여러 가지 미생물들의 희미한 빛으로 이루어져 있을 뿐이라는 사실을 알게 된다. 장(腸)은 호기성, 혐기성의 잡다한 세균, 효모

● 원칙적으로 생태학적 기계로서의 지구는 태양이 빛나는 한 계속될 것이기 때문에, 그 수명은 앞으로도 약 50억 년은 남았다고 할 수 있다. 그러나 먹이 사슬이라는 관점에서 볼 때, 겨우 1,000분의 1이라는 에너지 효율을 가진 인류는 태양을 좀 더 효율적으로 이용할 수 있는 방법을 개발하지 않는 한 그때까지 살아남기는 힘들 것이다.

균, 그 밖의 미생물들이 빽빽하게 들어찬 관 모양으로 간신히 식별할 수 있을 것이다. 좀 더 자세히 관찰할 수 있다면 각 조직에 수백 종에 이르는 바이러스들이 존재한다는 사실도 깨달을 수 있으리라.

나아가 폴섬은 모든 식물이나 동물도 그와 마찬가지로 "온갖 미생물들이 들끓는 미생물 동물원"임을 알 수 있을 것이라고 역설한다.[14]

지상에 충만해 있는 다양한 생명의 모습을 자세하게 조사하기 위해 태양계 밖에서 생물학자가 찾아왔다고 하자. 그는 먼저 모든 생물들이 거의 같은 소재로 구성되어 있다는 사실을 발견할 것이다. "같은 분자는 항상 같은 기능을 수행하며, 유전자의 부호표(code book)마저 공통으로 사용된다. 이 행성 위에 살고 있는 모든 유기체들은 단지 친척이라는 표현으로는 충분치 않을 만큼 매우 밀접한 관계를 가지고 있다. 다시 말해서, 서로의 노폐물을 호흡하면서 긴밀한 제휴 협력 관계를 유지하며 생활하고, 서로 상대에게 의존한다. 이들은 얇은 지구의 표층을 공유하며 함께 살아가고 있다." 외계인이 내린 이 결론은 분명한 사실일 뿐 아무런 이데올로기도 들어 있지 않다. 권위나 신념, 또는 종교에 의거한 열렬한 지지자의 주장이 아니라, 반복 가능한(검증 가능한) 관찰과 실험의 결과로 내려진 결론인 것이다.

지구의 생물들은 불완전하게 연결되어 있고, 균형을 유지하며 살아간다. 예를 들면 인체의 모든 세포도 긴급할 때에는 제각기 조건 반사적인 의사 결정을 수행한다. 그와 완전히 동일한 의미에서 지상의 생물 전체도 하나의 집단적인 지적 생명체라고 생각할 수 있다. 레트로바이러스, 쥐가오리, 유공충, 몽공고나무, 파상풍균, 히드라, 규조, 스트로마톨라이트, 갯민숭달팽이, 편형동물, 가젤, 지의류, 산호, 스피로헤타(나사 모양 세균), 벵갈고무나무, 동굴진드기, 작은덤불해오라기, 카라카라매, 갈기퍼핀, 돼지풀 꽃가루, 늑대거미, 투구게, 검은맘바뱀, 모나크나비, 채찍꼬리도마뱀, 트리파노소마, 극락조, 전기뱀장어, 야생 파스닙(산형과 식물), 극제비갈매기, 반딧불이, 티티원숭이, 국화속(屬)식물, 귀상어, 윤형동물, 왈라비(소형 캥거루의 총칭), 말라리아 병원충, 맥과(테이퍼라고도 한다.), 진딧물, 늪살무사, 나팔꽃, 아메리카흰두루미, 코모도왕도마뱀, 총알고둥, 노래기, 아귀, 해파리, 폐어, 효모, 빅트리, 완보동물, 시원 세균, 바다술, 은방울꽃, 인간, 보노보, 오징어와 혹등고래……. 외계 생물학자는 이 모든 생물권 전체를 하나로 묶어 '지구 생물'이라고 간단하게 표현할 것이다. 지구 전체를 가득 메우고 있는 다양한 생물의 불가사의한 다양성을 엄밀하게 구별하고 분류하는 일은 전문가들이나 대학의 연구자들에게는 더할 나위 없이 훌륭한 연구 주제일 것이다. 그러나 이 종이냐, 저 종이냐를 둘러싼 주장이나 논쟁은 무시해도 좋을 것이다. 다른 별에서 온 연구자에게는 조사해야 할 천체가 지구 이외에도 많다. 우주 공문서 보관실의 깊고 어두운 방에 보관될, 아직까지 모호한 게 많은 행성에 사는 생물을 다룬 서류는 그 생물들의 가장 현저하고 일반적인 특징의 일부를 기술하는 것으로 충분할 테니까 말이다.

8장

성과 죽음

성은 모든 인간에게 상상할 수 없을 만큼
강력한 본능의 힘을 주었다. 개인의 육체와 영혼이
끊임없이 타인을 향하고, 반려를 구하고 선택하는 일이
삶의 가장 큰 행복이고 일생의 중대사가 되는 이유도,
상대를 놓고 치열한 경쟁을 벌이고, 때로는 영원한 고독감에
괴로워하는 것도 모두 그 본능 때문이다.
이토록 심오한 의미와 아름다움으로 이 세계를
가득 채우는 것이 또 무엇이 있으랴?
   ——조지 산타야나,『아름다움의 의미』(1896년)[1]

죽음이란 삶의 과정 속에서 자연스레 획득하는
생의 의지와 그 본질인 이기주의에 대한 크나큰 질책이다.
그리고 죽음이란 우리 존재에 대한 형벌이기도 하다.
죽음은 세대에서 세대로 이어지는 매듭을 푸는 고통이다.
   ——아르투어 쇼펜하우어,『의지와 표상으로서의 세계』증보판[2]

무더운 여름밤 날아다니는 반딧불이는 황백색으로 반짝거리는 인광(燐光)을 발견하면 더 이상 욕망을 억제할 수 없게 된다. 나방은 날개를 퍼덕여 바람을 타고 수 킬로미터나 떨어진 곳에 있는 이성(異性)을 유혹하는 사랑의 묘약을 날려 보낸다. 공작 수컷이 푸른색이나 초록색으로 빛나는 매력적인 관(冠)을 과시하면, 암컷은 흥분해 안절부절 못한다. 화분립(花粉粒, 꽃가루 속에 있으면서 종자식물의 웅성 배우자를 낳는 과립상의 소포자—옮긴이)들은 서로 뒤질세라 작은 관을 돌출시켜, 난세포가 기다리고 있는 꽃의 깊숙한 구멍에 닿느라 경주를 벌인다. 발광성 꼴뚜기류 동물들은 머리, 촉수, 안구 등에서 내는 빛의 밝기, 색깔, 패턴 등을 여러 가지로 바꾸면서 열광적인 빛의 쇼를 연출한다. 곤충은 하루에 수십만 개에 달하는 유정란을 낳는다. 거대한 고래는 깊은 바다 속을 누비고 다니면서 애처로운 울음소리를 낸다. 아직 짝을 찾지 못한 외로운 고래의 노래는 멀리 울려퍼져 바다 속이라면 수백, 수천 킬로미터 떨어진 곳에서도 그 울음소리를 들을 수 있다. 세균들은 서로 몸을 비벼 대다가 이윽고 하나로 합쳐진다. 매미는 집단으로 사랑의 노래를 합창한다. 꿀벌 부부는 하늘 높이 솟구쳐 신혼 여행을 떠나지만, 여행에서 돌아오는 것은 그중 한 마리뿐이다. 물고기의 수컷은 누가 낳았는지도 모르는 끈끈한 점액성의 알 무더기에 부지런히 정액을 사정한다. 개는 상대를 발견하면 서로 하반신의 냄새를 맡으면서 성적인 자극을 구한다. 꽃은 동물을 흥분시키는 강렬한 향기를 내고 꽃잎을 화려한 자외선 광고탑으로 장식해, 주위를 지나는 곤충이나 새, 박쥐 들을 유혹한다. 그리고 사람은 남자든 여자든, 노래하고 춤추고 옷을 입고 몸을 단장하고 화장하고 자태를 꾸미고 스스로 자신의 몸에 상처를 내고 요구하고 강요하고 모른 체하고 간청하고 굴복하고 목숨을 건다. 사랑이야말로 이 세계를 움직이는 원동력인 것이다. 물론 지구는 탄생한 이래 지금까지 회전을 계속하고 있고, 지금까지 단 한 번도 멈춘 적이 없다. 그러나 우리에게 너무나 친숙한 수많은 식물과 동물, 미생물이 성과 사랑에 대해 갖고 있는 광적인 애착은 거의 지구 전체 규모로 확산되어 있고, 생물을 생물이게 만드는 가장 큰 특징을 이루고 있다. 이렇듯 중요한 특징은 소리 높여 해명을 요구하고 있다.

무엇이 이들을 그렇게 하도록 만드는 것일까? 아무도 막을 수 없는 도도한 급류와도 같은 격정과 강박은 무엇을 위한 것인가? 왜 생물들은 잠도 자지 않고 먹지도 않고 죽음의 위험마저도 기꺼이 감수하면서 성을 추구하는 것일까? 민들레, 도룡뇽, 도마뱀 그리고 일부 물고기처럼 상당한 크기에 달하는 동식물 중에는 생식 행위 없이도 번식할 수 있는 것들이 있다. 사실, 지구의 생물은 그 역사의 절반 이상에 해당하는 기간 동안 '성(性, sex)' 없이도 훌륭하게 지내 왔다. 그렇다면 도대체 성은 어떤 장점을 가진 것일까?

사실 성이라는 장치에는 많은 비용이 따른다. 매혹적인 노래를 부르고 춤을 출 수 있는 능력, 각종 성페로몬(동물 체외로 분비되는 유인 물질—옮긴이)의 제조, 경쟁자를 물리치는 데에만 쓸모가 있는 수사슴의 뿔, 수컷과 암컷을 결합시키기 위한 생식기 그리고 교미를 위한 율동적인 운동과 그에 따른 쾌감……, 이 모든 것을 생물에게 마련해 주기 위해서는 엄청난 유전적 프로그램이 필요하다. 좀 더 단기적이고 확실한 이익을 얻는 데 활용될 수 있는 에너지원을 이런 일에 사용하는 것은 쓸데없는 낭비일 수 있다. 그뿐만이 아니다. 성적 능력을 획득하기 위한 노력은 심각한 생명의 위험으로 이어지기도 한다. 예를 들면 과시를 위해 호사스러운 몸단장을 한 공작은 그전의 눈에 띄지 않고 겁많고 칙칙한 색깔이던 때보다 훨씬 포식자의 습격을 받기 쉽다. 교미가 치명적인 질병의 감염 경로가 될 가능성도 있다. 그런데도 유성 생식이 이루어지는 까닭은 성이 이렇게 투입한 비용을 상쇄하고도 남을 만한 이익을 주기 때문인 것은 분명하다. 그렇다면 성이 가져다주는 이익은 어떤 것일까?

그런데 난처하게도 무엇을 위해 성이 존재하는가 하는 근본적인 물음에 대해서는 생물학자들도 아직 완전히 이해하지 못하고 있는 상태이다. 이런 면에서 다윈이 다음과 같은 글을 썼던 1862년의 시점에서 거의 아무런 진전도 없는 셈이다.

우리는 성이 존재하는 진정한 이유에 대해서 거의 아무것도 모르고 있다. 왜 새로운 생명은 성을 구성하는 두 개의 요소, 즉 수컷과 암컷의 결합을 통해 탄생할 수 있는 것인가? 이 모든 의문은 아직도 암흑 속에 가려져 있다.

40억 년에 걸친 자연선택 과정에서 ACGT의 염기 서열 속에 들어 있는 유전 정보는 갈고 닦여 훨씬 정교하고 길며, 어떤 실수도 일어날 수 없이 완벽하고, 뛰어난 자기 복제 능력을 가진 명령으로 발전을 거듭했다. 생명의 지침서라고 할 수 있는 이 안내서는 다른 출판사가 발행한 유사한 안내서에 대항해서 끊임없는 보완을 거쳐 연속적으로 개정판을 발행해 온 것이다. 생물은 유전 정보가 전달되고 자기 복제되어 새로운 명령이 시험되는 통로이자 수단이 되었고, 나아가 자연선택이 이루어지는 무대가 되었다. 언젠가 새뮤얼 버틀러(Samuel Butler)는 "암탉은 알이 다른 알을 만들기 위한 수단에 불과하다."라고 말했지만, 이제 우리는 한 걸음 더 나아가, 최소한 유전자 수준에서 '성'에 대해 생각해 볼 필요가 있다.

다행히도 우리는 성에 관계하는 일부 분자 기구를 이해할 수 있게 되었다. 먼저 대다수의 사람들이 불가능하다고 믿는 "성(性) 없이 증식하는"* 미생물에 대해서 생각해 보자. 미생물의 핵산은 ACGT를 원료로 삼아 충실하게 자신을 복제한다. 그런 다음 동일한 기능을 가진 두 개의 DNA가 세포를 반씩 나누어 갖는다. 마치 이혼한 부부가 공평하게 재산을 둘로 나누는 것과 흡사하다. 얼마쯤 시간이 흐른 다음에는 다시 같은 과정이 되풀이된다. 미생물의 새로운 세대는 바로 이렇게 태어난다. 모든 세대는 이전 세대의 지루한 반복으로, 세포 속에 들어 있는 미토콘드리아에서 편모(鞭毛) 운동에 이르기까지, 모든 개체는 단 하나밖에 없는 부모의 복사판이다. 생물이 환경에 훌륭하게 적응하고 주변 환경도 증식에 유리하다면 이런 방법은 더할 나위 없을 것이다. 그러나 드물게는 돌연변이가 이 끝없이 단조로운 진행을 파괴하는 때가 있을 것이다. 그런데 지금까지 여러 차례 강조해 왔듯이, 돌연변이는 임의적이며 더욱이 대개 그 생물에게 유해한 방

* 물론 시험관 내에서의 대량 배양은 일종의 정적(靜的)인 성이라고 할 수 있다.

향으로 일어난다. 따라서 그런 돌연변이를 보상할 만한 다른 변이가 일어나지 않는 한, 다음 세대는 많은 어려움을 당할 수밖에 없을 것이다. 이런 상황에서 진화 속도는 느려지게 된다. 생물들이 성을 획득하기 이전인 35억 년 전부터 10억 년 전 시기의 화석을 봐도, 진화 속도는 극히 느리다는 사실을 알 수 있다.

 이처럼 유전 정보를 천천히 임의적으로 변화시키는 방법 대신, 새로운 명령이 조합되고 있는 거대하고 복잡한 염기 서열을 단번에 획득할 수 있는 방법이 고안되었다고 하자. 즉 DNA 속에 들어 있는 단어의 문자를 하나씩 바꾸는 것이 아니라, 이미 평가가 끝난 안내서를 통째로 이용하는 것이다. 가령 세대에서 세대를 거쳐 동일한 뒤섞기를 계속하는 생물이 있다고 가정하자. 이 생물이 항상 일정한 환경 또는 극히 국소적인 환경에 이상적으로 적응했다면, 그것은 매우 어리석은 일이다. 그런 환경에 약간의 변화만 일어나도 엄청난 파국을 초래할 수 있기 때문이다. 그러나 다른 여러 종의 생물들이 뒤섞여 있는 역동적인 환경에 적응해야 하는 경우라면, 환경의 변화는 단순히 유전 부호의 A를 C로 바꾸는 경우보다 각 세대에 새로운 대량의 정보가 주어질 때에 훨씬 중요하게 기여한다. 유전자를 재구성할 수 있게 되면, 자손들은 세대에서 세대에 걸쳐 축적된 유해한 돌연변이라는 덫에서 언제든지 벗어날 수 있다.[3] 유해한 유전자는 빠른 시간 안에 무해한 유전자와 교체될 수 있다. 성과 자연선택은 일종의 교정자와 같은 역할을 해, 돌연변이가 일으키는 불가피한 오류를 오염되지 않은 정보로 대체한다. 진핵 생물이 서로 다른 진화 계통을 따라 다양하게 발생한 수수께끼를 푸는 열쇠도 여기에 있을지 모른다. 현재의 원생동물(짚신벌레 등), 병원충(말라리아 병원충 등), 조류(藻類), 균류, 그리고 모든 육상 식물과 동물에까지 이어지는 각각의 계통이 분기하는 시기는 대체로 진핵 생물이 '성'을 획득한 시기와 일치한다.

세균에서 진딧물과 포플러에 이르기까지의 넓은 범위의 현생 생물 가운데 일부는 때로는 유성 생식으로, 때로는 무성 생식으로 증식한다. 그런 생물은 두 가지 방법을 모두 사용할 수 있다. 그 밖에, 예를 들어 민들레나 채찍꼬리도마뱀처럼 그 형태적 특징이나 행동으로 미루어 볼 때 분명 최근에서야 유성 생식에서 무성 생식으로 진화한 것으로 보이는 종류도 있다. 민들레는 계속해서 꽃과 꿀을 만들어 내지만, 실제로 그 꿀은 민들레의 번식 양상에 도움이 되지 않는다. 꿀벌이 아무리 바쁘게 민들레꽃을 찾아도, 민들레의 꽃가루받이를 돕는 매개자 구실을 할 수 없다는 뜻이다. 채찍꼬리도마뱀은 모두 암컷이다. 알에서 깨어나는 새끼에게 생물학적인 의미에서 아비는 존재하지 않는다. 그러나 이들의 번식에도 이성에 의한 전희(前戱)는 여전히 필요하다. 다시 말해서 유성 생식을 하는 다른 종(種)의 도마뱀 수컷과 교미하는 흉내(물론 그 결과로 암컷이 수태하는 일은 없지만)를 내거나 같은 종의 암컷과 절반쯤은 의식에 불과한 가짜 교미를 하지만 실제로 그 방법으로 번식할 수는 없다.⁴ 이런 관찰 결과를 통해, 민들레와 채찍꼬리도마뱀이 유성 생식에서 무성 생식으로 진화한 것이 그다지 오래되지 않았다는 사실은 분명하다. 따라서 이런 예를 성이 퇴화해 간 과정에 대한 증거로 삼거나 그 과정을 각본으로 짜기에는 불충분하다. 필경 지금까지 유성 생식에 바람직한 환경과 단성 생식에 유리한 환경이 있었을 것이다. 따라서 그중 일부 생물은 외부 환경에 따라 두 가지 생식 방법을 주기적으로 바꾸어 가면서 사용했을지도 모른다. 그렇지만 인간은 그런 선택력을 갖지 못했다. 인류는 오로지 '성'만을 고집했다.

오늘날 인간이 감염되었을 때 이루어지는 유전 정보의 재편성이

기이하게도 생식 행위에서 일어나는 유전자 재구성과 흡사하다는 사실이 밝혀졌다. 병원 미생물은 자기보다 큰 생물의 방어 기구를 파괴하고 그 생물 속으로 들어가, 자신의 핵산을 숙주의 핵산 속으로 교묘하게 끼워 넣는다. 숙주의 세포 안에는 기존의 ACGT 서열을 읽고 복제하기 위한 복잡한 기계가 언제든지 가동할 수 있는 대기 상태를 유지하고 있다. 그러나 이 기계는 외부에서 침입한 핵산과 자신의 핵산을 분별할 수 있을 만큼 완전하지는 못하다. 유전 정보라는 안내서의 인쇄기라고 할 수 있는 이 기계는 스위치만 누르면 무엇이든 그대로 복사하는 것이 그 특징이다. 기생한 병원체가 그 스위치를 누르면, 숙주의 세포 속에 들어 있는 효소는 이 새로운 명령을 인쇄하기 시작한다. 인쇄기에서 대량으로 쏟아져 나온 새로운 병원체 무리는 사방으로 흩어져 다른 정복지를 찾아 나서게 된다.

　때로는 죽은 미생물도 성적 행위를 시도하고, 어떻게든 자손을 남기기 위해 노력하는 경우도 있다. 세균이 죽으면 그 내용물은 주위로 흩어진다. 핵산은 세균 본체가 죽어도 아랑곳하지 않고, 심지어 핵산 자체가 서서히 여러 조각으로 나뉘어도 당분간 그 기능을 유지하는 놀라운 생명력을 갖는다. 마치 곤충의 몸에서 절단된 다리가 얼마 동안 움직이는 것과 마찬가지이다. 이런 핵산의 단편이 곁을 지나는(또는 우연히 접촉하게 된) 세균에게 먹히는 경우, 그 서열은 자신을 먹은 세균의 핵산 속으로 삽입될 수 있을 것이다. 이렇게 다른 세균의 핵산 속으로 들어간 유전자는 기존의 핵산이 손상을 입을 경우 손상 부위를 복구하는 재료로 활용될 수 있을 것이다. 또한 이런 유전자를 독립적으로 보유하고 있으면, 산소에 의해 변성된 DNA를 원래 상태로 복구하는 데에도 손쉽게 이용할 수 있다. 이처럼 극히 초보적인 발생기의 성(性)은 지구가 산소 대기를 가지게 되었을 무렵 탄생한 것이 분명하다.

극히 드물기는 하지만, 예를 들면 세균과 어류 사이(어류에는 세균에서 유래한 유전자가 있을 뿐만 아니라, 세균에도 어류에게서 받은 유전자가 있음이 확인되고 있다.), 또는 비비와 고양이 사이에서 확인할 수 있는 것과 같은 마치 공상과도 같은 기괴한 형태의 유전자 조합도 일어난다. 이런 현상은 바이러스 때문에 일어나는 것으로 생각된다. 어떤 생물의 DNA를 숙주로 선택한 바이러스는 여러 세대에 걸쳐 그 생물에 적응하면서 목표 생물과 함께 증식을 거듭하다가 이윽고 다른 종의 생물을 감염시키기 위해 오랜 잠을 깬다. 그때 바이러스는 다른 생물로 옮겨 가면서 처음 기생했던 숙주의 유전자를 일부 함께 가지고 간다. 고양이는 500만~1000만 년 전에 해당하는 기간 동안, 지중해 연안 지방의 어느 곳에서 비비가 가지고 있던 바이러스 유전자를 받았다는 사실이 알려져 있다.[5] 가끔씩 우연찮게 병을 일으키기도 하는 바이러스는 이처럼 새로운 동물을 찾아 끝없는 방랑을 한다. 오늘날처럼 다양하게 분화된 생물들 사이에서 유전자 교환이 일어날 수 있다면, 같은 종의 생물이나 유연관계가 매우 가까운 생물 사이에서는 좀 더 쉽게 교환이 성립할 것이다. 아마도 '성'은 일종의 감염으로 시작되었을 것이다. 그리고 감염을 일으키는 세포와 피감염 세포에 의해 성이라는 방식이 점차 확립되어 갔을 것이다.

같은 종의 구성원이지만, 유연관계가 먼 두 개체가 각기 복제하는 과정에서 자신들의 핵산 가닥이 매우 유사하다는 사실을 발견한다. 이때 한쪽 개체의 기다란 염기 서열의 일부가 다음과 같다고 가정하자.

······ ATG AAG TCG ATC CTA ······

그리고 다른 한 편의 같은 부분의 염기 서열은 다음과 같다고 하자.

…… TAC TTC GGG CGG AAT ……

두 개체의 긴 핵산 분자가 중간에 같은 지점에서 잘려(이 보기에서는 첫 번째 분자는 AAG의 뒤에서, 두 번째 분자는 TTC의 뒤에서 잘려), 서로 상대의 염기 서열로 바꾸어 재조합했다고 하자. 이때 두 분자는 다음과 같은 염기 서열이 되었을 것이다.

…… ATG AAG GGG CGG AAT ……

…… TAC TTC TCG ATC CAT ……

이런 유전자 재조합을 통해 두 개의 새로운 유전 정보, 즉 두 개의 새로운 생물이 등장하게 되었다. 이것은 원래 같은 종이 가지고 있던 염기 서열에서 유래하기 때문에, 정확한 의미에서의 키메라는 아니다. 그러나 과거에는 존재하지 않았던 새로운 명령 집합이 같은 생물 속에 공존하게 된 것이다.

앞에서 설명했듯이, 하나의 유전자는 수천 개에 이르는 ACGT의 연속으로 이루어져 있다. 각각의 부호는 저마다 다른 역할을 하며, 대개는 특정 효소를 만드는 중요한 임무를 담당하고 있다. 재조합이 일어나기 직전에 DNA 분자가 잘렸을 때, 절단되는 부위는 대개 유전자의 양 끝에 가까운 위치이기 쉬우며, 한가운데가 잘리는 일은 거의 없다. 한 유전자가 다양한 기능을 가질 수도 있다. 그러나 몸의 크기와 색깔, 공격성, 지능처럼 그 생물의 중요한 특징을 이루는 명령이 단일 유전자에 의해 내려지는 경우는 없고, 일반적으로는 여러 유전자의 협조 결과로 나타난다.

성이라는 수단을 얻게 되자, 좀 더 유용한 돌연변이를 찾아서 유전자의 여러 가지 조합을 시험해 보는 일이 가능하게 되었다. 그리고 실제로 일련의 바람직한 자연적인 실험이 이루어졌다. 그 전 100만 세대에 걸쳐 서열 속에서 유익한 돌연변이가 일어나기를 끈기 있게 기다리기만 해 왔다. 그 외에 다른 방법이 없었기 때문이다. 그러나 이제 생물은 그 방법을 바꾸어 새로운 형질, 새로운 성질, 새로운 적응을 한꺼번에 손에 넣을 수 있게 되었다. 종은 더 이상 막연하게 우연을 기다릴 필요가 없게 되었다. 따로 떨어져서는 큰 효과를 낼 수 없었던 둘, 또는 그 이상의 돌연변이도 함께 연결되어 기능을 하면 생물에게 중요한 이익을 가져다줄 수 있고, 넓게 가지를 쳐 나간 자손들도 그런 형질을 공통적으로 획득할 수 있다. 거기에 소요되는 비용만 감당할 수 있다면, 그로 인한 이익은(최소한 그 생물에 한해서는) 분명한 것처럼 보였다. 유전자 재조합은 생물들에게—거기에 자연선택이 작용할 수 있는—변이 가능성이라는 귀중한 보물을 가져다주었다.[6]

생물이 완전히 새롭고 경이로운 존재인 성을 계속 유지하게 된 데 대한 또 다른 설명은 병원체와 그 숙주 사이에 벌어졌던 해묵은 군비확장 경쟁에서도 찾을 수 있다. 지금 이 순간에도 당신의 몸속에는 지구 전체 인구보다 훨씬 많은 병원(病原) 미생물이 들어차 있다. 하나의 세균은 약 한 시간 만에 두 개가 되고, 사람의 일생 동안 무려 100만 세대에 걸쳐 자손을 남긴다. 끝없이 다음 세대로 이어지는 천문학적 숫자의 세균들 속에서는 역시 엄청난 숫자의 돌연변이가 선택된다. 여기에서 특히 자연선택의 요건이 되는 것은 인간의 신체가 갖추고 있는 방어 체계를 어떻게 극복할 것인가 하는 문제이다. 그중에서 일부 미생물은 인간의 신체가 새로운 모델의 항체 기능을 발전시키는 속도보다 빨리 자신의 화학적 성질을 바꾸고 (항체를 막을 수 있는) 표피를 개발할 것이다. 눈에 보이지도 않는 작은 생물이지만, 최소한 이 점에서는 사람의 면역 체계를 능가하는 지혜를 갖추고 있는 셈이다. 예를 들어 말라리아 병원충의 약 2퍼센트는 위험을 느끼면 매 세대마다 그 형태나 적혈구에 대한 점착(粘着) 방식을 크게 바꾸어 간다.[7] 만약 인간의 DNA가 어느 세대나 유전적으로 동일하다면, 이 가공할 병원체의 적응도는 인류의 생존 자체를 위협할 수 있다. 진화를 거듭하는 병원체의 숫자는 눈 깜짝할 새 인간의 수를 능가하게 될 것이다. 따라서 궁극적으로 인간의 방어 능력보다 뛰어난 돌연변이가 계속 나타나게 된다. 그렇지만 인간의 DNA 조합이 매 세대마다 바뀐다면 치명적인 병원체에 대해서도 선수를 칠 수 있다.[8] 실현 가능성이 매우 높은 이 가설에서, 성은 이 무서운 적을 교란시키는 중요한 역할을 한다. 우리는 성 덕분에 건강을 지키는 셈이다.

수컷과 암컷은 생리적으로 다르기 때문에, 때로는 각기 다른 생존 전략을 가지고 제각기 자신의 계통만을 번식시키려 노력하기도 한다. 이런 경우에, 물론 완전한 경쟁 관계는 아니라 하더라도, 수컷과 암컷 사이에 일종의 갈등적 요소가 개입되는 것은 분명하다. 파충류, 조류, 포유류의 많은 종들의 암컷은 한 번에 적은 수의 알(새끼)을 낳는다. 더욱이 산란은 대부분 1년에 한 번 이루어진다. 암컷들이 배우자 선택에 열을 올리고, 알을 보호하고 어린 새끼에게 먹이를 주기 위해 온갖 노력을 기울이는 이유는 진화를 위한 것이다.

한편 수컷의 전략은 많은 정자를 만드는 것이다. 1회 사정되는 정액 속에는 1억 개에 달하는 정자가 들어 있고, 더욱이 젊고 건강한 유인원 등은 하루에도 몇 번씩 사정이 가능하다. 따라서 수컷은 상대를 선택하는 대신 가능한 한 많은 암컷과 짝짓기를 함으로써 더 많은 자손을 남겨 자신의 계통을 유지하려 한다. 수컷의 입장에서는 동시에 가능한 한 많은 암컷들과 짝짓기하는 일에 가장 큰 관심과 노력을 기울인다. 암컷을 임신시키기 위해서라면 유혹, 과시, 위협 등 수단과 방법을 가리지 않는다. 더구나 다른 수컷들 역시 같은 전략을 구사하기 때문에, 수컷의 입장에서는 특정한 수정란이나 부화한 새끼, 갓 태어난 새끼가 자신의 소생인지 확인할 방법이 없다. 자신의 유전자를 이어받았는지도 모르면서, 수컷이 귀중한 시간을 들여 새끼를 열심히 기를 이유가 어디에 있겠는가? 그런 불확실한 투자를 했다가는 자신의 자손이 아닌 경쟁자의 자손에게 득이 될 위험도 있다. 따라서 더 많은 암컷을 수태시키는 쪽이 훨씬 유리하다.

그렇지만 이것이 유일한 방식은 아니다. 오히려 암컷이 많은 수컷과 어울리기 위해 애쓰는 종도 있으며, 수컷이 새끼기르기에 더 열성인 종도 있다. 알려진 조류의 종 가운데 90퍼센트 이상이 '일부일처제'를 채택하는 것으로 알려져 있다. 늑대, 자칼, 코요테, 여우, 코끼리, 뒤쥐, 비버, 영양 등의 동물은 말할 필요도 없고, 원숭이와 유인원의 경우 12퍼센트의 종에서 일부일처제가 발견되고 있다.[9] 그렇지만 수컷이 새끼기르기에 관여하고 어미도 돌봐 주는 형식을 취하는 많은 종에서, 일부일처제가 다른 수컷을 완전히 배제하는 것은 아니다. 수컷들은 끊임없이 다른 암컷과 성적 관계를 가질 기회를 엿보고, 암컷들 역시 자주 그런 수컷을 받아들이기 때문이다. 생물학자들이 '혼합 짝짓기 전략(mixed mating strategy)' 또는 '혼외 교미(extra-pair copulation)'라 부르는 것이 그것이다. DNA 지문 방법으로 조사한 결과, 일부일처제인 한 쌍의 새가 기르고 있는 새끼의 약 40퍼센트가 혼외 교미의 소산이라는 사실이 확인되었다. 어쩌면 그 수치는 사람의 경우에도 마찬가지일지 모른다. 상대를 까다롭게 고르는 암컷들에게 새끼기르기를 맡도록 동기를 부여하고, 수컷들에게 여러 상대를 전전하면서 성적 모험을 즐기게 하는 짝짓기 구도는 널리 확산되어 있고, 특히 포유류에서 매우 일반적으로 발견된다.

고등 동물들은 상대에 대한 세심한 탐색 또는 냄새를 이용한 신호 전달 등, 자신의 유전자를 다른 개체의 유전자와 결합시키기 위한 교묘한 메커니즘을 가지고 있다. 그래서 성에 관계되는 유전자는 DNA 속에서 서로 가까이 위치하거나 다시 결합될 수 있다. 그러나 그것은 단지 하드웨어에 불과하다. 세균에서 사람에 이르기까지 성의 본질은 역시 DNA 염기 서열을 교환하는 일이다. 하드웨어는 어디까지나 그 소프트웨어를 위한 수단일 뿐이다.

처음에는 모든 성이 혼란스러운 우연, 어설픈 미생물들의 베드신 정도에 불과했던 것이 분명하다. 그러나 성이 미래 세대에 주는 이익은 엄청난 것이어서, 그 대가가 지나치게 크지 않는 한 개량된 성적(性的) 하드웨어가 선택되고, 점차 성적 교환을 추구하는 경향이 강한 새로운 소프트웨어가 등장하게 되었음이 분명하다. 다른 조건이 같다면, 성적으로 열정적인 개체는 그렇지 않은 개체에 비해 더 많은 자손을 남긴다. 생물 종들은 새로운 DNA 재조합의 이점을 알지 못하면서도 자신의 유전 명령을 교환하려는 충동을 발전시켰다. 수집가들이 만화 잡지나 우표, 야구 카드, 배지, 외국 동전, 유명 인사들의 친필 사인과 같은 수집품들을 자연스레 교환하듯이, 생물들은 교환한다는 의식도 없이 서로의 유전 명령을 바꾸는 것이다. 이 같은 생물들 사이의 교역은 이미 10억 년 전부터 시작되었다.

짚신벌레는 두 개체가 하나로 합쳐지고, 유전자를 교환한 다음에는 다시 둘로 나뉠 수 있다. 이것이 접합(接合)이라는 방식이다. 이 재조합 방식은 성을 필요로 하지 않는다. 세균들은 암수를 구별할 수 없다. 증식 과정에서 DNA의 일부가 교환되는 일은 없다. 다시 말해서, 성은 존재하지 않는다. 그러나 식물이나 동물은 다르다. 이들에게 재조합이란, 새로운 세대를 만들기 위해 혼자서는 불가능하고, 두 사람의 부모가 필요하다는 사실을 의미한다. 따라서 같은 종에 속하는 대부분의 개체들——이들은 구애 시기를 제외하고, 거의 단독으로(비사회적으로) 생활한다.——은 암수 한 쌍을 이루지 않고는 달성할 수 없는 소중한 작업을 위해 어떤 수단을 필요로 하게 된다. 암수라는 두 가지 성은 서로 조금 다른 목표와 전략을 가질 수는 있지만, 성은 암수의 협조 작업을 위한 최소한의 절대적인 의무를 부과했다.

일단 이처럼 강력한 원동력이 생물계에 작용하기 시작하자, 다른 종류의 새로운 협조가 서서히 그리고 매우 자연스러운 단계를 거쳐 확산되어 갔다. 성을 가짐으로써, 종 전체가 하나가 되었다. 공동으로 위험한 돌연변이의 축적을 막고 환경 변화에 대해서도 힘을 합쳐 적응할 수 있을 뿐만 아니라, 종이라는 집단 기업에 다른 계통의 유전자가 교차 결합함으로써 여러 가지 다양한 기회가 주어졌음을 뜻하는 것이다. 따라서 이 새로운 방식은 많은 자손의 계통이라는 평행선이 존재하고, 각 계통에 속하는 개체는 아무리 오랜 시간이 지나도 거의 동일하며, 나아가 계통이 틀리면 아무런 혈연관계가 없는 종래의 방식과는 전혀 다른 것이다.

성이 증식의 핵심적인 수단으로 자리 잡게 되자, 어떻게 이성을 유혹하고 수많은 상대 중에서 어떤 개체를 선택할 것인가를 둘러싼 애증의 드라마가 무대 중심으로 부상했다. 그 드라마의 주제들 중에는 질투, 같은 성 사이의 실제 또는 가짜 전투, 개체에 대한 식별력, 성적인 상대나 경쟁자가 많은 장소를 알아낼 수 있는 능력, 위압과 강간 등이 포함되어 있다. 이런 주제들은 모두 성과 연관되어 탄생했다. 그와 더불어 기묘하게 생긴 부속 기관[性器]과 아름답고 현란한 색채 유형과 구애 행동도 급속하게 발달하게 되었다. 다윈도 지적했듯이, 인간은 자신과는 유연관계가 먼 동물들을 보면서도 성과 관련해서 발달한 모습들을 아름답다고 느낀다. 찰스 다윈은 이런 성 선택(sexual selection)이야말로 사람의 심미안의 기원이었을 것이라고 생각했다. 20세기의 한 생물학자는 성 선택을 통해 조류가 획득한 형태적 특징을 다음과 같이 열거했다.

> 볏(도가머리), 아랫볏(칠면조나 닭의 턱 아래 늘어진 살), 목둘레의 깃털, 목테무늬, 늘어뜨린 꼬리, 며느리발톱, 날개나 부리의 돌출부, 옅은 색깔로 물든 입, 극단적으로 변형된 꼬리, 신비로울 만큼 아름다운 꼬리, 과시를 위해 부풀리는 공기 주머니, 노출된 피부에 나 있는 화려한 반점, 긴 깃털, 밝은 황금색의 다리와 발……, 새들이 벌이는 이 모든 과시는 거의 언제나 경탄을 자아낸다.[10]

특히 조류의 경우에는 훌륭한 외관이 상대의 선택에서 매우 중요한 요소이다. 따라서 모든 개체들 사이에서 아름다운 치장이 순식간에 확산되었다. 화려한 외관이 포식자에게 잡아먹힐 위험을 높인다 해도, 그래서 치장술을 받아들인 개체의 생명이 짧아진다 해도, 이후 세대에게는 그런 대가를 상쇄하고도 남는 이익이 있다. 조류나 어류의 수컷이 벌이는 과시는 건강과 장래성을 암컷에게 보증하기 위한 것이라는 학설이 가장 타당성이 높다.[11] 밝은 색의 깃털이나 반짝이는 비늘은 진드기나 균류에 감염되지 않았음을 증명하는 보증서이다. 암컷이 기생 생물에 감염되지 않은 수컷을 좋아할 것임은 자명하다.

홍연어는 컬럼비아 강의 격류를 거슬러 올라가 산란한 다음에는 완전히 기력이 쇠진한다. 오직 자신의 유전자를 다음 세대에 전해야 한다는 임무를 완수하기 위해 용맹스럽게 격류를 타넘는 것이다. 그 임무를 끝낸 순간 모든 힘이 빠진다. 비늘과 지느러미가 떨어져 나가고, 얼마 지나지 않아, 때로는 산란이 끝난 후 채 한 시간도 지나지 않아 죽음이 찾아오고, 이윽고 악취를 풍기기 시작한다. 홍연어는 철저히 종족 보존이라는 목적에 모든 것을 바친다. 이런 면에서 자연은 비정하다. 죽음은 예정되어 있는 것이다.

자손도 선조도 유전적으로 거의 동일한 짚신벌레와 같은 무성 생식 생물에게는 이처럼 극적인 장면은 없다. 단성 생물은 고대의 개체가 그 모습대로 현재를 살고 있다고 해도 틀린 말은 아니다. 성을 가짐으로써 여러 가지 이득을 얻을 수 있지만 잃은 것도 있었다. 그것은 바로 무성 생식 생물이 가지고 있는 불사(不死)라는 특성이다.

일반적으로 유성 생식을 하는 동물은 분열, 즉 자기를 둘로 나누는 방법으로는 증식할 수 없다. 육안으로도 보일 정도 크기의 생물들은 생식에 앞서 다음 세대에 전하기 위한 유전자를 모은 특별한 성(性) 세포를 만든다. 그 세포는 우리에게 친숙한 정자와 난자이다. 이런 세포들에는 그 목적을 달성할 정도의 수명만이 주어지고, 그 외의 다른 기능은 전혀 갖지 않는다. 유성 생식을 하는 생물에서, 부모는 자신의 신체를 공평하게 둘로 나누어, 두 자손으로 모습을 바꾸는 것이 아니다. 오히려 부모는 자신이 전하려는 명령을 다음 세대에 남기면, 마치 그 순간을 기다리기라도 했다는 듯 죽어 간다. 그에 비해 무성 생물의 개체에게 죽음이란 어떤 중요한 물질을 낭비한 때라든가, 치명적인 사고를 당한 경우처럼 실수가 있었던 때 이외에는 일어나지 않는다. 유성 생식을 하는 생물들은 죽을 수밖에 없도록 미리 설계되어 있다. 즉 그렇게 프로그램되어 있는 것이다. 죽음은 우리가 갖고 있는 한계와 나약함을 사무치게 상기시켜 주는 한편, 우리에게 삶을 부여하고 죽어 간 숱한 선조들과 우리를 연결해 주는 고리 역할을 하기도 한다.

몸집이 큰 다세포 생물들은 DNA의 교정과 복구를 담당하는 효소가 강력해질수록 수명이 길어지는 경향이 있다. 그러나 이런 효소(물론 그것들도 DNA의 통제를 받아 합성된다.)들이 양적으로 줄어들거나 활성이 떨어지면, 복제의 착오가 증가하고, 여러 가지 명령이 뒤얽히는 결과가 초래된다. 따라서 생물이 무의미한 명령을 이행해야 하는 쓸데없는 낭비가 일어난다. DNA는 극도로 엄밀한 자기 복제 메커니즘을 느슨하게 풀어놓는 방법으로, 어느 적당한 순간부터 스스로 죽음을 맞을 채비를 시작한다. 그리고 그 생물의 세포들은 그 명령에 충실히 따른다.

성이 개체에게 죽음을 선고하면, 그 개체는 자손을 위해, 나아가 진화 계통과 종 전체를 위해 자신의 목숨을 내놓는다. 그런데 거의 동일한 개체가 누대에 걸쳐 계속되는 무성 생물의 경우, 간혹 유해한 돌연변이가 축적되어 클론(단일 원종(原種)에서 무성 생식으로 생긴 유전적으로 동일한 개체군——옮긴이) 전체를 파괴해 버릴 위험이 있다. 가령 클론의 한 세대 전체가 작아지고 나약해지는 사태가 일어난다면, 그것은 분명 멸종을 경고하는 위험 신호이다. 해결책은 성(性)이라는 수단밖에 없다. DNA는 오직 성에 의해서만 건강을 회복할 수 있다. 성의 기쁨이란 바로 여기에 있다.

10억 년 전, 생물에게 하나의 거래가 이루어졌다. 그 거래란 개체의 불사성(不死性)을 잃는 대신, 성의 기쁨을 얻은 것이다.[12] 죽음과 성, 우리는 죽음 없이 성을 얻을 수 없다. 자연은 생물에게 무척이나 가혹한 거래를 강요한 셈이다.

최초의 생물에게는 부모가 없었다. 그 후 30억 년 동안 하나의 개체에게는 오직 하나의 부모가 있고, 그 생명력은 거의 불사에 가까운 것이었다. 그에 비해 현생 생물의 대부분은 두 명의 부모를 가지고, 수명은 한정되어 있다. 그러나 우리가 아는 한, 세 명 또는 그 이상의 부모를 가지는 생물은 존재하지 않는다.* 셋 이상의 부모를 가질 때 얻을 수 있는 이득을 생각하면, 그로 인한 비용은 두 명의 부모를 가지는 데 비해 특히 크다고는 할 수 없을 것이다. 세 명의 부모가 있다면 유전자 조합의 다양성 역시 그만큼 커진다. 정보의 착오를 발견하는 능력도 훨씬 향상될 것이다(이상(異常) 배열을 조사하는 과정에서 서로 비교할 수 있는 세 가지 배열이 있기 때문이다.). 어딘가 먼 다른 천체에는 그런 생식 방식을 채택한 생물이 있을지도 모른다.

찌르레기 암컷은 사랑을 부르는 수컷의 울음소리를 들으면, 곧바로 상대를 유혹하는 자세를 취한다. 교미를 위한 준비 행동인 셈이다. 다른 장소에 격리시켜 기른 찌르레기 암컷은 수컷의 노래를 처음 들었을 때 그런 자세를 취한다. 역시 격리되어 다른 수컷의 사랑의 노래를 한 번도 들은 적이 없는 수컷도 그런 울음소리를 내는 법을 알고 있다. 따라서 악보도 그 감상법에 관한 정보도 모두 DNA에 미리

● 극히 드물지만 살아 있는 세균이 죽은 두 개의 다른 개체에서 유래한 유전자를 받아들이는 일이 일어날 수 있다.

적혀 있는 것이다. 노래를 들었을 때, 암컷은——최소한 약간은——그 수컷에게 사랑을 느꼈을 것이다. 수컷 역시 구애를 받아들일 자세를 취한 암컷에게 다소라도 사랑을 느꼈을 것이 분명하다.

조류나 포유류가 소중하게 새끼를 기르고 혈연 선택의 경향이 뚜렷한 것과는 대조적으로, 개구리나 많은 어류들은 자신의 새끼를 먹기도 한다. 이런 카니발리즘(동족 포식)은 예외적인 현상이 아니다. 이것은 개체 수가 지나치게 과밀해지거나 극단적으로 먹이가 부족할 때뿐 아니라, 완전히 정상적인 상태에서도 일어난다. 새끼는 숫자가 많다. 부모가 되는 생물에게 새끼는 자신을 살찌우는 영양분이 풍부한 먹이이다. 계통을 잇기 위해 필요한 새끼의 숫자는 그렇게 많지 않다. 더구나 그런 종에게는 그런 행동을 억제할 만한 애정 어린 가정 생활도 없다. 그렇지만 새끼에 대한 어버이의 사랑이 조류와 포유류의 전유물은 아니다. 어류에게서는 흔히 찾아볼 수 있고, 무척추동물 사이에서도 그런 행동 양식이 나타나곤 한다. 말똥구리의 어미는 능숙하게 동물의 배설물을 굴려 동그란 덩어리로 만들어 그 속에 알을 낳아 지극한 정성으로 새끼들을 돌본다. 한 입에 사람을 두 동강 낼 수 있을 만큼 강력한 턱을 가진 나일악어는 입 속에 새끼를 넣어 운반한다. 세심한 주의를 기울이며 걷는 어미의 이빨 사이에서 빼꼼 얼굴만 내밀고 주위를 두리번거리는 새끼는 마치 버스에 탄 관광객 같다.[13]

그런 행동이 단지 유전자가 자신의 이익을 추구하기 위한 발로에서 나온 것이라 하더라도, 외부 관찰자의 입장에서 본다면 동물계에는 거의 사랑에 가까운 어떤 관계가 형성되어 있다는 느낌을 받게 된다. 이런 경향은 공룡의 멸종 이후 더욱 두드러진다. 영장류의 탄생과 함께 이런 모성애(사랑)는 드디어 확고하게 뿌리를 내리게 되었다. 이런 모성애 덕택에 종의 결합은 강력하게 되었고, 자신의 계통에 대한 충성심을 공유하는 정도로까지 발전하게 되었다.

자손을 남기는 일이 가장 중요하며 때로는 전부이기도 한 생식 제일주의는 수정이 끝나고 수정란을 지키기 위한 임무를 끝낸 다음에는 암수 모두 대량으로 죽어 가는 생물 종에서 가장 두드러지게 나타난다. 그러나 사람을 포함해서 부모가 모두 자식의 보호와 교육에까지 적극적으로 관여하는 종도 있다. 그래서 이런 종은 교미나 성교 이후에도 상당한 기간 동안 살아 남는다. 그렇지 않은 경우에는 부족한 자원을 둘러싸고 자신의 자손들과 경쟁을 벌이지 않기 위해, 부모는 그 책임을 다하고 사라져 간다.

두 개의 DNA 사슬이 하나로 결합하는 현상, 즉 성은 주변 환경에 대한 적응에서 워낙 중요한 가치를 지니기 때문에, 이러한 DNA 분자의 요구에 따라 생물에는 다양한 형태적·생리적·행동적인 변화가 일어났다. 특히 어떤 종류의 협조는 성이 탄생하기 훨씬 전부터 존재해 왔다. 스트로마톨라이트의 군집, 세포 속의 엽록체와 미토콘드리아의 공생 등이 그 전형적인 예이다. 성의 등장은 이 세계에 완전히 새로운 종류의 협력, 공동의 노력 그리고 자기 희생을 탄생시켰다. 수컷과 암컷이 서로 다른 생존 전략을 가진다는 사실은 새로운 경쟁 구도를 탄생시키면서, 그와 아울러 복종과 타협을 추구하는 수단도 낳았다. 인격이나 개성을 만들고, 지구의 생물로 하여금 다양한 의식과 드라마를 연출하게 만드는 데 성은 거의 결정적인 역할을 담당했다. 이 모든 것이 직접적으로 성 자체에 의해 이루어진 것은 아니라 하더라도, 성이라는 목표에 부수되는 준비나 성행위의 결과, 연상(聯想), 강박 등에 의한 것임은 자명하다. 그리고 우리 인간이야말로 가장 두드러진 예라고 할 수 있다.

무상

오직 잠들기 위해,
그리고 꿈꾸기 위해
우리는 태어났다.

거짓말! 그건 거짓이다.
우리는 생을 향유하기 위해
지상에 태어났다.

봄이 오면,
우리는 무성한 잡초처럼
신록으로 부풀어오르고,
가슴은 힘차게 고동친다.

우리 몸뚱아리는 몇 송이의 꽃을 피우고
그러고는 떨어져 어디론가 사라진다.

——아스텍 인의 전래 시가에서[14]

9장

종이 한 장의 차이

땅에 배를 대고 기어 다니는 돼지,
조금은 사고력을 가진 코끼리,
그리고 당신의 모습은 얼마나 다른가!
그들과 당신 사이에 가로놓인 이성이라는 두꺼운 벽,
그 벽은 당신과 그들을 영원히 갈라놓은 것 같지만,
그들은 항상 당신 가까이에 있다!
우리 모두 같은 가지에서 태어났음을 기억하라!
이성이 갈라져 나온 경계란
종이 한 장 차이밖에 나지 않는 것을!

— 알렉산더 포프, 『인간론』[1]

　누구나 죽음보다 삶을 원한다. 그렇지만 왜 삶을 원하는가? 이 물음에 대해 확실한 답을 하기는 어렵다. '살려는 의지'나 '생명력'이라는 이름의 불가사의한 힘이 자주 거론되고는 한다. 그러나 이런 현상을 어떻게 설명하면 좋을까? 끔찍한 고문을 당하거나 극심한 고통에 시달리는 사람도 삶을 포기하지 않고 오히려 삶에 강한 집착을 보인다. 우주의 삼라만상 가운데 왜 어떤 개체는 살아 있고, 다른 것들은 그렇지 않은가라는 물음에도 역시 답하기 어렵다. 아니, 오히려 풀리지 않는 문제이거나 아예 무의미한 물음인지도 모른다. 이 세상에 태어날 수는 있었지만 삶을 실현하지 못했던 무수한 존재들 중에서, 삶을 누릴 수 있는 특전을 얻은 생물은 극히 일부에 불과하다. 가장 절망적인 상황에 처해 있었던 것들을 제외한다면, 그 어떤 생물도 늙어 꼬부라지지 않는 한 절대 스스로 삶을 포기하지는 않는다.

　그와 마찬가지로 불가사의한 수수께끼가 바로 성(性)이다. 최소한 오늘날, 자신의 종과 DNA를 증식시킨다는 명확한 의식을 가지고 성행위를 하는 인간은 극히 적다. 특히 한창 혈기왕성한 젊은 시절에는 냉정하고 합리적으로 판단을 내려 어떤 목적을 위해 성행위를 갖는 경우는 극히 드물다(인류 역사의 거의 전 기간에 걸쳐 대부분의 인간들은 청년기를 지닐 만큼 오래 살지 못했기 때문이다.). 성적 쾌락은 성교를 함으로써만 얻을 수 있는 일종의 보수인 셈이다.

삶과 성에 대한 정열은 한데 연결되어 우리 몸속에 이미 프로그램(고정 배선)되어 있다. 양자의 협조를 토대로 조금씩 다른 유전적 특징을 가지는 자손을 더욱 많이 남기려는 노력이 오랫동안 계속되었고, 그 결과 극히 초보적인 단계의 자연선택도 시작되었다. 따라서 우리는 자신도 알지 못하는 사이에 자연선택이라는 실험을 위한 이상적인 도구가 되어 왔다. 인간의 고유한 특성인 '감정'이라는 세계를 깊이 파고들수록, 인간 행동의 본래 목적을 이해하기가 더 어려워진다. 우리가 갖고 있는 모든 감정은 후천적으로 얻어진 것이 분명하다. 사람들은 사회적, 정치적, 신학적으로 감정의 유래를 합리적으로 해명하기 위해 많은 노력을 기울였다. 감정의 존재는 누구나 인정하지만, 마치 심연처럼 깊은 수수께끼는 그대로 남아 있다.

그러면 우리가 그런 사실에 대해 '설명을 하려는' 생각도 없고, 그런 문제에 대한 고찰에 별다른 관심도 없다고 하자. 그리고 당신이 그런 성질을 단순히 생존이나 번식을 위한 수단임을 의심하지 않고, 그것을 충족시키는 데만 전념하면서 살아간다고 하자. 그렇다면 다른 많은 생물들의 정신 상태와 조금도 다를 바가 없지 않을까? 우리 모두 자신 속에 두 개의 실체가 혼재하고 있음을 느끼고 있다. 그 사실은 자신의 내면을 들여다보면 쉽게 알 수 있을 것이다. 어떤 독실한 작가는 인간의 내면에 공존하는 이 두 가지 요소를 동물적 세계와 정신적 세계로 구별했다. 매일의 일상적인 대화 속에서도 동물에게도 존재하는 '감정'이라는 말과 인간에게만 존재하는 특유의 '사고'라는 말은 분명히 구분되어 사용된다. 어쩌면 인간의 두뇌도 이런 두 가지 방식으로 외부 세계에서 오는 정보를 처리할지 모른다. 그리고 그

중에서도 '생각'은 진화의 기나긴 역사 속에서 극히 최근에야 진정한 의미에서의 발전을 하게 되었다.

진드기의 세계를 보자.[2] 자손을 늘리기 위해 진드기들은 가장 먼저 무슨 일을 해야 할까? 암컷과 수컷이 서로 발견해야 한다. 진드기 중에는 눈이 없는 종도 많다. 따라서 진드기의 수컷과 암컷은 냄새로 상대를 발견한다. 이 후각 신호를 성페로몬이라고 부른다. 대부분의 진드기에서, 페로몬의 정체는 2,6-디클로로페놀이라는 분자이다. 탄소 원자를 C, 수소 원자를 H, 산소 원자를 O 그리고 염소 원자를 Cl로 표현하면, 이 고리 모양의 분자는 $C_6H_3OHCl_2$라고 나타낼 수 있다. 이 물질이 극미량이라도 대기 중에 있으면, 진드기는 정욕으로 꿈틀거리게 된다.[3]

교미를 끝낸 암컷은 덤불이나 관목 꼭대기까지 계속 기어 올라간다. 진드기는 어디가 올라가는 방향인지 어떻게 알 수 있을까? 망막에 주위 풍경의 상(像)이 맺힐 수는 없지만, 피부는 어느 방향에서 빛이 오는지 느낄 수 있다. 작은 나뭇가지나 잎의 끄트머리에 몸을 의지한 채, 암컷은 가만히 기다린다. 아직 수태는 되지 않았다. 정자 세포는 장기간의 저장 상태에 견딜 수 있는 태세를 갖추고 암컷 진드기의 몸속에서도 아직 그 상태를 유지하고 있기 때문이다. 아무런 영양분도 공급받지 않은 채, 암컷은 몇 개월이든 몇 년이든 계속 기다린다. 암컷 진드기는 인내심이 대단히 강하다.

암컷이 기다리고 있는 것은 어떤 냄새이다. 그것은 페로몬과는 다른 부티르산이라는 분자이다. 화학 기호로 쓰면 C_3H_7COOH이다. 사람을 포함해서 많은 동물이 피부나 생식기 주변에서 부티르산을 발산한다. 이 물질이 마치 싸구려 향수처럼 주위에 퍼져 나가면, 포유류의 암컷을 유혹하게 된다. 따라서 원래 부티르산은 포유류의 성 유인 물질이다. 그런데 어미가 되려는 진드기의 암컷은 그 물질을 먹이를 찾는 수단으로 이용한다. 아래쪽에서 올라오는 부티르산 냄새를 맡으면, 암컷은 다시 움직임을 시작한다. 그때까지 죽은 듯이 멈추어 있는 나뭇가지에서 미련 없이 몸을 날려 공중으로 뛰어내린다. 운이 좋으면 나뭇가지 아래를 지나고 있는 포유류의 몸에 안착할 수 있을 것이다(물론 실패하면 흙 위에 떨어진다. 다시 몸을 일으킨 암컷 진드기는 다시 기어 올라갈 새로운 가지를 찾을 것이다.).

숙주가 될 동물의 털에 달라붙은 암컷 진드기는 수풀처럼 무성한 털을 헤치고 나가, 털이 적은 장소를 찾는다. 그리고 간신히 적당한 온도의 노출된 피부를 발견하는 데 성공한다. 그곳에서 진드기는 피부를 찔러 피를 빨아 배를 채운다.•

통증을 느낀 동물은 몸을 뒤흔들거나 발로 털을 긁어 진드기를 털어 낸다. 쥐와 같은 동물들은 깨어 있는 시간의 거의 3분의 1을 털을 관리하는 데 보낸다. 진드기는 다량의 혈액을 빨아먹을뿐더러, 신경독(神經毒)을 분비하거나 병원 미생물을 매개하기도 하기 때문에 동물에게는 극히 위험한 존재이다. 지나치게 많은 진드기에게 한꺼번에 피를 빨리면 동물은 빈혈을 일으키거나 식욕을 잃어 결국 죽기도 한다. 원숭이나 유인원은 꼼꼼하게 동료의 털을 고르고, 이런 습관은 원숭이의 대표적인 문화적 습관으로 꼽힌다. 털을 고르다가 진드기를 발견하면 원숭이는 능숙한 솜씨로 정확하게 잡아내 자기 입으로 가져간다. 이런 습관 덕분에 야생 원숭이는 거의 병원체를 가지고 있지

• 진드기 암컷을 유인하는 요소는 피의 맛이 아니라 피부의 온도라는 사실이 밝혀졌다. 속에는 따뜻한 물이 차 있고, 부티르산의 냄새를 풍기는 풍선 위에 떨어지면, 착각한 이 드라큘라는 곧바로 풍선을 터뜨리고는 따뜻한 물을 들이켠다.

않다.

 동물들의 털을 교묘히 헤치고 다니면서 배불리 피를 빨아먹은 암컷 진드기는 육중하게 흙 위로 떨어진다. 영양분을 잔뜩 섭취한 암컷은 정자를 저축해 둔 방의 자물쇠를 풀고 흙 속에 수정란을 산란하고 (그 수는 족히 1만 개는 될 것이다.) 죽는다. 그리고 동일한 순환이 자손들에 의해 이어진다.

 여기에서 진드기에게 필요한 지각 능력이 무척 단순하다는 점을 주목하라. 최초의 공룡이 출현하기 이전부터 진드기들은 파충류의 피를 영양원으로 삼아 왔을 것이다. 그러나 진드기가 사용하는 가장 기본적인 기술은 오늘날에도 여전히 빈약함에서 벗어나지 못하고 있다. 조잡한 수준이기는 하지만 빛에 대해 반응할 수 있기 때문에 어느 쪽이 '위'인지는 알 수 있다. 부티르산의 냄새를 맡을 수 있기 때문에, '언제쯤' 동물을 향해 뛰어내려야 할지도 알 수 있다. 따뜻함도 느낄 수 있을 것이다. 그리고 장애물을 피해 가는 방법도 체득하고 있을 것이다. 이것은 결코 지나친 요구는 아니다. 오늘날 우리는 몹시 흐린 날에도 쉽게 태양이 있는 방향을 알 수 있는 작은 광전관(光電管)을 발명했다. 미량의 부티르산을 검출할 수 있는 화학 분석 기기도 있고, 열을 느끼는 소형 적외선 감지기도 있다. 이런 여러 가지 장치를 한데 결합한 장치, 예를 들면 화성 탐사선 바이킹 호처럼 다른 천체를 조사하기 위한 우주선이 실제로 하늘을 날고 있다. 행성 탐사를 위해 개발된 최신 모델의 로봇은 큰 장애물을 타넘거나 우회해서 피할 수 있는 능력까지 갖추고 있다. 진드기만큼 작게 만드는 기술은 아직 개발되지 않았지만, 진드기가 외부 세계를 감지하기 위한 기본적인 능력을 흉내 내고, 어떤 경우에는 그보다 훨씬 뛰어난 능력을 가지는 소형 기계 장치를 만드는 것도 더 이상 꿈이 아니다. 피하 주사를 통해 그런 기계를 체내에 투입할 수 있게 될 날도 멀지 않았다(우리로서는 소화 기관이나 생식계를 흉내 내는 일이 훨씬 어렵다. 진드기의 생화학적 능력까지 똑같이 모방할 수 있으려면 아직도 갈 길이 멀다.).

진드기의 뇌 속에는 어떤 일이 일어나고 있는 것일까? 빛, 부티르산, 2,6 - 디클로로페놀, 포유류의 피부 온도, 타넘거나 피해야만 하는 장애물에 대해서는 알고 있다. 눈은 보이지 않는다. 따라서 외부 세계의 상황을 뚜렷한 모습으로 영상화할 수는 없다. 귀도 들리지 않고, 후각도 극히 제한적이다. 생각이랄 것도 별반 없다. 따라서 외부 세계에 대한 정보는 극히 한정된 부분에 지나지 않는다. 그러나 진드기가 목적을 달성하기 위해서는 그 정도로도 충분하다.[4]

한밤중, 창을 두드리는 소리가 나서 그쪽을 바라보면, 나방 한 마리가 투명한 유리를 향해 맹렬하게 돌진하는 모습을 볼 수 있다. 나방으로서는 유리가 그곳에 있다는 사실을 알 리 없다. 나방과 같은 생물이 탄생한 지 이미 수억 년이 지났다. 유리창의 역사는 고작 수천 년이다. 창에 한 차례 머리를 부딪힌 뒤에 나방은 어떤 행동을 보일까? 나방은 여전히 박치기를 계속한다. 때로는 신체의 일부가 유리에 묻어날 만큼 강력하게, 경험으로부터 아무것도 배우지 못한다는 듯이, 몇 번이고 나방이 유리창을 향해 계속 돌진하는 광경은 흔히 볼 수 있다.

나방의 뇌에는 간단한 비행 프로그램이 분명히 갖추어져 있다. 그러나 보이지 않는 벽에 충돌할 수 있다는 가능성을 깨닫게 해 주는 구조는 존재하지 않는다. 이 프로그램에는 "비록 보이지 않더라도 무언가에 계속 충돌하면 그 물체를 피해서 날아가도록 시도해야 한다."라는 서브루틴(특정한 프로그램에서 빈번하게 사용되는 명령어군——옮긴이)이 결여되어 있는 것이다. 그런 서브루틴을 개발하려면 진화 과정에서 그만한 대가를 지불하지 않으면 안 되고, 극히 최근에 이르기까지는 이런 서브루틴이 없어도 나방의 입장에서 살아가는 데 아무런 문제도 없었다. 더욱이 나방에게는 이 정도의 문제를 처리할 수 있는 문제 해결력이 없다. 다시 말해 나방은 창문이 있는 세계를 전혀 예상할 수 없었던 것이다.

만약 나방의 머릿속을 실제로 들여다볼 수 있다면, 우리는 그곳에 이렇다 할 만한 정신이 존재하지 않는다는 결론을 내려도 무방하다는 생각을 갖게 될 것이다. 그러나 우리 인간 자신도 ― 병리학적으로 반복 충동 증후군을 앓고 있는 사람뿐만 아니라 ― 뻔히 문제가 된다는 사실을 알면서도 어리석은 짓을 거듭 되풀이하지 않는가?

인간이 항상 나방보다 현명한 것은 아니다. 정부의 고관들 중에도 유리문에 머리를 부딪히는 사람이 있다. 그래서 호텔이나 공공 건물의 잘 식별되지 않는 유리문에는 커다란 붉은 원이나 다른 경고 표시를 부착해 놓고 있다. 인간 역시 투명한 유리판과 같은 물체가 존재하지 않는 세계에서 진화해 왔다. 나방과 인간의 차이는 유리문에 머리를 부딪히고 나서 또다시 같은 유리문을 향해 돌진하는 일은 거의 없다는 정도이다.

곤충들과 마찬가지로 애벌레도 같은 종의 곤충들이 남긴 냄새를 추적하는 습성이 있다. 이 냄새 분자로 흙 위에 보이지 않는 원을 그리고, 그 속에 여러 마리의 애벌레들을 넣어 보자. 그러면 원 궤도를 도는 기관차처럼 애벌레들은 원 위를 영원히, 아니 최소한 기진맥진할 때까지 뱅글뱅글 돈다. 만약 이 애벌레에게 사고력이 있다면 다음과 같이 생각할까? "내 앞에 있는 녀석은 자신이 어디로 가야 하는지를 알고 있는 것이 분명하다. 그러니 지구 끝까지라도 그 뒤를 따라

가야겠다." 자연 상태에서는 냄새를 뒤쫓아 가기만 하면 대개 다른 애벌레들이 있는 목적지에 도달할 수 있다. 자연계에 그런 원 궤도란 존재하지 않는다. 앞의 경우처럼 짓궂게 장난을 치는 과학자가 등장하지 않는 한 말이다. 따라서 본능적 프로그램에 결함이 있어도, 애벌레들이 곤란에 빠지는 일은 거의 없다. 우리는 여기에서도 매우 단순한 알고리듬을 발견할 수 있게 된다. 그리고 그 알고리듬을 벗어나는 데이터에 대처할 수 있는 지능이 존재하지 않는다는 사실도 알 수 있다.

꿀벌은 죽음의 페로몬을 발산한다. 그것은 남아 있는 동료들에게 죽은 자신의 사체를 벌집 밖으로 밀어내라는 신호이다. 그렇게 함으로써 마지막 순간까지도 꿀벌은 자신의 사회적 책임을 다하는 것이다. 그러면 죽은 벌의 사체는 즉시 벌집 밖으로 밀려난다. 죽음을 알리는 이 페로몬의 정체는 올레산(oleic acid, 매우 복잡한 분자로서 분자식은 $CH_3(CH_2)_7CH=CH(CH_2)_7COOH$이다. 여기에서 =는 이중 결합을 의미한다.)이다. 살아 있는 벌에게 올레산을 한 방울 떨어뜨리면 어떤 일이 일어날까? 아무리 크고 건강한 벌이라도 올레산을 뒤집어쓰기만 하면 그 개체는 벌집 밖으로 "밀려나며 비명을 질러 댈" 수밖에 없다.[5] 여왕벌도 예외는 아니어서, 극미량의 올레산이 몸에 떨어지면, 자신의 왕국 밖으로 쫓겨나는 굴욕을 감내할 수밖에 없다.

그렇다면 벌들은 사체가 벌집 안에서 부패할 때 벌어질 수 있는 위험을 알고 있는 것일까? 죽음과 올레산의 관련성을 알고 있는 것일까? 죽음이 무엇을 의미하는지 조금이라도 이해하고 있는 것일까? 그들은 올레산이 보내는 신호를, 가령 건강함과 자발적 운동과 같은 정보에 대립하는 개념으로 구별하는 걸까? 이 네 가지 물음에 대한 답은 틀림없이 '아니요.'일 것이다. 검출 가능한 정도의 올레산이 벌집 안에 방출되는 경우란 벌의 개체가 죽는 때 이외에는 없기 때문이다. 여기에 그 이상의 고도하고 정교한 메커니즘은 필요하지 않다. 벌들이 가지고 있는 지각력은 그들이 필요로 하는 정도 이상도 이하도 아닌 것이다.

죽어 가는 벌은 공동체의 이익을 위해, 올레산을 만들어 내는 데 혼신의 힘을 쏟아 붓는 것일까? 그렇지는 않은 것 같다. 올레산은 죽음이 꿀벌을 덮칠 무렵 생기는 지방산(脂肪酸) 대사의 이상에 의해 자연스럽게 분비되는 것으로 생각된다. 그것이 살아남은 벌의 극히 높은 감도의 화학적 수용체에 인식되는 것이다. 죽음의 페로몬을 미량이나마 만들 수 있는 계통은 병에 걸려 죽은 사체가 벌집 안에 어지럽게 널려 부패하는 계통보다 유리한 위치에 서게 될 것이다. 이런 원칙은 벌집 안에서 최근에 분기한 근친자가 전혀 없는 경우에도 그대로 적용된다. 다른 한편, 벌집은 원래 혈연관계가 가까운 개체들로 구성되기 때문에, 혈연 선택이라는 관점에서 특수한 죽음의 페로몬을 생성하는 이유를 충분히 납득할 수 있다.

우아한 구조를 갖추고 보석처럼 빛나는 곤충이 한낮의 햇볕을 받으며 먼지 입자들 속을 날고 있다. 그들에게 어떤 감정이나 의식이 있을까? 아니면 단지 유기물로 만들어진 정밀한 로봇, 즉 기본적으로는 모두 DNA의 명령으로 만들어지는 감지기나 구동체, 또는 프로그램이나 서브루틴을 갖추고 있는 자동 기계에 '불과한' 것일까(여기서 말하는 '불과하다.'의 진정한 의미에 대해서는 뒤에 좀 더 자세하게 살펴보게 될 것이다.)? 인간의 입장에서 본다면, 곤충이 로봇이라는 명제를 어렵지 않게 받아들일 수 있을 것이다. 지금까지 알려진 사실에 한정한다면, 이 주장에 대해 반론을 펼 만한 확실한 근거는 없다. 더구나 우리 대부분은 곤충에 대해 그다지 깊은 애착도 갖고 있지 않다.

17세기 전반, 근대 철학의 '아버지'라고 불리는 르네 데카르트 (René Descartes)도 곤충은 로봇이라는 결론에 도달했다. 당시의 최첨단 기술이 시계였던 시대에 살았던 데카르트는 곤충을 비롯한 그 밖의 작은 생물들을 우아하고 정교한 축소판 시계 장치 정도로 생각했다. 헉슬리의 말을 빌자면,[6] "즐거움도 없이 먹고, 괴로움도 느끼지 못하며 울고, 아무것도 알지 못하고 아무것도 바라지 않는 매우 특수하고 뛰어난 인형, 벌이 수학자를 흉내 내듯이 그들의 지성이란 모조 지성에 불과하다(여기에서 벌이 수학자를 흉내 낸다는 뜻은 물론 벌집이 가지고 있는 기하학적 구조를 가리키는 것이다.)." 데카르트는 "개미는 정신을 가지지 않는다. 자동 기계에는 어떤 도덕적 의무도 부과되지 않기 때문이다."라고 주장한다.

그러면 두드러진 중앙의 통제를 받지 않는 단순한 행동이 곤충이 아닌 좀 더 '고등한' 동물에게서 발견되는 경우에는 어떻게 받아들여야 할까? 거위 알이 둥지에서 굴러 나가면 어미는 조심스럽게 알을 다시 둥지 속으로 넣는다. 거위의 유전자에서 이런 행동이 매우 중요한 가치를 가진다는 것은 자명하다. 그렇지만 몇 주일 동안이나 공들여 알을 품어 온 어미 새는 둥지 밖으로 굴러 나간 알을 다시 회수하는 일의 중대함을 알고 있는 것일까? 알 하나가 둥지에서 없어졌다는 것을 확인할 수 있을까? 그렇지 않다는 증거가 있다. 어미 새는 둥지 가까이에 떨어져 있는 탁구공이나 당구공처럼 알 비슷한 것은 무엇이든 둥지 속으로 끌어들이는 습성이 있다. 어미 새가 지각력을 가지고 있는 것은 사실이지만, 충분히 발달된 수준이 아닌 것 또한 분명하다.

한쪽 다리를 말뚝에 잡아매면 병아리는 커다란 소리로 삐악거린다. 비록 모습은 보이지 않아도, 그 고통스러운 비명소리를 들으면 어미 닭은 홰를 쳐 대며 소리가 난 방향으로 곧장 달려간다. 그리고 병아리가 시야에 들어오는 순간부터 가상의 적을 맹렬히 쪼아 대는 시늉을 하기 시작한다. 그러면 이번에는 다리를 묶은 병아리를 어미 닭의 코앞에 놓인 유리로 만든 조롱 속에 넣어 보자. 그러니까 모습은 보이지만 고통스러운 울음소리는 들리지 않게 한다. 어미 닭은 다리가 묶여 허우적거리는 병아리를 모습을 보고도 전혀 아랑곳하지 않는다.

…… 병아리 울음소리가 지각(知覺)에 전달하는 암시는 습격해 온 적의 존재를 알리는 간접적인 수단이다. 원래 짜 놓은 대로 이 지각적 암시가 주어지면, 적을 쫓아내기 위해 어미 닭이 부리로 상대를 쪼아 대게 만드는 행동을 일으키는 것으로 그 역할은 끝난다. 따라서 어미 닭에게 적을 쪼아 대는 특수한 행동을 일으키는 병아리의 울음소리가 없는 한, 어미 닭은 아무런 행동도 취하지 않는 것이다.[7]

어떤 종류의 열대어는 같은 종의 다른 수컷의 붉은 반점을 발견하면, 즉시 전투 태세에 돌입하는 것으로 알려지고 있다. 수조의 유리 바깥에 있는 작고 붉은 점을 발견할 때에도, 마찬가지로 흥분한다. 인간은 종이나 셀룰로이드, 필름이나 자기 테이프에 아주 작은 점들이 늘어서 있는 특정한 배열을 보면 성적으로 흥분한다. 그리고 그 특별한 배열을 보기 위해 돈을 지불하기까지 한다.

그렇다면 인간성이란 어디에 있는 것일까? 데카르트는 태연히 물고기나 새를 정신을 가지지 않는 정밀 로봇으로 간주했다. 그렇다면 인간은 어떠한가?

당시 데카르트는 무척이나 위태로운 길을 걷고 있었다. 데카르트 이전에도 이미 갈릴레이가 고통을 당한 선례가 있었다. 갈릴레이는 지구가 하루에 한 바퀴씩 자전한다는 주장을 펴, 지구는 고정되어 있고 천구(天球)가 지구 주위를 회전한다는 성서의 가르침을 위협했다는 죄목으로 이른바 '이단 심판'이라는 종교 재판을 당했다. 로마 가톨릭 교회는 사람들을 성서의 가르침에 순종시키기 위해서는 위압, 고문, 심지어는 살인까지 서슴지 않았다. 데카르트가 살았던 17세기 초에는 철학자 조르다노 브루노(Giordano Bruno)가 갈릴레이의 주장을 받아들여 전파하고, 자신의 믿음을 굽히려 하지 않았다는 죄목으로 화형을 당하기도 했다. 이런 시대 상황 속에서 동물이 태엽을 감아 주면 돌아가는 시계 장치와 같은 존재라는 그의 주장은 갈릴레이가 제기한 지구 자전의 문제보다도 훨씬 위험하고 신학적으로도 훨씬 민감한 문제였다. 데카르트의 주장은 자유 의지나 영혼의 존재와 같은 교의(敎義)의 가장 깊숙한 핵심을 건드리는 것이었다. 데카르트는 아슬아슬한 줄타기를 벌였다.

인간은 자신이 일련의 복잡한 컴퓨터 프로그램 이상의 존재라는 사실을 "알고 있다." 내성(內省, introspection)은 우리에게 그 사실을 이야기해 준다. 그것은 데카르트도 마찬가지였다. 자신이 어떤 사실을 믿어야 하는 이유를 철저히 회의적인 방법으로 검토하려 시도했던 그는 *Cogito, ergo sum*, 즉 "나는 생각한다, 고로 나는 존재한다."라는 명언을 남겼다. 결국 그는 지상의 다른 어떤 생물에게서도 찾아볼 수 없는 불후의 정신성이 사람에게 깃들어 있다고 말했다.

그러나 오늘날 세상을 불안하게 만드는 사상을 가져도 그 정도로 엄한 형벌이 주어지지 않는 개명된 세상을 살고 있는 우리는 다윈 이후 계속되어 온 논쟁을 그 근저에 이르기까지 더욱 깊이 파고들 수 있다. 또한 그렇게 해야 할 의무가 있다. 동물에게 지성이 있다면, 그들은 도대체 무엇을 생각하고 있을까? 만약 동물에게 무엇을 묻는다면, 그들은 어떻게 대답할까? 동물들을 주의 깊게 조사해 보면, 무수히 가지를 쳐 나간 우연성이라는 나무에서 두 갈래 길의 어느 쪽을 선택할지 신중하게 가늠했다는 증거를 발견할 수 있지 않을까? 지상의 모든 생물들이 친척이라는 사실을 감안할 때, 인간만이 다른 동물에게는 없는 정신 세계를 가지고 있다는 생각이 실제로 타당한 것일까?

나방이 유리창을 우회하는 방법을 알 필요가 없고, 거위가 맥주병 대신 자신의 알만을 둥지 안으로 거두어 들이는 방법을 모른다 해도 큰 문제는 없다. 벌써 여러 차례 되풀이하지만, 유리창이나 맥주병과 같은 존재는 곤충이나 조류가 걸어온 자연선택의 진화 과정에서 별반 중요한 요소가 아니었다. 프로그램, 회로 그리고 그에 따른 행동의 레퍼토리는, 복잡해져서 큰 이익을 얻지 않는 한, 단순한 상태를 계속 유지한다. 단순한 방법으로 제대로 대처할 수 없게 되었을 때에만 비로소 복잡한 기구를 만들기 위한 진화가 시작되는 것이다.

자연계에서 거위의 알 회수 프로그램은 그대로도 충분히 훌륭하게 작동한다. 그러나 거위 새끼가 부화하고, 둥지를 떠날 시기가 가까워지면, 어미 새는 새끼들의 소리나 모습 그리고 냄새의 미묘한 차이를 아는 데 세심한 주의를 기울이게 될 것이다. 어미 거위가 자신의 새끼들에 대해 학습을 하는 것이다. 이렇게 해서 어미는 자기 새끼들을 식별할 수 있게 되고, 다른 새의 새끼들——인간 관찰자의 입장에서는 모두 비슷해 보이는 새끼들——과 구분할 수 있게 된다.

많은 둥지가 복잡하게 몰려 있는 종의 새끼 새는 자칫하면 실수로 근처의 다른 둥지로 떨어질 수 있다. 이런 경우, 어미 새가 자기 새끼를 알아보고 분간하는 메커니즘은 훨씬 정교해진다. 단순하게 고정된 행동 양식만으로는 위험하고 자칫 실수로 이어질 수 있는 상황에서 거위의 행동은 복잡하고 융통성 있는 패턴으로 전환되거나 단순하고 고정된 상태를 그대로 '유지'한다(두 가지 방법 중 효율이 높은 쪽을 선택한다.). 프로그램이란 원래 매우 인색한 구두쇠이다. 따라서 유리창이나 맥주병과 같은 새로운 물체가 자연계에 계속 등장하지 않는 한, 자신을 필요 이상으로 복잡하게 만들려 들지 않는다.

이제 도약하는 곤충의 예로 되돌아가기로 하자. 곤충은 보고, 걷고, 달리고, 냄새 맡고, 맛보고, 날고, 짝짓기를 하고, 먹고, 배설하고, 알을 낳고, 허물을 벗는다. 이처럼 곤충은 여러 가지 능력을 갖추고 있다. 겨우 1밀리그램에 불과한 뇌 속에 들어 있는 프로그램에 따라 모든 기능이 작동하고, 제각기 특수화된 기관들이 그 명령에 따라 움직인다. 그러나 정말 그뿐일까? 그 속에는 이런 모든 기능을 총괄 지휘하며 최종적인 책임을 지는 '누군가'가 존재하지 않을까? 여기에서 '누군가'란 무엇을 의미하는 것인가? 곤충이란 앞에서 열거한 여러 가지 기능을 모아 놓은 단순한 총합에 불과할까? 여러 가지 기능들과 기관들을 총괄하는 기구나 감독은 존재하지 않는 것일까? 다시 말해서 곤충에게는 정신이나 영혼이 없을까?

곤충을 손이나 무릎에 올려놓고 좀 더 가까이에서 자세히 관찰해 보라. 그러면 곤충이 머리를 위로 곧추세워 당신을 삼각 측량하면서, 눈앞에 어렴풋하게 나타난 거대한 3차원 괴물을 인식하려고 애쓰는 모습을 볼 수 있을 것이다. 태연히 손바닥 위를 걷던 파리는 둥글게 만 신문지를 들어 올리는 순간 재빨리 날아오른다. 방의 전등을 켜면 바퀴벌레는 사람이 가까이 있다는 사실을 알고는 순간적으로 동작을 멈추고 죽은 척한다. 가까이 다가가려 하면, 당황해서 가구 밑으로 도망친다. 인간의 입장에서 곤충의 이런 행동은 신경계의 간단한 서브루틴에 의해 이루어질 것이라고 '이해'한다. 파리나 바퀴벌레에게 의식이 있는지 묻는다면 많은 과학자들은 화를 낼 것이다. 그러나 때때로 우리는 무의식과 의식이라는 두 프로그램을 가로막는 칸막이가 무척 얇을 뿐만 아니라 거기에는 무수한 구멍이 뚫려 있어 삼투성을 가질지 모른다는 섬뜩한 느낌을 받고는 한다.

우리는 곤충들이 무엇을 먹어야 하고, 어떤 대상을 피해 도망쳐야 하며, 성적으로 매력을 느끼는 상대가 누구인지 스스로 판단한다는 사실을 잘 알고 있다. 곤충들은 작은 뇌 속에 대상들을 선별하고 여러 가지 판단을 내리고, 자신의 존재를 인식할 수 있는 능력을 갖추고 있지 않을까? 1밀리그램 정도의 뇌에 걸맞은 자의식이 있지 않을까? 미래에 대한 한 톨의 희망도, 하루의 일과를 끝내고 그 성과에 대한 만족감도 없는 것일까? 뇌의 무게가 사람의 100만분의 1에 불과하다고 해서, 곤충에게는 사람의 100만분의 1의 감성이나 의식밖에 없다고 판단할 수 있는 것일까? 이런 문제들을 신중히 고려하고도 여전히 곤충이 로봇에 '불과'하다고 주장한다면, 그 판단을 그대로 사람에게 적용해서는 안 된다는 주장에는 어떤 근거가 있는 것일까?

이제 우리는 곤충들이 자신의 단순성을 포기하지 않는 쪽으로 결정했기 때문에 현재와 같은 서브루틴들을 갖게 되었음을 이해할 수 있게 되었다. 그렇다면 고도한 실행력을 가진 프로그램을 갖추고, 복잡한 판단 능력에 따라 다양한 선택 가능성 중에서 전혀 예상치 못한 결정을 내리기도 하는 좀 더 고등한 동물이라면 어떨까? 그런 동물이라면 정밀하고 뛰어난 컴퓨터의 축소판 이상의 무엇을 가지고 있다는 생각이 들지 않겠는가?

먹이 찾기 여행을 끝내고 집으로 돌아온 꿀벌 척후병은 일종의 '춤'을 춘다. 벌집 속에서 꽤 복잡한 모양의 독특한 형태를 그리면서 빠른 속도로 기어 다니며 춤추는 벌의 몸에는 꽃가루와 꿀이 묻어 있다. 배고픈 형제들을 위해 위 속에 들어 있던 내용물을 토해 내는 꿀벌도 있다. 이 모든 일은 완전한 암흑 속에서 이루어지며, 관찰자들은 오직 촉감으로 그런 움직임을 알 수 있을 뿐이다. 그러나 이 정도의 정보만으로도 벌 떼는 꿀이 있는 방향으로, 더욱이 정확한 거리만큼 벌집에서 날아갈 수 있다. 한 번도 가 본 적이 없지만, 흡사 매일같이 집에서 일터로 향하는 익숙한 출근 길처럼 별반 힘들이지 않고 찾아가는 것이다. 이처럼 벌들은 먹이를 공동으로 이용한다. 이런 행동은 먹이가 부족하거나 특히 단꿀을 발견했을 때 자주 일어난다.[8] 꿀벌들이 꽃이 많이 피어 있는 장소를 '춤'으로 기호화하고, 다른 벌들이 그 춤의 의미를 이해하는 방법도 곤충에게 축적된 유전 정보에 씌어 있는 일종의 지식이다. 곤충들은 로봇에 '불과'할지도 모른다. 그렇지만 설령 그렇다고 하더라도 이 로봇들은 가공할 만한 능력을 갖추고 있다.

이런 생물들을 단순한 로봇으로 간주한다면, 향후 수십 년 동안 로봇 공학과 인공 지능 분야에서 이루어질 수 있는 가능성을 간과할 위험이 있다. 이미 악보를 읽고 그것을 키보드로 연주하는 로봇이나 두 가지 다른 언어를 능숙하게 번역하는 로봇이 등장하고 있다. 프로그래머에게 가장 기본적인 규칙만을 배운 후에 스스로 학습하는 로봇까지 등장하고 있다(일례로 체스 로봇은, '비숍'이 일반적으로 체스 판의 주변보다는 중앙 쪽에 있는 편이 유리하다는 사실을 기억한다. 그런 다음에는 그 규칙이 성립하지 않는 예외적인 상황도 있다는 사실을 스스로 배워 간다.). 학습 기능을 가지고 있는 체스 로봇은 그동안 인간 체스 고수들에게 도전해 거의 승리를 거두었다. 체스 로봇의 능력은 그 프로그램을 작성한 사람마저 혀를 내두를 정도였다고 한다. 전문가들은 인간과 로봇의 대국을 정기적으로 분석했다. 그들은 체스 게임 전체를 철저히 분석해 로봇이 어떤

'전략', '목표' 그리고 '의도'를 가지는지 조사했다. 이와 마찬가지로, 만약 당신이 여러 가지 다양한 행동 양식의 레퍼토리를 미리 충분히 갖추고 있고 더욱이 경험으로부터 배울 수 있는 능력까지 겸비하고 있다면, 최소한 외부 관찰자에게는 당신이 자발적인 선택 능력을 갖추고 있는 의식을 가진 존재로(실제로 머릿속에서 어떤 일이 일어나는지와는 무관하게) 비쳐지지 않을까?[9]

상호 연관되어 있는 프로그램의 집적, 새로운 행동 양식을 배우는 능력, 정보를 가공하는 솜씨, 경쟁적인 프로그램들 중에서 어느 쪽을 선택할 것인가를 결정하는 방법, 그것은 이미 감정의 시작이고 내면적 사고의 시작이라고 할 수 있지 않을까? 동물이라는 꼭두각시의 내부에서 실을 조종하고 있는 '누군가'가 있다고 생각할 수도 있겠지만, 그것은 인간들이 자기들 입장에서 제멋대로 상상하는 것이 아닐까?● 인간이 스스로 그 실을 조종하고, 자신을 제어하고 있다는 생각도 그와 마찬가지로 착각에 불과한 것이 아닐까? 인류 역사 대부분의 기간 동안 우리는 그런 착각 속에 살아온 것이 아닐까? 우리의 일상적인 행동 중에서 어디까지가 우리 자신의 (자유 의지의) 판단에 따른 것이고, 어디까지가 자동 조작 장치의 조종을 받은 것일까?

문화적인 간섭을 완전히 배제할 수는 없다손 치더라도, 인간이 가지고 있는 감정 가운데 다음과 같은 것은 선천적이라고 할 수 있다. 다시 말해 다음에 열거된 항목들은 미리 프로그래밍되어 있다는 뜻이

● 인공 지능 분야에서 진전이 기대되는 분야가 정보의 병렬 처리 분야이다. 병렬 처리가 기대를 받는 것은 복잡한 중앙 연산 장치가 없어도, 많은 숫자의 소형 컴퓨터를 병렬적으로 작동시키면, 가장 크고 빠른 속도의 한 대의 컴퓨터보다—몇 가지 기준에서—훨씬 효율적으로 정보를 처리할 수 있기 때문이다. 따라서 작은 뇌를 여럿 병렬적으로 사용하면, 하나의 큰 뇌보다 뛰어난 효과를 얻을 수 있다.

다. 성적 매력, 연애 감정, 질투, 기아, 피에 대한 두려움, 뱀에 대한 혐오감, 고소 공포증, 거대한 물체에 대한 공포감, 낯선 이방인에 대한 두려움이나 의심, 권위에 대한 추종, 영웅 숭배, 약자에 대한 우월감, 고통과 눈물, 웃음, 근친상간의 터부시, 가족을 보고 갓난아기가 보이는 미소, 이별에 대한 불안감, 모성애……. 이처럼 얽히고설킨 복잡한 감정에 사고가 끼어들 여지는 거의 없다. 그리고 우리는 그 내면이 이런 감정들로 가득 차 있을 뿐, 사고는 거의 배제되어 있는 사람을 쉽게 떠올릴 수 있다.

우리 집 현관 등에는 자주 거미가 거미줄을 친다. 거미는 방적돌기(紡績突起)라는 기관에서 가늘고 질긴 거미줄을 뽑아 낸다. 우리는 비가 온 다음 작은 물방울이 빛나는 모습을 발견하고서야 그곳에 거미줄이 쳐진 사실을 알게 된다. 거미줄의 주인은 부서진 원주의 지주(支柱)에 해당하는 곳을 수리하고 있다. 한 가닥은 현관 등 덮개에, 다른 한 가닥은 바로 인접한 난간에 조심스럽게 고정시킨 거미줄에는 동심원 모양의 아름다운 도형들이 세심하게 배열되어 있다. 거미들은 칠흑 같은 어둠 속이나 비바람이 몰아치는 악천후 속에서도 거미줄을 수리할 수 있다. 밤이 되어 현관 등이 켜지면, 거미는 자신이 만든 구조물의 한가운데로 자리를 옮기고, 불빛에 이끌려 접근하는 불운한 곤충을 기다린다. 곤충들은 시력이 형편없기 때문에 거미줄을 제대로 식별할 수 없다. 벌레 한 마리가 거미줄에 걸린 순간, 그 소식은 거미줄을 통해 거미에게 전달된다. 거미는 거미줄에 방사상으로 뻗어 있는 지주를 밟고 빠른 속도로 달려가 벌레를 찌르고는 재빨리 흰색 고치로 감싸 장래의 식량으로 비축하고 다시 서둘러 작전 본부로 돌아온다. 거미는 눈 깜짝할 사이에 놀랄 만큼 효율적으로 이 모든 일을 처리한다.

거미는 이 아름다운 둥지를 설계, 건설, 고정, 수리하고, 또 사용하는 방법을 어떻게 알게 되었을까? 곤충이 접근하기 쉬운 등불 가까이에 거미줄을 쳐야 한다는 사실은 어떻게 배웠을까? 거미는 집 안을 두루 돌아다니면서 여러 후보지의 곤충 분포를 표본 조사한 것일까? 거미의 진화에 비하면 인공의 등불이 발명된 것은 극히 최근의 일에 불과한데도 빛 주위에 거미줄을 치는 행동이 어떻게 선천적으로 획득된 성질이 되었을까?

거미에게 LSD라든가 그와 유사한 향정신성(向精神性) 약제를 투여하면, 대칭성이 무너진 형편없는 거미줄을 친다. 어떤 의미에서는(인간의 입장에서는) 고정관념에서 해방된 자유로운 형태가 되었다고 할 수도 있지만, 거미의 입장에서는 곤충을 포획하는 데 훨씬 비효율적인 구조이다. 비틀거리는 거미는 무엇을 잊은 것일까?

아마도 거미들의 행동 양식은 모두 ACGT의 부호 속에 미리 기록되어 있을 것이다. 그렇다면 복잡한 정보를 가지는 것은 길고 정교한 부호를 가지고 있는 생물에게만 허용되는 것은 아닐까? 아니면 그런 정보 중에는 거미가 실을 잣고, 거미집을 짓고, 수리하고, 다른 물체에 고정시키고, 곤충을 잡아먹는 경험에서 체득한 것도 분명 포함되어 있을 것이다. 그러나 그런 일이 이루어지기에는 거미의 뇌가 너무도 작다. 그렇다면 그보다 훨씬 큰 뇌를 가진 생물의 경험에서는 어느 정도로 더 세련된 행동 양식이 나올 수 있는 것일까?

거미줄은 흔히 현관 등 덮개나 금속 난간, 또는 판자벽 등에 고정된다. 그렇지만 그런 사실까지 미리 유전자 안에 프로그램되지는 않았을 것이다. 그런 행동 양식을 획득하기까지의 과정에는 한편으로 일련의 선택과 의사 결정 그리고 다른 한편으로는 과거에 한 번도 마주친 적이 없는 외부 환경에 처했을 때의 대처 요령에 대한 유전적 대비가 한데 결합해서 작용했을 것이다.

특정한 상황에 처했을 때 가장 적합하다고 생각되는 행동을 추호의 의심도 없이 되풀이하고, 그런 행동의 결과로 충분한 먹이를 획득할 수 있게 되자 비슷한 유형의 행동 양식이 더욱 강화되어 간 자동 기계에 '불과한' 존재, 그것이 거미일까? 아니면 일종의 학습이나 의사 결정, 자기 인식이라는 요소가 작용한 것일까?

거미는 공학적인 기준으로도 매우 고도한 정밀성으로 거미줄을 친다. 그런 행동에 대한 보답은 나중에 그것도 훨씬 뒤에야 받게 될 것이다. 그때까지 거미는 고통스럽게 기다린다. 거미는 자신이 무엇을 기다리고 있는지 알고 있을까? 영양분이 풍부한 나방이나 멍청한 하루살이를 꿈꾸는 것일까? 거미줄을 통해 사냥감이 잡혔다는 분명한 신호가 전해져서 먹이가 될 곤충이 거미줄을 풀어 내고 도망치기 전에 방사 방향으로 나 있는 전용 통로를 통해 먹이를 향해 달려가는 동안 거미의 마음은 텅 빈 채 아무 생각도 없는 것일까? 과연 우리는 희미하고 단속적인 의식의 명멸조차 없다고 확신할 수 있을까?

우리는 대부분의 하등 동물에게도 유치한 수준이나마 초기적인 의식이 깜빡이고 있을 것이며, 신경계와 두뇌의 복잡성이 증가하면서 그에 따라 점차 의식도 발전하게 될 것이라고 추측할 수 있다. 박물학자 야코프 폰 웩스퀼(Jakob von Uexküll)은 이렇게 말했다. "개가 달릴 때 개는 다리를 움직인다. 그에 비해 성게가 달릴 때에는 다리가 성게를 움직인다."[10] 그러나 사람에게도 사고가 의식의 보조 수단에 불과한 경우는 흔히 찾아볼 수 있다.

만약 우리가 거미나 거위의 마음 깊숙한 곳까지 들여다볼 수 있다면, 마치 주마등처럼 의식이 발달해 가는 과정을 볼 수 있을지도 모른다. 다시 말해 의식적인 선택, 즉 여러 가지 가능성 중에서 특정한 행동을 선택하는 행위의 징후들을 발견할 수 있을 것이다. 인간 이외의 생물들이 각기 행동을 일으키기 위한 자극으로서 인식하는 무엇, 자신의 체내에서 일어나고 있다고 느끼는 무엇, 그것은 생명이라는 음악 속에 숨겨져 있으며 들을 수 없는 대위법과도 같은 것이리라.

동물들이 먹이를 구하러 나갈 때에는 흔히 정해진 행동 양식에 따른다. 임의적인 먹이찾기로는 충분치 않다. 마음 내키는 대로 길을 찾다가는 몇 번씩이나 원래 자리로 돌아오고 같은 장소를 반복적으로 조사해야 하는 일이 생긴다. 따라서 동물들의 일반적인 탐색 유형은 좌우를 번갈아 살피면서 앞으로 계속 전진하는 경우가 많다. 이렇게 하면, 그 동물은 항상 새로운 영역을 살펴볼 수 있기 때문이다. 먹이찾기는 일종의 탐험 연습에 해당한다. 따라서 동물이 먹이를 찾으려고 애쓰는 것은 고정 배선에 따른 행동, 즉 선천적인 것이다. 처음부터 그렇게 하도록 정해져 있는 것이지만, 그런 행동에는 확실한 보상이 따른다. 즉 살아남을 수 있는 기회가 늘어나고, 자손의 수를 늘릴 수 있다.

어쩌면 동물들은 거의 완전한 자동 기계에 불과한지도 모른다. 충동, 본능, 호르몬 분비에 따라 주의 깊게 훈련되고 선별된 행동을 취함으로써 특정한 유전자 염기 서열의 증식을 돕는 것이다. 그것이 동물이다. 비록 아무리 선명한 의식을 가지고 있는 것처럼 보이는 경우라도 어쩌면 그 의식의 상태는 헉슬리가 이야기하는 "뇌를 구성하는 물질의 분자 수준에서의 변화에 따라, 직접적으로 야기되는" 정도의 것이다. 그러나 동물의 입장에서 본다면, 그런 의식은 매우 자연스럽고, 정열적이고, 때로는 심사숙고 끝에 얻은 결과일 수도 있다. 그것은 인간이 그들 자신의 의식에 대해서 생각하는 경우와 완전히 동일하다. 여러 가지 충동으로 혼란스럽고 서로 교차하는 서브루틴들이 뒤얽히는 경우에는 일종의 자유 의지의 전 단계에 해당하는 것이 아닌가라는 생각을 불러일으킨다. 물론 동물에게는 자신의 뜻과 '반대되는' 행위를 억지로 한다는 식의 생각은 할 수 없을 것이다. 동물은 서로 경합하는 프로그램이 내리는 명령 중 어떤 것을 자발적으로 선택해 행동으로 옮긴다. 그렇지만 본질적으로는 역시 명령에 복종하는 것이다.

낮이 길어지면 동물들은 봄의 우울증과도 비슷한 막연한 불안감을 느낀다. 이 계절이 새끼를 낳고 자신의 유전자를 미래에 전달하기 위한 수태·번식의 계절이라는 생각을 하기 때문은 아니다. 그런 생각은 동물들의 능력을 넘어서는 것이다. 그렇지만 동물들은 마음속으로 봄의 따스한 날씨가 주는 알 수 없는 흥분감과 폭풍우가 몰아치듯 격렬한 생명력을 느낄 것이다. 그리고 봄날의 달빛은 인간들에게도 그와 비슷한 흥분을 일으킨다.

인간이라는 특권과 오만함을 뽐내려는 의도는 아니지만, 사람 이외의 동물이 가지는 이해력의 깊이는 매우 제한되어 있다. 그러나 인간 역시 마찬가지이다. 우리는 감정의 지시에 따라 움직이며 살아간다. 또한 인간 역시 자신을 움직이는 동기에 대해서 거의 아무것도 알지 못하고 있다. 동물들 중에는 인간이 전혀 갖추지 못한 감각을 일상적인 생활 속에서 아무렇지도 않게 사용하고 있는 종도 있다. 어떤 동물들은 사람과는 완전히 다른 맛을 느끼기도 한다. 유대 민족에게 전해지는 속담 중에는 "고추냉이 벌레에게는 고추냉이도 달다."라는 말이 있다. 이 벌레는 사람으로서는 느낄 수 없는 냄새, 맛, 촉각의 세계에 살고 있는 것이다.

땅벌은 편광(偏光)을 감지할 수 있다. 편광은 특별한 장치가 없는 한 사람의 눈에는 보이지 않는다. 피트 바이퍼(pit viper, 살무사의 일종, 위턱 양쪽에 있는 피트 기관이라는 특수한 기관으로 온도를 감지한다.—옮긴이)는 적외선을 느낄 수 있고, 50센티미터 떨어진 곳에서도 섭씨 0.01도의 온도차를 식별할 수 있다. 거의 모든 곤충들이 자외선을 볼 수 있는 능력을 가지고 있다. 아프리카의 어떤 담수어는 몸 주위에 정전계(靜電界)를 형성하고, 정전계에 일어나는 극히 작은 전위(電位)의 변화를 통해 적의 접근과 침입을 감지할 수 있다. 개, 상어, 매미 등은 사람에게는 전혀 들리지 않는 음역의 소리를 느낀다. 전갈은 다리에 초소형 지진계를 달고 다니는데, 깜깜한 암흑 속에서 1미터 떨어진 곳에서 작은 곤충이 기어 다니는 것을 감지할 수 있다. 장구애비는 수압을 측정해서 물의 흐름을 안다. 암컷 누에나방은 1초당 100억분의 1그램의 성 유인 물질을 발산해서, 1.6킬로미터 반경 안에 있는 모든 수컷을 유인한다. 돌고래와 고래, 박쥐는 일종의 음파 탐지기를 가지고 있어서 정확한 반향 정위(反響定位, 초음파의 메아리로 물체의 위치를 측정하는 방법—옮긴이)가 가능하다.

박쥐는 발사한 초음파가 돌아온 방향, 음역, 진폭, 주파수를 각각 뇌에 근접한 부분에 비축해 두었다가 체계적으로 주변의 지형 지물 지도를 작성한다. 박쥐는 소리의 세계를 어떻게 기억하는 것일까? 잉어나 메기에게는 입속뿐만 아니라 몸 전체에 맛을 느끼는 미뢰가 있다. 이 감각기에서 나오는 모든 신경은 뇌 속에서 감각을 처리하는 뇌엽(腦葉)에 모인다. 이런 뇌엽은 다른 동물에게는 없다. 메기에게는 외부 세계가 어떤 모습으로 비칠까? 뇌의 내부에서는 어떤 느낌을 가질까? 어떤 개가 한 번도 보지 못했던 남자에게 꼬리를 흔들면서 기뻐 날뛴 일이 있다는 사례가 보고된 적이 있다. 그런데 그 남자는 훨씬 전에 죽은 개 '주인'의 일란성 쌍둥이로서 냄새까지 죽은 개 주인을 꼭 빼닮았다는 것이다. 이런 냄새의 세계는 도대체 어떤 세계일까? 주자성(走磁性) 세균들은 작은 자철광 결정을 가지고 있다. 이 결정은 초기의 범선 항해자들이 사용했던 천연 자석과 똑같은 역할을 한다. 이 박테리아는 몸속에 들어 있는 나침반을 사용해서, 지구의 자계(磁界)를 따라 일렬로 늘어선다. 지구의 핵 속에 들어 있는, 녹아 있는 철을 휘저으며 돌아가고 있는 거대한 발전기가 이런 미생물들을 인도하는 셈이다. 우리 인간은 특수한 장치를 사용하지 않고는 자계의 방향을 전혀 알 수 없다. 그렇다면 그 세균들은 지구의 자성을 어떻게 느끼는 것일까? 이런 세균들은 자동 기계이거나 거의 그런 수준에 가깝다. 그러나 인간은 물론 만화책에 나오는 슈퍼맨도 갖지 못한 엄청난 능력을 자동 기계에 불과한 세균들이 가지고 있다는 사실은 놀라운 것이다. 사람으로서는 느낄 수 없는 많은 감각을 가지고 있는 다른 생물들에게는 외부 세계 역시 우리 인간과는 크게 다른 모습으로 비칠 것이다. 그렇다면 우리와 어떻게 다를까?

각각의 생물 종은 제각기 뇌 속에 자신들만의 모형을 그리고 있다. 어떤 모형도 완전하지는 않다. 모든 모형들은 저마다 특정한 요소를 결여하고 있다. 이런 불완전한 존재야말로, 마치 마술이나 기적과도 같은 놀라운 일이 벌어지게 만든 장본인이었다. 여러 가지 감각 방식, 서로 다른 감도 그리고 다양한 감각을 뇌 속에 들어 있는 지도와 결부시키는 숱한 방법이 있다. 예를 들면 뱀이 먹잇감에 접근할 때에도 그런 일련의 과정들이 벌어진다.

그러나 데카르트는 아직 불만이었다. 그는 뉴캐슬의 후작에게 보낸 편지에 다음과 같이 썼다.

나는 동물들이 인간이 할 수 없는 많은 일을 할 수 있다는 사실을 알고 있다. 그러나 나는 그 사실에 놀라지 않는다. 왜냐하면 그것은 동물들이 자연의 힘에 따라 움직이고 있음을 입증하는 것이기 때문이다. 우리의 판단보다도 훨씬 정확하게 시간을 알리는 시계가 태엽의 힘에 따라 움직이는 것과 같은 이치이다.[11]

감정의 다양성은 진화와 함께 그 폭이 넓어졌다. 고대 그리스의 아리스토텔레스는 이렇게 말했다. "우리는 상당수의 동물들에서 상냥함과 흉포함, 온화함과 분노, 용기와 수줍음, 공포와 자신감, 지혜로움과 교활함 등의 여러 가지 성향을 발견할 수 있다. 그 지능의 정도는 거의 현명함이라고까지 부를 정도이다."[12] 19세기의 다윈이 개, 말, 원숭이 등 사람 이외의 포유류가 가지고 있는 감정의 예로 든 것은 다음과 같다. 즐거움, 고통, 기쁨, 슬픔, 공포, 의심, 기만, 용기, 수줍음, 뿌루퉁함, 인내, 복수, 사심 없는 사랑, 질투, 애정과 칭찬을 구하는 태도, 자부심, 수치, 겸손, 관대함, 유머 감각……[13]

어쩌면 인류가 탄생하기 훨씬 전부터 새로운 일련의 감정들, 즉 호기심, 통찰력, 배우고 가르치는 기쁨이 서서히 형성되기 시작했을지도 모른다. 신경 세포들이 조금씩 신경계를 형성해 나가고 인간과 동물 사이의 벽은 점차 뚜렷해져 갔다.

'동물은 과연 기계인가?' 하는 문제를 둘러싼 네 가지 관점

- 17세기의 관점: 데카르트

왕궁 뜰에 있는 석굴(石窟)과 분수 속을 들여다보면, 저수조에는 충분한 양의 물이 비축되어 있어서 거기에서 흘러나오는 물의 힘으로 여러 가지 기계를 움직이거나 음악을 연주하게 만들고——물이 통과시키는 배열을 교묘하게 조작하면——여러 가지 단어를 발음하게 만들 수 있다는 사실을 알 수 있다. ……

　감각 기관을 통해 외계 대상의 존재가 확인된다. 이 정보를 토대로 뇌의 특정한 부분이 작동하고, 육체의 여러 기계 장치들이 어떻게 움직일지를 결정해 준다. 그것은 마치 이런 수력 작동 장치가 들어 있는 저수조 안에 들어온 어떤 낯선 이방인이——전혀 그럴 의도는 없었지만 결과적으로——여러 가지 장치의 움직임을 야기하는 것과 마찬가지이다. 이방인이 저수조 안으로 들어가려면 밑에 깔려 있는 널빤지를 밟지 않을 수 없기 때문이다. 그 널빤지들은 여러 가지 구동 장치를 움직이는 일종의 스위치 역할을 하도록 교묘하게 배열되어 있다. 가령 목욕하는 디아나 여신상에 접근하려고 하면, 디아나는 갈대 속으로 몸을 숨겨 버린다. 그래도 디아나를 뒤쫓으려 하면, 바다의 신 넵투누스가 나타나 삼지창으로 위협을 한다. 다른 쪽으로 접근하려 하면 이번에는 한 번도 본 적이 없는 괴수가 등장해 얼굴을 향해 물을 뿜고 화살을 쏘아 댄다. 외부 세계의 대상에 대한 감각 기관의 반응은, 기술자의 상상력이 만들어 낸 교묘한 장치들과 마찬가지이다. 그리고 마침내 이 기계에 이성을 갖춘 정신이 깃들게 되었을 때, 뇌 속에서 가장 중심적인 위치를 차지하게 된다. 마침내 정신은 그동안 파이프를 늘리거나 줄이고 배관에 여러 가지 변화를 가해 기계가 제대로 작동하게 만들어 온 기술자를 대신해서 그의 역할을 수행하게 된다. ……

　내가 이 기계에 부가한 모든 기능은 다음과 같다. 음식의 소화, 심장과 혈관계의 박동, 영양 섭취, 팔다리의 신축, 호흡, 각성, 수면, 소리, 냄새적, 열, 촉감 같은 외부 세계의 자극을 감지하기 위한 기관, 공감각적 인식에 상상력을 더한 자극의 구체화, 기억 속으로의 보존과 감각의 유지,

욕망과 정열의 내부적 움직임 그리고 마지막으로 여러 감각 기관에 포착된 물체의 움직임에 대한 인식뿐만 아니라 사지(四肢)가 그에 따라 적절히 반응하는 외부적 움직임에 의해 느낌과 기억이 합치되는 것. 이 모든 기능이 갖추어져야 비로소 실제 인간을 거의 비슷하게 흉내 낼 수 있게 된다. 나는 여러 기관들을 교묘하게 결합해 만들어 낸 이 기계의 기능들이 여러분에게 자연스럽게 구현되는 것처럼 보였으면 한다. 이것은 추나 톱니바퀴를 교묘하게 조합한 시계와 같은 자동 기계의 움직임과 전혀 다를 바 없다. 따라서 이런 관점에 선다면, 생명의 섭리나 삼라만상의 움직임을 관장하는 크나큰 원리 따위는 전혀 고려할 필요가 없다.[14]

● 18세기의 관점: 볼테르

동물을 이해력도 감정도 없으며 아무것도 배우지 못하고 언제까지나 같은 동작을 되풀이할 뿐인 기계와도 같은 존재라고 생각하는 것은 얼마나 슬프고 유감스러운 일인가!

보라! 새들이 벽에 둥지를 틀 때면 흔히 반원(半圓) 모양을 형성한다. 방의 모서리에 둥지를 지으면 4분원, 나무 위에서는 완전히 둥근 원 모양의 둥지가 된다. 그래도 새가 "언제나 같은 동작을 되풀이한다."라고 말할 수 있는가? 3개월 동안 훈련을 받은 사냥개가 훈련을 시키기 전과 똑같은 상태일 수 있을까? 카나리아에게 단 한 차례 시범을 보여 어떤 곡조를 노래하게 만들 수 있는가? 그것을 가르치는 데에는 상당한 시간이 필요하지 않은가? 그리고 카나리아는 때로 곡조를 틀리기도 하지만, 스스로 자신의 실수를 수정해 나가는 모습을 관찰할 수 있지 않은가?

내가 감정, 기억, 사고력을 가지고 있다고 당신이 판단할 수 있는 것은, 내가 당신에게 말을 할 수 있기 때문이 아닐까? 가령 내가 당신에게 아무런 말도 하지 않는다고 하자. 그리고 당신은 내가 풀죽은 모습으로 집으로 향해서 어떤 서류를 열심히 찾다가, 이윽고 그것을 책상 속에 넣어 두었다는 사실을 기억해 내고 서류를 찾아내 즐거운 기분으로 읽는 모습을 지켜보았다고 하자. 이런 모습을 보고 있으면, 당신은 내게 슬픔과 기쁨의 감정이 있고, 더욱이 내가 기억력이나 판단력도 갖추고 있다는 사실을 쉽게 알 수 있을 것이다.

주인을 잃은 개에게 똑같은 판단을 적용해 보자. 개는 슬프게 울면서 길이란 길은 모두 찾아 헤매다가, 마침내 숱한 우여곡절을 거친 끝에 집을 찾아온다. 그러고는 방에서 방으로, 계단을 오르내리며 주인을 찾아 헤매다가 결국 발견한다. 개는 즐거움에 들뜬 짖는 소리, 펄쩍펄쩍 뛰어오르는 도약 그리고 혀로 핥아 대는 애무로 주인에게 자신의 기쁨을 표현하는 것이다.[15]

● 19세기의 관점: 헉슬리

주먹이나 어떤 물체가 눈을 향해 정면으로 달려들면 어떤 일이 일어나는지 생각해 보자. 무슨 생각을 할 겨를도 없이, 때로는 자신의 의지와는 무관하게 눈꺼풀이 저절로 닫힌다. 왜 그런 일이 일어날까? 급속하게 접근하는 주먹의 모습은 안구 뒤쪽에 있는 망막에 맺힌다. 망막은 이 상(像)을 신호로 바꾸어 여러 가닥의 시신경에 전하고, 시신경은 그 신호를 뇌의 특정한 부분으로 전달한다. 그러면 뇌는 구형을 이루고 있는 눈꺼풀 근육에 연결되어 있는 제7신경계의 특정한 신경 섬유에 명령을 내린다. 이런 신경 섬유의 변화가 근육 섬유를 수축·확장시켜서 그 모습을 바꾸고, 그 결과로 두 개의 눈꺼풀 사이의 간격이 좁아졌다가 넓어진다. 주먹이 눈앞에 불쑥 나타났을 때 눈꺼풀이 저절로 감기는 것은 이런 과정을 거쳐 두 개의 눈꺼풀 사이의 틈새가 줄어드는 현상이다. 목적하는 행동이 이루어지는 메커니즘은 바로 이런 것이다. 그것은 데카르트가 저

수조의 디아나를 움직이게 만드는 힘이라고 생각했던 것과 정확히 동일한 메커니즘인 것이다. 그러나 인간이 수의적(隨意的)인 동작을 할 때에, 우리의 자유 의사가, 자기 사무실에 앉아서 그저 수도꼭지나 돌리고 있을 뿐인, 데카르트가 말하는 '기술자' 이상의 역할을 맡고 있는지에 대해 좀 더 깊게 조사해 볼 필요가 있다고 생각한다. 이 기술자가 한두 개의 기계 장치를 움직일 뿐 기계 전체의 운동에 직접적으로 영향을 미친다고는 생각되지 않는다. 그 점에서, 인간의 운동과는 분명 다른 것이다. ……

데카르트는 인간의 신체 기능을 모두 갖추고 있는 가상의 기계──물론 그런 기계를 만들 수 있다는 가정에서──에 대해서만 자신의 관점을 적용했을 뿐이지, 결코 인체에 대해서 이야기하는 것은 아닌 양 가장하고 있다. 그러나 지옥을 지키는 개 케르베로스에게 미끼를 주고 지옥문을 통과한들 아무 소용이 없다. 케르베로스는 그 미끼를 삼킬 만큼 어리석지 않기 때문이다. ……

만약 어떤 사람이 다른 사람의 입이나 후두에 연결되어 있는 신경계를 자기 마음대로 제어할 수 있다면, 그래서 다른 사람에게 어떤 문장을 발음하게 만들 수 있다면 살아 있는 인간이란 도대체 어떤 존재일까? 사람이 무언가를 표현해야 할 때, 말 이상으로 편리한 표현 방법이 있을까? 특정 단어의 발음을 원하면, 워드 머신의 자판을 살짝 건드리기만 하면 기계가 대신 말을 해 줄 것이다. 데카르트가 이야기하는 기술자가 어떤 손잡이를 돌리기만 하면 원하는 장치를 움직일 수 있는 것과 마찬가지 이치이다. 교육이 가능한 것은 우리의 신체가 이런 기계이기에 가능한 것이다. 교육이란 습관을 들이는 것, 즉 신체가 원래 가지고 있는 기능에 새로운 인공적인 기능을 부가하는 것이다. 따라서 최초의 단계에서는 노력이 필요해도, 점차 무의식중에 기계적으로 어떤 동작을 취할 수 있게 되어 가는 것이다. 가령 어떤 동작을 취할 때마다 분명한 의식과 세밀한 결정 과정이 필요하다면, 교육은 애초부터 불가능할 것이다.

데카르트의 주장에 따르면, 인간과 동물이 공통으로 갖추고 있는 기능은 모두 단순한 기계로서의 육체에서 기인한 것이라고 한다. 더욱이 그는 인간에게(데카르트에 따르면 "인간에게만") 부여된 '사색의 힘'과 '이성적 영혼'의 발로로서의 의식이야말로 인간을 인간답게 만드는 특징이라고 한다. 데카르트는 그 이성적 영혼이 뇌의 송과선(松果腺)——일종의 중앙 통제실과 같은 장소——안에 깃들어 있다고 믿었다. 그리고 그곳에서 동물적 정신과의 중개가 행해져서 인간은 자신에게 어떤 일이 일어나고 있는지를 알게 되고, 그런 지식에 기초해서 신체의 움직임을 일으킨다는 것이다. 현대의 생리학자들은 송과선 같은 작은 기관에 그처럼 고도한 기능이 있다고는 생각하지 않는다. 대신 그들은 데카르트의 원리를 받아들이면서, 뇌의 피질에 영혼이 들어 있다고 생각한다. 최소한 의식이 형성되고 작용하는 장소가 두뇌 피질이라는 생각은 폭넓게 받아들여지고 있다. 우리는 지금까지 동물이 의식을 갖지 않은 기계라는 데카르트의 가설을 받아들일 수 없는 이유를 살펴보았다. 그러나 그가 동물을 일종의 자동 기계로 간주했다는 점까지 부인하는 것은 아니다. 동물은 어느 정도의 의식과 감각을 가진 자동 기계라고 할 수 있다. 그리고 그들이 의식을 가진 기계라는 관점은 지금까지 많은 사람들에 의해, 때로는 암묵적으로, 때로는 매우 명확한 형태로 표명되어 왔다. 하등 동물이 이성이 아닌 본능에 이끌려 행동한다는 말의 진정한 의미는, 설사 그 동물이 인간과 마찬가지로 느낄 수 있다고 하더라도, 그 후의 행동은 단순한 생리적인 반응에 불과하다는 것이다. 요약하자면, 우리는 동물이 기계이며, 신체의 일부(즉 신경계)를 통해 다른 모든 부분의 동작을 지시하고, 그 동작으로 주위 환경의 변화에 적응할 뿐만 아니라, 의식 수준을 소위 기분,

정서, 사고라 불리는 정도로까지 높일 수 있는 기능을 가진 특수한 기관을 갖추고 있다고 생각한다. 오늘날 폭넓게 받아들여지게 된 이 표현이 현재 시점에서는 가장 사실에 가깝다고 나는 생각한다. ……

동물에 관해 개진되는 논의는, 최소한 내가 판단하기에는, 인간에게도 충분히 적용될 수 있다. 따라서 인간의 의식 상태도 동물과 마찬가지로 뇌를 구성하는 물질의 변화에 따라 직접적으로 발생할 것이다. 단, 사람의 경우에는 동물처럼 특정 생명 물질의 변화가 특정 의식 상태에 대응하는지 증명된 사실은 없다. 그러나 이런 관점이 충분히 근거 있는 것이라면, 인간의 정신 상태라는 것도 실제로는 체내에서 자동으로 일어나는 변화에 대한 인식의 상징적인 표상에 불과할 것이다. 따라서 극단적으로 이야기하자면, 우리가 자유 의지라고 부르는 감정도 자발적인 행동의 근거가 아니라 사람에게 그런 행동을 일으키게 만드는 뇌 상태의 상징(symbol)에 불과하다는 설명이 가능하다. 다시 말해서 인간 역시 의식을 가진 자동 기계인 것이다.[16]

● 20세기의 관점: 제임스 굴드와 캐럴 굴드

동물의 정신적 경험이라는 문제를 생각하면, 인간이 거의 완전한 의식과 인식을 가지고 있다는 막연한 가정에 대해서(그리고 인식력이라는 면에서 다른 동물들이 인간보다 뒤진다는 판단에 대해서) 의문을 제기하지 않을 수 없게 된다. 대다수의 인간이 일상적으로 행하는 사고의 수준이 지나치게 과대 평가되고 있는 것은 아닐까? 우리가 배워 몸에 익히게 된 행동의 대부분은 이미 고정 배선되어 있다는 사실을 알고 있다. 우리는 걷고, 헤엄치고, 구두끈을 매고, 단어를 쓰거나, 익숙해진 도로로 차를 모는 일 등을 기억하기 위해 상당한 노력을 기울여 왔다. 그러나 어른이 되고서도, 그런 과정을 똑똑히 의식하고 있는 사람이 있을까? 언어의 사용에 대해서도 비슷한 이야기를 할 수 있다. 마이클 가자니가(Michael Gazzaniga, 미국의 신경 생리학자이자 심리학자—옮긴이)는 언어 활동의 핵심이 되는 왼쪽 반구(왼쪽 뇌)의 언어 중추에 심한 손상을 입은 의사의 예를 들고 있다. 사고 후 그 의사는 세 단어로 된 문장도 만들 수 없게 되었다. 그런데 그 의사가 실제로는 아무런 효과가 없는데도 매우 비싼 값이 매겨진 특허 약에 대한 이야기를 듣자, 그는 문제의 약에 대해 무려 5분 동안이나 욕을 퍼부어 댔다. 그의 욕설은 매우 조리 있고 문법적으로도 완벽했다고 한다. 따라서 그가 퍼부은 욕설은 손상을 입지 않은 오른쪽 뇌에 저장되어 있었다는 사실을 알게 되었다(일반적으로는 노래나 시, 경구 등이 오른쪽 뇌에 저장된다.). 여러 차례 반복된 욕설은 더 이상 언어학적인 조작을 필요로 하지 않게 되었고, 따라서 오른쪽 뇌는 마치 녹음기처럼 그 욕설을 틀어놓은 것이다. ……

그렇다면 잠재되어 있는 "영감"이라는 지성이 사람에게 어떤 의식을 불러일으킨다는 확실한 증거는 있는 것일까? 엉뚱한 생각에 골몰하거나 다른 일을 하고 있는 무의식중에 가장 멋진 아이디어가 떠오르고는 하는 경우가 종종 있다. 필경 영감이라는 것은 시간을 보내기 위해 하는 일종의 그림 맞추기 프로그램과 비슷한 것이다. 그런 놀이를 즐길 때면 우리는 가장 적합한 조합을 찾느라 알아차리지 못하는 사이에 의식이라는 수준 저 아래쪽까지 더듬어 내려가게 된다.

어느 날, 지구 바깥의 어떤 천체에서 회의적이지만 냉정한 외계의 행동 생물학자가 찾아온다면, 그는 이 독특한 생물을 조사한 후에 다음과 같은 매우 합리적인 결론을 내리게 될 것이다. "호모 사피엔스라는 동물은 대체로 언어에 의한 홍보 활동을 과도하게 발달시킨 자동 기계라고 할 수 있다. 그리고 그 활동은 주로 그들 자신의 결함을 변명하고 약점을 감추기 위한 수단으로 사용되고 있다."[17]

10장

마지막 치유 수단

지구 전체가 지나치게 많은 인구로 흘러넘치게 될 때
마지막 치유 수단은 전쟁뿐이다.

— 토머스 홉스, 『리바이어던』[1]

 일단 생물이 성(性)이라는 수단에 익숙해지자, 성에 대한 강한 관심과 열정을 발전시키게 되었고, 그에 따라 새로운 위험도 등장했다. 유성생식으로 DNA를 교환하는 생물들이 등장해 서로 경쟁을 벌이면서 모든 먹이와 영양원을 고갈시켰고, 이윽고 공통의 계통을 갖는 생물 종을 포함해서 거의 모든 종이 전멸하는 결과를 가져왔다. 생명의 기나긴 역사에서 이런 사건들은 무수하게 벌어졌을 것이다.
 무게가 1조분의 1그램 정도인 세균이 있다고 하자. 증식에 아무런 방해도 없다면, 2대째에는 두 개의 개체가 된다. 3대째에는 네 개체, 4대째에는 여덟 개체로 증가하게 된다. 자손들 중에서 죽는 개체가 하나도 없다고 가정한다면, 100대째에는 이 집단 전체가 산 정도의 무게가 될 것이고, 135대째에는 지구 정도의 무게가 되어 있을 것이다. 태양과 같은 무게가 되는 것이 150대째, 은하계 전체에 필적하는 무게가 되는 것이 185대째이다.
 물론 이렇게 터무니없을 만큼 엄청난 증식은 계산으로만 가능할 뿐, 현실 세계에서는 절대 일어날 수 없다. 그 한 가지 이유는 자기 복제를 계속해 가면 얼마 지나지 않아 먹이가 고갈되기 때문이다. 산만한 크기의 먹이가 없는 한, 산과 같은 무게의 후손을 남길 수는 없다.

더군다나 지구나 태양, 은하계와 같은 무게의 먹이란 현실적으로 존재할 수 없다. 이 세상에 존재하는 먹이의 양은 한정되어 있기 때문에, 자손들은 태어나자마자 부족한 먹이를 둘러싸고 싸움을 벌이게 되는 것이다. 그러나 지수 함수적으로 증가할 수 있는 잠재적인 능력을 갖고 있기 때문에, 먹이를 찾고 그 먹이를 이용하는 데 조금이라도 앞선 능력을 가진 생물은 매우 빠른 속도로 그 경쟁 상대를(최소한 그 자손 세대에서는) 밀어내게 된다. 번식력이 강한 생물은 많은 자손을 남기고, 그 자손들은 먹이를 둘러싼 경쟁을 야기해서 결과적으로 자연선택의 빌미를 제공해 준다. 그리고 자연선택은 생물들 사이에 나타나는 적응도의 극히 미세한 차이——그 차이는 너무도 작고 미묘한 것이어서 아무리 숙달된 관찰자라도 분별하기 힘들 정도이다.——를 크게 증폭시킨다. 찰스 다윈의 1844년의 진화에 관한 미발간 원고와 1858년 《린네 협회 회보(*Proceedings of the Linnaean Society*)》에 발표된 논문도 그 주제를 중심적으로 다루고 있다.[2]

밀도가 지나치게 높아지면 어떤 일이 일어날까? 과밀에 대한 반응 중 일부는 생물의 세계에서 무척 큰 역할을 하고 있을 것으로 생각된다. 함께 태어난 상어의 배아들은 어미의 자궁 속에서 죽기를 각오하고 서로 싸움을 벌인다. 인간 이외의 포유류 동물의 상당수는 한배의 새끼들이 어미의 젖꼭지를 차지하기 위해 경쟁을 벌인다. 다른 새끼를 누르고 유두까지 도달할 수 없는 경쟁력이 약한 새끼도 있다. 수유 기회를 얻지 못하는 개체는 가장 약하고 작은 경우가 많다. 버지니아주머니쥐는 열세 개의 젖꼭지를 가지고 있는데, 대개 한배에 그보다 많은 수의 새끼를 낳는다. 그중에서 살아남을 수 있는 것은 항상 젖꼭지를 차지할 수 있는 개체뿐이다. 반대로 새끼의 수보다 젖꼭지 수가 더 많은 종에서는 약하고 공격적이지 않은 새끼도 성체가 될 때까지 자란다. 만약 그런 새끼가 성체들 사이의 경쟁에 견디지 못하면 다음 세대에 유전자를 전달할 수 없기 때문에, 어미의 유전자의 입장에서 본다면 수유가 쓸데없는 일이 된다. 따라서 젖꼭지의 수는 적지만 많은 새끼를 낳은 어미 쪽이 자연선택의 측면에서 유리한 셈이다. 여기에는 너무 잔인하다거나 몰인정하다는 식의 감정이 들어설 여지는 전혀 없다.

우리 인류는 대도시에서 매일같이 '동물'들을 협소한 공간이나 과밀한 상태에 몰아넣는 실험을 하고 있다. 그런 실험을 책임지는 기관으로는 동물원을 들 수 있다. 특히 일부 동물들은 거의 치명적이라고 할 수 있는 환경에 처해 있다. 과밀 환경이 야기하는 문제 중에서 가장 잘 알려져 있는 것은 상당수 동물들의 '번식 능력'이 저하된다는 점이다. 그 밖에도 같은 종의 수컷들 사이에서 폭력적인 충돌이 끊이지 않는다는 문제도 있다. 그 때문에 사육사들은 동물원이라는 인간의 '발명품'을 제대로 보존하려면, 수컷들을 격리시켜 사육해야 한다는 요령을 터득하게 되었다.

과밀이 동물에게 미치는 영향을 조사하기 위한 실험은 연구실에서도 진행된다. 그러나 이런 실험들이 모두 인위적인 환경에서 이루어진다는 사실을 상기해야 한다. 야생 상태에서 할 수 있는 선택은 갇힌 상태에서는 불가능하다. 어떤 자극이 가해져 우리 속에 갇힌 동물은 그 도발을 피할 길이 없으며, 어딘가 다른 곳에서 완전히 새로운 출발을 할 수 없다.

시궁쥐(집쥐)는 19세기 중엽부터 과학 실험실에서 사육되어 왔다. 그동안 이 쥐는 인위 선택을 통해——부분적으로는 실험 담당자들의 거의 무의식적인 선택에 따라——기질이 온순하고 공격성이 약하고 번식력이 강하고 야생종보다 뇌의 크기가 작은 계통이 선별되어 왔

다. 이런 성질이 실험에 유리하기 때문이다.[3]

오늘날에는 고전이 된 한 실험[4]에서 심리학자 존 컬훈(John B. Calhoun)은 쥐를 고정된 크기의 칸막이 안에 넣고, 그 장소가 가득 찰 때까지 번식시켰다. 따라서 개체 밀도가 극도로 높아졌다. 그러나 컬훈은 모든 개체에게 충분한 먹이를 제공했다. 과연 어떤 일이 일어났을까?

개체 수가 증가하자 여러 가지 비정상적인 행동을 두드러지게 보이기 시작했다. 젖을 먹이던 어미 쥐가 새끼를 거부하거나 아예 새끼를 돌보지 않는 현상이 나타났다. 그 결과 새끼 쥐는 말라 죽어 갔다. 먹이가 계속 공급되는데도 죽은 새끼의 시체를 먹어 치우는 개체들이 나타났다. 발정한 암컷은 여러 마리의 수컷 집단에게 무자비하게 교미를 강요당했다. 이 암컷에게는 도망칠 희망도, 마땅한 도피처도 없다. 이상(異常) 출산이 증가하고, 많은 암컷들은 새끼를 낳는 도중에, 또는 출산 직후에 여러 가지 합병증으로 죽었다. 암컷들은 과밀 상태가 되면 자신과 새끼들을 위해 보금자리를 꾸미는 습성이나 능력을 상실하게 된다. 설사 둥지를 짓는다 해도 형편없는 솜씨에 불과해 실제적인 효용성이 없다.

컬훈은 수컷들을 네 가지 유형으로 분류했다. 첫 번째는 우위(優位)의 수컷들이다. 이들은 과밀 상태가 되어도 "가장 정상적인 상태"를 유지하지만, 때로 "흉포성"을 드러내기도 한다. 두 번째 부류는 동성애 경향을 강하게 나타내는 수컷으로, 그 성적 관심을 다 자란 수컷이나 암수 모두의 어린 새끼(그런데 암컷의 경우는 배란을 시작하기 전의 개체에 한정된다는 점이 특징이다.)에게 쏟게 된다. 이들의 유혹은 대부분 받아들여지거나 최소한 용인된다. 그러나 이런 유형의 수컷은 첫 번째 유형의 수컷에게 자주 공격을 받는다. 세 번째는 거의 수동적인 태도를 보이는 수컷이다. 이들은 완전히 사회성을 상실해서 몽유병에라도 걸린 듯이 집단 속을 이리저리 배회한다. 네 번째 집단은 컬훈이 "탐색자(prober)"라고 부른 부류이다. 서열을 둘러싸고 싸움을 벌이는 일은 없지만, 활동성과 성적 관심이 비상하게 높으며 암수 모두를 성적 대상으로 삼고, 죽은 사체를 먹는 습성도 있다.

쥐와 사람 사이에 큰 차이가 없다면—다른 조건을 현 상태 그대로 유지시키고—사람들을 더욱 도회지에 집중시키면 다음과 같은 현상이 두드러지게 나타날 것으로 추측된다. 거리에서의 시비, 가정 내 폭력, 아동 학대와 방치, 모자 사망률의 급상승, 강간, 정신 이상, 동성애나 성도착증, 동성애자에 대한 박해, 소외감과 무력감, 사회적 혼란의 증가와 가치관의 와해 그리고 전통적인 가사 능력의 상실 등이 그것이다. 그렇게 될 가능성은 충분히 있다. 그러나 사람은 쥐가 아니다.

고양이를 과밀 상태에 두면 끔찍한 상황이 벌어진다. 고양이들은 끊임없이 낮은 소리로 으르렁대거나 큰 소리로 울어 대고, 털을 곤두세우고 잔인한 싸움을 시작한다. 그러다가 동네북처럼 모든 고양이들에게 공격을 당하는 낙오자가 생기게 된다. 그러나 고양이 역시 인간과는 다르다.

나중에 다시 살펴보게 되겠지만, 훨씬 인간과 가까운 생물인 비비(baboon)는 과밀 상태에 놓이더라도 최소한 고양이나 쥐와 같은 정도로 끔찍한 참사나 무질서를 야기하지 않는다. 과밀의 다른 영향으로는 질병에 감염될 기회가 증가하거나 다 자란 동물의 몸길이가 작아지는 사례도 보고되고 있다. 베르베트원숭이는 개체 밀도가 점차 높아지면 함께 지내는 동료들끼리 고의로 서로를 피하기 시작하고, 자신이 앉아 있는 땅바닥이나 먼 하늘의 구름의 움직임을 뚫어지게 관찰하게 된다. 과밀 상태에서 침팬지는 신경질적이 되고 그에 따라 공격성도 높아지지만 '그 이상'의 사태는 발생하지 않는다. 침팬지들은 개체 밀도가 높아지면 서로를 진정시키고 평화를 유지하기 위해 공동의 노력을 기울이기 때문이다.[5] 침팬지에게는 과밀 상태를 극복하기 위한 뇌 신경계의 메커니즘이나 일종의 사회적인 언어가 있다. 그런 의미에서 인간은 침팬지보다는 쥐에 가까운 것이 아닐까?

병적인 행동까지 포함해서 과밀 상태에 대한 쥐의 반응은 진화의 과정에서 중요한 역할을 담당했을 것으로 추측된다. 개체 밀도가 높아지면 개체 수를 줄이기 위한 메커니즘이 작동하기 시작한다. 사회적 관심을 상실하거나 질병에 걸린 개체 수의 증가, 동성애의 증가, 모자 사망률의 급격한 상승 등의 현상들은 모두 개체 수를 줄이려는 목적에 기여한다. 이런 과정을 거쳐 결국 개체 수는 급격히 줄어든다. 그러나 다음 세대에서는 정상적인 상태로 돌아가고, 다시 개체 밀도가 높아질 때까지 그런 상태가 지속된다. 컬훈이 실험에 사용한 쥐와 그 밖의 다른 동물 종에서 볼 수 있었던 과밀 상태에 대한 반응을 단순히 잔인하거나 비정한 행동으로 받아들여서는 안 된다. 그것은 파국을 피하기 위해 불가피한 폭력적인 해결 과정이며, 힘겨운 진화를 계속해 나가기 위해 피할 수 없는 적응의 형태인 것이다.

우리는 이러한 반응을 집단 선택(group selection)이라고 불러 왔다. 그렇지만 혈연 선택(kin selection)이라는 관점으로도 설명이 가능하다. 이 자리에서는 그런 식으로 해석하는 대신, 자연계에서 피하기 어려운 과밀성이 곧 닥쳐올 기아의 전주곡이라는 사실을 강조하고 싶다. 따라서 어린 새끼를 버리거나 죽이는 일, 새끼를 위해 둥지를 짓지 않게 되는 현상, 또는 사산율의 상승, 불임 등의 현상이 일어나는 것이다.[6]

울음원숭이(howler monkey)와 같은 동물들이 과밀 상태에 처하면,

다른 곳에서 온 수컷들이 무리를 공격해 새끼들을 모조리 살육한다. 이러한 행동은 우위의 수컷이 하렘(harem, 포유류의 번식 집단 형태의 하나로서, 한 마리의 수컷과 여러 마리의 암컷으로 구성된 집단.—옮긴이)을 만들거나 다른 수컷의 생식 행동을 방해하는 습성을 가진 동물 종에서 특히 현저하다.[7] 이런 행동은 과밀에 기인하는 것인가, 아니면 새롭게 무리를 지배하게 된 수컷이 채택한 진화를 위한 전략 때문인가? 암컷의 심리적 동요를 가능한 한 빨리 진정시켜 배란이 가능한 상태로 만들고(이렇게 하기 위해서는 암컷들이 이전에 낳은 새끼를 죽여야 한다.), 다음 정복자에게 자리를 내주기 전에 임신시킬 수 있다면 그 수컷은 자신의 유전자를 다음 세대에 전달할 수 있을 것이다.* 개체 밀도가 높으면 높을수록 경쟁 상대로부터 성적 도전을 받을 위험도도 증가하고, 새끼들이 죽임을 당할 가능성도 높아질 것이다. 컬훈의 실험에서 나타난 쥐들의 이상 행동도 모두 이런 식으로 이해해야 할지 여부에 대해서는 아직 단언하기 어렵다. 그러나 최소한 일부 현상을 그렇게 이해할 수 있을 것이다.

- 동물 행동학의 권위자인 스티븐 엠렌(Stephen Emlen)의 관찰은 이런 이론을 실증할 수 있는 매우 좋은 자료를 제공한다. 엠렌은 일반적인 양성(兩性)의 역할이 역전된 형태로 나타나는 펑꼬리자카나라는 새를 조사했다. 펑꼬리자카나 수컷이 모든 새끼들의 양육을 담당하고, 암컷은 수컷들을 모아 놓은 일종의 수컷 하렘을 차지하기 위해 경쟁을 벌인다. 하렘을 소유하지 못한 암컷은 새끼를 낳을 수 없기 때문에, 우위에 선 암컷은 자주 지위가 낮은 다른 암컷의 도전을 받게 된다. 쿠데타가 성공을 거두면, 새로 우두머리가 된 암컷은 이전 암컷의 알을 깨뜨리고 어린 새끼들을 죽인다. 그런 다음 자신의 새끼들을 모두 잃은 수컷을 유혹한다. 이렇게 해서 새롭게 우위에 선 암컷은 자신의 유전자를 전달하는 목적을 달성하게 된다. 따라서 새끼를 죽이는 전략은 성이 고정되어 있는 것이 아니라 상황에 따라 달라질 수 있음을 알 수 있다.

지금까지 소개한 실험에서 사용된 쥐, 고양이, 비비를 도우려면 우리는 어떤 일을 할 수 있을까? 실험실에서 도망치게 만들어 자연 상태로 돌아가게 해 주고 싶은 유혹을 느끼는 사람도 있을 것이다. 또는 과밀 상태를 완화시켜서—자신들의 힘으로 훌륭하게 살아갈 수 있다고 가정하고—정상적인 행동과 사회 구조로 돌아가게 만들어야 한다고 생각하는 사람도 있을 것이다. 그러나 진화는 경쟁 상대를, 특히 격렬한 공격성을 가진 젊은 수컷들을 여기저기 분산시켜 놓는 메커니즘을 고안해 내지는 않을까? 이런 메커니즘은, 개체는 물론 종 전체에도 유리한 이득을 가져다줄 것이다.

실제로 자연은 이런 안전 장치를 마련해 놓고 있다. 죽을 때까지 싸움을 계속하게 하는 대신, 미리 패배를 예상한 개체—이대로 싸움을 계속하다가는 질 수밖에 없다고 생각하거나 싸움을 통해 얻을 수 있는 예상 이익이 싸움에 수반되는 위험보다 크지 않다고 판단한 개체—는 자리를 훌훌 털고 일어나 떠난다. 동물들 사이에 맺어진 사회 계약 중에는 "집단을 이탈해 자유의 몸이 될 수 있는" 일종의 면책 조항이 들어 있다. 그것은 불구가 되거나 목숨을 잃을 수 있는 가능성을 줄이기 위한 것이다. 몇 가지 절차를 밟으면 극단적인 사태를 방지할 수 있는 것이다. 한편 동물원이나 실험실의 우리 속에 갇혀 있는 경우에는 그곳에서 탈출할 수 있는 가능성이 전혀 없다. 이럴 때 동물들은 광기에 사로잡히게 된다.

이런 조건에서 필요한 것은 같은 부호 또는 같은 극성으로 대전된 물질에서 나타나는 것과 같은 반발 작용이다. 두 개의 전자는 떨어져 있을 때에는 거의 서로에게 영향을 미치지 않는다. 그러나 서로 접근하면 그 사이에 강한 전기적인 척력이 생긴다. 전자 사이의 거리가 가까우면 가까울수록 척력은 강해진다. 자석에도 이와 비슷한 성질이 있다. 적당한 환경이 주어지면 개체 수가 지수 함수적으로 급격히 증가할 수 있는 동물들도 그 수가 증가해서 서로의 몸이 닿을 정도가 되면 척력이 작용하게 된다. 자연계에는 실제로 그런 힘이 있다. 그것은 특정한 종에서 내부적으로 작용하는 '종 내부 공격성(infraspecific aggression)'이다.

동물들이 벌이는 경쟁의 대부분은 같은 종에 속하는 동물들 사이에서 일어난다. 그렇다면 왜 다른 종과는 경쟁을 벌이지 않을까? 같은 종의 동물들은 같은 장소에 살고, 좋아하는 먹이에 대한 취향이나 성적 심미안 역시 동일하다. 둥지를 틀거나 잠자리를 마련하는 장소도 같고, 먹이를 찾고 사냥하는 영역도 중복된다. 같은 종의 동물들이 넓은 지역에 퍼져서 살고 있는 경우에는, 짝짓기 상대를 구할 수 있을 만큼 가까운 거리를 유지하면서도 모든 개체가 충분한 먹이와 생존에 필요한 다른 자원을 획득할 수 있다. 그러나 개체 밀도가 높아지면 개체 사이의 충돌 빈도가 높아지고 가장 힘이 센 개체까지도 목숨을 내건 싸움을 벌여야 할 위험을 피할 수 없어진다.

이처럼 종의 확산은 공격성에 의해 이루어지지만, 공격성이 항상 폭력을 뜻하는 것은 아니다.[8] 오히려 동물들 사이의 경쟁이 폭력적인 싸움으로까지 번지는 경우는 극히 드물다. 소리가 들리는 범위에서 그곳이 자신의 세력권임을 알리는 울음소리를 내는 정도로도 침입자들이 물러나는 경우가 대부분이다. 동물들은 자신의 영역을 순찰하면서 눈에 잘 띄는 물체와 중요한 전략적 거점에 방뇨를 하거나 배설물을 묻혀 두는——또는 특수한 분비선(分泌腺)을 이용해 자신의 세력권임을 나타내는 냄새 표시를 남기기도 한다.——정도로 충분하다. 만약 당신이 로키 산맥에 사는 회색 곰이라면, 소나무의 가능한 높은 위치에 표시를 남기려고 노력할 것이다. 그렇게 해 놓으면 설령 침입자가 이 지역에 찾아와도, 높은 위치에 나 있는 표시를 보면 이곳에 엄청나게 큰 곰이 살고 있다고 생각하고 다시는 근처에 얼씬거리지 않을 것이 분명하다.

포유동물에 속하는 목(目)의 약 80퍼센트가 제각기 독특한 향선(香腺)을 발달시키고 있다. 가젤은 눈의 앞쪽에, 낙타는 다리와 목에, 양은 배에, 어떤 종류의 돼지는 발목에 해당하는 부위에, 샤무아는 뿔 뒤쪽에, 가지뿔영양은 턱에, 페커리돼지는 등에, 사향노루는 생식기 앞쪽에, 그리고 염소는 꼬리에 향선을 가지고 있다. 물밭쥐는 뒷발로 옆구리에 있는 향선을 문지른 다음, 마치 북을 치듯 발로 박자에 맞추어 땅을 두들긴다. 황무지쥐(아시아, 아프리카의 사막과 초원에 사는 쥐—옮긴이)와 숲쥐는 향선을 직접 흙 위에 비벼서 자기 세력권을 표시한다. 여러 신체 부위에 5~6종의 향선을 가지고 있으면서 각기 다른 화학 물질로 신호를 내는 동물도 있다. 고양이는 다른 고양이가 방에 들어오면 커튼이나 실내 장식에 신중하게 측정된 양의 오줌을 방뇨한 다음, 싸움에 앞서 등을 동그랗게 구부린다. 토끼는 사육장 내에 마련된 통로의 교차로에 세심한 주의를 기울여 자신의 배설물을 쌓아 올리고, 각각의 배설물 덩어리에는 항문 부근에 있는 향선에서 분비된 액체를 발라 놓는다. 이것은 고대 그리스의 도로에 있던 헤카테(Hecate, 천상과 이승과 저승을 지배한 그리스의 여신, 길의 교차점에 제단이 마련되어 있어서 그 위에 공물이 산처럼 쌓였다.—옮긴이)의 제단을 연상시킨다.

동물들 중에는 다른 개체에게 냄새로 표시를 하는 종도 있다. 쥐는 배우자의 몸에 오줌을 눈다. 세력권 표시와 마찬가지로, 그 암컷이 자신의 소유임을 나타내는 표시일 것이다. 따라서 동물들은 수컷인지 암컷인지, 자신과 같은 계통의 개체인지 아닌지, 나이는 어느 정도인지, 어떤 개체인지, 성적으로 성숙해 있는지 등의 모든 정보를 냄새만으로 식별할 수 있다.[9] 과학자들은 그런 화학 물질을 통한 의사 전달의 정확한 의미를 해명하기 위해 노력하고 있다. 다시 말하자면 "외부인 출입 금지", "나는 신체 건강한 독신 수컷임. 매력 만점의 독신 암컷과의 만남을 희망함."이라든가, "이 냄새를 따라오면 무언가 좋은 일이 있을 것임." 등을 뜻하는 신호가 반드시 있을 것이라는 생각이다. 때로는 이보다 훨씬 미묘하고 복잡한 내용을 전하는 경우도 있을 것이다. 동물들은 다양하고 예민한 냄새 식별력(후각)——인간은 이미 오래전에 그 정도의 후각 능력을 상실했다.——을 이용해서 대화를 나누느라 분주하다. 오늘날 우리가 가지고 있는 모든 분석 장치를 총동원해도, 인류가 아득한 과거의 냄새의 세계로 돌아가기는 힘들다.

　냄새를 통한 경고에도 불구하고 상대가 세력권에 들어오면, 위협의 몸짓, 상대를 덮치는 듯한 동작, 또는 이빨이나 발톱을 드러내는 위협으로 충분하다. 하찮은 영토 싸움에 날카로운 발톱을 사용해 생사를 건 싸움을 벌인다면 승자와 패자 모두 지나치게 큰 대가를 치를 수 있기 때문이다. 따라서 엄포, 속임수, 거짓 동작 그리고 실제 싸움과 거의 분간할 수 없을 만큼 생생한 무언극을 통해——비교적 온건한 경고를 무시하고 계속 침입하려는 개체에게——상대가 침입하면 이런 폭력을 휘두를 것이라고 위협하여 개체들이 분산되는 쪽이 훨씬 바람직하다. 거의 대부분의 경우, 지상에서 분쟁을 해결하는 방식은 그런 것이다. 홉스도 이야기했듯이 실질적인 폭력은 상대에 대해 취할 수 있는 공격성의 스펙트럼 중에서 맨 끝에 위치한 마지막 수단인 것이다. 거의 모든 경우에 자연은 폭력으로 치닫지 않는 범위 내에서 문제를 처리한다.

　어떤 개체가 보낸 신호를 상대가 오해하지 않게 하려면, 공격이나 복종을 나타내는 자세를 확실히 하는 것이 매우 중요하다. 포유류의 전형적인 복종 자세는 공격 자세와 정반대이다.[10] 그러니까 상대와 눈을 마주치지 않게 시선을 다른 곳으로 주고, 옴짝달싹하지 않고, 마치 절을 하듯 머리와 앞다리를 낮추고 꼬리를 높이며, 혹시 상대에게 위협의 표시가 될 수도 있는 신체의 부위는 보이지 않도록 감춘다. 그리고 급소가 있는 목이나 배를 드러내, 마치 내장 적출 수술이라도 받듯이 신체의 중요한 기관들을 상대에게 모두 노출시킨다. "여기 가장 중요한 배를 모두 노출시켰으니, 좋을 대로 하세요."라고 호소하는 듯한 자세이다. 상대가 이런 식으로 완전한 복종을 표시하면 거의 대부분의 경우 승자는 아량 있게 관용의 태도를 나타낸다.* 종에 따라 복종을 나타내는 상징에 대한 유전적인 약속도 달라진다. 그러나 어느 종이든 투쟁은 의식(儀式)으로 변형된다. 정보 교환을 통해 혈투를 피하는 것이다.

세력권과 암컷을 획득하기 위해 수컷들 사이에서 나타나는 공격성은 포식(捕食)을 위한 공격이나 다른 종과의 싸움을 위한 공격과는 사뭇 다르다. 이 두 가지 공격 양식은 몇 가지 측면에서 공통적인 특징을 (예를 들어 이빨을 드러내는 행동에서) 갖기도 하지만, 대체로 전자가 위협에 불과한 데 비해 후자는 목숨을 내건 진짜 싸움이다. 따라서 두 가지 공격 양식에는 뇌의 각기 다른 부분이 관여할 것이다. 연적들 사이에서 벌어지는 고양이의 싸움은 쉭쉭거리고, 으르렁거리고,

---

• 몸짓을 통해 위협의 의사를 전달하는 방법에는 애원과 같은 행동도 포함될 수 있다. 다른 측면에서 본다면, 이것은 유아기로 돌아가는 퇴행적 행동이라고도 볼 수 있다. 사람들이 연인에게 곧잘 어린 시절에 쓰는 용어를 사용하고 애인을 부를 때 '아기(베이비)'라는 호칭을 쓰는 것도 마찬가지이다. 그들은 어린 시절에 다른 용도로 사용하던 어휘를 전용(轉用)하고 있는 셈이다.

등을 활처럼 구부리고, 털을 곤두세우고, 눈동자를 크게 확대시킨다 (이런 자세나 행동은 모두 그 동물의 신체를 실제보다 크고 위협적으로 보이게 한다.). 그러나 같은 종 사이에서 심각한 상처를 입히는 싸움이 벌어지는 예는 극히 드물다. 같은 종에 속하는 동물을 실제로 공격하거나 역으로 그런 공격을 유발하는 유전적 경향을 가지고 있다면, 그 개체는 환경에 제대로 적응하기 힘들다. 설사 그런 개체가 모든 싸움에서 승리를 계속한다 하더라도 심한 상처를 입을 가능성이 있다. 또한 작은 상처를 입더라도 나중에 감염을 일으킬 위험이 있다. 따라서 가능한 한 유혈 사태를 피하고 시늉뿐인 싸움으로 대체하는 편이 훨씬 더 실속이 있다.

반면 다른 종의 동물을 잡아먹기 위해 벌이는 공격은 완전히 다르다. 이런 유형의 공격의 최초 목표는 가능한 한 먹이에게 가깝게 접근하는 것이다. 고양이는 ─ 필요한 경우라면 ─ 극단적인 인내심을 발휘해 한 번에 몇 센티미터씩 살금살금 걸음을 옮겨 놓는다. 귀를 뒤로 젖히고, 털은 몸뚱어리에 가능한 한 붙이고, 꼬리도 늘어뜨린다. 그리고 거의 절대적인 침묵 속에서 목표를 향해 접근해 간다. 그런 다음 일순간에 먹잇감을 향해 뛰어들어, 죽이고, 먹어 치운다. 이러한 일련의 움직임은 완벽할 만큼 정교하고 우아하다. 이 과정에서는 '쉿' 하는 위협도, 으르렁거리는 소리도 내지 않는다. 그와 대조적으로 종 내부의 공격은 거의 모두 거짓 동작, 과시, 위협, 강압 그리고 일종의 연기이며, 생사를 건 싸움으로 발전하는 일은 거의 없다. 반면에 종 사이에서 벌어지는 공격은 그와는 완전히 다르다. 그것은 실질적인 '사업'이다. 먹히는 쪽은 도망치고, 포식자는 끝까지 추적해 상대를 죽이려 한다. 두 가지 양식의 공격성을 혼동하는 동물은 거의 없다.

몸짓을 구사하는 싸움은 '종 내부 공격성'이라는 연극의 주된 테마이다. 양쪽 출연진 모두 싸우는 시늉을 하지만, 어느 쪽도 심하게 다치는 경우는 없다. 남아메리카의 강에 살고 바늘 같은 이빨을 가지고 있어 극히 위험한 피라니아는―최소한 수컷은―동료들과 심한 싸움을 벌여도 결코 상대를 무는 법이 없다. 만약 같은 동료를 무는 개체가 나타나면, 모두가 그 범인을 물게 된다. 따라서 피라니아들은 무는 공격 방식 대신 꼬리지느러미를 이용해 서로를 밀친다. 못마땅한 상대에 대해 공격 의사를 전하고는 싶지만, 물을 온통 피로 물들이는 사태까지는 원하지 않는 것이다. 과밀 상태를 제외한 대부분의 시기 동안 동물들은 놀라운 정확성으로 이 줄타기를 계속한다. 그러나 이 경계선이 얼마나 미묘한 것인지를 상기시키기라도 하듯이, 먹이가 부족해졌을 때에는 대부분의 동물 종들은 종 내부의 치열한 싸움도 마다하지 않는다. 동료에 대한 행동이 적에 대한 행동으로 돌변하는 것이다.

왜가리 암컷은 수컷이 부르는 사랑의 노래를 듣는다. 대부분의 경우, 여러 마리의 수컷이 한꺼번에 사랑의 노래를 부른다. 암컷은 그중에서 자신이 좋아하는 노래를 고른 다음, 그 수컷 근처의 가지에 앉는다. 그러면 수컷은 곧장 암컷에게 구애를 시작한다. 그러나 암컷이 자신에게 관심을 가지고 다가오는 순간, 수컷은 마음을 바꾸고 불쾌하다는 듯 암컷을 밀어내기 시작하고 심지어는 공격하기까지 한다. 그러나 실망한 암컷이 하늘로 날아오르자마자, 수컷은 필사적으로 그 암컷을 추적한다. 왜가리 행동 생태학 연구의 선구자인 니코 틴베르헨(Nikko Tinbergen)은 그 모습이 "광란"에 가깝다고 묘사한다. 그러나 암컷이 돌아와 다시 사랑의 기회가 주어져도 역시 암컷에게 공격을 퍼붓는다. 암컷이 인내심을 발휘해 상당한 시간 동안 수컷의 변덕을 참아 내면, 수컷의 심술도 점차 누그러져 간신히 암컷을 받아들일 태세를 갖추게 된다. 수컷은 그야말로 이율배반적이고 양면적인 행동을 보이는 것이다. 수컷의 마음속에는 성적 행동과 적대 행동이 혼란스럽게 착종(錯綜)되어 있다. 더욱이 그 혼란은 매우 뿌리가 깊기 때문에, 암컷의 인내심이 강하지 않다면 종을 보존할 수 없을지도 모른다. 만약 새를 대상으로 한 심리 요법이 가능하다면, 그 치료 대상으로 가장 먼저 왜가리의 수컷이 부상할 것이다. 정도의 차이는 있지만, 이와 유사한 혼란은 파충류, 조류, 포유류의 많은 종에서 발견되고 있다. 공격에 관여하는 뇌의 신경 회로는, 매우 위험스럽게도 성행동에 관여하는 회로와 긴밀하게 연결되어 있는 것 같다. 그 결과 두 가지 행동 양식은 기묘하게도 흡사하다. 그렇지만 물론 사람은 왜가리가 아니다.

　동물의 행동에서는 한편으로 공격 메커니즘을 제어하고 다른 한편으로는 그것을 촉진하는 모순이 자주 발견된다. 문자 그대로 '두 개의 마음'이 있는 것이다. 부리와 발톱 공격으로 상대를 죽일 수 있는 젊은 투계 수탉은 한참 싸움을 벌이다가 간혹 몸을 돌려 땅바닥에 떨어져 있는 조약돌을 쪼아 대다가 죽어 버리는 일이 있다. 이런 행동을, 동물뿐만 아니라 인간의 경우에도 '전위(轉位, 억압된 감정이 본래의 대상에서 다른 대상으로 향하는 현상—옮긴이)'라고 부른다. 공격성이 다른 감정으로 전환되고 그 대상까지 바뀌어, 상대에게 상처를 입히지 않게 만드는 충동이다. 따라서 수탉은 실제로 작은 돌에 화를 내고 있는 것이 아니며, 조약돌은 격렬한 공격성을 받아 낼 만큼 단단하기 때문에 안전한 목표물 역할을 하는 셈이다. 어떤 종류의 열대어 수컷은 그 아름다운 색채를, 다른 수컷을 쫓아내고 세력권이나 암컷을 지키는 수단으로 사용한다. 그러나 번식기 동안 암컷 역시 거의 마찬가지로 몸을 장식하고 있다. 암컷이 어떤 수컷에게 관심을 가지게 되면, 복종이나 탈출 준비를 나타내는 데 쓰이는 신호는 내지 않고, 직접 자신의 모습을 수컷에게 드러내는 방법으로 사랑의 감정을 표현한다. 그런데 그 구애의 과시는 수컷이 나타내는 공격적인 자세와 매우 흡사하다. 따라서 일부 종에서는 수컷이 벌컥 화를 내기도 한다(그런 다음 그 수컷은 조금 혼란스러워질 것이다.). 그렇지만 신호를 제대로 파악한 수컷은 암컷에게 자신의 색깔을 보여 주고, 격렬하게 꼬리를 흔들면서 암컷에게 돌격하는 방식으로 구애에 응한다. 그러나 콘라트 로렌츠(Konrad Lorenz)의 유명한 연구에서도 잘 알 수 있듯이, 실제로 암컷을 공격하는 경우는 없다(만약 그런 일이 일어난다면, 소수의 자손밖에 남길 수 없을 테니까.). 암컷을 발견할 수 없는 수컷은 그 대신 다른 개체를 뒤쫓아 가 공격을 가한다. 일반적으로 근처 세력권에서 해조류를 뜯어먹느라 정신이 팔려 있는 같은 종의 다른 수컷이 공격 대상이 된다. 그리고 마침내 모든 것이 자리를 잡는다. 그러면 우리의 주인공은 공연히 이웃을 공격하는 일도 없고 암컷을 습격하지도 않게 된다. 이렇게 해서 종은 보존된다. 이 경우에 '전위'는 공격 대상을 무서운 적에게 실질적인 해를 입지 않을 수 있는 대상인 동포 수컷에게 전환시키고 있다. 이런 류의 전환도 폭넓게 발견된다. 다시 한 번 강조하지만, 성에 연관된 행동, 태도 그리고 과시는 폭력과 매우 가깝다. 따라서 이 두 가지 행동 양식은 혼동을 일으키기 쉽다.

늑대는 자신의 입을 동료의 주둥이 근처에 대면서 인사한다. 이와 같은 인사법을 가진 동물들은 많다. 야생 동물을 길들이는 조련사들은 동물에게서 그런 인사를 받고 놀랄 때도 있다. 늑대는 뒷다리로 버티고 서서 앞발을 연구자의 어깨에 올려놓고 입을 사람의 머리 쪽으로 접근시킨다. 이것은 친근감을 나타내는 행동이다. 만약 당신이 말을 할 수 없는 동물이라면, 가장 분명한 신호로 의사를 전할 것이다. "내 이빨을 볼래? 이빨을 느끼고 싶어? 너를 상처 입히는 일쯤은 간단하게 할 수 있어. 그렇지만 그런 짓은 하고 싶지 않아. 너를 좋아하니까." 이렇듯 애정과 공격을 갈라놓은 경계선은 아슬아슬하다.

침팬지 무리들은 인간들이 '야단법석 놀이'라고 부르는 모의 전투 체조를 하고 있을 때에는 그것이 단순한 놀이로서의 의미밖에 없음을 강조하기 위해 이른바 '표정 연기'라고 하는 특징적인 얼굴 표정을 짓는다. "공포심과 적의, 공격하거나 도망치고 싶은 느낌 등이 표현된다. …… 그러나 정작 그런 것은 아니라는 방식으로."[11]

학의 수컷은 날개를 펼쳐 자신의 몸 크기를 강조하고, 부리를 들어 올려 한껏 과시를 한 다음, 여전히 위협적인 자세로 돌아서는 '유화적인 의식'을 치른다. 그런 동작을 취하는 이유는 해부학적으로 가장 상처를 입기 쉽고, 시각적으로 가장 눈에 잘 띄는 부위인 머리의 옆이나 뒤쪽을 상대에게 보여 주기 위한 것이다. 같은 몸짓이 여러 차례 되풀이되고, 그러는 동안 나무 등걸이나 그 밖의 주위에 있는 단단한 물체에 대한 공격이 수반된다. 이 동작이 전하려는 메시지는 분명하다. "나는 크고 강하다. 그러나 너를 공격할 의도는 없다. 그 강인함은 다른 것, 다른 것 그리고 또 다른 것에 대한 것이다."[12]

웃음의 기원도 이와 비슷할지 모른다. 이빨을 드러내는 행위에는 원래, "나는 너를 먹이로 생각한다."라든가 "나를 조심해라."라는 메시지가 담겨 있다. 그러나 행위를 기호화해서 사용하는 동물의 언어 체계 속에서 그 메시지는 "비록 당신이 먹이가 될 수 있고 내가 언제든지 당신을 먹을 수 있지만, 그래도 당신은 안전하다."라는 내용으로 완화된다. 전 세계의 모든 문화에서 웃음은 한결같이 애정이나 우정을 나타낸다(약간의 흥분과 복종의 정보와 함께). 피부색과 인종의 차이에 상관없이, 군인이든 민간인이든 전 세계의 모든 사람들은 인사——악수, 다섯 손가락을 높이 들어 올리는 행위, 산지에 사는 수 족(族)들이 사용하는 인사, 로마 제국의 황제에게나 "하일, 히틀러!"에 쓰이는 인사법, 군대에서 사용되는 경례, 손을 흔들어 나타내는 이별의 표시 등——를 하거나, 서로 안전한 거리를 유지하고 있고 무기도 없고 위협할 의사가 없음을 나타내는 데 오른손을 사용한다. 이것은 전 세계 거의 모든 문화에 공통된다. 오래전에 인류가 오른손으로 곤봉이나 칼, 창, 도끼 등을 쥐었다는 사실을 상기할 때, 오른손을 하늘로 치켜들어 전하는 정보에는 매우 높은 가치가 있었음을 알 수 있다.

극소수의 예외를 제외한다면, 동물들이 주어진 상황을 의식적으로 판단해서 여러 가지 가능성을 저울질한 다음 공격적인 경향을 선택한 것이 아니라는 사실은 분명하다. 그렇게 느린 행동 양식을 가졌다면 지상의 생물계에서 벌어진 대혼란을 이겨 내고 살아남을 수 없었을 것이다. 동물들은 적인지 동료인지를 감지한 다음 불과 10분의 1초 후에 반응을 일으킨다. 그 과정에서 복잡한 생리적인 반응이 시작된다. 아드레날린이 혈액 속에 분비되고, 다리의 움직임이 유연해진다. 평상시에는 동물의 체내에서 잠자고 있던 반사적 행동이 모든 준비를 끝내고 출동 명령만 대기하고 있는 것이다.

포유류의 신경계 속에는 공격과 포식의 회로가 고정 배선되어 있다. 혼자 있는 고양이 뇌의 특정 부위를 전기적으로 자극하면, 고양이는 실제로 존재하지 않는 환상 속의 먹이를 향해 살금살금 접근을 시작한다. 그러나 전기를 차단하면 몸을 길게 늘이고 발톱을 핥는다. 환각이 사라진 것이다. 고양이는 생쥐가 나타나도 본체만체 무시한다. 그러나 뇌의 특정 부분에 전류를 통하면 무서운 폭력자로 돌변해 마치 살상 기계처럼 끝없이 생쥐를 물어 죽인다. 자극을 받은 신경 회로는 판단을 담당하는 부분이었다. 이 부분은 동물들의 일상 생활에서 다른 동물의 동작이나 냄새, 소리 등 외부 세계에서 오는 신호에 의해 자극된다. 그런 다음 뇌 속에 들어 있는 공격과 포식에 관여하는 메커니즘이 작동을 시작한다. 여기저기 고기가 붙어 있고 육즙이 흐르는 뼈다귀를 보여 주면, 태어나서 겨우 2주일 정도 지난 강아지도 으르렁거리며 짖어 댄다. 반면 건조한 개 먹이는 그처럼 인상적인 반응을 일으키지 못한다. 사람에게도 그와 비슷한 메커니즘이 있고, 때로는 외부 세계에서 오는 극히 미약한 자극에 의해 잘못 작동되는 경우도 있다. 심지어 자극이 전혀 없는 때에도 작동을 시작하는 경우도 있다.

따라서 새와 동물은 모두, 특히 수컷은 여러 가지 단추들과 스위치들이 주렁주렁 달려 있는 제어판을 몸에 달고 지상을 돌아다니는 셈이다. 제어판에 나타나는 표시는 매우 분명하기 때문에, 다른 동물들은 쉽사리 무슨 신호인지 알 수 있다(사람의 경우도 마찬가지이다. 직업적인 운동 선수들이 멋진 솜씨를 보일 수 있는 것도 자신의 몸이 나타내는 신호를 알 수 있기 때문이다.). 단추를 누르면 평상시에는 엄격하게 관리되던 강력하고, 격렬하고, 때로는 치명적일 수 있는 반응들이 나타나기 시작한다. 그런데 자연이 이런 단추들을 그토록 쉽게 누를 수 있고, 언제든지 반응을 일으킬 준비를 갖추어서 다른 개체에게 상처를 입힐 수 있도록 방치하고 있다는 이야기는 어딘지 이상하게 들릴 수도 있을 것이다.[13]

같은 종끼리 잡아먹는 개똥벌레는 다른 부류의 개똥벌레의 구애 신호를 교묘하게 흉내 낸다. 어떤 순진한 개똥벌레의 사랑의 단추가 눌리면, 희생자가 될 운명의 개똥벌레에게는 포식자가 발정한 암컷으로 비친다. 그러나 정작 기다리고 있는 것은 커다랗게 열린 입뿐이다. 별다른 관심을 보이지 않거나 웬만해서는 말을 듣지 않는 고집쟁이 암컷을 유혹하기 위해, 많은 종의 수컷들은——원래는 완전히 다른 목적을 위해 개발된——단추까지 누를 각오가 되어 있다. 다음에 인용한 글에 그런 행동들이 열거되어 있다.

> 먹이를 찾거나 방어하고, 공격에 직면했을 때 나타내는 겁먹은 태도나 새끼를 돌볼 때 나타내는 태도를 보이기도 한다. 위협하기 위해 상대를 향해 돌진하기도 하고, 갓난 새끼처럼 울고, 경계의 울음소리를 흉내 내고, 상처를 입은 것처럼 한쪽 다리로 깡충깡충 뛰고, (공작이 흔히 그러듯이) 먹이를 발견한 것처럼 부리로 땅바닥을 쪼기도 한다.[14]

수컷은 전혀 주저하지 않고 동원할 수 있는 모든 방법을 사용한다. 인간 문화에서도, 젊은 남성들은 때로 사랑을 얻기 위해 충성과 헌신의 거짓 약속까지 서슴지 않는다. 쓸 수 있는 모든 단추를 누르는 셈이다. 경쟁자인 다른 남성의 담력을 헐뜯거나 심지어는 상대 모친의 성적 행동을 싸잡아 욕설을 퍼붓기까지 해서 격렬한 싸움으로 번진다. 언제든지 누를 수 있는 단추가 가져다주는 이득은 분명 그것이 초래하는 위험을 충분히 보상할 수 있다. 그러나 즉각적인 반응을 일으키는 회로를 바꿀 수 없다는 점이 문제이다. 그런 특성이 고정 배선되어 있다는 사실은 많은 문제를 야기할 수 있는 씨앗인 것이다. 이런 행동 양식도 핵산 속에 부호화되어 있다. 다른 동물들을 위협하고 기를 꺾기 위한 허세와 과시, 복종을 나타내는 자세, 이 모든 것들이 ACGT의 부호 속에 정교하게 기록되어 있다. 특정한 종에 속하는 동물들의 공격 양식이나 공격성의 강도를 바꾸는 일도 가능할 수 있다. 일례로 쥐를 공격적인 집단과 평화적인 집단으로 나누어 사육하면, 뚜렷하게 다른 성질을 가진 두 가지 계통이 만들어진다. 그 이유는 새끼기르기의 습성 때문이 아니다. 공격적인 부모에게서 태어난 새끼는 온순한 어미가 길러도 역시 공격적이고, 온순한 부모에게서 태어난 새끼는 공격 성향이 강한 부모가 길러도 여전히 온순하다. 개의 품종을 개발하는 육종가들도 그와 마찬가지의 인위 선택을 통해 여러 가지 계통을 만들어 냈다. 로트바일러처럼 신경질적이고 흥분하기 쉽고 사나운 품종이 있는가 하면, 코커스패니얼처럼 너무 온순해서 집 지키는 용도로는 거의 쓸모가 없는 품종도 있다. 쥐나 개 모두에서 공격성을 지배하는 것은 성장 환경보다는 유전이 큰 역할을 하는 것처럼 보인다(사람의 경우에는 이와 달리 유전과 성장 환경이 거의 비슷한 영향을 미친다고 생각된다.).

무리를 지어 생활하는 거의 모든 동물 사회는 여러 마리의 암컷들(근연 관계인 경우가 많다)과 그 새끼들로 구성되어 있다. 수컷들은 평상시에 함께 생활하지 않는 때가 많지만, 암컷들이 발정한 때에는 필요하게 된다. 수컷은 순위제 속에서 우위를 차지하고, 싸움을 벌이고, 암컷들을 확보하는 데에는 열심이지만, 기본적인 사회 구조에 참여하지 않으며 새끼 양육에 별다른 관심이 없다. 따라서 수컷들은 그림자처럼 어렴풋한 존재이다. 일반적으로 새끼는 한 어미가 키운다. 이 법칙이 통용되지 않는 예외로는 침팬지, 고릴라, 긴팔원숭이, 야생의 개, 그리고 늑대를 들 수 있을 것이다. 인간도 그 법칙에서 벗어나는 경우가 종종 있다.

온대나 한대 지방에서 새끼가 봄에 태어나는 데에는 충분한 이유가 있다. 혹독한 겨울이 오기 전에 봄의 남은 시간과 여름, 가을 동안 성장할 수 있기 때문이다. 임신 기간이 짧은 동물(또는 1년 내내 가능한 동물)의 경우는 암수의 만남도 봄에 일어난다. 몸속에 들어 있는 생체 시계를 조절하는 일, 봄이라는 정확한 시간에 임신에 관여하는 메커니즘을 자극하는 일, 다른 계절에는 자극되지 않도록 막는 일, 이러한 일들이 가능하게 되는 데 진화적 시간의 상당 정도가 소요된 것은 분명하다.

평상시에는 성적 관심이 없는 수컷에게 배란이 끝났음을 알리기란 쉽지 않다. 그러나 자연선택은 동물들이 시각, 후각, 청각, 그 밖의 감각을 모두 동원해서 그 시기를 알아낼 수 있는 방향으로 작용해 왔다. 번식기 이외 시기의 성적 행동은 대개 쓸모없는 노력으로 끝난다(단, 새끼기르기에 부모가 모두 필요한 경우에는 성적 행동이 계속되어 수컷과 암컷을 결합시키는 수단으로 사용되기도 한다.). 따라서 암컷은 체내에 일종의 달력을 가지도록 설계되었다(어쩌면 날마다 다른 동작을 취할 만큼 민감할지도 모른다.). 그리고 그 달력에 따라 수컷에게 일련의 신호를 보내거나 스스로 행동을 일으킨다(예를 들면 유혹 페로몬을 분비하거나 도발적인 자세를 취하는 등). 사랑의 계절이 찾아오면, 데카르트가 표현하듯 "시계 태엽"의 명령이 내려져 암수 모두 성의 포로가 되는 것이다.

봄철에 짝짓기를 하는 동물 세계에서는 암컷의 주의를 끌기 위한 수컷들의 전쟁도 봄에 절정을 이루게 된다. 사슴들의 생존 가능성은 달리는 속도나 포식자와 마주쳤을 때 가할 수 있는 역습 능력에 달려있다. 따라서 수사슴의 강함, 속도, 지구력, 전략 등을 같은 종 내부에서 비교해 보는 것은 그 승자의 개체뿐만 아니라 사슴의 집단 전체에서도 의미가 있다. 이런 경쟁은 생사를 건 투쟁이 아닌 상징적인 싸움이다. 결과는 곧바로 나타나며, 암사슴은 승자의 차지가 된다. 몇 세대에 걸쳐 되풀이된 이런 드라마는 사슴들이 — 일례로 — 늑대의 사냥 솜씨의 발전과 보조를 맞추어 유전적인 개량을 하도록 도와준다.

대부분의 육식동물들은 무리를 지어 사냥한다. 먹이가 되는 희생물은 숨어서 기다리던 복병들에게 잡히거나, 양동 작전으로 추적하는 포식자들에게 쫓겨 탈진한다. 대개는 무리 중에서 가장 약한 개체나 새끼, 나이 든 개체가 뒤로 낙오된다. 포식자들은 교대로 협력 작전을 펼친다. 첫 번째 집단은 공격하는 시늉만 계속하고, 이들이 피로해지면 두 번째 집단이 나타나 실제로 공격을 한다. 이런 공동 작업을 통해 사냥의 효율성을 높인다.

사냥을 하는 무리 사이에는 일종의 불문율이 있어서, 그전에 아무리 적대 관계였던 경쟁자들이라도 사냥을 하고 있는 동안에는 최대한 협조한다. 동물들에게도 "벼랑 끝에서는 정치가 중단된다."라는 법칙이 통용되는 셈이다. 물론 집단 내에는 그와는 다른 일련의 사회적 계약이 있다. 다른 종의 집단에 대한 공격이 같은 종의 다른 집단을 향해 전환되는 일도 있다. 이런 현상은 집단으로 생활하는 개, 사자 이외에도, 무리를 지어 사냥하는 습성이 없는 개미나 펭귄에게서도 발견할 수 있다. 그들은 마치 특정한 충성이 자기 잡단에만 통용되며, 집단 이외의 모든 동물은 의심과 적의의 대상인 양 행동한다. 동일 종 내에서도 같은 집단이 아니면 예외가 될 수 없다. 이런 습성은 무리 사냥을 하는 동물에만 한정되지 않는다. 군거성(群居性)의 조류와 많은 포유류 사이에서 이런 습성을 찾아볼 수 있다.

'자기 집단 중심주의(ethnocentrism)'란 (무슨 일이 일어나든) 자신들의 집단만이 선(善)이며 진(眞)이고 사회라는 소우주의 중심이라는 신조이다. 우리는 그런 신조에 따라 행동한다. 배타주의는 낯선 이방인에 대한 공포와 증오에서 배태된다. 낯선 자들의 행동은 어딘지 모르게 이상하고, 특이하고, 혐오스럽게 비친다. 그들의 생활은 우리와는 너무도 다르다. 어쨌든 우리와는 양립하기 힘든 것이다. 여기에서 다시

'나와 너'의 대립 구도가 시작된다. 자기 집단 중심주의와 배타주의는 새나 포유류의 세계에서 흔하게 발견되지만, 불변의 법률로 제도화되어 있는 것은 아니다. 예를 들어 철새들은 무리 밖에서 찾아온 손님도 같은 종이라면 두 팔 벌려 받아들인다.

우리에게 해를 입힐 우려가 있는 이방인을 만났을 때, 우리는 집단 구성원 사이에 아무리 차이가 있다고 해도 공통의 적에 대처하게 된다. 개체든 집단이든, 함께 협력하는 쪽이 적의 공격에서 살아남을 수 있는 기회를 높일 수 있다. 공통의 적의 존재가 강력한 결합력을 낳는다. 공통의 적이 사회를 만들기 위한 메커니즘을 가동시키는 것이다. 강박적일 만큼 배타적인 집단은 결합력이라는 면에서 현실적이고 태평한 집단보다 유리할 것이다. 만약 외부에서 오는 위협이 심각하다는 판단이 들면, 최소한 제일 먼저 집단 내의 긴장 관계를 누그러뜨리지 않으면 안 된다. 최초의 판단보다 현실적인 위협이 우려되는 상황이라면, 더욱 강력한 준비 태세가 필요하다. 그런 사회성을 유지하는 데 들어가는 비용은, 합당한 결속을 유지하는 한, 성공적인 생존 전략으로 작용할 수 있을 것이다. 따라서 그런 상황에서는 마치 전염병처럼 배타주의가 번지게 된다.

돌고래나 늑대처럼 다 자란 후에는 거의 천적이 없는 동물들이라도 그 새끼들은 공격을 받기 쉬운 법이다. 따라서 새끼를 보호하기 위해 여러 가지 대책을 강구해야 한다. 다 자란 돌고래들은 새끼들 곁을 항상 따라다닌다. 늑대는 태어난 후 몇 개월 동안 새끼에게 세심한 주의를 기울인다. 많은 새끼들이 어미에게 청각이 아닌 시각을 이용해 먹이를 요구하는 것은 반갑지 않은 포식자들의 관심을 끌지 않기 위해서이다. 시각을 이용하는 방법은 다른 종뿐만 아니라 같은 종 내의 폭력을 방지하는 데에도 유용하다. 군거성을 갖는 동물은 대부분은 길을 잃고 자기 세력권으로 들어온 다른 집단의 구성원들을 습격하기 때문에 어린 새끼가 다른 집단의 낯선 개체에게 경계심을 품는 습성은 매우 유용하다.

누(gnu, 아프리카에 서식하는 두 종류의 영양—옮긴이) 중에서도 아프리카 영양은 많은 포식자들의 먹이가 된다. 영양의 새끼는 태어나서 몇 분이 지나면 비칠거리면서 몸을 일으켜 세울 수 있고, 5분이 지나면 어미 뒤를 따라 걸을 수 있게 된다. 그리고 24시간 후에는 무리와 보조를 맞출 수 있게 된다. 누의 성장은 몹시 빠르다. 동물들의 새끼는 대개 완전히 무력한 상태로 태어난다. 인간이 가장 좋은 보기이다. 부모가 아이를 버리기라도 하면, 포식자가 없어도 아이의 생명은 겨우 며칠이면 꺼지고 말 것이다. 누의 어미는 젖을 주는 일 외에는 새끼를 위해 해 주는 일이 거의 없다. 그에 비해 인간의 어머니(개똥지빠귀, 늑대, 원숭이의 어미도 마찬가지이다.)는 다음 세대를 기르기 위해 다양하고 복잡한 행동 양식을 익힐 필요가 있다. 고등한 포유류에서는 새끼가 완전히 성장을 끝낼 때까지 어미의 특별한 행동이 몇 년, 때로는 몇십 년 동안 계속된다. 그 목적을 위해 들어가는 비용은 엄청나지만, 그로 인한 이익이 더 크기 때문이다. 고등 동물의 유아기가 긴 이유는 큰 뇌와 새끼들에 대한 교육의 필요성과 상당한 관련이 있다. 그런 교육 과정에서 새끼들은 미리 프로그램되어 있는 유전 정보에만 의존하는 상대적인 부자유에서 해방되는 것이다.

대부분의 동물들은 태어난 직후에 평생 동안 잊을 수도, 변경할 수도 없는 학습 기간을 갖는다. 예를 들어 새끼 오리는—비록 수염이 텁수룩한 동물 행동학 연구자라도—자신의 근처에서 움직이고 있는 물체가 있으면 그것을 어미라고 생각하고 쫓아다닌다. 이것을 각인(刻印, imprint)이라고 한다. 어떤 종류의 각인은 탄생 이전부터 시작되기도 한다. 부화 직전의 새끼 오리는 알 속에서 들었던 소리를 기억하고 그 소리에 반응한다(가령 알 속에서 바깥을 엿본다.). 알을 품고 있는 동안 그 소리를 낸 것이 사람이어도, 새끼는 부화한 다음에 그 목소리에 반응을 보인다. 각인은 부르는 소리, 노래, 향기, 형태에서 좋아하는 먹이에 이르기까지 폭넓은 영향을 미치며, 새끼들의 감정 형성과 깊은 관련이 있다. 이렇게 몸으로 체득한 정보는 평생 동안 기억 속에 남아 있게 된다.

청각, 후각, 시각에 대한 각인은 먹이나 따뜻함, 애정, 적(敵)들이 얽혀 있는 환경에서 안전을 확보하는 방법이라는 중요한 문제와 직결되어 있다. 따라서 양, 닭, 거위의 새끼들은 순찰을 도는 어미를 계속 따라다니고 즉각 식별할 수 있어야만 살아남을 수 있다. 그렇지 못하면 죽음이 기다리고 있을 뿐이다. 각인된 성질은 DNA 속에 기록되어 엄격한 명령으로 작용하게 된다(어떤 경우에는 일생에서 하루 이틀 동안에만 각인이 일어날 수 있다.). 그렇지만 깊이 각인된 특정 정보는 그 개체가 처해 있는 환경과 경험에 따라 결정되기 때문에 동물에 따라 다르다. 그러나 모든 새끼들은 이런 방법을 통해 주로 그 어미에게 (최신판) DNA에도 적혀 있지 않은 새로운 지혜를 배워 나간다.

자기 집단 중심주의와 배타주의라는 경향은 처음에는 초점이 맞지 않은 희미한 상태로 주어지지만, 이후 각 세대의 필요에 따라 특정 대상을 향해 초점을 맞추게 된다. 따라서 충성을 바치는 집단과 특별한 증오와 멸시의 대상이 되는 집단은 세대에 따라 달라진다. 각인은 보편적인 성향을 현실 세계에 적응시키기 위한 일종의 수단이자 교육 방식이라고 할 수 있다. 각인이라는 메커니즘은 그 장치를 제대로 활용할 수 있는 개체라면 언제든지 활용할 수 있는 무기이다. 동물의 새끼가 가지고 있는 기억은 거의 직관적인 것뿐이며, 판단력은 갖추고 있지 않다. 그들은 가르쳐 주는 모든 것을 그대로 믿는다. 동물 행동학자의 뒤를 뒤뚱거리며 열심히 쫓아다니는 새끼 오리들의 행진은 사악한 고등 동물에 의해 각인이 오용될 가능성이 있음을 일깨워 준다. 새끼들은 언제든 누구를 사랑하고, 누구를 미워해야 할지를 배울 수 있기 때문이다.

새끼에게 젖을 먹이는 쥐(과학자들이 "젖먹이 짐승의 어미(suckling dam)"라고 부르는 동물)의 젖꼭지나 질에 규칙적으로 레몬 향기를 발라 두면, 수컷은 성장한 후에도 가까운 곳에서 향기를 발산하고 있는 적령기의 암컷들을 한사코 마다하고, 레몬 향기를 내는 암컷에게 우선적으로 끌린다.[15] 이런 냄새 각인(odor imprinting)은 유아기의 체험이 후일 성적인 취향에 얼마나 큰 영향을 주는지를 단적으로 보여 준다. 그것은 다음과 같은 유행가 가사를 연상하게 만든다. "나는 사랑하는 아빠가 결혼한 여자와 꼭 닮은 여자를 원해." 그렇지만 인간은 쥐가 아니다.

오랜 유아기 동안 이루어진 충분한 각인에 의해, 동물들은 자신들의 행동을 주위 환경에 적응하기 유리한 방향으로 변화시킬 수 있다. 기나긴 지질학적 시간에 걸쳐 획득한 특성들을 한 개체의 일생 중에서도 극히 짧은 시간 동안 얻게 되는 셈이다. 나아가 각인은 어미와 새끼 사이의 결합도를 더욱 강하게 만들어 준다. 그것은 거의 사랑에 가까운 정도의 감정이다. 그것은 같은 종에 속하고 유전적으로 같은 집단이라도 시간의 경과에 따라 다른 행동 양식을 가지는 집단으로 나뉨을 의미한다. 긴 유아기가 존재하고 그동안 학습을 시킨다는 생존 전략은 생물계에 새로운 요소를 도입시켰다. 그것은 바로 '문화'이다.

사람의 일생은 수억의 개체 중에서 하나만이 살아남는 경쟁으로 시작된다. 앞을 다투어 내달리는 정자 세포는 태어날 때부터 경쟁적인 특성을 가지고 있다. 그러나 그 경쟁은 전체적인 관점에서 본다면 가장 긴밀한 형태의 협조이다. 두 개의 세포가 완전히 하나가 된다. 서로의 유전 물질을 결합시키고, 두 개의 서로 다른 존재가 하나가 된다. 사람을 만들기 위한 작업은 거의 정반대에 해당하는 두 가지 작업이 기묘한 형태로 결합함으로써 완성된다. 하나는 다른 모두를 적으로 간주하는 격렬한 경쟁이고, 또 하나는 서로의 독자성이 상실되는 완벽한 협조이다. 격렬한 경쟁과 완전한 협조를 거쳐 태어난 생물들이 서로를 헐뜯고 비난한다는 것은 사리에 맞지 않는 일인지도 모른다.

"자연에서는 어떤 악(惡)도 찾아볼 수 없다."라고 마르쿠스 아우렐리우스는 말했다.[16] 동물이 공격적이 되는 것은 그들이 잔인하거나 야만적이거나 사악하기 때문이 아니다. 그다지 설득력 있는 설명은 아니지만, 먹이를 얻고 포식자로부터 몸을 지킬 수 있기 때문에, 개체 수를 증가시키고 지나친 과밀을 피할 수 있기 때문이다. 나아가 더욱 훌륭하게 환경에 적응할 수 있다는 점이야말로 공격성을 갖게 되는 이유인 것이다. 공격성은 혹독한 삶을 이겨 내기 위해 진화한 생존 전략의 하나이다. 특히 원숭이의 경우에 공격성이 동정이나 이타주의, 영웅 숭배, 새끼돌보기, 자기 희생 정신 등 일견 모순되는 것처럼 보이는 습성과 공존한다. 그러나 그런 습성들 또한 생존을 위한 전략이다. 동물들의 공격성을 제거한다는 것은——물론 가능하지도 않겠지만——무척 어리석은 짓이다. 진화 과정은 지나치지도 않고 모자라지도 않는 적절한 수준에서 공격성을 유지해 왔고, 공격성을 억제하는 장치와 함께 공격성을 촉발시키는 장치도 함께 마련했다.

우리 생물은 서로 모순되는 경향의 혼란스러운 와중에서 태어났다. 인간의 마음속에, 또는 정치의 세계에 여러 가지 갈등이 있다는 사실을 감안하면, 그것은 오히려 당연한 일인지도 모른다.

11장

지배와 복종

우리는 마치 미개인이 배를 쳐다보듯

아무것도 이해하지 못하는

막연한 시선으로 생물을 바라본다.

자연이 낳은 삼라만상이 저마다

긴 역사를 가지고 있음을 생각할 때,

그 소유자들에게 유용한 자연 삼라만상의

복잡한 구조와 본능이

무수한 노동자들의 경험, 이성,

심지어는 큰 실패의 집적물로 탄생한

위대한 기계적 발명품과 같다는 사실을 깨닫게 될 때,

그리고 우리가 모든 생물들을 이런 관점에서 고찰할 때,

자연의 역사에 대한 연구는 ─ 나는 스스로의

경험으로부터 이렇게 이야기할 수 있다. ─

아주 흥미로운 것이 된다!

─ 찰스 다윈, 『종의 기원』[1]

질서, 위계, 규율.

─ 베니토 무솔리니가 제창한 국민 슬로건[2]

두 마리의 살무사, 피트 바이퍼가 두 갈래로 갈라진 혀를 날름거리면서 상대방을 향해 조용히 미끄러져 간다. 두 뱀은 아주 느린 속도로 포옹하듯 서로 얽히더니, 이윽고 서서히 몸뚱어리를 지면에서 들어 올린다. 하나로 뒤엉킨 빛나는 똬리는 마치 조수(潮水)처럼 감았다 풀기를 반복한다. 뱀들은 신체 속에 숨어 있는 미세 구조(DNA의 이중 나선 구조)를 눈앞에 형상화하기라도 하듯, 두 가닥으로 꼬인 모습을 보인다.

한때 관찰자들은 이 모습을 파충류들의 구애의 춤이라고 결론 지었다. 그러나 그들은 뱀을 잡지 않고 그대로 놔두었고, 뒤엉킨 두 마리의 성별을 조사하지도 않았다. 그런데 실제로 두 마리의 성별을 조사한 결과 놀라운 사실이 밝혀졌다. 두 마리 모두 수컷이었다. 그들은 무엇을 하고 있었던 것일까? 동성애는 동물계에서 널리 확인된 사실이기 때문에, 그 역시 구애의 춤인지도 모른다. 다만 이들의 춤은 한쪽이 다른 쪽을 지면에 넘어뜨리는 것으로 끝난다는 점에서 분명한 성적인 행위라고 볼 수는 없다. 뱀들이 벌이는 이 매혹적인 의식은 오히려 팔씨름처럼 엄격한 규칙을 가진 어떤 경기로 보인다. 우리가 아는 한, 이 경기를 치르는 동안 어떤 뱀도 상대에게 물리거나 상처를 입는 일은 없기 때문이다. 싸움이 끝나면, 진 쪽은 패배를 받아들이고 각기 제 갈 길을 찾아 스르르 미끄러져 간다.

그렇다면 이 경기는 암컷에게 접근하기 위한 자격을 둘러싸고 벌어지는 것일까? 그러나 자신의 승리를 주장하고, 승리자에 대한 보상으로 주어질 수 있는 암컷을 주변에서 발견할 수 없는 경우가 자주 있다. 여하튼 최소한 이 경기는 살무사 중에서 누가 최고인지 가리기 위한 순위 결정전인 것 같다. 물론 이렇게 만난 두 마리의 뱀이 동성애자일 가능성도 부정할 수는 없지만, 위계 서열상 우위를 둘러싼 수컷들의 싸움이 동성애와 같은 형태로 표현되는 것은 동물 사이에서 널리 관찰된다.

싸움에서 진 뱀은 완전히 자신감을 상실한 것처럼 보인다. 사기가 꺾이고, 침울해 보이고, 싸움이 벌어지고 상당한 시간이 지난 후에도 자기보다 약한 상대에게까지도 이기지 못하는 경우가 많다. 우위를 둘러싼 투쟁은 나중에 교미의 성패에 직결된다. 혼자 지내는 수컷을 만난 암컷 살무사는 수컷의 행동을 흉내 내 자신의 몸을 들어 올려 흡사 싸움을 거는 시늉을 한다. 만약 수컷이 앞서의 패전으로 입은 충격에서 벗어나지 못한 상태라면, 이 새로운 사태에 능숙하게 대처할 수 없기 때문에 암컷은 곧장 다른 상대를 찾아 나선다.[3] 이렇게 해서 암컷들은 거의 예외 없이 승자인 수컷과 교미하게 되는 것이다.[4]

같은 피트 바이퍼[5]에 속하는 살무사의 수컷은 한 마리 또는 여러 마리의 발정한 암컷을 자신의 '보호' 아래 두고, 다른 수컷의 접근을 막기 위해 온갖 노력을 기울인다. 또한 수컷은 자신의 세력권을 지키거나 특정한 세력권을 획득하기 위해 싸울 것이다. 새끼들에게 중요한 자원이 포함되어 있는 세력권의 경우는 특히 그러하다. 미국의 피트 바이퍼 중에서 가장 잘 알려져 있는 프레리방울뱀(미시시피 강과 로키

산맥에 널리 서식한다.—옮긴이)은 동면에서 막 깨어난 봄철에 교미하지 않고, 암컷을 발견하는 데 상당한 노력이 필요한 늦은 여름이 올 때까지 기다린다.

그에 비해 캐나다의 매니토바 주(州)에 서식하는 누룩뱀은 1만 마리 정도가 '뱀의 구덩이'라는 명칭으로 알려진 구멍 속에서 함께 동면한다. 봄이 되면 암컷들은 둥지에서 한 마리씩 나오는데, 그때 이미 발정한 상태이다. 더 바람직한 일은 수천 마리의 수컷들이 암컷이 나오기를 인내심 있게 기다리고 있다는 사실이다. 그들은 암컷이 한 마리씩 굴을 빠져나올 때에, 낚아채듯이 달려들어 몸부림을 치고 술에 취한 듯 법석을 떨면서 '교미구(交尾球, 교미를 하기 위해 뒤엉켜 공 모양을 만드는 것—옮긴이)'를 형성하지만, 거의 대부분 수태하지 못한다. 교미 전에도 교미 후에도 수컷들 사이의 경쟁은 매우 격렬하다. 교미가 끝난 후, 승리자인 수컷은 암컷의 질을 마개로 막아 비록 자신이 수태에 실패했어도 다른 경쟁자 역시 교미에 성공하지 못하게 방해한다. 뱀의 세계에서도 인간이 쉽게 이해할 수 있는 우위, 세력권 의식, 질투와 같은 요소가 행동의 기본적인 요소를 이루고 있는 것이다.

극소수의 예외를 제외한다면, 동물의 사회는 민주주의와 거리가 멀다. 일부는 전제 군주제이고, 일부는 유동적인 과두 정치 체제이며, 나머지는—특히 암컷의 입장에서 그런 경향이 강하지만—세습적인 귀족 사회라고 할 수 있다. 단독으로 생활하는 종을 제외하면, 조류나 포유류의 모든 종에 순위제가 존재한다. 그 서열은 주로 힘이나 신체의 크기, 조정 능력, 용기, 호전성, 무리를 이끄는 통솔력 등으로 정해진다. 때로는 겉모습만으로도 우위의 개체를 짐작할 수 있는 경우도 있다. 예를 들면 성숙한 수사슴 무리에서는 뿔이 무수하게 가지를 뻗은 개체가, 우람한 근육을 가진 고릴라 무리에서는 등이 은백색으로 빛나는 놈이 우두머리이다. 그러나 우위인 개체가 우리의 예상과 다르거나 멋진 신체를 갖고 있지 않은 경우도 많다. 또한 같은 동물들끼리는 지도력을 잘 알아보지만, 인간 관찰자는 잘 보지 못하는 경우도 있다.

의식화(儀式化)된 투쟁 과정 또는 실제 투쟁 과정을 거쳐 위계의 정상에 선 동물을 그리스 알파벳의 첫 문자를 따서 '알파'라고 한다(알파 수컷을 으뜸 수컷이라고도 한다.—옮긴이). 그 뒤를 이어 베타, 감마, 델타, 제타 순으로 알파벳의 마지막인 오메가까지 이어진다. 거의 대부분 알파는 베타를 지배하고, 베타는 알파에게 적절한 복종 자세를 보인다. 그리고 베타는 감마를, 감마는 델타에게……, 이런 식으로 지배와 복종의 관계가 계속 이어진다.● 수컷의 위계에 속한 동물들이 보이는 우위 행동(dominance behavior, 동물이 자신의 우월한 지위를 과시하는 몸짓)을 전체 시간에 대한 백분율로 나타내면 알파는 100퍼센트, 오메가는 0퍼센트이다. 그리고 알파와 오메가 사이의 지위에 있는 개체들은 그 중간적인 빈도를 나타낸다.

다른 개체를 위협해 얻은 높은 지위는, 애매모호한 승리의 만족감 이외에도 그 자체로 실제적인 이익을 준다. 맛있는 먹이를 제일 먼저 맛볼 수 있고, 마음에 드는 상대와 자유롭게 교미할 수도 있다. 위계

● 또한 알파는 감마와 그 하위 개체도 지배한다. 그리고 베타는 델타나 그 하위 개체보다 상위에 선다. 이처럼 상위보다는 하위의 숫자가 많기 때문에, '지배 위계'라기보다 '복종 위계'라는 표현이 옳을지도 모른다. 그러나 우리 인간의 눈은 우위에게 고정되어 있는 경우가 많고, 최소한 서양 여러 나라에서는, 종교계를 제외한다면, 하위에 대해서는 별반 관심이 없다. 가령 '좋은 지도자가 되는 법'에 대한 책은 많지만, '좋은 부하가 되는 법'을 다룬 책은 거의 찾아볼 수 없다.

에 적극적으로 집착하는 것은 거의 대부분 수컷들이지만, 상당수 종의 암컷들 사이에서도 수컷들의 경우보다 느슨하기는 하지만 그와 유사한 위계 서열을 찾아볼 수 있다. 일반적으로 수컷은 모든 암컷들과 새끼들보다 우위에 선다. 드물기는 하지만 베르베트원숭이(긴꼬리원숭이)처럼 암컷이 수컷보다 우위에 서는 종도 있다. 베르베트원숭이 암컷은 과밀 상태에서도 시원한 자리를 차지할 수 있다.

높은 지위에 있다고 해서 언제든지 마음에 드는 암컷에게 접근할 수 있는 특권이 주어지는 것은 아니며, 다른 개체에 비해 높은 빈도로 접근이 허용된다는 뜻이다. 생쥐 집단에서는 위계 서열의 상위 3분의 1에 해당하는 수컷이 92퍼센트의 수태에 관여한다는 연구 결과가 나와 있다. 해마의 경우, 상위 6퍼센트의 수컷이 88퍼센트의 암컷을 수태시킨다.[6] 상위에 속하는 수컷들은 자기보다 낮은 서열의 수컷이 암컷에게 접근하는 것을 막기 위해 갖은 노력을 기울인다. 때로는 암컷들이 무리 속에서 마치 수컷의 경쟁심을 부추기는 행동을 하기도 한다.[7] 우위에 선 수컷이 거의 모든 새끼의 아비가 되는 것은 위계 속에서 우위를 확보하면 자연선택이라는 측면에서 극히 유리한 위치에 선다는 것을 의미한다. 그리고 여러 세대가 지나면 우위에 서고, 우위를 유지하고, 우위를 향유할 수 있게 만드는 모든 유전 형질은 어떤 것이든 집단 전체 속에서——최소한 수컷 사이에서는——정착하게 될 것이다. 사회와 개체의 구조는 진화를 통해 이런 목표를 달성하기 위해 재구성된다. 실제로 뇌 속에는 우위 행동에 관여하는 부분이 있을 것으로 생각된다.[8]

집단의 전 개체가 참여하는 사회 활동이나 침입자를 쫓아내는 공동 작업 과정에서 지위 상승이 이루어지는 경우는 거의 없다. 지위 상승은 주로 집단 내의 투쟁——대부분은 의식화된 상징적인 투쟁이지만, 간혹 실제로 싸움이 벌어지는 경우도 있다.——으로 일어난다. 다윈은 이 과정을 다음과 같이 명확하게 이해하고 있었다.

> 암컷을 손에 넣기 위한 투쟁의 법칙은 포유류 전체에 보편적인 것이다. 동물학자들은 모두 수컷이 신체가 크고 힘도 세고 용기 있으며 호전적이라는 사실을 인정할 것이다. 또한 수컷은 공격을 위한 특별한 무기와 방어 수단을 가지고 있으며, 이런 수단들은 내가 성 선택(性選擇)이라고 이름 붙인 선택의 형식이나 그 변형된 형태를 통해 획득됨을 인정할 것이다. 이런 성 선택에 큰 영향을 미치는 것은 일반적인 생존 경쟁에서의 우월성이라기보다는 암수 어느 한쪽, 대개는 수컷이 다른 개체와의 싸움에서 승리를 거두고, 그 결과 다른 수컷에 비해 많은 자손을 남겨 자신의 우월성을 후손에게 전하는 방식에 따른다.[9]

가령 군대에 이 원리가 적용된다면 승진을 바라는 소위는 중위에게 도전할 것이고, 중위는 대위에게, 대위는 소령에게 도전해 차례차례 사다리를 오르듯 진급하려 할 것이다. 최소한 이 점에서 동물의 위계와 군대의 계급 제도는 차이가 있다. 동물의 위계는 먹느냐 먹히느냐의 싸움이 벌어지는 기업 내 경쟁에 더 가까울 것이다. 도전자가 승리한 경우, 두 마리의 동물은 서로의 지위를 교환한다. 병들거나 상처 입은 동물 또는 늙어서 쇠약해진 동물의 지위는 대개 하락한다.

"이 구역은 우리 두 사람이 함께 지내기에는 지나치게 협소해." 같은 말은 위계가 확립되어 있는 동물들의 사회에서 애초부터 나올 수조차 없을 것이다. 어떤 수컷이 성마른 알파 수컷과 마주치면, 싸우든지 도망치든지 아니면 또 다른 선택을 할 수밖에 없다. 제3의 선택이란 복종이다. 이 방법은 거의 모든 개체들이 취하는 대응 방식이다.

위계 서열에서 지위가 낮은 수컷들은 쉴 새 없이 허리를 굽히고 손을 비벼 대면서 끊임없이 상위의 수컷들의 환심을 사기 위해 노력한다. 알파 수컷의 다음 지위에 해당하는 수컷은 알파 수컷이 남긴 먹이나 암컷에게 접근할 수 있다. 알파 수컷이 주변 경계에 바빠 신경을 쓰지 못할 때, 하위의 수컷들이 암컷들과 밀회를 즐기기도 한다. 이것은 알파 수컷이 다른 곳에 한눈을 팔고 있지 않으면 전혀 불가능한 일이다. 알파 수컷의 눈을 피해 이루어지는 암컷과의 은밀한 교미를 '도둑 교미(kleptogamy)'라고 한다. 그것은 '훔친 키스'와 비슷한 맛일까? 따라서 수컷들에게는 알파 수컷이 되는 길만이 자신들의 혈통을 이어 나갈 수 있는 유일한 전략이다. 베타나 감마가 도둑 교미를 하는 것도 같은 목적을 위한 또 하나의 전략이다.

    위계가 완전히 확립된 사회에서는 격렬한 폭력을 찾아보기 힘들다. 위협이나 협박 그리고 그에 따른 의식화된 복종은 있지만, 신체적인 충돌로 인해 상처를 입는 경우는 거의 없다. 폭력은 아직 위계가 확립되지 않고 유동적인 때에 발생한다. 젊은 수컷이 자신의 지위를 확립하려 하거나, 알파 수컷의 자리를 둘러싼 싸움이 벌어질 때면 어느 한쪽이 심한 상처를 입거나 심지어는 죽임을 당하기도 한다. 그러나 하위 개체들이 만년 하위에 머물러도 괘념치 않는다면 그 위계는 별다른 동요 없이 평화롭고 의례화된 환경을 제공해 줄 것이다. 사람들의 경우에는 종교나 학계, 정치, 경찰, 기업 그리고 평화 시의 군대의 위계 구조가 그와 흡사하다. 위계 구조가 개인의 자유를 아무리 제약한다고 하더라도, 그 결과로 얻게 되는 사회 안정은 그러한 손실을 충분히 상쇄해 줄 수 있다. 그러나 불안이라는 대가를 치러야 한다. 낮은 지위의 개체들은 자신이 상위 개체들에게 충분한 경의를 표하지 않은 것은 아닐까, 신분을 망각하고 반역에 가담한 것으로 생각되지나 않을까 하는 불안감에 시달려야 하는 것이다. 그들은 언제나 우위에 있는 개체들의 눈 밖에 날까 봐 전전긍긍한다.

위계를 유지하기 위한 충돌(주로 의식적·형식적인 투쟁)은 예외 없이 서로 잘 알고 있는 무리 사이에서 행해진다. 그러나 뚜렷한 유연 관계나 혈연관계가 없는 서로 적대적인 종 간의 투쟁은 완전히 성격이 다르다. 그것은 서로 다른 냄새를 갖는 이질적인 집단 사이의 조우와 마찬가지로 격렬한 싸움으로 이어져 때로는 심한 상처를 입히거나 살상으로까지 이어진다.

눈에 익지 않은 생쥐를 한 마리 발견하면, 생쥐들은 동작을 멈추고 침입자를 공격한다. 우위의 수컷들은 침입자의 등을 공격해 그 위에 올라탄다. 일종의 우위 행동인 이 올라타기(mounting, '마운팅'이라고 번역하기도 한다.—옮긴이) 행동을 지위가 낮은 쥐들이 취하는 경우는 거의 없다. 측면을 공격하거나 각기 나름대로 정해진 방법에 의거해 공격하는 것이다.[10] 한편 작은 무리를 지어 생활하는 생쥐들 사이에서는, 알파 수컷이 다른 생쥐를 몰아내고, 위협을 가하고, 싸우고, 새로운 것에 대해 호기심을 보이고, 새끼를 보호하는 등 여러 가지 활동에서 모두 적극적이다. 또한 이러한 상위 수컷들은 그보다 낮은 지위의 수컷에 비해 윤기 있는 털을 가지고 있다. 그러나 다른 집단과의 싸움이 시작되면,[11] 갑자기 민주주의적인 사회로 돌변해 낮은 지위의 수컷들도 우두머리들과 함께 싸움에 나서게 된다.✦

위계의 가장 단순한 형태는 이미 앞에서 소개했듯이 선형적인, 또는 직선적인 것이다. 이등병은 병장, 병장은 하사관(그렇지만 좀 더 자세하게 관찰하면, 이등병, 병장, 하사관 사이에도 여러 가지 계급이 있음을 발견하게 될 것이다.), 그리고 하사관은 소위에게 복종한다. 마찬가지로, 중위, 대위, 소령, 중령, 대령, 준장, 소장, 중장, 대장, 참모총장 순으로 복종의 위계 서열이 계속 이어진다. 나라에 따라 군대의 계급을 부르는 명칭은 다를 수 있어도 기본적인 구조는 동일하다. 계급 사회 속에서는 누구나 자신이 속한 계급을 알고 있다. 복종의 흐름은 하위에서 상위로 전해지고, 마찬가지로 밑에서 위로 충성이 이어진다.

이러한 선형 위계(linear hierarchy)는 집에서 치는 닭의 사회에서도 쉽사리 관찰할 수 있는 모형이다. '쪼는 순서(pecking order, 새들의 사회에서 개체 간의 우열 관계에 따라 정해지는 서열에서 비롯된 것으로, 일반적인 위계를 가리킨다.)'라는 용어는 닭에게서 유래한 것이다. 쪼는 순서는 암탉들 사이에서 특히 두드러진다(포유류의 수컷의 사회 생활에서는 이 쪼는 순서가 중대한 의미를 가지는 경우가 많다.). 알파 암컷의 지위를 차지하는 암탉은 베타와 그 이하의 모든 암탉을 쪼고, 베타는 감마 이하의 모든 암탉들을 쫀다. 이렇게 해서 불쌍한 오메가까지 쪼기가 계속되어 가는데, 맨 꼴찌인 오메가는 아무도 쫄 대상이 없다. 위계에서 상위를 차지하는 수컷들은 암탉들을 성적으로 독점하려 드는데, 때로는 실패하는 경우도 있다. 수탉들은 극히 드문 예외적인 경우를 제외하고는 암탉들을 지배한다. '공처가(엄처시하)'라는 뜻의 영어 henpecked는 실제로 그런 예외적인 경우를 뜻하는 말에서 유래한 것이며, 뒤뜰에서 벌어지는 풍경에 대한 끊임없는 관찰을 통해 나온 말이다(hen은 '암탉'이라는 뜻이

- 극히 최근에 벌어진 인류의 전쟁사는 그와는 완전히 대조적이다. 일반적으로 노인인 알파 수컷들은 안전한 곳으로 격리되고, 대개 그곳에는 젊은 여성들이 있다. 그리고 하위에 속하는 사람들 — 대개 젊은이들 — 이 싸우고 죽어 간다. 이처럼 엄중한 상황에서 알파 수컷이 안전한 곳으로 피신하는 경우를 인간 이외의 동물에게서는 찾아볼 수 없다. 이런 일에는 최소한 적대 집단의 알파 수컷과의 절대적인 협력이 필요하며, 실제로 그런 일은 자주 일어난다. 사회성 곤충을 예외로 치면, 인간을 제외한 다른 동물들은 전쟁을 방지하는 방법을 고안할 만큼 현명하지 못하다. 그것은 알파 수컷에게 이익을 가져다줄 수 있도록 만들어진 최적 구조이다.

고, peck은 '쪼다.'라는 뜻이다.—옮긴이).

그러나 집단의 개체 수가 많아지면 선형 위계는 드물어지고, 그 대신 '삼각 고리(triangular loop)' 관계가 등장한다. 예를 들어 델타는 입실론에 대해, 또한 입실론은 제타에 대해 우위에 서지만, 제타는 (그 아래의) 에타에 대해서도 동시에 (상위의) 델타에게도 우위에 서는 식의 현상이 일어난다.[12] 서열이 확실하게 고정되어 있는 닭의 위계와는 달리, 이런 관계는 사회의 복잡성을 시사하고 있다.

그렇다면 지배 위계는 어떻게 확립될까? 두 마리의 닭이 처음 만나면 일반적으로 작은 실랑이가 벌어진다. 꼬꼬댁거리며 울음소리를 내고, 비명을 질러 대고, 서로를 쪼아 대면서 날개를 푸드득거린다. 그렇지 않으면, 한 마리가 상대편을 찬찬히 살펴보다가 싸움 없이 복종하고 만다. 예를 들면 어린 닭이 건장한 나이 든 닭을 만났을 경우에 대부분 그런 일이 일어난다. 건장한 닭끼리 만났을 경우에 승자가 되는 개체는 싸움을 잘하거나, 아니면 허세부리기를 잘하는 닭이다. 홈그라운드가 확실한 이점으로 작용한다는 보고도 있다. 닭은 상대의 우리에서 벌이는 원정 경기보다 자기 마당에서 치르는 홈 경기에서 이길 확률이 훨씬 높아지는 것 같다. 그러나 호전성, 용기, 강인함이 승리의 견인차가 되는 것은 물론이다. 위계 서열을 정하는 단 한 차례의 싸움이 끝나면, 흔히 두 마리 닭 사이의 관계는 고정되고 우위를 확보한 쪽은 보복의 위협을 느끼지 않으면서 그보다 낮은 지위의 개체들을 쪼을 수 있는 권리를 얻는다. 상위의 닭이 정기적으로 다른 곳으로 옮겨지고 새로운 닭이 들어오는 경우에는 싸움이 빈번하게 일어나고 식욕이나 몸무게가 줄어들고, 알도 거의 낳지 않는다. 긴 안목에서 보면, '쪼는 순서'는 후손을 많이 남기기 위해 무리의 평화를 유지하기 위한 일종의 전략인 것이다.[13]

1950년대에 미국 청년들 사이에서는 '플레잉 치킨(playing chicken, 겁쟁이 게임)'이라는 게임이 자주 벌어졌다. 그것은 서로 상대를 위협하면서 어느 쪽이 먼저 겁을 집어먹고 꽁무니를 빼는지 겨루는 게임이다. 가장 흔한 예가 자동차를 사용하는 것으로, 서로 상대를 향해 맹렬한 속도로 곧장 돌진한다. 이때 부딪치지 않으려고 먼저 운전대를 꺾은 쪽이──비록 자신의 목숨은 구했지만(물론 의도하지 않게 상대의 목숨까지 구한 셈이지만)──지는 것이다. 이것을 플레잉 치킨이라고 부르는 데에는 깊은 진화적인 의미가 들어 있는 셈이다. 게임에서 닭이 되어 본다는 것은 위험하고 영웅적인 행동을 통해 공포를 맛보는 것을 의미한다. 이것은 다시 한 번 닭장 속의 작은 위계 속에서 이루어지는 복종 행동을 연상시키는 대목이다. 만약 지배 위계라는 관행이 동물들의 사회에 뿌리 내리고 있다는 사실에 대해 아무런 지식도 없었다면, 그런 명칭이 사용되지 않았을 테니까 말이다.

우리가 동물들의 위계를 인식하고 있었다는 증거는 우리가 사용하는 언어 속에도 녹아들어 있다. 우리의 행동을 표현하는 말로 가령 '승자(勝者)'를 나타내는 영어 top dog는 말 그대로 알파 수컷을 뜻하며, '패배자'를 의미하는 underdog라는 말은 동물계에서는 알파 수컷 이외의 모든 수컷을 가리킨다. 우리가 스포츠나 정치, 경제 분야에서 자신을 underdog라고 표현할 때면, 이미 자신이 지배 위계에 의해 지배되고 있고 그 지배 위계의 불공평함이나 하루살이처럼 서열이 바뀔 수 있는 운명을 의식하고 있음을 암시하는 것이다.

알파 수컷 또는 극소수의 상위 수컷들에게 지배되고 있는 군주제의 사회 체제에서는, 집단 내에서 반란이 일어나는 경우는 거의 없다. 우위에 선 수컷은 집단 내의 하급자들 사이에서 일어나는 폭력 행위를 무마하고 분쟁을 중재하는 데 상당히 많은 시간을 투자한다. 때로는 질서를 유지하는 데 약간의 폭력이 동원되기도 하지만, 대개의 경우 단순히 인상을 쓰거나 호통을 치는 정도로 충분하다. 특히 이런 체제에서는 위계가 사회의 안정을 유지하는 역할을 한다. 대부분의 종의 수컷들은 강력한 무기를 진화시켜 왔다. 만약 두 마리의 수컷 피라니아 또는 두 마리의 사자나 사슴, 코끼리의 수컷이 서로 다른 의견을 가지고 있을 때면 그들의 생명은 항상 매우 위험한 상황에 처하게 된다. 거의 죽음으로 이어지는 싸움이 벌어지기 때문이다. 각 개체 사이의 상대적인 지위가 상당히 오랜 기간 고정되어 있거나, 또한 심각한 분쟁 처리에 대해 의식화된 투쟁이 제도화되어 있는 '지배 위계'는 생존을 위한 중요한 메커니즘인 셈이다. 따라서 이 제도는 우위에 선 수컷에게 유전적으로 유리한 위치를 주는 역할을 할 뿐만 아니라 다른 모든 개체들에게도 이익을 준다. 그야말로 '지배자에 의한 평화(pax dominatoris)'인 셈이다. 비록 그 평화가 남용되는 경우가 많고, 구성원들이 윗자리를 차지하고 있는 철면피들에 대해 분개하고 치를 떠는 일도 있지만, 일단 이 체제 속에 소속되어 있는 한 안전할, 아니, 오히려 쾌적할 것이다. 그 체제 속에서는 모두 자신의 지위를 충분히 숙지하고 있기 때문이다.

그렇다면 지배 위계는 어떤 종류의 선택일까? 다른 수컷에게는 단지 우발적으로 이익을 가져다줄 뿐이며, 오직 알파 수컷의 개체 선택에 불과한 것일까? 또는 하위의 수컷들도 우두머리와는 그다지 멀지 않은 친척 간이기 때문에 혈연 선택일까? 아니면 위계로 안정을 얻은 집단이 죽음에 이르는 싸움을 벌이는 전형적인 집단보다 살아남기 쉽다는 점에서 집단 선택일까? 아니면 이런 선택들과는 완전히 다른 양식의 선택인가?

알파 수컷은 자신보다 낮은 지위의 개체를 공격하려는 생각을 하다가도, 만약 그들이 각각의 종 특유의 복종 자세를 취하면 용서해 주고 싶은 기분이 든다. 회의를 열어 그렇게 하기로 정한 적도 없고, 산상 교훈을 담은 서판(書板)을 받은 일도 없지만, 태도나 자세로 폭력을 억제시키려는 경향이 흡사 도덕률처럼 작용하고 있는 것이다.

집단 속에서 이루어지는 우위 행동의 가장 두드러진 예의 하나는 새, 영양 그리고 (분명히) 각다귀류의 곤충에게서 잘 알려져 있는 '번식장(lek, 발정기의 새들이 모여 구애 행동을 하는 장소──옮긴이)'일 것이다.

번식장이란 번식기 직전이나 그 기간 중에 매일같이 되풀이되는 토너먼트 경기장이다. 같은 그룹에 속하는 수컷들은 해마다 정해진 지역에 모여 그중에서 각기 자신의 장소를 차지하고, 이 작은 세력권의 유지 방어를 계속한다. 그들은 간헐적으로 또는 끊이지 않고 세력권이 인접한 다른 수컷들과 싸우거나 화려한 깃털을 과시하거나, 큰 소리를 질러 대면서 기괴한 체조를 한다. 그들은 각기 세력권을 가지고 있지만 그들 사이에도 나름대로 순위가 정해져 있다. 상위의 수컷들은 번식장 중심부를 차지하고, 하위의 수컷들은 주변부에 위치한다. 수태를 위해 이곳을 찾아오는 암컷들은 거의 대부분 중앙에 있는 우위의 수컷을 향한다.[14]

봄철의 포트로더데일이나 데이토나비치(포트로더데일과 데이토나비치는 플로리다 주의 휴양지이다.──옮긴이)는 인간들의 번식장일지도 모른다.

파충류와 양서류 그리고 갑각류에서도 우위 행동은 흔히 발견된다.[15] 큰도마뱀과에 속하는 도마뱀들(예를 들면 코모도왕도마뱀이 여기에 속한다.)은 의식적(儀式的)이고 전형적인 위협 과시에 능하다. 꼬리를 흔들고 채찍처럼 후려치면서, 뒷다리로 버티고 서서 목을 크게 부풀린다. 그래도 상대가 굴복하지 않으면 상대를 땅 위에 넘어뜨리려고 시도

한다. 악어의 세계에서는 물속으로 머리를 처박고, 소리를 지르고, 돌진하고, 뒤쫓고, 물어뜯는 시늉을 하거나 실제로 상대를 물면서 위계가 확립된다. 수컷 개구리는 교미를 위해 암컷을 포옹하고 있을 때 다른 수컷의 방해를 받으면 음산하고 낮은 목소리로 운다. 수컷의 울음소리가 더 낮을수록, 부풀린 몸의 크기가 더 클수록 침입자는 위축된다. 이빨이 없고 뚜렷한 피부색을 가진 중앙아메리카의 독개구리 속(屬)의 개구리는 원기왕성하게 팔굽혀펴기를 계속하는 방식으로 상대에게 과시를 한다. 도마뱀 중에는 수컷의 머리 부분이 밝은 붉은색으로 변하는 계절에만 공격 본능을 발휘하는 종류가 있는데, 때로는 위협을 목적으로 한 과시를 보지 못하고 경쟁 상대인 두 마리의 도마뱀이 개막전 격인 목부풀리기를 거치지 않고 본격적으로 서로를 물어뜯기도 한다. 소라게들은 처음 만나면 몇 초 동안 상대를 촉각으로 더듬는 탐색전을 벌인다. 상대의 크기를 측정한 결과 자신이 작다고 생각한 개체는 즉시 몸집이 큰 쪽에게 굴복한다.[16] 대눈파리도 그와 유사한 행동을 한다. 대눈파리는 오른쪽 눈과 왼쪽 눈 사이가 더 많이 벌어질수록 우위에 선다.

　처음부터 알파인 수컷은 극히 드물다. 일반적으로는 지위 상승을 위해 끊임없이 노력을 기울여야 한다. 그러나 도전과 다음 도전 사이의 중간기에까지 지나치게 과격해져서는 안 된다. 아무리 야심만만한 개체라도 복종이나 아랫자리를 참아내는 인내력은 필요한 법이다. 마찬가지로 누가 최고의 지위를 차지할 것인지 예측하기도 어렵다. 때로는 전혀 예기치 않은 개체가 상위로 도약하는 일이 있기 때문이다. 따라서 모든 개체는 기대하지 않았던 빈틈이 생겼을 때 지체 없이 뛰어오를 수 있는 능력을 갖추어야 한다. 선형 위계 안에 있는 개체는 자기보다 하위의 개체들을 능숙하게 통제하고, 우위에 선 개체에 대해서는 적절하게 복종하는 법을 터득해야만 한다. 따라서 개체는 지배와 복종이라는 두 가지 경향을 모두 갖추어야 하는 것이다. 복잡한 도전은 복잡한 동물을 만들어 낸다.

지금까지의 논의 과정에서 우리는 암컷의 선호에 대해서는 전혀 다루지 않았다. 만약 어떤 암컷이 알파 수컷이 지나치게 거드름을 피운다고 생각하면 어떻게 될까? 또는 그 수컷이 너무 못생겼다고 생각할 때는? 암컷에게 거부권이 있을까? 최소한 햄스터에게 거부라는 선택은 허용되지 않는다.

심리학자인 퍼트리셔 브라운(Patricia Brown)과 그녀의 공동 연구자들이 골든햄스터를 대상으로 한 실험 결과가 있다.[17] 미리 신체의 크기와 몸무게를 같도록 한 수컷들의 우위를 조사하기 위해 먼저 두 마리씩 쌍을 이루어 접촉시켰다. 상대를 뒤쫓거나 물어뜯는 행위는 우위를 나타내는 특징으로 간주했다. 그리고 방어 자세를 취하거나 상대를 회피하고, 꼬리를 들어 올리거나 완전히 위축된 복종 자세를 취하는 행동은 하위의 특징으로 인정했다. 그 결과, 우위의 햄스터들은 같은 수의 하위 개체들에 비해 열 배 이상 공격적인 행동을 취했고, 하위의 햄스터에게서는 우위라고 판정된 개체에 비교할 때 열 배 이상의 복종적인 행동이 나타났다. 두 마리의 햄스터 중에서 어느 쪽이 우위이고 어느 쪽이 하위인지를 판정하는 데에는 한 시간이면 충분했다.

그런데 이 수컷들은 싸우는 방법은 알고 있었지만, 그때까지 성적인 경험은 한 번도 없었다. 그런 다음에 햄스터들에게 한 마리씩 작은 가죽으로 만든 옷을 입히고 햄스터를 줄로 묶어 놓았다. 그 줄은 개를 묶어 두는 가죽 끈처럼 햄스터들이 돌아다닐 수 있는 범위를 제한했다. 그리고 그곳에 배란을 끝내고 발정한 암컷들을 풀어놓았다. 암컷은 줄에 묶인 수컷들에게 자유롭게 접근할 수 있었지만, 수컷들은 끈의 길이 이상으로 암컷을 쫓을 수 없었고, 반대로 암컷을 물리칠 수도 없었다. 따라서 모든 성적 접촉에서 암컷이 주도권을 쥐고 있는 셈이었다.

우리는 그 암컷들이 엄격한 심사 기준을 가지고 가죽 끈에 매여 있는 수컷들을 머리끝부터 꼬리까지 꼼꼼하게 관찰하고 있을 것이라고 상상할 수 있다. 왜냐하면 우위를 둘러싼 최초의 투쟁은 거의 대부분 상징적인 것이어서, 어느 쪽이 하위인지 알려 주는 상처는 전혀 찾아볼 수 없기 때문이다. 수컷들도 제각기 떨어진 장소에 매여 있어서 다른 수컷들을 볼 수 없기 때문에 우위나 하위의 자세를 취해 그들의 상대적인 지위를 암컷에게 알릴 수도 없었다. 과연 암컷은 인간 관찰자로서는 쉽게 알아차릴 수 있는 표식이 없는데도 우위의 수컷을 선택할 수 있을까? 그렇지 않으면 그와는 다른 매력적인 특징을 발견할까? 그러나 암컷들은 전혀 새침을 떨거나 망설이지 않았다. 모든 암컷들이 불과 5분 이내에 수컷들 중 한 마리와 교미했다. 그리고 암컷들이 선택한 모든 상대는 우위의 수컷이었다. 햄스터에게 교미에 앞선 전희나 애무 따위는 필요없다. 그래도 암컷들은 어떻게 교미를 해야 하는지 잘 알고 있었다. 상대의 교육 정도나 가족, 재정적 능력, 성격의 원만성 여부를 묻는 질문 따위는 없다. 모든 암컷은 단지 우위의 수컷과 교미를 하는 데에만 모든 노력을 기울였다.

그렇다면 암컷은 어떻게 우위의 수컷을 알아낼 수 있었을까? 아마도 암컷은 냄새를 통해 수컷의 우열을 가려냈을 것이다. 그들 사이에서는 말 그대로 화학적인 '힘의 냄새'가 통하는 것이다. 우위의 수컷은 극히 미량이지만 암컷을 유인하는 페로몬과 유사한 물질을 신체

에서 발산한다. 반면 하위 수컷은 그런 냄새를 내지 않는다.[18]

"나는 유명 인사이다. 명사들은 다 그런 법이다." 한때 복싱 세계 헤비급 챔피언 자리에 올랐던 마이크 타이슨(Mike Tyson)은 미인 대회에 출전한 거의 모든 여성과 관계를 가진 사실에 대해 이렇게 설명했다. 미국 국무장관을 역임했던 헨리 키신저(Henry Kissinger)는 그다지 잘생긴 편이 아니었지만, 내로라하는 미녀 여배우들이 자신에게 매료된 이유를 이렇게 설명했다. "권력이란 여자들의 마음을 들뜨게 만드는 속성이 있다."

위계에서 우위를 차지하는 수컷은 매력적인 암컷과 우선적으로 교미한다. 암컷 역시 열렬한 태도로 수컷을 받아들인다. 암컷은 가능한 한 상체를 바닥에 붙이고, 한껏 하반신을 들어 올리고 교미에 방해되지 않도록 꼬리를 쳐든다(여기에서 다시 햄스터의 예로 돌아가자.). 앞에서 소개한 브라운과 그녀의 공동 연구자들의 실험에서 교미의 최초 30분 동안 우위의 수컷은 평균 40회가량 삽입했지만, 하위 수컷(대개 우위의 수컷이 한 차례 교미를 끝낸 뒤였지만)의 삽입 횟수는 30분 동안 겨우 평균 1.6회에 불과했다.

만약 이런 우위 행동이 일반적인 사회적 기준으로 통용되는 집단에서 성장한 동물이라면, 올라타기를 하거나 반복적으로 골반 운동을 하는 쪽이 우위인 반면에, 쪼그리고 앉거나 소극적인 태도를 취하는 쪽이 하위라고 판단할 수 있을 것이다. 지배 위계 속에서의 우열을 나타내는 이 명백한 상징이 만약 수컷의 지위에 따라 결정되거나 자세라는 어휘를 통해 일반화된다는 것은 놀라운 일이 아닐까?

언어가 발명되기 이전에 동물들은 서로의 정보 전달을 위해 뚜렷한 상징을 필요로 했다. 이미 소개했듯이 동물들 사이에는 음성 언어는 아니지만, 충분히 발전된 언어가 있으며, 그중에는 "배가 위쪽을 향하면 항복이다."라든가 "나는 너를 물 수도 있지만, 그렇게 하지 않겠다. 그러니 우리 사이좋게 지내자."라는 식의 표현이 들어 있을 것이다. 수컷이 다른 수컷의 등에 올라타는 의례적 올라타기를 통해 매일같이 각자의 위계 속 지위를 상기시킨다면 매우 자연스러운 방법으로 위계 서열을 확립할 수 있을 것이다. 여기에서 올라타기 자세를 취하는 편이 우위이고, 당하는 쪽이 하위이다. 이 과정에서 '삽입'은 필요 없다. 동물 세계에서 널리 사용되는 상징 언어에 대해서는 나중에 상세하게 다룰 것이다. 그 장(章)에서는 성적인 것과는 관계없는 상징을 살펴보게 될 것이다.

자연 상태에서 보통의 시궁쥐는 자체적으로 사회적 계층—컬훈의 과밀성 실험에서 붕괴된 것과 동일한 사회적 계층—을 형성한다. 우위의 쥐는 하위의 쥐에게 접근해서 코로 성기 부근의 냄새를 맡거나 혀로 핥아 맛을 본다. 그런 다음 뒤에서 올라타 앞발로 상대를 꽉 쥔다. 복종적인 개체는 자신이 당하는 행위에 대해 열의를 나타내는 표시로 하반신을 쳐들고 있을 것이다. 수컷이 위계를 유지하기 위해서 나타내는 공격성에는 상대의 옆구리를 강하게 죄거나 넘어뜨리고 발로 차고, 앞발로 마치 권투를 하듯—실제로 두 마리의 동물이 발가락 끝으로 서서 가벼운 왼발의 잽과 오른발의 어퍼컷을 날린다.—공격을 퍼붓는 동작 등이 포함된다. 그러나 정상적인 상황이라면, 어느 쪽이든 상처를 입는 일은 거의 없다.

심지어는 바닷가재들 중에서도 공격적인 자세를 취할 때, 발(최소한 집게발) 끝으로 서서 몸을 곧추세우는 종류가 있다. 복종을 나타낼 때에는 땅 위에 납작 엎드려서 다리를 몸에 붙이는 자세를 취한다. 이것은 "네가 공격하고 싶어도 내게 상처를 (최소한 쉽사리) 입힐 수 없다."라는 메시지를 전하는 자세이다. 인간 사회에서도 이와 비슷한 자세를 발견할 수 있다. 경찰은 무기를 소지하고 있을 가능성이 있는 용의자에게 손을 들라고(이렇게 해야 무기를 사용할 수 없다.) 명령한다. 또는 양손을 목 뒤로 돌려 깍지를 끼게 하거나(마찬가지 이유이다.) 벽 쪽을 향해 서서 벽에 손을 대고(그들의 손이 자신의 몸을 떠받쳐야 하는 자세이다.) 고개를 숙이도록 지시하기도 한다. 용의자가 항복을 뜻하는 말을 할 수도 있지만("다른 짓은 하지 않겠어요. 정말입니다." 등), 경찰관은 좀 더 안심할 수 있는 확실한 자세를 요구한다.

포유류에 속하는 고등 동물들은 거의 대부분 수컷이 뒤쪽에서 암컷의 질 속으로 삽입을 하는 방식으로 교미한다. 암컷은 수컷이 올라타기 자세를 취할 때 수컷을 돕기 위해 엎드리는 자세를 취한다. 암컷은 수컷의 삽입을 도우려고 특수한 동작을 한다. 하반신을 앞으로 내밀고 허리를 비트는 식의 도발적인 동작은 수컷을 유혹하는 상징 언어의 일부인 셈이다. 땅에 엎드리는 이유는 물론 수컷이 쉽게 삽입할 수 있도록 하기 위한 것이지만, 다른 한편으로는 "저는 도망칠 생각이 전혀 없어요."라는 의사 표시도 겸하고 있다. 그 밖의 여러 종에서도 이와 유사한 행동을 발견할 수 있다. 풍뎅이 수컷은 암컷의 등 위에 올라타 구애의 춤을 추고, 다른 종의 풍뎅이 수컷들은 다리, 촉각, 입, 성기를 연주하듯 두들기기도 한다. 이렇게 되면 암컷이 움직일 수 없게 된다.[19] 남자들이 이상한 매력을 느끼는 전족(중국에서는 약 1,000년 동안이나 전족의 풍습이 계속되었다.), 굽이 높은 구두(현대의 서구 사회 전체에 퍼져 있다.), 여성들의 활동을 제약하는 전통 의복,[20] 그리고 보호 본능을 유발하는 가냘픈 무력함에 대한 성적 끌림 등은 이러한 상징이 인간적인 모습으로 나타난 격이다.

많은 종의 알파 수컷은, 다른 수컷이 같은 집단 내의 암컷과 교미를 하려고 하면 위협을 가한다. 암컷이 임신 가능한 시기에는 특히 그러하다. 암컷들은 알파 수컷 이외의 지위가 낮은 수컷들과 자주 '밀회'를 즐긴다. 따라서 알파 수컷이 항상 다른 수컷의 교미를 저지하지는 못한다. 그래도 알파 수컷은 다른 수컷들을 위협하느라 열심이다. 이것은 암컷 사이에 형성된 위계 속에서도 마찬가지이다. 일례로 번식 기간 중의 알파 암탉은 수탉에게 접근하는 모든 암탉들을 공격 대상으로 삼기도 한다. 겔라다비비(에티오피아산 비비의 일종)에게는 암컷의 위계 서열이 있지만, 배란 기간 중에 서열이 높은 암컷이 지위가 낮은 암컷보다 더 자주 교미를 하지는 않는다. 그런데도 하위 암컷은 거의 새끼를 낳지 못한다. 낮은 지위와 관계되는 어떤 요인이 번식력을 저하시키는 것이다. 실제로는 자궁 속으로 난자가 나오지 않았거나 빈번하게 자연 유산이 일어나는지도 모른다. 이유가 무엇이든 간에 서열이 낮은 암컷은 임신을 제한당한다. 비단털원숭이는 하위 암컷의 배란을 억제하는데, 위계에서 벗어나는 즉시 임신이 가능해진다.[21] 이처럼 높은 지위의 암컷에게 유리하게 공헌하는 유전자는, 가령 몸집이 크고 사회적인 능력이 뛰어난 특징을 갖는 유전자는 우선적으로 다음 세대에 전달된다. 이것은 세습적인 특권 계급의 안정화로 이어진다.

사슴과, 솟과에 속하는 동물들과 그 밖의 다른 동물에서 알파 수컷은 주위에 하렘을 만들어 암컷들을 거느리고, 다른 수컷들을 쫓아낸다. 그러나 그들의 성공은 대개 제한적이다. 번식기가 지나면 수컷은 단독 생활로 돌아가고, 암컷들과 어린 새끼들 역시 다시 독자적인 사회 생활을 시작한다. 사슴류에서 이런 무리를 '암사슴 집단(hind group)'이라 부르는데, 그 집단에도 위계 체제가 적용된다. 일반적으로 이런 집단의 우두머리는 위협이나 투쟁 능력이 아닌 나이에 따라 결정된다. 번식 능력이 있는 암컷 중에서 가장 나이 많은 개체가 우두머리가 되는 것이다(모두 암컷으로 이루어진 아프리카코끼리의 집단도 마찬가지이다. 수백 마리에 이르는 대집단인 경우에도 그 사회 구조는 매우 안정되어 있다.). 이런 집단은 적에 대한 방어를 위해 조직되는 것으로 추정된다. 공격을 받으면, 암컷들은 다이아몬드나 추(錘) 모양으로 대열을 형성해 선두에는 알파 암컷이 서고, 마지막 후미에는 베타 암컷이 위치한다. 추적자들이 접근해 오면 베타 암컷은 용감하게 멈추어서 포식자를 유인한다. 그 틈을 타 다른 개체들이 도망치면, 그때부터 알파 암컷과 베타 암컷은 역할을 교대한다.

작은 규모의 충돌이 벌어질 때 위계는 뚜렷한 위력을 발휘한다. 일단 사태가 발생하면 개체의 우위에 대해 거의 관심이 없는 포유류의 암컷들까지도 대열을 갖춘다. 위계는 개체와 집단 모두에게 매우 유용한 최소한 두 가지 기능을 가지고 있다. 집단 내에서 벌어지는 싸움이나 위험을 최소화하고(우리가 부르는 식으로 표현하자면 정치적 안정화를 추진하고), 그와 동시에 집단 간이나 다른 종과의 분쟁에 대비하는(우리는 이것을 군사적 준비라고 부를 수 있다.) 기능이다.

순위제의 세 번째 이점은 육체적·행동적으로 뛰어난 알파 수컷들의 유전자를 우선적으로 증가시킨다는 사실이다. 특정 집단 내의 모든 개체에 공통된 전략을 생각해 보자. 그것은 "만약 내가 몸집이 크고 강하면 다른 녀석들을 위협하고, 반대로 작고 약하면 굴복한다."라는 식이 될 것이다. 이것은 여러 가지 측면에서 모두에게 유용한 전략으로, 유일한 관심의 초점은 '나 자신'이다.

인간인 우리가 복종이나 잔인성을 수반하는 이런 순위제 속에 자신이 처해 있다고 상상할 때 분노를 느끼는 것은 당연한 일이다. 그러나 그런 느낌과 함께, 모든 사람이 자신의 지위를 알고, 아무도 일정한 선을 벗어나지 않고 말썽을 일으키지도 않으며, 상급자에게는 항상 복종과 경의를 나타내는 사회 기구가 훌륭하게 기능할 때 얻을 수 있는 쾌적함도 상상할 수 있을 것이다. 위계의 이점이 자유나 개인의 존엄성에 앞선다고 생각하거나, 아니면 그 역의 생각을 하게 되는 것은 우리가 받고 있는 학교 교육이나 우리가 살고 있는 사회가 민주주의적인지 아니면 권위주의적인지에 따라 달라질 것이다. 그러나 이 자리에서의 논의는 인간에 대한 것이 아니다. 인간은 붉은사슴이 아니며, 햄스터나 비비도 아니다. 이 동물들은 '비용 대비 효과' 분석을 통해 결정을 내렸다. 그들에게는 법과 질서가 개인보다 더 높은 선(善)이었다. 모든 개체가 저마다 권리와 자유를 가지고 그것은 제도적인 보호를 받아야 한다는 것은 햄스터에게는 참이 아니다.

위계라는 게임을 하기 위해서는 최소한 누가 누구인지 기억하고, 상대의 지위를 인식하고, 그에 합당한 지배나 복종의 태도를 취할 수 있어야 한다. 지위는 고정된 것이 아니기 때문에, 재평가를 되풀이하고 상황에 따라 어떤 항목이 평가의 중심이 되는지 올바로 판단하는 능력이 무엇보다 중요하다. 위계는 이익을 가져다주는 대신 그 대가로 사고와 유연성을 요구한다. 어떻게 위협하고 어떻게 복종하는지 깨닫기 위해서는, 핵산을 통해 유전적으로 전달된 정보만으로는 부족하다. 지인(知人), 협력자, 적, 연인 등의 순위 변화에 융통성 있게 여러 가지 행동을 '적용'할 수 있어야 한다. 그들의 우위는 상황에 따라 변화되며, 그들의 특성이나 현재의 상황은 핵산 속에 기록되어 있지 않기 때문이다. 사냥하는 법, 도망치는 요령, 부모에게서 받는 학습과 마찬가지로, 위계도 두뇌를 필요로 한다. 그런데도 유전자에 기록되어 있는 명령은 뇌가 가지고 있는 지혜와는 비교할 수 없이 폭넓은 범위에서 동물을 지배하고 있다.

처음에는 동물들도 각각의 '개체'들을 식별하는 데 익숙하지 않아서, "내가 좋아하는 성 유인 물질을 내고 있으니까, 그가 내 연인이겠지."라는 정도로 만족했을 것이다. 포식자와 먹이가 되는 동물의 관계에서, 또는 새끼를 기를 의무가 없는 수컷들의 성적인 모험에서는 개체를 정확하게 식별해도 큰 보수를 얻을 수 없다. 따라서 "내게는 모두의 냄새가 똑같아."라든가 "어두워서 누가 누군지 분간할 수 없어." 하는 식으로도 무난히 살아갈 수 있다.

다시 말해서 수컷은 틀에 박힌 행동만으로도 적응하는 데 큰 어려움이 없는 셈이다. 그러나 진화적 시간이 경과하면서 좀 더 미세한 구분이 가능해졌다. 새끼의 아비가 누구인지 알 수 있다면 도움이 될 것이다. 그렇게 되면 새끼를 기르고 보호하는 역할을 수컷에게도 맡길 수 있을 테니까 말이다. 지위를 둘러싸고 매일같이 되풀이되는 싸움을 피하거나 위계의 계단을 오르고 싶다면, 위계 속에서 다른 모든 수컷들이 어떤 지위에 있는지 정확히 알 수 있는 것도 유용할 것이다.

현대의 영장류 연구를 통해 밝혀진 놀라운 사실의 하나는, 인간 관찰자는 후각의 도움을 전혀 받지 않고도 무리 속에 있는 모든 비비나 집단 속의 모든 침팬지를 상당히 빨리 구분할 수 있다는 것이다. 비비나 침팬지와 조금만 함께 지내면 그들은 더 이상 '그놈이 그놈 같은' 상태를 벗어난다. 물론 그렇게 되기 위해서는 약간의 학습 의욕과 사고력이 필요하다. 그렇지만 우리는 그 정도의 능력을 충분히 가지고 있다. 이런 개체 식별이 불가능하다면, 인간을 비롯해서 사회 생활을 하는 대부분의 동물들은 우리에게 수수께끼로 남아 있을 것이다. 인간은 언어, 의복, 행동적 특성 등을 통해 비교적 쉽게 개체를 식별할 수 있다. 그러나 우리의 마음속에는 아직도 개체 차이를 인식하고 개체들을 각기 별개로 판단하는 것보다는——사람이든 다른 동물이든 간에 ── 정형화된 소수의 범주로 분류하고 싶은 유혹이 남아 있다.

인종 차별이나 성차별, 유해한 배타주의는 아직도 큰 문제가 되고 있다. 그러나 우리 시대가 자랑할 수 있는 성과 중 하나는, 비록 여러 차례의 잘못된 출발에도 불구하고, 우리가 이런 과거의 유물에서 벗어날 준비가 되었다는 데 전 세계가 합의했다는 사실이다. 우리의 내부에서는 여러 가지 과거의 소리가 울려 퍼지고 있다. 우리는 더 이상 쓸모가 없는 소리를 무시할 수도 있고, 중요한 소리들을 크게 증폭시킬 수도 있다. 그것이 우리가 희망을 가질 수 있는 근거이다.

지배와 복종이라는 큰 주제에 대해서는 아직 판결이 나지 않은 상태이다. 실상 군주제는 지난 2~3세기 동안 세계의 무대에서 자취를 감추었고, 오늘날에는 극히 일부 국가에서 그 명맥을 유지하고 있을 뿐이다. 그리고 민주주의는 지구라는 행성에서 끊임없이 세력을 넓히고 있는 것 같다. 그러나 아직도 알파 수컷의 명령과 오메가 수컷의 고분고분한 복종은 인간 사회와 정치 조직 속에서 일상적인 조직 원리로 기능하고 있다.

무상

인생에게는, 그날이 풀과도 같고
피고 지는 들꽃 같아,
바람 한번 지나가면 곧 시들어,
그 있던 자리조차 알 수 없다.

───「시편」103장 16절

12장
카이니스와 카이네우스

영원히 죽지 않는 신도 도망칠 수 없고,

하루살이처럼 덧없는 인간 역시 마찬가지이다.

사랑에 빠지면 오직 미칠 뿐이다.

　　　　　　　　　　　　　——소포클레스, 『안티고네』[1]

육지와 큰 소리로 포효하는 바다 위를 날아다니는

황금빛 날개의 포로가 되면, 모든 사람의 마음은 매혹된다.

산에서 짐승들을 사냥하는 사자도, 바다에 사는 물고기들도,

대지가 양육하는 그 모든 생물들,

붉게 타오르는 해의 눈에 비치는 모든 것,

그리고 인간까지도.

사랑! 당신은 이 모든 것을 하나도 남김없이

절대적인 권력으로 쥐고 있다.

사랑! 당신이야말로 이 모든 것의

유일한 지배자인 것을.

　　　　　　　　　　　——에우리피데스, 『히폴리토스』(1268년)[2]

고대 그리스의 신화는 카이니스(Kainis)에 대해 이렇게 전하고 있다. 테살리아 지방의 절세 미녀로 이름 높던 카이니스는 인적이 없는 해변을 혼자서 걷고 있었다. 바다의 신이자 신들의 왕 제우스의 형이고, 자주 여인네들을 겁탈했던 포세이돈이 그 모습을 은밀히 훔쳐보고 있었다. 더 이상 욕망을 억제할 수 없게 된 포세이돈은 사정없이 그녀에게 달려들었다. 욕심을 다 채운 포세이돈은 그녀가 측은한 생각이 들어 보상으로 무엇을 원하느냐고 물었다. 그러자 그녀는 '남자의 성기'라고 대답했다. 그녀는 남자가 되기를 원했던 것이다. 그것도 평범한 남자가 아니라 '남자 중의 남자', 어떤 전투에서도 상처를 입지 않는 불사신과도 같은 전사가 되기를 원했다. 그렇게 되면 포세이돈에게 당한 것과 같은 치욕은 두 번 다시 없을 테니까 말이다. 포세이돈은 그녀의 소원을 들어 주었다. 남자로서의 변신은 완벽해서, 카이니스는 카이네우스(Kaineus)가 되었다.

세월이 흐르고 카이네우스는 아버지가 되었다. 그는 날카로운 검을 뛰어난 솜씨로 휘둘러 많은 적을 죽였다. 그렇지만 상대의 검이나 창은 그의 몸에 상처를 입힐 수 없었다. 이 메타포의 뜻을 읽어 내기란 그다지 어렵지 않다. 카이네우스는 날이 갈수록 기고만장해져서 이윽고 신들까지 무시하게 되었다. 그는 시장 안에 자신의 창을 세워 놓고 사람들에게 그 창을 경배하고 그 창에 제물을 바치도록 강요했다. 게다가 다른 신들을 숭배하지 못하도록 엄한 명령을 내리기까지 했다. 이것이 상징하는 바 또한 매우 분명하다.

그리스 인들은 극도의 오만함을 흔히 '지나친 자신(*hubris*)'이라고 하는데, 이것은 그 좋은 예이다. 이런 오만함은 남성들만이 가진 특징이다. 얼마 지나지 않아 카이네우스의 오만함은 신들의 눈살을 찌푸리게 만들었고, 결국 벌이 내렸다. 영원히 죽지 않는 불사의 신들에게 충분한 경의를 표하지 않는 인간에 대해 신들은 복종을 요구했다. 이윽고 신을 무서워하지 않는 카이네우스의 몰염치한 작태는 인간들의 재판 기록을 책상 하나 가득 쌓아 놓고 있는 제우스의 귀에까지 들어가게 되었다. 제우스는 상반신은 인간이고 하반신은 말의 형상을 하고 있는 키메라인 켄타우로스들에게 자신의 무자비한 판결을 시행하도록 지시했다.

켄타우로스들은 제우스의 명령에 따라 카이네우스를 공격하면서 이렇게 비아냥거렸다. "너는 자신이 어떤 대가를 치르고 남자라는 거짓 형상을 얻게 되었는지 잊었느냐? …… 전쟁은 남자들에게 맡겨 두어라." 그러나 켄타우로스들은 카이네우스의 빠른 칼을 당해 내지 못하고 무려 여섯이나 목숨을 잃었다. 카이네우스의 몸에 닿은 그들의 창은 지붕에 떨어지는 싸락눈처럼 힘을 쓰지 못하고 떨어져 버렸다. 켄타우로스들은 치욕에 떨면서 "온전하지도 않은 반쪽 남자에 불과한, 고작 한 명의 적에게 패했다."라는 공허한 푸념만 늘어놓을 수밖에 없었다.

그래서 그들은 숲의 나무를 이용해 카이네우스를 질식사시키기로 결정하고, "그의 끈질긴 생명을 빼앗기 위해" 엄청나게 많은 나무를 베어 냈다. 카이네우스는 호흡에 관해서는 특별한 힘을 가지고 있지 않았기 때문에, 결국 싸움이 끝나자 켄타우로스들은 카이네우스를 질식시켜 승리를 거둘 수 있었다. 그를 매장하려 할 때, 그들은 카이네우스가 원래의 카이니스로 돌아간 사실을 발견하고는 매우 놀랐다. 용맹한 전사가 연약한 처녀의 모습으로 돌아간 것이다.[3]

불행하게도 변신을 위해 포세이돈이 사용했던 약의 양이 카이니스에게 너무 많았던 것이었으리라. 한 사람의 남성을 만들기 위해서는 무엇이든 적당한 양이 있는 법이고, 그보다 넘쳐도 모자라도 문제가 일어날 수 있다는 사실을 고대 그리스 인들은 이미 깨닫고 있었던 것이다.

참새의 고환은 그 길이가 1밀리미터, 무게가 1밀리그램 정도이다 (참새만 한 고환을 가진 사람이라는 표현을 들어 보지 못한 이유는 그 때문일 것이다.). 정상 고환을 가지고 있는 공격적인 새들은 선형 위계의 대열에 가담해, 세력권을 침입하는 다른 새들을 쫓아낸다. 그리고 만약 그들이 지위가 높은 수컷이라면 생식력이 있는 암컷의 획득에 성공하게 된다. 그런데 깃털 밑에 있는 두 개의 작은 기관을 없애면 상황은 돌변한다. 다시 말해 그 새가 회복되어 건강해져도 이전과 같은 행동은 완전히 또는 거의 사라져 버리게 된다. 공격적인 기질을 가지고 있던 새가 종속적이 되고, 세력권에 대한 의식이 강하던 새는 침입자가 나타나도 너그러운 태도를 보이고, 정열적이던 새가 교미에 완전히 흥미를 잃게 된다.

그런데 이때 일정량의 스테로이드 분자를 참새에게 주입하면 그 새는 교미에 대한 정열뿐만 아니라 공격성, 우위 행동, 세력권 의식 등을 단번에 회복하게 된다. 메추라기를 거세하면 불과 얼마 지나지 않아 뽐내는 걸음걸이, 위세 있는 울음소리와 같은 특성이 사라지고, 교미도 중지된다. 더군다나 암컷의 관심을 끌지도 못하게 된다. 그렇지만 그들에게 같은 스테로이드를 주사하면 역시 이전의 행동 양식이 되살아나서, 뻐기는 듯한 걸음걸이를 보이고 큰 울음소리를 내며, 교미도 가능하게 된다. 그리고 암컷들 역시 부활한 수컷에게 매력을 느끼게 된다. 달랑게의 어린 수컷을 거세하면, 비대칭형이 특징인 거대한 집게발이 자라지 않는다.

인류는 이미 수천 년 전에 이런 사실들을 깨닫고 있었다. 포로가 된 전사는 행여 일으킬 수 있는 문제를 미연에 방지하기 위해 거세되었다. 사람들은 오늘날까지도 신통치 못한 정치가들을 '정치적 고자'라고 부른다. 족장이나 황제는 하렘의 여인들을 지키는 병사들을 모두 거세시켰다. 그것은 병사들이 유혹에 굴복하는 일이 없도록(경우에 따라 그들이 유혹과 타협하더라도, 여자 주인을 임신시키는 불상사는 발생하지 않도록) 하기 위한 일종의 예방 조치였다. 그래서 그들의 충성심은 가족 사이의 잡다한 애정이나 의무에 의해 혼란되는 일 없이 일편단심 족장이나 황제를 향할 수 있었다. 거의 동일한 분자가 참새, 메추라기, 달랑게뿐만 아니라 인간의 행동에까지 영향을 주어 근본적인 변화를 일으킨다는 사실은 무척 놀랍다.

마법사들이 사용하는 신비스러운 약처럼, 이런 변신을 일으키는 스테로이드 분자는 바로 테스토스테론(testosterone, 남성 호르몬의 일종—옮긴이)'이다. 구조가 유사한 다른 분자와 함께 테스토스테론은 남성 호르몬(안드로젠)이라고 불린다.[4] 주로 고환 속에서, 콜레스테롤으로부터 합성된 테스토스테론은 혈류를 타고 체내를 돌아다니면서 남성 특유의 여러 가지 복합적인 행동을 일으킨다. 이런 사실에 적합하게 어울리는 표현으로, "저놈은 확실히 불알 두 쪽을 가진 사내야(He's got balls.).'"라는 말이 있다. 이 말은 타의 모범이 되는 용기와 독립심을 가진 남자이고, 겁쟁이나 아첨꾼이 아니라는 뜻이다.

새롭게 형성되고 있는 수컷 원숭이 집단에서는 위계가 높은 개체일수록 혈액 속에 테스토스테론의 양이 많다는 사실이 밝혀져 있다. 그러나 위계가 안정되고 상징적이고 의식적인 싸움이 일어날 뿐 베타들이 알파에게 일상적으로 복종하게 되면, 순위와 테스토스테론의 양(量) 사이의 상관관계는 사라진다.[5] 동물이 더 많은 테스토스테론을 가지면, 잠재적인 경쟁자보다 우위에 서기 위해 그에게 도전하고 제압하려는 움직임을 훨씬 활발하게 나타내게 된다.[6] 테스토스테론의 수준이 높은 상태에서는 집단 내에서만 작용하던 우위가 세력권 전체에 대한 우위로 차츰 확장되는 경향이 종 전체에 걸쳐 나타난다. 따라서 집단의 우두머리가 세력권의 지배자가 되는 것이다.

대부분의 동물의 뇌에는 테스토스테론을 비롯한 그 밖의 성호르몬이 화학적으로 결합하는 특정한 수용체의 부위가 있고, 그 부분이 호르몬에 의해 유발되는 행동을 지시하고 관장한다. 물론 위세 있는 걸음걸이, 큰 울음소리, 위협, 싸움, 교미, 세력권 방어 그리고 지배위계에 대한 적응 등 여러 가지 특성에 관여하는 뇌 속의 각기 별개의 통제 본부가 있겠지만, 모든 본부는 저마다 테스토스테론에 의해 작동되는 스위치를 가지고 있다. 고환에서 생성된 테스토스테론이 혈류를 타고 뇌에 도달할 때에만 모든 행동이 시작된다. 개체의 뇌세포 속에서는, 테스토스테론의 등장으로 그전까지는 전사(轉寫)를 중지하고 있던 ACGT 염기 서열(유전자)이 활성화되고, 핵심적인 효소들이 합성되기 때문이다. 많은 호르몬과 마찬가지로 테스토스테론의 혈중 농도를 유지하는 정(正)이나 부(負)의 되먹임 기구의 제어를 받고 있다.

동물의 수컷이 테스토스테론의 작용 때문에 어쩔 수 없이 싸움을 하고 위협을 하는 것은 아니다. 수컷들은 즐거운 마음으로, 희열에 빠져 그런 행동을 하는 것처럼 보인다. 생쥐는 다른 수컷과 싸울 수 있는 기회가 주어질 때 복잡한 미로를 달리며 길을 찾는 법을 배운다. 생쥐에게는 그 이상의 보상은 없는 셈이다. 그와 유사한 예는 인간 세계에서도 무수하게 찾아볼 수 있다. 많은 자손을 남기는 것이 주된 목적인 활동에는 쉽게 열중할 수 있다는 특징이 있다. 성행위 자체가 가장 분명한 보기이다.

수태 기간이 매우 짧은 동물, 가령 생쥐의 경우에도 수태와 출산 사이의 기간은 그 동물이 원인과 결과를 관련 지어 인식하기에는 지나치게 길다(생쥐의 지능을 고려할 때). 따라서 생쥐에게 교미와 후손을 남기는 일 사이의 연관성을 이해시키려고 노력한다는 것은 그들의 유전자에 '소멸'이라는 낙인을 찍는 것이나 진배없을 것이다. 그것보다는 교미에 대한 거역할 수 없이 격렬한 욕구를 주고 그 욕구를 강화하기 위한 수단으로 교미에 참여하는 당사자에게 쾌감을 더해 주는 편이 훨씬 확실할 것이다. 이것이야말로 DNA가 가장 명백하고 명확한 방법으로 자신의 지배력을 유감없이 드러내는 독창적인 방법인 것이다.

이미 거래는 확실히 이루어졌다. 동물은 먹이가 없이도 지낼 수 있고, 극단적으로 굴욕적인 자세를 취할 수 있으며, 같은 종의 다른 동물과 DNA 사슬을 교환하기 위해 모든 것, 심지어는 목숨을 걸 수 있다. 그 보상으로 몇 초에 불과한 짧은 성적 환희가 주어진다. 그 쾌감은 DNA를 가지고 있으며, 그 DNA를 소중히 양육하고 있는 동물에게 DNA가 지불하는 일종의 대가이다. 그 밖에도 DNA가 야기하는 기쁨의 예는 많다. 아이(새끼)에 대한 부모의 애정, 탐험이나 발견에 대한 기쁨, 용기, 우정, 이타주의 등이 그것이다. 테스토스테론이 우두머리나 세력권의 지배자를 만드는 것도 마찬가지 이유이다.

테스토스테론과 유사한 호르몬들은 밑으로는 수생 균류(水生菌類)에 이르기까지 생식 기관과 성 행동의 발달에 중심적인 역할을 담당하고 있다. 오늘날 이처럼 폭넓은 종에 걸쳐 분포한다는 사실을 고려하면, 스테로이드는 아주 오랜 과거에 발생한 것이 분명하다. 스테로이드의 역사는 생물이 최초로 성을 탄생시킨 10억 년 전에까지 거슬러 올라갈 수 있을지도 모른다.

성이라는 거의 동일한 목적을 위해 종을 넘어 같은 분자가 사용된다는 사실은 흥미롭고 기묘한 현상을 일으킨다. 가령 돼지의 핵심적인 성페로몬은 '5-알파 안드로스테놀'인데, 화학적으로는 테스토스테론과 비슷하다. 그 호르몬은 수퇘지의 타액 속에 들어 있다(인간의 침 속에 테스토스테론이 있는 것과 마찬가지이다.). 발정기의 암퇘지가 이 스테로이드의 냄새를 맡으면, 즉시 수컷 앞에서 도발적인 교미 자세를 취한다. 그런데 흥미로운 일은 프랑스의 식도락 요리에 사용되는 송로버섯은 동일한 스테로이드를 돼지의 타액보다 더 진한 농도로 함유하고 있다. 미식가들이 송로버섯을 찾는 데 돼지를 사용하는 이유는 필경 그 때문일 것이다(암퇘지는 자신을 항상 사랑에 빠뜨리는 이 시커멓고 작은 진균류 덩어리를 왜 인간들이 잔혹하게 낚아채 가는지 이상스럽게 생각할 것이다.). 버섯의 일종인 송로버섯에 들어 있는 스테로이드가 성적으로 중요한 역할을 하고, 암퇘지를 자극하는 냄새를 가지는 것은 단순한 부작용의 결과일까? 아니면 돼지에게 자극을 주는 효과를 가짐으로써, 돼지를 통해 자신의 홀씨를 널리 퍼뜨릴 수 있고 이것을 이용해 지구를 송로버섯으로 덮으려는 의도를 가진 것일까?

이런 사실들을 모두 고려할 때, 5-알파 안드로스테놀이 남성의 겨드랑이에서 나는 땀 속에 대량으로 함유되어 있다는 사실을 어떻게 받아들여야 할까?[7] 아주 오래전에는, 그러니까 공중 위생이 발달해서 오늘날처럼 향수와 냄새 제거제가 사용되기 이전의 시대에 5-알파 안드로스테놀이 인류나 그 선조의 구애 행위나 성행위에 상당한 역할을 하지 않았을까(일반적으로 여성의 코가 남성의 겨드랑이와 같은 높이라는 사실도 간과할 수 없다.)?* 이런 사실은 돈 많은 부자들이 거의 아무런 맛도 없는 코르크 비슷한 송로버섯에 터무니없이 비싼 돈을 들인다는 사실과도 어떤 관계가 있지 않을까?

유전적으로는 수컷인 배(胚)에 테스토스테론이나 다른 안드로겐이 분비되지 않으면, 그 배는 여성의 생식기를 가지고 태어난다. 반대로 유전적으로 암컷인 배가 높은 수준의 테스토스테론이나 안드로겐을 받게 되면 웅성화(암컷이지만 미숙한 상태에서 수컷화되는 현상)된다. 스테로이드의 양이 적으면 상당히 큰 음핵을 가지고 태어날 것이다. 반대로 스테로이드의 양이 많으면, 배의 음핵은 음경이 되고, 대음순은 말려져 음낭이 된다. 유전적으로 암컷인 배는 일견 정상적으로 보이는 음경과 음낭을 만들어 내겠지만, 정작 그 음낭 속에는 고환이 들어 있지 않다(그 배는 기능을 하지 않는 난소도 가지고 있을 것이다.). 이런 소녀가 성장하면 인형이나 소꿉놀이보다는 총이나 자동차를 더 좋아하게 되고, 놀이친구로 여자 아이보다도 사내 아이를 선택하며, 집 안이나 야외에서 시끄럽게 뛰어놀기를 좋아하고 남성보다는 여성에 대해 성적

● 이 책을 읽는 전문적인 평자들은 이렇게 불평을 늘어놓을 것이다. "내가 한마디 해주어야겠다. 냄새를 맡기 위해서 반드시 코가 겨드랑이 높이에 있을 필요는 전혀 없다. 체육관에 들어섰을 때 코를 찌르는 냄새를 생각해 봐도 쉽게 알 수 있다." 그러나 체육관은 많은 운동 선수들이 몇 년 동안 자연적으로 분비한 땀으로 찌들어 있다. 또한 5-알파 안드로스테놀과 유사한 물질은 오늘날 이른바 최음제로 판매되고 있다고 지적하는 사람도 있을 것이다.

인 매력을 느끼게 될 것이다(그렇지만 그 역의 경우가 존재한다는 증거는 없다. 일례로 대부분의 말괄량이들은 과도한 양의 안드로겐을 가지고 있다.).[8]

유전적인 면에서뿐만 아니라 외성기의 측면에서 남성과 여성 사이의 차이는 수태 후 처음 2~3주일 동안 어느 정도 양의 남성 스테로이드를 받았는지에 달려 있다. 발생 도중의 배의 조직이 남성 호르몬의 영향을 받지 않고 그대로 성장하면 여성이 된다. 그리고 테스토스테론과 유사한 호르몬을 받으면 남성이 되는 것이다.• 조직은 안드로겐(이 말의 뜻은 '남성을 만드는 것'이다.)을 만나면 마치 눌러 놓은 용수철이 튀어 오르듯 즉시 반응한다. 발생 도중의 배에는 안드로겐만이 누를 수 있는 스위치가 달려 있다. 일단 스위치가 '눌리면' 매우 중요한 체내의 기구──사실 스위치가 눌리지 않았다면 그런 기구가 있는지조차 알 수 없는 기구──가 작동을 시작해서 마치 신화와도 같은 변화를 일으킨다.

무수한 이종(異種) 동물들 사이에서 폭넓게 발견되는 에스트로겐(estrogen)은 암컷의 공격성을 억제하고, 또 다른 호르몬인 프로게스테론(progesterone, 황체 호르몬)은 새끼들을 보호하고 돌보게 하는 여성다운 성향을 증강시킨다(이 호르몬들 명칭은 각각 '발정시키는 것'과 '임신을 촉진하는 것'에서 유래했다.). 어미 쥐는 다른 포유류와 마찬가지로 자신의 새끼들에게 세심한 주의를 기울인다. 우선 둥지를 만들어 새끼들을 지키고, 먹이를 주고, 깨끗이 혀로 핥아 주고, 집을 찾지 못하고 헤매는 새끼

• 따라서 아리스토텔레스가 "여성이란 바꾸어 말하자면, 불완전한 남성이다."라고 한 말[9]──이 말을 약 2,000년 후에 프로이트가 반복하고 있지만──은 완전히 잘못된 것이다(테스토스테론이 없으면 남성은 여성이 된다고 말하는 편이 좀 더 진실에 가까울 것이다.). 여성은 몸속에서 테스토스테론을 재료로 삼아 가장 강력한 에스트로겐인 에스트라디올을 합성한다.

들을 찾아 데려오고 교육한다. 그렇지만 아직 새끼를 낳지 않은 암컷은 이런 행동을 하지 않을 뿐만 아니라 갓 태어난 새끼들을 고의로 무시하고, 심지어는 그들을 피하기까지 한다. 그러나 이런 암컷에게 여성 호르몬인 프로게스테론이나 에스트라디올(estradiol, 난소 호르몬)을 주입하면, 체내의 호르몬 양이 임신 후기 단계에 도달해서 전형적인 모성 행동이 나타난다. 에스트로겐의 양이 많아진 쥐는 불안이나 공포심이 줄어들어 온순해지고, 호전성도 사라진다.[10]

여성 호르몬은 주로 난소에서 만들어진다. 그러나 우리는 온화하고 유능하며 애정이 풍부한 어머니를 볼 때, '아! 그분은 난소를 가지고 있구나!'라고 소리치고 싶은 생각이 들지는 않는다. 그 이유는 고환이 상처를 입기 쉬운 외부에 노출된 주머니 속에 들어 있어서 사고 등에 손상을 입을 가능성이 높다는 사실과 관계가 있을 것이다.● 반면 난소는 몸속의 저장소 안에 안전하게 보관되어 있다. 깊은 지하실 금고 속에 보관되어 있는 가보처럼 난소를 소중히 다루어야 하는 것은 분명한 사실이다.

여성 호르몬은 배란기에 절정에 도달하는 발정 주기를 제어한다. 일반적으로 배란기가 되면 여성은 교미할 준비가 완료되었다는 신호를 나타내는 후각적·시각적 신호를 낸다. 대부분의 종에서 발정은 자주 일어나지 않으며, 길게 계속되지도 않는다. 일례로 암소는 3주

● 고환이 몸 밖에 있는 이유는 일반적으로 체내에 있는 경우보다 온도를 2~3도가량 낮게 유지하기 위해서라고 생각되고 있다. 고환이 따뜻한 복부 안에 있으면 거의 정자가 생성될 수 없고, 대다수의 남성은 불임이 될 것이다. 다시 말해 고환이 체외에 있을 때 얻을 수 있는 이익이 그로 인한 위험보다 큰 것이다. 참새와 같은 동물은 고환이 신체 안에 있지만, 온도가 올라가도 정자는 건강한 상태를 유지한다. 왜 고환을 몸속에 가지고 있는 동물과 그렇지 않은 동물이 있는지에 대한 분명한 이유는 아직 밝혀지지 않았다.

일에 한 번씩 약 여섯 시간 동안 교미에 관심을 갖게 된다. 더군다나 암소는 자주 교미를 하지 않는다. 메리 미즐리는 이렇게 썼다.[11] "거의 모든 종에서, 짧은 교미 기간과 단순하고 본능적인 패턴은 마치 크리스마스 쇼핑처럼 때가 되면 한 번씩 치러야 하는 틀에 박힌 행사이다." 기니피그에서 작은 원숭이에 이르는 폭넓은 포유류 종에서는, 발정기 이외의 교미는 암컷의 흥미를 끌 수 없을 뿐만 아니라 (암컷의 생식기에 나타나는) '정조대' 때문에 물리적으로도 불가능하게 되어 있다. 발정기가 아니면 암컷의 질은 막이나 마개에 의해 닫히거나 심한 경우에는 아예 막히기까지 한다.

그와는 대조적으로 인간을 비롯한 일부 유인원의 경우에는 발정 주기에 상관없이 언제나 사실상 성교가 가능하며 실제로 이루어지고 있다. 어떤 사람들은 발정 주기를 (체온의 미미한 변화를 이용해 측정해서) 추적해서 배란기 전후에는 성관계를 피하는 방법으로 피임을 한다. 가톨릭 교회가 묵인하고 있는 이 피임법은 대부분의 동물들의 관행—배란기가 되면 요란한 시각적·후각적 신호로 선전하고, 배란기가 지나면 교미를 회피하는 행동들—을 거꾸로 뒤집은 일종의 거울상인 셈이다. 그것은 우리가 선조들과는 얼마나 동떨어진 문화를 가지게 되었는지 그리고 우리 내부에서 얼마나 근본적인 변화가 일어났는지를 상기시켜 준다.

거의 모든 동물의 배란 주기는 대략 2~3주일이다. 그리 많은 숫자는 아니지만, 거의 정확한 태음(太陰) 주기(초승달이 뜰 때마다 배란이 시작되는 주기)를 가지는 동물도 있다. 인간 역시 그중에 포함된다. 이런 특성이 우연의 일치 이상의 것인지, 만약 그렇다면 왜 그런지에 대해서는 아직 알려지지 않고 있다.

포유류는 새끼에게 젖을 먹이는데, 그 역할은 암컷이 전적으로 떠

맡고 있다.* 이것은 생물학이나 분류학의 고전적인 분류 범주 가운데 하나인 성에 따른 역할 구분이 적용되는 드문 사례 중 하나이다. 수유 주기 또한 호르몬의 지배를 받는다. 갓 태어나 아무것도 할 수 없고, 성체들이 먹는 음식을 소화시킬 능력도 없는 새끼에게 어미의 젖은 생사가 달린 중요한 영양원이다. 암컷이 새끼와 오랜 시간을 함께 지내고, 새끼에게 많은 투자를 하는 이유 중 하나도 그것이다. 반면 수컷들은 우위, 공격성, 세력권 그리고 그 밖의 다른 교미 상대에게 정신이 팔려 있다. 스테로이드와 공격성과의 관계는 동물계 전체에 걸쳐 놀랄 만큼 넓은 범위에서 발견된다.

성호르몬을 만드는 핵심적인 신체 부위를 제거하면 공격성이 저하된다. 이런 현상은 포유류나 조류뿐만 아니라 파충류나 어류에게도 나타난다. 그리고 거세된 수컷에게 테스토스테론을 주입하면 다시 공격성이 부활한다. 정상적인 수컷에게 에스트로겐을 투여하면 처음에는 공격성이 사라지지만 얼마 후에는 다시 원래 상태로 돌아온다. 이처럼 많은 이종(異種) 동물들에게서 공격성이라는 스위치를 켜고 끄는 역할을 스테로이드라는 동일한 장치가 반복적으로 맡게 되었다는 사실은 스테로이드라는 성호르몬이 매우 효율성이 높으며

* 예외는 흔하게 발견할 수 있다. 비둘기와 같은 종에 속하는 새들의 수컷은 체내에서 '소낭유(cropmilk, 비둘기의 모이주머니에서 분비되는 젖 모양의 먹이—옮긴이)'를 입안에 분비한다. 그것을 입으로 토해 새끼들에게 먹인다. 소낭유는 포유류의 젖과는 반대로 당분이 적고 지방분이 많다. 황제펭귄의 수컷은 40일간 알을 따뜻하게 품은 다음, 식도에서 영양분이 풍부한 젖을 만든다. 새끼가 부화하면, 이 젖이 유일한 먹이이다. '아버지의 젖' 덕분에 새끼의 체중이 두 배로 늘어나고 자유롭게 걸어 다닐 수 있게 될 무렵이면, 암컷이 작은 새우를 가득 물고 돌아온다. 몸집이 큰 홍학은 암수가 함께 자신들의 혈액이 섞인 젖을 만들고, 새끼들이 태어난 이후 1개월 동안 매일 0.1리터씩 먹인다.[12] 늑대를 비롯한 다른 많은 동물들도 입으로 토해 낸 먹이를 새끼들에게 준다. 그러나 이 먹이는 젖과는 완전히 다르다.

아울러 오랜 역사를 가졌음을 입증하는 증거이다.

공격성은 생물들의 생존을 위해서 필요하지만, 적절하게 제어될 때에만 적응에 유리한 방향으로 작용한다. 여러 가지 형태의 공격적 행동은 호출이 있으면 언제든지 대응할 수 있는 태세를 갖추고 있다. 사회 환경이나 생체 시계로 인해 생산이 조절되는 스테로이드는 그런 공격적 행동이 나타나도록 문의 빗장을 풀어 주는 역할을 한다. 수컷이 암컷보다도 빈번하게 공격적인 이유는 바로 그 때문이다. 암컷이 에스트로겐의 생산량을 조금만 줄이거나, 역으로 테스토스테론을 조금 늘리면 수컷과 마찬가지로 공격적이 될까? 성별과 관계없이 공격성의 강도에 차이가 나지 않는 동물로는 늑대, 청설모, 실험실의 생쥐나 쥐, 블라리나땃쥐, 알락꼬리여우원숭이, 긴팔원숭이 등이 있다. 남부의 날다람쥐는 수컷 대신 암컷이 강한 세력권 의식을 가지고 있고, 암수 사이에 일어나는 싸움은 거의 암컷이 주도하고 승리를 거두는 쪽도 암컷이다.[13] 우리 인간들의 경우에는 분명 수컷이 암컷보다 공격적이다(혈중 테스토스테론 농도는 남성이 여성보다 약 열 배나 높다.). 그렇지만 다른 동물이나 영장류가 모두 인간과 같은 것은 아니다.

집에서 기르는 수고양이가 2~3일 가출을 한 뒤에 눈이 감기고, 귀는 찢기고, 털은 엉망진창으로 헝클어지고, 군데군데 피까지 맺힌 몰골로 집에 돌아오는 일이 있다. 이런 고양이를 본 적이 있는 사람이라면 테스토스테론에는 상당한 대가가 따른다는 사실을 잘 알고 있을 것이다. 만약 어떤 동물의 수컷에게, 가령 수고양이 정도로 비교적 온순한 동물을 밤새 마을에 돌아다니게 만들고 혈중 테스토스테론 수치를 높게 유지시키는 물질을 주입한다면 어떤 일이 일어날까? 세력권 의식이 매우 강한 참새에게 테스토스테론을 주입해도, 죽임을 당하는 참새는 두드러지게 늘어나지 않는다. 그렇지만 찌르레기 수컷에게 같은 물질을 주입하면 새의 숫자가 현저하게 줄어들고,[14] 심한 상처를 입은 새들이 많이 나타난다는 사실을 발견할 수 있다. 참새와 달리 찌르레기는 위계가 확립되어 있지만 도망칠 수 있는 확실한 피난처를 가지고 있지 않다. 만약 당신이 테스토스테론의 영향에 사로잡히고, 더욱이 도피할 수 있는 성역이 없다면, 허세는 심각한 싸움으로까지 발전할 수 있다. 다른 스테로이드가 부족하고, 인위적으로 테스토스테론의 양을 늘린 새의 수컷은 부화된 새끼에게 먹이를 주려는 성향이 줄어든다.[15] 남성적인 특성이 강한 마초 수컷은 가족에 대한 책임감을 잃는 경향이 있다.

오늘날 성호르몬은 제약 회사에서 제조되어 널리 사용되고 있으며, 그중에는 불법적인 사용도 상당히 많다. 사람들이 그런 호르몬제를 쓰는 이유를 조사하면 자연계에서 성호르몬이 하는 역할을 알 수 있다. 단백 동화 스테로이드(근육 강화제)는 테스토스테론과 매우 비슷한 분자로, 일반적인 분석법으로는 그 차이를 알 수 없다. 이 호르몬제는 주로 다음과 같은 사람들에게 사용되고 있다. 첫째, 보디빌딩을 하는 사람이나 운동 선수(일반적으로 젊은 남자가 스테로이드를 복용했을 때에만 근육의 힘을 비약적으로 늘릴 수 있다고 알려져 있다.), 둘째, 여성이나 다른 남성들을 유혹하기 위해 남성미가 넘치는 육체를 가지고 싶어 하는 젊은 남성, 셋째, 자신들의 낮은 지위를 잊고 싶어 하는 사람(나이트 클럽의 경비원, 범죄 조직의 암살자, 교도소의 교도관 등).[16] 근육을 강화하기 위해서는 스테로이드의 복용 외에도 체계적이고 엄격한 훈련이 필요하다. 스테로이드의 복용으로 나타날 수 있는 부작용의 하나는 얼굴이나 등에 나타나는 좌창(털구멍 부위가 염증을 일으켜 생기는 여드름과 같은 발진—옮긴이)이다. 단백 동화 스테로이드는 털의 발육을 증가시키지는 않는 것으로 생각된다. 다량의 단백 동화 스테로이드를 복용하면, 고환의 기능

부전이나 위축 현상이 일어난다. 이런 부작용은 과도한 테스토스테론에 대해 나타나는 반응인 것으로 추측된다. 과도한 테스토스테론은 매우 위험하기 때문에 테스토스테론을 지나치게 많이 생성하는 형질을 후손에게 전하지 않기 위한 이런 메커니즘이 진화했는지도 모른다.

에스트로겐은 폐경기가 지났거나 자궁 적출을 한 여성들에게 투여된다. 에스트로겐 투여 목적은 섹스에 대한 관심을 유지시키고 성교 시 애액의 분비를 돕고, 뼈에서 칼슘이 빠져나가는 것을 막고, 피부의 젊음을 지키기 위한 것이다. 보디빌딩을 하는 사람이나 성전환 수술을 한 여성은 급격한 체중 재분배―예를 들면 넓적다리의 살을 가슴이나 이두박근으로 옮기는 것―를 위해 단백 동화 스테로이드를 사용한다. 성전환을 한 남성은 그와 반대로 체중을 재분배해서, 가슴을 크게 부풀리고 유방과 젖꼭지를 여성화하고 신체 전체를 부드럽게 만들기 위해 에스트로겐을 사용한다. 그렇지만 성인이 성호르몬을 계속 사용할 경우, 발생 과정의 배에 미쳤던 것보다―실제로 그 영향으로 남성과 여성의 생식 기관이 결정된다.―더 큰 영향이 있다는 사실을 염두에 두어야 할 것이다. 호르몬제의 사용으로 호르몬 양에 나타난 미세한 변화가 우위나 공격성, 자식에 대한 관심, 상냥함, 불안, 문제 해결 능력뿐만 아니라 성적인 욕망이나 대상의 선택 등에까지 영향을 미칠 수 있기 때문이다.

인간들은 야생의 소, 말, 닭의 수컷이 가지는 수컷다운 특성이 자신들의 이용에 불편하다는 이유로 소나 말을 거세한다. 그러나 그 수컷다운 특성은 거세된 수컷에게는 동경의 대상이다. 칼날이 한두 차례 번뜩이면, 또는 순록을 사육하는 라플란드 여성이 능숙한 솜씨로 물어뜯으면 테스토스테론의 수준이 낮아져 이후 죽을 때까지 그 동물은 양순해진다. 인간은 온순하고 관리하기 손쉬운 가축을 원한다. 거세되지 않은 수컷은 다루기 힘들지만 번식을 위해서는 필요하기 때문에, 사람들은 종자를 남길 수 있는 최소한의 수만을 남긴다.

이처럼 직접적이지는 않지만 그와 유사한 일이 위계 서열 속에서도 일어난다. 피트 바이퍼 같은 살무사에서 영장류에 이르기까지 의식적인 싸움에서 진 패배자는 흔히 테스토스테론이나 성에 관여하는 호르몬의 급격한 감소를 겪게 된다. 테스토스테론이 격감한 개체는 이후 지도적 지위에 도전하지 않게 되고, 그에 따라 치명적인 상처를 입는 일도 없어진다. 그 개체는 호르몬 분자의 수준에서 유익한 교훈을 얻고 있는 셈이다. 또한 혈액 속을 순회하는 스테로이드의 양이 줄어들면, 최소한 자신보다 우위의 수컷이 주위에 있을 때에는 좀처럼 암컷의 꽁무니를 뒤쫓지도 않는다. 이런 현상은 알파 수컷의 입장에서도 바람직한 것이다. 싸움에서 진 후에 테스토스테론의 감소가 수반되는 현상은 싸움에서 이긴 승자에게 테스토스테론이 증가하는 경향보다 훨씬 많다.

그러면 다시 참새의 고환 이야기로 돌아가 보자. 번식장 내에는 제각기 작은 세력권을 가진 수컷들이 있어서, 접근해 오는 모든 대상을 공격한다.* 가령 자신의 구역에 간섭하는 귀찮은 조류학자가 세력권 의식이 강한 수컷을 한 마리 잡아서 그 세력권 밖으로 쫓아내면 어떤 일이 일어날까? 인접 구역에 있던 다른 수컷들—특히 그들 중 상당수는 그 이전에는 세력권을 방어할 수 없었던 수컷들이다.—이 침

---

* 정확하게 이야기하자면 접근하는 모든 '참새'에 대해서이다. 올빼미, 곰, 너구리, 인간 등 작은 숲의 세계에 함께 살고 있는 다른 동물들의 우위 관계 따위는 참새들의 관심 밖이다.

입해 온다. 물론 그들이 새로운 영역에 정착하기까지는 상당한 위협과 협박이 필요하다. 따라서 그 영역에 새로 들어온 개체뿐만 아니라 인접한 영역에 살고 있던 참새들까지 불안도가 상승하고, 정치적 긴장이 고조된다. 참새들이 세력권을 둘러싸고 싸우고 있을 때(우리 입장에서 보면 사소한 것으로 보이지만, 참새들에게는 중국과 타이완 사이에서 영토 분쟁이 일고 있는 진먼 섬과 마쭈 섬에 해당하는 심각한 투쟁이다.), 그들의 혈액을 조사해 보면 모든 개체에게서 테스토스테론 농도가 높아졌음을 알 수 있을 것이다. 세력권을 차지하기 위해 새롭게 들어온 수컷뿐만 아니라 외부 개입으로 인한 갑작스러운 정치 판도의 변화로부터 자신의 세력권을 지키기 위해 이전과는 다른 노력을 기울여야 하는 이웃 영역의 수컷들도 마찬가지이다. 이런 현상은 참새 이외의 다른 동물들도 마찬가지이다.

일반적으로 테스토스테론의 농도가 높아지면 이전보다 더 공격적이 된다. 대개 어떤 개체가 더 많은 테스토스테론을 필요로 하게 되면, 실제로 그 정도의 호르몬이 생성된다. 테스토스테론은 공격성, 세력권 의식, 우위의 확보 이외에도 "사내는 사내다워야 한다."라는 식의 수컷다운 여러 가지 특징적인 행동의 원인과 결과 모두에 중요한 역할을 맡고 있는 것으로 생각된다. 이런 원리는 원숭이나 유인원, 인간을 포함한 많은 종에서 보편적으로 통용되는 것 같다.

봄이 되면 일조 시간이 길어지는 데 자극되어, 참새목(目)의 새나 명금류(鳴禽類, 고운 소리로 우는 새로, 어치, 휘파람새, 참새 등이 여기에 속한다.─옮긴이) 수컷들의 테스토스테론 농도가 높아진다. 그들은 새로운 깃털을 펴고, 다툼을 좋아하는 본성을 드러내 지저귀기 시작한다. 다양한 곡조를 지저귀는 수컷은 다른 수컷보다 먼저 번식하고, 그만큼 많은 새끼를 낳는다. 가장 매력적인 수컷은 수십 곡을 지저귈 수 있다. 테스토스테론 덕택에 연주 곡목의 다양성이 늘어나면 그만큼 새끼의 숫자도 증가하는 것이다.

알을 낳은 다음에도 여전히 수컷의 테스토스테론 농도는 높은 상태를 유지한다. 그것은 교미 상대를 보호하기 위해서이다. 그러나 일단 암컷이 알을 품기 시작하고 더 이상 교미에 흥미를 보이지 않게 되면, 수컷의 테스토스테론 농도는 저하된다. 그런데 그렇게 되기 전에 암컷에게 에스트로겐을 이식하면, 어미로서의 새로운 역할을 방기하고 수컷을 유혹하고 언제든지 교미할 수 있는 상태를 유지하게 된다. 그렇게 되면 수컷의 테스토스테론 농도는 높은 상태 그대로 유지된다. 암컷이 성적으로 수컷을 받아들일 수 있는 상태가 유지되는 한, 수컷은 언제까지나 곁에 머물면서 암컷을 보호하는 것이다.[17]

이 실험은 발정 상태를 오랫동안 유지시킬 수 있는 종이 태어나면 자연 선택의 측면에서 중요한 이득이 생긴다는 사실을 시사하고 있다. 암컷이 항상 교미를 받아들일 수 있는 상태를 유지하면, 수컷은 언제까지 그 주위에 머물면서 여러 가지 서비스를 제공한다. 우리 인류 진화사에 나타난 현상이 그와 유사할 것이다. 아마도 DNA 부호가 약간 변경되어 몸속에 있는 에스트로겐 시계를 조절하게 되었을 것이다.

테스토스테론이 유발하는 행동에는 한계와 제약이 따른다. 만약 그것이 번식을 저해하는 정도까지 이르면, 자연선택은 곧바로 혈중 스테로이드 농도를 재조정하게 될 것이다. 테스토스테론의 과잉으로 부적응이라는 치명적인 상황에까지 이르는 경우는 극히 드물 것이다. 꽃의 꿀을 빨아먹는 작은 새나 박쥐 그리고 곤충의 수컷들은, 스테로이드가 유발하는 방어 행동으로 침입자를 쫓아내는 데 소요되는 에너지와, 그 행동으로 자신이 지킨 꽃밭에서 얻을 수 있는 에너지를 비교할 수 있다.* 실제로 세력권을 지켜야 한다는 의식의 스위치는 침입자를 몰아내는 데 소비되는 에너지 이상의 에너지를 얻을 수 있는 경우, 그리고 꿀을 얻을 수 있는 꽃이 매우 적어서 경쟁자를 몰아내지 않으면 안 될 경우에만 켜진다. 꿀을 먹고 사는 동물들이 항상 텃세주의자인 것은 아니다. 그들이 돌무더기만 뒹구는 황무지를 지키기 위해 자기 영역에 들어오는 모든 침입자와 싸움을 벌이는 일은 없다. 그들은 '비용 대비 효과'를 엄밀하게 분석(편익 분석)하고 있는 것이다. 꿀을 가득 머금은 꽃들로 가득 찬 풍성한 꽃밭에서는, 대개 오전 중에는 세력권 행동이 잘 나타나지 않는다. 그 까닭은 새들이 자고 있는 밤을 틈타 꿀을 포식할 수 있기 때문이다. 따라서 오전 중에는 비교적 한가한 풍경이 계속된다. 그러나 해가 높아지고 사방팔방에서 날아온 새들이 꿀을 빨아먹고 차츰 자원이 고갈되면 서서히 세력권 의식이 고개를 들게 된다.[18] 세력권의 우두머리는 날개를 펼쳐 퍼덕이고, 부리를 내밀고 돌진하면서 침입자를 몰아낸다. 어쩌면 그들은 '이 정도 오랫동안 참았다면 손님 대접은 웬만큼 한 셈이지. 하지만 이제는 더 이상 이방인들을 위한 몫이 없어.'라고 생각하고 있는지도 모른다. 그러나 이런 행동은 근본적으로 경제적 이유에 따른 것이며, 애국주의에 의한 행동은 결코 아니다. 즉 지극히 실제적인 것일 뿐, 어떤 이데올로기도 개입되지 않는다는 것이다.

많은 동물에게서 나타나지만 특히 쥐와 생쥐에게서 두드러지게 관찰되는 행동이 있다. 공포심은 '공포의 페로몬'에 해당하는 독특한

* 이 의문은 아티초크(솜엉겅퀴)를 먹을 때 드는 생각과 비슷하다. 그것을 먹어서 얻을 수 있는 칼로리보다는, 즙이 많은 속 부분을 먹으려고 애쓰느라 사용되는 칼로리 양이 더 많은 것은 아닐까?

냄새를 내기 때문에 다른 개체들도 금방 이것을 알아채게 된다.[19] 일반적으로 같은 종에 속하는 동물들은 동료 중 누군가가 무서움을 느낀다는 사실을 알아차리면 그 즉시 도망친다. 이런 현상은 주위에 있는 다른 동물들에게는 매우 유익하지만, 당사자에게는 전혀 도움이 되지 않는다. 공포의 냄새를 풍긴다면 오히려 경쟁자나 포식자의 사기를 북돋울 수 있기 때문이다.

이미 고전이 되어 버린 한 실험에 따르면, 거위나 오리의 새끼 그리고 병아리의 머릿속에는 알을 깨고 나올 때 이미 그들에게 천적인 매의 생김새에 대한 지식이 어렴풋하게나마 들어 있다고 한다. 아무도 그들에게 그런 지식을 가르쳐 준 적은 없다. 그러나 갓 태어난 새끼들은 모두 매의 모습을 알고 있다. 그리고 공포심도 알고 있다. 과학자들은 두꺼운 종이를 잘라 간단한 형상을 만들었다. 날개처럼 보이는 두 개의 돌기를 가지고 있는데, 돌기 한쪽은 길고 둥글게, 그리고 다른 한쪽은 짧고 뭉툭하게 만든 형상이었다. 긴 돌기가 있는 쪽을 먼저 움직이면, 흡사 날개를 펼치고 목을 길게 뽑은 채 날아가는 거위처럼 보인다. 이번에는 그 형상을 뒤집어서 짧고 뭉툭한 부분이 앞으로 가도록 한 다음 어린 새끼 새들 위에서 흔들어 보자. 그러면 새끼들은 분주하게 움직이기 시작한다. 누가 새끼 거위들을 놀라게 한 것일까? 다음에는 뭉툭한 부분이 앞으로 가게 해서 마치 날개를 펼치고 긴 꼬리를 가진 매처럼 보이게 해 보자. 그러면 갑자기 새끼 거위들은 요란한 비명을 지르면서 공포에 떤다. 이 실험을 합리적으로 해석하자면,[20] 새끼 새를 만든 정자나 난자에 들어 있던 핵산의 ACGT 서열 속에 이미 매의 형상이 그려져 있다는 설명이 가능할 것이다.

새끼 조류들의 맹금류에 대한 선천적인 공포는 거의 모든 아이들이 걸음마를 뗄 무렵부터 괴물을 무서워하는 것과 매우 흡사하다. 인간 어른이 가까이에 있을 때에는 신중하지만, 많은 포식자들은 곧잘 아이들을 습격하기 때문이다. 하이에나, 늑대 그리고 대형 고양잇과의 동물들은 초기 인류와 그 직접적인 선조들을 습격한 몇 안 되는 포식자들이었다. 아이들이 혼자 걸을 수 있게 되면, 세상에 이런 괴물들이 존재한다는 사실을 골수에 사무치도록 새겨 두는 일은 생존을 위해 필수적이다. 이러한 지식을 가지고 있으면, 극히 미약한 위험의 징후를 느끼기만 해도 어른들이 있는 곳으로 재빨리 돌아올 수 있을 것이다. 이처럼 위험을 감지하는 소질(素質)은 아무리 작은 것이라도 선택에 의해 폭넓게 확장되고 증폭되었을 것이다.●

  다 자란 닭에게는 좀 더 조직화된 체계적인 일련의 반응이 작용한다. 그 하나가 청각을 이용한 특별한 경보음이다. 이 경보음은 가청 범위 안에 있는 모든 닭에게 매가 머리 위에 있다는 불길한 소식을 전해 경계 태세를 취하게 만든다. 공중의 포식자에 대한 경고의 외침은 지상의 포식자, 예를 들면 여우나 너구리 같은 동물들에 대한 경보음과는 분명한 차이를 갖고 있다. 경보음을 내는 개체는 동료에게 위험을 알리는 동시에 자신의 존재와 위치를 매에게 노출시키는 꼴이 되기 때문에, 우리는 그 개체가 무척 용감하고, 그 행동이 집단 선택에 의해 진화한 것이라고 생각하고 싶은 유혹에 빠진다. 그러나 개체 선택을 주장하는 사람은 이러한 생각에 반론을 ─물론 그 주장이 얼마나 설득력이 있는가는 별개의 문제이다.─ 제기할 것이다. 즉

● 새끼 새가 다 자란 후에도 그런 기억을 간직하는 것처럼 인간도 마찬가지이다. 인간을 습격하는 포식자에 대한 공포는 스위치를 누르는 것처럼 언제든지 간단하게 격렬한 감정과 행동을 일으킬 수 있다. 가장 좋은 예는 아니지만 공포 영화가 하나의 보기이다.

그 개체의 외침이 다른 새들의 행동을 일으키기 때문에, 매는 당황한 움직임을 보이는 쪽에 관심을 가지게 되고 결과적으로는 경보음을 낸 새는 죽음을 면하게 된다는 것이다.

생물학자인 피터 말러(Peter Marler)와 그의 공동 연구자들의 실험에 따르면,[21] 최소한 수평아리들은 주변에 동료들이 있어야 경보음을 낸다는 사실을 보여 준다. 주변에 다른 새가 없을 때, 수평아리는 매와 비슷한 물체를 발견해도 그 자리에서 움직이지 않고 하늘을 지켜볼 뿐 경보음을 내지 않는다. 그러나 소리가 들리는 범위에 다른 새가 있으면 경보음을 내는 경향이 있다. 더욱 중요한 사실은 주위에 메추라기 새끼가 있을 때보다는 수평아리든 암평아리든 같은 병아리가 있을 때에 경보음을 내는 빈도가 높다는 사실이다. 닭은 날개 색에는 관심이 없다. 그러나 색깔이 서로 다른 닭도 서로 경보음을 주고받는다. 여기에서 중요한 것은 상대가 다른 닭이라는 사실이다. 이런 사실이 희박한 혈연 선택을 의미할 수도 있지만, 어쨌든 종의 결속을 강화하는 데 기여한다는 점은 분명하다.

그렇다면 이런 행동은 영웅주의의 발로일까? 경보음을 낸 개체는 자신에게 덮쳐 올 위험을 알면서도 공포를 무릅쓰고 용감하게 외치고 있는 것일까? 아니면 동료가 곁에 있을 때에는 비명을 질러 대고, 혼자 있을 때에는 소리를 지르지 않는 이유가 단지 DNA에 그렇게 하도록 프로그램되어 있기 때문일까? 매를 쳐다보고, 다른 닭들을 보고, 경보음을 내고 그리고 양심의 가책에 시달리지 않게 되는 것일까? 피를 흘리며 눈이 보이지 않으면서도 죽을 때까지 싸움을 계속하는 투계는 "불굴의 용기(영국의 어떤 투계광은 이렇게 표현하고 있다.)"를 보여 주는가, 아니면 억제를 담당하는 서브루틴이 작동하지 않고, 싸움에 관여하는 알고리듬이 걷잡을 수 없는 폭주 상태에 빠진 결과에 불과할까? 실제로 인간의 경우에, 영웅적 행동은 위기를 명확하게 파악하기 위해 주어진 것일까, 아니면 이미 우리 몸속에 프로그램되어 있는 서브루틴에 따른 행동의 결과일까? 영웅이라 일컬어지는 많은 사람들은 특별한 의식 없이 자연스럽게 행동했을 뿐이라고 말한다.

암수 사이에는 경보음을 내는 방법에 차이가 있다. 말러와 그의 동료의 또 다른 연구에 따르면,[22] 수평아리는 매의 형상을 발견할 때마다 경보음을 내지만, 다 자란 암탉은 겨우 13퍼센트의 빈도로만 경계의 울음소리를 낸다.* 거세된 수평아리는 거의 경보음을 내지 않는다. 그러나 테스토스테론을 이식하면 경보음을 내는 빈도가 급격히 높아진다. 따라서 테스토스테론을 많이 가지고 있는 사람을 영웅으로 보든, 프로그램의 작동에 따른 단순한 자동 기계로 보든 간에, 테스토스테론은 순위제, 교미, 세력권 의식, 공격성뿐만 아니라 포식자에 대한 조기 경보기의 역할까지 맡고 있는 것이다.

성숙기 이전의 암컷 생쥐의 오줌 속에는 그 냄새를 맡은 많은 수컷들에게 테스토스테론을 생성하게 만드는 분자가 들어 있다. 이 냄새를 맡은 수컷들은 다시, 아직 미성숙한 암컷이 그 냄새를 맡으면 성적인 성장이 가속되는 페로몬을 함유하고 있는 오줌을 눈다. 암컷의 성숙은 주변에 수컷들이 있으면 빨라지고, 수컷들이 없으면 늦어진다. 이것은 모든 불필요한 과정을 제거하는 정(正)의 되먹임의 작동이다(당연한 상상이지만, 수컷이 발산하는 냄새를 맡지 못한 암컷은 절대 발정하지 않을 것이다.). 여기에서 더 중요한 사실은 임신하고 있는 정상적인 암컷이

* 다른 종류의 외침에서도 암수 사이에 차이가 있다. 예를 들면 수컷은 암컷이 좋아하는 먹이를 발견하면 흔히 '먹이 신호(food call)'로 암컷을 부른다. 그러나 암탉은 먹이를 발견해도 수탉을 부르지 않으며, 병아리가 없으면 아무 소리도 내지 않는다. 암탉은 가족에게서 떨어져 혼자 식사하기를 좋아한다.

다른 계통의 수컷 생쥐의 오줌에서 나는 냄새를 맡으면 새끼를 자연 유산한다는 것이다. 암컷은 자연 유산된 배아를 몸속으로 흡수하고 다시 암내를 풍긴다.[23] 이런 메커니즘은 다른 계통의 수컷 생쥐를 자신의 계통에서 배제하는 데 무척 유용하다. 어떤 지역에 살고 있는 기존의 수컷이 다른 계통의 수컷의 출현을 꺼릴 경우, 유산을 일으키는 향기를 발산해 침입자를 몰아낼 수 있기 때문이다.

다른 포유류들과 마찬가지로 생쥐도, 발정기가 되면 테스토스테론을 왕성하게 생산한다. 그리고 다른 생쥐에 대한 공격이 시작될 때에도 활발하게 생성된다. 다 자란 수컷의 경우에 테스토스테론이 많으면 많을수록, 다른 계통의 수컷이 세력권의 경계 지역에 나타났을 때, 그만큼 빨리 공격 행동을 취할 수 있다. 그러나 거세되면 공격성은 사그라진다. 그리고 거세된 수컷에게 테스토스테론을 주입하면 공격성이 회복된다. 수컷 생쥐는 자신이 생활하는 주변 여기저기 오줌을 흘려 '표시(marking)'를 해 놓는다. 특히 다른 생쥐가 가까이 있을 때에는(또는 머리빗처럼 낯선 물체가 주변에 있을 때에도) 오줌을 두 배나 많이 누려고 애쓴다. 자연 유산뿐만 아니라 분열을 시작한 수정란이 다시 자궁에 흡수되어 소실될 수 있기 때문에, 자손을 남기고 싶은 수컷은 부지런히 세력권에 오줌을 갈겨 대지 않으면 안 된다. 이런 표시는 여행 가방에 붙이는 명찰이나 개인의 사유지에 붙어 있는 '외부인 출입 금지' 푯말, 공공 장소에 걸려 있는 국가 지도자의 초상과 같은 것이다. 용맹스러운 생쥐는 '이 영역은 나의 것', '저 암컷도 나의 소유물'이라고 노래하고 있는 셈이다. 그리고 실제로는 자신이 그곳에 머물지 않고 스쳐 지나가면서도 자신의 소유권에 대해 세심한 표식을 남기고 싶어 한다. 민감한 독자라면 벌써 알아차렸겠지만, 생쥐를 거세하면 오줌에 의한 표시는 현저히 줄어들고, 테스토스테론을 공급하면 표시 충동이 다시 높아진다.

정상적인 암컷 생쥐는 오줌을 자주 누지 않는다. 따라서 암컷 생쥐들은 상습적인 표시자들이 아니다. 그러나 해부학적으로 정상적인 암컷 새끼에게 테스토스테론을 주입하면 어떻게 될까? 암컷 새끼들은 이전보다 빈번하게 표시를 하기 시작한다(개를 대상으로 이와 비슷한 실험을 한 결과, 태어나기 전에 테스토스테론을 주입시킨 암컷은 수컷의 방뇨 자세를 취하게 되었다고 한다. 다시 말해서 한쪽 다리를 들고 다른 쪽 다리 사이로 오줌을 누게 된 것이다. 과학자들의 못된 장난이 또 한 번 동물권을 모독한 셈이다.). 수술을 통해 난소를 제거한 쥐에게 테스토스테론을 주입하면, 그 암컷은 공격적이 되고, 암컷의 성 행동과는 정반대인 수컷의 경향을 나타낸다. 그렇지만 태어난 지 얼마 되지 않은 정상적인 암컷에게 테스토스테론을 주입하면 한 가지 문제가 발생한다. 즉 이 암컷들은 성장한 후 전혀 수컷들의 관심을 끌지 못한다.

수컷의 경우에 혈중 테스토스테론은 공격성의 표출과 밀접한 관계를 갖지만, 테스토스테론의 영향이 그것으로 끝나지는 않는다. 가령 뇌 속에는 공격성을 억제하는 화학 물질이 있다. 유전적으로 공격성이 강한 쥐의 계통은 평화주의자에 속하는 쥐의 계통에 비해 뇌 속에 들어 있는 억제 물질의 양이 훨씬 적다. 공격적인 쥐는 뇌 속에서 이런 화학 물질이 증가하면 얌전해지고, 반대로 평화적인 쥐에게 이 물질이 줄어들면 흥분하기 쉬워진다. 가령 당신이 쥐라고 가정을 해보자. 만약 다른 쥐가 생쥐를 죽이는 흉포한 광경을 목격했을 때, 당신 뇌 속의 억제 물질 수준은 저하될 것이다.[24] 이제 당신의 몸도 공격성을 띠게 되고, 그 공격성은 단지 생쥐에게만 향하지 않는다. 당신이 몸속에서 억제되고 있던 공격성이 해방되는 것이다. 주위에 있는 다른 쥐들도 모두 마찬가지이다. 각각의 개체가 서로 다른 형태로 표현하는 적의는 빠른 속도로 집단 전체로 퍼져 갈 것이다. 컬훈이 실험했던 쥐에게도 그런 일이 일어났을 것이다. 너무 비좁아 공격성과 절망이 파도처럼 번져 나가고 반사되어 집단 속에 있는 여러 초점에서 엄청나게 증폭된 결과일 것이다. 이처럼 흉포함은 강한 전염성을 가진다.

헤이디 스원슨(Heidi Swanson)과 리처드 슈스터(Richard Schuster)의 실험[25]에서, 쥐들은 정해진 차례에 따라 특정한 마루판 위를 달리는 복잡한 공동 작업의 학습을 받았다. 성공하면 설탕물을 상으로 받았고, 실패하면 실험 장치의 주위를 분주하게 돌아다닐 뿐이었다. 아무도 쥐들에게 무엇을 할지, 최소한 직접적으로 가르쳐 주지는 않았다. 그것은 시행착오였다. 실험은 수컷 무리, 암컷 무리, 거세된 수컷 무리 그리고 테스토스테론을 주입한 거세된 수컷 등으로 짝을 이루어 진행되었다. 그중에서 몇 마리는 계속 살아남았다.

실험 결과 다음과 같은 사실이 밝혀졌다. 암컷과 거세된 수컷은 상당히 빠른 속도로 학습했다. 정상적인 수컷과 테스토스테론을 주입받은 거세된 수컷은 비교적 느린 속도로 학습했다. 그때까지 살아남았던 수컷은 더욱 형편없었다. 살아남은 수컷 무리 중에서 짝이 없던 수컷 ― 정상 고환을 가진 수컷 무리와 테스토스테론을 이식받은 거세된 수컷 무리 ― 은 전혀 학습이 불가능했다.

홀아비 수컷에 대해서는 이렇게 설명할 수 있을 것이다. 혼자 살아가는 동안 공동 작업에 대한 경험이 없기 때문에, 공동의 협조가 필요한 테스트를 능숙하게 감당할 수 없기 때문일 것이라고 말이다. 그러면 왜 독거 생활을 하고 있던 암컷은 공동 작업을 할 수 있을까? 고독한 홀아비 수컷이 누군가와 복잡한 공동 작업을 하지 않을 수 없게 되었을 때, 테스토스테론이 그 수컷을 멍청하게 만들었을지 모른다고 답할 수도 있을 것이다. 독거 생활을 했고 테스트에 합격하지 못했던 수컷의 조합은 모두 공격적인 싸움에 연관된 것들이었다. 그와는 대조적으로 공동 생활은 쥐들을 온순하게 만든다.

스윈슨과 슈스터는 학습 부진의 원인을 쥐들이 갖추고 있는 공격성 자체에서 찾기보다는 순위제의 계층 체계 속에서 나타나는 공격성에서 찾아야 한다고 결론 지었다. 의식화된(또는 진정한) 싸움에서 승리한 개체는 거의 대부분 동일한 개체인데, 털을 곤두세우고 위세 있는 걸음걸이로 활보하고, 위협하고, 공격하는 시늉을 하고, 때로는 실제로 공격을 하기도 했다. 반면 하위의 개체들은 위축되어 굽실거리고, 눈을 감고, 오랫동안 꼼짝 않고 지내거나 어딘가로 숨는다. 그러나 위세 있게 걷든, 겁에 질려 굽실대든, 숨든 이 모든 경향은 보상으로 설탕물을 얻어먹을 수 있는 공동 작업이 필요한 상황에서는 그다지 적합하지 않다.

협조적 행동은 상당한 정도의 민주주의적인 색채를 띠고 있다. 그러나 극단적인 순위제에는 그런 요소가 없다. 따라서 양자는 양립할 수 없는 셈이다. 이런 실험을 통해 암컷도 수컷과 마찬가지로 다른 쥐를 위협하거나 싸움을 벌일 수 있다는 사실을 알 수 있다. 그런데 수컷과는 달리, 오늘의 승자가 어제의 패자였거나, 또는 그 역의 상황이 일어난다. 위축되거나 얼어붙은 듯 움직이지 않는 일은 거의 없고, 암컷의 공격 스타일은 수컷과는 달리 사회 행동을 방해하지도 않는다.

테스토스테론이 유발하는 성적 행동—우위 행동, 세력권 의식 그리고 그 밖의 여러 가지 행동—은 몹시 다양하고 복잡하다. 그 한 가지 이유는 수컷들이 더 많은 자손을 남기기 위해 서로 경쟁하기 때문이다. 그렇지만 그것만은 아니다. 정자 단계에서 이루어지는 경쟁에 따른 선택과 다른 수컷과의 교미를 방지하기 위해 암컷의 질을 막아 버리는 종에 대해서는 이미 소개했다. 수컷 잠자리는 다시 처음 단계로 소급해서 이 경쟁을 시도한다. 수컷은 자신의 교미 기관에서 채찍 비슷하게 생기고 앞이 뾰족한 물체를 발사해서 이미 암컷의 몸 속에 보존되어 있는 정자 덩어리에 결합시킨다. 그리고 암컷의 몸에서 떨어져 나올 때, 경쟁 상대의 정액을 끌어낸다. 조류나 포유류에 비교한다면 수컷 잠자리가 하는 행동은 얼마나 직접적인가! 인간 남자들은 부질없는 질투로 정열을 불사르고, 온갖 협박과 비난을 퍼붓고, 최소한 한 명의 여성과 독점적인 성관계를 맺기를 열망하지 않는가? 수컷 잠자리에게는 이런 거추장스러운 과정들이 생략된다. 단지 교미 상대의 성의 역사를 다시 쓸 뿐이다.

지금까지 우리는 공격성과 우위 그리고 테스토스테론을 중점적으로 살펴보았다. 이런 요소들이 인간의 행동과 사회 제도를 이해하는 데 매우 중요하다고 생각하기 때문이다. 그러나 그 외에도 인간 생활의 기초가 되는 행동을 유발하는 것으로 보이는, 암컷의 에스트로겐이나 프로게스테론을 비롯한 수많은 호르몬들이 있다. 복잡한 행동 패턴이 혈액 중의 극히 미세한 분자 농도의 차이로 인해 유발된다는 사실, 그리고 같은 종의 동물들 사이에서도 이런 호르몬의 분비량이 제각기 다르다는 사실들을 고려할 때, 이제 우리는 자유 의지, 개인의 책임, 법과 질서 등의 문제에 대해 진지하게 판단할 시기를 고려해 보아야 할 것이다.

포세이돈이 카이니스에게 준 물질이 무엇이었든 간에 그 양을 좀 더 신중하게 측량했더라면, 사태를 해결하기 위해 제우스까지 나서지 않아도 되었을 것이다. 아니면 포세이돈 자신의 테스토스테론 양이 조금만 적었거나, 신이 인간을 겁탈하는 행위에 대해 벌이 내려졌더라면, 카이니스는 죄를 범하지 않고 행복한 일생을 보냈을 것이다.

그러나 실제의 카이네우스는 오만과 자기 과신의 포로가 되었다. 하지만 카이네우스가 갖게 된 성격은 무자비한 강간의 충격과 그 악영향의 결과에 지나지 않는다. 카이네우스는 신에 대한 불경죄를 범했지만, 신들은 카이니스의 인격을 전혀 존중해 주지 않았다. 만약 포세이돈이 카이니스를 그대로 놔주었던들, 테살리아의 신앙심 깊은 이 여성이 문제를 일으키는 일은 전혀 없었을 것이다. 그녀는 단지 자신의 일에만 골몰하며 해변을 걷고 있었으리라.

13장
생존을 향하여

모든 계곡은 메우고, 산과 언덕은 깎아 내리고,
거친 길은 평탄하게 하고, 험한 곳은 평지로 만들어라.

— 「이사야서」 40장 4절

중생은 고(苦)의 바다를 건너게 될 것이다.

— 『미륵경(彌勒經)』(인도, 기원전 500년경)[1]

　잠시 인간이라는 생물 종이 크게 번성하는 모습을 상상해 보자. 느린 진화를 통해 인간은 '생태적 지위'에 정확히 적응해 왔고, 우리 인류는 오늘날 문자 그대로 부유하고 사치스러운 생활을 영위하고 있다. 그러나 매우 중대한 유전적인 변화는 이처럼 환경에 훌륭하게 적응했을 때 일어나기 쉽다. 그것은 마치 오디오테이프의 자기(磁氣) 구역 중 일부를 무작위로 변화시킨다고 해서 그 테이프에 녹음되어 있는 음악이 원래 곡보다 나아지지 않는 것과 마찬가지이다. 테이프를 여러 번 들으면 녹음된 음악의 음질이 차츰 나빠지는 것을 막을 수 없듯이, 우연히 일어나는 유해한 돌연변이를 막을 수 없으며, 또한 그 돌연변이가 종 전체로 확산되어 가는 것을 억제할 수도 없다. 자연선택은 집단 전체를 체로 걸러 내고, 소용이 없거나 문제가 있는 것들을 배제하기 때문이다. 매우 드문 일이기는 하지만 장래에 유용할지 모른다는 이유로 정상을 참작한다든가 온정적인 조처를 베푸는 일은 없다. 다원적인 선택에서는 '지금 당장'만이 의미를 가질 뿐이다. 재판으로 치자면 즉석에서 약식 판결이 내려지는 셈이다. 신중한 선별을 토대로 선택이라는 거대한 낫이 휘둘러진다.

　그러면 이번에는 조금 변화된 상황을 상상해 보자. 맹렬한 속도로 우주 공간 속을 달려온 소행성이 푸른 행성인 지구와 부딪쳐 폭발을 일으켜, 대량의 미세 먼지가 발생하여 지구의 상층 대기(대류권 위쪽의 대기층)를 가리게 되었다고 하자. 그러자 지구는 어두워지고 점차 냉각된다. 이윽고 호수가 얼고, 사람들에게 식량을 제공해 주던 사바나(열대-아열대)의 식물들이 말라 죽게 된다. 또한 지구 내부의 지각 변동이 새로운 호상(弧狀) 열도를 만들고, 화산 분화로 쏟아져 나온 화산재들이 대기의 조성을 바꾼다. 온실 효과를 일으키는 기체가 대기 중에 방출되어 기후는 온난해지고, 조수로 생긴 웅덩이와 야트막한 호수는 바싹 말라 버린다. 아니면 빙하의 얼음 댐이 파괴되어, 이전까지 사막이었던 지역이 내해로 바뀔 수도 있다.

변화는 생물학적인 방향에서도 일어날 것이다. 늘 잡아먹히던 동물들의 위장술이 향상되거나 동물들이 이전보다 훨씬 완강하게 자신을 방어할 수 있게 될 수도 있다. 그에 따라 포식자들은 사냥 솜씨가 월등하게 발달하고, 미생물의 새로운 변종에 대한 인간의 저항력이 떨어지거나, 무해하던 식물이 독을 가지게 되는 등의 사태가 발생하게 된다. 이렇듯 숱한 변화가 마치 폭포처럼 폭발적으로 가지를 쳐 나갈 수 있다. 가장 먼저 상대적으로 작은 물리적인 변화가 직접적으로 그 영향을 받는 극소수의 종을 적응이나 멸종으로 이끌고, 그런 다음 생물학적인 변화가 가세해 먹이 사슬에 큰 영향을 미친다.

이제 인간들이 살던 세계는 변해 버리고, 한때 번성을 구가하던 인간이라는 종은 과거에는 상상조차 할 수 없었던 한계 상황 속에서 움츠러들 수밖에 없다. 이때 희귀한 돌연변이가 일어나거나 인간들이 가지고 있던 기존의 유전자들 사이에서 기적과도 같은 조합이 탄생하면 적응도는 높아질 것이다. 과거에는 불필요하다고 버려졌던 유전 정보가 영웅 대접을 받게 되고, 우리는 다시 한 번 돌연변이와 성의 중요성을 상기하게 될 것이다. 반대로 이 소중한 시기에 운 나쁘게 유용한 유전 정보를 만들 수 없다면, 인간이라는 종은 멸망의 길을 걷게 될 것이다.

전능의 생물이란 존재하지 않는다. 산소 호흡은 먹이에서 에너지를 얻는 효율을 훨씬 높여 준다. 그러나 산소는 인체에 유독하기 때문에, 생체에 의한 처리에는 그만한 비용이 들어간다. 뇌조의 흰 깃털은 북극의 눈 속에서는 훌륭한 위장 수단이 되지만, 흰색은 태양빛을 많이 흡수하지 못하기 때문에 체온 조절 체계에는 그에 상응하는 부담을 준다. 공작의 화려한 장식꼬리는 암컷을 매료시키지만, 동시에 눈에 잘 띄기 때문에 여우에게 맛좋은 음식이 여기 있다고 선전해 주는 격이다. 겸형 적혈구는 말라리아에 대해 저항력을 갖지만, 그 대가로 심한 빈혈증을 일으킨다. 모든 적응은 그만한 희생을 동반하는 거래이다.

비포장 도로를 달릴 수 있고, 하늘을 날고, 물속에서도 잠수함처럼 헤엄칠 수 있는 자동차를 설계한다고 상상해 보자. 이런 장치를 만들 수 있다고 해도, 이런 만능 자동차는 특정 기능의 측면에서는 무엇과 비교해도 (자동차나 비행기, 잠수함보다) 충분치 못할 것이다. '미개지'를 향해 출발할 때면 모든 지형을 달릴 수 있는 차량이 필요할 것이고, 물속에서는 잠수함, 하늘을 날기 위해서는 비행기를 만들어야 할 것이다. 이 세 가지 탈것은 대략적으로는 비슷한 외형을 가지고 있지만 본질적으로는 완전히 다르다. 이른바 '비행정(飛行艇)'이라는 수상 항공기도 그다지 항해에 적합하지 못하고, 쉽게 하늘로 날아오르지도 못한다.

바다 속을 누비고 다니는 펭귄이나 맹렬한 속도를 자랑하는 달리기 선수 타조도 하늘을 나는 능력을 잃었다. 헤엄치거나 달리기 위한 공학적 설계와 하늘을 날기 위한 설계는 양립할 수 없다. 이런 양자택일에 직면한 거의 대부분의 종은 어느 한쪽을 선택하도록 강요받았다. 모든 선택 가능성을 열어 두려는 생물은 지구라는 무대에서 사라져 간다. 과도한 보편화란 진화의 방향에서는 실수이다.

그러나 극단적으로 좁은 방향으로 특화된 생물이나 제한된 환경에서만 능숙하게 생존할 수 있는 생물도 결국은 멸종할 위험이 높다. 그런 생물 종들은 파우스트적 거래, 그러니까 장기간의 생존을 화려하지만 순간적인 삶과 맞바꾸려는 유혹에 빠지게 된다. 환경이 변화하면 어떤 일이 일어날까? 강철 용기가 제작되는 시대의 나무통을 만드는 사람, 자동차 전성기의 자동차용 안테나 제작의 대가나 대장장이, 또는 휴대용 전자 계산기 시대의 계산자 제조자처럼, 고도로 전문화된 직업은 하룻밤만 지나고 나면 시대에 뒤진 직업이 되고는 한다.

미식 축구에서 전진 패스를 받을 때에는 절대 공에서 시선을 떼서는 안 된다. 동시에 상대 팀의 태클도 조심해야 한다. 공을 잡는 것은 단기적인 목표이고, 공을 잡은 다음 달리는 것은 장기적인 목표이다. 상대의 수비진을 따돌리는 데만 골몰하다가는 공을 제대로 잡을 수 없을 것이다. 마찬가지로 공을 잡는 데만 정신을 집중하면, 공을 잡는 순간 태클을 당해 넘어지거나 공을 놓칠 수도 있다. 따라서 단기적인 목표와 장기적인 목표 사이의 절충이 필요한 것이다. 두 가지 목표 사이의 최적점은 득점이나 터치다운, 남은 시간, 상대 팀의 태클 능력에 따라 결정된다. 어떤 상황에서도 최소한 하나의 최적점은 존재한다. 프로 선수라면 혼자서 패스를 받고 공을 가지고 독주하는 일은 상상도 할 수 없을 것이다. 프로 선수들은 예상되는 위험과 잠재적인 이익, 또는 단기적인 목표와 장기적인 목표 사이의 균형을 재빨리 저울질하는 습관이 붙어 있을 것이다.

모든 경쟁은 이런 판단을 요구한다. 또한 실제로 그런 판단이 스포츠가 주는 묘미의 상당 부분을 차지하고 있다. 더구나 이런 판단은 일상 생활에서도 매일같이 내려져야 한다. 이런 판단은 진화 과정에서 중심적인 동시에 약간의 논쟁을 불러일으키는 주제이다.

'과도한 특화(overspecialization)'가 위험한 것은 환경이 변화되어 오도 가도 못 할 상황에 처하게 되었을 때이다. 가령 어떤 생물이 현재의 서식지에 완벽하게 적응하는 것은 장기적인 관점에서는 바람직하지 않다. 반대로 미래에 일어날 우연한 사건——그 대부분은 먼 미래에나 일어날 수 있는 일이다.——에 대비하느라 모든 시간을 사용한다면 단기적으로는 매우 불리할 것이다. 자연은 생물들을, 단기와 장기 사이에 최적의 균형을 찾고, 과도한 특화와 과도한 보편화 사이에서 중도를 걸어야 한다는 진퇴양난의 어려움에 빠뜨린다. 더군다나 유전자와 생물 모두 미래에 어떤 적응이 유용할지에 대해 아무런 단서를 갖고 있지 않다는 점에서 문제는 한층 더 복잡해진다.

유전자는 때로 돌연변이를 일으킨다. 그리고 환경은 계속 변화한다. 이런 상황에서 새로운 유전자가 그 유전자를 가지고 있는 생물의 생존력을 높여 주는 경우란 매우 드물다. 이 돌연변이 유전자가 현재의 생태적 지위에 훨씬 더 '적합'하다고 해 보자. 그렇게 되면 그 유전자의 적응도, 다시 말해 그 유전자를 가지고 있는 생물이 많은 자손을 남길 수 있는 가능성은 높아진다. 만약 어떤 돌연변이를 일으킨 생물 종이 그 돌연변이 유전자를 갖고 있지 않은 종보다 단 1퍼센트라도 유리하다면, 그 유전자는 1,000세대가 지난 후에는 자유롭게 교배를 하고 있는 대규모 집단의 구성원 전체로 확산될 것이다.[2] 몸집이 크고 수명이 긴 동물의 경우에도 수만 년만 지나면 똑같은 상황이 벌어질 것이다. 그러나 유익한 돌연변이가 극히 작고 극히 드물게 일어나거나, 새로운 환경에 적응하기 위해서 몇 개의 유전자가 항상 동일한 방향으로 돌연변이를 일으키면 어떤 일이 일어날까? 그렇게 된다면 집단에 속하는 모든 개체들은 죽고 말 것이다.

생물의 개체나 종이 이런 덫에서 벗어날 수 있는 진화적인 전략 또는 과도한 특화와 과도한 보편화의 양극단을 피할 수 있는 좋은 방도는 없을까? 환경의 대이변이 일어나면 어떤 전략도 통용되지 않을 것이다. 공룡들은 빠른 속도로 번식하면서 놀라울 만큼 넓은 환경을 제패했지만, 6500만 년 전 대멸종이 일어났을 때 어떤 공룡도 살아남을 수 없었다. 빠르지만 대참사를 수반하지 않는 변화에는 몇 가지 대처 방안이 있다. 이미 앞에서 살펴보았듯이, 그러한 변화는 유성 생식이라는 효율적인 대응 수단을 낳았다. 유전자 재조합이 유전적인 다양성을 큰 폭으로 늘리기 때문이다. 유성 생식은 이질적인 환경에 적응하는 데 유용하고, 과도한 특화를 가져오지도 않는다. 그리고 집단이 서로 격리된 수많은 하위 집단으로 나뉘어 있는 경우에도 이 수단은 잘 기능한다. 이것에 대해 최초로 명확하게 기술한 사람은 거의 1세기를 살다가 1987년에 사망한 집단 유전학자 슈얼 라이트(Sewall Wright)이다. 그 후 이 복잡한 주제에 대한 단순화가 진행되었다. 그중에서 일부 측면에 대해서는 새로운 논쟁이 시작되고 있다.[3] 그러나 비록 그것이 은유 이상이 아니라 하더라도, 특히 포유류, 그중에서도 영장류에 대해서는 매우 큰 설득력을 가진다.

DNA의 ACGT 부호로 씌어진 명령 매뉴얼, 즉 유전자는 돌연변이를 계속하고 있다. 효소의 기능에 관여하는 유전자처럼 중요한 유전자의 변화는 느린 속도로 일어난다. 실제로 수천만 년이나 수억 년이 지나도 거의 변화하지 않을 정도이다. 그 이유는 주요 기능에 변화가 일어나기라도 하면 분자 기계의 기능이 저하되거나 심지어는 완전히 정지되기 때문이다. 그러한 돌연변이를 일으킨 유전자를 가진 생물은 죽거나 거의 자손을 남기지 못하기 때문에 돌연변이는 미래의 세대에 이어질 수 없게 된다. 자연선택이라는 체는 그런 돌연변이를 걸러낸다. 분자 기계의 기능에 아무런 손상을 입히지 않는 그 밖의 변화, 예를 들어 전사(轉寫)되지 않는 무의미한 염기 서열이나 분자 기계의 방향을 정해 주는 역할밖에 없는 청사진의 '구조적(structural)' 요소(DNA의 물리적 구조를 떠받치는 역할을 하는 부분을 뜻한다.—옮긴이)에 해당하는 부분에 일어난 돌연변이는 세대를 경과하면서 빠른 속도로 퍼져 나갈 수 있다. 새로운 돌연변이를 일으킨 유전자를 가지고 있는 생물이 자연선택에 의해 걸러지지 않기 때문이다. 단순한 구조적 요소에 해당하는 유전 부호에서는 A, C, G, T의 염기가 어떤 서열을 가지든 별반 중요치 않다. 필요한 것은 오직 그 장소를 차지하고 있는 역할(머릿수 채우기)이고, 분자 수준에서의 손잡이에 해당하는 이 부분은 어떤 서열이든 상관없다. 분자 기계의 손잡이가 어떤 아미노산으로 만들어진들 무슨 상관이 있겠는가? 따라서 ACGT 서열에서 일어난 변화 중 아무런 해도 입히지 않는 것 또한 거의 무시된다. 생물은 마치 복권에 당첨되듯 예기치 않게 엄청난 성공을 거두기도 한다. 이런 바람직한 돌연변이는 비교적 짧은 세대를 거치는 동안 집단 전체로 확산될 것이다. 그러나 바람직한 돌연변이에 따른 전체적인 유전적 변화는 매우 느린 속도로 진행된다. 그런 일은 좀체 일어나지 않기 때문이다.

집단의 거의 모든 개체가 공유하고 있는 유전자가 있는가 하면, 집단의 소수만이 가지고 있는 유전자도 있다. 그것은 유용한 유전자라고 하더라도 자동적으로 그것이 집단 전체로 퍼지지는 않기 때문이다. 그것은 그 유전자가 새로운 것이고 집단 내에 아직 충분히 확산되지 않았기 때문일 수도 있고, 그 유전자를 변화시키거나 배제하는 돌연변이가 항상 존재하고 있기 때문이기도 하다. 특정 유전자를 가지고 있지 않아도 (그것이 유용한 것이라도) 치명적인 영향이 없다면, 집단의 규모가 큰 경우에는 그중 상당 수의 개체들이 해당 유전자를 가지고 있지 않다. 일반적으로 특정 유전자가 집단 속에 널리 분포하고 있어도, 그것을 가지고 있지 않은 개체도 있게 마련이다. 따라서 어떤 종을 서로 격리된 작은 하위 집단으로 나누면, 그 유전자를 가지는 비율은 하위 집단마다 크게 달라질 것이다.

전형적인 '고등' 동물인 포유류의 실제 활성(active) 유전자는 대략 1만 개가 된다. 그 유전자들 하나하나는 각각의 개체나 집단에 따라 조금씩 다르다. 소수의 유전자는 일시적으로 또는 영원히 소멸된다. 또 다른 소수의 유전자는 극히 새로운 것으로, 짧은 시간 동안 집단 속으로 퍼져 나간다. 그러나 거의 모든 유전자는 오래된 것들이다. 그 유전자가 (늑대나 사람, 그 밖의 이미 알려져 있는 포유류 집단에서도) 얼마나 유용한지 여부는 환경에 따라 다르다. 그리고 환경 역시 변한다.

그러면 1만 개의 유전자 중 하나를 추적해 보자. 테스토스테론을 과잉 생산하는 유전자를 예로 들어 보자. 물론 다른 유전자를 예로 들어도 괜찮다. 집단 속에서 그 밖의 다른 유전자 대신 이 유전자를 가질 비율을 유전자 빈도(gene frequency)라고 한다.

그러면 같은 종 안에서 격리되어 있는 두 집단을 생각해 보자. 가령 서로 인접해 있고 환경이 거의 비슷한 골짜기에 서식하는 원숭이 무리가 있는데, 두 집단 사이를 산이 가로막아 서로 오갈 수 없다고 하자. 둘 중 어느 자연 환경이 특별히 유리한 것은 아니기 때문에, 두 집단의 생존 가능성 또는 자손을 남길 수 있는 가능성은 그들이 살고 있는 자연 환경에 따라 달라지지 않을 것이다.

테스토스테론을 과잉 생산하는 유전자 빈도의 수치가 같다고 해서 적응도까지 같은 것은 아니다. 특정한 집단에는 고유한 최적 빈도가 있다. 테스토스테론 과잉 생산 유전자의 유전자 빈도가 너무 낮아지면 원숭이들은 포식자에 대해 충분한 방어를 할 수 없을 것이다. 역으로 너무 높아지면, 위계 서열을 둘러싼 싸움으로 해가 뜨고 질 것이다. 서로 유사한 환경 속에서 생활하는 격리된 두 집단에서—다른 조건은 모두 동일할 때—활성 유전자의 염기 서열이 서로 다르다는 사실이 각각의 집단에 속하는 개체들의 적응도를 서로 다르게 만들 것이다.

그러나 유전자의 최적 빈도는 다른 유전자의 최적 빈도와 밀접하게 연관되어 있다. 동시에 원숭이들을 둘러싼 변화무쌍한 환경과도 밀접하게 관계되어 있다. 따라서 환경에 따라 하나 이상의 최적 유전자 빈도가 존재할 수 있다. 이것은 1만 종류나 되는 모든 유전자에서 마찬가지이며, 이 유전자들의 최적 빈도는 서로 긴밀히 의존하고 있으며 환경 변화에 따라 모든 것이 변화한다. 일례로 테스토스테론의 과잉 생산에 관여하는 유전자의 유전자 빈도가 높아질 때 포식자나 그 밖의 적대 집단에 대처하는 능력이 높아지겠지만, 집단 '내부'의 평화를 유지하는 유전자가 같은 빈도로 많아질 때에만 종 전체에 유익한 방향으로 작용할 것이다. 이렇듯 최적 조건들은 서로 밀접하게 얽혀 있다.

따라서 과거에 특정 생물 집단의 적응도를 최고 수준으로 올려 주었던 일련의 유전자 빈도가 지금은 그 생물 집단 가장 불리한 방향으로 끌고 갈 수도 있다. 한편 과거에는 부차적이었던 유전자 빈도의 집합이 현재에는 생존을 좌우할 수도 있다. 생명의 유지란 그 얼마나 골치 아픈 개념인가! 당신이 생활 환경에 가장 훌륭하게 조화를 이룬 바로 그 순간, 스케이트 밑의 얼음이 서서히 얇아지기 시작하는 것이다. 가능한 한 빨리 최적 적응을 회피하지 않으면 안 된다. 바람직한 적응을 통해 얻을 수 있는 이익을 의식적으로 낮추고, 강자의 겸손함을 몸에 익혀야 하는 것이다. 이제 '과도한 특화'의 의미는 분명히 이해되었을 것이다. 그러나 우리는 일상적인 경험을 통해 이런 전략을 기득권 집단이 기꺼이 받아들이지 않으리라는 사실을 잘 알고 있다. 단기와 장기 이익 사이의 해묵은 대결에서 으레 눈앞의 이익을 추구하는 단기 쪽이 승리를 거두어 왔다. 미래를 예측할 수 있는 방법이 없을 때에는 특히 그렇다.

그렇다. 그들에게는 미래에 대한 통찰력이 결여되어 있다. 하지만 무슨 수로 미래의 일을 알겠는가? 장래의 지질학적인 변화나 생태학적 변화를 원숭이에게 묻는 격이 아닌가? 인간은 원숭이보다 훨씬 높은 지능을 가지고 있지만 미래를 잘 예측하지 못하고, 아는 만큼 실천하지도 못한다.[4] 군사 행동이나 선거전 같은 정치 활동, 대부분의 기업 경영이나 경제 그리고 지구 규모의 환경 변화에 대처하는 국가의 대응에서는 늘 단기 목표 쪽이 우세해지게 마련이다. 아무도 위험을 느끼지 않는 단계에서, 막연한 '미래'의 환경에 적응하기 위해 최적이라고 생각되는 유전자 빈도의 집합을 예방책으로 미리 갖추어 놓기란 불가능한 일이다. 당신은 진화 과정에 결함이 있고 특정 조건에서는 생명이 궁지에 몰릴 수 있다고 생각할지도 모른다.

무엇이 다른 집단의 유전자 빈도를 준(準) 최적치에 가깝게 접근시킬 수 있는 것일까? 가령 (지구 내부에서 뿜어져 나온) 환경 속의 새로운 화학 물질이나 (필경 은하계 속에서 일어난 항성의 폭발에서 나왔을) 우주선(宇宙線) 양의 증가로 인해, 돌연변이율이 증가한다고 가정해 보자. 그렇게 되면 격리된 집단들의 유전자 빈도는 다양성이 높아진다. 이런 우발적인 사건에 따라 미래 환경에 적응하는 데 필요한 유전자 빈도를 가지게 된 집단이 태어날 수도 있을 것이다. 그러나 이런 일이 일어날 가능성은 극히 희박하기 때문에, 대규모적인 변화는 치명적인 결과로 이어질 확률이 높다. 돌연변이율의 증가가 유전자 빈도의 변이를 높이는 방향으로 작용하는 경향이 있지만, 그다지 큰 변화는 일어나지 않는다.

생물 집단은 돌연변이와 선택이라는 두 가지 장치를 통해, 변화하는 환경에 보조를 맞추고 항상 최적 적응에 근접하려고 애쓴다. 만약 외부 조건이 느린 속도로 변한다면, 집단은 언제나 최적 적응에 가까운 상태를 유지할 수 있을 것이다. 유전자 빈도는 항상 완만하게 움직인다. 변화하는 물리적 생물학적 환경 속에서 돌연변이와 자연선택이 야기하는 이 점진적인 움직임은 다윈이 묘사한 진화의 과정이다. 라이트가 주장하는 유전자 빈도의 연속 변화는 자연선택을 시사하고 있다.

지금까지 살펴본 격리된 하위 집단은 상당히 큰 규모이며, 수천이 넘는 개체로 구성되어 있다. 그러나 지금부터는 라이트의 학설에 따라 임계 수준인 수십 개체를 넘지 않는 작은 집단에 대해 생각해 보자. 이런 소집단은 차츰 근친 교배(inbreeding)를 하게 된다. 따라서 몇 세대 뒤에는 근친자를 제외하면 교미 대상이 남지 않을 것이다. 소집단의 진화적인 전망에 대해 논리를 전개하기 전에, 먼저 근친 교배에 대해 살펴보기로 하자.

어떤 인류 문화권에서는 성을 매우 부끄럽고 사적인 일로 생각하는 반면 식사는 사람들 앞에서 거리낌 없이 한다. 한편 다른 문화 집단에서는 그와는 다른 방식을 취한다. 연로한 근친자와 함께 생활하는 집단이 있는가 하면, 노인을 내다 버리거나 심지어는 먹어 버리는 집단도 있다. 어떤 집단은 막 걸음마를 배운 아이들까지 따르지 않으면 안 되는 엄한 법칙을 제정하고, 어떤 집단은 아이들이 좋아하는 일은 무엇이든 자유롭게 허용한다. 죽은 사람을 땅 속에 매장하는 집단이 있고, 화장이나 조장(鳥葬)을 하는 집단도 존재한다. 화폐로 자패(紫貝)라는 조개 껍데기를 이용하는 집단이 있는가 하면, 금속이나 종이를 사용하는 집단, 또는 아무런 화폐도 쓰지 않고 살아가는 집단이 있다. 어떤 집단에서는 신이 없고, 다른 집단은 유일신을 믿으며, 또 다른 집단은 다신교를 신봉한다. 그러나 그 어느 집단도 근친상간은 금기시한다.

근친상간의 기피는 이렇듯 다양성한 인류 문화 속에서도 거의 변하지 않는 보편적인 특성의 하나이다. 그렇지만 지배 계급에서는 때로 예외가 허용되었다. 왕은 신이거나 신과 매우 가까운 존재이기 때문에, 왕의 자매들만이 배우자로 적합한 상대라고 생각되었기 때문이다. 마야나 이집트의 왕가에서는 여러 세대에 걸쳐 형제자매 사이의 결혼이 계속되었다. 일가(一家)가 아닌 다른 사람과의 혼인은 비공식적인 형태로만 이루어졌고, 그런 결혼은 기록으로 남겨지지 않았을 것으로 추측된다. 살아남은 자손들 중에서 일반인보다 저능한 인물은 눈에 띄지 않고, 모두 평범한 왕과 여왕이었다. 그리고 공식적인 기록상으로는 몇 세대에 걸친 근친 결혼 끝에 태어난 이집트의 여왕 클레오파트라는 다방면에서 뛰어난 재능으로 축복받고 있었다. 역사가 플루타르코스는 그녀를 그 무엇에도 비견할 수 없이 아름다운 미인으로 기술했다.

그녀의 존재를 접하게 된다면, 만약 당신이 그녀와 함께 지내기라도 한다면, 그녀와 매력적인 대화를 나눌 수 있고 그녀가 말하고 행한 모든 것 속에 들어 있는 특성을 알 수 있다면, 그녀의 개인적인 매력뿐만 아니라 그녀가 말하고 행하는 모든 것 속에 동반하는 품격이 하나가 되어서 당신을 휘감는 매혹적인 경험을 할 것이다. 무수한 현을 가진 악기가 연주되는 것을 듣는 것처럼, 여러 가지 언어를 구사하는 그녀의 목소리를 듣는 것은 크나큰 기쁨이었다. 그녀가 통역을 통해 이야기해야 하는 타민족은 거의 없었다.

그녀는 이집트 어, 그리스 어, 라틴 어, 마케도니아 어뿐만 아니라 히브리 어와 아라비아 어, 에티오피아 어, 시리아 어, 메디아 어, 파르티아 어 그리고 그 밖에도 많은 언어를 유창하게 구사했다.[5] 그녀는 "한니발을 제외하고, 로마를 공포의 도가니에 몰아넣은 유일한 인물"[6]로 묘사되고 있다. 또한 그녀는 건강한 자식을 여럿 낳았는데, 아이들의 아버지는 그녀의 형제가 아니었다. 클레오파트라의 아이 중 한 명이 프톨레마이오스 15세 카이사르이다. 그는 줄리우스 카이사르의 아들로, 이집트 왕(그 후 17세에 로마 황제 아우구스투스에게 암살당할 때까지)의 칭호를 받았다. 클레오파트라의 부모는 근친 관계였다고 알려져 있지만, 두드러진 육체적·정신적 결함은 나타나지 않은 것 같다.

그런데도 근친혼은 통계적인 측면에서 주로 유아나 아동 사망률을 높인다는 유전적인 문제가 있다(그렇지만 마야나 이집트 왕가의 후손들이 출산기나 유아기에 사망했다는 확실한 기록은 전해지지 않는다.). 그러나 상당수—물론 전부는 아니지만—동식물 종에서는 근친 교배의 해독을 입증하는 분명한 증거를 발견할 수 있다. 유성 생식을 하는 미생물에서도 근친 교배는 어린 세대의 사망률을 결정적으로 높인다.[7] 동물원에서 이루어지는 근친 교배에서는, 근친 교배의 영향을 특히 강하게 받는 종을 포함하는 40종의 포유류 새끼의 사망률이 급증했다.[8] 초파리를 대상으로 근친 교배를 되풀이한 실험에서는, 7대째가 되자 불과 몇 퍼센트만이 생존했다.[9] 사촌 간인 비비 암수 사이에서 태어난 새끼가 1개월 이내에 사망할 확률은 근친 간이 아닌 부모에게서 태어난 개체보다 30퍼센트 이상 높았다.[10] 일반적으로 이계(異系) 교배하는 식물들——예를 들어 옥수수——은 동계 교배가 계속되면 점차 열등해진다. 다시 말해서 차츰 작아지고, 왜소해지고, 말라붙는다. 옥수수를 잡종 교배하는 이유는 바로 그 때문이다. 다윈이 최초로 기록했듯이 암꽃과 수꽃을 피우는 많은 식물들은 자신의 암술과 수술이 자가 수분(自家受粉, 제꽃가루받이)을 하지 않도록 배치되어 있다(궁극적으로는 근친상간에 속하는 이 금기를 '자가 불화합성(自家不和合性, self-incompatibility)'이라고 한다.). 영장류를 포함한 많은 포유류들은 근친 교배를 피하는 금기를 가지고 있다.[11]

순혈종(純血種)의 개는 기형 또는 다리 이상이 나타나는 경향이 있다. 생물학자 존 폴 스콧(John Paul Scott)과 존 풀러(John L. Fuller)는 개의 다섯 가지 품종에 대해서 교배 실험, 즉 인위 선택을 시도했다.

우리는 그 조상 중에서 수많은 챔피언을 탄생시킨 우수한 혈통을 골라 실험했다. 근친 교배를 시작한 지 겨우 1, 2세대째에서 모든 품종의 개에게 심각한 결함이 나타났다. …… 코커 스패니얼은 시력이 좋고 '스톱(stop, 코와 이마 사이의 각도——옮긴이)'이 잘 발달된 넓은 이마를 기준으로 선발된다. 사체 해부를 통해 일부 동물들의 뇌를 조사한 결과, 가벼운 뇌수종(腦水腫) 증세를 발견할 수 있었다. 그러니까 두개골을 기준으로 선택할 때에 육종가는 우연히 뇌에 결함이 있는 개체를 선발하고 있었던 것이다. 뿐만 아니라 이상적인 조건에서도 거의 모든 혈통 중에서 불과

50퍼센트의 암컷들만이 정상적으로 건강한 새끼를 기를 수 있었다. 다른 품종의 개에게서도 이런 결함은 매우 흔하게 나타난다.[12]

이와 유사한 유전적인 결함은 현대인의 근친혼에서도―비록 한정된 데이터에 불과하지만―발견되고 있다. 사촌 간의 결혼으로 태어난 유아의 사망률[13]은 일반적인 유아 사망률의 60퍼센트에 불과하다. 그러나 1960년대에 이루어진 미시간 주에서의 조사 연구[14]는 형제자매와 부녀 간에 태어난 18명의 아이를 비(非) 근친 간에 태어난 대조군과 비교했다. 근친혼으로 태어난 아이들은 거의 대부분(18명 중 11명) 생후 6개월 이내에 죽거나 정신 지체를 포함한 중증 장애를 일으켰다. 그러나 그들의 부모나 그 가계의 가족력에서는 이런 장애가 전혀 발견되지 않았다. 나머지 아이들은 지능을 비롯한 모든 면에서 정상으로 판단되어 양자 입양이 추천되었다. 대조군에 속한 아이들 중에는 죽거나 특수 시설에 수용된 경우는 한 명도 없었다. 이 조사 결과는 인간의 경우 다른 동물의 형제자매나 부녀 교배에 비해 사망률과 장애율이 모두 높다는 사실을 보여 준다. 비정상적인 아이를 출산하는 근친상간적인 남녀 결합은 과학자들의 주의를 끌 만한 연구 주제일 것이다.

반복적인 근친혼이 초래하는 위험은 매우 분명하기 때문에, 우리는 클레오파트라의 직계 선조들 사이에서 공식적으로는 용인되지 않았던 성적인 결합이 이루어졌을 것이라고 결론 지을 수 있다. 즉 이집트 왕비들이 파라오(고대 이집트의 왕) 이외의 남자와 관계를 맺어 임신했을 가능성이 높다는 것이다. 형제자매 간의 결혼이 2~3세대만 계속되어도 가계를 이어 나갈 수 없다. 그런데도 최소한 클레오파트라는 평생 동안 건강한 삶을 유지했다는 기록을 남기고 있다. 한 세대에서만 이계 교배를 해도 그 이전의 근친혼에 따른 영향을 상쇄할 수 있기 때문이다.

근친 교배는 특히 규모가 작은 집단에서는 거의 피할 수 없기 때문에 몹시 위험하다. 한 개체에서 치명적인 해가 없는 새로운 돌연변이가 발생했을 때, 그 돌연변이는 사라져 버릴 수도 있고—일례로 그 돌연변이를 가지고 있는 개체가 자손을 남기지 않고 죽는 경우가 그에 해당한다.—설령 그 돌연변이의 적응도가 낮다고 해도, 집단이 작으면 불과 몇 세대 만에 거의 모든 개체로 확산될 수도 있다. 가령 어떤 집단에 속하는 대부분의 수컷들이 지나치게 많은 테스토스테론을 가지게 되면 투쟁이나 혼란이 고조되고 새끼들은 충분한 보살핌을 받지 못하게 된다. 이렇게 되면 그 집단은 최적 적응에서 벗어나기 시작한다. 근친 교배가 활발하게 일어나면, 궁극적으로 해당 집단의 어떤 개체도 자손을 남길 수 없게 되기 때문이다.

만약 근친 교배가 그다지 위험스럽지 않다면, 집단이 작다는 사실이, 현재는 특별히 적응적이지 않다 해도, 미래의 어느 날에는 적응적일 수 있는 유전자 빈도의 조합을 얻기 위한 수단이 될 수 있다고 생각할 수 있을 것이다. 집단의 규모가 작으면 새로운 돌연변이, 즉 유전 부호의 새로운 조합은 불과 몇 세대 안에 집단 전체로 퍼져 나갈 수 있다. 생물학에서 이루어지는 새로운 무작위 실험에서는, 대집단에서는 이런 현상이 나타나지 않는다는 사실을 보여 주고 있다. 그 결과 대집단은 거의 항상 최적 적응에서 벗어날 수 있는 것이다. 그러나 소집단에서는 사정이 다르다. 규모가 작은 집단에서는 비교적 희귀한 유전자들과 유전자 조합들이, 매우 빠른 속도로 시험 선별될 수 있기 때문에, 가능한 유전자 빈도 범위의 대부분을 차지해 버린다. 이런 현상을 '표본 추출의 우연(accidents of sampling)'이라고 부르는 데, 흔히 대집단보다는 소집단에서 큰 영향을 미친다. 가령 동전 하나를 공중으로 던져 올린다고 하자. 한 번 던져서 앞면이나 뒷면이 나올 확률은 각각 50퍼센트, 즉 두 번에 한 번꼴이다. 동전에는 앞뒤 두 면밖에 없기 때문에, 던졌을 때 어느 한 면이 나오게 되어 있다. 2개의 동전을 던진다고 생각할 때에는 '둘 다 앞', '하나는 앞, 다른 하나는 뒤', '하나는 뒤, 다른 하나는 앞' 그리고 '둘 다 뒤'라는 네 가지 조합이 같은 확률로 나타난다. 따라서 동전 2개가 모두 앞이 나올 확률은 네 번에 한 번, 그러니까 4분의 1, $\frac{1}{2} \times \frac{1}{2}$이다. 동전 3개를 한꺼번에 던지면, 모두 앞이 나올 확률은 여덟 번에 한 번($\frac{1}{2} \times \frac{1}{2} \times \frac{1}{2}$), 또는 2^3분의 1회이다. 열 개의 동전이 모두 앞이 나오게 하려면 대략 1,000번(2^{10}=1024)을 던져야 한다(만약 동전 던지기를 직접 지켜보고 있다면, 모두 앞면이 나왔을 때 무척이나 운이 좋다는 생각이 들 것이다.). 그러나 동전의 개수가 100개로 늘어나면 모두 앞면이 나오게 하기 위해 무려 10억의 10억 배의 1조 배(2^{100}, 10^{30}에 해당한다.)나 되는 횟수만큼 동전을 던져야 한다. 이 정도가 되면 거의 영원히 동전 던지기를 계속해야 한다.

소집단에서는 표본 추출의 우연성이라는 두드러진 특성이 반드시 나타나지만, 대집단에서는 그런 현상이 일어나지 않는다. 세 사람만을 대상으로 여론 조사를 한다면, 그 결과를 신빙성 있게 받아들일 사람이 누가 있겠는가! 단 세 명의 의견이 대다수 시민들의 생각을 대표한다고는 생각되지 않기 때문이다. 조사 대상으로 선정된 한 사람이 우연히 자유주의자나 채식주의자, 트로츠키주의자나 러다이트주의자, 콥트교도(그리스도교의 일파인 이집트의 국민 교파——옮긴이)이거나 회의론자라면 매우 재미있는 조사 결과가 나오겠지만, 그 의견이 일반 대중들의 생각을 반영하고 있다고 생각하기는 어렵다. 그러면 이 세 사람의 의견이 미국 국민 전체의 의견을 집약한다고 확대 해석되었다고 가정해 보자. 그리고 그 결과로 변경된 미국의 입장이나 정책이 실제로 적용되었다고 상상해 보자. 이것은 대집단 속에 있는 소수의 개체가 격리되어 새로운 집단을 만들었을 때 흔히 발생하는 유전학적 현상에도 해당된다.

표본 추출의 우연성은 흔히 표본으로 추출된 개체 수가 극히 적을 때 일어난다. 500~1,000명을 임의적으로 추출해 조사했을 때, 그 결과가 전체의 의견을 반영한다는 사실은 여러 차례의 선거를 통해 입증되고 있다.• 500~1,000명에 해당하는 대상 인원이 완벽하게 무작위 추출된 표본이라면, 여론 조사 결과에서 발생하는 오차는 2~3퍼센트에 불과하다(예상 편차는 표본 크기의 제곱에 반비례한다.). 임의로 선택한 많은 표본에서는 신뢰성 높은 평균적인 결과를 얻을 수 있지만, 대상이 두세 사람일 경우에는 불규칙하거나 극단적인 견해를 표본으로 삼을 위험이 높다. 여론 조사 업체는 경비를 절약할 수 있기 때문에 가능한 한 표본의 수를 줄이려 할 것이다. 그러나 실제로는 그렇게 할 수 없다. 그렇게 될 경우 오차가 커지고, 자칫하면 애써 모은 의견이 전체 의사를 대표하지 못해 휴지 조각이 될 수도 있기 때문이다.

여론 조사와 마찬가지 현상이 집단 유전학에서도 나타난다. 충분히 작은 집단에서는 평균으로부터 중요한 일탈(deviation)••이 일어날

• 투표 용지 기입소에서 최대한 비밀을 유지하며 찍은 결과가 너무 부끄러워서 여론 조사원에게 고백할 수 없는 경우를 제외한다면.

•• 오직 평균과의 차이를 의미하는 단어인 deviant(변질자라는 의미도 있다.)에 내재되어 있는 경멸적인 울림은 대부분의 인간 사회에서 대중들 사이에 녹아 있는 거의 저항할 수 없는 사회적 압력을 시사하고 있다. '지독하게 나쁘다.'는 뜻의 영어 egregious는 라틴 어에서는 '무리에서 떨어지다.'의 의미이다. 여기서도 '다르다.'와 '나쁘다.'가 동일시된다. 이것은 훌륭하게 적응한 집단에서는 단기적으로 의미를 가질 수 있는 사고방식이지만, 변화하고 있는 상태나 장기적인 관점에서는 위험하다.

수 있고, 그것이 표본으로 추출되어 집단 속에서 확립될 수 있다는 것이다. 서로 격리된 소집단에서는 여러 가지 서로 다른 유전자 빈도의 조합이 가능해진다. 대부분은 적응성이 결여되어 있지만, 그중에서 극소수는 우연히 미래를 대비할 수 있는 유용성을 가진다. 이것이 '유전적 부동(浮動, genetic drift, 작은 개체군에서 특정 형질이 적응과 관계없이 보편화되거나 소실되는 현상 — 옮긴이)'이라는 현상이다.

이를테면 당신의 이름이 테오도시우스 도브잔스키(Theodosius Dobzhansky, 러시아 태생의 미국 유전학자 — 옮긴이)라고 가정하자.[15] 그리고 뉴욕에 살고 있다고 하자. 설령 당신에게 아들이 열 명이나 있다고 해도, 뉴욕 같은 대도시에 살고 있는 한 당신의 이름은 다른 사람들로부터 "아주 드물고 이국적이군요."라는 소리를 계속 듣게 될 것이다. 그러나 당신 일가가 작은 마을로 이주해서, 많은 자손을 퍼뜨리면 도브잔스키는 흔하고 평범한 이름이 되고 말 것이다. 마찬가지로 도브잔스키의 유전자는 뉴욕에 있을 때에는 거의 유전적인 영향을 미치지 않지만, 소집단 속에 들어가면 마을 주민의 유전적인 특징에 큰 영향을 주게 될 것이다.

소집단 특유의 표본 추출의 우연성을 보존하면서, 동시에 근친 교배에 수반되는 고유한 특성인 완만한 악화를 피할 길은 없을까? 주로 근친 교배를 하고 있지만, 때로는 이계 교배도 즐기는 집단을 생각해 보자. 대부분 격리되어 있는 하위 집단의 개체들이 가끔씩 만나 교배하는 정도로도 근친 교배로 인한 심각한 유전적 피해를 누그러뜨리기에 충분하다. 각각의 하위 집단들은 유전적 부동이라는 현상을 통해 저마다 다른 유전자 조합을 가지고 있고, 유전적인 경향 또한 다를 것이다. 따라서 모든 소집단이 현재의 환경에 최적 적응하고 있는 것은 아니다. 환경이 변화해도 마찬가지이다. 최적 적응 상태에서 멀어진다는 것은 살아남기 어렵다는 뜻이다. 물론 이전보다 훨씬 능숙하게 적응하는 소집단도 하나 이상 생겨날 것이다. 그러나 그중 많은 집단은 멸종할 것이다. 환경적 위기가 일어나면—우연히—소수의 집단은 마치 '준비'하고 있었던 것처럼 유리한 입장에 서게 된다.

생존을 위한 비책은 소집단의 표본 추출의 우연(최소한 그중 한 집단은 우연히 길고 운 좋게 다가오는 환경 변화에 대응할 수 있을 것이다.)을 대집단의 안정성(일단 새롭고 바람직한 적응이 발생하면, 그 적응형은 전체로 확산된다.)과 결합시키는 것이다. 왜냐하면 최적의 유전자 빈도를 획득한 행운의 새로운 집단이 다른 집단과 유전적인 접촉을 가졌을 때 적응도가 있는 유전자의 새로운 조합이 전달될 수 있기 때문이다. 그 결과 다른 집단은 새로운 능력, 특성 그리고 적응도를 획득할 수 있고, 동시에 근친교배의 가장 위험한 결과도 피할 수 있기 때문이다.

여기에 대집단이 유전자 빈도가 다른 집단과의 교배를 시도하는 시행착오의 메커니즘이 존재한다. 그 전까지만 해도 성공을 가져다 준 적응성이 이제는 주변적인 유용성밖에 발휘할 수 없게 되었을 때, 이 메커니즘이 효력을 발휘해서 탈출구를 마련해 준다. 생물 종을 규모가 작은 다수의 근친 교배 집단으로 분할하고, 때로는 이 집단들 사이의 교배를 허용하는 것이 라이트가 제안한 해결책이다. 그 해결책은 과도한 특화와 과도한 보편화라는 두 가지 덫을 모두 피할 수 있게 해 준다.[16] 규모가 작은 반(半) 격리 집단에서 주요한 진화가 일어난다면, 진화의 중간 단계를 나타내는 형태가 화석 기록에 상대적으로 적게 나타난다는 문제(이것은 다윈을 괴롭혔던 문제 중 하나이다.)도 이런 식으로 설명할 수 있을 것이다.[17]

아직까지 어떤 생물도 자신의 종을 널리 퍼뜨리기 위한 '의식적인 진화 전략'을 채택한 적은 없다. 자신들을 소집단으로 분할하고, 유전적인 표본 추출의 우연을 증폭시키고, 동시에 근친 교배라는 극악한 영향을 회피하기로 결정한 적도 없다. 그러나 진화적인 과정에서 늘 그렇듯이, 우연을 통해 적절한 변화를 일으킨 종은 우선적으로 많은 후손을 퍼뜨릴 수 있는 특권을 부여받았다. 생명의 역사라는 장구한 세월 속에서 진화의 실험이 충분히 이루어질 수 있는 시간이 허용된다면, 즉 이를테면 집단의 크기나 근친 교배와 이계 교배의 균형이 이루어질 수 있는 시간이 주어진다면 극히 일어나기 힘든 적응도 실제로 이루어질 수 있을 것이다. 바로 이것이 미래의 진화를 보증하는 메커니즘의 진화, 즉 다음 단계의 진화 또는 이차적 진화인 것이다.[18]

만약 당신이 자연선택을 통해 유전적 부동의 준비를 해 온 종의 구성원이라면, 어떤 느낌을 가지게 될까? 당신은 소집단 안에서의 생활을 좋아하고 그것보다 더 큰 무리 또는 군중을 싫어할 것이다. 표본 추출의 우연이 적절한 시간 척도에서 작동하기 위해서, 집단은 100~200개체로 한정되어야 할 것이다. 라이트의 주장에 따르면 수십 개체가 최적이다. 60개체 이하의 집단은 불안정하고, 포식자나 홍수, 질병, 표본 추출의 우연의 또 다른 예가 부정적인 방향으로 작용해 한꺼번에 멸종당할 위험이 있다. 아무튼 안정된 소집단에 속한 경우 당신은 그 집단에 대해 열정적인 충성심을 가지게 될 것이다. 그것은 강렬한 가족적 감정이나 열광적 애국주의, 국수주의, 자기 집단 중심주의 등에 가까운 감정일 것이다(특히 집단의 대다수가 근친 관계이기 때문에 경우에 따라서는 당신이 그들을 위해 이타적 행동이나 영웅적인 행동을 취할 수도 있을 것이다.). 또한 당신은 자신의 집단이 다른 집단과 어떤 형태로든 합병되는 상황을 피하려고 할 것이다. 더 큰 집단은 표본 추출의 우연을 억제하기 때문이다. 따라서 당신이 다른 집단에 대해 외국인 혐오증이나 감정적인 애국주의와 흡사한 격렬한 적의를 품는 데에는 충분한 의미가 있다.

물론 다른 집단도 당신과 같은 생물학적 종에 속하는 개체들로 구성되어 있다. 그들 역시 당신과 똑같이 모든 사물을 본다. 따라서 배타주의의 불길을 피워 올리기 위해서는 그들을 미세하게 관찰해서 아무리 작은 차이점이라도 크게 부풀려 그들에게 불리하게 작용하도록 만들지 않으면 안 된다. 그들이 가지고 있는 유전 형질이나 음식 습관 등은 당신의 그것과 미세하지만 차이가 나기 때문에, 당신과 완전히 같은 냄새를 풍기지는 않을 것이다. 만약 당신의 후각 기관이 섬세하고 민감하다면 그들의 냄새는 괴상하고 불쾌하고 증오스럽기까지 할 것이다.

여러 가지 차이점들을 찾아내 뚜렷하게 서로를 구분할 수 있다면 더 바람직할 것이다. 의복이나 언어가 크게 다르지 않다면, 물론 아직 그런 것들은 발명되지 않았겠지만, 예를 들면 행동이나 자세, 발성법 등의 작은 차이도 도움이 될 것이다. 자신의 집단을 다른 집단과 구별할 수 있는 것은 무엇이든 격렬한 증오감을 유지시키고 집단 간의 합병에 저항하는 방향으로 작용할 것이다. 다른 집단 역시 마찬가지로 대응한다. 한 집단과 다른 집단의 이런 비(非) 유전적인 차이점—설령 그것이 적응의 유리함에는 거의 관계없고, 집단의 독립성과 자기 결합력을 유지하는 데 도움이 되는 자의적인 차이점에 불과하다 해도—을 집합적으로 문화라 부르고 있다. 초보적인 단계에서는 많은 동물들도 문화를 가지고 있다.[19] 문화적 다양성은 유전적 부동을 보존하는 데 유용하게 기여한다.

그와 동시에 지나치게 빈번한 근친 교배를 피해 가끔씩은 반드시 이계 교배가 일어나게 해야 한다. 당신이 근친혼에 대해서, 또는 최소한 가장 가까운 친척 사이의 성적 결합에 대해 혐오감을 느끼는 이유는 바로 그 때문이다. 이 혐오감은 동료들의 태도를 본받는 일, 즉 문화를 통해 강화된다. 이렇게 해서 근친상간에 대한 금기가 형성되는 것이다(단, 그 집단이 몇 명의 생존자만 살아남아 있을 만큼 그 수가 줄어들었을 때에는 이 금기가 완화될 것이다.). 이계 교배는 공식적으로는 금지될 수도 있다. 물론 이것은 인간 세계에 해당하는 이야기이지만, 나이 어린 남자 아이들은 길을 잃은 인근 집단의 남자 아이를 공격하고, 딸이 외국인과 결혼하면 부모들은 마치 딸이 죽기라도 한듯 비통해한다. 그러나 자기 집단 중심주의나 배타주의가 널리 보급되어 있는데도 불구하고, 적대 집단의 구성원에게 알 수 없는 매력을 느끼는 일도 있다. 그리고 그 결과 비밀스러운 결합이 이루어지기도 한다(이것은 『로미오와 줄리엣』, 루돌프 발렌티노가 주연한 1920년대 무성 영화 「셰이크(The Sheik)」(젊고 부유한 영국의 귀족인 다이애나 메이요가 권태를 느끼고 알제리 사막으로 말을 타고 나가서 이방인과 사랑에 빠지는 내용이다.—옮긴이)의 주제이고, 오늘날 여성들을 대상으로 한 연애 소설 산업이 노리는 초점이기도 하다.).

　유망한 생존 전략을 간략하게 요약하면, "집단을 소집단으로 분할하고 자기 집단 중심주의와 배타주의를 장려하지만, 한편으로는 적의 씨족의 딸이나 아들의 성적인 유혹을 적당히 받아들이는 것"이다. 그리고 독자적인 문화를 창조해야 한다. 당신의 종족이 학습을 통해 행동을 다양화할 수 있는 만큼 다른 집단과 좀 더 확연히 구분될 수 있을 것이다. 행동상의 차이점은 궁극적으로 유전적인 차이로 이어지며, 그 역 또한 성립한다. 불완전한 격리는, 즉 다른 집단과의 격리와 성적인 자유분방함이 적절히 뒤섞인 상태는 다양성을 탄생시킨다. 그리고 이 다양성이야말로 선택이 작용할 수 있는 원료인 것이다.

　따라서 집단 유전학과 진화의 핵심에는, 대집단의 하위 집단으로서의 작은 반(半) 격리 집단과 배타주의, 자기 집단 중심주의, 세력권 의식, 근친상간의 회피, 가장 성공적인 사회로부터의 탈출을 정당화할 만한 충분한 이유가 있는 것 같다. 이런 메커니즘은 생물적 또는 물리적인 환경 변화가 급속하게 일어나고 있는 종에서는 특히 두드러진 기능을 한다. 시원 세균이나 개미, 참게는 거의 이런 범주에서 벗어나 있지만, 조류나 포유류는 이 범주에 속한다. 따라서 이제부터 선동 정치가가 극히 작은 차이밖에 없는 인류 집단에 대한 적의나 증오를 부추기는 이야기를 하는 것을 들으면, 잠시 만이라도 좋으니 그가 가지고 있는 문제를 생각해 보라. 그 선동가는 한때 우리 인간이라는 생물 종에게 많은 도움을 주었던 선조들의 외침을 듣는 이들의 마음속에 새기려고 하는 것이다. 그러나 그 선동은 현대 사회에서는 위험하기 짝이 없고 시대착오적인 것으로 아무런 적응성도 갖지 않는다.

눈부시게 변화하는 환경에 재빨리 대응하기 위해 유전자 빈도를 어떻게 배열할 것인가 하는 문제에 대한 해결책은 이미 발견되었다. 그리고 그 해결책은 매우 친숙한 것이다. 우리는 집단 유전학과 유전자 빈도라는 추상적인 세계를 여행한 다음, 모퉁이를 돌아 우리와 꼭 닮은 뭔가가 우리를 가만히 지켜보고 있는 것을 발견하게 될 것이다.

14장

암흑가

이렇듯 더럽혀진 자신의 복제들을
서로 마주 보게 한다면, 그다지 사려 깊지
못한 사람이라도 큰 충격을 받을 것이다.
그것은 서투르고 모욕적인 모방물에서 받는
혐오감 때문이라기보다는,
자연 속에서의 자신의 위치나
하등 생물과의 관계에 대한 뿌리 깊은 편견과
고래로부터 존경받아 온 이론들에 대해
돌연 깊은 불신감을 불러일으키기 때문일 것이다.
하지만 생각하지 않는 사람들에게는
막연한 의혹에 머물고 있는 것도,
최근의 과학의 진보를 알고 있는 모든 이들에게는
깊은 의미를 수반하는 중요한 논쟁이 되는 것이다.
        ——토머스 헉슬리,『자연 속에서의 인간의 위치에 대한 증거』[1]

　빅가이는 주위로부터 존경을 받는다. 그가 지나가면 누구나 머리를 숙이고 손을 내민다. 대개 그가 당신을 만진다. 그는 당신과 다른 이들이 내민 손들을 툭툭 건드리고 지나간다. 그러면 당신은 기분이 좋아진다. 그는 당신 눈을 들여다보고, 그러면 당신은 거역할 수 없이 그가 원하는 대로 할 수밖에 없다. 그가 그런 눈초리로 나를 지켜보면 나는 참을 수 없어진다. 그가 쳐다보면 나는 기분이 좋아진다. 나는 그저 발끝만 바라본다.

　그는 내게 홀딱 빠졌다. 빅가이, 그는 나를 보자마자 내게 올라탄다. 아니, 사실을 이야기하자면 그는 움직이는 모든 것에 올라탄다. 그에게는 "나는 지금 그럴 기분이 아니에요."라든가 "머리가 아파요." 하는 식의 이야기를 해서는 안 된다. 그런 말을 해 봐야 상처만 입을 뿐이고, 당신이 다쳐도 그는 여전히 제 마음대로 욕심을 채우고 만다. 그런 일은 잊어버려라. 어쨌든 그에게 복종할 수밖에 없으니까. 그가 하고 싶은 일은 당신이 하고 싶은 일. 그런데 다행스럽게도 나는 빅가이와 갖는 성교를 너무 좋아한다. 하지만 누군들 그와의 관계를 싫어하랴? 어쨌든 그는 내가 지쳐 떨어지지 않는 한, 내 시간에 무엇을 하든 상관하지 않는다.

다른 놈들은 별로 존경받지 못한다. 빅가이 이외의 다른 놈들과의 관계는 별로 재미가 없다. 하지만 어쨌든 그들과도 성교를 한다. 그들이 눈길을 주었을 때 곁으로 달려가지 않으면, 나를 늘씬하게 두들겨 패니까. 그들이 내게 관심을 갖는 이유는 오직 한 가지뿐. 빅가이가 없을 때, 내가 말을 듣지 않으려 하면 그놈은 큰 돌멩이를 들어 올린다. 아주 커다란 돌을. 그가 본심이면 어쩔 도리가 없다. 남자들은 모두 똑같다. 요구에 응해 몸을 내맡기지 않으면 그네들은 머리끝까지 오줌을 갈겨 댈 테니까. 조무래기 수컷들은 모두 자기가 대단한 양으스댄다. 그들은 스스로가 매력 있는 남자라고 생각한다. 그들은 자기가 좋아하면 누구와도 성교를 가질 수 있다고 생각한다.

빅가이가 근처에 있을 때면, 그는 어떤 때에는 다른 녀석들이 우리 주위에 얼씬도 못 하게 방해하고, 어떤 때에는 허용한다. 빅가이가 여행을 떠나거나 등을 돌리고 있을 때면, 우리는 마음에 드는 젊은 남자에게 잠깐 한눈을 팔기도 한다.

그런 남자들 중 한 명이 언젠가는 새로운 빅가이가 될 수도 있으니까. 그렇지만 빅가이가 보고 있을 때는, 그가 바라지 않는 한, 젊은이들에게 '눈길 한 번' 주지 않는다. 우리는 무엇을 해야 하고, 무엇을 하지 말아야 할지 잘 알고 있다. 우리 처지를 잘 알고 있으니까.

남자들의 요구는 가지가지이다. 때로는 애무나 키스, 때로는 그 이상을 요구한다. 일이 끝나면 심술이 누그러든다. 곧바로 응해 주면 남자들은 상냥해진다. 내가 원하는 게 뭔지 알아? 첫 번째 아이가 태어나기 전에 나는 열 명에서 열다섯 명의 남자와 차례로 관계를 맺었다. 놈들은 서로 내 위에 올라타려고 안달이었다.

가끔 빅가이가 손을 내밀면, 내가 하는 일은 가볍게 그를 쓰다듬는 일뿐이다. 그는 무엇 때문에 그토록 흥분했고, 무슨 일로 괴로워했는지 전혀 기억하지 못하는 것 같다. 빅 가이는 정말 훌륭하다. 언젠가 내 아이가 우리가 성교하는 것을 보고는 우리를 중지시키려 한 적이 있었다. 아이는 기어올라 와서 작은 주먹으로 빅가이를 때렸다. 하지만 빅가이는 아이를 그냥 놔두었다. 그 사람은 재미있었나 봐. 내 아이에게 상처를 입히지 않은 걸 보니 말이다. 빅가이는 내게 상처를 입히는 일도 없다.

버디와 스퀀트도 존경을 받는다. 빅가이만큼은 아니지만, 거의 같은 정도로. 스퀀트는 빅가이의 동생이다. 그도 나를 좋아한다. 스퀀트는 밤이 되면 아주 멀리 세력권의 경계 근처까지 순찰을 떠난다. 그 경계 너머에는 갱들이 살고 있다. 이들은 이방인, 침입자이다. 그들은 때로 우리를 습격한다. 그래서 우리는 낯선 이방인을 싫어한다. 남자들은 이방인을 보면 미친 듯이 흥분하고는 한다. 이방인들은 이곳까지 와서 자기들이 원하는 것은 무엇이든 빼앗아 가니까. 남자들은 침입자를 잡아서 갈가리 찢어놓는다. 순찰대는 우리와 아이들을 침입자로부터 지키기 위해 멀리까지 나가는 것이다.

한번은 모두 긴장한 적이 있었다. 뭔가 문제가 생겼다는 냄새를 맡았던 것이다. 나와 내 아이는 무서워서 죽을 것 같았다. 우리는 꼭 끌어안고 있었다. 침입자들이 돌진해 왔다. 성교와 말썽을 찾아서. 미친 듯한 대소란이 벌어졌다. 그런데 빅가이가 침입자들을 혼란에 빠뜨렸다. 그는 무서운 기세로 달려들었다. 버디와 스퀀트가 도와주기 전에 이미 빅가이는 그 침입자들을 유린해 버렸다. 침입자들은 재빨리 도망쳤다. 조금만 머뭇거렸으면 모두 죽었을 것이다. 아직 흙먼지도 가라앉기 전에, 빅가이와 버디 그리고 스퀀트는 나와 아이 그리고 다른 여자들이 있는 곳으로 돌아왔다. 그들은 우리 모두가 안전한지 확인했다. 그리고 빅가이는 내 어깨에 손을 올려놓았다. 내 엉덩이를 만지고, 키스를 했다. 빅가이, 그는 정말 멋있어.

나는 다른 놈들과 마찬가지로, 여자의 작은 엉덩이를 좋아한다. 하지만 내가 정말 좋아하는 것은 싸움이다. 순찰을 돌고 있을 때는 절대 소리를 내서는 안 된다. 언제든지 공격을 취할 수 있도록 만반의 준비를 하고 있어야 한다. 이방인이 어디 있을지 모르니까. 밤에는 무슨 일이든 일어날 수 있다. 밤은 가장 긴장되는 시간이다.

우리는 몇 명의 이방인들을 잡았다. 놈들은 그걸로 끝이었다. 한번은 스퀸트가 아이를 안고 있는 이방인 여자를 발견했다. 그러자 그 여자는 작은 아이의 다리를 붙잡고는 머리를 바위에 세게 내리쳤다. 그건 우리를 따라오겠다는 뜻이었다. 며칠 후 나는 다시 그 여자와 마주쳤다. 그녀는 비탄에 잠겨 죽은 아이를 아직 살아 있는 것처럼 등에 업고 있었다. 그러나 어쩔 도리가 없었다. 우리의 세력권을 엉망으로 만든 이방인들은 그만한 대가를 치러야 하는 거니까.

빅가이는 이제 순찰을 하지 않는다. 빅가이가 권력을 잡기 전에는 그와 나 그리고 스퀀트 셋이서 순찰을 돌았다. 그때는 정말 대단했다. 이방인들이 우리의 세력권을 침입해 우리 여자들을 훔쳐 갔으니까. 그중 젊은 여자들은 이방인이라는 사실에 별로 개의치 않고 곧바로 섹스를 했다. 그러나 우리 어른 남자들은 최소한 이방인이 우리와 다르다는 사실은 알고 있다. 걸음을 떼어놓을 때마다 신중하게 주의를 기울이지 않으면 그들은 우리를 한 사람씩 차례로 습격할 것이다.

놈들은 빠르고 아무 소리도 내지 않는다. 우리는 놈들을 잡을 수 없을 때면 돌을 던진다. 나는 돌 던지기에는 능숙하다. 나는 놈들이 볼 수 없도록 높은 곳으로 기어올라 갔다. 그러고는 놈들의 엉덩이에 돌을 던졌다. 나는 놈들을 공격할 수 있었지만, 놈들은 나를 공격할 수 없었다. 괜히 우리 구역을 넘

보면 재미없어!

그러나 조심해야 한다. 빅가이 이전의 보스였던 '올드보스'는 침입자들을 추적했다. 그가 자리를 비우자마자 몇 놈이 올드보스와 함께 신혼을 보냈던 여자를 빼앗았다. 놈들은 그 여자를 덤불 속으로 데리고 갔다. 여자는 거절하지 않았다. 올드보스가 돌아왔을 때, 이전처럼 존경받지 못했다. 만약 당신이 정말 여자를 좋아하면 문제를 일으킬 수 있다. 특히 보스가 되려고 생각하면 조심해야 한다. 그러나 이 경우는 결과적으로 그에게 좋은 결과가 되었다. 빅가이가 권력을 쥔 뒤, 올드보스는 하루 종일 그 짓만 하고 있으니까. 지금은 백발이 되었지만, 올드보스는 여전히 행복하다.

가끔씩 이방인 여자가 이곳을 매력적인 걸음걸이로 지나가면, 젊고 혈기왕성한 남자들은 누구나 어떤 행동을 원하게 된다. 근사한 섹스, 그게 뭔지 알아? 나라면 그 여자를 죽이기보다 데리고 노는 편을 택하겠지. 하지만 앞뒤를 못 가리고 흥분하는 놈들도 있다. 우리는 이방인을 혐오한다. 그런데도 여자들은 때로 다른 집단의 남자를 유혹하고, 그놈은 아무도 눈치 채지 못하게 그 여자를 자기 집단으로 끌어들이는 일도 있다.

우리는 누구나 집단 속에서 자신의 지위를 알고 있다. 특히 여자들은 자기 처지를 잘 안다. 여자들은 남자들이 시키는 대로 고분고분 말을 잘 듣는다. 하지만 가끔 그렇지 않은 때도 있다. 그녀들은 자신들이 섹스를 원하지 않는 것처럼 행동하기도 하지만, 나는 그녀들이 진정으로 원하고 있다는 사실을 잘 알고 있다. 그런 때면 여자들을 가볍게 때려 주기도 하지. 대부분의 경우, 여자들은 눈길을 주기만 하면 엉덩이를 흔들면서 내가 있는 곳으로 와서 미소를 짓곤 한다. 그럴 때면 그녀의 눈은 흥분으로 반짝거리고, 입에서는 애원하는 신음 소리가 흘러나온다. 여자들은 거의 항상 섹스를 해 달라고 애걸하니까.

우리는 빅가이가 화를 내는 걸 원치 않는다. 그래서 빅가이에게 경의를 표시한다. 그리고 그에게 올라타게 한다. 물론 진짜로 하는 건 아니고, 그냥 그러는 척할 뿐이지만 말이다. 우리는 빅가이에게 아첨을 떨기도 한다. 나는 지위가 높지만, 이 점에서는 다른 놈들과 마찬가지이다. 그는 내 보스니까. 빅가이에게 경의를 표하지 않으려 드는 고집불통인 놈이 있다면, 생각을 바꾸는 편이 신상에 좋을 것이다.

빅가이는 정말 대단하다. 나는 그가 둘, 셋 또는 그 이상되는 침입자들과 맞서 단신으로 싸우는 모습을 본 적이 있다. 물에 빠진 어린아이를 도와준 일도 있다. 만약 그가 아니었다면 그 아이는 분명 죽었을 것이다. 빅가이는 담력이 대단하다.

빅가이 다음에는 내가 있다. 그러니까 나도 상당히 지위가 높은 편이다. 빅가이 외에는 아무도 내 위에 올라탈 수 없어. 물론 나도 때로는 다른 놈들의 도움이 필요하다. 나는 그 녀석들을 달래는 데 상당한 시간을 투자하고 있지. 그러면 모든 일이 원만하게 돌아간다. 내 어린 동생들이 그놈들과 잘 지내는 모습을 볼 수 있을 거야. 빅가이가 화가 났을 때는 음경을 접촉해 주면 진정시킬 수 있다. 물론 때로는 그 이상의 일을 해 주어야 한다. 그건 당신이 마음에 든다는 증거이다.

먹을 것이 충분하고 침입자도 없으면, 모두 기분이 좋아진다. 특히 남자들은 상냥해지고 오후가 시작되면 몸이 나른해져서 모두 낮잠을 잔다. 그럴 때면 거의 아무런 문제도 없다. 하지만 너무 평화로워서 오히려 순찰을 돌고 싶은 생각이 들 거야.

나는 계속 지위를 상승시켜 왔다. 하지만 내가 우연한 기회로 넘버 투의 지위까지 오르게 된 건 아니지. 아직 아이였을 때는 아무도 내게 경의를 표하지 않았어. 그래서 나는 존경받고 싶었지. 몸이 충분히 성숙하게 되자 다른 아이들이 내게 경의를 표하게 되고, 그런 다음에는 그 애들의 모친이나 누이들이 경의를 나타내기 시작했다. 그리고 모든 여성들이. 그래서 그때부터 성인 남자들의 존경을 얻으려고 노력하기 시작했다. 하지만 그건 쉽지 않은 일이었어. 때로는 놈들에게 먹을 것을 구걸하지 않으면 안 되었으니까. 특히 고기를 말이다. 놈들은 간혹 작은 고깃덩어리를 주곤 했지. 고기를 전부 빼앗아서 도망친 일도 있었다. 놈들은 무섭게 화를 내더군. 당시는 그런 일도 쉽지 않았다. 하지만 지금은 다르다. 지금은 모두 내게 경의를 표하지. 스퀸트도 가끔씩, 때로는 빅가이까지도 말이다.

우리는 서로 잘해 나가고 있다. 나는 빅가이를 돕고, 그는 나를 도와준다. 빅가이는 내가 가려운 데를 긁어 주고, 나는 그의 등을 긁어 주지. 내가 말하는 의미를 알아? 스퀸트를 제외하면 아마도 나는 그 누구보다도 빅가이와 친할 것이다. 하지만 한번은 충분한 경의를 표시하지 않는다고 빅가이가 내게 무척 화를 낸 적이 있었지. 그는 내게 예의를 가르치려고 마음먹은 거야.

우리는 큰 싸움을 벌였다. 다른 놈들 여럿이 싸움에 가세했다. 다른 놈들은 펄쩍펄쩍 뛰었다. 어쩌면 그들은 자기 형제를 도우려고 했겠지. 그리고 다른 놈들은 빅가이와 내가 벌이는 싸움 때문에 마음을 진정시킬 수 없었을 테고. 싸움에 가담한 놈들은 바라만 보고 있는 다른 놈들에게 지원을 요청했어. 그래서 결국 전원이 싸움을 벌이게 되었지.

하지만 빅가이는 나 이외에는 아무도 쳐다보지 않았다. 그리고 그는 내 엉덩이를 때렸다. 그러고는 모두를 진정시키기 시작했다. 이렇게 해서 나는 그에게 경의를 표시하지 않을 수 없게 되었지. 그건 정말 보스다운 행동이었다. 그런데도 그는 모두가 보는 앞에서 나를 격렬하게 때렸다. 나는 곧 거사를 일으킬 생각이야. 그동안 그는 내게 잘해 주었다. 하지만 나는 그에게서 벗어나고 싶어. 언젠가는 그를 제압할 것이야.

그러나 지금은 빅가이와 스퀸트 그리고 내가 단결해야 한다. 젊은 놈들 중에서는 들썩거리는 놈들이 있으니까. 놈들은 우리에게 붙고 싶어 한다. 나는 놈들이 무슨 생각을 하고 있는지 잘 알지. 놈들은 우리를 보면 아첨을 떤다.

그리고 경의를 나타낸다. 그러나 속으로는 "당신들을 몰아내고 말 거야." 라든가, "곧 내 시대가 올 거야." 라고 생각하고 있겠지. 하지만 그보다 내 시대가 먼저 찾아오겠지.

내가 빅가이까지 거부한 이유는 아이 때문이다. 아이는 아무도 넘을 수 없는 내가 쳐 놓은 경계선이다. 아무도 빅가이를 거부하지 않는다. 우리가 밖에서 먹이를 찾기 위해 돌아다니고 있을 때, 나를 올려다보는 아이의 눈과 내 눈이 마주칠 때면 불현듯 그 누구라도 아이에게 상처를 입히도록 허용하느니 차라리 죽는 편이 낫다는 생각이 든다. 아들도 나와 마찬가지 생각을 가지고 있다. 남자들이 나를 위협하면, 아들은 상대가 아무리 지위가 높은 남자라도 나를 지키려고 한다. 남자들은 이런 때면 아들에게 경의를 표한다. 다른 아이들과 마찬가지로, 아들에게는 어머니밖에 없기 때문이다. 만약 내가 아들을 지키지 않으면, 누가 지키겠는가? 어린 시절에 아들은 몸에 나쁜 먹이를 자꾸 먹곤 했다. 나는 아이에게 그 먹이를 못 먹게 하고, 어떤 종류를 먹으면 좋은지 가르쳐 주려고 했다. 당시 아들은 절실하게 나를 필요로 했다. 물론 지금도 자신이 생각하고 있는 것 이상으로 내게 의존한다. 남자들은 때때로 아기를 돌보거나 아이들이 좋아하는 것처럼 행동하기도 한다. 그러나 남성들을 믿어서는 안 된다.

젊은 남자 중 한 명은 자신의 어머니와 성교를 하고 싶어 했다. 그러나 그 어머니는 결코 원하지 않았다. 며칠 이내에 그 젊은이는 어머니에게 심각한 상처를 입힐 것이다. 누이와는 성교를 할 수 있다. 그러나 어머니만큼은 건드리지 말아야 한다. 그러나 일단 흥분이 시작되면, 남자들은 자신을 억제하지 않는다. 그들은 미친다. 그들은 마치 동물처럼 행동한다.

때로 남자들은 이성을 잃고 아무런 이유도 없이, 단지 곁에 있었다는 이유로 아이들을 죽여 버리는 일도 있다. 엉덩이에 매질을 당하거나 호되게 야단을 맞은 남자들은 화풀이할 대상을 찾아 헤맨다. 남자들은 화가 나면 노약자, 여자와 아이 등을 가리지 않는다. 이런 남자들의 마음을 진정시키기는 아주 힘들다.

언젠가 내 여동생의 아들이 병에 걸렸다. 그 아이는 갑자기 다리를 움직이지 못하게 되고, 걸어 다닐 수도 없었다. 그 아이는 결국 양손으로 몸을 질질 끌고 다녔다. 매우 기이한 모습이었다. 처음에는 모두 신기한 듯 바라보았지만 곧 아무도 관심을 갖지 않게 되었다. 어떤 남자들은 그 아이를 괴롭히기까지 했다. 그러고는 아이를 공격했다. 결국 아이는 목이 부러져 목숨을 잃었다. 나는 동생이 무척 불쌍했다.

내 아이는 살아서 집단 속에서 존경을 얻고, 순찰을 시작했다. 현재 내 아이는 너무 작다. 하지만 앞으로 아들의 시대가 온다. 아들은 빅가이로부터 칭찬을 들을 수 있다면 무슨 일이라도 한다. 그건 나 역시 마찬가지이다. 나는 빅가이가 내 손을 만지는 것을 무척 좋아한다.

그는 젊은 남자들의 싸움을 중지시킨다. 그가 "엉덩이를 들어올려."라고 말하는 듯한 표정을 지으면, 대개 젊은 남자들은 조용해진다. 어른들은 어디까지 행동을 취해야 할지 알고 있다. 그들은 끊임없이 위협을 한다. 그러나 침입자들이 오는 경우를 제외한다면, 아무도 심한 상처를 입지는 않는다. 그러나 아직 젊은 남자들은 그 차이를 모른다. 조금 더 크면, 서로에게 큰 상처를 입힐 수 있게 될 것이다. 나는 내 아들이 자신의 힘이 어느 정도인지도 알지 못하는 멍청이에게 큰 부상을 당하지 않기를 바란다. 빅가이는 싸움을 그만두라고 지시한다.

그리고 그는 나를 보살펴 준다. 빅가이, 때로는 버디가 빅가이를 대신해서 먹을 것을 분배해 준다. 특히 고기는 반드시 분배된다. 고기는 간단하게 손에 넣을 수 없기 때문이다. 그들은 항상 내게 고기를 주고, 내 아이에게도 꽤 많은 양을 준다. 그들은 주로 나 같은 미인에게 고기를 준다. 그것은 우리가 언제나 자기들의 성적 요구에 순종하게 만들기 위한 것이다. 그래도 나는 그가 원할 때면 언제든지 승낙한다. 대부분의 남자들은 먹을 것을 좀 더 많이 배분해 달라고 애걸하지만 나는 그러지 않는다. 그럴 필요가 없으니까.

남자들이 주위에 없을 때면, 나는 항상 자매나 여자 친구, 성장한 딸들과 함께 지낸다. 우리는 서로를 경계하지만, 서로에게 경의를 표한다. 여자들이 없으면 내가 갈 곳이 어디 있겠는가?

어렸을 때—놀이 이외에는 아무도 내게 성교를 해 주지 않았던 때—나는 몹시 지루했다. 나는 전혀 존경을 받지 못했다. 나는 혼자서 산보를 하다가 매력적인 남자를 보았다. 그런데 그 남자는 나를 보고 있지 않았다. 그 남자는 이방인이었다. 이방인은 금방 알아볼 수 있다. 하지만 그는 정말 멋있었다. 그런데 그 남자는 서둘러 멀어져 갔다. 결국 나는 그 남자에게 매혹되고 말았다. 이방인은 모두 그 남자처럼 멋질지도 모른다. 이방인들이 내게 경의를 표할지도 모르지 않는가? 그래서 나는 그들을 찾기 위해 집을 떠났다.

오랜 여행이었지만, 중간에서 순찰대와 마주치고 싶은 생각은 없었다. 다행히도 무사히 목적지에 당도할 수 있었다. 나는 곧바로 한 남자를 발견했다. 이방인 남자를. 처음에 내가 본 남자는 아니었다. 하지만 그 역시 너무나 훌륭했다. 나는 그를 바라보았고, 그 남자가 무엇을 원하는지 알았다. 그 남자와 같은 집단에는 두 명의 여자가 있었는데, 나를 바라보는 그녀들의 얼굴은 남자들처럼 행복해 보이지 않았다. 그녀들은 내게 다가와 욕설을 퍼붓고, 할퀴고, 물어뜯었다. 그래서 나는 집으로 돌아왔다. 기나긴 길이었다. 간신히 집에 도착했을 때, 아무도 내가 없어졌다는 사실을 눈치채지 못한 것 같았다. 물론 어머니는 예외였다. 어머니는 있는 힘을 다해 나를 꼭 끌어안아 주었다. 나는 어머니가 너무도 그립다.

15장
굴욕적인 반영

삼라만상의 기원을 상기했을 때,
그는 넘치는 듯한 사랑과 자비에 충만해
말 못 하는 짐승들을 '형제자매'라는
이름으로 부르게 될 것이다.
그들 속에서 자신과 같은 근원을 발견했음이다.
— 성(聖) 보나벤투라,* 『아시시의 성 프란체스코의 생애』[1]

그 차이란 얼마나 작고 하잘것없는 것인지,
그에 비해 유사성은 곳곳에서 그 얼마나 두드러지는지
우리는 놀라지 않을 수 없다.
— 샤를 보네,** 「원숭이와 인간의 비교」, 『자연에 대한 고찰』(1781년)[2]

* 이탈리아의 성인으로, 최고의 스콜라 학자. — 옮긴이
** 스위스의 생물학자이자 자연 철학자. — 옮긴이

기원전 5세기 초, 카르타고의 한노(Hanno of Carthago, 카르타고는 지금의 튀니지에 있었던 페니키아 인 계통의 고대 도시였고, 한노는 카르타고의 항해자였다.— 옮긴이)는 67척의 함대를 이끌고 서(西)지중해로 항해를 나섰다. 각기 50개의 노를 갖춘 함선에는 모두 3만 명의 남녀가 타고 있었다. 한노가 귀국한 뒤, 바알 신(Baal, 고대 셈 족의 태양신)에게 바쳐진 여러 사원들 중 한 곳에 보관된 연대기 『항해기(*Periplus*)』에는 그렇게 기록되어 있다. 그는 지브롤터 해협을 건너 남쪽으로 항로를 바꾸어 진행 방향인 서아프리카를 따라 여러 개의 도시를 건설했다. 그렇게 해서 탄생한 도시 중 하나가 현재의 모로코의 항구 도시 아가디르이다. 결국 그는 악어와 하마가 들끓는 땅에 발을 들여놓게 되었다. 그곳에는 목축민과 야만스러운 인간, 우호적인 사람과 그렇지 않은 사람 등 여러 부류의 인간 집단들이 살고 있었다. 모로코에서 함께 온 통역도 그곳의 말을 이해할 수 없었다. 그는 현재의 세네갈이나 감비아, 시에라리온에 이르기까지 항해를 계속했다. 그 항해 동안 그는 불이 주야로 하늘에 도달하고 바다로 흘러드는 거대한 산도 지났다. 이 산은 니제르 강 삼각주 지역의 동쪽에 있는 카메룬 화산이 분명하다. 그는 귀국하기 전에 콩고에 다다를 만큼 멀리까지 나아갈 수 있었다. 『항해기』의 마지막 짧은 단락에서, 귀국 전에 한노는 아프리카의 호수에서 보았던 한 섬의 광경을 이렇게 기술하고 있다.

야만인들로 가득 차 있다. 분명 그들 대부분은 털이 많은 여자들이다. 통역은 그들을 '고릴라(gorilla, 원래는 털이 많이 난 여인족이라는 뜻이다.—옮긴이)'라고 불렀다.

수컷들은 낭떠러지 위로 기어올라 가거나 돌을 던지면서 도망쳤다. 그러나 암컷들은 그다지 운이 좋지 않은 편이었다.

우리는 세 명의 여자를 잡았다. 그녀들은 물거나 할퀴어 댔다. 그리고 우리를 따라오려고 하지 않았다. 그래서 우리는 그녀들을 죽여 가죽을 벗긴 다음 카르타고로 가지고 돌아왔다.

오늘날의 학자들은 이들에게 공격당해 가죽이 벗겨진 생물을 고릴라나 침팬지라고 부를 것이다. 수컷들이 돌을 던졌다는 기록을 감안할 때, 그들이 침팬지였음을 추측할 수 있다. 『항해기』는 유인원(ape, 정확한 뜻은 '꼬리 없는 원숭이'이지만, 이하에서는 유인원으로 통칭한다.—옮긴이)과 인류가 처음 조우했던 가장 오래되고 확실한 기록이다.[3]

고대 마야의 전설·신화집인 『포폴 부』의 저자는 원숭이를 신이 제대로 된 인간을 만들기 위해 되풀이한 실험의 마지막 실패작이라고 생각했다. 여기에서 신들은 선의를 가지고 있지만, 실수를 범하기 쉬운 미숙한 기술자였다. 인간을 만드는 일은 어렵기 때문이다. 아프리카나 라틴아메리카, 인도 아대륙에 살았던 많은 사람들은 유인원과 원숭이(monkey, 정확한 뜻은 '꼬리를 가진 원숭이'이지만, 이하에서는 원숭이로 통칭한다.―옮긴이)가 인류와 상당히 깊은 관계를 가진 것으로 생각하고 있었다. 예를 들어 인간이 되기를 갈망하거나 실패작으로 머문 생물, 또는 신의 법을 어긴 중죄인으로 지위가 강등되었거나 문명이 요구하는 자기 훈련을 견디지 못하고 다시 자연 속으로 도망친 망명자라는 식이다.

고대 그리스와 로마에는 유인원과 원숭이가 인간과 매우 흡사하다는 사실이 잘 알려져 있었다. 아리스토텔레스와 갈레노스가 그런 주장을 폈다.● 그러나 그들의 공통 선조에 대한 고찰에까지 이어지지는 못했다. 인간을 만든 신들 역시 습관적으로 동물로 모습을 바꾸어 젊은 여성을 유혹해 농락하거나 강간했다. 이런 신과 인간의 성적 결합으로 태어난 아이는 켄타우로스나 미노타우로스처럼 반은 짐승이고 반은 인간인 키메라가 되었다. 그렇지만 그리스·로마 신화에는 유인원의 키메라가 거의 등장하지 않는다.

인도와 고대 이집트에서는 원숭이 머리를 가진 신들이 있고, 이집트에 비비의 미라가 많이 있다는 사실은 원숭이들이 숭배되었거나 또는 소중히 다루어졌음을 알려 준다. 그러나 고전 시대 이후의 서양에서는 원숭이를 신성화한다는 것은 상상도 할 수 없는 일이었다. 부분적으로는 인간 이외의 영장류가 희귀했거나 아예 없었던 지역에서 태동한 유대교와 그리스도교, 이슬람교 등 종교의 영향을 받았기 때문이기도 했지만, 가장 중요한 이유는 동물 숭배(일례로 고대 이스라엘인

● (유인원의) 얼굴은 여러 가지 점에서 인간과 비슷하다. 유인원은 인간과 유사한 콧구멍과 귀 그리고 앞니와 어금니를 가지고 있다. 손과 손가락, 손톱도 사람과 비슷하며, 단지 전체적인 외모에서 짐승과 같은 느낌이 든다. 다리는 예외적으로 큰 손과 같다. 내장은 인간과 일치하는 것으로 알려져 있다.[4]

들이 숭배한 '금송아지'가 있다.)가 혐오의 대상이었기 때문이다. 그들은 애니미즘(모든 사물에 영혼이 있다고 믿는 생각—옮긴이)의 세계에서 빠른 속도로 벗어난 것이다. 16세기에 이르기까지 유럽에서는 유인원에 대한 충분한 조사가 이루어지지 못했다. 아리스토텔레스와 갈레노스가 명확하게 기술한 북아프리카나 지브롤터의 바바리원숭이(Barbary ape)는 실제로는 짧은꼬리원숭이(macaque)였다.

인간과 가장 흡사한 동물과 만나지 않는 한, 동물과 인간의 관계를 묘사하기란 어려운 일이었다. 우리와 다른 동물 사이의 유사성이 그리 분명치 않았기 때문에(예를 들면 새끼가 젖을 먹는다든지, 다섯 개의 발가락이 있다는 것 등). 조물주 특유의 표현법에 따라 모든 종들을 제각기 다른 모습으로 만들었다고 생각하는 편이 훨씬 쉬웠을 것이다. 인간이 신보다 열등하듯이 유인원은 인간에 비해 훨씬 열등하다고 주장되었다. 그 때문에 십자군 사건 이후, 특히 17세기 초에 원숭이나 유인원에 대해서 잘 알려지고, 그들이 인간과 아주 닮았다는 사실을 알게 되었을 때, 서양인들은 그 감정을 당혹감, 수치심, 어처구니없는 웃음 등으로 표현했다. 필경 인간과 그들 사이의 분명한 유사성으로 받은 충격을 감추기 위한 것이었다.

원숭이나 유인원이 인류의 가장 가까운 친척이라는 다윈의 주장은 사람들이 무의식적으로 느끼고 있던 불쾌감을 의식이라는 수면 위로 끌어올리는 역할을 했다. 오늘날까지도 '원숭이'라는 말과 연관되어 떠오르는 의미는 '독창성 없는 흉내 내기', '특대(特大) 또는 야만스러움' 등 불쾌한 것들이다. 영어로 go ape라는 말은 '다시 야생으로 돌아가다.' 또는 '억제할 수 없이 미치다.'라는 뜻이다. 어떤 일을 탐구하듯이 느린 속도로 처리할 때면 monkeying around(원숭이처럼 까불거리다는 뜻이기도 하다.)라고 표현한다. make a monkey는 '~를 조롱하다.'의 의미이다. little monkey는 짓궂은 장난을 좋아하는 개구쟁이를 일컫는다. monkeyshine은 '농담'이나 '희롱', 그리고 go bananas는 제어할 수 있는 상태를 벗어나 열광하는 것을 뜻한다. 이런 표현들은 바나나를 좋아하는 원숭이나 유인원은 인간이 받고 있는 사회적 제약을 받지 않는다는 사실을 반영하고 있다. 유럽 중세의 그리스도교 세계나 초기 르네상스 사회에서 원숭이와 유인원은 극도의 추악함, 인간의 지위에 대한 절망적인 갈망, 부정하게 얻은 부(富), 앙심을 품는 기질, 호색, 나태, 어리석음의 상징이었다.[5] 원숭이는 유혹에 빠지기 쉽기 때문에 '인간의 타락'을 나타내는 관용어처럼 사용되었다. 그런 죄 때문에 원숭이나 유인원은 인간에게 복종하는 것이 당연하다는 생각이 일반적으로 확산되어 있었다. 우리 인간들은 이 죄 없는 동물로 하여금 상징, 은유, 우화, 스스로의 존재에 대한 공포의 투영 등 숱한 무거운 짐을 대신 지게 한 셈이다.

진화를 이해하기 위한 다윈의 오랜 노력이 외부 세계에 알려지기 전에, 그는 자신의 1838년의 노트 「M」에 이렇게 간결하게 썼다. "이제 인류의 기원이 입증되었다. 비비를 이해하는 자는 철학자 존 로크 이상으로 형이상학에 공헌할 수 있을 것이다."[6] 그러나 비비를 이해한다는 말은 무엇을 의미하는 것일까?

아프리카 야생 침팬지에 관한 최초의 과학적 연구 중 하나는 빅토리아 시대 초기 보스턴의 내과 의사였던 토머스 새비지(Thomas N. Savage)의 연구였다. 그는 이렇게 결론 맺었다.

그들의 습성에서 상당한 수준의 지성을 느낄 수 있다. 특히 어미가 새끼들에게 쏟는 큰 애정을 볼 때 더욱 그러하다. '그러나' 그들의 습성은 극히 부도덕하다. 현지 원주민의 전설에 따르면, 침팬지는 과거에 자신들의 부족 구성원이었지만 그 타락한 행동거지 때문에 인간 사회에서 추방되었고, 이후 방종에 대한 탐닉과 추악한 습성이 도를 더해 현재의 처지로 전락했다는 것이다.[7]

이 글에서 무언가가 의학 박사 새비지를 괴롭히고 있었다. "부도덕", "타락", "방종", "추악" 등은 욕설일 뿐 결코 과학적인 표현이 아니다. 그렇다면 무엇이 새비지를 화나게 만들었을까? 그것은 성이다. 침팬지들은 거의 아무런 의식도 없이 가벼운 기분으로 교미에 몰두한다. 그 모습은 새비지가 허용할 수 있는 기준을 훨씬 넘는 방종한 행위였을 것이다. 그들의 격렬하고 난잡한 교미는 하루에도 수십 차례씩 상대를 가리지 않고 무차별적으로 반복되었고, 끊임없이 서로의 생식기를 들여다보았다. 게다가 자유분방한 수컷 무리들은 얼핏 보기에 서로 동성애를 즐기는 것처럼 보였다. 당시는 예의 바른 젊은 여성이 꽃의 수술과 암술, 그러니까 꽃의 '은밀한 부위'에 대해 지나치게 캐묻는 일도 구설수에 오르는 엄격한 시대였다. 유명한 평론가인 존 러스킨(John Ruskin)은 후일 "꽃을 연구하는 건전한 학자는 이처럼 외설스러운 과정이나 음란한 사건과는 아무런 관계도 없다."라는 엉뚱한 이야기를 했다.[8] 예의 바른 보스턴의 내과 의사는 침팬지에 대해 목격한 일을 어떻게 표현해야 했을까?

새비지가 만약 애매하게라도 사실을 기술했다면, 그는 독자들에게 자신이 기록한 사실을 용인하거나 그 내용에 동조하고 있다는 오해를 살 위험에 처했을지도 모른다. 애초에 무엇이 그를 침팬지에게 이끌도록 만들었을까? 왜 그는 침팬지에 대해 글을 썼을까? 그의 주의를 끌 만한 다른 가치 있는 일은 없었을까? 어쩌면 새비지는 무관심한 독자들에게도 자신과 자신의 연구 주제가 전혀 별개임을 확인시켜야 한다는 강박관념을 느꼈을지도 모른다.*

윌리엄 콩그리브(William Congreve)는 18세기 초 영국의 저명한 풍속 희극 작가 중 한 명이었다. 당시 군주제가 부활했는데, 그것은 청교도라 불리는 종파 분리론자들과의 유혈 투쟁의 결과였다. 청교도(清教徒)들은 엄격한 성도덕으로 그런 이름을 얻었다. 어느 시대든 이전 시대에 대한 반동이 일어나게 마련이다. 따라서 이 시대는—최소한 특권 계급 사이에서는—도덕적 관용의 시대였다. 그들이 내쉬는 안도의 한숨은 마치 합창 소리처럼 울려 퍼졌다. 그러나 콩그리브는 그들의 옹호자가 아니었다. 그의 풍자적인 기지는 그 시대의 권위, 학자연하는 과시, 위선, 냉소주의를 향한 것이었으며, 특히 당시의 성 풍속에 대한 그의 비난은 무척이나 신랄했다. 그의 작품 『세상의 관습(The Way of the World)』에 등장하는 지배 계급들의 대화에서 짧은 세 단락을 소개해 보자.

어떤 자는 원할 때마다 빨리 연인을 만들고, 원하는 대로 오래 살고, 원하기만 하면 곧바로 죽는다. 그리고 욕망은 욕망을 부른다.

당신이 애인을 사랑하고 즐길 수 있으려면 그만큼 남편에게 넌더리를 내야 할 것이다.

* 새비지는 야생 고릴라에 대해서도 최초의 체계적인 보고를 남겼으며, 고대 북아프리카에서 사용되던 '고릴라'라는 명칭이 오늘날까지 사용되는 것도 그의 보고 덕택이다. 그는 알 수 없는 이유로 매력적인 여성을 납치해 간다는 식의 고릴라에 대한 통념을 부정하려고 노력했다. 이 유괴라는 주제는 1세기 후에 많은 사람들에게 박수갈채를 받은 영화 「킹콩」에서 다시 한 번 등장했다.

기지로 친구를 만들거나 정직성으로 부(富)를 쌓기 힘든 것과 마찬가지로 솔직함이나 성실성으로 여자를 획득하기는 어렵다.[9]

당시의 성 풍속에 과감한 사회 비판을 가한 콩그리브의 역할을 염두에 두면서, 그가 1695년에 비평가인 존 데니스(John Dennis)에게 보낸 편지를 읽어 보기로 하자.

> 나는 인간의 천성에 대해 자기 비하감을 품게 만드는 그 어떤 사실이나 사물을 결코 보고 싶지 않네. 다른 사람은 어떤지 알 수 없지만, 최소한 나는 자네에게 정직하게 고백하는 걸세. 나는 원숭이를 오랫동안 관찰하면서 그들이 우리의 '굴욕적인 반영(mortifying reflection)'이라는 생각을 떨칠 수 없었네. 그렇지만 나는 그 반대되는 일에 대해 들은 적이 없네. 도대체 왜 그 생물은 처음부터 인간과 별개의 종이 아닌 것일까?[10]

어쨌든 그가 썼듯이 상류 계급의 복잡하기 짝이 없는 성 풍속은 동물원을 찾아가는 것과 비교하면 그다지 "굴욕적인 반영"에 대한 고민을 불러일으키지 않는다. 콩그리브의 연극은 "인간과 동물 사이에 가로놓인 구별이라는 벽"을 부수는 짓이라는 비난을 받았다. 비평가들은 "만약 염소나 원숭이가 말을 할 수 있다면 이 연극과 같은 언어로 자신들의 야만성을 드러냈을 것이다."라고 말했다. 이렇듯 원숭이는 유럽 인들을 괴롭히기 시작했다.[11] 그리고 콩그리브는 다음과 같은 질문으로 문제의 핵심을 찔렀다. "만약 원숭이가 우리의 가까운 친척이라면, 그것은 우리에게 어떤 의미가 있을까?"

기록으로 남은 역사상 최초의 유인원과 인간의 만남 이후부터 아이들이 귀찮은 질문을 퍼붓기 전에 서둘러 원숭이 우리 앞을 지나치는 부모들의 시대에 이르기까지 우리는 원숭이들에게 불안감을 느껴왔다. 그리고 그 불안감이 커질수록 관찰자들도 더 엄격해졌다. 성직자 에드워드 톱셀(Edward Topsell)은 1607년 자신의 저서 『네 발 짐승의 역사(Historie of Foure-Footed Beasts)』에서 이렇게 쓰고 있다. "유인원의 신체는 우스꽝스럽기 짝이 없다. 왜냐하면 꼴불견인 인간의 모방물에 불과하기 때문이다." "바위처럼 굳건한 신앙심의 소유자"로 일컬어졌고, 새뮤얼 윌버포스의 뒤를 이어 옥스퍼드 영국 국교회 주교가 된 찰스 고어(Charles Gore)는 런던 동물원을 자주 찾았는데, 그때마다 상충되는 감정으로 괴로움을 겪었다. 그는 자신의 감정을 이렇게 토로했다. "나는 언제나 불가지론자로 돌아가고 만다. 신이 어떻게 이런 기묘한 야수들을 신의 도덕 질서에 적응시킬 수 있었는지, 나로서는 도저히 이해할 수 없다." 때로는 주위에 다른 구경꾼의 무리가 있다는 사실도 알아차리지 못하고 침팬지를 향해 손가락질을 하면서 큰 소리로 이렇게 꾸짖은 적도 있었다. "네 모습을 살펴보고 있노라면, 너는 나를 완전한 무신론자로 바꾸어 놓고 마는구나. 나는 이런 괴물 같은 생물을 만든 신이 존재한다는 사실을 믿기 어렵기 때문이다."[12] 만약 예를 들어 토끼나 오리가 과도한 교미를 갖는 경향이 있다고 해도 논의의 대상조차 되지 않을 것이다. 그러나 원숭이나 유인원의 모습을 볼 때면 유감스럽게도 우리 자신과 연관된 어떤 사실을 떠올리지 않을 수 없다.

유인원은 얼굴 표정, 사회 조직, 서로 이해할 수 있는 신호 체계, 그리고 잘 알려져 있듯이 일종의 지능을 가지고 있다. 그들은 우리와 마찬가지로 두 손을 쓸 수 있고, 엄지손가락이 다른 손가락들을 마주보는 위치에 있다. 그중 일부 종은 두 다리로 직립 보행을 할 수 있다. 그들은 불쾌하고 무서운 느낌이 들 정도로 우리와 흡사하다. 그들의 성 습관은 인간에게도 자신의 사회 조직을 침식할 수 있는 또 다른 부도덕성이 있음을 암시하는 것일까?* 그리고 원숭이나 유인원을 주의 깊게 관찰함으로써 인간 행동에 대한 이해의 깊이를 더할 수 있을지도 모른다. 일례로 강압과 폭력의 만연, 또는 성적 위협과 강간, 근친상간의 사회적 용인 등이 그것이다. 이것은 매우 중요하며 민감한 문제이다. 원숭이와 유인원의 행동은, 특히 그들이 우리와 가장 닮은 동물이라는 점에서 다루기 힘든 주제이다. 그 문제를 정면으로 다루기보다는 한쪽으로 밀어놓거나 무시해 버리고 다른 문제를 연구하는 편이 훨씬 나을 것이다. 대부분의 사람들은 그런 일에 대해 알려고 들지 않을 테니까 말이다.

18세기의 생물학자 칼 폰 린네(Carl von Linné)는 '분류학(taxanomy)'의 기초를 구축한 인물이었다. 이 학문은 지구의 모든 생물을 분류하는 것을 최종 목표로 삼고 있다.[14] 그는 당시 알려져 있던 모든 식물과 동물의 유사점과 차이점을 기록하고, 그것들의 근연도(近緣度)에 따라 망(網)이나 계통수(系統樹)의 형태로 배열하는 일에 전념했다. 현대의 표준 분류법의 많은 요소를 도입한 장본인이 바로 린네였다. 예를 들어 '종(種, species), 속(屬, genus), 과(科, family), 목(目, order), 강(綱, class), 문(門, phylum), 계(界, kingdom)'는 적은 것에서부터 점차 많은 것을 포함하는 분류 항목을 순서에 따라 차례로 배열한 것이다. 이런 각각의 범주를 '분류군(taxon)'이라고 부른다. 사람을 예로 들면 동물계, 척추동물문, 포유동물강, 영장목, 사람과, 사람속, 호모 사피엔스종이다. 다시 말하자면 우리 인간은 동물이고, 식물이나 균류나 세균이 아니다.

* 알렉산드로스 대왕이 이끌었던 병사들은 인도를 침공하는 도중에, '음탕한' 행위를 하고 있는 원숭이들을 죽였다고 전한다.[15] 그러나 그 병사들이나 그들의 대왕도 그리 점잖은 이들은 아니었다.

등뼈를 가지고 있기 때문에 벌레나 대합조개와 같은 무척추동물이 아니다. 그리고 갓난아기에게 젖을 주는 유방을 가지고 있으므로 파충류나 조류도 아니다. 인간은 영장류이므로, 쥐나 가젤, 너구리가 아니다. 그리고 영장류 중에서도 사람과에 속하기 때문에 오랑우탄이나 베르베트원숭이, 여우원숭이가 아니다. 우리는 호모속에 속하며, 이 분류군에는 단 하나의 종만이 있다(그러나 과거에는 다른 종도, 어쩌면 많은 종이 있었을지 모른다.). 지금까지 열거한 내용이 우리 자신에 대한 분류이다. 그것은 린네가 제창한 분류와 거의 동일하다.

린네는 새로운 분류법에 따라 수천 종이나 되는 동물과 식물을 분류한 다음, 특별한 관심을 끄는 한 동물의 위치에 대해 진지하게 생각했다. 그 동물은 그 자신, 즉 인간이었다. 그리고 그는 새롭게 고찰을 시작했다. 그의 표준적인 분류 기준에 따르면, 사람과 침팬지는 같은 속에 포함되었다.* 그의 고결한 과학적 정직성이 그를 그렇게 하도록 종용했다. 그러나 린네는 스웨덴의 루터 교회를 비롯해서 그가 알고 있는 모든 종교 기관들이 자신의 분류를, 인간의 존엄성을 손상시키는 혐오스럽고 수치스러운 짓이라는 판결을 내리리라는 사실을 잘 알고 있었다. 그래서 린네는 궤도를 수정해 사회적인 타협을 했고, 결국 사람을 독립적인 속에 집어넣었다. 그렇지만 그는 인간을 유인원이나 원숭이와 같은 목에 속하는 동물이라고 선언해 많은 사람들을 분노하게 만들었다.

그렇지만 우리는 린네를 비난할 수 없다. 코페르니쿠스와 갈릴레

● 장자크 루소(Jean-Jacques Rousseau)는 한 걸음 더 나아가 1753년에 침팬지와 사람을 같은 종에 속하는 동물로 분류했다. 그는 우선 언어 능력은 "사람이 천성적으로 가지고 있는 능력"이 아니라고 생각했다.[15] 콩그리브도 이와 유사한 생각을 가지고 있었다.

이, 데카르트와 마찬가지로, 그는 자신의 시대에 허용된 가장 용감한 행동을 했기 때문이다. 대부분의 박물학자들은 인간을 독립된 목의 위치에 넣는다. 다윈 이전의 시대에는 이런 분류법이 말썽을 피할 수 있는 가장 편리한 방법으로 통용되었다. 많은 성직자들은(그리고 일부 박물학자들도) 인간을 다른 동물과 독립된 계에 위치 짓는다. 그런 분류를 밑받침할 증거는 아무것도 없지만, 사람을 독립된 속으로 분리시켜 일등석에 넣는 것은 인간의 허영심을 만족시킬 수 있는 인기 있는 방책이었다. 1788년에 보낸 한 편지에서 린네는 사려 깊고 자기 변호적이 아닌 어투로 이렇게 쓰고 있다.

> 나는 당신에게 그리고 전 세계의 모든 사람들에게 인간과 유인원을 명확하게 구분 지을 수 있는 유전적 특징을 제시하라고 요구합니다. 나 자신은 그런 특징을 전혀 알지 못한다고 자신 있게 이야기할 수 있소. 누군가가 내게 그런 증거를 보여 준다면 좋겠소. 하지만 만약 내가 사람을 유인원이라고 부르거나 역으로 유인원을 사람과 같다고 말한다면, 나는 모든 성직자들에게 심각한 비난을 받음과 동시에 파문을 당할 것이오. 박물학자로서 나는 그렇게 할 수밖에 없는 것 같소.[16]

당시 침팬지에 붙은 학명의 하나는 '판 사티루스(*Pan satyrus*)'였다. 판은 신체의 일부는 인간이고 일부는 염소인 고대 그리스의 신(神)으로, 성욕과 번식력과 연관된다. 사티루스(술의 신 바쿠스를 섬기는 반인반수의 숲의 신. 사티로스로도 알려져 있다.—옮긴이)는 키메라와 밀접하게 연관된다. 원래는 말의 꼬리와 귀 그리고 발기한 음경을 가진 남자를 뜻하는 말이었다. 이 종에게 최초로 이름을 붙일 때 가장 주목된 특징은 침팬지의 자유분방한 성적 행동이었을 것이다. 현재의 학명은 판 트로글로디테스(*Pan troglodytes*)이다. 트로글로디테스는 동굴이나 지하에서 생활했던 신화 속에 나오는 생물(혈거인)인데, 그다지 적절한 명칭은 아니다. 왜냐하면 침팬지는 고집스럽게 지구 표면(정확하게 말하자면 표면보다 조금 위쪽)에서만 살았기 때문이다(북아프리카의 바바리원숭이는 때로 동굴 속에서 생활한다. 이런 예외를 제외한다면, 일상적으로 동굴 속에서 살았던 것으로 알려진 유일한 영장류는 인간뿐이다.). 린네는 호모 트로글로디테스를 언급하고 있지만, 그가 염두에 둔 것이 유인원인지 아니면 사람인지는 분명치 않다. 아니면 둘 사이의 다른 무엇일지도 모른다.

다윈 혁명의 포문이 열리던 시기에 헉슬리는 해부학을 통해 유인원과 사람의 체계적인 비교를 시도했다. 그는 자신의 연구 계획을 다음과 같이 쓰고 있다. 특히 그가 지구 밖의 외계적 관점을 도입했다는 점에서 주목할 만하다.

> 잠깐 동안 인간성이라는 가면을 벗고 우리 자신에 대해 고찰해 보겠다. 가령 우리가 토성의 과학자가 되었다고 상상해 보자. 토성인은 현재 지구에 살고 있는 동물에 대해 풍부한 지식을 가지고 있고, 새롭게 등장한 "두 다리로 직립 보행을 하고, 털이 없는" 유일한 동물이 다른 동물들과 어떤 관계를 가지는지에 대해 열심히 토론하고 있다. 이 기묘한 동물은 모험심이 풍부한 (토성인) 여행자가 토성의 과학자들에게 보여 주기 위해 공간과 중력이라는 벽을 넘어 멀리 떨어진 지구라는 행성에서—아마도 럼주 통에 넣어—훌륭한 보존 상태로 가지고 돌아온 것이리라. 우리 모두는 그 동물을 척추동물의 포유류에 넣는 데 만장일치로 합의할 것이 분명하다. 그리고 아래턱과 어금니, 뇌의 특징으로 미루어 그 새끼가 임신 기간 동안 태반을 통해 영양분을 공급받는 포유동물, 즉 '태반 포유류' 중에서 새로운 속의 위치를 부여해야 한다는 점에 의심의 여지

가 없을 것이다.

그렇게 되면 비교할 수 있는 유일한 목, 즉 유인원(이 말을 가장 넓은 의미에서 사용할 때)이 남고, 우리의 논의는 다음과 같은 의문으로 좁혀질 것이다. 사람이 독립된 목을 구성할 만큼 이 유인원들과 다른 것일까? 그렇지 않으면 사람과 유인원의 차이란 유인원들 사이의 차이보다도 작아서, 사람을 유인원과 같은 목에 놓아야 하는 것일까?

다행히도 우리 토성인들은 이 문제에 관해서, 현실적으로나 상상 속에서나 어떤 개인적인 이해 관계도 갖지 않는다. 따라서 재판관처럼 냉정하게, 흡사 새로운 종의 주머니쥐에 관련된 문제를 다룰 때처럼 신중하게 차례차례 논의를 진전시킬 수 있다. 그리고 이 새로운 포유류가 가진 유인원과 다른 모든 특징을 의도적으로 확대하거나 과소 평가하지 않고 냉정하게 확인하려는 노력을 계속할 수 있을 것이다. 이런 특징들이 유인원목에 속한다고 보편적으로 인정되는 특징에 비해 구조적인 가치가 적다는 사실을 발견하게 된다면, 이 새롭게 발견한 동물을 지체 없이 유인원과 같은 목으로 분류할 것이다.

그러면 나는 지금부터 우리가 앞 문장의 마지막 구절에서 (토성인들이) 내린 결론을 받아들이는 방법 이외에 선택의 여지가 없다고 생각되는 여러 가지 사실들을 자세하게 설명하겠다.[17]

헉슬리는 계속해서 유인원과 인간의 골격과 뇌의 구조를 비교한다. 사람과 비슷한 유인원에 속하는 동물(침팬지, 고릴라, 오랑우탄, 긴팔원숭이, 샤망원숭이. 앞의 세 종을 '대형 유인원', 뒤의 두 종을 '소형 유인원'이라고 부른다.)들은 모두 인간과 이빨 개수와 엄지손가락의 방향이 같으며, 꼬리가 없고, 구대륙에서 탄생했다. 침팬지와 인간의 골격 구조의 유사성은 매우 두드러진다. 그는 마지막으로 "침팬지의 뇌와 인간의 뇌는 거의

차이가 없다고 말할 수 있을 정도이다."라고 결론 내리고 있다.[18]

이런 자료를 토대로 해서 헉슬리는 현대의 유인원과 인간이 가까운 친척이고, 그다지 멀지 않은 과거에 인간이 유인원과 공통의 조상을 가지고 있었을 것이라는 매우 간단명료한 결론을 내렸다. 이 결론은 빅토리아 시대의 영국에서 상당한 물의를 일으켰다. 우스터의 영국 국교회 주교의 아내가 보인 반응이 그 전형적인 보기이다. "원숭이의 자손이라니! 맙소사! 그런 일이 절대 사실이 아니기를 간구합시다. 그리고 만에 하나 그것이 사실이라면, 그 말이 세상에 퍼지지 않도록 기도합시다."[19] 여기에서 또다시 우리의 진정한 조상에 대한 지식이 사회라는 조직을 그 뿌리부터 해체시킬지도 모른다는 공포감을 찾아볼 수 있다.

최근에는 더 나아가 생명의 핵심, 이른바 지성소(至聖所, 유대 신전에서 언약궤가 놓여 있는 가장 신성한 장소——옮긴이)에까지 접근해서, 두 종의 DNA 분자의 핵산 염기를 비교할 수 있는 정도까지 과학 기술이 발전했다. 이제는 서로 다른 종 사이의 근연도를 정량적으로 조사하고 분자적 계통수, 즉 DNA의 가계도를 작성하는 일까지 가능하게 되었다. 이런 진전은 진화가 일어났음을 보여 주는 가장 확실한 증거뿐만 아니라 진화의 양식과 그 속도에 관한 매우 흥미로운 단서를 제시하고 있다. 분자 생물학이 탄생시킨 이 새로운 도구들은 이전 세대에는 전혀 불가능했던 유용한 통찰력을 제공해 주고 있다.

등뼈를 가진 모든 동물은 헤모글로빈이 산소를 운반하는 혈류를 가지고 있다. 헤모글로빈은 서로를 감싸고 있는 4개의 단백질 사슬로 구성되어 있다. 그중 하나가 베타글로빈(beta-globin)이다. ACGT 염기 서열의 특정한 영역이 모든 척추동물 속에서 베타글로빈을 만들기 위한 부호를 가지고 있지만, 실제로 이 단백질 사슬에 관여하는 것은 이 영역 속에서 겨우 5퍼센트 정도이다. 나머지의 95퍼센트는 의미 없는 염기 서열이다. 따라서 기능하지 않는 이 부분에서 일어난 돌연변이가 선택의 체에 걸리지 않고 축적될 수 있다. DNA의 베타글로빈 영역을 영장목끼리 비교하면,[20] 사람이 다른 어떤 원숭이보다도 침팬지와 가까운 관계라는 사실을 알 수 있다(사람과 고릴라의 관계는 근소한 차이로 두 번째로 가깝다.). 우리와 침팬지의 새로운 관계가 분명히 밝혀진 것이다. 뼈, 기관, 뇌뿐만 아니라 침팬지와 사람을 만드는 명령 자체인 유전자에서도 사람과 침팬지는 거의 구별할 수 없을 정도로 비슷하다.

베타글로빈을 부호화하는 DNA 염기 서열은 대략 핵산 염기 5만 개 길이에 해당한다. 즉 DNA 분자의 사슬을 따라 특정한 서열로 늘어선 5만 개의 A, C, G, T가 각각의 종에 따라 베타글로빈을 어떻게 생산해야 하는지 정확하게 기술하고 있는 것이다. 사람과 침팬지의 핵산 염기 서열을 비교하면, 겨우 1.7퍼센트만이 다를 뿐이다. 사람과 고릴라는 1.8퍼센트만 다르다. 사람과 오랑우탄은 3.3퍼센트, 사람과 긴팔원숭이는 4.3퍼센트, 사람과 붉은털원숭이는 7퍼센트, 사람과 여우원숭이는 22.66퍼센트가 각기 다르다. 두 종 사이의 염기 서열이 다른 만큼, 양자 공통의 조상까지의 거리 역시 (그리고 일반적으로는 근연도와 공통 조상까지의 시간도) 멀어진다.

기능을 가지고 있는 유전자를 중심으로 ACGT 서열을 조사하면, 인간과 침팬지는 99.6퍼센트가 동일하다. 따라서 활성 상태의 유전자 수준에서는 겨우 0.4퍼센트가 다를 뿐이다.[21]

두 종의 동물의 DNA를 비교하는 또 한 가지 방법이 있다. 우선 DNA를 추출해서, 이중 나선을 풀어 두 개의 가닥을 분리한다. 그런 다음 비교하려는 다른 동물의 DNA 분자를 마찬가지 방법으로 처리한다. 그리고 양자의 DNA 사슬을 결합시켜 하이브리드(잡종) DNA 분자를 만든다. 이때 서로 짝이 되는 염기 서열이 거의 같은 부분에서는 두 개의 분자가 서로 단단하게 결합해서 새로운 이중 나선을 형성한다. 그러나 두 종의 동물의 DNA 분자가 큰 차이를 보이는 부분에서는, DNA 사슬 사이의 결합이 약하고 중간에 끊어진 부분이 나타난다. 따라서 이런 경우에는 이중 나선 전체가 쉽게 풀려 버린다. 그러면 이번에는 이 하이브리드 DNA 분자를 원심 분리기에 넣어 회전시켜 두 개의 사슬을 분리시켜 보자. 두 가닥의 ACGT 서열이 비슷할수록, 즉 두 DNA 사슬의 근연도가 높을수록 분리가 어려워진다. 이 방법은 DNA 정보의 특정한 염기 서열(예를 들면 베타글로빈을 부호화하고 있는 부분)에 의존하는 것이 아니라, 모든 염색체를 구성하고 있는 방대한 양의 유전 물질을 대상으로 한다. 이 두 가지 방법——DNA의 선택된 ACGT 서열을 결정하는 방법과 DNA 하이브리드화 방법——으로 괄목할 만큼 결정적인 합의가 가능하게 되었다. 이제 사람이 아프리카 유인원의 가장 가까운 친척이라는 사실은 반론의 여지가 없는 셈이다.

    모든 증거는 사람이 침팬지의 가장 가까운 친척임을 입증하고 있다. 이처럼 사람과 침팬지는 침팬지와 고릴라, 또는 침팬지와 다른 종의 유인원보다도 더 가까운 혈연관계에 있다. 고릴라는 침팬지와 사람 모두에게 두 번째로 가까운 친척이다. 혈연관계가 멀어지면——가령 사람과 여우원숭이, 또는 사람과 청서번티기의 경우처럼——염기 서열의 유사성도 그만큼 줄어들게 된다. 이런 기준에 따르면, 사람과 침팬지는 말과 당나귀만큼이나 가깝고, 집쥐와 생쥐, 칠면조와 닭 그리고 낙타와 라마의 관계보다는 훨씬 가까운 셈이다.[22]

이쯤 되면 당신은 이렇게 말할 것이다. "좋아! 침팬지의 해부학적인 구조가 우리와 꼭 닮았다면, 분명 침팬지의 시토크롬 C나 헤모글로빈도 우리와 아주 비슷하겠지. 그렇지만 침팬지는 우리처럼 지혜롭지 못하고, 잘 짜인 사회 조직도 없어. 더군다나 우리처럼 근면하지도, 정감이 풍부하지도, 도덕적이지도, 독실한 믿음을 갖고 있지도 않아. 이런 특징들에 관여하는 유전자가 발견되면 사람과 침팬지 사이에 지금보다 훨씬 큰 차이가 밝혀지겠지." 그렇다. 당신의 말이 옳을지도 모른다. 실제로 99.6퍼센트가 동일하다는 표현은 오해를 부르기 쉽다. 오히려 0.4퍼센트의 차이가 본질적인 것이다. 두 종의 모든 세포에 들어 있는 DNA는 약 40억 개의 ACGT 염기로 이루어져 있지만, 실제로 기능을 하는 것은 그중 1퍼센트에 불과하며, 나머지는 의미 없는 부분들이기 때문이다.

사람과 침팬지의 기능 ACGT 염기 중에서 차이가 나는 염기의 수는 대략 0.4퍼센트×1퍼센트×40억 개, 즉 16만 개이다. 각기 다른 효소를 부호화고 있는 유전자 부분이 각각 염기 1,000개 길이이라면, 사람에게는 있고 침팬지에게는 없는(또는 그 반대의) 효소의 수는 160,000÷1,000, 즉 160개가 된다. 여기에서 우리는 효소가 매우 강력한 영향력을 가진다는 사실을 상기해야 할 것이다. 효소는 세포 속에서 매우 빠른 속도로 일어나는 화학 변화를 총괄적으로 관장한다. 그리고 하나의 효소는 여러 개의 분자를 처리할 수 있다. 따라서 만약 100개의 효소가 다르다면―물론 모두 기능을 하는 효소일 경우―그 결과로 생기는 차이는 엄청나다. 헉슬리는 유인원과 사람의 차이를 시계에 비유해 이렇게 표현했다. "시계의 관성 바퀴에 낀 한 올의 털, 톱니바퀴에 슬어 있는 작은 녹, 탈진기(전자 따위를 이용한 속도 조절 장치―옮긴이)의 걸쇠에 생긴 조그만 변형처럼 극히 미세한 것이어서 숙련된 시계공이나 발견할 수 있을 정도이다." 어떤 효소는 발정에 영향을 줄 것이고, 다른 효소는 몸의 크기나 털, 그 밖의 것들은 나무에 기어오르거나 도약하는 능력, 입과 목의 발달, 자세, 발가락, 걷는 방법의 변화 등에 작용할 것이다. 이들 중 상당수는 더욱 큰 대뇌 피질을 가진 뇌와 유인원의 능력을 넘어선 새로운 사고력을 만드는 데 기능할 것이다.

게다가 100가지 효소만이 둘 사이의 차이를 만들었다고 생각하는 것은 지나친 과소 평가일 것이다. 아마도 침팬지와 사람 사이의 차이가 완전히 다르게 진화한 효소에서 기인하는 것은 아닐 것이다. 어쩌면 어떤 차이는 단 하나의 핵산 염기의 변화 때문에 나타나는 것일 수도 있다. 그 정도의 변화만으로도 충분히 효소의 기능을 정지시키거나 바꿀 수 있기 때문이다. 그리고 거의 대부분의 차이는 유전자 자체가 아니라, 특정한 유전자를 언제 그리고 얼마 동안 작동하게 할 것인지를 제어하는 DNA의 조절 인자인 프로모터와 인헨서(모두 유전자의 기능을 발휘시키는 데 불가결한 유전자 부위이다.)에 의한 것이다. 따라서 비록 0.4퍼센트의 차이라도, 어떤 특성에 큰 차이를 불러일으킬 수 있는 것이다.

그렇지만 침팬지는 여전히 지구의 어떤 동물보다 우리와 가까운 친척이다. 일반적으로 당신의 DNA——그 속에는 전사되지 않는 무의미한 부분이 포함되어 있다.——와 다른 사람들의 DNA 차이[23]는 대략 0.1퍼센트 또는 그 이하이다. 이 기준에 비추어 보면 침팬지와 사람의 차이는 사람들 사이의 차이에 비해 겨우 20배에 불과하다. 그야말로 무서울 만큼 가까운 사이인 셈이다. 우리는 콩그리브가 "굴욕적인 반영"이라고 한 표현이 사람과 원숭이 사이의 차이를 과장하거나, 유연관계를 가리려는 의도에서 나온 것이 아님을 주목해야 한다.

만약 다른 동물을 엄밀히 조사해서 인간 스스로를 이해하려고 한다면, 침팬지야말로 가장 좋은 출발점일 것이다.

막 동물 행동학을 배우기 시작한 학생은 동물을 의인화하는 우를 범하지 말라는 경고를 받는다. 의인화란 문자 그대로 동물들을 인간적인 형태로 바꾸는 것, 즉 그 생각을 알 수 없는 동물에게 인간의 태도나 정신 상태를 부여하는 것을 의미한다. 이솝, 라 퐁텐, 조엘 챈들러 해리스, 월트 디즈니 등의 동화는 의인화의 대표적인 보기라고 할 수 있다. 다윈은 의인화의 잘못을 범했고, 그의 제자 조지 로마네스(George Romanes)는 그 정도가 훨씬 심했다. 사람들을 이런 감상적인 자기 기만에 빠뜨리는 유혹이 워낙 강하고, 의인화가 초래할지도 모를 잘못이 워낙 심각하기 때문에, 20세기 전반에는 미국의 심리학계에 동물에게는 내적 정신 상태가 존재하지 않고 사고나 감정조차 없다고 가르치는 유력한 학파가 탄생했다. 이 학파는 의식의 신화에 대해 지적했다. 이 학파의 창시자는 이렇게 주장했다. "(우리는) 의식에 대한 모든 개념과 완전히 단절하지 않으면 안 된다." 그리고 그들은 진정한 과학자라면 동물의 실제 행동에서 관찰할 수 있는 사실 이외의 것에 관심을 가지지 말아야 한다고 주장했다. 감각 기관을 통한 입력과 그에 수반되는 행동이라는 출력이 있다. 오직 그뿐이다. 동물은 아픔을 느끼지 않는다. 동물은 기계적인 블랙박스(그 내용을 전혀 알 수 없다.)이다. 행동주의(behaviorism)라고 불리는 이 학파는 미국 과학계의 초(超)실용주의적 흐름의 한 보기이다. 그것은 데카르트의 '자동 기계'와 유사하지만, 자유로운 탐구를 위한 여지는 거의 남아 있지 않다. 행동주의는 궁극적으로 인간에게도 아무런 사고나 감정이 없다는 결론에 도달할 수밖에 없다.

행동주의 극단적 형태에 대해, 일치된 그러나 공정한 공격의 포문을 연 사람은 생물학자인 도널드 그리핀(Donald Griffin)이었다. 다음에 인용하는 글에서 그는 "극도의 절약주의"에 대해 언급하고 있다. 즉 과학의 세계에서는 두 가지 타당한 설명 중에서 어느 쪽을 선택해야 할 때 대개 단순한 쪽을 선택해야 한다는 것이다. 이 원칙을 '오컴의 면도날(Occan's Razor, 실체가 필요 이상으로 늘어나서는 안 된다는 원리, 즉 최소의 개념만으로 사실을 가능한 한 완전히 기술한다는 윌리엄 오컴의 사유(思惟) 절감의 원칙—옮긴이)'이라고도 한다.

엄격한 행동주의자에 따르면, 동물이 정신적인 경험을 하지 않는다고 가정하고 동물의 행동을 설명하면 논의를 절감하는 셈이 된다고 한다. 그러나 다른 한편으로 그는 정신적 경험과 신경 생리학적인 과정을 동일시하고 있다. 신경 생리학자는 지금까지 인간과 동물의 신경 세포나 시냅스의 구조나 기능에서 기본적인 차이를 발견하지 못했다. 따라서 인간의 정신적 경험의 실재를 부정하지 않는 한, 신경 생리학적인 과정이 같으면 정신적 경험은 어떤 생물 종에서도 유사하다고 생각하는 편이 오히려 논의를 간단하게 만든다. 이것은 다세포 동물에서의 정신적 경험의 진화적·질적 연속성(동일성이 아니라)을 의미하는 것이다.

흔히 동물에게 정신적 경험이 있을 수 있는 가능성이 부인되고는 한다. 그런 식의 생각이 일종의 의인화라는 것이 그 이유이다. 의인화적 사고는 비슷한 상황에서 인간이 가질 수 있는 정신적 경험을 다른 종도 공유할 것이라고 가정하기 때문에 틀렸다는 것이다. 그러나 이처럼 널리 만연된 견해 속에는 이미 인간의 정신적 경험만이 상상할 수 있는 유일한 정신적 경험이라는 의문스러운 가정이 내포되어 있다. 정신적 경험이 단 한 종의 고유한 특성이라는 믿음은 극도의 절제에 어긋날 뿐만 아니라 지나친 오만함의 발로이다. 정신적 경험은, 다른 많은 특성과 마찬가지로, 최소한 다세포 동물 사이에는 널리 확산되어 있으며, 그 성격과 복잡성은 동물마다 큰 편차를 보인다. ……

극단적인 형태의 행동주의는 일부러 무지를 가장한 채 엉뚱한 변명을 늘어놓는 식으로 흐르기 쉽다. ……

행동주의 과학자들 중에는 설사 동물에게 의식이 있다고 하더라도 동물의 의식 따위에는 아무런 관심도 없다고 공공연히 말하는 사람들도 있다. 때로 그들의 혐오감은 상궤를 벗어날 정도로 격렬해서, 마치 동물이 무엇을 생각하고 있는지에 대해 결사적으로 덮어 두고 싶어 하는 사람들처럼 보이기조차 한다.[24]

의인화에 대한 공포심은 무척이나 끈질기다. 거기에는 지나친 감상보다 더 고약한 과잉이 들어 있다. 원숭이나 유인원에게는 내면의 상태, 즉 사고나 감각이 있는 것이 분명하다. 그리고 그들이 유전적으로 우리와 가까운 친척이고 그들의 행동이 우리와 매우 흡사하다면, 그들이 우리와 마찬가지의 감각을 가지고 있을 것이라는 추측도 가능할 것이다. 물론 그들과 좀 더 원활한 의사소통이 가능해질 때까지, 또는 그들의 뇌와 호르몬이 어떻게 기능을 하는지에 대해 분명하게 이해할 수 있게 되기까지 그런 확신을 가질 수는 없을 것이다. 그러나 그럴 가능성은 충분히 있고, 효과적인 교육 도구이기도 하다. 이 책에서도 여러 곳에서 우리는 다른 동물의 두뇌 내부가 어떤 구조를 가지고 있는지 묘사해 보려고 시도했다.

이제 독자들은 이 책 14장의 독백들—첫 번째와 세 번째 것은 중간 위치에 있는 암컷의 독백이고, 두 번째 글은 서열이 높은 수컷의 독백이다.——이 최소한 인간의 이야기가 아님을 알아차렸을 것이다. 우리는 침팬지 사회 속에서 살고 있는 침팬지들의 상황을 묘사하려고 노력했다. 야생 침팬지 집단에 대한 체계적이고 장기적인 관찰은 과학의 새로운 분야에 해당한다. 탄자니아의 곰베 국립 공원(Gombe Reservation)에서 이루어진 제인 구달(Jane Goodall)의 과감하고 통찰력 있는 선구적인 연구, 탄자니아의 마할레 산맥에서 행해진 니시다 도시사다(西田利貞, 교토 대학교의 영장류 학자——옮긴이)와 그의 공동 연구자들의 연구, 그리고 네덜란드 아른헴 동물원의 2에이커에 달하는 방사장에서 침팬지를 관찰한 프란스 드 발(Frans de Waal, 네덜란드 태생의 영장류 학자——옮긴이)의 연구는 우리에게 큰 도움을 주고 있다.[25] 14장에서 극화한 내용들은 모두 이들의 관찰 기록을 토대로 삼은 것이다. 그들의 관찰 결과는 분명 우리에게 친숙한 생활 방식, 즉 인간의 '질풍노도(Srtum und Drung, 독일 작가 프리드리히 클링거의 작품에서 유래한 말로서, 낭만주의 사조를 대표하는 용어이다.——옮긴이)' 같은 생활 방식을 보여 준다. 물론 지금까지 침팬지의 마음속을 들여다본 사람은 없고, 그들이 어떻게 생각하고 있는지도 제대로 알지 못한다. 따라서 우리는 제멋대로 상상하고 있을 뿐이다. 그런데도 우리는 그런 자의적인 판단에 대해 사과를 하기는커녕, 그것이 침팬지에 대해서 생각하는 유일한 방법인 양 강조하고 있다.

여기에서 우리는 순환론적 사고방식을 주의해야 한다. 다시 말해서 인간의 정신적·감정적 과정을 슬그머니 침팬지에게 덧씌우고, 그들이 얼마나 인간과 비슷한지를 장황하게 떠벌이다가 기고만장해서 결론을 내리는 잘못을 저질러서는 안 된다. 침팬지를 세심히 관찰해서 인간에 대한 이해의 깊이를 더하려면, 침팬지가 실제로 무엇을 하고 있는지에 대한 추측의 비중을 상대적으로 낮추어야 한다. 우리는 스스로를 속이지 않도록 세심한 주의를 기울여야 한다. 행동주의자들이 완전히 잘못된 것은 아니다.

침팬지는 나무 위에서 잠을 자고 서로 털고르기를 해 주면서 거의 모든 시간을 보낸다. 그런데 우리는 그 이야기를 하지 않았다. 침팬지는 다른 영장류만큼 일상적으로 오럴 섹스를 하지는 않지만(오랑우탄에게는 전희의 일환으로 암컷의 성기를 입술이나 혀로 자극하는 쿤닐링구스가 빠질 수 없는 과정이다.[26]), 이 경우에 우리는 요즈음 사용하는 유행어 suck up('빨아 주다.', 즉 '환심을 사려고 알랑거리다.'의 의미)과 함께 오럴 섹스를 뜻하는 표현을 사용했다. 그 이유는 최소한 현재의 영어 사용권에서는 침팬지의 복종이라는 뉘앙스를 표현하는 데 가장 적절한 말이라고 생각할 수 있기 때문이다(침팬지가 몸으로 표현하는 일방적인 복종의 언어에는 알파 수컷의 허벅다리에 입을 맞추는 행위도 포함된다.).

침팬지와 사람의 행동에는 많은 차이가 있다. 그것은 침팬지나 고릴라 또는 긴팔원숭이나 오랑우탄의 행동이 다른 것과 마찬가지이다. 그러나 야생 상태에서 침팬지 사회 생활의 핵심이 인간 사회조직의 일부 측면과 얼마나 유사한지를 알게 되면 우리는 놀랄 수밖에 없다. 특히 심한 스트레스를 받았을 때, 예를 들면 교도소, 도회지의 오토바이 폭주족, 범죄 집단, 전제 정치나 절대 군주 치하에서는 그 유사성이 더욱 뚜렷해진다. 이탈리아 르네상스 시대 정치판의 어두운 이면에서 출세하기 위해 필요한 권모술수를 기록으로 남겨 동시대인들에게 엄청난 충격을 주었던 니콜로 마키아벨리(Niccolo Machiavelli)는 침팬지 사회에서 얼마간 편안한 느낌을 받았을지도 모른다. 우파든 좌파든 간에 역사 속에 등장한 숱한 독재자들도 마찬가지일 것이다. 그리고 대다수의 추종자들도 그럴 것이다. 문명이라는 얄팍한 겉치레 속에는 우스꽝스러운 옷이나 구속적인 사회 관습을 모두 벗어

버리고 싶어 하는 침팬지가 있는지도 모른다. 그러나 그것이 전부는 아니다.

일반적인 인간과 비교하면, 침팬지는 인간보다 조금 키가 작고, 조금 털이 많으며, 힘이 강하고, 성적으로는 훨씬 더 행동적이다. 침팬지의 털과 눈은 갈색이다. 자연 상태에서는 40~50년을 산다. 이 정도의 수명은 산업 혁명과 의료 혁명이 일어나기 이전 어떤 인간 사회의 평균 수명보다도 길다. 그러나 평균 수명은 이보다 훨씬 짧다. 현대인과는 달리 유아기가 지난 암컷은 수컷만큼 오랫동안 살지 못하기 때문이다. 그들은 이족 보행과 손가락 관절을 이용한 사족 보행을 번갈아 한다. 침팬지의 수컷은 자주 성을 내는 경향이 있다. 침팬지 수컷이 신경이 날카로워지거나 흥분했을 때 미약하지만 특징적인 냄새를 발산해서, 침팬지도 때로는 자신의 감정을 숨기려고 노력한다는 사실을 알 수 있다. 침팬지는 자신의 성기를 노출하는 것을 부끄러워하지 않는다. 일반적으로 인간보다 훨씬 머리가 나쁘다고 간주되지만, 도구를 사용하고 만들 수도 있다. 침팬지는 원한을 품고 분노를 느끼고 복수심까지 갖는다. 또한 미래에 취해야 할 행동까지 계획한다.

가족의 결합도는 매우 강하고 지속적인 것 같다. 나이 든 어미들 —다 자란 수컷도— 은 위험이 닥치면 자신의 새끼를 보호하기 위해 달려든다. 부모를 잃은 새끼는 그보다 나이가 많은 형제자매가 기른다. 사랑하는 짝을 잃으면 오랫동안 비탄에 잠긴다. 기관지염이나 폐렴에 걸리고, 에이즈 바이러스를 포함해서 인간이 걸리는 거의 모든 질병에 감염된다. 늙으면 털은 회색으로 변하고, 주름살이 늘어나며, 이빨이나 털이 빠진다. 침팬지는 술에 취한다. 그들은 우리가 알고 있는 침팬지의 말보다 많은 인간의 말을 학습할 수 있다. 뿐만 아니라 거울을 보고 자신을 인식한다. 그들은 최소한 어느 정도의 자기 인식 능력을 가지고 있다. 새끼들은 젖을 떼기 어려우며, 사람과 마찬가지로 떼를 쓴다. 침팬지에게는 우정이라는 감정이 있다. 그것은 함께 사냥을 나가고, 공동의 노력으로 침입자로부터 세력권을 지키기 위한 전우애와도 같은 것이다. 그들은 친척이나 벗들과 먹이를 나누어 먹는다.

인간의 손에서 자란 침팬지는 인간의 나체 사진을 보면서 자위 행위를 한다는 보고가 있다(어쩌면 인간과 오랫동안 접촉해 왔기 때문에 스스로를 인간으로 생각하기 때문일지도 모른다. 야생 침팬지는 성적으로 자극적인 인간의 영상을 봐도 자위 행위를 하지 않는다.). 그들은 비밀을 지킨다. 거짓말도 한다. 약한 개체를 괴롭히기도 하고 때로는 보호하기도 한다. 침팬지 중에는 여러 차례 좌절을 겪으면서도 사회적인 출세를 위해 강한 집념으로 노력을 기울이는 개체가 있는 한편, 별다른 야심 없이 자신의 몫에 만족하는 개체도 있다.

침팬지는 선천적으로 많은 지식을 가지고 있으며 특히 나무 위에서 매일 밤 나뭇잎 침대를 만드는 방법을 알고 있다. 인간에 비하면 나무타기도 훨씬 능숙하다. 그 한 가지 이유는 침팬지가 인간과는 달리 발로 나뭇가지를 움켜 쥐는 능력을 상실하지 않았기 때문이다. 침팬지의 어린 새끼는 나무타기를 몹시 좋아해서, 마치 곡예와도 같은 고난도 묘기를 서로 겨루기도 한다. 그러나 새끼가 너무 높은 나뭇가지까지 올라가면, 나무 밑에서 친구들과 담소를 나누고 있던 어미는 격렬하게 나뭇가지를 두들긴다. 그러면 새끼는 얌전하게 나무에서 내려온다.

그들이 살고 있는 숲속에는 침팬지들이 수 세대에 걸쳐 매일같이 지나다닌 결과로 생겨난 작은 길들이 가로세로로 무수하게 뚫려 있다. 침팬지들은 평균적인 도시 거주자가 인근 도로나 상점을 기억하는 정도로 그 지역의 지리를 머릿속에 훤히 넣고 있다. 그들이 길을 잃고 헤매는 일은 거의 없다. 자신들이 잘 다니는 작은 길을 따라 소리가 잘 울리는 나무 둥치가 여기저기에 있다. 먹이를 찾으러 나선 집단이 이런 나무를 발견하면, 수컷이든 암컷이든 새끼든 할 것 없이 모두 달려들어 나무를 두들겨 소리를 낸다. 현악기도 없고 목관악기나 금관악기도 없지만, 타악 부문으로는 훌륭한 연주인 셈이다.

침팬지는 개체들마다 다른 서로의 소리를 구별할 수 있고, 특징적인 울음소리를 통해 상당히 떨어져 있는 동료나 친척을 부를 수도 있다. 그 소리를 듣고 가까운 계곡에서 응답하는 울음소리를 낼 때면 그들은 마치 스칼라 극장의 무대에 서서 오페라 아리아를 부르듯 머리를 쳐들고 잔뜩 입술을 오므린다. 좀 더 자세히 관찰하면, 그들은 의사를 전달하는 신비스러운——"신비스럽다."라는 말을 사용하는 이유는 아직 그 구조가 확실히 밝혀지지 않았다는 뜻밖에는 없다.——능력을 가지고 있다. 그 능력은 성이나 위계처럼 직선적이고 단순한 것뿐만 아니라, 숨겨진 위험이나 감추어진 먹이처럼 비교적 복잡한 것까지를 포함하고 있다. 심리학자 에밀 멘첼(Emil W. Menzel)은 침팬지가 갖는 능력에 관한 일련의 실험을 했고, 그 실험들은 오늘날 고전이 되어 있다.

(멘첼은) 4~6마리의 젊은 침팬지들을 야외의 큰 방사장(放飼場)에서 사육하고 있었다. 이 방사장은 그보다 작은 우리와 연결되어 있었다. 그는 한 마리를 제외하고 나머지 침팬지들을 모두 우리 속에 넣은 다음, 이 선택된 '우두머리'에게 많은 먹이, 또는 박제로 만든 뱀처럼 침팬지들이 싫어하는 대상이 숨겨져 있는 장소를 보여 주었다. 그리고 우두머리를 우

리 속으로 돌려보내고 모든 침팬지들을 풀어 주었다. 멘첼의 보고에 따르면, 동물들의 다양한 행동은 "우두머리는 문제의 장소를 이미 알고 있고, 어떤 물건이 숨겨져 있는지도 알고 있는 것 같다."는 사실을 보여 주고 있었다. 목표가 먹이인 경우에는, 그들은 가능성이 있는 장소를 향해 경쟁적으로 달려갔고, 숨겨진 물건이 박제된 악어나 뱀일 경우에는 우리에서 나올 때부터 털을 곤두세우고 동료 무리에서 떨어지지 않으려고 들었다. 숨겨진 물체가 악어나 뱀이라면, 그들은 매우 조심스럽게 그 장소에 접근한 다음 무리를 지어 주변을 돌아다니면서 숨겨진 물체에 대해 큰 소리를 질러 대거나 막대기나 나무토막을 던져 댔다. 반면 숨겨진 물건이 먹이일 때에는, 열심히 그 장소를 찾고 공포나 고통의 표정은 전혀 보이지 않았다. 그리고 그들이 우리에게 풀려나기 전에 혐오스러운 자극물이 사라진 경우에도 이런 행동이 나타났다. 따라서 이런 반응을 일으킨 것은 숨겨진 물체 자체가 아니었다.

먹이를 이용한 실험에서 수컷(이름이 로키이다.)은 주어진 먹이를 독점하려 들었다. 암컷(벨)이 우두머리가 되었을 때는 먹이를 숨긴 위치를 가르쳐 주지 않으려 했지만, 로키는 그녀가 이동하는 방향을 통해 먹이를 찾아냈다. 벨에게 먹이가 숨겨져 있는 장소를 두 군데(한 곳은 먹이가 많고 다른 곳은 적다.) 가르쳐 주면, 벨은 먼저 로키를 먹이가 적은 곳으로 유도한다. 그리고 로키가 먹느라 정신이 없는 틈을 타 양이 많은 쪽으로 달려가 나머지 동물들에게 먹이를 분배했다. 멘첼은 침팬지가 목표물의 방향이나 양, 질, 종류에 대해 서로 의사소통을 할 수 있는 동시에, 최소한 이런 정보의 일부를 다른 개체에게 비밀로 감출 수 있다는 결론을 내렸다. 그러나 그는 침팬지들이 이런 정보를 어떻게 전달하는지에 대해서는 아직 정확히 밝혀지지 않았다고 말했다.[27]

유일한 가능성은 몸짓과 말을 통해서 의사소통을 한다는 것이다.

침팬지의 먹이는 수백 가지에 이르고, 그들은 항상 무언가 다른 먹이를 찾는다. 그들은 과일, 나뭇잎, 씨앗, 큰 동물 그리고 때로는 죽은 동물까지 먹는다. 나비나 나방의 애벌레도 무척 즐기는 먹이여서, 이런 벌레들을 발견하기라도 하면 이 미식가들 사이에서는 즐거운 소동이 벌어진다. 침팬지들은 절벽 사면에서 흙을 가져다 먹는 것으로 알려져 있는데, 소금과 같은 무기 영양분을 공급하기 위한 행동으로 생각된다. 어미는 어린 새끼에게 먹이를 한 입씩 주고, 익숙하지 않거나 위험스러워 보이는 먹이는 뱉어 내게 한다. 야생 상태에서, 다른 개체들이 구걸을 하면 침팬지는 가끔 먹이를 나누어 주기도 한다. 특별히 정해진 식사 시간은 없고, 대개 하루 종일 먹이를 먹는다. 먹이를 찾는 집단이 이동할 때에도, 일부 침팬지들은 딸기 열매나 나뭇잎이 잔뜩 달려 있는 나뭇가지를 들고 다니면서 우적우적 씹어 먹고는 한다.

한밤중에 높은 나뭇가지에 나뭇잎으로 만든 침대 속에서 잠을 자다가 포식자의 울음소리에 번쩍 눈을 뜨면, 그들은 놀라 서로 부둥켜안고는 소변이나 배설물을 소나기처럼 숲 아래쪽으로 떨군다.

침팬지들은 놀이를 좋아하고, 새끼들(새끼들의 활동력은 놀라울 정도이다.)은 장난을 아주 좋아한다. 일반적으로 다 자란 침팬지도 놀이를 좋아하는데, 특히 먹이가 풍부하고 많은 개체들이 함께 모여 있을 때에는 잔칫집처럼 소란스러워진다. 놀이의 내용은 흔히 — 항상 그런 것은 아니다. — 싸움을 흉내 내는 것이다.

침팬지의 수컷은 암컷이나 어린 새끼를 보호하는 습성이 있다. '암컷과 새끼'를 공격으로부터 보호하고, 문제가 생긴 어린 개체를 구하기 위해서는 자신의 목숨까지 위험에 노출시킨다. 구달은 이렇게 쓰고 있다. "일반적으로 수컷들은 어린 새끼에게 손을 뻗어 안거나 토닥거리며, 가벼운 장난을 걸고 싶은 욕구를 억제하지 못하는 것 같다."[28] 자신의 어미가 다른 수컷과 교미를 벌이는 장면을 목격한 새끼는 대개 돌진해서 상대 수컷의 입에 주먹질을 하거나 암컷의 등에 올라탄다.• 이럴 때 수컷이 보이는 인내력은 인간의 한계를 훨씬 넘어선다.

그러나 우위를 겨루는 과시를 하고 있을 때에는 이런 온건한 성격이 사라지고 평소 아이에게 상냥하던 수컷이 이 작고 순진한 방관자를 집어 들어서 격렬하게 나무 아래 땅으로 던져 버린다. 세력권 안에서 낯선 암컷을 발견하면, 침팬지들은 그 암컷의 새끼의 발목을 잡아 힘껏 바위에 내동댕이치는 것으로 알려져 있다.[29]

침팬지는 한배에서 같이 태어난 새끼들 중에서 몸집이 작은 새끼를 못살게 구는 습성이 있다. 또한 자기보다 지위가 높은 침팬지(자신에게 해를 입힐 수 있는 침팬지)에 대한 분노를, 성격이 온순하고 자기보다 어리거나 약한 개체, 또는 암컷에게 대신 화풀이하는 습성이 있다. 1966년에 곰베에서는 소아마비가 유행해서 집단의 다 자란 개체들 중 일부가 소아마비에 걸렸다. 병 때문에 몸이 불편해진 그들은 팔다리를 질질 끌며 이상하게 걸을 수밖에 없었다. 다른 침팬지들은 그 광경을 보고 처음에는 두려워했지만, 차츰 불구가 된 침팬지들을 위협하고 나중에는 공격하게 되었다.

• 젊은 어미는 흔히 자신의 새끼의 젖을 뗄 때까지는 다시 발정하는 일이 거의 없다. 어린 새끼의 입장에서는 젖을 떼는 어미의 행위를 어미의 거부로 해석한다. 다 자란 수컷, 또는 아성체(亞成體)인 수컷에 대한 어미의 새로운 성적 관심은 그 새끼들이 받는 스트레스와 분개와 밀접히 연관된다. 우리 인간은 오이디푸스 콤플렉스가지도 유인원과 공유하고 있는 것 같다.

침팬지들 사이에서 공격성은 일시적으로만 관찰되는 반면에 대부분의 기간 동안 친밀한 관계가 계속되기 때문에, 초기의 야생 관찰자들은 야생 상태의(즉 갇혀서 생활하지 않는) 침팬지들이 극히 온순하고 평화를 사랑하는 동물이라고 생각한 것 같다. 그러나 그것은 사실이 아니다. 다른 동물을 잡아먹고, 순위를 둘러싼 싸움을 벌이고, 암컷에게 교미를 강요하고, 쉽게 성을 내고, 다른 집단의 침팬지(이 맥락에서는 '이방인')와 작은 충돌이 일어났을 때에는 격렬한 폭력을 행사한다.

고기에는 식물에서는 얻기 힘든 필수 아미노산을 비롯하여 그 밖의 여러 가지 영양분이 함유되어 있다. 따라서 수컷이든 암컷이든 고기를 발견하면 게걸스럽게 먹어 치운다. 극히 드문 일이지만 암컷들이 같은 집단의 다른 암컷을 습격해서 새끼를 빼앗아 잡아먹는 일도 있다. 일단 새끼를 잡아먹어 식욕을 채우면, 암컷들은 더 이상 희생된 새끼의 어미에 대해 악감정을 품지 않는다. 한번은 암컷이 자신의 새끼가 잡아먹히고 있는 현장에 다가오자, 고기를 먹느라 정신이 팔려 있던 암컷들 중 한 마리가 비탄에 빠져 있는 어미에게 손을 내밀어 꼭 끌어안고 위로해 준 일도 있었다고 한다. 침팬지들은 쥐나 생쥐, 작은 새, 20킬로그램이나 되는 덤불멧돼지, 비비, 다른 침팬지 등을 사냥하는 것으로 알려져 있다.

사냥이 성공하면 격렬한 흥분의 소란이 벌어진다. 방관자들은 서로 절규하고, 끌어안고, 입을 맞추고, 서로를 쓰다듬는다. 실제로 사냥에 가담했던 침팬지들은 획득물을 곧바로 먹기 시작하거나 가장 맛있는 부위를 차지하려고 든다. 숲은 온통 비명과 으르렁거리는 소리, 독특한 자기 과시의 울음소리로 가득 차게 된다. 이 소란은 다른 침팬지들의 주위를 끌고, 때로는 상당히 멀리 떨어진 곳에 있는 다른 침팬지들에게까지 들릴 정도이다. 일반적으로 수컷은 암컷보다 큰 고깃덩이를 차지한다. 대개 높은 지위의 수컷들이 먹이를 분배하고, 어떤 식으로든 사냥에 참여했던 개체들은 자신들의 획득물을 분배받는다. 신참자는 고기를 맛보는 정도로 만족해야 한다. 분배받은 고기를 도둑맞은 침팬지는 사나워져서 불끈 화를 낸다. 그리고 고기의 일부는 야식용으로 숙소로 옮겨진다.

쥐를 먹을 때에는 머리부터 먹는다. 침팬지들은 원숭이나 어린 영양의 새끼를 바위나 나뭇가지에 머리를 부딪치거나, 목 뒤쪽을 물어 죽인다. 침팬지들은 거의 항상 사냥감의 뇌부터 먹어 치운다. 사냥에서 결정적인 공격을 맡은 침팬지는 대개 상으로 뇌를 받는다. 그 밖에 침팬지들이 좋아하는 부위는 사냥감이 수컷일 때에는 생식기, 암컷일 때에는 뱃속의 태아이다. 구달은 침팬지가 마치 고대 아스텍 족의 사제처럼 어린 덤불멧돼지의 살아 있는 심장을 꺼낼 때 멧돼지가 지르는 가냘픈 단말마를 보고하고 있다. 요리법은 아직 발명되지 않았고, 식사 예절도 없다. 아직도 붉은 피와 날고기의 세계인 것이다.

제니스 카터(Jenis Carter, 미국의 침팬지 전문가——옮긴이)는 다음과 같이 기술하고 있다.[30] 몸집이 거의 같은 새끼 침팬지와 콜로부스는 서로 털을 다듬어 준다. 그러나 곁을 지나치던 다 자란 침팬지가 그 콜로부스의 꼬리를 잡고 머리를 나무에 부딪쳐 죽이면, 새끼 침팬지는 조금 전까지도 함께 놀던 친구를 게걸스럽게 먹어 치운다. 침팬지의 사냥 대상이 되는 원숭이(그리고 소형 포유류)의 거의 대부분은 어린 새끼이거나 갓난 새끼이며, 대개 그 어미의 팔에서 강탈되어 죽임을 당한다. 때로는 어미가 새끼를 구하려다 대신 먹히는 일도 있다.

이 세계에서는 먹이에 관한 한 어떤 자비도 존재하지 않는다. 먹이가 이제 막 걷기 시작했다고 해도 아무런 상관이 없다. 먹이란 오직 먹기 위해 존재하는 것이다. 자비를 베풀거나 동정심을 발휘하는 개체는 먹이 경쟁에서 뒤지고, 자손도 거의 남길 수 없다. 분명 침팬지는 원숭이나 다른 집단의 침팬지 또는 자신의 동료까지도 자비나 그 밖의 도덕적인 배려가 필요한 존재로 인식하지 않는다. 그들은 자신의 새끼를 지키기 위해서는 용감해지지만, 다른 집단의 새끼들에게는 일말의 동정도 보이지 않는다. 필경 그들은 다른 집단을 그저 '동물'이라고 생각할 것이다.

사냥은 공동 작업이다. 특히 커다란 사냥감을 죽이려면 협력이 불가피하다. 성난 멧돼지가 새끼를 구하기 위해 엄니를 앞세우고 맹렬한 속도로 돌진해 올 때 같은 위험을 피하기 위해서도 협력은 반드시 필요하다. 따라서 이 사냥꾼들은 본격적인 협동 작업을 벌인다. 덤불 속에서 사냥감을 발견한 침팬지는 작은 소리로 동료들을 부른다. 그들은 서로 미소를 건넨다. 희생물을 덤불 속에서 쫓아낸 다음 동료 침팬지가 기다리고 있는 쪽으로 몰아간다. 도피로는 막혀 있다. 매복 기술은 나날이 세련되어 간다. 이것으로 이미 승부는 난 것이다. 사냥의 성공으로 들떠 환호하는 침팬지들은 이 모든 일을 미리 냉정하게 계산하고 있는 것이다.

나무가 빽빽이 우거진 환경에서, 한 침팬지 집단이 관리할 수 있는 세력권의 넓이는 고작 수 킬로미터에 불과하다. 그러나 나무가 듬성듬성한 지역에서는 30킬로미터 정도까지 세력권이 확장될 수 있다. 이것은 침팬지 집단이 자신들의 영역, 고향이라고 생각하는 세력권이다. 그리고 그들은 그곳에 애국심과 비슷한 감정을 품는다. 다시 말해서 그곳은 외부인이 침입해서는 안 되는 장소이다. 세력권 밖은 정글이다. 침팬지가 전투적인 순찰을 도는 영역의 범위는 일반적으로 하루 수 킬로미터 정도이다. 따라서 깊은 숲속에서 살고 있는 침팬지들은 세력권 경계의 상당 부분을 하루에 모두 순찰하는 셈이다. 식물이나 먹이 공급이 부족한 만큼 그에 수반해서 세력권이 넓어지기 때문에, 세력권의 한쪽 끝에서 다른 쪽 끝까지 순찰을 돌리면 며칠이 걸리게 된다. 더군다나 세력권 주위를 모두 둘러보려면 더 많은 시간이 걸린다.

순찰을 돌고 있을 때 집단의 구성원들은 대개 작은 무리를 지어 조심스럽고 조용하게 이동한다. 그리고 자주 멈추어 서서 주위를 둘러보거나 귀를 곤두세운다. 때로는 높은 나무에 올라앉아 한 시간 이상 꼼짝하지 않고 이웃 집단과의 사이에 위치한 '위험 지역'을 조용히 응시하기도 한다. 그들은 매우 긴장한 상태여서, 갑작스러운 소리(덤불숲에서 나뭇가지가 꺾이는 소리나 나뭇잎이 스쳐 바스락대는 소리)가 들리면 이빨을 드러내고 서로를 끌어안는다.

순찰 도중의 수컷은―때로는 암컷도―지면이나 나뭇가지, 다른 식물의 냄새를 맡는다. 또한 나뭇잎을 따서 냄새를 맡고, 먹이 부스러기나 배설물, 흰개미 더미 위에 버려진 나뭇가지 도구 등에 특별한 주의를 기울인다. 그러다가 전에는 발견하지 못했던 새로운 둥지를 발견하면, 한 마리나 그 이상의 다 자란 수컷이 조사를 위해 나무 위로 올라가고, 위협을 하기 위해 주위에서 과시를 한다. 침팬지들의 이런 행동으로 주위의 나뭇가지는 모두 부러지고, 문제의 둥지는 일부 또는 전체가 파괴된다.

이런 순찰 행동에서 가장 두드러진 양상은 침팬지들이 정적 속에서 서로 생각을 나눈다는 사실이다. 그들은 말라 시들어 버린 잎을 밟거나 식물에 몸이 닿는 일을 가능한 한 피한다. 어떤 때에는 세 시간 이상이나 침묵이 계속되기도 한다. 그러나 순찰을 돈 침팬지들이 일단 안전한 지역으로 돌아오면 큰 소리를 지르며 서로를 불러 대고, 발을 굴러 과시를 하고, 돌멩이를 던져 댄다. 그리고 개체들끼리 서로 몸을 부딪치거나 가벼운 공격을 하기도 한다. 이 소란스럽고 활발한 움직임은 소리를 죽여 위험 지대를 지나오느라 억압된 긴장과 흥분을 풀기 위한 것으로 여겨진다.[31]

구달이 곰베에서 침팬지들의 순찰을 관찰하고 남긴 이 기록에서 우리는 침팬지가 평소의 떠들썩한 의사소통을 억제할 뿐만 아니라, 특히 추리력으로 공포를 극복하거나 자제할 수 있다는 사실을 알 수 있다. 여기에서 침팬지들은 추적을 하고 있다. 이 과정에서 그들은 나뭇가지, 발자국, 배설물, 인공물 등의 증거를 저울질한다. 먹이가 부족할 때에는 집단 사이의 추적 능력의 차이가 생사를 가름할 것이다. 여기에서 선택의 대상이 되는 것은 단지 강인한 체력인 공격력뿐만이 아니라, 추리력과 재빠른 기지 등의 능력도 포함된다. 그리고 상대에게 들키지 않도록 자신을 숨기는 능력도 필요하다. 침팬지 집단과 오랫동안 함께 살아온 인간이 침팬지들이 순찰하기 위해 출발할 때 함께 참여하려 하면, 그들은 비난의 눈초리를 보낸다. 인간은 전혀 쓸모가 없기 때문이다. 사람은 침팬지처럼 숲속을 소리 없이 지날 수 없다.

장거리의 전투적 순찰이 있을 때면 침팬지들은 세력권의 경계 지역까지 진출한다. 그곳까지 가는 데 하루 이상의 시간이 걸리면, 그들은 야영을 한 다음 순찰을 계속한다. 세력권에 인접한 이웃 집단의 침입자를 만나면 어떤 일이 일어날까? 침입자가 한두 마리라면 순찰을 돌던 침팬지들은 그들을 공격해서 죽일 것이다. 이런 경우에는 위협이나 과시와 같은 행동은 전혀 취하지 않는다. 그렇지만 양쪽 세력이 거의 비슷할 때에는 위협이나 과시 행동이 빈번해지고, 돌이나 나뭇가지를 어지럽게 던져 대고 나무를 북처럼 두들겨 댄다. "누가 나를 좀 말려 줘. 그러지 않으면 저놈의 다리몽둥이를 분질러 놓을 테니." 사람들이 싸움을 벌일 때 실제 행동은 취하지 않으면서 목소리만 높여 상대를 을러대는 고함 소리가 그들에게서도 들려온다. 그들은 위협 행동으로 적의 세력을 저울질하고, 상대의 숫자가 훨씬 많다고 느끼면 급히 퇴각한다. 그러나 반대일 경우, 순찰대는 적의 세력권으로 돌진해 침팬지들이 밀집해 있는 중심 지역까지 급습해 들어간다. 이런 공격이 일어나는 이유는 대개 새로운 암컷들과 교미를 하기 위해서이다. 추적, 은폐, 위험, 협력, 증오스러운 적과의 싸움, 새로운 암컷과의 교미 기회 등이 한데 결합되어 수컷에게는 거역할 수 없는 매력으로 작용하는 것이다.

순찰대들이 위험한——때로는 적에게 속한——세력권에서 성공적으로 귀환했을 때 표출하는 환희는 예상치 않은 먹이 저장소를 찾아냈을 때 나타내는 기쁨과는 조금 다르다. 침팬지들은 비명을 질러 대고, 입을 맞추고, 끌어안고, 손을 맞잡고, 서로 어깨나 허리를 얼싸안고, 나무 위나 밑으로 겅중겅중 뛰어다닌다. 그들이 보이는 동료 의식은 우승을 차지한 운동 선수들이 서로 끌어안는 모습을 연상케 한다. 폭우가 내리기 시작하면, 흔히 침팬지의 수컷은 멋진 춤을 춘다. 불어난 물이 흘러내려 오거나 폭포를 이루어 떨어지면, 침팬지의 수컷들은 과시 행동을 하고, 덩굴을 잡고 마치 곡예사처럼 나무와 나무 사이를 건너뛰면서 놀랄 만한 묘기를 보인다. 물 위에서 벌어지는 이 장관이 10분 이상 계속될 때도 있다. 어쩌면 그들은 자연의 아름다움에 대한 외경심 그리고 사방팔방에서 들려오는 백색 잡음(가청 주파수에 속하는 모든 소리——옮긴이)으로 무아지경에 빠졌는지도 모른다. 그들이 표출하는 분명한 희열은 18세기에 일반적으로 통용되던 다음과 같은 교의(敎義)를 의심하게 만든다. "인간이 행복을 느낄 수 있는 능력은 그 어떤 동물도 따라올 수 없기 때문에, 인간이 다른 동물을 노예로 삼는 행위는 정당하다."[32]

 슈얼 라이트가 제창한, 계속 변화하는 환경에 대한 성공적인 진화적 대응이라는 처방은 침팬지 사회와 여러 가지 측면에서 일치한다. 이 종은 몇 개의 집단으로 분할되고, 각각의 집단은 10~100마리의 개체로 이루어진다. 그들은 제각기 세력권을 가지고 있기 때문에, 환경이 변화해도 그로 인한 충격의 정도는 집단에 따라 조금씩 다르다. 광대한 열대림의 한쪽 끝에서는 주식(主食)이 되는 먹이가 반대쪽에서는 잘 먹히지 않는 경우도 있다. 숲의 한쪽에 사는 침팬지에게는 심각한 영양 실조와 기근을 일으키는 잎마름병이나 해충이 반대쪽에서는 대수롭지 않은 영향을 미치는 데 그칠 수도 있다. 세력권을 가지는 개별 집단들은 근친 교배를 하기 때문에, 유전자 빈도는 집단마다 다르다. 그러나 이 근친 교배의 패턴과 그로 인한 악영향은 다른 집단과의 교미(이계 교배)를 통해 구제된다. 인근 세력권의 침팬지와의 중요한 성적인 만남은 순찰대가 상대의 세력권을 침입하거나 상대 암컷이 길을 잃고 방황할 때 시작된다. 이런 성적인 결합은 유전적인 정보를 집단에서 집단으로 전달하는 역할을 한다. 따라서 적응 가능한 위기가 일어났을 때, 어느 한 집단이 다른 집단보다 높은 적응을 한다면, 그 적응도는 연속적인 성적 접촉을 통해——이런 식으로 열대림의 가장 먼 곳까지 퍼져 나가는 데에는 필경 교미의 사슬이 수백 회 이어져야 할 것이다.——빠른 속도로 침팬지 집단 전체로 확산되어 갈 것이다. 그다지 심하지 않은 환경적 위기라면, 침팬지들은 이미 준비를 갖추고 있는 셈이다.

 침팬지 사회를 특징 짓는 세력권 제도와 자기 집단 중심주의, 배타주의, 때로 일어나는 이계 교배 등에 대한 설명이—최소한 부분적이라도—사실이라면, 침팬지 개체들이 자신이 하는 행동의 이유를 이해하고 있다고는 생각할 수 없다. 그들은 단지 침입자를 보면 가만히 있을 수 없을 뿐이며, 다른 집단의 침팬지를 보면 혐오감이 일고 당연히 공격을 해야 한다는 생각이 드는 것뿐이다. 물론 예외는 있다. 그 예외란 이유를 알 수 없이 흥분을 일으키는 다른 집단의 이성 침팬지이다. 암컷들은 때때로 자신들의 고향이나 근친자에 대해 죄를 범하기까지 하면서 다른 집단의 수컷과 도망친다. 그 침팬지의 암컷은 에우리피데스(Euripides, 고대 그리스의 비극 시인—옮긴이)의 『트로이의 헬렌(Helen of Troy)』에 등장하는 헬렌과 비슷한 감정을 느끼고 있는지도 모른다.

> 도대체 내 마음속에는 무엇이 들어 있는 것일까?
> 조국과 가정을 배반하고, 낯선 이방인과 함께
> 도망을 치다니…….
> 아! 남편은 자신의 손으로 나를 노예로 만들 것인가?
> 아니, 마침내 정의가 실현되면
> 당신은 고통 대신 안락함을 가져다줄 것이다.
> 그리고는 폭풍에 휩쓸린 여자를 위해,
> 광포한 남자에게 빼앗겨 그 남자의 아이를 낳은 여자를 위해
> 은신처를 제공해 줄 것이다.[33]

어미들은 누가 자신의 아들인지 알기 때문에, 가장 우선적으로 그들의 (극히 드물지만) 성적인 접근을 막는다. 그렇지만 아비들은 누가 자신의 딸인지 확실히 알지 못하고 딸 역시 마찬가지이다. 따라서 작은

소집단 안에서 암컷들이 교미 가능한 연령에 도달하면 근친상간의 가능성이 높아지고, 그 결과 유아 사망률이 급등하며, 그들의 유전자는 다음 세대에 거의 전해지지 않는다. 따라서 최초의 배란일이 지나면 암컷들은 자주 이웃 영역을 찾아가고 싶은 충동을 느끼게 된다. 이것은 매우 위험한 시도이지만, 암컷은 마치 그 의미를 충분히 이해하고 있는 것처럼 행동한다. 따라서 이 강박관념은 강해야 하고, 그 강박관념은 다시 암컷의 원정 여행의 진화적 중요성을 강조한다. 암컷이 최초의 배란일이 찾아왔을 때 방랑하고 싶은 충동에 사로잡힌다는 사실 그리고 형제와 자매 특히 어미와 아들 사이의 성적 관계는 극히 드물다는 점을 함께 고려하면, 침팬지 사이에서 근친 교배의 금기가 높은 우선 순위를 차지하고 충분히 작용하고 있음은 분명하다.

 침팬지의 세력권 의식에는 다른 유인원에게서 발견할 수 없는 측면이 있다. 모든 침팬지들은 세력권, 즉 이방인을 싫어하는 여러 집단으로 나뉘어 있고, 가끔씩 다른 집단과 교환이 이루어진다. 집단 내의 싸움에서는 허세를 부리거나 위협할 뿐, 심각한 상처를 입는 경우는 거의 없지만, 서로 다른 두 집단이 마주쳤을 때에는 격렬한 폭력이 동원된다. 그렇지만 다른 집단 사이에서도 전면적인 전투는 지금까지 관찰되지 않았다. 따라서 그들은 게릴라 전술을 구사하는 셈이다. 한 집단이 다른 집단을 공격할 때면, 상대에게 세력권을 지킬 수 있는 힘이 없어질 때까지 한두 마리씩 공격한다. 침팬지 집단은 끊임없이 자신들의 세력권을 넓히기 위해 거의 항상 작은 충돌을 일으킨다. 싸움에서 진 수컷에게 내려지는 벌이 죽음이라면 암컷에게 가해지는 벌은 다른 집단의 수컷들의 성적인 노예가 되는 것이다. 따라서 수컷들은 전투 능력이 선택의 중요한 요소임을 곧 알아차리게 된다. 뛰어난 전투 능력에 관여하는 유전자는 열대림 속에서 다른 집단과의 교미에 의해—거의 모든 침팬지들이 그 유전자를 갖게 될 때까지—경주를 하듯 퍼져 나갈 것이다. 그 유전자를 갖지 못하는 것은 죽음을 의미하기 때문이다.

게다가 순찰이나 소규모 충돌에 능숙하게 대처할 수 있는 능력이 있다면, 사냥 솜씨도 뛰어날 것이다. 그리고 전투 능력이 뛰어나면, 자신은 물론 친구나 사랑하는 암컷들 그리고 애첩들에게—물론 이것은 사람의 이야기이지만—맛있는 고기를 더 많이 나누어 줄 수 있을 것이다. 서로 먹고 먹힌다는 점을 제외한다면, 침팬지 수컷은 군인과 비슷하다.

16장
유인원의 삶

어두운 산 속에서 들려오는 원숭이의 슬픈 울음소리(山冥聽猿愁).

푸른 강물은 어둠을 뚫고 빠른 속도로 흘러간다(滄江急夜流).

— 맹호연,* 「동려강에 묵으며 광릉의 오랜 벗에게 보낸다(宿桐廬江寄廣陵舊遊)」[1]

* 孟浩然, 689~740년, 당나라 시대의 시인 — 옮긴이

알파 수컷이 등을 펴고 꼿꼿이 앉아 자신감에 찬 태도로 조금 먼 곳을 응시하고 있다. 머리에서 어깨, 등으로 이어지는 털이 곤두서 있어서 그의 모습은 한층 더 당당해 보인다. 알파 수컷의 앞에는 그보다 지위가 낮은 수컷들이 굽실거리고 있다. 지위가 낮은 개체들은 한껏 몸을 굽혀 절을 하고 있어서 마치 시선이 코앞의 덤불숲에 고정되어 있는 것처럼 보였다. 인간이라면 이런 자세는 복종 이상의 무엇으로 간주될 것이다. 그것은 비굴, 굴욕, 비천이다. 실제로 알파 수컷의 다리에 입을 맞추는 일도 있다. 그들은 중국이나 터키 제국 황제의 발밑에 엎드린 정복지의 족장들, 교황을 알현하는 10세기의 가톨릭 성직자, 또는 경외심에 가득한 표정으로 파라오 앞에 선 속국의 왕들을 연상하게 만든다.[2]

알파 수컷은 자기 앞에 엎드려 있는 복종자들을 평온하고 확신에 찬 표정으로 바라볼 뿐, 얼굴을 찡그리거나 노려보지 않는다. 그는 손을 뻗어 그들의 어깨나 머리를 만진다. 지위가 낮은 수컷은 천천히 얼굴을 들어올리고, 그 표정 속에는 생기가 되살아난다. 알파 수컷은 천천히 걸어다니면서 다른 수컷들과 접촉하고, 가볍게 토닥거리거나 꼭 껴안고, 때로는 입을 맞추기도 한다. 많은 수컷들은 팔을 뻗어 짧은 순간에 불과한 접촉을 갈구한다. 가장 높은 서열에서 가장 낮은 서열까지 거의 전원이 이 왕과의 접촉으로 눈에 띄게 생기를 회복한다. 이 알파 수컷의 안수(按手) 행위는 모든 불안을 말끔히 사라지게 만들고, 가벼운 병이라면 단번에 치유시킬 정도이다.

인산인해를 이룬 군중들의 뻗은 손을 왕이 차례차례 만져 주는 행위는 우리에게도 친숙한 일이다. 미국 대통령이 연두 교서 연설을 하기 위해 하원 중앙 통로를 보무도 당당하게—특히 여론 조사에서 지지율이 높은 때에—걸어 나가는 모습을 연상시킨다. 세계 여행 중인 미래의 영국 국왕 에드워드 8세나 대통령 선거 운동을 벌이고 있는 상원 의원 로버트 케네디, 그 밖에도 무수한 정치 지도자들이 집으로 돌아올 때면 열광적인 지지자들의 신체 접촉 때문에 여기저기 검푸른 멍이 들게 마련이다.

알파 수컷은 갈등을 사전에 방지하기 위해 중재를 하기도 한다. 테스토스테론 수치가 높아 걸핏하면 싸움을 벌이려 하는 젊은 수컷들이 새끼들에게 공격이 가할 때 특히 그러하다. 다른 무리들을 위축시킬 수 있는 험악한 눈초리 정도로도 충분하다. 때로는 알파 수컷이 뒤엉켜 싸우고 있는 수컷들을 모두 공격해 강제로 떼어 놓기도 한다. 알파 수컷은 대개 양손을 허리춤에 올리고 잔뜩 뽐내는 오만한 태도로 다가온다. 이런 모습에서 권력의 맹아를 발견할 수 있지 않을까? 지도적인 위치에 선 영장류가 대부분 그렇듯이, 알파 수컷은 일정한 의무를 지지 않을 수 없다. 복종과 경의의 대상이 되고 교미와 먹이에 대한 특전을 받는 대신, 알파 수컷은 실제뿐만 아니라 상징적으로도 자신이 속한 사회에 무언가 기여를 하지 않으면 안 된다. 알파 수컷은 낯선 상대가 접근할 때에도 위풍당당한 태도를 유지해야 한다. 그 이유는 부분적으로는 그의 복종자들이 그렇게 요구하기 때문이다. 하위 수컷들은 알파 수컷이 자신들을 안심시켜 주기를 갈구하고 있다. 추종자들로서는 당연한 요구이고, 우두머리 역시 그런 요구를 거역할 수 없다.

손을 뻗는 행위 이외에도 몇 가지 복종의 표현법이 있다. 과학 문헌에서 찾아볼 수 있는 가장 일반적인 복종의 표현법은 '선물주기(presenting)'이다. 그렇다면 무엇을 선물하는 것일까? 알파 수컷에게 경의를 표하고자 하는 하위의 동물은 수컷이든 암컷이든——그러나 이 장에서는 위계 속의 수컷에 대해 이야기하고 있다.——몸을 굽혀 성기가 있는 부위를 우두머리 수컷에게 향하게 하고 방해가 되지 않도록 꼬리를 들어 올린다. 때로는 허리를 가볍게 전후로 움직이거나 빙빙 돌리기도 한다. 하위의 개체는 애원하듯 낑낑거리고, 어깨 너머로 이빨을 드러내고 웃으면서 알파 수컷에게 다가가 엉덩이를 높이 쳐든다. 하위 개체가 이런 식으로 경의를 표하는 행동은 중요한 의미를 가지기 때문에, 때로는 자고 있는 알파 수컷에 대해서도 이러한 선물주기가 이루어진다.

알파 수컷은 (깨어 있다면) 앞으로 걸어 나와 복종 자세를 취하고 있는 동물을 뒤에서 꼭 껴안고, 몇 차례 허리를 앞뒤로 움직이는 경우가 많다. 이것은 침팬지가 교미를 할 때 습관적으로 보이는 자세와 동작이기 때문에, 여기에는 다음과 같은 상징적인 의미가 있는 것이 분명하다. 다시 말해서 하위의 개체가 교미를 청할 때 우위의 개체가 얼마간 마지못해 수락하는 자세인 것이다.

거의 모든 경우, 이런 행동은 단순히 형식적인 것이다. 실제 삽입은 이루어지지 않고 오르가슴도 없다. 단지 그러는 체할 뿐이다. 높은 지위의 수컷에게 경의를 표하고 싶어도 자연은 그런 행동 외에 적절히 마음을 표현할 수 있는 언어를 그들에게 마련해 주지 않은 것이다. 그러나 한편으로 일상 생활 속에서, 누구나 그 의미를 쉽사리 이해할 수 있는 자세나 태도는 많다. 암컷이 모든 성적 요구에 응해야 한다면, 교미 자체가 생생하고 뚜렷한 복종의 상징일 수 있다. 실제로 모든 유인원이나 원숭이 사회에서 선물주기는 복종과 존경의 표시이고, 다른 많은 포유류 사회에서도 마찬가지이다.

지위가 높은 수컷이 화가 나면 무시무시한 상황이 벌어진다. 몸에 돋은 털이 모두 곤두서기 때문에 곁에서 보고 있는 동물들은 모두 그가 화가 났음을 분명히 알 수 있다. 그는 무리를 향해 돌진하고, 위협하고, 나뭇가지를 마구 부러뜨린다. 그와 일대일로 맞붙을 생각이 없다면, 어떻게든 그를 달래서 기분을 돌리기 위해 노력하는 길밖에 없다. 그리고 그의 털 한 가닥이라도 곤두서지 않는지 항상 주의 깊게 관찰할 필요가 있다. 끊임없이 유순한("당신이 저를 원할 때에는, 언제나 당신의 소유물이 되겠어요.") 태도를 유지할 뿐만 아니라, 자신의 안녕을 위해서도 혹시라도 그가 화나지 않았는지 늘 확인할 필요가 있다. 정말 화가 나면 알파 수컷은 자신의 몸 크기를 크게 부풀려 흉포하게 과시하고, 상대가 복종하지 않으면 폭력을 행사하겠다는 듯 자신의 무기를 드러낸다. 그는 이런 과시를 젊은 수컷들을 지배하는 데 이용하고, 젊은 수컷들은 자신들 내부에서 순위를 결정하는 데 이용한다. 과시는 다른 수컷들의 도전에 대한 대응책 또는 자신의 집단에 최소한 무시할 수 없는 존재가 있음을 상기시키는 수단으로 쓰이기도 한다. 물론 과시가 항상 형식적인 것만은 아니다. 만약 그렇다면 아무런 의미도 없을 것이다. 거기에는 확실한 폭력의 위협이라는 의미가 들어 있다. 일종의 협박 상태를 유지시킬 필요가 있기 때문이다. 위협이 강해지면, 심각한 싸움이 벌어지기도 한다. 그러나 거의 모든 경우 과시는 의식적(儀式的)인 것이다(이 상징적인 싸움에서 거의 언제나 알파 수컷이 승리를 거두며, 설령 알파 수컷이 지는 경우에도 일반적으로는 지위 역전이 일어나지 않는다. 지위 역전이 일어나려면 알파 수컷이 항상 패배하는 지속적인 상황이 정착되어야 한다.).

"나를 거역하려면, 나의 이 큰 키, 근육, 이빨(이 송곳니를 보라!) 그리고 무시무시한 분노를 각오해야 할 것이다." 과시 행동이 전달하는 이 단순하고도 분명한 교훈은 싸움 억제이다. 침팬지가 사용하는 이 전략은 가장 오래된 병법서인 기원전 6세기의 『손자병법(孫子兵法)』에도 잘 요약되어 있다. "전쟁에서 거둘 수 있는 가장 훌륭한 승리는 싸우지 않고 적의 군사를 굴복시키는 것이다."[3] 전쟁 억제의 역사는 매우 오랜 과거까지 거슬러 올라간다. 그리고 그 전제로 필요한 상상력 또한 마찬가지이다.

이런 식으로 법과 질서가 유지된다. 그리고 우두머리의 지위는 폭력의 위협(필요하면 실제 폭력도 행사된다.)을 통해 지켜진다. 그러나 우두머리는 집단의 구성원을 보호해 주고, 특히 집단 외부에서 오는 위협이 있는 때에 각 구성원에게 할 일을 지시해 줄 수 있는 영웅을 가지고 싶다는 보편적인 욕망으로 인해 유지되기도 한다. 폭력과 위협만으로는 충분치 않다. 물론 두들겨 맞고 괴롭힘을 당하는 일을 즐기는 개체가 있을 수 있고, 그런 개체들은 그런 행위를 애정의 발로라고 생각할 것이다.

침팬지 수컷들은 지위의 사다리를 오르고 싶은 충동에 강박적으로 사로잡히게 된다. 그 때문에 담력이나 전투 능력뿐만 아니라 큰 신체가 필요하게 되고, 보스의 앞잡이 노릇에 필요한 노련한 기술도 필수적이다. 지위가 높으면 높을수록 다른 수컷에게 공격받는 일이 줄어들고, 역으로 복종과 경의를 받게 되어 즐거운 일이 늘어난다. 그러나 지위가 높아질수록 하위 개체들을 안심시켜야 하는 의무도 늘어난다. 위계는 사회의 안정화를 촉진한다. 그것은 단지 우위의 수컷이 하위 수컷들의 싸움을 중지시킨다는 이유뿐만 아니라, 계층이라는 존재 자체가 순종이라는 유전적 전통과 함께 작용해서 투쟁을 억제하기 때문이다. 위계에서 지위 상승을 향한 강력한 동기 중 하나는 가장 높은 지위에 오르면 배란기의 암컷에게 우선적으로 접근할 수 있는 권리가 주어진다는 것이다. 다른 포유류와 마찬가지로 이런 행동은 테스토스테론과 그 밖의 스테로이드 호르몬의 조절을 받는다. 좀 더 많은 자손을 남기는 일은 자연선택의 중요한 요소이다. 이 이유 하나만으로도 위계는 진화적인 의미를 가진다.

알파 수컷은 자신이 지위가 높다는 사실만으로 그 지위를 차지하려는 음모를 부추긴다. 우두머리보다 지위가 낮은 수컷들은 서열을 역전시키기 위한 첫 단계로 허세, 위협, 또는 실제 싸움으로 알파 수컷에게 도전한다. 특히 개체 밀도가 높은 상태에서는 수컷들이 쿠데타를 일으키도록 동기를 부여하고 제반 조건을 무르익게 만드는 데 암컷들이 중심적인 역할을 맡는다. 그러나 알파 수컷은 2~4마리는 능히 혼자 힘으로 맞설 태세를 갖추고 있다.

우두머리들은 권위를 행사하고, 하위의 다른 개체들은 때로 우두머리의 권위에 도전한다. 그런 도전에 추상적인 철학적 근거가 있는 것은 아니고, 어디까지나 자신의 이기적인 목적 달성을 위한 수단일 뿐이다. 권위와 그에 대한 도전이라는 대립적인 경향은 인류 사회 속에서도 찾아볼 수 있을 것이다. 여러 인간 집단들이 사회 환경에 크게 의존하면서 이루는 다양한 평형 상태가 그 보기이다. 전제 정치나 자유주의의 뿌리는 역사 시대 훨씬 이전으로 거슬러 올라가 우리의 유전자 속에 각인되어 있다.

전형적인 침팬지 소집단에서는 몇 년 동안 때로는 여섯 마리의 수컷이 차례로 우두머리의 지위에 오르기도 한다. 우위 수컷의 죽음, 질병 또는 하위 개체의 도전 등으로 인해 지위 역전이 일어난다. 그러나 10년 동안이나 우두머리의 지위를 계속 유지하는 수컷도 있다. 우연의 일치일지 모르지만, 침팬지가 권력을 장악하는 기간은 인간들의 정부, 예를 들어 이탈리아나 프랑스 정부가 정권을 유지하는 기간과 거의 일치한다. 다만 정치적 암살, 다시 말해서 우위를 둘러싼 싸움에서 패자가 죽음을 당하는 경우는 극히 드물다.

싸움이 벌어지면 수컷들은 대개 서로 때리고, 걷어차고, 짓밟고, 질질 끌고 다니고, 붙잡고 씨름을 벌인다. 때로는 돌을 던지거나 나무 막대기로 때리는 등, 잡히는 것은 무엇이든 이용한다. 암컷들은 서로 털을 잡아당기고, 할퀴고, 붙잡고, 드잡이를 벌이고, 한데 뒤엉켜 뒹군다. 이빨을 드러내고 으르렁거리기는 하지만 수컷들이 같은 집단에 속하는 동료를 무는 일은 거의 없다. 침팬지의 송곳니는 자칫하면 치명적인 상처를 입히기 때문이다. 그러니까 면도칼이나 잭나이프를 휘두를 수도 있지만 정작 상대에게 상처를 내 피를 흘리게 하는 경우는 거의 없는 것과 마찬가지이다. 반면 날카로운 송곳니를 갖지 않은 암컷에게는 굳이 억제가 필요 없다. 모든 싸움은 혈연관계나 동맹 관계가 없는 집단 사이의 또 다른 투쟁으로 이어지는 경향이 있다. 싸움을 벌이는 전투원은 그 곁을 지나는 다른 개체에게 도움을 청하고, 별다른 이유도 없이 지나가던 개체가 공격을 당하기도 한다. 어떤 싸움이든 방관하고 있는 모든 수컷의 테스토스테론 수치를 상승시키는 것 같다. 결국 모든 침팬지의 털이 곤두선다. 오랫동안 쌓여 왔던 원한이 한꺼번에 불타오르게 될 것이다. 그 결과 몸에 상처를 입는 일도 흔히 있다.

침팬지들은 우위 수컷의 이빨 사이에 자신들의 손가락을 집어넣었다가 물리지 않고 손가락을 빼낼 수 있을 때에는 안도감을 얻는다.

집단의 긴장이 고조될 때에 침팬지 수컷들은 서로 상대의 고환을 접촉하거나 손으로 들어 올린다. 이것은 고대 히브리 인들이나 로마 인들이 조약을 체결하거나, 오늘날 판사 앞에서 선서를 하는 것과 흡사한 행동이다. 영어의 testify(선서하다)나 testimony(선서)의 어원은 모두 라틴 어의 *testis*(고환)에서 유래한다. 오늘날에는 남자들이 모두 바지를 입고 있어 더 이상 불가능하게 되었지만, 이 의례의 중요성은 문화뿐만 아니라 종까지 초월해 같은 의미를 가진다.

유아기부터 침팬지들은 주로 어미의 도움을 받아 털을 고른다. 태어난 순간부터 새끼 침팬지는 어미의 털을 붙잡는다. 갓 태어난 새끼는 어미의 털을 통한 물리적인 접촉을 즐기고, 그 행위를 통해 깊고도 긴 정신적인 안정감을 얻는다. 아무리 물리적인 욕구가 채워져도, 어린 새끼 시절부터 어미의 품에 안기고 털고르기를 받지 못하고 성장한 원숭이나 유인원은 사회적·감정적·성적인 문제를 일으킨다. 새끼가 성장하는 과정에서 털고르기는 어미에게서 차츰 다른 개체로 옮아간다. 다 자란 침팬지들은 거의 모두 털고르기 상대를 가지고 있다. 털고르기를 하고 있는 침팬지 쌍에서는 대개 한쪽이 털을 골라 주고, 다른 쪽은 몸을 맡기고 있다. 알파 수컷도 한쪽 역할을 맡는다. 한쪽 침팬지는 상대가 자신의 털을 빗질하고, 신체의 여러 부위를 문지르거나 기생 생물(이나 진드기. 이들은 필경 부티르산 냄새를 맡고 피부에 상처를 내고 있을 것이다.)을 찾아 없애는 동안 조용히 앉아 있는다. 진드기나 이를 발견하면 그 즉시 먹어 버린다. 때로는 하루 종일 손을 맞잡고 있는 침팬지들도 있다. 다 자란 수컷도 신경이 날카로워질 때에는 털고르기를 받고 안정을 찾기 위해 어미에게 돌아온다. 곧잘 화를 내는 성마른 수컷들은 서둘러 털을 손질해 주면서 서로를 진정시킨다. 원래 털고르기는 침팬지의 건강과 공중 위생을 개선시키는(주로 털에 붙은 기생 생물을 잡아 내는) 수단으로 아주 오랜 과거부터 선택되어 왔다. 그러나 오늘날에는 테스토스테론이나 아드레날린의 농도를 낮추기 위한 중요한 사회 행동이 되었다.

인간 사회에서 침팬지의 이런 행동과 가장 유사한 것으로는 등긁기와 안마 등을 들 수 있을 것이다. 이런 행동들은 오늘날의 일본, 스웨덴, 터키, 공화정 시대의 로마 등 다양한 문화 속에서는 예술 형태로까지 격상되었다. 특히 로마에서는 몸 긁는(때 미는) 전용 도구까지 사용할 만큼 특징적인 인간 행동으로 정착했다. 17세기 후반, 왕정복고 시대의 영국 신사들은 집단적으로 가발 손질을 하느라 몇 시간을 보내기도 했다. 몸에 생기는 이의 경우에도, 많은 지역의 인간 부모들은 정기적으로 이를 잡기 위해 아이들의 머리를 세심히 살펴본다. 알파 수컷에게 털고르기를 받을 때 얻게 되는 감정적 효과는 무당이나 상처를 치료하는 성직자, 지압사, 카리스마적 인물, 국왕 등의 안수를 받을 때와 비슷하다.

수컷의 위계가 중요한 것은 사실이지만, 쌍을 이루어 털고르기를 하는 침팬지들의 행위에서 알 수 있듯이, 위계만으로 침팬지의 사회 구조가 유지되는 것은 결코 아니다. 어미와 새끼, 또는 두 마리의 성장한 형제자매들은 평생 동안 매우 특수한 결속력을 유지하고, 그 결속을 통해 서로 의존한다. 아들의 지위가 높으면 어미는 사회적으로 이익을 얻게 될 것이다. 또한 혈연으로 이어지지 않은 동성 간의 장기적인 관계도 존재하며, 그 관계는 우정이라고 불릴 수 있을 것이다. 수컷들의 위계라는 세계 바깥에는, 흔히 친척이나 벗의 숫자와 그 지위에 기초를 둔, 암컷들 사이의 복잡한 일련의 관계들이 존재한다. 이런 위계 외부의 결연(結緣)은 위계의 경직성을 누그러뜨리고 재편성하는 중요한 수단을 제공한다. 예를 들면 일대일 대결에서는 아무도 알파 수컷을 당할 수 없지만, 암컷의 지원을 받는 그보다 낮은 지위의 두세 마리 수컷의 동맹은 알파 수컷을 물리칠 수 있을 것이다. 우위의 수컷은 전도가 유망한 젊은 수컷들과 동맹을 맺는다고 알려져 있다. 아마도 장래에 일어날지 모르는 반란을 미연에 방지하기 위해 유력한 후보자들을 자신의 조직에 편입해 두기 위한 조처일 것이다. 때로는 암컷들이 일촉즉발의 충돌 위기에 처해 있는 수컷들 사이에 뛰어들어 긴장을 누그러뜨리기도 한다.

동맹은 이합집산을 거듭하게 마련이다. 충성은 여러 대상으로 옮겨 간다. 그 과정에는 용기와 헌신, 불성실과 배반의 드라마가 있다. 침팬지의 정치학에서 자유와 평등에 대한 집착은 찾아볼 수 없지만, 잔혹한 전제 정치를 완화하기 위한 메커니즘은 작동하고 있다. 그 메커니즘의 초점은 힘의 균형이다. 드 발은 이렇게 쓰고 있다.

> 침팬지에게는 약육강식의 법칙을 적용할 수 없다. 그들의 제휴와 연합의 그물망은 가장 강한 개체의 권리를 제한한다. 따라서 '모두'가 (꼭두각시를 조종하는) 실을 당기고 있는 것이다.[4]

이 복잡하고 유동적인 사회에서는 다른 개체의 관심, 희망, 공포, 감정을 뛰어난 통찰력으로 꿰뚫어 볼 수 있는 개체는 엄청난 이익을 얻게 된다. 동맹 전략은 기회주의적 속성을 갖는다. 오늘의 동맹자가 내일의 적이 되기도 하고, 그 역의 과정도 가능하다. 단 하나 변하지 않는 것은 목적에 대한 강한 집착과 야심뿐이다. "우리나라의 대외 정책은 영원한 국가 동맹이 아니라 영원한 국익이다."라는 유명한 말을 남긴 19세기 영국 수상 팔머스턴 경(Lord Palmerston)은 침팬지 사회에서 제 집에 온 듯 편안함을 느낄 것이다.

수컷들이 영속적인 대립 상태를 피하는 데는 특별한 이유가 있다. 사냥을 하거나 적의 세력권을 순찰할 때, 그들은 서로에게 의존한다. 이럴 때 서로에게 불신감을 품고 있다면 작업의 효율성을 떨어뜨릴 위험이 있기 때문이다. 지위 상승의 사다리를 오르거나 권력을 유지하기 위해서도 동맹은 필요하다. 따라서 비록 수컷들이 암컷보다 공격적이지만, 수컷들은 화해와 협력을 향한 유인 동기를 훨씬 강하게 갖고 있다.

컬훈은 쥐를 과밀 상태에 놓아두면 커다란 행동 변화가 나타난다는 사실을 발견했다. 그들의 공동 전략은 마치 자신들의 수를 필요한 만큼 줄이고, 다음 세대의 개체군이 살아가는 데 지장이 없도록 출생률을 저하시키는 것처럼 보인다. 지금까지 소개한 침팬지의 성질을 (그리고 다음 장에서 설명하겠지만, 비비는 과밀 상태가 되면 서로를 죽이는 파멸적인 집단으로 돌변할 수 있다는 사실을) 고려할 때, 침팬지도 동물원과 같은 과밀 상태에 처하게 되면 포악한 행동을 나타낼 것이라고 상상할 수 있다. 좁고 밀집된 감금 상태에서 수컷 침팬지는 상대의 공격을 피할 수 없고, 알파 수컷의 감시를 피해 암컷을 덤불숲으로 유인할 수도 없다. 또한 사냥이나 순찰, 인근 세력권의 암컷과 성적으로 접촉하는 흥분을 맛볼 수도 없다. 따라서 욕구 불만이 급등하고, 이제 지위를 둘러싼 충돌도 위협의 수준을 뛰어넘어 실제 싸움으로 발전할 수 있다. 만약 당신이 목숨을 건 싸움을 벌일 작정이 아니라면, 감정을 누그러뜨리고 양보하거나 복종의 자세를 나타내고, 경의를 표하고, 정성을 다해 봉사하는 길을 찾는 편이 유익하다. 매사에 복종적인 자세를 나타내면, 알파 수컷은 당신이 제 분수를 알고 행동한다고 생각하고 더 이상 의심을 품지 않을 것이다.

그런데 놀랍게도 사실은 그와 정반대이다. 수컷들, 특히 우위의 수컷들은 과밀 상태에서 매우 신중하게 자신을 억제한다. 자유로운 야생 상태라면 상상도 할 수 없는 일이다. 갇힌 상태의 침팬지는 자발적으로 먹이를 나누어 먹는다. 부자유스러운 갇힌 상태가 되면 어떤 요인에 따라 민주주의적 성향이 강하게 나타나는 것 같다. 그리고 과밀 상태가 심해지면, 침팬지들은 사회 기구를 원활히 작동시키기 위해 한층 더 노력을 기울인다. 이런 괄목할 만한 전환에서 평화 유지 역할은 암컷이 맡는다. 싸움이 벌어진 후에 두 마리의 수컷은 서로를 무시하려고 애쓴다. 마치 서로 사과하거나 화해하기에는 자존심이 너무 강한 것처럼 말이다. 이런 때에 그들의 기분을 전환시켜 주는 촉매 역할을 하는 것도 암컷이다. 암컷들은 막혀 있는 의사소통의 물꼬를 터 준다.

네덜란드의 아른헴 동물원에 있는 침팬지 집단에서는 단기적인 지위를 의식해서 서로 시샘하는 수컷들을 서로 교류시키고 화해시키는 중재자 역할을 암컷이 담당하는 것으로 알려지고 있다. 진짜 싸움이 벌어지고 수컷들이 돌로 무장하기 시작하면, 암컷들은 점잖게 수컷들의 손가락을 벌려 치명적인 상처를 입힐 수 있는 무기를 빼앗는다. 수컷이 또 돌을 집어 들면, 암컷은 다시 빼앗는다. 암컷들은 분쟁을 해결하고 싸움을 피하는 방향으로 무리를 이끈다.⁵●

따라서 우리는 침팬지가 쥐와는 완전히 다르다는 사실을 알게 되었다. 침팬지들은 과밀 상태에서 이전보다 우호적인 상태를 유지하기 위해 노력하고, 분노를 억제하고, 분쟁을 중재하고, 다른 개체에게 불쾌감을 주지 않으려고 애쓴다. 그리고 테스토스테론의 영향으로 판단력이 흐려진 수컷들을 진정시키는 데 암컷들은 결정적인 역할을

● 이것은 수컷들 사이에 암컷이 끼어들었을 때의 이야기이다. 동성 사이에서라면 암컷은 오랫동안 원한을 품고, 화해시키려 해도 거부한다.

한다. 이런 사실은 우리에게 한 종의 행동을 통해 다른 종의 행동을 추정하는 것이 매우 위험하다는 (특히 두 종이 가까운 관계가 아닐 때에) 중요하고도 유익한 교훈을 준다. 인간은 쥐보다는 침팬지에 훨씬 더 가깝기 때문에, 집단 내에서 맡고 있는 침팬지 암컷의 역할로 미루어 볼 때, 여성들이 인구의 절반을 차지하고 있는데도 국제 정치 무대에서 맡고 있는 역할이 극히 적은 것에 대해 의아심을 품지 않을 수 없다 (우리는 남자들과의 경쟁에서 자력으로 정상에 올라 수상이 된 극소수 여성에 대해 이야기하는 것이 아니라, 지방 의회에서 국제 정치에 이르기까지 정치의 모든 단계에서의 인구에 비례한 여성 대표에 대해 이야기하는 것이다.).

침팬지 연구자들은 '구애(courtship)'라는 말을 사용한다. 구애란 일련의 의식화된 몸짓으로 수컷이 암컷에게 성적 의사를 전달하는 수단이다. 그러나 구애라는 말이 가지는 통상의 의미는 인내심이 강한 인간이 오랜 기간에 걸쳐, 때로는 지극한 상냥함과 섬세함으로 신뢰를 얻는 데 성공하고, 장기간에 걸친 관계의 기초를 구축하기 위한 시도를 일컫는다. 그에 비해 수컷 침팬지의 구애라는 의사 전달은 훨씬 짧고 단도직입적이다. "어이! 교미하자."라는 말에 가깝다. 수컷은 오만한 태도로 걸어가거나, 나뭇가지를 부러뜨리고 나뭇잎을 훑어 내면서 암컷을 가만히 지켜보거나 한쪽 팔을 암컷 쪽으로 뻗는다. 이때 수컷의 털은 잔뜩 곤두서 있다. 그러나 곤두선 것은 털만이 아니다. 성기도 발기해 있다. 수컷의 발기한 성기는 검은 음낭과 대조적으로 밝은 적색으로 빛난다. 이것은 침팬지의 구애에서 없어서는 안 될 요소이다. 발기한 성기 이외에 침팬지가 구애할 때 보이는 상징적인 행동은 다른 수컷들이 위협 행동에 사용하는 특징과 거의 분간할 수 없기 때문이다. 침팬지의 언어에서는 "어이! 교미하자."라는 말은

"말을 안 들으면 너를 죽여 버릴 거야!"라는 말과 거의 비슷한 셈이다. 암컷들은 이 두 종류 표현의 유사성이 가지는 의미를 놓치지 않는다. 암컷들은 수컷의 요구에 응한다. 근연간이 아닌 수컷에게서 성적 제의를 받았을 때, 보통의 암컷이 거부를 하는 비율은 고작 3퍼센트 정도이다.

침팬지 사이에 통용되는 예의에 따르면, 수컷의 구애 표현에 대한 암컷의 올바른 대응법은 땅에 엎드려 도발적인 자세로 엉덩이를 치켜드는 것이다. 만약 당신이 그 사회의 법도를 제대로 파악하지 못하면, 수컷은 즉시 당신의 잘못된 태도를 고쳐 주려고 할 것이다. 완강하게 반항하는 암컷은 공격을 받는다. 집단 내의 수컷들은 모든 암컷에게 성적으로 접근하고 싶어 하지만, 질투심 많은 우위의 수컷들에 의해 엄격하게 배척된다(성숙한 암컷은 아직 어린 수컷과도 교미할 수 있다. 때로는 이런 쌍이 열렬한 연인이 되기도 한다.). 여기에서 중요한 예외는 어미와 아들 사이의 교미이다. 아들이 성적 제의를 해 와도 어미는 완강하게 거절한다.

유인원의 암컷이 수컷의 제의를 받는 즉시 복종적이고 유순한 자세를 보이는 것은 강간이나 육체적인 위협을 앞세운 수컷의 강요 때문이라고 — 실제로 물리거나 상처를 입는 일은 없지만 — 생각할 수 있을 것이다. 그러나 그것이 전부는 아니다. 혼자 자란 영장류 암컷은 처음 발정기를 맞으면 지나가는 수컷이나 인간, 심지어는 곁에 있는 가구(家具)에까지 몸을 던지려 든다. 침팬지의 뇌 속에는 어느 정도의 복종심뿐만 아니라 진정한 성적 환희도 처음부터 갖추어져 있는 것이다. 11장에 소개된 브라운의 실험, 즉 가죽 끈에 묶여 있는 수컷 햄스터 실험에서 잘 드러났듯이, 암컷은 기회만 얻으면 높은 지위의 수컷을 좋아하는 경향이 있다. 빅 가이는 모든 면에서 나무랄 데

없는 수컷이기 때문이다. 때로는 수컷들도 자기보다 우위의 수컷에게 몸을 맡긴다. 이것은 그 행동이 사회적인 계층 상승을 위한 굴욕적인 수단이기 때문이 아니라 복종 자체를 마음속에서부터 기뻐하고 있기 때문이다.

많은 동물들과 마찬가지로 침팬지 수컷은 뒤에서 암컷의 질 속으로 삽입한다. 대개 수컷은 쪼그리고 앉은 교미 자세를 취하고, 그 위에 걸터 앉은 암컷의 허리나 엉덩이에 손을 올려놓는다. 인간 관찰자에게 그들의 얼굴은 기이할 만큼 무표정해 보인다. 침팬지와 인간의 성행위가 많이 다르다는 사실이 밝혀져 있다. 그러나 그 대부분은 양자의 혈연관계가 가깝다는 사실을 부인하기 위한 목적에서 찾아낸 차이이다. 그러나 고대 로마 인들의 성교 체위는 침팬지와 비슷했다. 남성이 작은 의자 위에 앉고, 여성이 등을 돌린 채 그 위에 걸터앉는 자세였다. 수렵 채집민이었던 우리의 조상들은(오늘날 그와 유사한 예를 통해 판단해 보면) 로마 인들보다도 훨씬 더 침팬지와 흡사했다. 그들은 옆으로 누운 채 남성이 여성을 뒤에서 끌어안았다. 인간의 다양한 체위 중 하나에 불과한 '정상 체위(missionary position, 선교사 체위라는 뜻도 된다.)'는 지구에 선교사들이 등장했을 때부터의 역사만 가지고 있을지도 모른다. 그러나 나중에 다시 소개하겠지만, 인간보다 훨씬 먼저 이 정상 체위를 채택한 동물이 있다.

인간의 기준에 비추어 볼 때, 침팬지의 성생활은 마치 영원히 계속될 것처럼 이어지는 야외의 떠들썩한 술잔치처럼 보인다. 수컷들은 끊임없이 그리고 강제로 암컷들을 뒤에서 끌어안는다. 평균 교미 횟수는 한 시간에 1~2회이다. 성숙한 모든 침팬지들은 매 시간 같은 빈도로 교미를 한다. 물론 발정 상태에서는 횟수가 더 잦아진다. 암컷이 배란 중이어서 임신이 가능할 때에는 암컷의 외음부와 그 아래쪽은 크게 부풀어 오르고 밝은 분홍빛으로 색깔이 변한다.* 발정 상태의 암컷들은 걸어 다니는 섹스 광고탑이라고 할 수 있다. 그리고 이전과는 비교할 수 없을 만큼 매력적이 된다. 모든 암컷들의 발정기가 거의 일치하기 때문에, 위아래로 까딱거리고 격렬하게 애원하고 유혹하는 침팬지 집단은 마치 커다랗게 팽창한 새빨간 엉덩이들의 바다처럼 보인다. 냄새도 교미 가능 여부를 알리는 신호가 된다. 외관만으로 암컷이 배란 중인지 확실치 않을 때에는 곁을 지나던 수컷은 손가락을 암컷의 외음부 속으로 집어넣어 그 냄새를 맡는다.

침팬지의 교미는 그리 오래 지속되지 않는다. 대략 1회에 1초 이내의 시간이 걸리는 피스톤 운동을 8~9회 계속하면 곧바로 사정한다. 그리고 인간의 기준에서 본다면 놀랄 만큼 뛰어난 회복력을 과시한다. 5분 간격으로 여러 차례 사정한 기록도 있다. 발정 상태의 암컷은 특히 이른 아침에 매력을 발산한다. 밤이 되어 잠을 자기 위해 수컷이 어쩔 수 없이 길고도 고통스러운 금욕을 강요당했기 때문인지도 모른다. 수컷들의 공동 재산에 해당하는 암컷은 오전 중에 10분 간격으로 수컷과 교미를 하게 된다. 정오 무렵이 되면 수컷들은 조금 지친다.

때로는 암컷들 중에서 용감하거나 어리석은 암컷이 수컷의 노려보는 듯한 시선과 위협의 몸짓 그리고 그 밖의 유혹의 신호를 무시하고 수컷을 거절하기도 한다. 수컷이 접근하면 비명을 지르며 도망친다. 그러나 대개 멀리 도망가지는 않는다. 암컷의 망설이는 태도를 알아차리면, 젊은 수컷은 허세를 부리며 돌멩이를 찾거나 실제로 돌을

---

* 이것이 성과 관계될 것이라는 주장이 처음 제기된 것은 회의주의가 팽배해 있던 빅토리아 시대였는데, 그 장본인은 풍부한 통찰력을 가지고 있던 찰스 다윈이었다.[6]

찾아내 암컷에게 던지는 시늉을 하기도 한다. 대개는 이 정도로 효력이 발생한다. 침팬지의 교미에 대한 가장 초기의 연구 중 하나는 암컷이 순종적인 이유를 "수컷의 지배와 충동 그리고 명령에 따름으로써 물리적인 상해를 피하려는 암컷의 갈망" 때문이라고 추측했다.[7]

전혀 거리낌 없이 교미를 하면서도 침팬지들은 질투심이 많다. 발정 중인 암컷의 끈질긴 유혹을 뿌리치고 그 딸과 교미한 수컷은 화가 치민 어미에게 얼굴을 얻어맞기도 한다. 인근 세력권에서 수컷을 찾아 이주해 온 암컷은 토박이 암컷에게 위협을 받거나 실제로 공격을 당하기도 한다. 그 방문객이 동료 수컷과 털고르기를 하기라도 할 때면 특히 그렇다. 수컷도 마찬가지로 특정한 암컷의 행동을 대상으로 질투심을 일으킨다. 그러나 이것은 거의 예외 없이 암컷의 엉덩이가 강렬한 분홍색으로 팽창하고 임신이 가능한 시기에 한정된다. 그런 시기에 우위의 수컷은 흥분한 하위 수컷을 쫓아낼 것이다. 물론 그가 이런 사실을 충분히 인식한다고는 생각할 수 없지만, 그런 행동의 동기가 배란 기간 중에는 암컷을 독점하고, 자신 이외의 누구도 새끼의 아버지가 되도록 허용하지 않겠다는 것은 분명하다.* 따라서 나머지 시간은 암컷이 원하는 대로 사용할 수 있다.

그러나 침팬지의 개체 밀도가 높은 세력권의 핵심 영역에서, 특정 암컷을 독점했다 하더라도 그것을 유지하기란 어려운 일이다. 경계의 눈초리를 떼지 않는 우위의 수컷도 여러 가지 요인 때문에 항상

---

* 이와 유사한 행동은 사회성을 갖는 다른 동물들 사이에서도 알려지고 있다. 예를 들면 고릴라에서는 가장 우위에 해당하는 알파 수컷이 암컷에게 하위 수컷과의 교미를 허용하는 경우는 그 암컷이 임신하고 있을 때뿐이다. 늑대의 사회에서는 알파 수컷과 우두머리 암컷 사이에서만 새끼를 낳지만, 이 우두머리 암컷도 발정기가 아닌 때에는 무리의 다른 수컷과 교미한다.[8]

암컷을 지킬 수는 없기 때문이다. 예를 들면 사냥을 나가거나, 자신보다 낮은 지위의 수컷에게 도전을 받거나, 또는 상대의 경의 표시가 불충분하거나, 털고르기를 하고 있거나, 수컷들 사이의 분쟁을 조정하고 있을 때가 그런 경우이다. 그리고 이런 일에 몰두하는 사이에──대개 2~3분 정도에 불과하지만──끈기 있게 기회가 오기만 기다리고 있던 다른 수컷들은, 특히 발정기에는 곁에 얼씬할 수도 없었던 암컷에게 달려든다. 다른 수컷과 도둑 교미를 하고 싶다는 바람은 항상 암컷의 마음에서 떠나지 않는다. 동물원에 갇혀 있는 암컷은 알파 수컷이 암컷의 우리에서 다른 곳으로 옮겨 가면 곧바로 하위 수컷에게 몸을 맡긴다. 때로는 인접한 다른 우리의 수컷과 철창을 사이에 두고 기묘한 체위로 교미를 하기까지 한다. 야생 상태에서든 사육 환경에서든 암컷의 부정을 알아차린 수컷은 암컷을 공격한다. 그 수컷은 암컷이 스스로 원해서 부정을 저질렀음을 알고 있을 것이다. 게다가 암컷을 공격하는 편이 문제의 수컷을 공격하는 것보다 훨씬 안전하다는 것을 알고 있다.

심지어는 알파 수컷이 있을 때에도 하위 수컷은 마음에 드는 암컷의 주의를 끈 다음 가까운 덤불숲을 노골적으로 응시한다. 그런 다음 그는 무관심을 가장하고 슬며시 그곳을 떠나고, 그 뒤를 알아차리지 못할 만큼 거리를 유지하고 암컷이 뒤따른다. 때로는 그들의 부정이 발각되기도 한다. 질투심이나 우두머리의 환심을 사려는 동기를 가진 밀고자는 소동을 부리며 알파 수컷에게 달려가 그의 팔을 이끌고 덤불숲을 가리키면서 부정이 저질러지고 있는 현장으로 데려간다. 때로는 암컷이 오르가슴에 도달해 높은 비명을 질러 대는 바람에 부주의하게 부정이 탄로 나는 일도 있다. 이런 식으로 한 차례 이상 발각된 다음에도 암컷은 밀회라는 위험한 모험을 그만두려고 하지 않는다. 밀회를 그만두는 대신 암컷은 비명을 지르지 않고 허스키한 헐 떡임으로 대체하는 방법을 터득하게 된다.

드 발은 우위의 수컷과 하위 수컷 사이에 이루어지는 털고르기를 오랫동안 조사한 후에 다음과 같이 보고했다.

> 때로는 하위 수컷이 암컷을 유혹하고, 누구의 방해도 받지 않고 교미를 즐기는 일이 있다. 이런 주고받기는 그 수컷이 털을 골라 주는 데 대한 대가로 방해받지 않고 교미할 수 있는 '허가'를 받는 듯한 인상을 준다. 성적인 거래는 오는 것이 있어야 가는 것이 있다는 거래 방식의 가장 오래된 예이며, 유화적인 행동을 통해 관용적인 분위기를 형성한다.[9]

발정 상태의 암컷을 확실하게 독점한다는 목적을 달성하는 데 주력하는 수컷은 집단 속에서 암컷을 끌어내지 않으면 안 된다. 침팬지를 연구하는 학자들은 이것을 '배우자 관계(consortship)'라고 불러 구애와 구별하고 있다. 암컷에 대한 독점을 확보하려면 다음과 같은 전제가 필요하다. 그는 몇 걸음 떨어져 어깨 너머로 암컷을 뒤돌아본다. 그때 암컷이 곧바로 따라오지 않으면 가까운 곳에 있는 나뭇가지를 흔든다. 그래도 반응을 나타내지 않으면 암컷을 쫓아가거나 필요하면 공격을 가할 것이다. 대부분, 특히 상대가 우위의 수컷인 경우, 암컷은 조용히 따라간다. 그리고 호젓한 숲속으로 들어가면, 그는 암컷을 혼자서 차지한다. 그것은 일부일처제의 희미한 맹아이다.

배우자 관계는 대개 몇 주일 동안 계속되는데, 그 행복한 밀월에는 위험이 뒤따르게 마련이다. 행복한 두 마리 침팬지는 포식자나 인근 세력권의 순찰대에게 공격을 당할 수 있으며, 수컷이 자리를 비운 동안 다른 수컷들에 의해 서열이 재편될 수도 있다. 구달은 젊은 암컷의 어미가 딸이 배우자 관계를 맺고 있는 현장을 급습한 몇 가지 사례를 보고하고 있다. "수컷의 입장에서" 그 어미는 "가장 반갑지 않은 보호자"이다. 임신 가능성이 높은 이 배우자 관계에서 근친상간의 금기는 가장 엄격하게 작용한다. 침팬지 수컷이 자신의 어미나 자매를 배우자로 유혹한 예는 지금까지 한 번도 알려지지 않았다.

그렇다면 암컷은 왜 이런 일을 참아내는 것일까? 확실히 수컷은 암컷보다 몸집이 크고 힘도 강하다. 게다가 수컷은 자신의 의사를 관철시키기 위해 필요하다면 암컷에게 고통을 줄 수 있고, 실제 그렇게 할 것이다. 그러나 이것은 일대일의 관계에서만 적용되는 이야기이다. 왜 암컷들은 성적 약탈자인 수컷에게서 몸을 지키기 위해 서로 단결하지 않는 것일까? 2~3마리로 부족하다면 6~8마리로는 가능할 텐데 말이다. 극히 드문 일이기는 하지만, 야생 상태에서 그런 일이 확인되었다(아프리카의 코트디부아르의 타이 국립 공원에 있는 침팬지들 사이에서는 암컷들의 그런 행동이 습관이 되어 있다.). 그러나 네덜란드의 아른헴 동물원에 있는 침팬지 집단처럼 서로 근접해서 생활하고 있는 경우에는 그런 단결을 흔하게 관찰할 수 있다. 그런 경우에는 사회적 습관까지 다르다. 수컷이 암컷을 유혹했을 때 암컷이 관심이 없으면 분명한 의사 표시를 한다. 그리고 대개는 그것으로 끝이다. 그 때문에 수컷이 불쾌한 행동을 하면, 한 마리 또는 여러 마리의 다른 암컷에게 공격을 받는다. 암컷에 대한 수컷의 성적 억압과 같은 야생 침팬지의 극히 특징적인 행동이, 단지 작고 안전한 최소 크기의 우리 속에 한데 밀집해 있다는 이유만으로 완전히 역전될 수 있다는 사실은 매우 놀랍다. 이런 상황에서 암컷의 억제 역할이나 연합 형성, 화해가 어떻게 전면에 등장할 수 있는지에 대해서는 이미 설명했다. 수컷과 암컷이 평등에 가까운 지위를 유지하는 사회는 암컷들의 정치적 수완 덕을 많이 보고 있는 사회이기도 한다.

　구속되지 않은 자유로운 상태, 즉 경쟁 상대를 피해 연인을 데리고 야외로 나들이를 나갈 수 있고, 조금만 달리면 치한이나 무뢰한으로부터 벗어날 수 있는 상태에서는 밀집된 환경에서 요구되는 용의주도함에서 벗어나 해방될 수 있다. 이런 조건에서는 테스토스테론의 조절기가 완전히 열리고, 더 이상 신사적인 행동은 필요 없다. 영장류 전문가인 세라 블래퍼 흐르디(Sarah Blaffer Hrdy)[10]는 야생 침팬지 사회에서 수컷의 성적 요구에 대해 암컷이 순종적인 이유를 혼자 힘으로 새끼를 보호하기 위한 어미의 필사적인 전략 때문일 것이라고 추측한다. 또한 흐르디는 이런 주장을 펴고 있다. 암컷에게 거부당해 원한을 품은 수컷들은 자신의 요구를 들어 주지 않은 암컷의 새끼를 공격하거나(필경 얼마간 시간이 흐른 다음에), 최소한 문제의 암컷들이 다른 수컷에게 공격을 당해도 보호해 주지 않으리라는 것이다.* 흐르디의 생각에 따르면, 침팬지들의 냉혹한 세계에서 암컷들은 수컷이 자신의 새끼를 죽이지 않도록 뇌물을 주는 의미에서 수컷들의 요구를 들어 준다는 것이다.** 만약 흐르디의 주장이 옳다면 수컷들은 그들 사

---

* 이런 행동은 단순히 침팬지의 생활에서만 발견할 수 있는 불쾌한 상황이 아니다. 고릴라나 비비를 비롯한 많은 유인원과 원숭이에게서도 이런 현상을 발견할 수 있다. 아프리카 르완다의 비룽가 화산 근처에서 15년 이상 고릴라를 관찰한 결과, 새끼 사망의 3분의 1 이상이 수컷 고릴라 때문에 발생했다. 그들에게 유아 살해는 생활의 방편인 셈이다.[11]

** 이와 유사한 경우로, 일부일처제는 다른 종(種), 일례로 유럽바위종다리에서도 관찰된다. 우위의 알파 수컷은 암컷이 임신할 수 있는 번식기 동안 하위 수컷과 교미하는 것을 막기 위해 온갖 노력을 기울인다. 그러나 암컷은 번식기에도 다른 하위 수컷과 교미를 하기 위해 쏜살같이 도망친다. 이때만은 새끼가 태어나면 하위 수컷이 새끼기르기를 돕는다. 이 경우에도 암컷은 성이라는 도구로 수컷을 사로잡아 자신의 사랑스러운 새끼를 돕게 만들고 있다.[12]

16장 유인원의 삶

이의 거래를 잊지 않을 것이다. 수컷들은 어미를 자기 주위에 '붙잡아 두기 위해서' 새끼를 위협하는 것일까? 복종적이지 않은 어미에게 경고하기 위해 새끼들을 무차별 공격하는 것일까? 침팬지 수컷은 새끼를 희생물로 삼아 암컷들에게 상납금 갈취(폭력단이 폭행을 하지 않는 대가로 돈을 뜯어내는 행위)를 일삼는 것일까?

침팬지가 의식적인 강탈을 할 가능성에 대한 논의는 잠시 밀어 두고, 흐르디의 추측에 대해서 좀 더 생각해 보자. 암컷은 수컷에게는 먹이를 제공하지 않는다. 수컷에 비하면 암컷은 털고르기를 해도 그다지 기분이 나아지지 않는 것 같다. 새끼를 지키기 위해 반대 급부로 제공할 수 있는 유일한 상품이자 분명 가장 가치 있는 판매물은 자신들의 신체이다. 이렇게 해서 암컷들은 극한 상황을 헤쳐 나간다. 그러면 수컷은 그 암컷의 새끼를 공격하지 않거나 보호해 주기까지 한다. 그러나 일단 환경이 변하고 밀집된 상황에서 공격성이 억제되면, 드디어 암컷들은 수컷의 요구에 대해 싫다고 말할 수 있게 된다. 그리고 수컷의 요구를 거절한다고 해서 목숨을 걸 필요는 없다.

여기에서 다시 주의해야 할 점은 침팬지가 이 모든 것을 의식하고 있다고 생각해서는 안 된다는 점이다. 암컷들은 좀 더 직접적으로 자신들의 행동을 강화시키기 위한 수단을 가져야 한다. 흐르디는 오르가슴의 선택적 유리함에 대해서, 특히 유인원이나 사람의 암컷이 느끼는 여러 차례의 파상적인 오르가슴에 대해서 문제를 제기하고 있다. "일부일처제의 한 쌍에게 오르가슴은 어떤 진화적인 이익을 주는 것일까?" 흐르디는 이렇게 묻고 이에 대해 분명한 이익은 아무것도 없다고 주장한다. 그러나 설령 일부일처제가 아니라도, 암컷이 특정한 수컷이 자신의 새끼를 해치지 못하게 하기 위해 많은 수컷과 교미를 할 수 있다고 생각할 수 있다. 그래서 흐르디는 다수의 상대와 연속적으로 교미를 가질 수 있도록 강화해 주는 수단으로서 오르가슴이 매우 중요한 역할을 맡고 있을 것이라고 추측하고 있다.

수컷이 교미를 강요할 때 암컷은 어디까지 복종할까? 암컷이 자발적으로 교미를 즐기는 범위는 어디까지일까? 이 물음에 대해서는 아직 확실한 답을 얻을 수 없다.

핵산은 경쟁한다. 개체도, 사회 집단도, 그리고 아마도 종까지도 서로 경쟁할 것이다. 그러나 이와는 완전히 다른 수준에서도 동일한 경쟁이 일어난다. 그것은 정자 세포 사이의 경쟁이다. 인간 남성이 1회 사정하는 정액 속에는 약 2억 개의 정자가 들어 있다. 정자들은 꼬리를 흔들면서 시속 10센티미터가 넘는 속도로 먼저 난자에 도달하기 위해 서로 경쟁을 벌인다. 그러나 번식 능력이 있는 정상적인 수컷의 정자 속에는 머리 부분이 변형되었거나, 머리나 꼬리가 몇 개씩 있거나 꼬리가 꼬여 있거나, 또는 마치 익사한 것처럼 움직이지 않는 기형의 정자가 상당수 포함되어 있다. 다른 정자들은 곧장 앞으로 헤엄쳐 나가지만, 마치 나선처럼 복잡한 경로를 보이다가 결국 같은 장소로 돌아오는 것도 있다. 그런 의미에서 난자가 정자를 선택한다고 할 수도 있다. 화학적인 수단을 통해 난자는 정자를 부른다. 정자 세포는 정교한 냄새 수용체를 갖추고 있다. 그런데 기이하게도 그 수용체는 인간의 코에 있는 수용체와 매우 흡사하다. 정자는 난자의 호출에 유순하게 응해 난자 주변에 도착한 다음에도 헤엄이나 꼬리 흔들기를 멈출 수 있는 감각 기관을 가지고 있지 않다. 난자의 표면에 있는 분자들은 낚싯줄 같은 물질을 방출해서 정자를 잡아 난자 속으로 끌어당긴다. 그런 다음 수정된 난자는 즉시 장벽을 만들어 나중에 도착한 모든 정자를 차단한다. 이런 사실들은 최근의 연구로 밝혀

진 사실인데, 수동적인 난자가 챔피언 정자를 기다린다는 종래의 견해와는 조금 다르다.[13]

그러나 일반적인 수정에서는 하나의 성공과 대략 2억 개의 실패가 존재한다. 즉 수태라는 과정은 상당 부분에 이르기까지 난자가 지배하지만, 부분적으로는 여전히 속도, 도달 범위, 경로, 목표 인식 능력 등을 둘러싼 정자들 사이의 경쟁의 결과인 것이다.*

모든 수태 과정에서 벌어지는 2억분의 1의 확률에 불과한 도박이 지질 시대를 거쳐 매 세대마다 계속되어 왔다는 사실은 정자에게 가혹하리만큼 혹독한 선택이 부과되어 왔음을 의미한다. 곧장 앞을 향해 빠르게 헤엄칠 수 있는 재빠른 편모(鞭毛)와 뛰어난 성능의 화학적 감지기를 가진 유선형 정자가 이 치열한 경쟁의 승자가 될 것이다. 그러나 이런 정자와 이 정자에 의해 태어난 개인의 특징 사이에는 거의 아무런 관계도 없다. 가령 볼품없고 어리석기 짝이 없는 유전자를 가진 정자가 제일 먼저 난자에 도달한다면 진화적인 이익이 될지 의심스러울 것이다. 정자 세포 사이의 자연선택에는 지나친 노력이 낭비되고 있다는 생각이 든다.[14] 그러나 기묘하게도 상당히 많은 수의 정자는 전혀 기능을 하지 않는다. 우리는 아직 그 이유를 정확히 알지 못한다.

정자가 경쟁에서 승리하기 위해서는 그 밖에도 많은 요인이 영향을 미친다. 어떤 정자에 의해 수태될지는 난관에서 이루어지는 배란과 사정의 정확한 시간, 성관계를 맺는 부모의 체위와 운동 리듬, 당

---

* Y 염색체──이 염색체가 수컷을 만든다.──를 가지고 있는 정자는 암컷을 만드는 좀 더 큰 X 염색체를 가지고 있는 정자보다 가볍다. 물론 그 차이는 극미한 정도이다. 가벼운 정자가 조금 더 빨리 이동할 수 있다면, 암컷보다 수컷이 조금 더──극미한 차이로──많이 태어나는 것은 그 때문인지도 모른다.

시의 기분에 이르기까지 여러 가지 미묘한 요인과 호르몬이나 대사의 주기 변화 등에 따라 결정된다. 생식과 진화의 핵심에도 놀랄 만큼 강한 우연적 요소가 끼어들고 있는 것이다.

암컷이 계속 여러 수컷과 교미를 갖는 동물들 중에서 원숭이와 유인원은 가장 두드러진 예이다. 원숭이와 유인원은 거의 욕망을 억누를 수 없다. 흥분한 채 겅중겅중 뛰어다니면서 자신의 차례가 오기를 기다린다. 이미 설명했듯이 침팬지는 배란 중인 암컷과 쉬지 않고 수십 회나 교미를 계속할 수 있다. 그러나 교미 그 자체는 짧고 무미건조하다. 엉덩이를 들썩거리는 피스톤 운동을, 그것도 대략 1초에 1회의 속도로 몇 차례 반복하면 끝난다. 보통의 수컷은 한 시간에 한 번 꼴로 평생 동안 단 하루도 빼놓지 않고 교미를 계속한다. 발정 상태 암컷의 교미 횟수는 그보다 훨씬 많다.

10~20분 동안에 많은 수컷이 한 마리의 암컷과 교미한다. 따라서 여러 침팬지의 정자가 서로 경쟁을 벌이는 셈이다. 실제로 그들은 모두 같은 출발점에서 경주를 시작한다. 어떤 수컷이 수태시킬 확률은, 다른 조건이 같으면, 사정된 정자의 수에 비례한다. 따라서 1회 사정된 정자 수가 가장 많거나, 완전히 녹초가 될 때까지 연속적으로 가장 오랫동안 교미할 수 있는 침팬지가 유리하다. 더 많은 정자를 생산하기 위해서는 그만큼 큰 고환이 필요하다. 침팬지의 가장 큰 고환은 신체의 약 0.3퍼센트에 달한다. 이 크기는 일부일처제의 수컷이나 여러 마리의 암컷과 함께 살고 있는 다른 영장류와 비교하면 무려 20배 이상이다. 일반적으로 다수의 수컷이 개별 암컷과 교미하는 종에서는, 수컷이 신체에 비해 큰 고환을 갖고 있는 것으로 알려지고 있다. 그런데 선택은 고환의 크기뿐만 아니라 교미에 대한 관심도에도 작용하고 있다. 이것은 영장류의 고도한 성적·사회적 경향——앞에

서 설명했듯이 이런 방향으로 서로를 강화·자극하는 궤적은 많이 존재한다.——이 발전하게 된 한 가지 경로이다. 인간의 고환은 침팬지의 수컷에 비해 상대적으로 작기 때문에, 인간의 직계 조상들이 살았던 시대는 무차별적인 난교 사회가 아니었을 것으로 생각된다. 그러나 가령 200만 년 전이나 300만 년 전의 우리의 선조들은 무차별적으로 성교를 했을지도, 고환도 지금보다 훨씬 컸을지도 모른다.

> 이미 성숙한 딸이 제각기 두세 시간 동안 먹이를 찾아 돌아다니다가 우연히 마주쳤을 때에는 서로를 바라보다가 짧은 울음소리를 내고 말겠지만, 1주일 이상 떨어져 있다가 마주쳤다면 흥분에 들떠 비명을 지르면서 서로를 얼싸안을 것이다. 그리고 서로 털고르기를 하면서 마음을 진정시킬 것이다.[15]

침팬지의 암컷과 그 새끼들은 깊은 애정의 끈으로 연결되어 있다. 그러나 막 청년기에서 벗어나 성체가 된 수컷들은 가족보다는 지위나 성에 더 정신이 팔려 있는 것 같다. 새끼들은 서로 부딪치고 뒹굴면서 놀기를 좋아한다. 어린 새끼는 어미의 모습이 보이지 않으면 낑낑거리며 울고 비명을 질러 댄다. 어린 새끼들은 자신의 어미가 공격을 받으면 어미를 돕고, 새끼가 위험에 처하는 경우에도 마찬가지이다. 한배에 태어난 형제자매들은 평생 동안 서로에게 특별한, 애정 어린 관심을 가질 것이다. 그리고 새끼가 성장하기 이전에 어미가 죽으면 형제나 자매가 어린 동생을 기른다. 때로는 침팬지의 암컷이나 수컷이 다른 동료를 돕기 위해 위험을 무릅쓰는 일도 있다. 그 대상이 근친 관계가 아니어도 마찬가지이다. 사냥이나 순찰을 나갔을 때 수컷들을 뭉치게 만드는 결합력은 매우 강하다. 침팬지들의 사회에서 호혜적이고, 애정이 깊고, 때로는 이타적이라고까지 생각할 수 있는 행동은 특히 테스토스테론 수치가 낮은 때에 나타난다.

다 자란 수컷은 위계에도 불구하고 상당히 많은 시간을 혼자서 지낸다. 첫 번째나 두 번째 새끼가 태어난 뒤에는 거의 모든 암컷이 대부분의 시간을 다른 암컷들과 함께 지낸다. 따라서 암컷은 세련된 사교술을 발전시켜야 하고, 동시에 그렇게 할 수 있는 기회를 늘려야 한다. 원숭이와 유인원은──희귀한 예외는 있지만──일반적으로 한 번의 출산에 한 마리의 새끼를 낳는다. 발정기를 제외하면 암컷들의 시간은 거의 새끼들에게 할애된다. 이런 특성은 다음 세대를 위해 몹시 중요하다. 앞에서 언급했듯이, 정상적인 성장 과정을 거치지 못해 수유와 포옹, 사랑과 털고르기 등을 제대로 받지 못하고 자란 유인원이나 원숭이는 사회에 대한 적응도가 떨어지고, 성적인 문제를 쉽게 일으키고, 장성해서도 사회적으로나 성적으로 부적응자가 되어 비참한 생활을 하게 된다.

암컷들이 어떻게 하면 좋은 어미가 되는지에 대한 모든 지식을 가지고 태어나는 것은 아니다. 어미가 되기 위해서는 시간이 필요하다. 새끼는 5~6세가 될 때까지 젖을 떼지 않고, 10세 전후가 되어 유년기를 벗어난다. 젖을 뗄 때까지 긴 기간 동안 새끼들은 스스로를 돌볼 수 없다. 하지만 거꾸로 매달려 어미의 배나 가슴 털을 붙잡는 일에는 매우 능숙하다. 한 시간에 몇 차례씩 새끼가 원할 때마다 젖을 주고 있는 동안 침팬지의 어미는 임신할 수 없을뿐더러 수컷에게도 매력적으로 보이지 않는다. 이 기간을 '수유 기간의 발정 휴지기(lactational anestrus)'라고 부른다. 수컷들이 끊임없이 교미를 강요하지 않으면, 암컷들은 상당한 시간을 새끼들과 함께 보낼 수 있다.

침팬지의 어미가 새끼에게 체벌을 가하는 경우는 극히 드물다. 새끼들은 나이 든 수컷들의 역할 모델을 바로 옆에서 지켜보면서 위협이나 강압이라는 행동 양식을 배워 나간다. 그리고 얼마 지나지 않아 새끼는 암컷에게 위협을 시도한다. 그러나 그렇게 되기까지는 어느 정도의 노력이 필요하다. 암컷, 특히 지위가 높은 암컷은 건방진 어린 수컷의 돼먹지 않은 위협을 순순히 받아 주지 않기 때문이다. 이 애송이 수컷의 어미는 자신의 아들의 위협 시도를 도와주기도 한다. 그러나 완전히 자라기 전까지 모든 수컷은 거의 모든 암컷에게 복종을 얻어 낸다. 심지어는 젖을 떼기까지 몇 년이나 남아 있는 수컷도 다 자란 암컷과 일상적으로 능숙하게 교미를 한다. 청년기의 수컷은 주의 깊게 다 자란 수컷을 본받는다(예를 들면 그들의 위협 과시를 미세한 부분까지 흉내 낸다.). 그 모습은 뛰어난 명장(名匠) 밑에 들어가고 싶어 애쓰는 도제와 같다. 그들은 숭배할 수 있는 영웅을 찾고 있는 것이다. 심지어는 다 자란 수컷에게 잔인하게 공격을 당한 미숙한 수컷이 어미를 버리고 자신을 공격한 수컷을 쫓아다니며 복종의 표시를 하는 일도 있다. 그 수컷은 언젠가는 자신을 공격한 수컷과 같은 무리에 들어가는 찬란한 미래가 펼쳐지기를 꿈꾸고 있을 것이다.

인간의 관점에서 보면, 침팬지의 사회 생활은 마치 악몽과도 같을 것이다. 그러나 그 과격성에도 불구하고, 침팬지들이 나타내는 행동은 어딘지 모르게 우리에게 친근한 느낌을 준다. 남자들이 자발적으로 집단을 구성한다면 어떤 성격을 띠게 될까? 대개는 계급이나 투쟁, 수렵이나 투우처럼 피를 보는 스포츠, 사랑 없는 성행위 등을 향하게 될 것이다. 지배적인 수컷들, 유순한 암컷들, 그들과는 다르지만 교활한 종속자, 계층의 상하 관계에 따른 '경의'에 대한 갈구, 미래의 충성을 다짐받고 뒤를 봐주는 식의 거래, 표면 뒤로 숨겨진 흉포성,

폭력을 수단으로 하는 온갖 협박, 암컷에 대한 조직적이고도 광범위한 성적 착취 등은 전제 군주, 대도시의 보스, 모든 나라의 관료, 갱, 조직 범죄, 역사상 '위대한 인물'이라고 일컬어지는 숱한 사람들의 생활 양식이나 그 환경과 너무도 흡사하지 않은가!

침팬지들의 일상생활에서 느껴지는 공포는 우리의 역사 속에서도 그와 유사한 사건을 떠올리게 한다. 우리는 신문, 현대의 대중 소설, 오래된 문명이 남긴 기록들, 많은 종교 경전, 에우리피데스나 셰익스피어의 비극 등에서 최악의 상태에 처한 인간이 침팬지와 마찬가지로 행동하는 모습을 발견할 수 있다. 이폴리트 텐(Hippolyte Taine, 프랑스의 문학사가—옮긴이)은 셰익스피어의 희곡을 토대로 인간의 본성을 요약하면서 '남자'를 다음과 같이 정의했다.

> 기분에 좌우되며, 가슴 가득 망상을 품고 억제되지 않은 열정에 어쩔 줄 모르고, 본질적으로 충동적이고 신경질적인 기계. 그리고 피할 수 없고 복잡한 상황에 몰리면 고통, 범죄, 광기, 죽음으로 제멋대로 치닫는다.[16]

우리는 침팬지의 자손이 아니다(마찬가지로 침팬지도 우리의 자손이 아니다.). 따라서 침팬지의 어떤 특징을 우리가 공유해야 할 필연적인 이유는 없다. 그러나 침팬지들은 우리와 매우 가까운 근연간이기 때문에, 우리는 침팬지들의 유전적인 경향의 상당 부분—분명히 더욱 효과적으로 억제되거나 다시 기록되었음에도 불구하고 우리의 가슴 속에 새겨져 있을 것이다.—을 공유하고 있을 것이다. 우리는 사회 규칙에 속박되어 있다. 그 규칙들은 마치 거미줄처럼 사회 전체에 걸쳐 우리를 옭아매고 있다. 그러나 그런 규칙에서 일시적이라도 풀려나면, 비록 가상으로나마, 우리의 마음속에서 휘몰아치며 끓어오르는 것이 무엇인지 볼 수 있다. 법률과 문명, 언어와 감수성이라는—물론 이런 것들이 인류의 뛰어난 성과물인 것은 분명하다.—우아한 겉치레를 벗겨 내면 우리와 침팬지는 과연 얼마나 다를까?

일례로 강간이라는 범죄에 대해서 생각해 보자. 많은 남성들은 강간을 묘사한 이야기를 어렵지 않게 듣거나 읽을 수 있다. 특히 강간을 당하는 여성이 처음에는 반항하다가 자신도 즐기게 된다는 줄거리가 대부분이다. 미국의 거의 모든 고등학생이나 대학생(남녀 모두)들은 남성이 여성에게 성행위를 강요하는 것은 정당하다고—최소한 여성이 도발적으로 유혹할 때—믿고 있다.[17] 미국 대학생의 3분의 1 이상은 처벌을 받지만 않는다면 강간을 하고 싶은 충동을 느낀다는 사실을 인정한다.[18] 그 질문을 '강간'이라는 말을 '성폭행'과 같은 완곡한 표현으로 바꾸면 그 비율은 훨씬 높아진다. 미국 여성 중에서 실제로 강간을 당한 사람의 비율은 최소한 일곱 명에 한 명꼴이고, 희생자의 약 3분의 2는 미성년자였다.[19] 다른 나라의 남성들은 미국인만큼 강간 충동을 느끼지 않을지도 모른다. 테스토스테론 수치가 낮은 성인 남성은 청년기의 남성에 비해 강간에 대해 좋은 느낌을 갖지 않을 것이다.[20] 그러나 남성이 강간에 대한 생물학적인 소질을 갖고 있지 않다고 주장하기는 힘들다.

강간을 일으키는 요인에 대해서는 여러 가지 주장이 제기되고 있지만, 거의 모든 강간범들은 성도착자나 정신병자가 아니라 뜻하지 않은 기회가 주어져 충동적으로 행동한 보통의 남성이다.[21] 때로는 강박적으로 강간을 되풀이하기도 한다. 이 문제를 다루는 일부 연구자들은 강간이 강간범의 유전자를 확산시키기 위한, 의식적인 이해 없이 행해지는 생물학적 전략으로 보고 있다.[22] 다른 연구자들은 강간에 대해, 위협과 폭력을 통해 여성에 대한 우위를 유지하기 위한 남성의 수단(이것도 거의 무의식적인 행동이다.)이라고 생각하고 있다.[23] 이 두 가지 설명은 서로 상호 배타적이지는 않은 것 같다. 두 가지 기능 모두 침팬지 사회에서 작동하고 있다. 마찬가지로 극히 일부이기는 하지만, 자신이 강간당하는 환상에 사로잡히는 여성도 있다. 한 연구에 따르면, 평소에 알고 지내던 남자에게 강간을 당한 여성은 역시 지인에게 강간 미수를 당한 여성에 비해 상대적으로 범인인 남성과 데이트를 계속할 확률이 높다고 한다.[24] 이 사실은 침팬지 암컷의 복종적인 행동 유형을 떠올리게 한다.

인간 사회는 일련의 유전적 형질 위에 일종의 스텐실을 덮어 놓았다. 그 종이는 어떤 형질은 충분히 표현되고, 다른 형질은 일부만, 어떤 형질은 거의 나타나지 않게 한다. 여성이 남성과 거의 동등한 정치력을 가지는 문화에서는 강간이 극히 드물거나 전혀 일어나지 않는다.[25] 강간에 대한 타고난 유전적인 경향성이 아무리 강해도, 남녀의 사회적 평등성이 강간을 막는 매우 효과적인 대책이 되는 셈이다. 사회의 구조에 따라 인간의 경향성도 여러 가지로 유도될 수 있는 것이다.

침팬지 사회는 거의 모든 구성원이 준수하는 명확한 생활 규칙을 가지고 있다. 그들은 자신보다 지위가 높은 개체에게 복종한다. 암컷은 수컷에게 복종한다. 부모를 소중히 생각하고, 새끼들을 돌본다. 일종의 애국심을 가지며, 침입자로부터 집단을 방어한다. 먹이를 나누어 먹고, 근친상간을 혐오한다. 그러나 우리가 알고 있는 한, 그들 중에 규칙을 만드는 제정자는 없다. 지켜야 할 법률을 적어 놓은 서판도 없고, 행동 규범이 들어 있는 경전도 없다. 그런데도 그들 사이에는 윤리나 도덕의 규범과 같은 무엇이 작용하고 있다. 그리고 많은 인간 사회가 그것을 인식할 수 있으며, 그것이 작용하고 있는 한, 많은 공통점을 가지고 있다.

17장

정복자에 대한 경고

포유류의 목 중에서 이처럼 "한 걸음 한 걸음
인간에서 유인원, 원숭이, 여우원숭이에 이르기까지"
일련의 등급을 보여 주는 경우는 다시 없을 것이다.
느끼지 못하는 사이에 그 계단은
우리를 동물 전체의 왕좌,
가장 높은 정상에서부터
태반을 가진 포유류 중에서
가장 하등하고 가장 작은,
가장 지능이 낮은 동물에까지 인도한다.
그러나 그 차이란 겨우 한 계단뿐이다.
자연은 마치 스스로 인간의 오만함을 미리 예견하기라도
한 듯하다. 그리고 자연은 로마 교회와도 같은
엄격함으로 인간의 지성이 승리의 절정을 구가하는
바로 그 순간 노예인 동물에게 관심을 집중하고,
정복자에게 그 자신이 티끌에 불과함을
경고하도록 미리 예정되어 있었던 것이다.

— 토머스 헉슬리, 『자연에서의 인간의 위치』[1]

요크 대주교는 영국의 수석 대주교(Primate)이다. 아마(Armagh) 대주교는 아일랜드의 수석 대주교이다. 바르샤바 대주교는 폴란드의 수석 대주교이다. 로마 교황은 이탈리아의 수석 대주교이다. 캔터베리 대주교는 최소한 영국 국교회의 신봉자들에게는 전 세계의 수석 대주교이다. 이런 유서 깊은 칭호는 중세 라틴 어 *primus*에서 유래하는데, 이 말은 고대 라틴 어의 '주요한', '첫 번째, 으뜸'을 의미한다. 성직에 관련된 용어는 매우 직선적이다. 어느 지역의 수석 대주교는 그 지역의 모든 주교들의 '장(長, 으뜸)'이다. 지난 몇 세기 동안 그 직위는 명예직으로 전락했고, 다른 칭호가 우위를 차지하게 되었다. 그러나 '수상(prime Minister)', '대통령(President)', '총리(Premier)' 등은 모두 first(첫 번째, 으뜸)를 뜻하는 비슷한 어원에서 나온 것이다.

이미 앞에서 살펴보았듯이, 린네는 지구 생물의 계통수를 작성할 때 사람을 유인원에 포함시키기를 꺼렸다. 그러나 광범위한 반대에서 불구하고 원숭이, 유인원 그리고 사람 사이의 깊은 연관성을 부정하기란 불가능했다.* 그래서 그는 그들 모두를 영장류(靈長類, primates)라는 '목(目, 린네의 사용법에 따르면 '속'보다도 한 단계 위인 분류군이다.)'에 넣었다. 인간 이외의 영장류를 연구하는 과학자들은——물론 그들 자신도 모두 영장류이다. — 영장류 학자(primatologist)라고 불린다.

'영장류'가 갖는 또 다른 의미는 역시 라틴 어의 '으뜸'이라는 말에서 파생하고 있다. 예를 들면 어떤 기준에서도 마다가스카르손가락원숭이가 지구의 생명체 중에서 '제일'이라고 생각하기는 어렵다. 그러나 만약 사람에 대해서 '으뜸'이라는 의미가 적용될 수 있다면, 안경원숭이, 갈라고, 만드릴원숭이, 마모셋원숭이, 시파카, 마다가스카르손가락원숭이, 쥐여우원숭이, 포토, 로리스, 거미원숭이, 티티원숭이 그리고 그 밖의 모든 원숭이들도 마찬가지일 것이다. 우리는 '으뜸'이다. 그들은 우리와 근연간이다. 따라서 그들 역시 어떤 의미에서는 '으뜸'인 것이 분명하다. 그러나 이것은 바이러스에서 고래에 이르는 생물 세계에서 증명되지 않은 의심스러운 결론이다. 우리의 논의는 그런 결론을 내리는 대신 다른 방향으로 나아갈 것이다. 영장류에 속하는 대부분의 동물 종들이 처해 있는 보잘것없는 상태는 사람이 독점할 수 있었던 고귀한 칭호에까지 의구심을 품게 만든다. 만약 다른 영장류가 해부학적, 생리적, 유전적 측면에서, 그리고 개체의 행동과 사회 행동의 모든 측면에서 우리와 닮지 않았다면 우리는 자신에 대한 평가를 훨씬 쉽게 내릴 수 있을 것이다.

'영장류'라는 말에는 자기 만족뿐만 아니라 우리 시대의 관행 속에서 이해될 수 있는 어떤 관념이 들어 있다. 그것은 우리 인간은 지구의 모든 생명을 손아귀에 넣고 마음대로 주무르면서 갖은 횡포를 부려도 된다는 식의 생각이다. *primus inter pares*, 즉 '같은 것 중에서 첫째'가 아니라 모든 것의 *primus*인 것이다. 지구의 모든 생명이 인

- 유인원은 원숭이보다 크고 외모도 훌륭하지만 꼬리가 없다. 유인원이란 침팬지, 고릴라, 긴팔원숭이, 주머니긴팔원숭이, 오랑우탄 등의 동물을 가리킨다. 주머니긴팔원숭이와 긴팔원숭이의 근연도는 인간과 침팬지의 근연도와 같은 정도이다.

간을 우두머리로 떠받드는 존재의 대사슬(The Great Chain of Being)을 구성하고 있다는 믿음은 우리에게 편안함과 안도감을 줄 것이다. 때로 우리는 그 위계 체계가 우리 자신의 고안물이 아니라, 인간보다 높은 권력, 우두머리 중의 우두머리의 명령에 따른 것이라고 주장하기도 한다. 따라서 우리는 그 명령에 따를 수밖에 없으며 선택의 여지가 없다는 것이다.

지금까지 약 200종류의 영장류가 알려져 있다. 그러나 급속하게 줄어드는 열대 우림 속에는 아직도 발견되지 않은 한두 종이 야행성이거나 교묘한 위장에 힘입어 남아 있을 것으로 추측된다. 영장류의 종수(種數)는 지구에 존재하는 국가의 숫자와 거의 비슷하다. 그리고 국가와 마찬가지로, 그들 역시 저마다 다른 습관과 전통을 가지고 있다. 이 장에서는 그 일부 사례를 살펴보기로 하자.

그러면 먼저 비비에 대해서 살펴보자. 칼라하리 사막의 쿵산 족(!Kung San) 사람들은 비비를 '발뒤꿈치 위에 앉는 사람'이라고 불러 그 명칭에서 경의를 나타내고 있다. 망토비비는 사바나비비와는 다르다(두 종은 약 30만 년 전에 분기되었다.). 야생 상태의 비비와 동물원의 좁은 공간에 갇혀 있는 비비의 행동은 사뭇 다르다(18세기의 박물학자는 갇힌 상태의 비비의 행동을 "무례할 정도로 음란하다."라고 기록했다.). 두 종 모두 부끄러운 속성을 한 가지 가지고 있다. 침팬지들이 먹이를 나누어 먹는 광경은 흔히 발견할 수 있는 데 반해 비비 수컷들이 고기를 나누어 먹는 일은 없다는 사실이다.

해가 뜨면 비비들은 절벽의 잠자리에서 나와 작은 집단으로 나뉜다. 여러 집단들은 제각기 초원 지대로 흩어져 먹이를 찾고, 뛰어다니고, 놀이를 즐기고, 위협하고 짝짓기를 한다. 이것이 비비의 일과이다.

그러나 하루가 끝날 무렵이면 모든 집단은 멀리 떨어진 곳에 있는 같은 연못으로 모인다. 날마다 동물들이 물을 마시는 연못도 달라질 수 있다. 거의 하루 온종일 서로를 볼 수 없는 먼 거리에 떨어져 있던 여러 집단들이 어떻게 같은 연못에 모일 수 있을까? 잠자리로 삼는 낭떠러지에 해가 떠오를 때면 집단의 우두머리들이 모여 이 문제를 합의하는 것일까?

다 자란 망토비비 수컷은 암컷보다 거의 두 배나 더 크다. 성장한 수컷들은 사자처럼 용맹스러운 갈기, 너무 커서 마치 어금니처럼 보이는 송곳니, 무자비한 성격을 과시한다. 고대 이집트인들은 수컷 망토비비들을 신의 제단에 바치기도 했다. 망토비비들은 교미를 할 때면 길고도 깊은 울음소리를 낸다. 수컷의 얼굴색은 익히지 않은 비프스테이크와 같은 색깔로서, 얼굴색이 쥐처럼 회갈색인 암컷과는 매우 달라 마치 암수가 다른 종으로 보일 정도이다.[2] 성적으로 성숙한 암컷은 특정한 수컷의 선택을 받아 하렘에 들어가게 된다. 암컷의 소유권을 둘러싸고 수컷들 사이에서 벌어지는 싸움은 결판이 날 때까지 계속된다. 암컷에 대해 높은 우선권을 가지는 것이 순위제 속에서의 수컷들의 지위를 유지, 향상시키기 때문이다.

망토비비의 하렘은 독특하게 1~10마리의 암컷들로 구성된다. 수컷들은 암컷들 사이에서 평화를 유지하고, 암컷들이 다른 수컷에게 한눈을 팔지 않도록 각별한 주의를 기울인다. 암컷들에게 하렘은 거의 벗어날 수 없는 속박인 셈이다. 하렘에 들어간 암컷은 생애의 나머지 날들을 수컷 뒤를 따라다니며 보낼 수밖에 없다. 암컷은 성적으로 복종해야 한다. 조금만 꺼리는 내색을 해도 목을 물리기 때문이다. 수컷이 강요하는 무자비한 행동 기준에서 조금만 어긋나는 행위를 해도 당장 머리뼈에 구멍이 뚫리고 박살이 나고 말 것이라는 사실을 망토비비 암컷이 모를 리 없다.³ 배란기가 가까워지면 암컷을 둘러싼 싸움과 긴장은 고조되고, 암컷이 임신을 하고 있거나 새끼를 기르고 있을 때에는 조금 누그러든다. 침팬지와는 달리 망토비비의 암컷이 받는 성적 억압은 그 교미 자세에서 확연히 나타난다. 교미를 할 때 일반적으로 수컷은 악력(握力)이 강한 다리로 암컷의 발목을 죄어 암컷이 도망치지 못하게 한다. 망토비비의 행동 규범에 비교하면, 침팬지들은 페미니스트 사회에 살고 있는 격이다.

암컷 사이에서 싸움이 벌어지면, 한쪽이 이빨이나 앞발로 경쟁 상대를 위협하면서 동시에 도발적으로 엉덩이를 수컷에게 돌린다. 이 몸짓이 나타내는 거래 제의에 따라 암컷은 수컷에게 상대 암컷을 공격하도록 유도한다. 사바나비비의 하위 수컷은 바바리원숭이와 마찬가지로 우위의 수컷이 다가올 때 갓난 새끼 — 자신과 유연관계가 없는 새끼나 곁에 서 있는 다른 새끼 또는 잠깐 맡아서 돌보아 주고 있던 새끼 — 를 인질 또는 방패막이로 삼는다. 상대가 성미 고약한 알파 수컷이라면 이 작전은 화를 누그러뜨리는 데 주효하다.

망토비비 수컷의 큰 신체와 흉포한 기질이, 무리가 포식자로 인해 위험에 빠지거나 다른 집단과의 충돌이 있을 때 유용하게 작용할 것임은 자명하다. 그러나 동물계에서는 보통 암수 사이에 현저한 체구의 차이가 있을 때(일반적으로 큰 쪽은 수컷이다.)에, 작고 약한 쪽(일반적으로 암컷이다.)은 착취와 혹사의 대상이 된다.● 망토비비의 또 다른 특징은

● 영장류 학자들도 인간의 모든 민족과 문화에서, 평균적으로 남자 쪽이 여자보다 크다는 사실을 알고 있다. 그것은 성차별, 여성 학대, 강간, 하렘(물론 인간 여성은 원하면 그곳을 벗어날 수 있다.) 등에 대한 남성들의 강한 경향성과 어떤 관계가 있을지도 모른다. 여기에서 핵심적인 문제는 해부학적 구조가 어느 정도까지 운명을 지배하는가이다. 이 문제는 나중에 다시 다루게 될 것이다.

두 집단이 연합을 형성해서 제3의 집단과 싸움을 벌이는 모습을 관찰할 수 있다는 사실이다. 지금까지 알려진 사실만으로 볼 때, 인간 이외의 영장류 중에서 이런 행동을 나타내는 종은 망토비비뿐이다.[4]

암수의 신체 크기가 그다지 차이 나지 않는 사바나비비에게는 하렘이 없다. 그들은 대단한 걷기 선수이다. 어떤 무리는 하루에 30킬로미터 남짓한 거리를 걸었다는 보고도 있다. 침팬지나 망토비비와는 달리, 사바나비비 수컷은 성숙기에 이르면 자신이 태어난 무리를 떠난다. 이런 행동 역시 근친 교배를 피하고, 반(半) 격리된 집단들을 유전적으로 결합시키려는 진화적인 장치라고 볼 수 있을 것이다. 태어난 무리를 떠난 수컷이 새로운 무리 속으로 들어갈 때에는 당연히 새로운 무리의 수컷들 사이에서 반발이 일어날 것이다. 무리에 가입하려면 복종, 위협, 강요와 같은 오랫동안 애용되어 온 방법들과 수컷들 계층 속에서 동맹 관계를 형성하는 작업이 필요하다. 그러나 대부분의 경우에는 다른 전략이 함께 구사된다. 그것은 무리 속의 특정한 암컷과 그 새끼들과 친해지는 방법이다. 새로 들어온 수컷은 암컷들의 털을 골라 주고 새끼들을 돌보아 주는 등, 온갖 친절을 베푼다. 사자나 쥐에게서 나타나듯이 암컷을 발정시키기 위해 새끼를 죽이는 식의 행동은 일어나지 않는다. 모든 일이 순조롭게 진행되면, 그 암컷은 신참자가 무리에 들어올 수 있도록 후원자 역할을 해 준다. 세심한 노력 끝에 마침내 새로운 집단에 들어가게 된 수컷의 날아갈 듯한 기분은 충분히 상상할 수 있을 것이다. 과거의 실수나 해묵은 적의는 모두 망각 속으로 사라지고, 눈앞에는 백지 상태의 미래가 펼쳐져 있다. 미래의 성공은 거의 전적으로 그의 사회적인 능력에 달려 있는 것이다.

수컷은 암컷보다 변덕이 심하고 쉽게 흥분한다. 따라서 사회적인 안정은 주로 암컷들에 의해 이루어진다. 실제로 사바나비비의 수컷은 뜨내기에 불과하기 때문에, 일관성 있는 집단의 유지는 암컷에게 의존할 수밖에 없다. 모든 면에서 암컷은 상대적으로 보수적이다. 위험을 감수하는 쪽은 언제나 테스토스테론이 풍부한 수컷이다.

암컷의 위계는 주로 유전을 통해 결정된다. 우두머리 암컷의 딸들은 어린 시절부터 상당한 경의를 받고, 성숙한 다음에는 다시 우두머리 암컷의 지위를 획득할 가능성이 높다. 우두머리 암컷의 가까운 친척은 모두 무리의 다른 구성원보다 높은 지위를 유지하는 경우가 많다. 그야말로 왕가(王家)인 셈이다. 사바나비비와 그 밖의 많은 원숭이들의 암컷의 위계 서열 내에서의 복종과 지배 관계는 선물주기와 올라타기라는 오래된 관습에 의해 표현된다. 여기에서도 원래 이성(異性)들 사이에서 사용되던 은유가 다른 목적으로 전용된 예를 발견할 수 있다.

아직까지 그 이유가 밝혀지지는 않았지만, 최소한 일반인들 사이에서는 최근까지 사바나비비보다 망토비비에게 많은 관심이 집중되어 온 사실을 떠올려 볼 필요가 있다. 우리는 때로 망토비비의 행동이 사람 이외의 모든 영장류, 또는 (사람을 포함한) 모든 영장류의 행동을 대표하는 전형적인 보기라는 느낌을 받는다. 예를 들어 수컷 망토비비는 그 종 내부에서 다른 것은 아무것도 소유하지 않으면서도 유독 암컷들만은 자신의 사유 재산이라는 뚜렷한 의식을 가지고 있다. 그러나 이것이 모든 영장류에게 통용되는 진리는 결코 아니다. 영장목 전체에서 망토비비가 위계 체계와 잔인성의 가장 극단적인 예를 제공하고 있다는 사실이 최근에 알려졌다. 이런 행동은 인간들이 아무도 상처를 입지 않도록 인위적으로 고안해 낸 일련의 가혹한 환경에서 특히 두드러지게 나타났다.

영장류 학자들은 최근에 이르기까지 자연 상태에서 유인원이나 원숭이와 함께 생활해 왔지만 특별한 사실을 발견할 수 없었다. 런던 동물학협회의 해부학자 솔리 주커먼(Solly Zuckerman)이 그의 고향인 남아프리카에서 행한 탐험이 그 전형적인 보기였다.

> 1930년 5월 4일, 나는 동부 지방인 그레이엄즈타운 부근 농장에서 열두 마리의 다 자란 암컷 비비를 수집했다. 그중에서 네 마리는 임신하지 않았다. 다섯 마리는 임신 상태였는데, 한 마리는 길이가 2.5밀리미터인 배아를 가지고 있었고, 두 번째는 16.5밀리미터, 세 번째는 19밀리미터, 네 번째는 65밀리미터의 배아를 가지고 있었다. 그리고 다섯 번째 암컷은 출산 직전 상태의 수컷 태아를 가지고 있었으며, 몸 길이는 230밀리미터였다. 수유 중인 개체도 있었는데, 갓난 새끼들은 모두 산 채로 잡혔다. 어린 새끼들 중 한 마리는 생후 4개월, 다른 두 마리는 모두 생후 2개월 정도인 것으로 추정되었다.[5]

그는 희생된 암컷들의 생식기를 조사한 결과, 여러 깊이에서 막 사정된 다량의 정액을 발견했다고 자세하게 기록했다. 여기에서 "수집했다."라는 말은 '죽였다.'의 완곡한 표현임이 분명하다. 남아프리카에서 비비는 공식적으로 '해로운 동물'로 지정되어 있다. 농부들이 농작물을 지키기 위해 온갖 방책을 마련해도, 비비는 비웃기라도 하듯 유유히 빠져나가 소중한 농작물을 망치기 때문이다. 비비의 사체를 가지고 오면 정부는 보상금을 지급한다. 따라서 농부들이 조직적으로 펼치는 대량 살육에 비하면, 과학 연구를 위해 몇 마리의 비비가

'수집'되는 일은 전혀 문제가 되지 않았다. 따라서 주커먼은 "죽은 비비의 연구를 통해 성숙한 암컷에게 매월의 성 주기의 한가운데에 해당하는 시기에 배란이 일어난다는 사실을 발견하는 행운을 얻게 되었다."[6] 사람으로 친다면 거의 같은 무렵 월경 주기가 나타난다는 사실을 발견한 셈이다.

그는 오래전부터 영장류 중에서 사람이 차지하는 위치에 대해 관심을 가지고 있었고, 10대 시절부터 남아프리카에서 비비를 해부했다.[7] 그러나 불쌍하게 살육된 비비의 처지에 동정심이 들지 않았던 것은 아니다. 후일 그는 다음과 같은 20세기 초기의 기술(記述)을 인용하고 있다.

> 그 암컷은 새끼를 가슴에 꼭 끌어안고 슬픔에 가득 찬 눈으로 우리를 보았다. 그리고 공포로 헐떡이면서 진저리를 치다가 숨을 거두었다. 우리는 잠시 동안 그 암컷이 한 마리의 원숭이에 지나지 않는다는 사실을 잊고 있었다. 그 암컷의 동작과 표현이 너무도 인간과 흡사해서, 우리가 마치 흉악한 범죄를 저지른 듯한 느낌이었다. 내 친구는 다시는 원숭이를 쏘지 않겠다고 다짐하는 말을 중얼거리면서 잰 걸음으로 그 자리를 떠났다. "이건 스포츠와는 달라. 살인이나 진배없는 범죄야." 그는 이렇게 선언했다. 나 역시 전적으로 동감했다.[8]

야생 비비가 돌아다니는 모습을 흔하게 볼 수 없는 나라에 살고 있는 사람은 비비를 만나고 싶으면 가까운 동물원에 가면 된다. 그러면 고향에서 멀리 떠나와 진흙투성이가 되어 우리 속에 갇혀 있는 비비를 언제든지 만날 수 있다. 그들은 좁디좁은 감방에 갇힌 무기수들이다. 제1차 세계 대전 이후 유럽의 몇몇 동물원은 일부가 공개된 우리 속에 많은 비비들을 모아 놓고 도시에서 벗어나기 싫어하는 영장류 학자들이 관찰할 수 있게 해 주면 좀 더 효율적이고 '인도적인' 비비 연구가 이루어질 것이라고 생각했다. 그중에 런던 동물원도 포함되었다. 주커먼은 몇 년에 걸친 그런 실험 중 하나를 조직하는 데 핵심적인 역할을 했다.

1925년 봄, 33미터×20미터 넓이의 울타리를 둘러친 '원숭이 언덕'에 약 100마리의 망토비비를 수용했다. 따라서 비비 한 마리가 차지하는 넓이는 7제곱미터가 채 안 되는 크기로, 실제 인간이 수감되는 작은 독방의 넓이와 비슷했다. 원래는 모두 수컷으로만 동물원을 채울 계획이었지만, '우연한 실수'로 100마리 중에 여섯 마리의 암컷이 포함되었음이 밝혀졌다. 얼마 후에 실수가 바로잡혔고, 무리에는 서른 마리의 암컷과 다섯 마리의 수컷이 더 수용되었다. 그 결과는 참담했다. 1931년 말엽까지 수컷의 64퍼센트, 암컷의 92퍼센트가 죽었던 것이다.

    목숨을 잃은 서른세 마리의 암컷 중에서 서른 마리는 암컷들을 둘러싼 수컷들의 경쟁 과정에서 희생되었다. 암컷들은 모두 심한 상처를 입었다. 팔다리 뼈, 갈비뼈 그리고 머리뼈까지 부러졌을 정도였다. 때로는 상처가 가슴이나 배까지 관통해 있었고, 생식기와 항문에 걸친 심한 열상(裂傷)이 상당수였다. 살아남았던 암컷들을 죽게 만든 싸움은—인간의 척도로 본다면—마치 남아 있는 다섯 마리의 암컷들을 원숭이 언덕에서 모두 말살시키기로 작정이라도 한 듯 길고도 격렬하게 계속되었다. 런던 동물원에 있던 비비 집단에서 암컷이 매우 높은 비율로 살해당했다는 사실은, 암컷들이 속해 있던 그 사회 집단이 어떤 식으로든 부자연스러운 것이었음을 시사한다.[9]

인용문의 마지막 구절에 나오는 평가에도 불구하고, 런던 동물원의 망토비비 집단의 예는 이미 세상에 널리 확산된, 다윈이 주장하는 생존 경쟁이 분명 존재한다는 사고방식을 다시 한 번 확인해 주었다. 원숭이 언덕에서 일어난 이 사건이 야생 세계의 본질적인 특징이라면, 비비는 얼마 가지 않아 스스로 지상에서 멸종하고 말 것이다. 많은 사람들은 그 사건을 통해 자연의 모습, 발톱과 송곳니에 찢겨 피로 물든 야수적인 자연의 모습(red in claw and fang)을 잠깐 들여다보았다고 생각했다. 그리고 인류는 문명화된 제도와 감수성 덕택에 그런 야만적인 자연과 격리되어 보호되고 있다는 안도감을 느꼈다. 그리고 비비의 무절제한 교미에 대한 주커먼의 생생한 묘사 ─ 그는 비비의 사회 조직이 대략적으로 성적인 문제에 의해 결정될 수 있다는 주장을 편 최초의 인물이었다. ─ 는 사람들이 인간 이외의 다른 영장류에게 느끼고 있던 경멸감을 한층 부채질했다.

그렇다면 원숭이 언덕에서는 도대체 무엇이 문제였는가? 먼저 '무리' 속에 수용된 거의 모든 비비가 서로 낯선 개체들이었다는 점을 들 수 있다. 더군다나 서로에게 익숙해질 수 있는 과정이 없었고, 따라서 수컷들 사이에서 순위제가 확립될 시간적 여유도 없었다. 더군다나 일부 수컷들은 하렘을 형성해서 많은 암컷을 거느리지만 어떤 수컷들은 암컷을 하나도 소유하지 못한다는 사실에 대한 일반적인 이해도 결여되었다. 혈연에 기반을 둔 암컷들의 위계 서열도 확립되지 않았다. 또 다른 문제는 야생 상태와는 달리 암컷보다 수컷의 숫자가 훨씬 많았다는 점이었다. 마지막으로 비비들이 자연 상태에서는 한 번도 경험하지 못했을 만큼 밀집된 상태에 갇혔다는 점을 들 수 있다.

강력한 턱과 가공할 위력의 송곳니 때문에, 비비의 수컷들이 무리 속에서 실제로 싸움을 벌이는 일은 거의 없다. 반면 수컷의 요구를 조그만 거슬러도 암컷에게는 가차 없는 체벌을 가한다. 런던 동물원에서는 무엇보다 시급하게 순위제가 확립되어야 했다. 그러나 실상은 그렇지 못했다. 다른 수컷의 눈을 피해 암컷과 교미를 벌이기 위한 노력만이 되풀이되고 있었다. 울타리로 가로막혀 있어 비비는 무서운 공격자를 피해 어디론가 도망칠 수도 없었고, 성적으로 온순한 암컷들의 숫자도 적어 암컷들이 무리 전체의 긴장을 누그러뜨리는 역할도 기대할 수 없었다. 따라서 대학살극은 피할 수 없는 결과였다. 6년 6개월이 지나는 동안 단 한 마리의 새끼만이 살아남았다. 수컷들이 암컷들을 둘러싸고 싸움을 벌이는 동안 다 자란 암컷들은 마치 온몸이 "마비되기라도" 한 듯 무관심하게 결과를 기다리고 있었을 것이다. 뼈가 부러지고, 살이 찢겨 나가 만신창이가 된 암컷들은 쉴 새 없이 덮치는 수컷들에게 잔혹하게 성적으로 착취되었을 것이다.

그러나 암컷들은 단지 수동적인 도구가 아니었다.

지배자 수컷이 등을 돌리자, 암컷은 무리 속에 있는 젊은 수컷에게 재빨리 선물주기를 했다. 젊은 수컷은 잠깐 동안 암컷에게 올라탄다. 돌아섰던 지배자 수컷이 조금만 고개를 돌리면, 암컷은 부리나케 달려가 몸을 지면에 납작 엎드리고 선물주기를 하면서 깩깩거리며 우는 소리를 낸다. 그리고 암컷은 돌멩이에 손을 올려놓고, 젊은 수컷에게 인상을 쓰며 위협했다. 이 행동은 즉시 지배자 수컷의 공격을 이끌어 냈다. 그러면 추격이 시작되고, 어린 수컷은 꽁무니를 뺐다. 다른 경우에, 지배자 수컷이 원숭이 언덕 주위에서 젊은 수컷을 뒤쫓고 있는 동안, 같은 암컷은 약 40초 정도 혼자 있게 되었다. 그 짧은 동안 암컷은 두 마리의 수컷에게 선물주기를 하고, 차례로 올라타기와 삽입이 이루어졌다. 돌아온 지배자 수컷에게 암컷은 앞의 경우와 똑같은 반응을 보였고, 두 마리의 수컷은 암컷

과 접촉한 직후 도망을 쳤다.[10]

암컷이 죽음을 당하면, 수컷들은 번갈아 시체를 끌고 다니다가 시체를 둘러싸고 싸움을 벌여 시체와 교미를 한다. 시체를 강간하는 무시무시한 광경을 목격한 사육사가 인간의 척도에서 판단을 내리고 우리 속으로 들어가 시체를 끌어내려 하자, 수컷들은 힘을 합쳐 격렬하게 저항했다. 주커먼은 1920년대에 비비 암컷 무리를 묘사하면서 '성적 대상(sexual object)'[11]이라는 신조어를 만들어 냈다.

우리는 쥐를 대상으로 한 컬훈의 실험에서 먹이를 충분히 주고 수컷과 암컷을 같은 숫자로 유지한 경우에도, 심한 밀집 상태가 폭력을 비롯해서 많은 사람들이 비정상적이고 비적응적이라고 묘사할 수 있는 유형의 행동을 야기한다는 사실을 살펴보았다. 또한 아른헴 동물원의 침팬지 무리의 예에서는 그와 유사한 환경에서 폭력을 억제하는 새로운 행동 양식이 나타난다는 것도 알았다. 이제 우리는 런던 동물원의 비비들에게서 다음과 같은 사실을 배웠다. 즉 각 개체들이 위계 체계의 어느 위치에 속하는지 모르는 상태에서 싸워 얻을 수 있는 성적 보상물이 소수에게만 주어질 경우에 성적 폭력이 가장 고조되며, 더욱이 도망칠 수도 없는 밀집한 상태에 처하게 되면 엄청난 혼란이 일어난다는 사실이다. 원숭이 언덕은 성, 순위, 폭력, 과밀성이라는 치명적인 교차점을 우리에게 분명히 보여 주었다. 이런 일은 다른 영장류에게 적용될 수도 있고, 그렇지 않을 수도 있다.*

주커먼도 알고 있었듯이, 자연 상태에서 망토비비는 무척 평화스럽게 살아가고 있었다. 하렘을 지배하는 수컷들은 암컷들, 새끼들, 그리고 새로 무리 속에 들어온 두세 마리의 '독신' 수컷에 둘러싸여 있다. 이런 하렘은 소집단을 구성해서 먹이를 찾으러 이동한다. 수백 마리의 비비들은 밤마다 마치 부족의 집합체처럼 한데 어울려 잠자리로 삼는 절벽으로 모여든다. 암컷의 소유를 둘러싸고(또는 다른 어떤 이유에서도) 죽기를 각오하고 싸움을 벌이는 일은 거의 일어나지 않는다. 수컷들은 모두 자신의 지위를 알고 있고, 암컷은 더 확실하게 집단 속에서의 자신의 위치를 알고 있다. 물론 암컷들은 일상적으로 교미를 강요당하고, 하루에 한 번꼴로 수컷에게 물리지만 피를 흘릴 만큼 심한 상처를 입지는 않는다. 더군다나 런던 동물원에서처럼 암컷들이 다른 수컷에게 한눈을 팔았다는 이유로 죽음을 당하는 예는 결코 없다.

그러나 망토비비는 극히 작은 규모의 집단 속에서는 이전과는 판이한 행동을 나타낸다. 독신 수컷은 첫날부터 근처 우리 속에 있는 한 쌍의 비비를 지켜본다. 며칠이 지나는 동안 독신 수컷은 다른 우리의 한 쌍의 비비들이 성적 관계가 깊어지는 모습을 보지 않을 수 없다. 얼마 후 젊은 수컷을 같은 우리에 함께 넣어도 독신이었던 수컷은 다른 수컷을 공격하려 하지 않고 암컷을 유혹하는 일도 전혀 일어나지 않는다. 젊은 독신 수컷은 그들의 관계를 존중하는 것이다. 그들이 교미를 할 때면 눈길을 다른 곳으로 돌리기까지 했다. 비록 독신의 수컷이 다른 수컷보다 훨씬 체격이 좋은 경우에도, 그 수컷은

- 이와 유사한 일이 바운티 호의 선상 반란 사건 이후인 1790년에 몇 명의 폴리네시아 여성들을 데리고 작은 핏케언 섬으로 도주한 다수의 영국인 사이에서 일어났다. 우두머리인 선장과 그를 따르는 선원들은 작은 보트를 타고 바다로 나갔기 때문에, 그들 사이에 순위제가 충분히 확립되지 못했기 때문이다(1787년 영국 해군은 서인도 제도에서 빵나무 묘목을 구하기 위해 타히티까지 장거리 항해를 계획했고 윌리엄 블라이(William Bligh)를 선장으로 임명했다. 선원들은 성공적으로 임무를 완수했지만, 타히티 원주민 여성과 결혼했던 선원들이 반란을 일으켜 배를 탈취했다. 그들은 선장 블라이와 그를 추종하는 선원들을 보트에 태워 보내고 타히티 아내와 애인들을 데리고 남태평양 바위 섬에 정착했으나 내부 분란으로 모두 죽고 한 사람만 살아남았다.─옮긴이).

정직하고 신중한 태도를 잃지 않았다.[12]

집단에 속한 거의 모든 개체들이 죽음을 당할 정도로 영장류의 사회 구조가 완벽히 붕괴될 수 있다는——그것도 여러 가지 방식으로——사실은 그다지 놀랍지 않다. 그렇다면 그런 환경에 처해 있는 영장류를 범죄자라고 생각할 수 있을까? 그들은 자신들의 행동을 설명할 수 있을까? 과연 그들은 자유 의사를 가지고 그런 행동을 하는 것일까? 아니면 그 결과로 일어나는 엄청난 사태의 책임은 잘못된 계산으로 그런 환경을 만들어 낸 인간에게 있는 것일까? 원활한 사회가 유지되기 위해서는 그 사회를 구성하는 개체의 특징과 성격이 서로 조화를 이루어야 한다. 그렇게 고안된 사회의 구조가 각 개체의 특성을 무시하거나 감정에 치우치거나, 사회 공학의 담당자들이 미숙한 경우에는 엄청난 재난이 일어날 수 있다.

주커먼은 원숭이와 유인원의 연구를 통해 인간의 본성이나 진화에 대해 거의 아무것도 배울 수 없다고 일관되게 주장하고 있다. 영장류에 대한 이해가 인간에 대한 이해의 지름길이라고 믿는 많은 동물 행동학자와는 정반대의 견해이다. "동물 세계에 대한 유추를 통해 인간 행동을 설명하려는 시도에 대한 '나의' 확고한 비판적인 태도는 아주 어린 시절부터 형성된 것이 분명하다."[13] 그는 콘라트 로렌츠, 데즈먼드 모리스(Desmond Morris), 로버트 아드레이(Robert Ardrey)와 같은 동물 행동학자들——우리 인간이 다른 동물에 대한 연구를 통해 자신에 대해 배울 수 있다는 생각을 과장해서 대중적으로 확산시켰던——을 "모두 피상적인 유추를 고안해 내는 명수들"[14]이라고 묘사했다.

후일 주커먼은 런던 동물원의 '동물 해부 담당자'가 되었고, 동물원이라는 순위제 사회의 상사에게 「원숭이와 유인원의 사회 생활

(The Social Life of Monkeys and Apes)」이라는 원고의 출판을 허가해 달라고 요청했다. 그러나 성에 관한 표현이 지나치게 노골적이고 품격을 떨어뜨린다는 이유로 즉각 거절당하고 말았다(원고의 일부를 인용하자면, "지배자 수컷은 암컷 중 한 마리의 엉덩이 가죽이 팽창해 있을 때면, 그 회음부에 주의를 빼앗긴다. 수컷은 머리를 굽히고 손을 뻗어 입술과 혀를 움직여 암컷의 성적 반응을 자극하고, 올라탄 다음 교미를 한다."라는 식이었다.).[15] 그러나 주커먼은 책의 출판을 강행했다. 그로부터 46년 후에 출간된 자서전 『유인원에서 장군(將軍)까지(From Apes to Warlords)』에서 주커먼은 당시 일어났던 일에 대해 상세하게 묘사하면서도 '원숭이 언덕'에 얽힌 사건에 대해서는 지나가는 투로 잠깐 언급하고 있을 뿐이다.

제2차 세계 대전 초에 주커먼은 전투기의 공중 폭격이 민간인들에게 끼치는 영향에 대해서 연구했다. 그 연구에서 그의 해부학적인 지식이 큰 몫을 했다. 그는 빠른 시간 내에 전쟁에 이긴다는 전략적 목표를 달성하기 위해 공중 폭격의 효율성을 분석하는 연구에 착수했다. 이번 연구에서는 그의 회의적인 기질이 유용하게 작용했다. 그는 영국 공군의 폭격 사령부(그리고 미 육군 항공대)가 적의 전의를 상실시키고 전쟁을 빨리 종결 짓는 데 대량 폭격이 차지하는 역할을 항상 과장하고 있다는 사실을 발견했다.

전쟁이 끝난 후에 주커먼은 런던 동물원의 책임자가 되었고, 그 후 몇 단계의 자리바꿈을 거친 후에 영국 국방성의 수석 과학 고문이 되었다. 그 자리는 순위제에 대한 그의 전문 지식을 활용할 수 있는 가장 적절한 지위였을지도 모른다. 귀족이 된 주커먼 경(卿)은 그 후 몇 년 동안 핵 군비 확장 경쟁을 지연시키기 위해 전력을 기울였다.

전체적인 관점에서 볼 때 비비는 영장류의 폭넓은 행동 양식의 극히 작은 단면을 보여 줄 뿐이다. 비비와 다른 행동 양식을 가진 영장류의 예는 쉽게 찾아볼 수 있다.

예를 들어 여우원숭이의 경우에는 대개 암컷이 수컷에 비해 우위에 선다. 겁이 많고 야행성인 올빼미원숭이는 수컷과 암컷이 협동해서 새끼를 기르고, 수컷이 어린 새끼를 이동시키고 방어라는 주된 역할을 맡는다. 남아메리카의 온순한 양털거미원숭이는 공격적인 상호 행동을 회피하는 것이 특징이다. 이 외에도 사회적인 조직 속에서 암컷이 적극적인 역할을 맡는 것으로 알려진 종(種)의 예는 많다.[16]

그러면 긴팔원숭이에 대해서 생각해 보자. 이 원숭이는 아주 긴 팔을 사용해서 수관(樹冠, 열대 우림의 빽빽한 나무들로 이루어진 영역으로, 마치 지붕을 이룬 것처럼 아래쪽과 구분된다. 생물들 중에서는 평생 이곳에서 살며 아래로 내려오지 않는 종류도 있다.—옮긴이)라고 부르는, 나뭇잎이 하늘을 덮고 있는 삼림의 상층부에까지 닿을 만큼 도약한다. 때로는 가지에서 가지로 10미터 이상 건너뛰어 체조 경기의 챔피언을 무색하게 할 만큼 놀라운 묘기를 부린다. 긴팔원숭이는 거의 예외 없이 일부일처제이다. 이들 부부는 평생 동안 함께 산다. 긴팔원숭이는 1킬로미터 이상 떨어진 곳에서도 들을 수 있는 특이한 노래를 부른다. 다 자란 수컷은 해 뜨기 직전의 어둠 속에서 자주 긴 독창을 뽑는다. 아직 어린 수컷의 노래는 짝짓기를 한 수컷보다 길고, 노래를 하는 시간대도 다르다. 부부가 함께 이중창을 부르기도 한다. 수컷을 잃은 과부는 침묵 속에서 슬픔을 이겨 내며 더 이상 노래를 부르지 않는다.

긴팔원숭이는 세력권을 가지며, 아침에 부르는 노래는 침입자를 쫓기 위한 것이다. 일반적으로는 부모와 두 마리의 새끼로 이루어진

핵가족으로 작은 세력권을 형성한다. 세력권을 방어할 때는 돌을 던지거나 격렬하게 주먹을 날리는 대신, 국가를 불러 상대를 위협한다. 다른 긴팔원숭이가 침입한다면, 특히 인상 깊고 위압적인 리듬, 음색, 주파수, 진폭 등이 나타날 것이다. 언젠가는 나이 든 아비가 청년기의 아들에게 세력권을 방어하는 책임을 부여하고, 애국의 횃불을 다음 세대에 인계하는 날이 올 것이다. 아직 미숙한 젊은 개체가 부모에게 세력권 밖으로 쫓겨나는 가슴 아픈 예도 있다. 이런 행동은 근친상간의 충동을 피하기 위한 방책일지도 모른다. 다 자란 수컷과 암컷은 거의 유사한 행동을 나타내고, 거의 동등한 사회적 지위를 가진다. 영장류를 연구하는 학자들은 이 암컷들을 "공동 우점(codominant)"이라고 표현하고, 배우자가 그런 지위에 대해 "관대하고", "관용적"이라고 기술하고 있다.[17]

긴팔원숭이의 생활은 철저하게 오페라와 흡사하다. 정염에 불타오르는 사랑의 독창, 결혼의 지복을 찬미하는 이중창, 밤의 숲을 향해 쏟아 내는 의례화된 위협적인 영창조의 노래들이 시시각각 들려온다. "우리가 여기에 있다. 우리는 매우 거칠다. 우리는 노래를 잘한다. 조용히 우리 구역을 떠나는 편이 이로울 것이다." 긴팔원숭이 중에는 자신의 시대가 흘러가고 있음을, 덧없이 저물어 가는 영화와 젊음을 한탄하면서 슬픔에 가득 차 권력 이동을 노래하는 개체도 있을 것이다.

그러면 이번에는 보노보(bonobo, 영장목 성성잇과의 포유동물—옮긴이)에 대해 살펴보자. 보노보는 침팬지에서 격리되어 형성된 종이나 아종(亞種)으로, 자이르 강 남쪽의 중앙아프리카에 집단을 형성해 서식하고 있다.[18] 일반적으로 보노보의 습성은 지역 동물원에 수용하기에 부적절하다. 보노보가 그런 성향을 보이는 이유 중 일부는 앞의 장(章)에서 설명한 침팬지의 경우처럼 잘 알려지지 않은 새로운 원인 때문일 수도 있다. 린네식 분류법으로는 판 파니스쿠스(*Pan paniscus*)라는 이름을 가진 보노보는 피그미침팬지라고도 부른다. 이 종은 지금까지 단순히 침팬지라고 기술해 온 판 파니스쿠스에 비해 체구가 작고, 안면부의 돌출 정도도 덜하다.* 보노보는 직립해서 2족 보행을 하기도 한다(둘째 발가락과 셋째 발가락 사이에는 마치 물갈퀴와 같은 피부를 가지고 있다.). 보노보는 어깨를 쭉 펴고 성큼성큼 걸으며, 침팬지처럼 구부정한 자세로 걷지 않는다. 드 발은 이렇게 묘사했다. "직립해 있으면 마치 화가가 그린 선사 인류가 그림 속에서 걸어나오는 듯하다."[19]

자신이 발정해 있음을 여기저기 선전하고, 교미가 가능한 기간이 뚜렷이 나타나는 침팬지 암컷에 비해, 보노보의 암컷은 성 주기의 절반가량에 해당하는 기간 동안 성기를 팽창시키고 거의 언제든지 수컷을 받아들일 태세를 갖추고 있다. 침팬지는 다른(거의 모든) 동물들과 마찬가지로 수컷이 암컷의 뒤쪽에서 삽입하는 교미 자세를 취한다. 그러나 보노보는 약 네 번에 한 번꼴로 얼굴을 마주 보는 자세로 교미를 한다. 암컷이 이 체위를 좋아하는 것으로 생각되는데, 그 이유는 보노보 암컷의 음핵이 큰데다가 침팬지에 비해 훨씬 앞쪽에 위치하기 때문일 것이다. 보노보는 교미에 앞서 거의 반드시 오랫동안 서로의 눈을 응시하면서 서로를 유혹한다. 이런 행동은 보통의 침팬지에게서는 찾아볼 수 없다. 거의 항상 수컷이 강제로 교미를 시작하는 침팬지와는 달리, 보노보의 교미는 양방향성이다. 일반적으로는, 특히 넓은 사회적 맥락에서 볼 때, 보노보의 수컷은 암컷을 지배하지만, 부부 사이에서 항상 수컷이 지배적인 위치에 서는 것은 아니다. 한밤

* 침팬지와 보노보를 모두 연구하는 학자를 농담 삼아 '판트로폴로지스트(pantropologist)라고 부르기도 한다.

중, 지붕처럼 덮여 있는 삼림의 상층부인 캐노피에서 보노보의 수컷과 암컷은 나뭇잎으로 만든 침대 안에서 기분 좋게 뒹군다. 그러나 보통 침팬지들은 결코 그러지 않는다.

인간의 기준으로 볼 때에는 광적이라는 생각이 들 만큼 강박적인 침팬지의 성 행동도 보노보와 비교하면 거의 청교도적인 수준에 불과하다. 한 번의 교미에서 보노보 수컷이 피스톤 운동을 하는 평균 횟수——이 횟수는 수량화가 가능하기 때문에 영장류 학자들이 성의 강도를 측정하는 척도로 삼곤 한다.——는 약 45회이다. 반면 침팬지는 10회 미만이다. 한 시간당 교미 횟수도 침팬지의 2.5배나 된다. 물론 이런 관찰은 포획 상태의 보노보를 대상으로 행해진 것이기 때문에, 자유로운 야생 상태보다 시간 여유가 많고 서로 위로를 해 줄 필요성도 강했을 수 있다. 보노보 암컷은 출산 후 1년가량 지나면 다시 자유분방한 교미를 시작한다. 보통의 침팬지 암컷이 정상적인 교미를 시작하는 데는 3~6년이 걸린다.[20]

보노보는 성충동을 충족시키려는 목적 이외에 성적인 자극을 일상생활 속에서 여러 가지 목적에 이용한다. 어린 새끼를 달래거나(과거에 중국의 할머니들 사이에서도 이런 행동 양식이 널리 확산되었다는 이야기가 있다.), 동성의 집단 사이에서 벌어질 수 있는 대립과 긴장을 해소시키는 방편으로, 때로는 먹이와 맞바꾸기도 하는 등, 사회적인 결속과 공동체를 강화하기 위한 만능의 수단으로 폭넓게 사용되는 것이다. 보노보의 성적 접촉 중에서 이성 사이의 성관계는 전체의 3분의 1에 불과하다. 수컷들은 서로 상대의 성기를 문지르거나 오럴 섹스를 한다. 이런 일은 품위 있는 침팬지에게서는 전혀 찾아볼 수 없는 행동이다. 암컷들도 서로의 성기를 만져 주는데, 이성 사이의 접촉보다 이것을 더 좋아하는 암컷도 많다. 특히 암컷들은 먹이나 매력적인 수컷을 놓고 싸움을 벌일 때면, 늘 서로의 성기를 애무하는 특성을 보인다. 이것은 긴장을 완화하는 한 수단인지도 모른다. 보노보 수컷은 긴장을 하면 우호의 표시로 적대자를 향해 다리를 벌리고 음경을 보여 주는 선물 주기를 한다.

여러 가지 미묘한 차이가 있지만, 보노보도 역시 침팬지이다. 보통의 침팬지만큼 분명한 것은 아니지만, 수컷에게는 순위제가 있다. 또한 수컷이 항상 암컷을 지배하는 것은 아니지만, 우위의 수컷은 우선적으로 암컷을 차지한다. 보노보에게도 복종을 나타내는 태도와 인사법이 있다. 무리의 규모는 침팬지와 거의 같아서 수십 마리 정도가 집단을 형성한다. 젊은 암컷들은 인근의 다른 무리를 전전하며 수컷들을 유혹한다. 수컷들은 사냥을 좋아하지만 집단을 이루어 조직적으로 사냥하는 일은 없다. 수컷은 암컷보다 크며, 그 비율은 침팬지와 비슷하다. 집단 내에서는 극히 평화롭게 행동하지만, 다른 집단을 만나면 폭력적인 충돌로 발전하기도 한다. 유아 살해를 비롯한 보노보 사이의 살해 행위는 지금까지 한 번도 알려지지 않았다. 낯선 인간을 만났을 때 일반적으로 나타내는 최초의 반응은 침팬지와 마찬가지로 매우 위협적인 과시이다. 필자들도 그런 경험을 했다.

털고르기는 수컷과 암컷 사이에서 가장 빈번하게 나타나며, 침팬지와는 달리 수컷과 수컷 사이에서는 드물다. 이빨을 드러내는 표정은 복종을 나타내는 것이 아니라 인간의 미소와 똑같은 기능을 한다. 수컷 사이의 결속력은 침팬지 사회보다 약하고, 암컷의 사회적 지위는 훨씬 높다. 보노보의 어미와 새끼는 새끼가 성장할 때까지 밀접한 관계를 유지하며, 새끼가 청년기에 이르면 모자 관계가 사라지는 경향이 강한 침팬지와는 다르다. 대립을 해결하는 사회적인 능력은 침팬지에 비해 보노보 쪽이 훨씬 발달되어 있으며, 우위인 개체들은 대립적인 개체와 화해를 하는 데에도 훨씬 너그러운 태도를 보인다.

망토비비와 친척 관계라는 사실에 대해 일종의 반감을 품는 사람도 긴팔원숭이나 보노보라면 가까운 관계를 허용할 수 있다고 생각할지 모른다. 실제로 사람은 원숭이보다 유인원과 훨씬 가까운 친척이다. 침팬지와 보노보는 분명 같은 속(屬)에 포함되고, 일부 분류법에 따르면 같은 종(種)에 속하기도 한다. 그런 분류법이 사실이라면, 두 동물이 그토록 많은 차이를 가진다는 사실에 놀랄 것이다. 침팬지와 보노보 사이의 수많은 차이는, 가령 교미의 빈도에서 다양성, 성적 행동을 사회적으로 이용하는 능력, 암컷의 지위의 상대적인 차이에 이르기까지, 보노보가 진화의 새로운 단계에 들어섰음을 나타내는 증거일 것이다. 달마다 배란이 시작되었음을 알리는 표지가 사라지고 발정기가 사라진다. 시각이나 후각만으로는 배란 여부를 확인하기 힘들기 때문에, 이러한 변화는 암컷이 성적인 소유물 이상의 존재가 되었음을 나타낼지도 모른다.

형태적이고 생리적인 측면에서 일어나는 극히 작은 변화만으로도 새로운 세계를 들여다볼 수 있는 작은 틈이 생길 수 있기 때문에, 영장류가 가지는 잠재적 가능성은 무척 크다. 한때 광활했던 열대 우림의 낮은 가지 위에 매일밤 조잡한 나뭇잎 침대를 만들며 살던 때에는 꿈도 꿀 수 없었던 세계가 영장류 앞에 열리고 있는 것이다.

생활에서 본 영장류의 몇 가지 특성

● 원숭이

원숭이는 사람과 마찬가지로 여러 가지 비(非) 전염성 질병에 걸린다. 원숭이에게 약을 투여하면 사람과 거의 같은 효과를 볼 수 있다. 많은 종류의 원숭이는 홍차, 커피 그리고 술 종류를 몹시 좋아한다. 나도 직접 목격했지만 원숭이들은 기호품으로 담배를 피우기도 한다. 북동아프리카의 원주민들은 독한 술이 들어 있는 그릇을 눈에 잘 띄게 놓아 두어, 그것을 마시고 술에 취한 야생 비비를 잡는다고 브렘은 말했다. 그는 사육하고 있던 비비가 몹시 취한 모습을 직접 보기도 했으며, 그 행동이나 기묘한 표정에 대해 다음과 같은 재미있는 이야기를 소개해 주었다.

"다음날 아침, 비비들은 몹시 우울해 보였다. 그들은 아픈 머리를 양손으로 부여안고, 세상에 다시 없이 불행한 표정을 짓고 있었다. 맥주나 포도주를 내밀자 넌더리를 치듯이 돌아섰다. 그러나 레몬 주스를 주자 반갑게 받아 마셨다."

미국산 원숭이인 거미원숭이도 한 번 취한 뒤에는 두 번 다시 브랜디에 손을 내밀려 하지 않는다. 대부분의 인간보다 훨씬 현명한 셈이다. 이런 사실을 통해서, 원숭이와 인간의 미각을 관장하는 신경이 매우 흡사하며, 신경계 전체에 미치는 영향도 흡사하다는 사실을 알 수 있다.[21]

● 마운틴고릴라(자이르 동부의 산악 지역에 서식)

두 마리가 좁은 길에서 마주치면 하위 개체는 우위 개체에게 길을 양보한다. 앉아 있을 때에도 하위 개체는 우위의 개체가 다가오면 자리를 내준다. 때로는 우위의 개체가 하위 개체를 향해 느닷없이 위협을 하기도 한다. 그러나 위협이라고 해도 기껏 입을 쩍 벌리거나 상대의 손등을 가볍게 두드리는 정도이다.[22]

● 원숭이

성적인 지배를 의미하는 자세(올라타기)에서 파생한, 음경 과시를 통한 위협은 구대륙 원숭이(주로 긴꼬리원숭잇과에 속하는 원숭이를 가리킨다.)와 현재의 여러 종의 원숭이에게서 발견되고 있다. 긴꼬리원숭이와 비비의 경우에는 여러 수컷들이 항상 무리에 등을 돌리고 앉아 끊임없이 주위를 감시한다. 이때 수컷들은 강렬한 색깔의 음경을 과시하며, 때로는 마찬가지로 두드러진 색깔의 고환을 과시하기도 한다. 침입자가 지나치게 가깝게 접근하면, 보초들은 실제로 음경을 발기시켜 '분노의 교미(rage copulation)'라 불리는 행동을 시작한다(음경을 앞뒤로 리드미컬하게 움직이지만 실제로 교미하는 것은 아니다.).[23]

● 다람쥐원숭이

과시하고 있는 개체는 웅얼거리는 소리를 내면서 한쪽 허벅지를 벌리고 잔뜩 발기한 음경을 상대의 머리와 가슴에 향한다. 이미 형성되어 있는 다람쥐원숭이의 무리에 새로 젊은 수컷이 들어올 때에는 더욱 극적인 과시가 이루어진다. 몇 초 동안 모든 수컷들이 낯선 수컷을 향해 시위를 하듯 과시 행동을 개시하는 것이다. 이때 신참자가 머리를 숙이고 조용히 있지 않으면 격렬한 공격을 당하게 된다.[24]

● 갈색꼬리감기원숭이

발정기의 암컷은 우위의 수컷을 며칠 동안이나 그림자처럼 따라다닌다. 쉴 새 없이 가깝게 다가가려고 애쓰고, 특유의 울음소리를 내며 수컷에게 인상을 써 보이고, 엉덩이로 수컷을 떠밀고, 나뭇가지를 수컷에게 흔들어 보이는 등 갖은 수단을 동원한다. 교미할 준비가 끝나면 암컷은 수컷에게 맹렬하게 돌진한다. 그러면 수컷이 도망치고 암컷이 그 뒤를 쫓는다. 수컷이 달리기를 포기할 때가 교미가 시작되는 순간이다.[25]

● 오랑우탄

오랑우탄의 암컷은 발정기가 한창일 때에는 가까이에 우위의 수컷이 있는지 찾는다. 성 주기의 다른 시기에는 젊은 수컷이나 하위 수컷이 자주 암컷 주위에 모여들어 마치 그 암컷이 그들과의 교미를 강요당하는 것처럼 보인다. 암컷은 저항하고 비명을 질러 대며 싸운다. 그러나 수컷들은 아랑곳하지 않고 교미를 끝낸다. 이것은 정상적인 행동일까, 아니면 강간과 같은 행동일까? 영장류 학자들은 가급적 강간이라는 말을 사용하지 않으려고 노력한다. 그 표현이 사람들에게 좋지 않은 느낌을 불러일으키기 때문이다.[26]

● 여우원숭이

알락꼬리여우원숭이(*Lemur catta*, 꼬리에 호랑이처럼 검은색과 흰색 얼룩 무늬가 있다.—옮긴이)의 경우에는 집단 내에서, 특히 수컷들 사이에서 공격이 일어나는 경우가 많다. 공격은 뒤쫓기, 주먹질하기, 냄새 표식 남기기, 그리고 수컷의 경우에는 악취풍기기 등의 형태를 띤다. 복종의 행위로는 우위의 개체가 다가올 때 습관적으로 뒷걸음질을 치거나 꼬리를 사리는 태도 등이 포함된다. 하위 개체는 머리와 꼬리를 내리는 자세를 취하면서 무리의 뒤쪽에 처지고, 다른 개체를 피하는 습성을 갖는다. 암컷은 수컷에 비해 공격의 빈도가 적다. 암컷의 순위를 분간하기는 어렵지만, 부자연스러운 행동이 거의 관찰되지 않을 때에는 순위제가 안정되어 있다는 표시이다. 그러나 "언제든지 암컷은 어떤 수컷이든 그 자리를 빼앗거나, 수컷의 콧잔등에 주먹을 날리고 그 손에서 타마린드 열매와 같은 맛있는 먹이를 빼앗을 수 있다."[27]

● 원숭이

여러 수컷을 포함해서 무리를 형성하는 거의 모든 종의 원숭이들 사이에서, 수컷들이 다른 수컷에게 관용적인 행동이나 협력 행동을 나타내는 경우는 매우 드물거나 전혀 알려지지 않았다. 가령 붉은털원숭이 수컷들 사이에서는 털고르기를 관찰할 수 없다. 설령 털고르기가 관찰된다 하더라도, 하위 개체가 우위의 수컷에게 일방적으로 털고르기를 해 주는 경우뿐이다. 침팬지들 사이에서 관찰되는 상부 상조적인 형태와는 매우 다르다. 또 하나의 보기는 일본원숭이 사이에서 이루어지는 동맹 형성에 대한 연구이다. 조사 대상이 된 905건의 예 중에서 다 자란 수컷 사이에 이루어진 동맹은 겨우 네 건뿐이었다. 이처럼 무리 중에서 이루어지는 수컷들의 관계는 기본적으로 경쟁 관계이다.[28]

● 붉은얼굴원숭이

새로 무리에 찾아온 두 마리의 다 자란 암컷은 그곳에 머무는 동안 세 마리의 청년기 수컷과 우위의 어린 수컷에게 위협당하고, 반복적으로 올라타기를 당했다. 암컷이 원하지 않는다는 뜻을 분명히 했다는 점에서, 이 강요된 올라타기는 강간이라고 볼 수 있다. 수컷이 억지로 암컷의 하반신을 들어 올리려 했을 때, 암컷은 거부의 표시로 계속 몸을 웅크렸다. 그러나 수컷들은 암컷의 몸을 흔들고 물기까지 하면서 암컷이 내지르는 비명과 거부 신호를 무시했다.[29]

● 붉은얼굴원숭이

암컷이 입을 동그랗게 오므리는 표정을 짓고, 입에서 목쉰 울음소리가 터져 나오자 계기는 갑작스럽게 암컷의 맥박이 1분당 186회에서 210회로 급상승하고 강한 자궁 수축이 일어남을 기록했다.

실제로 이 실험은 상대를 안심시키는 행동을 알아보기 위한 것이었다. 암컷의 상대는 또 다른 암컷이었다. 이 실험은 붉은얼굴원숭이의 화해의 행동 사이에 흔히 뒤따르는 성적 자세가 생리학적인 측면에서 오르가슴과 같다는 사실을 증명할 것이다. 그렇지만 화해를 할 때마다 매번 성적인 절정을 수반한다는 뜻은 아니다. "자연은" 붉은얼굴원숭이에게 적과 화해할 수 있는 유발 동기를 선천적으로 부여해 준 것이다.[30]

● 콜로부스

아시아와 아프리카에 서식하며, 주로 나무 위에 살고(교목성), 새끼의 털색이 화려한 것이 특징이인 콜로부스들은 흔히 암컷들은 출산 직후부터 어린 새끼들을 돌아가며 키운다. 이런 양육 방식은 생후 몇 개월 동안 계속되기도 한다. 일부 짧은꼬리원숭이나 비비와는 달리 콜로부스의 모든 새끼들은 다른 새끼와 자유롭게 교환된다. 따라서 모든 지위의 암컷들이 모든 새끼에게 자유롭게 접근할 수 있다. 어린 새끼를 교환하는 행동은 콜로부스 사회가 "다른 종과 비교했을 때" 공격성이 약한 한 가지 이유일지도 모른다.

콜로부스 무리들이 서로 만났을 때 나타내는 흥미로운 특징은 그들이 접촉을 회피할 수 있는 편리한 수단을 가지고 있다는 사실이다. 콜로부스는 교목성 동물로서 상대적으로 전망이 탁 트인 높은 나뭇가지에서 생활한다. 또한 크고 잘 울려 퍼지는 목소리를 갖고 있기 때문에, 콜로부스는 비교적 쉽게 접촉을 회피할 수 있다. 그런데도 접촉은 자주 일어난다. 그럴 때면 콜로부스는 이동 방식의 변화, 수컷의 경고 울음, 수컷들의 경계를 알리는 행동 등을 통해 (때로는 한두 가지 행동 유형을 조합해서) 무리를 여럿으로 분산시키는 방법을 사용한다.

…… 이 단계에서 흥분은 매우 고조된다. 흥분을 나타내는 행동으로

는 높은 점프, 나무 꼭대기까지 달려 올라가기 등이 포함된다. 빈번한 배변이나 방뇨도 흥분의 증거이다. 흥분이나 긴장 상태를 나타내는 또 하나의 표시는 수컷의 발기이다.

우위를 나타내는 가장 일반적인 표시는 이빨 드러내기, 빤히 응시하기, 물기, 땅두들기기, 돌진, 뒤쫓기, 머리흔들기, 다른 개체에게 올라타기 등이다. 하위를 나타내는 태도는 하반신 들어올리기, 시선피하기, 도망치기, 다른 개체에게 등을 돌리기, 올라타기를 당하기 등이다. 개체는 순위제 속에서 지위가 높을수록 지배하는 공간이 넓다. 하위 개체는 그곳에 들어가고 싶다는 의사를 미리 분명히 밝히지 않으면 그곳에 들어갈 수 없다.[31]

● 원숭이

새끼 원숭이가 어미에게 올라타 있는 동안에는 그 새끼가 상처를 입어도, 심지어는 죽은 후에도 어미는 새끼를 내려놓지 않는다. 새끼를 내려놓으면 즉각 수컷이 달려와 짖어 댄다. 이런 행동은 어미가 새끼를 계속 업고 다녀야 한다는 사실을 확인시키는 것이다. 버클리에서의 실험에서, 어미가 죽은 새끼를 이틀 동안이나 업어 옮겨 다녔고, 암컷이 새끼를 떨어뜨리자 무리 속 우위의 수컷이 죽은 새끼를 집어들어 다시 이틀 동안 업고 다닌 예도 있었다.[32]

● 베르베트원숭이

1967년에 T. T. 스트루세이커는 동아프리카의 베르베트원숭이가 최소한 세 종류의 포식자인 표범, 독수리, 뱀에 대해 각기 다른 경보음을 낸다는 사실을 보고했다. 각각의 경보음에 따라 가까이에 있는 다른 개체들은 뚜렷하게 다른 반응을 나타낸다. 스트루세이커의 관찰은 사람 이외의 영장류에게도 외부 세계의 여러 가지 사물이나 위험의 종류를 다른 소리를 이용해 표출할 수 있는 능력이 있음을 시사했다는 점에서 매우 중요하다.

세이퍼트, 체니, 말러 등의 연구자들은 베르베트원숭이가 실제로 표범, 독수리, 뱀을 만났을 때 내는 경보음을 녹음했다. 그리고 포식자가 없을 때 내는 경계의 울음소리를 남발했다. 그중 일부는 전혀 위험이 없는 새였다.

그렇지만 새끼가 전혀 터무니없이 독수리 경보음을 내는 것은 아니었고, 하늘을 나는 대상에 한정되었다. 그러니까 새끼들은 아주 어릴 때부터 외계의 자극을 여러 가지 서로 다른 종류의 위험으로 분간할 수 있는 능력을 갖추고 있는 것 같다. 이 원숭이가 유전적으로 가지고 있는 이런 일반적인 경향은 경험을 통해 특수한 대상으로 구체화된다. 새끼들은 매일같이 마주치는 여러 가지 새들 중에서 위험한 종류를 식별하는 법을 학습하기 때문이다. 그러나 지금까지의 실험들은 영장류들이 야생 상태에서 울음소리와 그 실체의 대응 관계까지 인식하는지 여부에 대해서는 아무런 증거도 제공하지 않았다.[33]

● 다람쥐원숭이

다람쥐원숭이의 수컷이 보여 주는 교양 없는 행동은 시각적 신호의 좋은 보기이다. 다람쥐원숭이는, 다른 수컷을 지배하기 위한 의사, 다른 수컷을 공격한다는 의사, 암컷에 대한 성적 의사의 세 가지 의사 표시를 모두 발기한 음경으로 다른 원숭이의 안면을 난폭하게 찌르는 행동으로 나타낸다. 다시 말해서 구애의 과시와 공격의 과시가 동일하다. 행동학자들은 이런 교착 현상을 여러 종류의 파충류와 그보다 하등한 동물에서 발견했다.[34]

● 망토비비

 젊은 수컷들은 공포심을 느끼면 선물주기를 한다. 서로 친해지려 할 때나 장난으로 동료를 유혹할 때에도 성적인 방법을 사용한다. 다시 말해서 서로 자위 행위를 해 주거나 번갈아 올라타기를 한다. 또한 이성 사이의 성적인 행위가 하렘을 지배하는 수컷의 공격적 반응을 일으키지 않게 하기 위해서도 수컷이나 암컷에게 올라타기를 하거나 올라타기를 당한다. 상대가 또래인지 또는 더 나이가 들었는지를 확인할 때에는 손, 입, 코를 이용해 성기와 항문을 검사한다. 이들은 접촉하고 있던 개체를 물어 교미를 끝내는 일도 자주 있다. 이런 종료 방법은 성숙한 개체들에게서는 발견하기 힘들기 때문에 놀이의 의미를 가지는 것으로 생각된다.[35]

● 비비(개코원숭이)

 세심하고 정확한 관찰로 유명한 동물학자 앤드루 스미스 경(Sir Andrew Smith)은 자신이 직접 겪었던 일을 다음과 같이 이야기해 주었다. "희망봉에서 한 장교가 어떤 비비 한 마리를 자주 괴롭혔다. 어느 일요일, 행진 대열 속에서 다가오는 장교를 발견한 비비는 재빨리 구멍 속에 물을 부어넣어 진흙 덩어리를 만들어 지나가는 장교에게 냅다 던져 많은 구경꾼들을 즐겁게 해 주었다. 그 일이 있은 후, 오랫동안 그 비비는 그 장교를 볼 때마다 날뛰면서 자신이 거둔 승리를 기뻐했다."[36]

● 비비

 아비시니아에서 브렘은 계곡을 건너는 비비의 큰 무리와 마주쳤다. 일부는 반대쪽 산으로 올라가고 있었고 나머지는 아직 계곡에 있었다. 계곡에 남아 있는 무리가 개에게 습격을 당하자, 나이 든 여러 마리의 수컷들이 재빨리 바위에서 내려와 입을 한껏 벌리고 무시무시한 위협의 울음소리를 냈다. 그러자 개들은 당황해서 달아났다. 개들이 다시 용기를 회복해 공격에 나섰을 때, 거의 모든 비비가 높은 곳으로 올라가고 있었지만 생후 6개월 정도의 새끼 한 마리가 남아 있었다. 새끼는 큰 울음소리로 도움을 청하면서 바위 위로 올라갔지만 개들에게 포위되고 말았다. 그때 가장 큰 알파 수컷이 산을 내려와 천천히 새끼에게 다가오더니, 능숙한 솜씨로 새끼를 데리고 올라갔다. 개들은 너무 놀라 공격할 수 없었다.[37]

● 티티원숭이와 그 밖의 작은 원숭이

뒤얽힌 가지와 덩굴 속에 가려진 신열대구(新熱帶區, 북회귀선 이남의 신대륙의 열대 지역 — 옮긴이)의 삼림은 영장류의 부성애가 가장 훌륭하게 발휘되는 곳이다. 일부일처제인 티티원숭이의 수컷, 올빼미원숭이 그리고 마모셋원숭이가 육아에 관여하는 빈도와 그 강도는 매우 독특하다. 이런 종의 수컷들은 부모의 의무 중에서 수유 이외의 모든 일을 서로 분담한다. 분담의 정도는 종에 따라 상당히 다르지만, 주로 수컷이 새끼 돌보는 일을 맡는다.

이 종들의 수컷은 새끼에 대한 관심이 무척 크다. 출산 직후에 아직 피가 배어 있는 갓난 새끼의 냄새를 맡고, 접촉하고, 안으려는 수컷의 행동이 관찰되고 있다. 때로는 혀로 핥아 새끼 몸에 남아 있는 양수를 제거하기까지 한다. 탄생 후 몇 시간 동안, 수컷은 새끼를 등에 업고, 털을 고르고, 보호한다. 수컷은 하루 중 대부분의 시간을 새끼 돌보기에 할애한다. 가장 헌신적인 수컷들은 수유할 때를 제외하고는 어미에게 새끼를 맡기지 않는다.

수컷들은 자신의 손이나 입으로 직접 새끼에게 먹이를 먹인다. 이때 새끼에게 주는 음식은 새끼들이 직접 얻거나 다루기 힘든, 크고 움직이는 벌레나 딱딱한 껍질을 가진 과실 등이다.

수컷은 실제적이거나 예상되는 모든 위험으로부터 새끼를 지키기 위해 격렬한 방어 본능을 발휘한다. 사육 상태의 작은 라이온타마린원숭이(lion tamarin monkey, 저지대 열대 우림에 살고, 세계에서 가장 희귀한 동물에 속한다.—옮긴이)의 수컷은 양털원숭이(Woolly monkey)나 짧은꼬리원숭이, 그리고 사람처럼 위협적인 대상이 나타나면 몸을 날려 방어한다.[38]

18장
원숭이 세계의 아르키메데스

어떤 사람들은 이것을

그의 타고난 천재성이라고 말한다.

반면, 겉보기에는 쉽게 그리고 아무런 노력도 없이

얻은 듯이 보이지만 엄청난 수고와 노력을 통해서

얻은 결과라고 보는 사람들도 있다.

아무리 조사를 해 본들 그것을 증명할 길은

없을 것이다. 하지만 일단 그를 살펴보면

즉각 그런 사실을 알아차릴 수 있을 것이다.

그것도 아주 순조롭게 빠르게

그런 결론에 도달할 것이다…….

아르키메데스는 그런 사람이었다.

― 플루타르코스, 「마르켈루스」, 『플루타르코스 영웅전』[1]

인간은 오늘날 생존하고 있는 200종의 영장류 가운데 어느 종으로부터도 진화하지 않았다. 다만 우리와 그들은 같은 조상의 계통에서 진화한 것이다. 영장류의 계통수를 만들어 보면 우리의 가장 가까운 친척이 누구인지 알 수 있다. 영장류의 행동은 같은 속의 종 간에도 크게 다르기 때문에, 가장 가까운 친척이 누구인가라는 문제는 우리 자신을 바라보는 관점에 매우 중요한 의미를 가진다.

이미 설명했듯이 활성 유전자의 99.6퍼센트를 공유하는 침팬지가 우리의 가까운 친척이라는 것이 그 답인 것 같다. 물론 여러분이 의구심을 가지듯이 DNA 염기 서열의 분석을 통해 우리는 보노보와 침팬지가 우리 인간과 비슷하기보다는 서로 간에 훨씬 더 가깝다는 것을 알고 있다.[2] 그러나 99.6퍼센트면 매우 가까운 것이다. 우리는 그들과 많은 특징을 공유하고 있음에 틀림없다(실제로 우리 인간은 유연관계가 가장 먼 영장류와도 동일한 행동 특징을 공유하고 있다.).

암석에 남아 있는 화석 기록과 함께 분자와 해부학적 증거를 통해 영장류의 전반적인 계통수를 적어도 대략적으로는 그릴 수 있으며, 시간의 흐름도 알 수 있다. 뼈와 분자에서 얻은 증거는 서로 수렴하기는 하지만 완벽하게 일치하지는 않는다. 이 책에서는 유전자 염기 서열의 분석과 DNA 교잡 데이터를 중시하고 있다. 분자 증거에 따르면 800만 년 전 고릴라는 인간으로 진화해 간 진화 계통에서 다른 가지로 뻗어 나왔다. 아직 밝혀지지 않은, 지금은 멸종된 인간과 침팬지의 공통 조상이 그 후 100만 년이 지나 고릴라와는 다른 가지로 분리되었을 것이다. 그 후 매우 빠르게 침팬지와 인간으로 진화된 계통선(系統線)이 그들의 독자적인 운명을 향해 진화해 가기 시작했다.[3] 지구에는 그 이전에 1,000배나 되는 긴 시간 동안 생명체가 살고 있었다. 그에 비해 인간과 침팬지의 계통이 나뉜 것은 매우 최근의 일로, 50세 된 사람의 일생에 비유하면 지난 2주 전 일에 해당할 만큼 가까운 과거이다. 이것은 인간과 침팬지 '자체'가 600만 년 전에 시작되었다는 말은 아니다. 그때 진화 계통수에서 인간과 침팬지의 가지가 뻗어 나왔을 뿐이다.

영장류로서의 인간의 속성과 그 발생에 대해서 좀 더 이해하려면 중생대 말, 즉 1억 년 전으로 거슬러 올라가야 한다. 중년인 사람의 일생에 비유하면 대략 1년 전에 해당할 것이다. 그때에도 포유류는 있었지만 찾아보기가 쉽지 않았다. 낮 시간은 공룡의 세상이었다. 공룡 중에는 일찍이 땅 위에서 진화한 생물 가운데 가장 무시무시한 살인 기계들이 포함되어 있었다. 우리의 포유류 조상은 겁이 많고 약하며 크기가 작았던 것 같다. 사실 대체로 그들은 쥐 정도의 크기였다. 오늘날의 모든 파충류, 양서류와 마찬가지로 공룡 중에 냉혈 동물이 있었을 것이다(여기에도 아직 논쟁의 여지가 있다.). 그렇다면 쌀쌀한 저녁, 특히 겨울에는 문을 닫고 영업을 그만두어야 했을 것이다. 특히 쥐 크기의 포유류를 먹는, 추위에 잘 견디지 못하는 작은 공룡들의 경우 더욱 그랬을 것이다. 그러나 포유류는 온혈 동물이므로 밤새도록 밖에서 지낼 수 있었다.

교교한 달빛만이 비치는 어둠 속에서 적들이 아무런 감각도 느끼지 못한 채 인사불성 상태로 여기저기 어지럽게 흩어져 잠을 자고 있는 모습을 상상해 보라. 이때가 우리 조상들이 일을 하러 돌아다니기에 딱 좋은 기회였다. 즉 땅벌레를 잡아먹고, 나뭇잎을 씹어 먹고, 교미하고, 어린 것들을 돌보기에 좋았다. 그러나 어둠 속에서 잘 움직이기 위해서는 시각이 아닌 다른 감각이 크게 발달해야 했다. 그 시기에 포유류의 두뇌는 발달된 청각과 복잡한 후각 기관과 함께 진화했다. 그것은 밤에 사냥을 하는 공룡으로부터도 자신을 지킬 수 있는 방어 수단이었다.

우리의 조상들은 낮이 되면 은신처에서 잠을 자면서 악몽으로 몸을 뒤척였을 것이다. 잇따라 바늘같이 뾰족한 이빨이 다가오고 늘 안전한 곳을 찾아 가까스로 도망치는 그런 꿈이었을 것이다. 그들은 낮이 올 때마다 벌벌 떨면서 해가 지기를 간절히 바라고, 무서움에 떨었는지도 모른다.

6500만 년 전에 청천벽력이 일어나면서, 즉 소천체가 지구와 충돌하면서 급격하게 지구의 환경이 바뀌었던 것 같다. 공룡이 멸종하고, 당시까지는 하찮은 종에 불과했던 포유류가 번성하고 다양해졌다. 왜 그렇게 빨리 영장류가 나타났는지 또는 어떤 다른 포유류가 최초의 영장류로 빠르게 진화했는지는 아직 밝혀지지 않았다. 우리는 화석을 통해 이빨 길이가 1밀리미터 정도이고 무게가 몇 온스 정도 되는 자그마한 원숭이 비슷한 존재가 공룡이 멸종한 후 지금의 알제리에 해당하는 지역에 살고 있었다는 사실을 알고 있다.[4] 5000만 년 전(50세 된 사람에게 6개월 전) 아열대의 와이오밍 주 지역에 나무에 사는 영장류가 있었다.[5] 수컷의 송곳니가 암컷의 그것보다 두 배나 길었다.

이 차이가 현대의 원숭이 사회에서처럼 똑같은 의미가 있다고 한다면 수컷이 암컷을 지배했다는 의미이다. 순위제가 형성되고 수컷들은 서로 경쟁하고 하렘을 형성했을 것이다. 이 모든 것은 영장목이 생긴 이후 우리에게 나타난 현상이었다.

최초의 영장류는 현대의 원숭이, 유인원 그리고 인간보다는 초기 포유류(긴 주둥이, 머리 양쪽에 달린 눈, 발톱)와 훨씬 더 많이 닮았다고 추정된다. 이른바 '하등' 영장류, 즉 원원류(原猿類, prosimian)——예를 들어 여우원숭이나 로리스——는 가장 초기의 영장류와 비슷한 어떤 것인지도 모른다. 한눈에 그들이 야행성임을 알 수 있다. 그들의 눈은 얼굴에 비해 두드러질 만큼 크며, 그보다 더 큰 구경(口徑)은 달과 별만 비치는 어두운 밤의 세계에 시각이 적응한 결과이다.

그들은 아마도 특수한 분비선(腺)에서 냄새를 내뿜는 방식으로 부분적으로 의사소통을 했을 것이다.● 그들은 생각할 수 있는 뇌(몸의 크기에 비해 큰), 입체적으로 볼 수 있는 시각, 주변의 물건을 만질 수 있는 손이 있었다. 영장류의 순위제에 전형적인 의식(儀式)이 이미 나타났을 것이다. 그중에는 수컷과 암컷들이 지배자인 수컷에 대한 복종의 몸짓으로 궁둥이를 이용한 선물주기 의식도 있었다.

영장류의 초기 진화는 야행성에서 주행성으로의 근본적인 변화라는 특징이 있었다. 그에 따라 후각[6]은 퇴화하고 시각은 정교해졌다. 얼굴 근육이 발달하면서 표정을 통해 기분을 전달할 수 있었다. 어미

● 고리 모양의 꼬리를 가진 여우원숭이 수컷들은 페로몬을 꼬리에 바르고는 눈에 잘 띄는 흑백 줄무늬 꼬리를 서로 흔들어 대며 공기 중에 냄새를 뿌려 댄다. 이것은 주로 암컷을 차지하기 위한 경쟁이다. 분명히 가장 향기로운 냄새를 가진 수컷이 가장 매력적인 암컷을 차지하는 경향이 있다. 어떤 여우원숭이 종에서는 모든 성숙한 수컷들이 같은 날 밤에 꼬리를 흔들어 댄다. 왜냐하면 모든 성숙한 암컷들이 은백색의 달(보름달)이 비치는 날에 함께 발정하기 때문이다.

와 새끼 사이에 훨씬 더 강력한 결속력이 생겼다. 새끼가 어미에게 의존하는 기간이 훨씬 더 길어졌다. 뇌의 오래된 층에서 일어나는 호전적인 행동 유형을 완화하는 대뇌 피질의 새로운 상층의 능력이 향상되었다. 곧이어 이런 모든 변화는 영장류 사회에도 변화를 가져왔다. 즉 유아기가 더 길어지고 부모들은 새끼들에게 더 많은 것을 가르칠 수 있었다. 협력 관계, 지원, 화해, 확신, 용서, 특정 개체의 과거 행동을 기억하는 능력, 그리고 미래의 행동을 계획하는 능력이 빠르게 진화했다. 우리 조상들은 벌써 경계의 강화, 지능 향상, 의사소통 능력의 향상, 애정이라는 길을 따라 진화했다.

공룡 멸종 후 포유류는 낮의 세계로 진출했다. 잠시 동안 그들은 안전함과 자유로움을 느꼈을 것이다. 그러나 수가 많아지고 몸집이 커지고 종류가 다양해진 포유류는 너무도 훌륭한 먹이여서 서로 그 좋은 기회를 놓칠 수 없었다. 그들은 서로 잡아먹기 시작했다. 그리고 맹금류를 포함해서 포식 동물이 진화했다. 낮의 세계로 진출한 것이 점차 위험한 일이 되었다. 예를 들어 현대의 남아메리카 부채머리 독수리류(harpy eagle)에 대한 한 연구에 따르면, 그 독수리가 둥지로 가지고 오는 '포획 품목'의 39퍼센트가 원숭이라는 것이 밝혀졌다.[7] 결국 낮 시간에는 조심하지 않을 수 없었다. 하늘을 살펴본다든가 독수리가 염탐 비행을 하고 있으면 공습 경보를 발하는 등 상호 방위 틀을 갖추는 것이 생사를 가르는 중대한 문제가 되었다.

먹을 것을 찾아 나선 비비들은 포식자를 만나면 대체로 대열의 간격을 좁힌 채 재빨리 이동한다.[8] 군사적인 행동임을 쉽게 알 수 있는 어떤 집단 행동은 아주 옛날부터 포식의 위협에 직면해서 형성된 적응 반응이다. 유능한 포식자가 있으면 잠재적인 먹이가 되는 동물은 빠르게 진화할 수 있다. 즉 시력, 나무 위에서 재주 부리기, 상호 부조, 전투 기술, 지능 그리고 일반적인 전투 능력 등이 진화한다.

원숭이들은 여러 가지 얼굴 표정의 의미를 읽을 수 있는 능력을 타고난다. 다만 그런 표정에 어떤 반응을 보여야 하는가는 훈련과 경험을 통해 배워야 한다. 원숭이가 다른 원숭이의 눈이나 입 또는 털을 볼 때만 선택적으로 작동하는 뇌신경이 있다. 웅크린 자세나 허리를 굽힌 자세에만 특이하게 반응하는 종류의 뇌세포까지 있다. 영장류에서 얼굴 표정과 몸의 자세는 사회적 약속의 문제일 뿐만 아니라 영구적으로 고정된 어떤 의미를 가진다. 붉은털원숭이 수컷이 암컷을 유혹하는 표정은 턱을 앞으로 쑥 내밀고 입을 오므리는 것이다. 여러분이 붉은털원숭이라면(수컷이든 암컷이든) 성숙하기 전이라도 이런 표정이 무엇을 뜻하는지 알아 둘 필요가 있다.

영장류의 진화한 뇌의 용도 가운데 하나로 원한을 오랜 시간 유지시키는 기능이 있다. 원숭이들은 일반적으로 싸우자마자 곧 화해를 한다(그럴 때 올라타기 의식을 하는 경우가 종종 있다.). 침팬지 수컷의 경우에는 암컷이 자주 조정자 노릇을 하는데, 대개 몇 시간 또는 며칠이 걸린다. 그러나 침팬지 암컷들끼리는 오히려 상대를 쉽게 용서하지 못한다. 심지어 죽을 때까지 원한을 품는 경우도 있다. 인간의 경우에는 남녀 모두 순간에서 1,000년까지 가지각색이다. 원숭이들의 경우에는 심지어 어떤 한 원숭이에 대한 사무치는 원한이 주변의 다른 원숭이에까지 확산되는 일도 종종 있다. 영장류가 만들어 낸 새로운 사회적 행동 가운데는 반목과 불화가 있는데, 이것은 때로 몇 세대에 걸쳐 계속되는 경우도 있다. 이것이 역사의 시작이었는지도 모른다.

대부분의 포유류처럼 영장류의 공격성, 순위제, 텃세, 성 충동 등은 주로 고환에서 만들어져 혈액으로 운반되는 테스토스테론을 통해 조정된다. 이것은 최초의 영장류와 그 훨씬 이전의 동물도 마찬가지였음이 거의 분명하다. 성장 중인 태아의 뇌가 테스토스테론과 안드로젠을 많이 받으면 받을수록 성장한 이후에 남성적 특징을 더 많이 나타낼 것이다. 테스토스테론의 양이 적은 수컷이라면 그만큼 이런 성향은 약해질 것이고, 다른 수컷들에게 올라탈 기회를 제공할 가능성이 그만큼 더 많다. 그러나 테스토스테론의 양은 지도층의 권위에도 영향을 받는다. 발정기의 암컷이 있거나 주변에 높은 지위의 수컷이 없는 경우에는 하위 수컷의 테스토스테론 양이 급격히 많아진다. 일정한 한계가 있지만 영장류는 주어진 일에 대처할 줄 안다. 맡은 일에 따라 원숭이는 변하는 것이다.

많은 영장류 수컷(인간의 경우는 대개 그렇지 않지만)들은 새끼를 낳은 경험이 있는 암컷을 성적 상대로 선호한다.[9] 따라서 젊은 암컷들은 수컷을 유혹하기 위해 많은 노력을 기울여야 한다. 앞에서 암컷을 독차지하기 위해 수컷이 보이는 경계 태세에 대해 설명했는데, 그것은 배란기에 한정된 것이다. 그런데도 성은 영장류의 경우 단지 DNA 염기 서열의 복제와 재조합의 수단 이상의 어떤 것으로 발전했다. 연중 계속되는, 강제에 가까운 많은 상대와의 성관계——인간 관찰자는 '난잡하고', '타락한', '도착된', '마구잡이의' 등으로 묘사하지만——에는 그만한 이유가 있다. 성은 사회화의 기구 노릇을 하는 것이다. 이 점은 보노보의 경우에 가장 분명하게 나타난다. 성적 질투에도 불구하고 성은 집단을 하나로 묶어 준다. 그것은 애정 관계, 공동의 목표, 동료와의 일체감을 제공해 주고 위험한 공격성을 완화해 준다. 영장류의 생활에서 본질적인 것은 집단으로 공동 생활을 영위하는 것이다. 이런 공동 생활은 인간의 문화 또는 사회와 많은 공통점을 가지고 있다. 이런 공동 생활을 추구하게 하는 주요한 동기 가운데 하나가 바로 성이다.

어린 시절의 학습이 중요한 기능을 하는 동물 사회에서는 어른들의 역할 모형(role model)이 중요하다. 순위제는 집단 내에서 폭력을 완화한다(공격성 자체를 완화하지는 않는다.). 협동은 사냥을 할 때는 언제나 중요하며, 큰 동물을 사냥할 때는 결정적인 역할을 한다. 때로는 포식자를 피할 수 있는 무기가 되기도 한다. 야생 상태의 30여 종의 영장류를 조사한 결과에 따르면, 어떤 개체가 1년 동안 잡아먹힐 확률은 16분의 1이라고 한다. 포식자를 피하는 것은 영장류에게는 우선 순위가 매우 높은 문제임에 틀림없다.[10] 공동 생활을 통해 포식자의 출현에 대해 일찍 경보를 받을 수도 있고 집단적으로 방어에 나설 수도 있다.

베르베트원숭이들은 상대적으로 안전한 숲을 벗어나 시야가 탁 트인 사바나로 나가는 모험을 감행했다. 그곳은 숨을 곳도 적고 숲보다 훨씬 위험하다. 베르베트원숭이들이 내는 소리를 녹음해서 그들에게 다시 들려 주면, 특별한 행동을 유발하는, 쉽게 이해할 수 있는 독특한 경보음을 가지고 있음을 알 수 있다. 예를 들어 비단뱀과 검은맘바(남아프리카산 코브라과의 큰 독사) 출현 경보음이 울리면 모두 발소리를 죽이며 걱정스러운 얼굴로 풀 속의 뱀을 뚫어지게 쳐다본다. 잔점배무늬독수리(martial eagle, 가축도 습격하는 아프리카산 대형 독수리—옮긴이) 출현 경보음이 울리면 하늘을 올려다보고는 나뭇잎 속으로 곧장 뛰어든다. 표범의 경우에는 모두 재빨리 나무 위로 기어오른다. 포식자가 다르면 경보음도 다르고 그에 따른 행동도 달라진다. 그런 반응들은 부분적으로는 학습의 결과이다. 새끼들은 맹금류가 아닌 일반 새가 머리 위에서 염탐 비행을 해도 몹시 흥분해서 독수리 출현 경보음을 낸다. 때로는 나뭇잎이 떨어져도 반응을 보이기도 한다. 그러나 점차 이런 것들을 구분하는 데 능숙해진다. 그들은 경험과 동료들에게 배우는 것이다. 그들은 여러 가지 경보음을 가지고 있으나 그 가운데 일부만 이해하고 있다고 과학자들은 보고 있다. 베르베트원숭이들은 적어도 겉보기에는 서로 대화를 나누고 있는 것처럼 보인다. 집단 생활을 통해 몇 가지 경로를 거쳐 사회적 지능의 발달이 이루어진다. 지구의 모든 생물 종 가운데 사회적 지능이 가장 고도로 진화된 것은 영장류일 것이다.

  뱀에 대한 베르베트원숭이의 공포는 비비, 침팬지 그리고 많은 다른 영장류의 경우에도 나타난다. 붉은털원숭이를 뱀이나 뱀과 비슷한 물체에 노출시키면 깜짝 놀라 펄쩍 뛴다. 똑같은 실험을 연구실에서 사육된, 뱀을 한 번도 본 적이 없는 붉은털원숭이에게 실행해 보면, 놀라기는 하지만 야생의 붉은털원숭이만큼 심하지 않다는 사실을 알 수 있다. 침팬지가 뱀을 볼 때마다 침팬지에게 바나나를 하나씩 주는 실험을 해 본 결과, 야생 침팬지의 뱀 공포증은 거의 사라졌다.[11] 그렇다면 뱀 공포증은 유전성인가, 어미한테서 배운 것인가? 아니면 타고난 것이지만 실험실 원숭이의 경우에는 전혀 해를 입히지 않는 뱀과 비슷한 물체, 예컨대 호스 같은 것에 익숙해졌기 때문에 약화된 것인가? 다시 말해서 유전인가, 환경인가? 뱀의 모습에 대한 정보, 뱀은 영장류에게 위험하다는 정보가 DNA에 부호로 입력되어 있는 것인가? 아니면 새끼 영장류가 다 자란 영장류의 행동을 유심히 관찰하고 그것을 본뜬 것일까?

  이에 대한 답은 두 가지가 섞인 것이다. 영장류의 뇌에는 타고난 뱀 혐오증 프로그램이 있는 것 같다. 하지만 그것은 외부 세계의 정보에도 바뀔 수 없는 닫혀 있는 프로그램은 아니다. 반대로 경험에 따라 수정될 수 있는 열려 있는 프로그램이다. 예를 들어 "이제까지 뱀을 여러 번 보았는데, 그다지 해를 입히지 않는 걸로 보아 이제는 주변에 뱀이 있어도 그리 긴장하지 않을 것이다." 또는 "뱀을 볼 때마다 놀랍게도 바나나가 나타나니 뱀도 좋은 점이 있나 보다."라는 식으로 바뀔 수 있다는 것이다. 영장류가 갖추고 있는 대부분의 프로그램은 열려 있는 프로그램이며, 새로운 환경에 적응성이 있고 수정이 가능하며 바뀔 수 있다. 따라서 필연적으로 양면성, 복잡성, 모순성 등이 개재되게 마련이다.

오늘날 일반적인 생물 연대기[12]에서 우리 인간으로 연결된 계통이 구세계 원숭이(Old World Monkey)와 갈라진 것은 대략 2500만 년 전쯤이며, 긴팔원숭이와 갈라진 것은 1800만 년 전이다. 오랑우탄과는 약 1400만 년 전에, 고릴라와는 약 800만 년 전에, 침팬지와는 대략 600만 년 전에 갈라졌다. 보노보와 침팬지가 갈라져 나온 것은 겨우 300만 년 전의 일이다. 우리의 사람속(屬)인 호모(*Homo*)의 탄생은 200만 년 전의 일에 불과하며, 우리 인간의 종 호모 사피엔스의 탄생은 10만~20만 년 전 정도의 일것이다. 이것은 50세인 사람의 일생과 비교하면 생애의 마지막 날에 해당하는 것이다.

포식자에게 강한 선택압(選擇壓)을 받으면서 뇌가 급속히 진화하고, 후손들에 대한 교육이 제도를 통해 효과적으로 이루어지고, 공동 사회 생활을 영위한 결과, 영장류는 새로운 형태의 지능을 발전시켜 왔다. 그들이 거둔 성공은 부분적으로는 호기심, 무엇이든 시도해 보는 경향, 빠른 지력 덕택이다.

고시마[小島]라는 작은 섬에 격리된 짧은꼬리원숭이 군거지에서 일어난 주목할 만한 일련의 사건들을 관찰한 일본의 영장류 동물학자의 기록이 있다. 처음 1952년에는 원숭이가 겨우 열두 마리밖에 없었지만, 그 후 10년 동안 원숭이 수는 거의 세 배로 늘어났다. 고시마 섬에는 천연의 먹이가 부족했기 때문에 외부에서 원숭이들에게 먹이를 공급해 주어야 했다. 그들을 관찰하고 있던 영장류 동물학자들이 고구마와 밀을 해안가에 뿌려 놓았다.

해안가로 소풍을 가 본 사람은 누구나 느끼겠지만 음식에 모래가 달라붙어 모래투성이가 되면 기분이 썩 좋지 않다. 1953년 9월에 이모(Imo)라고 불리는 1년 6개월 된 암컷이 가까운 냇물에 고구마를 담그면 고구마에 묻은 모래를 씻어 낼 수 있다는 사실을 깨달았다.

이모의 뒤를 이어 고구마씻기를 배운 원숭이는 이모의 놀이 친구였으며, 10월에 같은 행동을 했다. 이모의 어미와 또 다른 동년배 수컷들이 1954년 1월에 고구마를 씻어 먹기 시작했다. 그 다음 2년 동안(1955년과 1956년), 이모 혈통에서 세 마리(동생, 누나 그리고 조카딸), 다른 혈통에서 네 마리(둘은 이모보다 젊고 둘은 나이를 더 먹었다)가 고구마를 씻어 먹기 시작했다. 이리하여 이모의 어미를 빼면 고구마씻기를 빠르게 배운 원숭이는 모두 이모의 동년배이거나 젊고 가까운 친척들이었다.

1959년 이후 정보 전달의 특징이 바뀌었다. 고구마씻기는 더 이상 새로운 행동 양식이 아니었다. 새끼들은 태어나자마자 대부분의 어미들과 나이 든 원숭이들이 고구마를 씻어 먹는 것을 보고는 집단의 식량 품목에 대해 배우듯이 그런 행동을 배웠다. 어미의 젖을 빨고 있는 시기에 어미들은 물가로 새끼들을 데리고 갔다. 어미들이 고구마를 씻는 동안 새끼들은 그것을 주의 깊게 관찰하고 어미가 물속에 떨어뜨린 고구마 조각을 집어먹기도 한다. 대부분의 새끼들은 생후 1년에서 1년 6개월이 되면 고구마씻기를 할 줄 안다.

제2기(1959년~현재, 전(前) 문화의 전파 시기)에는 고구마를 씻는 일이 성과 나이에 상관없이 이루어졌다. 제2기에는 실제로 모든 개체가 …… 새끼 때 어미나 놀이 친구에게서 이런 습관을 배웠다.

그러나 모래가 묻은 밀은 여전히 문제로 남았다. 이모의 두 번째 깨달음이 있기 전까지는 말이다.

1956년 네 살이 된 이모는 모래가 뒤섞인 밀을 한 움큼 손에 쥐고 냇가로 갔다. 물에 그것을 떨어뜨리자 모래는 가라앉고 밀은 표면에 떠, 이모는 손으로 밀을 걷어 내어 먹을 수 있었다. 이번에도 다시 이 '사금 채취(placer-mining)' 기법*이 나머지 원숭이들 중 일부에게 퍼져 나갔고, 더 많은 원숭이들이 그 방법을 이용하기 시작했다. ……

고구마씻기에 비해 사금 채취 기법은 전파되는 데 꽤 시간이 걸렸다. ……

사금 채취 기법을 알기 위해서는 사물 간의 복잡한 관계를 더 잘 알아야 하며, 그래서 특히 배우기가 어려운 것 같다. 왜냐하면 고구마씻기에서는 처음부터 끝까지 고구마를 손을 쥐고 있을 수 있었지만 이번에는 먼저 먹이를 '버려야' 하기 때문이다.[13]

이모는 영장류 중에서는 천재로, 사람으로 치면 아르키메데스나 에디슨에 해당하는 원숭이였다. 이모가 발명한 기법은 천천히 퍼져 나갔다. 원숭이 사회는 인간 사회와 마찬가지로 매우 보수적이기 때문이다. 아마 세습 모계 사회 가운데 이모가 높은 지위의 가계(家系) 출신이라는 사실이 이모의 발명품을 받아들이기 쉽게 한 측면도 있을 것이다. 보통 그렇듯이 다 자란 수컷은 가장 느리게 받아들이고

* 사금을 얻기 위해 모래를 냄비로 이는 방법.

마지막까지 저항하는 쪽이다. 한 암컷이 새로운 방식을 발명하고, 다른 암컷들이 그것을 따라 하고, 그 다음에는 젊은 암컷, 수컷이 그 뒤를 잇는 식이었다. 결국 새끼들은 어릴 때 그것을 배웠다. 다 자란 수컷들이 배우기를 꺼리는 점은 틀림없이 우리에게 무언가 시사하는 점이 있을 것이다. 그들은 서로 경쟁적이고 위계 체계의 지배를 받고 있다. 그들은 친구 관계는커녕 동맹 관계도 맺지 않는다. 아마도 그들은 심한 모욕감을 느꼈을 것이다. 이모의 발명 기법을 흉내 낸다면 그들은 이모의 지도를 따라야만 할 것이기 때문이다. 그것은 어떤 의미에서는 이모에게 굴복하는 것이며, 따라서 지배자의 지위를 잃어버리는 결과를 초래한다. 그러느니 차라리 모래를 먹는 쪽이 더 나았을 것이다.

세계 어느 곳에 있는 원숭이 집단도 이런 발명을 했다고는 알려지지 않았다. 1962년 무렵 다른 섬들과 규슈 본토에 있는 원숭이들이 고구마를 먹이로 공급받고는 먹기 전에 먼저 씻기 시작했다. 그러나 이것이 독립적인 발명인지 아니면 문화의 보급 때문인지는 불분명하다. 예를 들어 1960년, 고구마씻기에 능숙한 원숭이인 유고(Jugo)가 고시마 섬에서 이웃 섬으로 헤엄쳐 갔다. 그가 거기서 4년 동안 머물면서 그곳에 사는 원숭이들을 훈련시켰는지도 모른다.[14] 아마 다른 원숭이 아르키메데스가 있었는지도 모른다. 아니면 없었을 수도 있다. 이모는 우리가 확실하게 알고 있는 유일한 원숭이이다.

이 두 가지 유용한 발명이 널리 받아들여지는 데는 한 세대가 걸렸다.[15] 장점이 분명히 있는데도 거의 편견이라고 할 만큼의 완고한 보수성, 새로운 방법을 받아들이려 하지 않는 태도 등은 일본원숭이에만 나타나는 경향이 아니다.[16] 아마 다 자란 수컷이 둔감한 것은 부분적으로는 나이에 따라 떨어지는 학습 능력의 문제이기도 할 것이다.

인간의 경우에도 10대들은 그들의 부모들보다, 예를 들어 개인용 컴퓨터를 다루는 것이라든가 비디오레코더를 프로그램하는 능력 등에서 훨씬 유능한 것 같다. 그러나 이것으로는 다 자란 '암컷' 원숭이가 수컷들보다 훨씬 더 쉽게 배우는 이유를 설명할 수 없다.

서로 다른 거의 고립된 집단에서 이런 발명이 이루어지는 경우, 원숭이들 사이에서도 문화적 차이가 생길 수 있다는 것을 알 수 있다. 여러 집단이 때로는 서로 접촉하고 싸우고 경쟁하는 와중에서 좀 더 혁신적인 영장류 종은 더 훌륭한 새로운 문화와 기술을 만들어 낼 것이라고 생각할 수 있다.

고대 알제리의 신화에는 옛날에 유인원들이 말을 할 수 있었으나 죄를 지어 신들이 벙어리로 만들었다는 이야기가 있다. 아프리카 등지에서도 이와 비슷한 전설들이 많이 있다.[17] 또 다른 널리 퍼진 아프리카의 전설에 따르면, 유인원이 말을 할 수 있으나 꾀를 부려 말을 하지 않는다는 것이다. 왜냐하면 말을 하면 그들의 지능이 탄로 나고 인간이 시키는 일을 해야 하기 때문이다. 결국 그들의 침묵은 그들이 지능을 가지고 있다는 것을 증명하는 셈이다. 토착민들이 자기들이 사는 곳을 방문한 탐험가들에게 여러 가지 뛰어난 재주를 가진 침팬지를 보여 주며 말도 할 수 있다고 말하는 경우가 종종 있다. 그러나 적어도 탐험가들의 관찰 결과에 따르면, 어떤 침팬지도 말을 한 적은 없다.

루시는 처음으로 인간의 언어를 배운 유명한 침팬지였다. 침팬지의 입과 목구멍은 인간의 그것처럼 말을 할 수 있는 구조를 갖추고 있지 않다. 1960년대에 심리학자인 비어트리스 가드너(Beatrice Gardner)와 로버트 가드너(Robert Gardner)는 침팬지가 말을 할 수 있는 지능이 있으나 해부학적인 한계 때문에 말을 할 수 없는 것이 아닌가 하는 의문을 품었다. 침팬지에게는 지각 능력이 있다. 그래서 가드너 등은 와슈(Washoe)라는 침팬지에게 수화, 즉 청각 장애자들이 쓰는 미국 표준 수화(Ameslan)를 가르치기로 했다. 여기서 각각의 손짓은 음절이나 음운을 나타내는 것이 아니라 낱말을 나타낸다. 말하자면 미국 표준 수화는 그리스, 라틴, 아라비아 또는 히브리 알파벳보다는 중국의 표의(表意) 문자에 더 가까운 셈이다.

젊은 침팬지 암컷들은 유능한 학생임이 입증되었다. 드디어 일부 침팬지들은 수백 개나 되는 어휘를 습득했다. 토머스 헉슬리의 손자로서 저명한 진화생물학자인 줄리언 헉슬리(Julian Huxley)는 "많은 동물들이 배가 고프다는 것을 표현할 수 있으나 인간을 빼고는 달걀이나 바나나를 구체적으로 지적해서 요구할 수 있는 동물은 없다."라고 주장한 적이 있었다.[18] 그러나 오늘날 열심히 바나나, 오렌지, 초콜릿, 사탕 등 많은 것을 달라는 침팬지가 있다. 각각의 먹잇감은 서로 다른 손짓과 상징 기호로 표현된다. 그들의 의사소통은 분명했으며, 모호하지 않았다. 청각 장애자들이 수화를 하는 침팬지를 찍은 필름을 보고 합격 판정을 내릴 정도로 그들은 분명히 상황에 맞게 수화를 표현했다. 그들은 매우 일관된 기초 문법에 맞게 수화를 쓸 수 있었다고 한다. 그리고 이미 알고 있는 낱말에서 이전에 한 번도 본 적이 없는 새로운 문구를 만들어 냈다고 한다. 침팬지는 예컨대 '더(more)' 같은 낱말을 새로운 문맥에서 사용할 수 있다는 사실이 밝혀졌다. 예를 들어 '더 가다(more go)', '더 많은 과일(more fruit)' 등이 그런 예이다.[19] 백조를 본 침팬지는 스스로 '물새(water bird)'라는 신조어를 만들어 냈다. 이것은 인간들 사이에서도 독립적으로 널리 쓰이는 말이다.

루시는 이런 침팬지의 선구자 가운데 하나였다. 수박 맛을 처음 보고는 '사탕 마시다'라는 수화를, 무를 처음 맛보고는 '울다 아프다 음식'이라는 수화를 한 것도 루시였다. 루시는 '루시가 로저를 간질인다.'와 '로저가 루시를 간질인다.'의 뜻을 서로 구별하게 되었다고 한다. '간질이다.'는 '털 손질을 해 주다.'와 비슷한 뜻이다. 하릴없이 잡지를 뒤적이던 루시는 호랑이 사진이 나오자 '고양이'라는 수화를, 포도주 광고가 나오자 '마시다.'라는 수화를 했다. 루시에게는 인간 양육자가 있었다. 루시는 연구실에서 수화를 배운 지 겨우 2~3년밖에 되지 않았다. 그리고 나이 어린 침팬지들은 특히 어리광을 부릴 상대를 갖고 싶어 한다. 어느 날 양육자인 제인 테멀린(Jane Temerlin)이 연구실을 떠날 때 루시는 제인의 뒷모습을 유심히 바라보면서 "운다 나, 나 운다."라는 수화를 했다.

미국 표준 수화를 할 줄 아는 유인원들이 주위에 아무도 없다고 생각할 때도 수화로 혼잣말을 하는지, 연구자들은 여러 번 몰래 관찰해 보았다. 가령 말놀이를 하는 식으로, 새로운 기술을 완전하게 이해하려는 노력이었을 것이다. 또는 인간이 없을 때 단지 정확한 낱말을 만들어 냄으로써 실물이 없는 상태에서 가령 '과일'과 같은 말을 구사할 수 있는지 살펴보는 실험이었다. 인간이 주변에 있을 때는 아주 잘해 냈다.

루시와 그의 동료들이 어느 정도 자신들이 쓰고 있는 신체 언어를 이해하고 있는지, 아니면 그들이 진정한 의미는 모른 채 수화의 결과를 암기하고 있을 뿐인지 여부는 과학적 논쟁거리이다. 처음 언어를 배운 어린이에 대해서도 마찬가지로 논쟁거리이다.

어쩌면 올바로 맞힌 경우에만 기록하고 틀린 경우에는 기록하지 않았을지도 모른다. 즉 루시와 미국 표준 수화를 할 줄 안다고 판단되는 다른 침팬지들이 얼마간 제멋대로 여러 가지 수화를 하고, 전후

관계가 맞는 수화인 경우에 인간 관찰자가 기록하고 학회에서 논의했을 것이다. 그러나 부적절하거나 이해할 수 없을 때는 무시했을 것이다. 이것은 이 분야의 과학이 빠지기 쉬운, 일화적 증거의 오류(anecdotal fallacy)*이다. 그러나 이런 일화들은 많이 있으며 꽤 설득력을 가진다.

유인원의 언어 능력과 문법 능력에 대한 가장 철저한 조사 가운데 하나는 심리학자 허버트 테라스(Herbert Terrace)와 그의 동료들이 수행한 것이다. 그들은 님(Nim)이라는 수컷 침팬지가 한, 거의 2만 가지의 수화를 비디오에 담았다.[20] 님은 100개가 넘는 수화를 습득했다. 님은 규칙적으로 '놀다 나를' 또는 '님 먹다'라는 수화를 상황에 맞게 그리고 분명히 이해한 상태에서 행하곤 했다. 그러나 테라스는 님이 문맥에 맞는 일관된 방식으로 두 가지 이상의 수화를 조합한다고 볼 수 있는 증거는 없다고 결론 지었다. 님이 쓰는 문장의 평균 길이는 낱말 두 개도 채 못 되었다. 기록된 가장 긴 문장은 "주다 오렌지 나 주다 먹다 오렌지 나 먹다 오렌지 주다 나 먹다 오렌지 주다 나 당신."이었다. 이것은 분명히 좀 흥분한 상태인 것으로 보이지만, 흥분한 아이와 함께 시간을 보낸 적이 있는 사람은 그 구문이 무엇을 나타내는지 금방 알 것이다. 네 개의 단어는 중복되지 않았으며("주다 나 오렌지 당신."), 이런 긴급한 요구에 어울리지 않는 낱말은 열여섯 개의 낱말 가운데 하나도 없다는 사실에 주목할 필요가 있다. 반복을 통해서 강조하는 것은 인간의 언어에서도 공통된 특징이다. 그러나 침팬지의 문장이 너무 단순해서 침팬지가 언어를 쓴다는 사실이 심리학자와

* 유리한 경우를 열거하는 것을 뜻한다. 여기에 어떤 부정직한 의도가 있는 것은 아니다. 그것은 단지 인간이 빠지기 쉬운 논리의 오류일 뿐이다. 우리 인간은 공정한 관찰자가 되기 힘든 경향이 있다.

언어학자들에게 깊은 인상을 주지 못했다. 또한 님이 조련사가 수화하는 데 끼어들어 같이 수화를 함으로써 방해한다든가, 너무 모방이 심하다든가(조련사가 하는 것을 되풀이하는 것), 주술(主述) 관계와 같은 문법 규칙을 만들어 내지 못하기 때문에도 높은 평가를 받지 못했다.

    이 연구는 잇따라 비판을 받았다. 침팬지는 사회적 과제, 특히 언어처럼 어려운 것을 습득하기 위해서는 친밀한 정서적 유대를 필요로 한다. 반면에 님은 4년 동안에 60번이나 조련사가 바뀌었다. 언어 능력을 가르치기 위해서는 일대일로 애정을 갖고 대하는 것이 필요하고, 다른 한편으로는 실험자의 열정 때문에 왜곡되는 일이 없도록 높은 신뢰도의 과학적 결과를 얻기 위해서는 감정이 배제된 엄격한 규약이 필요하다. 이 둘 사이에는 긴장이 있게 마련이다. 원숭이들은 자연스러운 일상생활 환경에서 가장 창의적으로 수화를 하지만 실험 과정에서는 그렇지 않다는 사실이 밝혀졌다. 또한 님의 실험에서는 자발성의 정반대인 반복 실습이 크게 강조되었다. 님이 조련사가 수화를 할 때 끼어드는 행위에 대한 불만은 수화 자체를 잘못 이해하고 있기 때문이다. 왜냐하면 미국 표준 수화를 하는 사람들은 상대방의 말을 방해하지 않으면서 동시에 수화를 할 수도 있기 때문이다. 이것이 바로 말에 비해 수화가 갖는 이점이다. 뒤늦게 모방하는 것은 처음 언어를 배우는 어린이의 경우에도 똑같이 나타나는 현상이다. 이런 이유들 때문에 유인원들이 어느 정도의 문법 능력이 있느냐 하는 것은 아직도 해결되지 않은 문제로 남아 있다.[21]

    그러나 침팬지들이 가드너 등의 실험이 있기 전에 생각했던 것보다 훨씬 더 유창하게 기초적인 언어를 쓸 줄 알았던 것은 분명하다. 그들은 특정한 수화를 특정한 사람, 동물, 또는 물체와 연관시킬 줄 안다. 이것은 서로 다른 포식자 종 각각에 대응하는 경보음과 도피 전략을 가지고 있는 '원숭이 무리'들이 있다는 사실을 상기해 보면 그리 놀랄 일은 아니다. 침팬지들은 정상적인 두 살배기 아이가 구사할 수 있는 정도의 수백 가지 어휘를 습득했다. 이런 수화를 함께 배우며 사육된 침팬지들은 자발적으로 서로 수화를 하는 것으로 알려져 있다. 인간이 가르쳐 주지 않았는데도 어린 침팬지가 미국 표준 수화를 할 줄 아는 다른 침팬지에게서 수십 가지 수화를 배운 사례도 알려져 있다.[22]

심리학자 윌리엄 제임스(William James)는 다음과 같이 말했다. "인간의 정신과 동물의 정신 사이에 가장 기본적인 유일한 차이는, 동물들은 유사성을 통해 개념들을 연관 지을 수 없다는 점이다." 그는 이것이 이성, 언어, 웃음보다도 인간의 독특함에 대한 좀 더 기본적인 근거라고 주장했다. 이성, 언어, 웃음 등은 개념들 사이의 유사성을 인식함으로써 생기는 것이라고 말했다.[23]

몇 마리의 침팬지에게 세 가지 먹이를 공통으로 나타내는 수화와 세 가지 도구를 공통으로 나타내는 수화를 가르쳐 주었다. 그리고 그들에게 다른 먹이와 다른 도구들의 개별적인 이름을 가르쳐 준 다음 그것들을 적절한 범주로 분류해 보도록 시켰다. 즉 새로운 먹이나 도구 각각의 이름 자체를 말하게 한 것이 아니라 속성을 나타내는 '이름'을 답하라고 한 것이다. 그 결과 그들은 훌륭하게 해냈다.[24] 침팬지가 추상적인 개념을 형성하지 못하고 '개념들을 유사성에 의해 연관 짓지' 못한다면 어떻게 이런 일을 할 수 있겠는가? 또 다른 사육 침팬지인 비키 헤이스(Viki Hayes)에게 두 묶음의 사진을 주었다. 하나는 사람들의 사진이고 다른 하나는 사람들이 아닌 사진들이었다. 그리고는 많은 다른 사진들을 주고는 분류하도록 시켰다. 분류는 한 가지 사소한 예외를 빼면 완벽했다. 그는 자신의 사진을 사람 쪽으로 분류했던 것이다.

심리학자 수 새비지럼보(Sue Savage-Rumbaugh)[25]와 그의 동료들은 양쪽에 256가지 기호가 그려진 자판을 고안했다. 각 기호는 침팬지가 관심을 가질 만한 것들을 나타내고 있다. '간질이다', '쫓아가다', '주스', '공', '벌레', '블루베리', '바나나', '옥외', '비디오테이프' 등이었다. 기호는 지시하는 대상을 그려 놓은 것이 아니다. 오히려 그것은 임의의 약속을 통해서만 지시 대상과 연관을 지을 수 있는 기하학적이거나 추상적인 그림이었다. 과학자들은 이 기호 언어를 다 자란 보노보에게 가르치려고 했다. 그러나 이 보노보는 별로 관심을 보이지 않았다. 이 보노보의 6개월 된 아들인 칸지(Kanzi)가 자주 어미를 따라 훈련장에 왔다. 하지만 대체로 과학자들은 칸지에게 주의를 기울이지 않았다. 2년 후에 실험실의 판에 박힌 일과를 철저히 따르기는 했지만 한 번도 훈련을 받은 적이 없는(예를 들어 바나나 기호를 누르면 바나나를 주는 식) 칸지가 어미에게 가르치려고 한 내용을 습득하고 있음을 보여 주었다(마침내 그가 관심을 보이는 것을 더 이상 무시하기 어려웠다. 칸지는 어미가 어떤 기호를 선택하려고 하는 순간 어미의 손, 머리, 또는 자판 위를 뛰어다니곤 했다.). 연구 대상이 칸지로 바뀌었다.

네 살이 되자 칸지는 자판에 통달했다. 그리고 칸지는 일상적으로 기호 언어를 써서 요구하고 확인하고 흉내 내고 선택하고 감정을 표현하고 의견을 말하곤 했다. 칸지는 앞으로 무슨 일을 할 것인지도 표현했으며, 실제로 그 말대로 했다. 어떤 행위를 나타내는 두 가지 기호를 조합해서 이후에 어떤 행동을 할지도 예견하곤 했다(아니, 좋게 말해 알려 주고 있었다.). 예를 들어 '쫓아가다, 간질이다.'를 누르면 칸지는 쫓아가서 실험자나 다른 침팬지를 껴안곤 했다. 쫓아가기 전에 간질이는 경우는 매우 드문 예외일 뿐이었다. 칸지는 '숨기다 땅콩'이라고 자판을 누르면 그렇게 했다. 칸지가 앞으로 할 행동을 적절한 순서에 맞게 마음속에 그리고 있다는 것을 부정하기는 어려울 것 같다. 시간이 지남에 따라 칸지는 다른 문법 규칙, 특히 그 반대가 아니라 대상을 표현하는 기호 앞에 행위를 표현하는 기호를 놓는 규칙을 발전시켰다('토마토 먹다'가 아니라 '먹다 토마토'). 문법을 발명하는 것은 단지 그것을 배우는 것보다 훨씬 흥미 있는 일이다.

그러나 그 후 몇 년이 지나도 칸지가 쓰는 말의 대략 90퍼센트는 단 하나의 기호*에서 벗어나지 못했다. 즉 두 가지 이상의 기호를 쓰는 경우는 드물었다. 이것은 님에게서도 나타난 현상이었다. 침팬지의 언어 능력의 근본적인 한계에 부딪힌 것인지도 모른다. 칸지는 다시 우연적인 발견을 통해 그가 수백 단어의 '구어(口語)' 영어를 이해하고 있음을 보여 주었다. 칸지에게 이어폰을 끼워 주고 다른 방에서 마이크로 이런저런 지시를 내리고, 칸지가 지시받은 대로 하는지 비디오카메라로 촬영해 보았다. 이렇게 하면 사람이 무의식적으로 몸짓을 통해 칸지에게 어떤 암시를 줄 가능성을 배제할 수 있다. 완벽하게 이행한 600가지 이상의 행동 중에서 대표적인 것은 다음과 같다. "배낭을 차에 놓아라.", "돌이 보이니? 그것을 모자에 담을 수 있겠니?", "버섯을 밖으로 가지고 가라.", "오렌지를 칼로 잘라라.", "토마토를 먹어라." 그리고 "나는 칸지가 장미를 잡기를 원해." 등이다. 칸지가 제대로 못한 경우도 그리 심각한 것은 아니었다. "고무 밴드를 발에 끼워라."라는 지시를 받았는데, 그는 즉각 그것을 머리에 끼웠던 것이다.[26] 그의 행위는 똑같은 실험으로 테스트를 해 보면 생후

---

* 한 전문 평론가는 이것을 이렇게 비유했다. "금광에서 캐낸 것 가운데 90퍼센트는 금광석이 아니다."

18장 원숭이 세계의 아르키메데스

2년 6개월 된 어린아이의 행위와 비교될 수 있는 정도였다. 다른 보노보 역시 구어 영어를 이해하는 것으로 밝혀졌다.

칸지는 공을 가지고 놀기를 좋아했다. 220제곱킬로미터 넓이의 실험실 숲의 지정된 장소 일곱 군데 중 한 곳에 공을 놔두고 칸지에게 기호나 구어로 공이 어디 있느냐고 물어본다. 그러면 칸지는 매우 정확하게 그 장소로 가서 공을 찾아낸다.[27] 이런 경우에 구어 영어를 이해한 데 대한 보상을 준다. 그러나 칸지는 사람들의 인정을 제외하고 대개 아무런 보상도 받지 못하며, 아마도 의사 소통 능력에 대해 모종의 기쁨을 얻는 것처럼 보인다. 어린아이가 언어를 배우는 동기도 크게 다르지 않을 것이다.

다른 연구실에서 세라(Sarah)라는 침팬지는 빨간색이 녹색보다 사과의 특징을 더 잘 나타낸다는 것을 인지할 수 있었다(세라는 그래니 스미스 품종(이 품종의 사과는 푸른색이다.—옮긴이)의 사과를 접한 적이 없었다.). 그리고 자루가 달린 사각형이 자루가 없는 사각형보다 사과를 더 잘 나타낸다는 것을 인식할 수 있었다. 세라는 또한 사과의 속성을 나타내는 '단어'를 보면 사과를 나타내는 '단어'를 연상할 수 있었다. 이런 단어들은 미국 표준 수화에는 없지만 세라가 배운 플라스틱 토큰으로 된 기호 언어에는 있었다. 토큰들은 지시하는 대상들과 모양이 비슷하지 않았다(예를 들면 '사과'는 파란색의 자그마한 삼각형으로 나타냈다.).[28] 침팬지가 추상과 분류의 능력이 없다면 어떻게 이런 일이 가능할 수 있을까?

침팬지가 유추와 이행 추론 능력(transitive inference, 이미 알려진 상관관계를 토대로 아직 알지 못하는 상관관계를 추론하는 능력—옮긴이)을 갖추고 있음을 보여 주는 실험도 있다. 침팬지의 이런 특징을 발견한 사람들의 설명에 따르면 침팬지는 "A r B, B r C이면 A r C이다(여기서 r는 이행 관계를 뜻하는데, 예컨대 '~보다 크다'의 의미 같은 것이다.)."[29]라는 생각을 할 수 있다는 것이다(앞의 문장도 제대로 이해하지 못하면서 침팬지가 추론 능력이 있다는 것을 한사코 부정하는 비판자들이 혹시 있을지 모르겠다.). 그러나 다른 실험들에 따르면 침팬지가 마음의 상태를 다른 것으로 귀속시킬 수 있는, 심리학자 데이비드 프리맥(David Premack)과 G. 우드러프(G. Woodruff)의 표현에 따르면 "마음의 이론"을 가지고 있다고 해석할 수 있는 여지가 있다.[30]

최소한 지금까지 침팬지의 언어 능력에서 부족한 부분은 문법과 통사법이다. 침팬지는 종속절, 관사, 전치사, 시제, 그리고 동사의 활용 등을 제대로 구사하지 못한다. 이것은 말을 처음 배우는 아이들에게도 나타나는 현상이다. 이런 문법적 장치가 없기 때문에 아주 단순한 생각도 분명하게 표현할 수 없으며, 잘못된 이해가 축적된다. 얼마 안 되는 어휘로 생각을 표현하는 것은 중년의 미국인이 프로방스(프랑스 남동부 지방)에서 고등학교 때 배운 프랑스 어 지식을 간신히 기억해서 의사소통을 하려고 시도하는 경우와 비슷할 것이다. '혼성어(pidgin, 언어를 달리하는 사람들의 대화에서 의사소통을 위해 쓰이는 보조 언어—옮긴이)'가 더 나은 비유일지도 모르겠다. 혼성어는 각각은 완벽하지만 서로 판이하게 다른 두 가지 이상의 언어가 교차하는 접점에서 생긴다. 언어 능력이 있는데도 이런 혼성어를 쓰는 경우 화자는 침피시(chimpish, 현재 침팬지가 구사하는 언어를 뜻한다.—옮긴이)와 비슷한 언어로 되돌아간다. 기이하게도 아무도 유인원에게 문법과 통사법을 가르치려고 진지하고 체계적으로 노력한 적이 없다.[31] 따라서 그런 능력이 유인원의 능력을 벗어나는지는 확신할 수 없다. 현대의 언어학자들은 "그때까지는, 비록 그 가능성은 별로 없지만, 유인원이 완벽하게 언어를 습득할 가능성을 배제할 수 없다."라고 쓰고 있다.[32]

새비지럼보와 그녀의 공동 연구자들은 침팬지와 보노보가 인간의 언어 가운데 일부 언어에 대해서 굉장한 이해 능력을 보일 가능성이 있을지 모른다는 생각을 했다. 왜냐하면 그들은 우리가 아직 해명하지 못한 그들 나름의 언어를 가지고 있기 때문이다. 그것은 음성 언어일 수도 있고 신체 언어일 수도 있다.[33] 먹이, 포식자의 위치, 적의 정찰 사실을 알리기 위해서 기초적인 언어는 자연선택을 통해 선호될 가능성이 많았을 것이다. 인간과 침팬지가 서로 갈라지기 오래전에 사고, 발명, 그리고 언어에 대한 상당한 경향성이 우리 영장류 조상들에게도 있었을 것이다.

그러나 이런 연구의 대부분은 거의 재정 지원을 받지 못하고 있다. 그것은 테라스의 연구 결과 때문이기도 하고, 한편으로는 침팬지처럼 감정이 풍부한 동물은 분명하고 잘 통제된 실험을 하기가 어렵다고 여겨지기 때문이기도 하다. 유인원들에게 미국 표준 수화를 가르친 연구실은 어려운 처지에 놓인 적도 있었다. 그 후 여러 해가 지났다. 재정 지원은 고갈되고 있었다. 더 이상 아무도 침팬지와의 대화에 관심을 기울이지 않는 것 같았다. 땅은 잡초가 무성하고 식물만 우거졌다. 그곳의 침팬지들은 의학 실험에 쓰기 위해 연구소로 실려 갈 예정이었다. 실려 가기 전에 오래전부터 그들을 아는 두 사람이 방문했다. "너희가 원하는 것이 무엇이니?" 방문자들은 그들에게 수화로 물었다. 두 마리의 침팬지가 창살 안쪽에서 수화로 대답했다고 한다. "열쇠." 그들은 밖으로 나오고 싶어 했다. 그들은 탈출하고 싶어 했다. 그러나 그들의 요청은 받아들여지지 않았다.[34]

침팬지는 성적으로 성숙해지면서 행동이 바뀐다. 그런 경우 수컷과 암컷 모두 사람보다 훨씬 힘이 세지고 이따금 느닷없이 시끄럽게 소란을 피운다든가 폭력을 휘두르는 경향이 있다. 따라서 침팬지가 나이를 먹어 감에 따라 어쩔 수 없이 연구자들은 쇠창살로 된 우리, 목줄, 가죽 끈 그리고 가축용 전기 막대 등을 쓰지 않을 수 없다는 사실을 깨닫게 된다. 그에 따라 침팬지는 조금씩 인간에게 배반감을 느끼고 이상한 언어 게임에 협조할 마음이 사라질 것이다. 따라서 충분한 재정 지원을 받으며 연구가 진행되던 시절에는 침팬지가 성숙해지기 시작하면 매일 얼굴을 맞대고 침팬지에게 언어를 가르치는 실험을 끝내는 편이 현명하다고 생각했다. 그 결과 우리는 다 자란 침팬지의 언어 능력이 어느 정도인지 알 수 없다. 나이 든 아역 배우처럼 루시는 청년기가 조금 지나자마자 은퇴해야 했다. 수화에 대한 루시의 재능을 보여 준 연구실은 폐쇄되었다.

그때까지 야생 침팬지와 15년 정도를 보낸 경험이 있는 구달은 루시를 만나보고 깜짝 놀랐다.

인간 어린이로 성장한 루시는 '남몰래 바꿔치기한 아이(요정이 앗아 간 예쁜 아이 대신에 두고 간 못생긴 아이 — 옮긴이)'처럼 보였다. 침팬지로서의 본성에는 몇 년 동안 획득한 여러 가지 인간의 행동이 덧칠해져 있었다. 더 이상 순수한 침팬지도 아니었으며, 이제는 인간의 속성으로부터도 훨씬 멀어져 있었다. 루시는 인간이 만든 어떤 별종의 존재였다. 루시가 냉장고와 여기저기 찬장을 열고 병과 잔을 꺼내 스스로 진토닉을 따르는 것을 보고 나는 몹시 놀랐다. 루시는 마실 것을 들고 텔레비전 있는 쪽으로 가서 텔레비전을 켜 이리저리 채널을 돌려 댔다. 그러고는 싫증이 났는지 다시 텔레비전을 껐다. 여전히 술잔을 들고는 루시는 탁자에서 표지가 번들거리는 잡지를 집더니 푹신한 의자로 가서 앉았다. 잡지를 술술 넘기면서 이따금 루시는 (미국 표준 수화로) 자신이 본 것을 나타내 보였으

며…….³⁵

루시는 삶의 후반부를 감비아의 작은 섬에서 다른 침팬지들과 함께 보냈다. 아프리카 생활에 적응하기까지는 오랜 시일이 걸렸으며 몹시 어려운 과정이었다. 루시는 다음과 같은 모습으로 변했다.

> 여위고 털이 빠져 마치 난파선 같았다. …… 루시는 미국의 상류 중산층 환경 속에서 태어나고 자랐다. …… 루시는 까다로운 용변 훈련을 받은 침팬지 공주인 셈이었다. …… 매트리스에서 자고 소다수를 홀짝이고 여학생처럼 무언가에 홀딱 반해 버린 모습을 보여 주기도 했으며, 오후에는 거실에 앉아서 잡지를 뒤적거리곤 했다.³⁶

그러나 감비아에 온 지 1~2년 후, 재니스 카터(Janis Carter)의 애정 어린 보살핌 덕분에 루시는 적응하기 시작했다. 루시는 사람들과 정기적으로 만났으며, 섬으로 찾아온 방문객들에게 누구보다 먼저 인사하기도 했다. 루시는 인간에게 익숙해져 있었다. 다른 침팬지들과의 관계에는 그보다 큰 긴장감이 있었다. 루시는 야생 침팬지의 활기찬 어린 시절을 겪어 본 적이 없었던 것이다.

1987년 루시의 유골이 발견되었다. 그간의 경과를 가장 그럴듯하게 재구성해 보면, 아마도 섬에 온 사람들이 총을 쏘아 루시를 죽이고 가죽을 벗겼을 것이다. 루시의 손과 발, 즉 루시를 유명 인사로 만들어 준 바로 그 기관은 보이지 않았다.³⁷ 범인이 누구인지는 아직까지 밝혀지지 않았다.³⁸

무상

인간의 삶은 한순간에 지나지 않으며, 인간의 존재는 쉬지 않는 흐름이다. 감각은 희미한 불빛이며, 몸은 벌레들의 먹이이고, 영혼은 불안한 소용돌이이며, 운명은 가늠하기 어렵고, 명성은 믿을 만한 것이 못 된다. 즉 육체와 관련된 모든 것은 흘러가는 물이고, 영혼에 대한 모든 것은 꿈과 부질없는 몽상일 뿐이다. 인생은 전쟁이며, 낯선 땅에 잠시 머무는 일이다. 명성 다음에는 망각이 있다. 그렇다면 인간은 그의 발걸음을 지켜 주고 인도해 줄 힘을 어디서 찾을 수 있을 것인가? 한 가지, 오직 한 가지, 그것은 지식에 대한 사랑뿐이다.

— 마르쿠스 아우렐리우스, 『명상록』[39]

19장

인간이란 무엇인가

인간과 동물의 신체가 동일한 유형임이 입증된다면,
마음에 대해서는 생각할 필요조차 없을 것이다.
——찰스 다윈, 『종의 변천에 대한 노트』[1]

지구에서 우리 인간은 우세 종(dominant species)에 해당한다. 그런 지위는 몇 가지 기준을 통해 확인할 수 있다. 즉 지구에 골고루 퍼져 있다는 사실, 많은 동물을 정복(점잖게 표현하면 길들임이라고 한다.)한 점, 식물의 1차 광합성 산물의 많은 부분을 수탈하는 것, 지구 표면의 환경을 개조하는 것 등이다. 그런데 하필이면 왜 우리 인간이 우세 종이 되었을까? 지구에는 인간보다 유망한 생명 형태들이 무수히 많다. 무자비한 사냥꾼, 도피의 명수, 새끼를 많이 낳는 복제자, 거시적인 크기의 포식자가 찾을 수 없을 만큼 작아 거의 눈에 띄지 않는 존재들. 그런데 그중에서 거의 무방비 상태인 약하고 하찮은 한 영장류의 종이 나머지 모든 동물들을 복종시키고 이 세계를 자신의 영토로 만들 수 있었던 까닭은 무엇일까?

왜 우리 인간은 다른 종과 그토록 다른 것일까? 아니면 전혀 다르지 않은 것일까? 인간에 대한 명확한 정의, 즉 호모 사피엔스를 이루고 있는 거의 모든 개체에는 공통적으로 해당하지만 다른 종의 경우에는 전혀 해당하지 않는 정의는 해부학이나 DNA 염기 서열 분석을 통해 내려질 수 있을 것이다. 그러나 그런 정의는 적절치 못하다. 우리 자신의 근본적인 특징이라고 여겨지는 것들을 하나도 설명해 주지 못하기 때문이다. 언젠가는 DNA의 A, C, G, T 염기의 고유한 순서를 찾아낼 수 있을 것이다. 그 순서는 아미노산의 특별한 염기 서열을 나타내는 것이고, 그 아미노산들은 특별한 단백질을 구성하고, 그 단백질은 특별한 화학 반응에 촉매 노릇을 하고, 그 화학 반응은 특별한 행동을 촉진한다. 그 행동이 바로 우리가 인간의 특징이라고 여겨지는 것이다. 하지만 아직까지 그런 염기 서열을 찾지 못했다.

그런데 미래에도 인간이 우세한 지위를 갖는 이유를 화학 반응(또는 해부학)을 통해 명백하게 설명해 낼 수 없다면, 손쉽고 가능한 유일한 대안은 인간의 행동을 조사해 보는 일이다. 인간의 일상 활동을 모두 모아 보면 인간의 특징을 찾아낼 수 있을지도 모른다. 그러나 그런 행동 가운데 놀라울 정도로 많은 부분은 유인원들에게서도 나타난다. 예를 들어 콘술(Consul)의 재능에 대한 기록을 살펴보자. 콘술은 1893년 영국 맨체스터 동물원에 처음 들어온 침팬지이다.

> (콘술은) 스스로 외투를 입고 모자를 쓰고, 드라이브를 하기 위해 자신의 마차에 올라탈 줄 알았다. 그는 동료들과 식탁에 앉아 나이프와 포크를 예의 바르게 쓸 줄 알았으며, 음식을 더 달라고 접시를 넘겨 줄 줄도 알았다. 냅킨도 쓰고 식사 후에는 손도 씻었다. 난로에 석탄을 넣을 줄도, 벨을 눌러 하녀를 부를 줄도, 부엌에 가서 소녀들과 장난칠 줄도 알았다. 그는 자신의 호텔에 가고 친구들과 악수를 하고 술집 여급에게 입을 맞추고 파이프 담배를 피우고, 여러 가지 술과 음료를 섞어 스스로 마실 것을 만들 줄도 알았다.[2]

사실, 콘술의 행위는 단순한 흉내일 뿐이라고 치부해 버릴 수도 있을지 모른다. 하지만 그의 능력을 보고 놀라워하는 우리에게도 마찬가지 이야기를 할 수 있을 것이다.

우리 인간에게만 나타나는 독특한 어떤 행동이 있을까? 즉 모든 문화와 시대를 통틀어 거의 모든 인간에게 나타나지만 다른 동물에게서는 볼 수 없는 행동 말이다. 그런 행동을 쉽게 찾을 수 있다고 생각할지 모르겠지만 거기에는 어딘가 자기 기만의 냄새가 난다. 그 답에 대해 우리는 너무나 많은 이해 관계가 걸려 있기 때문에 공정한 태도를 가질 수 없는 것이다.

약탈을 일삼는 고도의 기술 문명 시대의 학자들은 종종 인간이 다른 모든 동물과는 다른, 그보다 우위에 있는 범주로 구분할 수 있다고 주장했다.● 인간이 다른 동물들에게도 분명히 나타나는 특징을 구색만 달리 갖추고 있다고, 즉 어떤 특징은 더 많고 어떤 특징은 더 적다는 식으로 말하는 것은 어딘가 불충분하다. 정도의 모호한 차이가 아니라 본질의 근본적인 차이가 필요한 것이다. 오늘날까지 많은 사람들은 그런 차이를 애타게 찾아왔다.

서양 사상사의 위대한 철학자라고 일컬어지는 사람들은 대부분 인간이 다른 동물과 근본적으로 다르다고 주장했다. 플라톤, 아리스토텔레스, 마르쿠스 아우렐리우스, 에픽테투스, 아우구스티누스, 아퀴나스, 데카르트, 스피노자, 파스칼, 로크, 라이프니츠, 루소, 칸트 그리고 헤겔은 하나같이 "인간은 본질에서 다른(모든) 것과는 근본적으로 다르다는 견해"의 지지자였다. 루소를 제외한 모든 철학자들은 인간의 본질적인 특징은 "이성, 지성, 사고, 또는 오성"[3]이라고 주장했

● 그들 가운데 많은 경우는 '다른(다른 동물에게서의 다른)'이라는 말을 쓰지 않을 것이다. 그리고 오늘날에도 '동물'이라고 불리는 데 대해 화를 내는 사람들이 있다. 하지만 동물이라는 말은 아무런 감정도 개입시키지 않고 총칭해서 말하는 경우 과학자들도 쓰고 있는 말이다.

다. 거의 모든 철학자들이 인간의 특징은 육체에 존재하는 물질과 에너지로 이루어지지 않은 무엇 때문에 생기는 것이라고 믿었다. 또한 그것은 지구에 있는 다른 어떤 물질과 에너지로 이루어진 것도 아니다. 그러나 이 '무엇'에 대한 과학적인 증거는 한 번도 밝혀지지 않았다. 몇몇 위대한 서양 철학자들, 예를 들면 데이비드 흄만이 다윈의 말처럼 인간과 다른 종 간의 차이란 단지 정도의 차이일 뿐이라고 주장했다.

진화론을 전적으로 받아들이는 대다수의 명망 있는 과학자들도 이 문제에 대해서는 다윈과 의견을 달리했다. 예컨대 도브잔스키를 들 수 있다. 그는 이렇게 말했다. "'호모 사피엔스'는 유일하게 도구를 만들 줄 알고 유일하게 정치적 동물일 뿐만 아니라 유일한 윤리적 동물이다."[4] 또 조지 게일로드 심프슨(George Gaylord Simpson)은 이렇게 주장했다. "인간은 완전히 새로운 종류의 동물이다……. 인간만의 독특한 성질은 다른 동물들에게서는 나타나지 않는 것이다."[5] 특히 자아 인식, 문화, 언어, 도덕 등이 그것이라고 말했다. 수많은 현대 철학자들[6]에 따르면 인간과 인간이 아닌 동물의 차이는 다음과 같다.

> 그 차이란 개념적 사고를 할 수 없다는 것이며, 동물들은 …… 첫째, 과거와 미래에 대한 진술을 포함하는 문장을 만들 수 없으며, 둘째, 먼 미래에 쓸 도구를 제작할 수 없고, 셋째, 오랜 역사적 전통을 이루는 누적된 문화 유산이 없을 뿐만 아니라, 넷째, 지각을 통해 파악되는 현재 상황에 뿌리를 두지 않는 어떤 행동도 할 수 없다.

셋째 사항에서 '오랜'이라는 것이 얼마나 오래된 것인가에 대한 결말은 차치하더라도, 이 확신에 찬 단언 모두는 이 책에서 이미 제기했거나 앞으로 제기할 증거에 비추어 볼 때 이제는 틀린 생각인 것 같다. 우리 자신이 개인적으로는 인간과 다른 동물들이 근연간이라는 생각을 아무렇지 않게 받아들이고 우리 시대가 이런 생각에 익숙해져 있다 하더라도, 많은 시대와 문화를 통틀어 많은 사람들이 이런 사고에 격렬하게 반대하고 저명한 학자들도 다수가 반대하는 데는 분명 우리 인간에 대한 중요한 무언가를 시사할 것이다. 고금(古今)의 손꼽히는 숱한 철학자와 과학자들이 자신감과 자기 만족감으로 널리 보급한 이 명백한 오류에서 우리는 우리 자신에 대해 무엇을 배울 수 있을 것인가?

이에 대한 몇 가지 답 가운데 하나는 다음과 같다. 우리가 일말의 죄의식이나 후회감도 없이 동물들을 우리의 의사에 따르게 하고, 우리를 위해 일을 시키고, 동물의 가죽을 벗겨 옷을 지어 입고, 그들을 먹을 수 있다면, 인간과 '동물'의 뚜렷한 차이는 본질적인 것이다. 우리는 아무런 양심의 고통도 느끼지 않고 모든 종을 멸종시킬 수 있다. 단지 눈앞의 이익이라고 여겨지는 것을 위해서, 또는 단순한 부주의만으로도 그런 짓을 저지를 수 있다. 우리는 스스로에게 이런 식으로 말한다. "그들이 사라지는 것은 그다지 중요치 않다. 왜냐하면 그들은 우리와 같지 않기 때문이다." 이렇게 되면 인간과 동물의 뛰어넘을 수 없는 간격은 단지 인간의 자아를 만족시키는 차원을 넘어서서 실제적인 역할을 하게 된다.[7] 다윈은 이렇게 말했다. "우리는 스스로 노예로 삼은 동물들을 우리와 동등하다고 생각하고 싶지 않은 것이다."[8]

이제 다윈이 걸어간 길[9]을 쫓아서 인간에 대한 많은 정의, 즉 우리 인간은 누구인가에 대한 설명들 가운데 몇 가지를 검토해 보도록 하겠다. 특히 지구에서 우리와 공존하고 있는 다른 존재들에 대한 우리의 지식에 비추어 볼 때 그런 정의가 의미 있는 것인지 살펴보기로 하자.

인간의 분명한 특징을 찾으려는 최초의 시도를 한 사람 중 하나는 플라톤이다. 플라톤은 인간을 털 없는 양족(兩足) 동물이라고 정의했다. 철학자 디오게네스는 이런 정의를 전해 듣고 유명한 플라톤의 아카데미의 중요한 토론장에 털을 뽑은 닭을 들고 가서는, 모여 있는 학자들에게 "플라톤의 말하는 사람(Plato's man)"에게 인사를 하라고 말했다. 물론 디오게네스의 주장은 부당한 것이다. 왜냐하면 닭은 두 다리를 가지고 태어나듯이 태어날 때부터 털이 있기 때문이다. 후천적인 형질의 변화로 근본적인 속성이 바뀌는 것은 아니다. 그러나 아카데미 회원들은 디오게네스의 문제 제기를 심각하게 받아들여 다시 수정을 가했다. 즉 인간은 넓고 평평한 손톱과 발톱을 가진 털없는 양족 동물이라고 다시 정의했다.

이 정의로도 인간의 속성에 근접할 수 없음은 분명하다. 하지만 충분 조건은 아니더라도 필요 조건 정도는 무언가 시사하는 내용이 있을지도 모른다. 왜냐하면 두 다리로 선다는 것은 손을 자유롭게 쓰기 위한 필수 요소이며, 손은 기술을 획득하기 위한 열쇠이기 때문이다. 많은 사람들은 기술이 우리 인간을 규정한다고 생각하고 있다. 너구리와 프레리도그(북아메리카 대초원에 군거하는 다람쥣과 동물—옮긴이)는 손이 있지만 기술은 가지고 있지 않다. 그리고 보노보는 일생의 상당 부분 동안 직립 보행을 한다. 그러면 침팬지가 갖고 있는 기술에 대해 간단하게 살펴보기로 하자.

애덤 스미스(Adam Smith)는 자유 기업 자본주의를 옹호하는 고전적인 주장에서 다음과 같이 쓰고 있다. "교역한다든가 교환하는 성향은 …… 모든 인간에게 공통된 것으로 다른 동물에서는 나타나지 않는다."[10] 과연 맞는 말일까? 16세기의 마르틴 루터와 19세기의 교황 레오 13세는 사적 소유가 인간과 다른 동물을 가르는 주요한 차이라고 주장했다.[11] '이 말'이 과연 사실일까?

침팬지는 교환을 좋아하고 그 개념을 아주 잘 이해하고 있다. 먹을 것과 교미, 등문지르기와 교미, 우두머리의 배반과 교미, 새끼의 목숨을 구해 주는 것과 교미 등 실제로 거의 모든 것과 교미를 교환한다. 보노보는 이런 교환을 새로운 수준으로까지 끌어올리고 있다. 그러나 교환에 대한 관심이 결코 교미에 국한된 것은 아니다.

> 침팬지의 상재(商材)는 유명하다. 실험 결과에 따르면 침팬지는 별다른 훈련을 받지 않았는데도 그런 능력을 가지고 있다. 어쩌다가 비비 우리에 빗자루를 두고 온 경우, 동물원의 관리인들은 우리에 다시 들어가 직접 가져오지 않는 한 빗자루를 돌려받을 수 없다는 사실을 잘 알고 있다. 침팬지의 경우는 비비보다 쉽다. 사과를 보여 주고 빗자루를 가리키거나 고개를 끄덕이면 침팬지들은 거래 조건을 이해하고는 창살 사이로 물건을 돌려준다.[12]

침팬지 수컷의 경우, 적어도 암컷에 대해서는 사적 소유 의식이 잘 발달되어 있으며(망토비비의 경우에는 제도의 수준에까지 이르고 있다.), 먹을 것과 몇 가지 도구에 대한 사적 소유 의식의 싹이 보인다.

『국부론(The Wealth of Nations)』은 1776년에 출판되었다. 유인원의 생활에 대한 진지한 연구가 행해지기 훨씬 전의 일이다. 당시는 야생뿐만 아니라 사육 상태의 유인원에 대한 연구도 없었다. 그러나 교환이 인간에게만 나타나는 독특한 행위라는 스미스의 주장은 동물 세계에 대한 뿌리 깊은 오해와 맞닿아 있다.

> 인간 이외의 거의 모든 동물의 경우, 각 개체는 다 자란 후에는 완전히 독립하여 자연 상태에서는 다른 생물체의 도움을 받을 기회가 없다. 그러나 인간은 거의 끊임없이 다른 사람의 도움을 받는다. 그런데 다른 사람이 오로지 자비심에서 도움을 베풀어 주기를 바라는 것은 헛된 꿈에 불과하다. 그보다는 자신이 다른 사람들의 이기적인 욕구에 관심이 있고, 자신이 원하는 일을 그들이 해 주면 그들에게도 이익이 됨을 보여 주는 편이 훨씬 더 효과적일 것이다.[13]

그러나 군집성은 영장류의 특징 가운데 하나이다. 상호 부조는 포식자 쪽이든 피식자 쪽이든 모두에게 존재하며, 동일한 종의 다른 집단과 대립하는 경우에도 나타난다. 이런 특성은 영장류뿐만 아니라 대다수 포유류와 조류에서도 많이 볼 수 있다.

이기심, 착취, 교환 등이 침팬지 사회에서 흔히 있는 현상이기는 하지만, 침팬지와 인간의 근연(近緣) 관계와 관련된 이런 사실을 통해 자유 방임 경제를 정당화할 수는 없다. 또한 마찬가지로 인간 사회가 유인원 사회와 비슷하다는 이유로 자유 시장 사회를 불신할 이유도 없다.* 협동, 우정, 이타심 역시 침팬지의 특징이기도 하다. 하지만 이것은 자본주의 옹호론과 경쟁하고 있는 어떤 사회주의 경제 이론을 옹호하기 위해서가 아니다. 다른 원숭이에게 전기 충격을 주느니

---

* 1858년 7월 14일 프리드리히 엥겔스는 카를 마르크스에게 보낸 한 편지에서 이렇게 썼다. "동물 세계의 경제 형태를 아직도 벗어나지 못하고 있다는 사실만큼 현대 부르주아 사회의 발전을 불신하게 만드는 것도 없다."

차라리 굶는 쪽을 택하는 원숭이의 예를 상기해 보라. 감싸는 상대는 혈연관계가 있는 원숭이가 아니었다. 원숭이는 상당한 물질적인 유혹까지 거절하기도 한다. 이것을 자본주의 지지자들에 대한 비난이라고 할 수 있을까? 하다못해 이솝이 살던 시대까지 거슬러 올라가 이러저러한 경제 이론을 뒷받침하기 위해 동물들의 행동을 들먹이고 있다. 현대의 이데올로기 논쟁에서도 학자들은 아전인수 격으로 동물들을 끌어들이고 있다.

"인간은 사회적 동물이다."라는 아리스토텔레스의 말은 때로 "인간은 정치적 동물이다."라고 번역되기도 한다. 이 말도 인간의 특성에 대한 규정이라 할 수 있지만 정의는 아니다. 이것 역시 필요 조건이기는 하지만 충분 조건은 아니다. 침팬지와 보노보 사회의 불가사의하고 변덕스러운 분파주의를 보면 인간의 특성에 대한 아리스토텔레스의 주장이 얼마나 핵심을 빗나간 것인지 잘 알 수 있다. 개미, 벌, 흰개미 같은 사회성 곤충들은 인간보다도 훨씬 잘 조직되어 있으며 훨씬 안정된 사회 구조를 가지고 있다. 흔히 인간의 사회적 행동의 특수한 측면을 통해 인간을 정의하려는 시도가 이루어지곤 하지만 그 역시 성공적이지 못하다. 예를 들어 인간이 자식을 매우 소중하게 여긴다는 주장이 하나의 보기인데, 대부분의 포유류와 조류도 마찬가지이다.

"용기는 인간 특유의 자질이다." 이 말은 타키투스가 로마 귀족 클라우디우스 시빌리스(Claudius Civilis)의 말을 기록한 것이다.[14] 날개가 부러진 척하는 어미 새들, 포식자나 홍수로부터 새끼를 구하려는 코끼리와 침팬지, 또는 동료들이 도망갈 수 있도록 늑대의 눈을 똑바로 쳐다보는 베타 암사슴들의 영웅적 행위는 클라우디우스 시대에는 알려지지 않았다. 그렇지만 과연 개의 행동에 대해서도 들어 보지 못했을까? 그는 쇠사슬에 묶여 네로 앞에 끌려 나왔다. 그가 이야기한 인간 특유의 자질(용기)이 가장 요구되는 그 상황에서 그가 얼마나 "특유의 자질"을 발휘할 수 있었는지 역사는 기록해 놓고 있지 않다.

인간에 대한 또 다른 고대의 정의는 아리스토텔레스까지 거슬러 올라가는데, 그것은 '이성적 동물(rational animal)'이라는 정의이다.[15] 이것은 많은 유명한 서양 철학자들이 지적한 것이기도 하다. 그러나 유추와 이행 추론을 구사할 수 있는 침팬지, 대화 능력을 가진 보노보, 문화적인 측면에서 혁신적인 모습을 보여 주는 짧은꼬리원숭이 등을 유형별로 분류하면 다른 동물들 역시 추론 능력이 있음을 알 수 있다. 비록 위대한 서양 철학자들만큼 뛰어나지 못하다는 것은 분명하지만 말이다. 그러나 철학자들은 그것이 정도의 차이가 아니라 본질에서의 근본적인 차이라고 믿고 있다.

"인간은 자신의 행동을 제어한다는 점에서 이성이 없는 생물과는 다르다." 이것은 성 토마스 아퀴나스가 『신학대전』에서 밝힌 교의이다. 그러나 우리는 우리의 행동을 언제나 그리고 모든 상황에서 '제어'하고 있는가? 다른 동물들은 결코 '제어력'을 발휘하지 못하는 것일까? 토론 주제에 대해 찬반 양론을 제시하는 것이 아퀴나스가 늘 쓰던 방식인데, 그는 "이성이 없는 동물들이 선택이라는 행위를 할 수 있을까?" 하는 점을 논하면서, 갈림길에서 수사슴이 한쪽 길을 포기하고 다른 한쪽 길을 선택하는 예를 들고 있다. 그는 이것을 동물들이 선택 행위를 할 수 있다는 근거로 삼을 수 없다고 했다. 왜냐하면 "선택은 당연히 의지와 관련된 것이지 모든 동물들이 다 가지고 있는 감각적인 욕구와 관련된 것이 아니기 때문이다. 따라서 이성이 없는 동물은 선택을 할 수 없다."는 것이다. 그는 또한 "이성이 없는 동물"은 "이성이 없기 때문에" 명령을 내릴 수 없다고 주장했다. 이런 주장은 오랫동안 철학자들을 만족시켰으며, 하나의 전통을 이루어 데카르트에게도 영향을 끼쳤다. 그러나 아퀴나스가 "이성이 없는 동물"을 출발점으로 삼고 있다는 것을 생각해 보면, 그가 증명하려고 하는 명제를 처음부터 자명한 것으로 보고 질문을 던지고 있는 것은 아닐까?[16]

"특정한 목표를 가진 행동은 다른 동물에서는 결코 나타나지 않는다." 한때 동물 행동에 관한 유력한 전문가였던 야코프 폰 웩스퀼이 한 말은 같은 맥락의 주장이다.[17] 그러나 이 주장이 얼마나 잘못된 것인지는 다음과 같은 사실을 생각해 보면 충분히 알 수 있다. 등 뒤에 몽둥이를 감추고 경쟁 상대를 찾아 나선다든가, 적에게 던지기 위해 돌을 모으는 침팬지, 또는 수컷의 손가락을 비틀어 돌을 버리게 만드는 암컷 침팬지 등이 그런 예이다.

철학자 존 듀이(John Dewey)는 우리를 특징 짓는 것이 기억이라고 여겼다.

> 동물에게 경험은 일어나자마자 사라지고 만다. 그리고 새로운 행동이나 고통은 각기 과거의 행동이나 고통과 아무런 관련도 없다. 그러나 인간은 한 사건이 일어나면 언제나 이전에 일어난 사건들을 돌아보고 생각해 보는 그런 세계에 살고 있다. 즉 한 사건이 다른 사건들을 머릿속에 떠오르게 하는 것이다.[18]

많은 동물의 경우에 이 주장은 명백히 사실이 아니다. 특히 침팬지는 "이전에 일어난 일들을 돌아보고 생각하는" 세계에 살고 있다. 뜨거운 난로를 만져 본 경험이 있는 고양이는 그 후 난로를 멀리한다. 코끼리와 사슴은 얼마 지나지 않아 사냥꾼들을 경계하게 된다. 얻어맞은 경험이 있는 개는 둘둘 만 신문지를 들어 올리기만 해도 움츠러든다. 심지어 벌레, 더 나아가 단세포 생물인 원생동물도 간단한 미로 속을 통과하도록 가르칠 수 있다. 순위제는 과거의 억압이 기억으로 고정된 경우이다. 듀이는 인간 이외의 동물들이 실제 생활에서 건망증이 있다는 사실을 토대로 인간을 정의하려 든 셈이다!

많은 사람들은 인간의 여러 가지 성 습관을 토대로 인간을 정의할 수 있다고 생각해 왔다. 입맞춤을 한 가지 예로 들 수 있을 것이다. "인간만이 입을 맞춘다. 인간만이 매력, 아름다움, 극도의 쾌락, 열정적인 입맞춤을 제대로 평가할 수 있는 능력, 논리, 이성을 가진 행복한 존재이다!" 이 문제를 다룬 소책자들은 이렇게 열렬히 떠들어 대고 있다.[19] 그러나 침팬지도 일상적으로 격렬한 입맞춤을 할 줄 안다.

우리 인간의 독특한 특징으로 성교 체위를 들 수 있을지 모른다. "서로 얼굴을 마주 보고 성교를 하는 체위가 우리 종에서는 기본적인 자세라고 할 수 있을 것이다."[20] 그러나 얼굴을 마주 보는 상태의 성교 체위는 보노보에게 흔하다.

여성의 배란기가 겉으로 표시가 나지 않고, 여성이 오르가슴을 느낀다는 사실[21]도 인간의 독특한 특징이라고 생각되어 왔다. 그러나 보노보 역시 배란기를 요란하게 과시하지 않으며, 침팬지 암컷, 보노보, 붉은얼굴원숭이 그리고 대부분의 영장류 암컷도 오르가슴을 느낀다. 이 가운데 일부는 교미하기 전에 생리적인 감지 장치를 부착한 마스터스와 존슨의 실험을 통해 확인되었다.

성적 억압의 방식을 인간의 고유한 특성으로 생각할 수도 있을 것이다. "강간이…… 인간의 고유한 특징이라는 것은 정말 의심할 여지가 없는 것처럼 보인다."[22] 1928년 영장류에 대해서 쓴 한 과학자의 말이다. 그러나 강간은 오랑우탄과 붉은얼굴원숭이 사회에도 있는 것으로 알려져 있으며, 폭력적인 성적 억압은 비비와 침팬지의 경우에는 흔한 일이다. 실제로는 '정말 의심할 여지'가 충분한 셈이다.

성교를 하기 전에 공을 들여 전희를 하고 그 지속 시간이 길다는 사실을 인간의 특징으로 보는 사람도 있을 것이다.[23] 이런 점에서는 적어도 일부 인간들은 다른 영장류보다 뛰어날 수도 있을 것이다. 그러나 그것은 학습된 행동이다. 조루가 특히 청년들 사이에서 널리 퍼져 있으며, 많은 남성들이 사정을 늦추기 위해 스스로 훈련을 할 수 있듯이, 전희 역시 학습된 행동이다. 성 행동을 일상적인 사회 생활의 일부로 만드는 능력에서 인간은 영장류들 가운데 아마 바닥권일 것이다. 인간의 대부분의 문화에서는 사회적으로 용인된 성 행동도 눈에 안 띄게 사적으로 행할 것을 요구받고 있다.[24] 침팬지의 배우자 관계와, 우위에 있는 수컷들 몰래 이루어지는 은밀한 만남에서 그런 예를 볼 수가 있다.

오래전부터 뚜렷하게 성에 따른 노동 분업이 이루어졌다는 사실을 인간의 고유한 특성으로 간주하는 사람도 있을 것이다. 남성은 사냥과 싸움에 종사하고 여성은 채집과 자녀 양육을 맡는다.[25] 그러나 이것이 인간을 정의하는 특징일 수는 없다. 왜냐하면 침팬지 사회에도 비슷한 분업 관계가 있기 때문이다. 즉 순찰, 집단 방어 그리고 돌을 던지는 일 등은 주로 수컷의 일이고, 새끼를 돌보고 도구를 써서 단단한 열매를 깨는 일은 대개 암컷이 맡는다. 또한 요즈음 인간 사회에서는 여성과 남성의 역할은 점차 구분이 사라지고 있다.

인간의 교육에서는 유년기, 즉 태어나서 청년기에 이르는 시기가 길다는 특성이 중요하다. 그러나 인간의 유년기는 코끼리만큼 길지는 않다. 지난 몇 세기에 걸쳐 인간 생활사에서 성적 성숙에 이르는 시기가 점차 빨라지면서 유년기가 짧아져 지금은 침팬지보다 약간

긴 정도이다. 침팬지는 대략 열 살에 성적 성숙에 이른다. 놀이는 우리의 성장에 매우 중요한 것으로서, 한때는 인간을 '호모 루덴스(Homo ludens, 놀이하는 인간)'라고 불러야 한다는 주장이 제기된 적도 있었다.[26] 그러나 놀이는 포유강 전반에 걸쳐 나타나는 현상으로, 특히 성적 성숙이 오랜 시간에 걸쳐 일어나는 종에서 흔히 발견되는 현상이다.

한때 노예였던 로마 철학자 에픽테투스는 개인 위생(personal hygiene)이 인간의 특징이라고 주장했다.[27] 그는 새, 고양이, 이리의 예에 대해 틀림없이 알고 있었을 텐데도, "우리는 다른 동물들이 몸을 닦고 있는 것을 보면 깜짝 놀라서 습관적으로 동물이 인간처럼 행동하고 있다는 말을 덧붙인다."라고 주장했다. 그러나 그는 많은 사람들이 "더럽고", "고약한 냄새를 풍기고", "구역질이 나는" 몸을 가지고 있어 이 "독특한" 특징을 공유하지 못하고 있다고 투덜대고 있다. 그런 사람에게는 "사막에 가서…… 자신의 냄새를 맡아 보라."라고 충고까지 해 주고 있다.

인간은 웃을 줄 아는 유일한 동물이라는 소리를 들어 왔다. 그러나 침팬지도 수시로 미소를 짓고 웃는다.[28] 플라톤의 『법률』[29]에 등장하는 아테네의 방랑자는 인간이 다른 어느 동물보다도 우는 경향이 강하다는 말을 한다. 그러나 이런 경향은 문화에 따라 크게 다르다. 훌쩍훌쩍 우는 것과 소리 내어 엉엉 우는 것은 아이, 어른 할 것 없이 침팬지의 일상생활에서 흔히 있는 일이다.[30]

인간은 다른 동물을 노예로 삼는다든가 거세한다든가 실험에 쓴다든가 뼈를 발라 내면서도 동물들이 아무런 고통을 느끼지 않는 양 가장하는 경향이 있었다. 어떤 면에서는 이해할 수 있는 측면이다. 철학자 제러미 벤담(Jeremy Bentham)은 우리가 사람 이외의 동물들에게 일말의 권리라도 인정해야 하는지에 대해서, 그들이 지능을 가지는 지 여부가 아니라 어느 정도 고통을 느낄 수 있는가 하는 점에 따라 달라진다고 강조했다. 다윈은 늘 이런 문제에 시달렸다.

> 죽음의 고통 속에서도 개는 그의 주인을 위무한다고 알려져 있다. 모두들 생체 해부를 당하면서도 시술자의 손을 핥는 개 이야기를 들어 보았을 것이다. 시술자가 인간의 지식을 늘리기 위해 어쩔 수 없는 행동이라는 자기 합리화를 할 수 없다면, 또는 그가 무정한 사람이 아니라면, 죽을 때까지 틀림없이 자책감을 버릴 수 없을 것이다.[31]

우리가 알고 있는 모든 기준을 다 동원해도, 예를 들어 보통 거의 아무런 소리도 내지 않는 동물을 포함해서 부상을 당한 동물들의 울음소리를 통해 알 수 있는 고통* 문제는 해결할 수 없는 것 같다. 감정 생활의 대부분을 담당하고 있는 것으로 알려진 대뇌 변연계는 포유류 전체에 발달되어 있다. 인간의 고통을 덜어 주는 약을 다른 동물들에게 써도 많은 고통을 덜 수 있다. 다른 동물들에게 잔혹한 행동을 일삼는 우리가 인간만이 고통을 느낄 수 있다고 주장하는 것은 어불성설이다.

살인, 식인 풍습, 영아 살해, 세력전 그리고 게릴라전은 앞서 여러 장에서 설명했듯이 인간에게만 나타나는 현상이 아니다. 개미들은 노예, 가축, 정규전의 현상까지 보여 준다.

니시다 도시사다는 이렇게 쓰고 있다. "아이들을 훈련시키기 위해

---

* 으레 두 개의 돌로 고환을 으깨는 식으로 거세를 당하는 동남 아시아의 물소를 예로 들 수 있다.[33]

벌을 주는 행위는 인간에게만 나타나는 독특한 것으로 보인다. ……
영장류 이외의 포유류가 벌을 주는 방식으로 새끼를 교육한다는 사
례는 알려져 있지 않다."[32] 그러나 그가 인간 이외의 영장류를 예외로
삼았다는 사실은 많은 것을 시사하고 있다. 또한 교육 과정의 일환으
로 새끼들에게 강제력을 행사하거나 벌을 주는 행위는 순위제에 아
무런 탈 없이 적응할 수 있도록 도와주는 것이다. 그것은 인간들이
신참자를 골탕 먹이거나 '신고식'을 치르는 것과 어느 정도 비슷하
다.

인간 사회에서 결혼은 제도화되어 있고, 적어도 일부일처제가 이
상적인 것으로 옹호되고 있다. 하지만 긴팔원숭이, 이리, 많은 조류들
도 일생 동안 부부 관계를 유지한다. 동물들의 구애 춤은 분명히 일
종의 결혼식이나 마찬가지이다. 다음과 같은 것이 인간의 결혼에 전
형적인 특징으로 설명되고 있다.

> 아내와 남편 사이에는 어느 정도 상호 의무가 있다. 성적으로 접근할 수
> 있는 권리가 있다(늘 그렇다고 할 수는 없지만 종종 한쪽이 독점적으로 그 권리를
> 가지고 있다.). 임신, 수유, 양육 기간에도 그 관계가 지속될 가능성이 있
> 다. 그리고 부부가 낳은 자식의 지위를 둘러싼 일종의 적출과 서출의 구
> 분이 있다.[34]

그러나 이 모든 것은 다른 동물들에게서도 나타나는 것으로 알려져
있으며, 예를 들어 긴팔원숭이들은 이와 함께 장자 상속제까지 보여
주고 있다.

카를 마르크스에게 영향을 준 것으로 알려진 19세기 철학자이자
신학자인 루트비히 포이어바흐(Ludwig Feuerbach)는 스스로를 하나의

종으로 인식하는 것이 인간의 특징이라 주장했다.[35] 그러나 많은 동물들도 예를 들어 후각을 통해서 쉽게 자신의 종과 다른 종을 구별할 줄 안다. 그리고 인간은 같은 종의 구성원들을 악마로 만들기로 악명 높다. 특히 전쟁 시기에 살인해서는 안 된다는 금기를 풀기 위해 상대를 인간 이하의 존재로 규정하곤 한다.

때로 인간이 다른 영장류에 비해 계급 구분에 능하다고도 말한다.[36] 그러나 일부 영장류의 순위제—세습적인 경우도 있다.—는 사회적 차별의 정도가 아주 교묘해서 어떤 면에서는 인간 사회보다 심한 경우도 있는 것 같다.

지금가지 살펴본 성적·사회적 특징은 모두 인간 종을 정의하기에는 적절치 못하다는 것이 우리의 결론이다. 다른 동물의 행동, 특히 침팬지와 보노보의 행동을 살펴보면 그런 주장들이 겉보기에는 그럴듯해도 실제로는 그렇지 않다는 사실이 드러난다. 너무도 많은 점에서 그들은 우리와 닮았다.

유전 물질에 영구 회로로 고정된 불변의 것이 아니라, 오히려 학습되고 일정한 집단 내에서 세대를 거듭해 전해지는 지식과 행동 유형을 문화라고 한다. 문화가 인간을 정의할 수 있는 지표가 될 수 있을까?

『브리태니커 백과 사전』의 대항목에는 이렇게 씌어 있다.

'문화'란 인간만이 가지고 있는 능력에 바탕을 두고 있다. 인간의 정신과 하등 동물의 정신 간의 차이가 본질의 문제인지 여부를 둘러싸고 오랫동안 논쟁이 벌어져 왔으며 아직도 계속되고 있다. 그리고 오늘날 (1978년)까지도 찬반 양진영에서 각각 유명한 과학자들을 찾아볼 수 있다. 그러나 그 차이가 정도의 문제라고 주장하는 과학자들 가운데 어떤 사람도 인간 이외의 동물이, 인간이라면 누구라도 할 수 있는 행동을 조금이라도 할 수 있다는 증거를 제시한 적이 없다.

그런 다음 저자는 인간의 특징이라고 생각되는 세 가지 행동을 예로 들고 다음과 같은 결론을 내리고 있다. "인간 이외의 동물이 그런 세 가지 행동을 평가하거나 이해한다고 생각할 만한 이유나 근거는 전혀 없다."[37]

그러면 세 가지 예란 무엇인가? 하나는 "근친상간의 범위를 정하고 그것을 금지하는 것"이다. 그러나 앞서 설명했듯이 적어도 부녀 또는 모자 간 근친상간의 금지는 영장류 사회에서는 널리 퍼져 있으며, 실제로 거의 변하지 않는 것이다. 높은 확률의 이계 교배를 보장하기 위해 까다로운 관습이 마련되기까지 한다. 또한 근친상간 금지는 많은 다른 동물에게도 적용된다. 케냐의 벌잡이새들을 연구해 온 생물학자 스티븐 엠렌은 조심스럽게 새의 개체들의 행동과 본성에 주목했다. 11년간의 연구 결과에 따르면, 형제자매들 사이나 부모와 자식 사이에서 근친상간의 예를 단 한 번도 볼 수 없었다(『브리태니커 백과 사전』에 씌어진 나머지 두 가지 사례 가운데 하나는 "친척들을 분류하고 각각의 부류를 구별하는 것"인데, 침팬지는 적어도 어미, 새끼와 형제들의 친족 관계는 아주 잘 구별해 낸다. 나머지 하나는 "신성하게 여기는 안식일을 잊지 않고 기억하는 것"이다. 이것은 많은 경우 '인간'의 문화에서도 존재하지 않는 제도이다.).

근친상간의 금지는 흔히 금기 ― 즉 학습에 의한 것 ― 라고 표현되지만, 상당한 정도의 유전적인 특성을 가지는 것으로 보인다. 즉 유전될 만한 충분한 이유가 있기 때문에 진화가 이루어진 것이며, 사회의 관습과 규칙에 따라 더욱 강화된 유전적인 윤리 규제인 셈이다(그렇다고 하더라도 완전한 기능을 하지는 못하고 있으며, 특히 문명 사회에서는 매우 불완전한 기능에 그친다.).

분명히 침팬지에게는 적어도 문화의 조짐이라고 할 만한 것이 있다. 생소한 숲에서 그들은 서로 다른 지형과 생태계에 대처해야 한다. 흰개미 무덤, 북 소리를 내는 나무의 위치, 격렬한 싸움이 있었던 장소 등을 몇 주간(또는 몇 년간일 수도 있다.) 기억하고 있다. 그런 사항들은 집단의 공통 지식인 셈이다. 각각의 지형과 일련의 역사적 사건들을 가지고 있는 각 집단은 그들 나름의 소규모 문화가 있다. 서로 고립된 침팬지 집단들은 흰개미나 군대개미를 잡는 방법, 물을 빨아 마시기 위해 나뭇잎을 스펀지처럼 사용하는 방법, 털고르기를 할 때 상대를 잡는 방법, 구애할 때 보이는 신체 언어의 몇 가지 용도, 사냥 규칙 등과 관련된 관습이 서로 다르다.[38] 모래에서 밀을 분리해 내는 법을 알아낸 천재 원숭이 이모 덕택에 우리는 영장류 사이에서 새로운 발견과 새로운 문화적 제도가 등장하고 전파되는 것에 대해 어느 정도 식견을 가질 수 있게 되었다.

"이성에 대한 반역"을 주장하는 유명한 철학자인 앙리 베르그송(Henri Bergson)은 어떤 영적인 "생의 충동(vital impulse)"이 생명에 스며들어 진화가 이루어지도록 한다는 사상으로 잘 알려져 있다. 그는 이렇게 썼다. "인간은 병에 걸렸다는 사실을 깨달을 수 있는 유일한 존재이다."[39] 그러나 침팬지는 주변에 굉장히 많은 약물들을 가지고 있으며, 일종의 민간 요법 또는 약초 요법에 해당하는 것을 알고 있다. 예를 들어 곰베와 마할레의 침팬지는 모두 '아스필리아(*Aspilia*)'라는 식물의 잎을 일종의 식이 요법 재료로 쓰고 있는데, 이른 아침에 다른 것보다 먼저 이것을 먹는다. 그것을 먹으면서 얼굴을 찡그리지만 (맛이 쓰다.), 암컷과 수컷, 나이에 상관없이 모든 침팬지들이 모두 이

식물을 먹으며, 아픈 침팬지뿐만 아니라 건강한 침팬지도 먹는다. 그러나 이상한 점이 하나 있다. 침팬지는 아스필리아 잎을 정기적으로 먹는데, 어느 시기에는 아주 조금밖에 먹지 않는다. 즉 영양적 측면에서 가치가 의심스러운 시기이다. 그러나 유인원들이 회충과 기타 질병에 잘 걸리는 우기에는 섭취량이 급격하게 늘어난다. 아스필리아 잎을 분석해 본 결과, 강력한 항생 물질과 선형동물을 죽이는 물질이 들어 있다는 사실이 밝혀졌다. 그들은 스스로를 치료할 줄 아는 것이 분명하다. 소화기계 질병에 걸린 침팬지가 평소에는 먹지 않는, 아스필리아와는 다른 식물의 뿌리를 엄청나게 많이 먹는 사례가 보고되었다. 그 식물 역시 천연 항생 물질이 풍부하다는 사실이 증명되었다.[40]

'침팬지식 민간 요법'은 어떻게 생길 수 있었을까? 일종의 유전된 정보에 토대를 두고 있는 것은 아닐까? 병이 나면 갑자기 처음부터 식물의 모양이나 향기가 뇌에 입력되어 있는 식물의 잎을 먹고 싶은 충동이 일어나는 식으로 말이다. 이것은 태어날 때부터 매의 그림자만 봐도 공포를 느끼는 새끼 거위의 경우와 흡사하다. 더 그럴듯한 설명은 이런 '문화적인' 정보가 모방과 학습을 통해 여러 세대에 걸쳐 전달된다는 것이다. 그런 경우 이 정보를 이용할 수 있는 의료 전문가가 유인원들 세계에 없다는 사실만 제외한다면, 침팬지의 민간 요법은 인간의 민간 요법과 크게 다르지 않은 것 같다. 자주 일어나는 질병에 어떤 약을 써야 하는지 모두 알고 있는 것이다. 우리는 자라면서 점차 그런 사실을 알게 된다. 약이 어떤 작용을 하는지는 침팬지에게는 불가사의한 일이다. 그러나 그것은 우리 인간에게도 대부분 마찬가지이다.

성적 억압이 인간 문화의 최초 출발점이었다고 상상하는 일부 학자들이 있다.[41] 특히 젊은 남녀들이 성적 욕구를 아무런 제한 없이 표출하도록 내버려 둔다면 사회의 틀은 파괴되리라는 것이 그들의 주장이다. 따라서 초기의 인간 문화는 성적인 행동을 엄격하게 제한하고 죄의식, 겸손함, 힘든 노동, 찬물 목욕, 옷 입기 등을 권장했음에 틀림없다는 것이다. 그러나 열대 지방에는 이런 설명과 부합되지 않는 문화가 많이 있다. 어른들이 다른 사람의 시선에 전혀 신경 쓰지 않고 완전한 나체로, 또는 얇은 풀잎이나 면으로 된 띠만 두르고 성기는 가리지 않은 채 다니곤 한다. 남아메리카의 야노마모 족 여자들은 띠 이외에는 아무것도 걸치지 않는다. 남자들은 성기를 허리띠에 묶어 놓는다(성기가 띠에서 빠져나오면 당혹스러워 하지만).[42] 뉴기니 등지에서 남자들은 바가지 덮개로 성기를 감싼다. 그것은 음란하게 성기를 과장하는 행위이다. 유럽 인들이 오기 전에는 오스트레일리아 원주민들은 쌀쌀한 기후 지대에 사는 사람들까지도 전혀 옷을 입지 않았다. 고대 그리스, 이집트, 크레타 등에서 성인들 — 적어도 노예와 운동선수의 경우 — 은 나체가 보통이었다(여자들이 나체로 경기를 벌이고 있는 남성 선수들을 보는 것은 정숙치 못한 행위라는 이유로 여자들은 올림픽 경기장에 들어갈 수 없었지만 말이다.). 나체주의자 캠프는 예의 바름의 모범처럼 보인다. 제임스 쿡 선장과 그 승무원들이 타히티에서 보았던 것처럼, 억압적인 문화에서 성적인 억압이 상상하는 것보다 그렇게 심하지 않을 수도 있다.

빅토리아 왕조 시기의 성에 대한 태도는 분명 인간의 특징이라고 할 수 없는 것이었다. 더구나 성적인 질투는 원숭이와 유인원들 사이에서는 가정 폭력의 흔한 원인이다. 원숭이와 유인원 사회에는 성의 기준이 느슨하기는 해도 그들 나름의 금지 사항이 있다. 인간을 포함해서 모든 영장류 사회는 용인될 수 있는 관습에 한계를 긋고 있다.

따라서 성적인 억압과 그와 관련된 수치심으로 인간을 특징 지을 수는 없다.

인간에게 독특한 것으로 여겨지는 문화 생활의 또 다른 측면으로 미술, 춤, 음악 등이 거론되기도 한다. 그러나 연필이나 그림물감만 있으면 침팬지도 꽤 열심히 그림을 그린다. 우리 눈에는 사실적인 그림이 아닐지 모르지만 꽤 그럴듯한 그림도 있다.[43] 바우어새 수컷은 우리도 공감할 수 있는 미적 감각으로 둥지를 멋있게 꾸민다. 그들은 정기적으로 신선도가 떨어지는 꽃, 깃털, 과일 등을 교체한다. 그들의 솜씨는 무수한 여름을 지나면서 발전해 왔다. 긴팔원숭이들은 숲속 높은 나뭇가지에서 발레를 추듯이 몸을 움직인다. 침팬지는 폭포에서, 그리고 폭풍우가 몰아칠 때면 멋지게 로큰롤을 춘다. 침팬지는 드럼 소리를 좋아하고, 긴팔원숭이는 노래 감상을 좋아한다. 그런 행동이 우리 인간에 이르러 최고의 경지에 도달했다고 생각하고 싶겠지만, 문화가 인간이나 영장류에게만[44] 나타나는 현상은 절대 아니다.

1932년에 영장류와 인간의 문화를 비교해 평가한 주커먼은 다음과 같이 말했다.

> 한쪽 극단에는 하렘을 영위하고 과일을 주식으로 삼으며, 문화적 과정이라고는 눈곱만큼도 없는 원숭이와 유인원들이 있다. 또 다른 극단에는 보통은 일부일처이고, 잡식성이며, 모든 활동이 문화적으로 조건 지어지는 인간이 있다. 사회적으로 보아 인간과 원숭이 사이에는 두드러진 유사성이 없다.[45]

침팬지가 고기를 먹고 대부분의 원숭이들에게 하렘이 없으며, 그리고 1932년에도 알려진 사실이었지만, 대부분의 인간 문화가 '보통'

일부일처가 아니라는 사실은 차치하기로 하자. 주커먼의 평가와, 훨씬 나중에 이루어진 마할레 산맥의 침팬지에 대한 25년간의 연구를 개관하면서 니시다가 내린 평가를 비교해 보도록 하자.

> 다음과 같은 사회 행동 유형은 인간 사회나 침팬지 사회에서 모두 나타난다고 알려져 있다. 즉 근친상간을 피하려는 강한 경향, 오랜 기간 지속되는 어머니와 자식 관계, 수컷들의 유소성(留巢性, philopatry, 수컷들이 자기들이 태어난 집단에 머무는 것──옮긴이), 집단 간의 심한 반목, 수컷들의 협력, 호혜적인 이타주의의 발전, 삼각 관계의 인식(예를 들어 성적인 삼각 관계), 동맹을 쉽게 바꾸는 전략, 보복 시스템, 정치 행위에서의 양성 간의 차이……. [46]

이 대부분이 문화적으로뿐만 아니라 유전적으로 결정될 수 있지만, '사회적으로' 인간과 유인원 사이에는 몇 가지 '분명한 유사성'이 있는 것 같다.

서양에서는 의식과 자기 인식을 널리 인간의 본질로 여겨 왔다(반면 동양에서는 자아 인식이 없는 상태를 신의 은총을 받은 완전한 상태라고 생각했다.). 의식의 기원은 그 깊이를 알 수 없는 불가사의로 간주되어 왔다. 아니면 비슷한 말이지만 잉태의 순간에 다른 동물의 경우와는 달리 인간에게 비물질적인 영혼이 들어간 결과라고 보기도 한다. 그러나 의식이 그것을 설명하기 위해 초자연적인 힘을 끌어들여야 할 만큼 불가사의한 현상이라고는 생각되지 않는다. 의식의 본질이 나와 다른 모든 사람들, 즉 유기체의 내부와 외부를 명확하게 구별하는 것이라고 한다면, 이미 살펴보았듯이 대부분의 미생물은 그런 정도의 의식과 인식을 가지고 있다. 그런 경우 지구에서 의식의 기원을 찾으려면 30억여 년 전까지 거슬러 올라가야 한다. 당시에는 엄청나게 많은 극미생물들이 있었다. 그들은 파도와 해류에 흔들리며 햇빛을 만끽했다. 그리고 저마다 의식의 원형 같은 것을 가지고 있었다. 즉 아마 미소(微小) 의식, 아니면 나노(nano, 10억분의 1)나 피코(pico, 1조분의 1) 의식에 지나지 않는 의식을 지녔을 것이다.[47]

건강한 신체의 모든 세포는 자신[我]과 다른 것[他]을 구별할 수 있다. 자기 면역 장애증(면역 반응 부조화로 인한 질병)에 걸려 구별이 불가능한 세포는 자신을 죽이거나 병원체 미생물의 먹이가 되고 만다. 그러나 자신과 다른 세포를 구별하는 세포(신체 또는 원시 바다에 존재하는)가 우리가 일반적으로 의미하는 의식과 자아 인식을 가지고 있다고 할 수는 없으며, 예외적으로 생각이 모자라는 사람들의 경우도 그것보다는 낫다고 생각하는 사람들도 있을 것이다. 맞는 이야기이다. 앞에서 말했듯이 지구에서 일어난 생명의 역사 초기에는 가장 초보적인 종류의 의식밖에 상상할 수 없었다. 물론 그 이후 상당한 진화가 이루어졌다. 그렇다면—매우 어려운 일이겠지만—우리는 다른 동물들이 인간과 똑같은 종류의 자기 인식력이 있는지 알고 있는가?

자기 인식은 특히 그것이 그 밖의 다른 능력을 가능하게 한다는 의미에서 종종 인간의 주요한 특성으로 여겨져 왔다.

> 자기 이외의 다른 대상들이 존재하는 세계에서 자기 자신을 다른 대상과 구별하는 능력을 뜻하는 자기 인식이라는 속성은 …… 인간의 사회적·문화적 조정 양식의 필요 조건을 이해하는 데 기본이 된다. …… 인간의 사회 질서는 자기 인식을 하고 있는 개인에게 어떤 의미가 있는 존재 방식을 말한다. 예를 들어 인간의 사회 질서는 언제나 도덕적인 질서이다.

…… 개인에게 적응 과정으로 중요한 억압, 합리화 등과 같은 무의식적인 심리 메커니즘을 형성하는 것은 바로 자기 인식의 능력이며 그것이 발전된 것이다.[48]

거울에 비친 자신의 모습을 본 물고기, 고양이, 개 또는 새는 분명히 거울상을 자기가 속한 종의 다른 개체로 이해한다. 거울상에 익숙하지 않은 수컷 동물들은 거울상에게 겁을 주려 할지도 모른다. 경쟁 관계에 있는 수컷이라고 생각하기 때문이다. 그러면 거울상 역시 위협 자세를 나타내기 때문에 그 동물은 달아날 것이다. 그러나 말이 없고, 냄새도 없고, 전혀 아무런 해도 없는 거울상에 익숙해지면 종내는 그것을 무시할 줄 알게 된다. 거울상을 판단 기준으로 보면 이 동물들은 그다지 현명해 보이지는 않는다. 어린아이의 경우, 거울상이 흉내를 잘 내는 어떤 다른 아이가 아니라는 사실을 깨닫기까지 대략 2년이 걸린다고 한다. 거울상이 무엇인지 깨닫기까지 걸리는 시간은 원숭이도 물고기, 고양이, 개, 새, 유아 등과 비슷하다. 그러나 일부 유인원의 경우는 우리와 비슷하다.

1977년 심리학자 고든 갤럽(Gordon Gallup)은 「영장류의 자기 인식(Self-Recognition in Primates)」[49]이라는 논문을 발표했다. 야생 상태에서 태어난 침팬지가 처음으로 전신 거울을 마주했을 때, 다른 동물들처럼 거울에 다른 누가 들어 있는 것으로 생각했다. 그러나 며칠이 지나자 그들은 사태를 파악했다. 그 후 그들은 모양을 낸다든가, 눈에 보이지 않는 몸의 부분, 예를 들어 등을 보기 위해 고개를 돌려 어깨 너머로 보는 데 거울을 이용했다. 그 후 갤럽은 침팬지를 마취시킨 다음 침팬지의 몸에 붉은색을 칠했는데, 거울에 비춰 보지 않으면 볼 수 없는 곳이었다. 의식을 회복해서 거울 들여다보기 놀이를 다시 시작한 침팬지들은 금방 붉은색이 칠해진 곳을 찾아냈다. 그들은 거울에 들어 있는 유인원에게 손을 내밀었을까? 그렇지 않았다. 그들은 자신의 몸을 더듬어 붉은색이 칠해진 곳을 여러 번 만지작거리더니 손가락의 냄새를 맡았다. 그 후 매일 거울을 쳐다보며 지내는 시간이 세 배로 늘어났다.●

갤럽은 대형 유인원들 중에서 오랑우탄은 거울에 비친 자신의 상을 이해하지만 고릴라는 이해하지 못한다는 사실을 발견했다. 나중에 그는 돌고래도 거울상을 이해한다는 것을 알아냈다. 우리는 우리가 존재한다는 것을 알고 있을 때 의식을 가지며, 우리 자신의 정신 상태를 관찰할 때 마음을 갖는다고 갤럽은 주장하고 있다. 그런 기준에 비추어 갤럽은 침팬지, 오랑우탄 그리고 돌고래에게 의식과 마음이 있다는 결론을 내리고 있다.[50]

"성실성이라는 측면에서 볼 때 이 세상에서 인간만큼 믿을 수 없는 동물은 없다."[51] 몽테뉴의 말이다. 그러나 개똥벌레 수컷의 경우 스스로 교묘한 깜박거림을 통해 경쟁 관계에 있는 수컷의 구애 신호가 암컷에게 전해지지 않도록 방해한다. 일부 침팬지 암컷은 마치 흡혈귀처럼 자기 집단의 젊은 어미의 뒤를 몰래 따라다니면서 갓 태어난 침팬지를 훔쳐 잡아먹을 기회를 노린다. 많은 영장류들은 우두머리가 한눈을 파는 동안 몰래 교미를 하려고 든다. 순위제에 영향을 주는 수컷들의 동맹 관계는 유용성이 없으면 거의 유지되지 않는다. 동물들의 사회적 관계에서 기만, 자기 기만 등의 문제는 생물학의 새로운 주제로서, 이에 관한 많은 연구 결과가 나오고 있다. 거의 모든 책들이 이 주제를 다룰 정도이다.[52]

● 모자를 쓰고 거울을 보는 것도 침팬지가 좋아하는 동작이었다.

침팬지는 때로 거짓말을 한다. 거짓말을 하는 침팬지를 다시 속이려는 침팬지도 있다. 뛰는 놈 위에 나는 놈이 있는 셈이다. 이런 사실을 통해 우리는 그들의 마음을 어렴풋이 들여다볼 수 있다.

특히 인상적인 사례는 먹이를 감춰 둔 곳을 다른 침팬지들이 알지 못하게 하려고 침팬지가 사용하는 이중 전술, 그리고 그런 허풍을 간파하기 위해 다른 침팬지가 구사하는 잔꾀이다. …… 아무런 의도를 가지지 않고 거짓말을 하기란 논리적으로 불가능하다. 즉 자기 기만의 관념의 경우에도 고의성이 있으며, 자아의 일부분은 나머지에게 그것이 받아들여지도록 애쓰는 것이다. 거짓말을 하는 침팬지는 자기가 보인 반응이 다른 침팬지에게 어떤 의미로 받아들여질 것인지 분명히 알고, 어떤 의도를 가지고 행동하는 것처럼 보인다.[53]

그렇지만 같은 견해를 가진 여러 철학자들 가운데 어떤 현대 철학자는 다음과 같이 말했다.

동물에게 과거에 일어난 사건의 순서를 알 수 있는 기억 능력이 있다고 생각하는 것은 무의미할 것이며, 동물이 미래에 일어날 사건의 순서를 예측할 수 있다고 생각하는 것도 역시 무의미할 것이다. 동물들에게는 순서에 대한 개념이 없다. 아니, 어떤 개념도 가지고 있지 않다.[54]

그는 어떻게 그것을 알 수 있었을까?
침팬지의 내적인 독백이 평균적인 철학자의 수준에까지 이르지 못하는 것은 분명하지만, 그들이 자기 자신에 대한 어떤 관념을 가지고 있음은 의심할 여지가 없는 것처럼 보인다. 즉 자신이 어떻게 생겼으며, 자기에게 필요한 것이 무엇이고, 과거 경험과 미래에 대한 예측, 자신이 다른 침팬지들과 어떤 관계에 있는지 등, 그 정도의 의식이라면 '사회 질서'를 유지하기에 충분하다.

"언어야말로 우리에게는 루비콘 강이다." 유명한 19세기 언어학자인 막스 뮐러(Max Müller)는 소리 높여 외쳤다. "감히 이 강을 건너려 드는 동물은 없다." 여러 곳에 널리 흩어져 있는 사람들은 언어를 통해 서로 의사소통을 할 수 있다. 또한 과거의 지혜를 알 수 있으며, 이후 세대에 전달할 수도 있다. 언어는 우리의 정신 능력을 날카롭게 하고 분명한 사고력을 가지는 데 없어서는 안 될 중요한 도구이다. 언어는 무언가를 기억해 내기 위해 불가결한 존재이다. 우리가 언어를 높이 평가하는 데에는 그럴 만한 충분한 이유가 있다. 문자를 발명하기 오래전부터 언어는 인간이 거두어 온 성공에 중요한 기여를 했다. 헉슬리가 안심하고 다음과 같은 결론을 내릴 수 있었던 것도 언어가 그만큼 중요하기 때문이었다. "인간이 동물과 마찬가지로 똑같은 물질과 구조로 이루어졌다는 사실을 알았다 해도 인간성의 고귀함에 대한 외경심이 줄어들지는 않을 것이다."[55] 그러나 이 말이 다른 동물들에게는 언어, 심지어 간단한 언어조차 없으며 언어 능력조차 없다는 뜻일까? 뮐러의 호전적이고 방어적인 은유는 인상적이다. 그리고 그의 은유 속에 '동물들'이 언어를 이해할 수 있으며, 단지 소심함 때문에 억눌려 있을 가능성을 제기한 점 역시 매우 인상 깊다.

동물의 언어 능력을 부정하는 확신에 찬 주장의 오랜 전통은 유럽 계몽 시대 초기까지 거슬러 올라간다. 그 시작은 아마도 데카르트가 1649년에 보낸 편지인지도 모른다.

동물에게 이성이 없다는 사실을 확신할 수 있는 주요 논거는 다음과 같다. 진정한 언어를 구사할 수 있을 만큼 완벽한 정도에 이른 동물이 아직까지 한 번도 관찰된 적이 없다. 말하자면 음성이나 다른 기호를 통해 단지 자연의 움직임이 아니라 오로지 사고와 관련된 어떤 것을 나타낼 수 있는 능력이 없다는 것이다. 말은 생각이 신체 속에 감춰져 있다는 사실을 나타낼 수 있는 하나밖에 없는 기호이며, 유일하고 분명한 지표이기 때문이다. 이제 모든 사람들, 가장 어리석고 바보 같은 사람들, 심지어 언어 기관을 상실한 사람들도 신체 언어를 쓴다. 반면 동물의 경우는 그렇지 못하다. 이것이야말로 인간과 동물의 진정한 차이가 아닐까 싶다.[56]

침팬지와 보노보가 풍부한 몸짓과 일자일어(一字一語)식 기호를 쓸 수 있다는 것은 의심할 여지가 없다. 언어를 사용할 수 있는 그들의 능력을 둘러싸고 벌어지는 격렬한 과학 논쟁에 대해서는 앞 장에서 간략하게 살펴보았다. 실험이 시작된 이래 계속해서 규정을 바꾸는 등, 여러 측면에서 침팬지의 언어 능력에 대한 기준을 둘러싸고 일부 과학자들이 갈팡질팡하고 있는 것이 분명하다. 예를 들어 어떤 과학자들은 미국 표준 수화를 하는 침팬지들이 부정문과 의문문을 쓸 줄 모른다는 근거로 들어 언어를 가지고 있다는 사실을 부정했다. 침팬지가 언어와 대상의 연관성을 이해하고 질문하기 시작하자, 비판자들은 인간에게는 있지만 침팬지에게는 없다고 생각되는 언어의 또 다른 측면을 금방 찾아냈다. 이제는 그런 특성이 언어의 '필수 조건'이 되었다.[57] 과학자들과 철학자들은 때로 믿을 수 없을 만큼 열정적으로 원숭이가 언어를 쓸 수 없다고 역설했다. 그리고 그 반대 근거가 나오면 그들이 내세운 가정과 어긋난다는 이유로 기각했다.[58] 이와는 대조적으로 다윈의 견해는 일부 동물에게 "적어도 조잡하고 맹아적 수준에서는" 언어 능력이 있다는 것이다. 그리고 만일 "자아 의식이라든가 추상화 등의 능력이 인간에게만 있는 독특한 것이라면" 그런 능력은 "주로 고도로 발달된 언어를 계속 사용한 결과"라는 것이다.

침팬지가 한 문장에서 의미 있고 중복되지 않는 단어를 일상적으로 얼마나 많이 쓸 수 있느냐에 대한 논쟁이 있다. 그러나 침팬지(그리고 보노보)가 인간에게 배운 수백 가지의 수화와 표의 문자를 조작할 수 있다는 데에는 아무런 논쟁도 없다. 그들은 이런 단어들을 사용해서 자신의 욕구를 전달한다. 앞서 살펴보았듯이 단어들은 물체, 행동, 사람들, 다른 동물들 또는 침팬지 자신을 나타낼 수 있다. 그중에는 보통 명사, 고유 명사, 동사, 형용사, 부사 등이 포함된다. 침팬지와 보노보는 지금은 존재하지 않는 물체나 행동, 예를 들어 먹을 것을 달라고 할 수 있으며, 털고르기를 해 달라고 요구할 수 있다. 따라서 앞으로 벌어질 일들에 대해 분명한 생각을 가지고 있는 것이다. 미국 표준 수화를 할 줄 아는 루시와 기호 문자를 터득한 칸지처럼, 그들은 새로운 뜻을 나타내기 위해 단어들을 새롭게 조합할 수 있다는 증거이다. 그들 가운데 일부는 적어도 몇 가지 문법 규칙을 만들어 내 그대로 준수하기도 한다. 그들은 죽은 물체, 동물, 사람들을 물체 자체만이 아니라 물체를 나타내는 임의의 단어를 써서 분류하고 범주로 나눌 수 있다. 그들은 때로 언어와 몸짓을 이용해서 거짓말을 하거나 속이고, 인과관계에 대한 초보적인 이해를 표현할 줄 아는 것 같다. 그들은 거울상의 예에서처럼 자신의 행동을 되돌아볼 수 있을 뿐만 아니라, 언어로도 표현해 낼 수 있다. 즉 엘리자베스라는 침팬지는 인공 사과를 칼로 자르면서, 사용 수준이 유창한 경지에 이른 특수한 토큰 언어로 "엘리자베스 사과 자르다."라는 표현을 했다.

그들이 알고 있는 단어는 잘해야 기본 영어 또는 인간의 일상생활에 필요한 최소 어휘의 10센트 정도가 될 것이다. 어떤 유명한 언어학자가, 인간은 유한한 수의 단어를 조합해서 무한한 수의 문장과 무한한 수의 전달 가능한 주제를 만들어 낼 수 있는 반면, 침팬지는 유한성에서 벗어나지 못한다고 주장하는 것처럼, 이 차이는 지나치게 과장되어 왔다.[59] 물론 인간이 쓰는 언어와 개념을 모두 합해도 유인원의 경우와 마찬가지로 분명히 유한하다. 침팬지와 보노보가 실험실에서 배운 언어에는 그 외에——그들이 원래 가지고 있는, 인간이 아마 거의 이해하지 못하는——몸짓, 소리 그리고 냄새 등의 신호가 목록에 첨가되어야 한다. 데카르트가 동물들에게는 없다고 한 '단어', '기호의 사용'은 침팬지와 보노보에게는 분명히 존재하고 있다.

유치원 아이 수준의 언어 능력을 보여 준 유인원은 아직 없었다. 그런데도 그들은 초보적이지만 언어를 쓸 줄 아는 분명한 능력을 가진 것처럼 보인다. 가장 뛰어난 침팬지나 보노보의 수준과 비교할 정도의 어휘와 언어 능력을 가진 두세 살 먹은 아이가 아무리 문법과 통사법을 모른다고 해도 사람들은 그 아이가 언어를 구사한다고 인정할 것이다.[60] 문화는 언어를 전제로 하고 언어는 자아에 대한 인식을 전제로 한다는 말은 이제까지 사회 과학에서는 전통적인 생각이다. 이것이 사실이든 아니든, 침팬지와 보노보는 적어도 초보적인 수준에서 세 가지, 즉 의식, 언어, 문화를 가지고 있는 것이 분명하다. 그것들은 우리 인간보다 훨씬 제한적이며, 우리 인간만큼 뛰어나지는 못하다. 그러나 그들 역시 생각할 수 있다.

대개의 사람들에게는 다음과 같은 기억이 있을 것이다. 낮잠에서 깬 상태에서 침대에 누워 있다. 엄마를 부르기 위해 처음에는 시험 삼아 울어 본다. 하지만 아무도 오지 않자 더욱 세게 울어 제친다. 겁이 덜컥 난다. 엄마는 어디에 있는 것일까? 왜 오지 않는 것일까? 아마도 이와 비슷할 것이다. 비록 언어 의식이 아직 완전히 발달하지 못했기 때문에 말을 써서 생각할 수는 없겠지만 말이다. 엄마는 얼굴에 미소를 띤 채 방으로 들어온다. 침대로 다가와 아기를 안아 든다. 감미로운 엄마의 목소리가 들리고 엄마의 냄새를 맡을 수 있다. 이때 아이의 감정은 얼마나 흥분되겠는가? 이런 강렬한 감정은 언어 이전의 무엇이다. 어른들의 기대감, 열정, 육감 그리고 공포심 등도 비슷한 것이다. 우리의 감정은 정교한 문법의 틀로 나누어 억제되고 조작되기 이전부터 이미 존재하는 것이다. 그처럼 어렴풋이 떠오르는 감정과 연상(聯想)을 통해 우리는 침팬지, 보노보 그리고 인간이 되기 바로 직전의 우리 조상들의 의식과 감정 생활의 일부를 슬쩍 엿볼 수 있을지도 모르겠다.

20장

인간 속에 내재하는 동물

인간의 뇌는 오랜 지질 시대에 걸쳐 형성된
불완전한 기관이다. 뇌의 일부 작용은 다른 작용에 비해
원시적이며 낡은 것이다. 우리의 머리에는 인간이 되기 이전의
과거에서 유래하는 불가사의하고 불합리한 그림자가 있을지도
모른다고 현대인들은 배웠다. 때로 스트레스를 받으면
이 그림자가 늘어나 우리의 합리적인 생활의 문턱 너머로
희미한 그늘을 드리울 수도 있다. 인간은 순수 이성의
계몽적인 힘에 대한 18세기의 믿음을 이미 버렸다.
왜냐하면 인간은 모순이 없는 이성적 동물이
아니라는 사실을 깨달았기 때문이다.
우리는 우리 자신의 어두운 본성에 깜짝 놀라고 있다.
그러면서 "우리는 짐승이 아니라 인간이야. 인간처럼
살아야 해." 하고 생각하는 것이 아니라, 조심스럽게 서로를
의심스러운 눈초리로 쳐다보면서 마음속으로 속삭인다.
"앞으로 아무도 믿지 않을 거야. 인간은 악마야.
인간은 동물이야. 인간은 어두운 숲과 동굴에서 왔어."

—로런 아이젤리,『다윈의 세기』[1]

　이 그림자에 조금이라도 빛을 비추기 위해, 즉 고아의 이력서에 들어갈 몇 가지 기재 사항을 복구하려는 단편적인 우리 이야기가 이제 지구에 인간이 출현한 시기에까지 이르렀다. 드디어 평가를 내려야 할 때가 왔다.

　인간과 다른 동물을 분리하기 위해 방어용 도랑, 외호(外壕, 성곽이나 도시 둘레에 파놓은 호 —옮긴이)를 파고 힘들여 지뢰밭을 만들었지만, 많은 경우 지금은 다리라든가 우회로를 통해 서로 연결되고 있다. 인간에게 독특하고 명확하며 배타적인 특징이 있다는 생각을 버리지 못하는 사람들은 다시 한 번 인간에 대한 정의를 바꿔 최후의 방어선을 치고 싶어 한다. 침팬지와 보노보의 언어가 제한적이라면, 우리는 그들이 무슨 생각을 하는지, 어떻게 느끼는지, 만약 그런 것이 있다면 자신들의 삶에 어떤 의미를 부여하는지 거의 알 길이 없다. 어쨌든 그들은 지금까지는 자서전, 회고록, 고백서, 자기 분석서 또는 철학적인 회상록을 쓴 적이 없기 때문이다. 우리가 특별한 지식이나 감정을 가지고 우리 자신을 정의하려고 든다면, 침팬지는 반대할 수 없을 것이다. 예를 들어 우리는 한 사람도 예외없이 모두 언젠가는 죽는다든가 성행위를 통해 아이가 생긴다는 것을 알고 있다는 사실 등을 들 수 있을 것이다. 때로는 아니라고 부정하는 사람도 있지만, 이것은 널리 알려진 사실이다. 아마 이 중요한 사실을 어렴풋이라도 이해한 원숭이는 한 마리도 없을 것이다. 아니, 일부는 알고 있을지도 모른다. 우리는 어느 쪽이 진실인지 알지 못한다.[2] 그러나 마치 강단에 서듯 이렇게 꼭대기에 홀로 서 있는 것은 인류에게는 공허한 승리일 뿐이다. 다른 동물들에 대해 더 많이 알게 됨에 따라 산산이 부서져 버리는 인간에 대한 과장된 정의와 비교할 때 이런 정의는 하찮은 것일 수도 있다. 꼼꼼하게 자세히 살펴보면 이러저러한 식으로 인간을 정의하는 사람들의 동기가 미심쩍어 보이며, 인간의 극단적인 배타주의가 엿보이기도 한다.

쉽게 관찰할 수 있는 행동을 통해 인간과 다른 동물을 비교하는 것은 공정하다. 그러나 동물들의 내부 생활을 들여다볼 수 있는 통로가 아직 열려 있지 않다면, 동물들 내부에서 흘러나오는 1인칭 설명, 즉 그들의 사고와 통찰에 대한 그들 자신의 보고에 바탕을 두고 비교하는 것은 불공정하다. 증거가 없다고 해서 부재를 뜻하는 것은 아니기 때문이다. 원숭이의 마음을 지금보다 더 잘 들여다볼 수 있다면, 우리의 상상보다 훨씬 더 많은 것을 찾아낼 수 있지 않을까? 거의 3세기 전에 볼링브로크 자작 1세 헨리 세인트 존(Henry St. John, 1678~1751, 영국의 정치가이자 저술가—옮긴이)은 이미 다음과 같은 점을 지적했다.

> 인간은 그 본성과 관련해서 …… 동물 전체와 연결되어 있다. 일부 동물과는 그 결합이 매우 밀접해서 지적 능력의 측면에서 동물과 인간의 거리는 …… 많은 예를 볼 때 얼마 안 되는 것처럼 보인다. 그리고 동물들의 동기를 알 수 있는 수단이 있다면, 그들의 행동을 관찰하는 횟수가 많아짐에 따라 그 거리는 더욱 좁혀질 것으로 보인다.[3]

인간과 동물의 차이로 자주 인용되는 것 가운데 하나로 종교를 들 수 있다. 인간만이 종교를 가지고 있다고 한다. 하지만 종교란 무엇인가? 동물들에게 종교가 있는지 없는지 어떻게 알 수 있을까? 다윈은 『인간의 유래』에서 "개는 자신의 주인을 신으로 여긴다."라는 말을 인용하고 있다. 앰브로즈 비어스(Ambrose Bierce)[4]는 존경심을 "신에 대한 인간의, 인간에 대한 개의 정신적인 태도"라고 규정했다. 오메가는 알파를 신 비슷한 것으로 생각한다. 오메가가 보여 주는 복종과 자기 비하의 정도는 현존하는 어떤 종교에서도 찾아보기 어려울 정도이다. 개나 원숭이가 어느 정도의 존경심을 가지고 있는지 엄격한 '우두머리', 즉 확고부동한 알파에 대해 어느 정도의 외경심을 품고 있는지는 알 수 없다. 또한 그들에게 신성(神性)이나 용서해 달라고 비는 마음이 있는지, 자신보다 강한 상대를 달래고 회유하려는 것인지 판단하기 어렵다. 자신보다 강하고 현명한 부모 밑에서 양육되고 교육과 훈련을 받은 동물들, 순위제에 적응된 동물들, 게다가 생사 여탈권과 상벌권을 가진 인간의 존재 때문에 기가 죽은 동물들, 이런 동물들은 우리가 종교적이라고 부르는 것과 비슷한 감정을 가지고 있다고 해도 그다지 틀리지 않을 것이다. 많은 포유류와 모든 영장류의 경우 이런 조건을 만족시킨다.

실제로 인간의 역사에서 몇몇 종교는 단순한 종교 이상의 것이다. 힘없는 사람들에게 안식을 주는 경우도 있지만, 기껏해야 위협, 순위제, 관료제보다 조금 나은 수준이다. 우리 인류의 양심이자 모범으로 수백만 명의 사람들을 감화시키며 판에 박힌 생활에서 벗어날 수 있도록 도움을 주는 종교적 스승은 몹시 드물다. 그러나 이중 어느 것도 지역의 사회 구조가 이용하려 드는 일반화된 종교적 성향이 동물의 왕국에서도 일반적 현상이라는 주장과 모순되지 않는다.

자연 상태의 유인원의 마음을 자세히 들여다볼 수 있다면, 수많은 감정 가운데 우리가 인간이라는 사실에 만족하듯이 그들 역시 유인원이라는 사실에 만족을 느끼고 있음을 알 수 있을 것이다. 모든 종에게 그와 비슷한 느낌이 있을 것이다. 그렇지 않은 경우보다 그런 만족감을 품는 편이 훨씬 적응도가 높을 것이다. 이런 설명이 사실이라면, 인간이 스스로 만족할 수 있는 유일한 동물이라는 자기 만족적인 특징도 부정되고 말 것이다.

이제까지 다른 종의 마음과 정신을 제대로 들여다보지도 못했고 그에 대한 면밀한 연구를 한 적도 없다면, 원래 그들에게 없는 악덕과 결점뿐만 아니라 실제 그들에게 없는 미덕과 장점을 그들에게 부여할 수도 있을 것이다. 시인 월트 휘트먼(Walt Whitman)의 시 한 구절을 통해 이 점을 생각해 보자.

나는 몸을 바꾸어 동물들과 함께 살 수 있다고 생각한다.
그들은 매우 온화하고 차분하다네.
나는 오래도록 서서 그들을 바라본다.

그들은 땀 흘려 일하지 않고 자신의 처지에 대해 푸념을 늘어놓지 않는다.
그들은 어둠 속에서 깨어나 지은 죄 때문에 울지 않네.
그들은 신에 대한 의무를 논하여 나를 싫증 나게 하지 않지.
만족하지 않는 놈은 하나도 없으며, 물건을 소유하는 일에 미쳐 버린 놈도 하나 없다네.
어느 누구도 다른 놈에게, 수천 년 전에 살았던 동족에게 무릎을 꿇지 않는다네.

온 세상에서 존경받을 만한 놈도, 불행한 놈도 없다네.[5]

이 책에서 제시한 증거에 비추어 볼 때, 인간과 다른 동물의 차이라고 휘트먼이 주장하는 여섯 가지 모두 사실인지 의심스럽다. 적어도 약간의 시적(詩的) 과장이 있다고는 해도, 시구가 아니라 본래의 의미에서 볼 때 그렇다는 것이다. 몽테뉴는 다른 동물들에게도 "야망, 질투, 선망, 복수, 미신, 절망" 등이 있다고 결론 내린다면 그것은 우리의 "지긋지긋한 속성"을 그들에게 투영한 것이라고 생각했다.[6] 그러나 침팬지의 생활을 보면 분명히 알 수 있듯이, 이런 생각은 지나친 비약이다. 많은 논자들이 인간과 '동물'의 차이를 실제보다 부풀리면서 의인화를 경계하는 반면, 휘트먼과 몽테뉴처럼 동물들을 낭만적이고 감상적으로 그리는 사람들도 있다. 어느 쪽이든 극단으로 치우친 생각은 우리와 동물의 혈연관계를 부정하는 쪽에 이바지하는 셈이다.

인간이 성공을 거둔 직접적인 원인은 틀림없이 지능과 도구를 만드는 재능의 결합과 관련이 있다. 지구 전체에 확산된 인류 문명은 주로 이 두 가지 능력에서 비롯된 것이다. 이런 능력이 없다면 우리는 무방비 상태나 마찬가지일 것이다. 그러나 "얼마 되지 않는다고는 해도 …… 자연의 척도로 보아 매우 하등한 동물들에서도 판단력이나 이성이 작동하는 경우가 종종 있다."라고 다윈은 『종의 기원』에서 말하고 있다. 만년에 다윈은 전혀 전망이 없어 보이는 주제, 즉 지렁이의 지능에 대해 폭넓게 연구했다. 그는 지렁이에게 자연의 나뭇잎과 인공 나뭇잎을 구분하는 지능 테스트를 해 보았다. 그들은 훌륭하게 해냈다. 편형동물은 단순한 미로를 잘 헤쳐 나가 보상을 받는 능력을 보였다. 즉 벌레들에게도 어느 정도의 지능이 있었다. 다윈이 비글호 항해 중에 연구한 갈라파고스 딱따구리 핀치는 나무에 사는 유충들을 끄집어 내기 위해 나뭇가지를 이용한다. 즉 새들에게도 초보적인 기술이 있다는 셈이다.

지능과 기술이 없었다면 우리는 문명을 일구어 낼 수 없었을 것이다. 그러나 문명이 우리 인간을 규정하는 특징이라든가, 인간을 정의하는 데 필요한 지능과 손재주의 수준을 정하는 기준이라고 보는 것은 불공평하다. 특히 인간이 지구에 등장한 이후 처음 99퍼센트의 기간 동안은 문명이 없는 상태로 지냈기 때문이다. 그때에도 우리는 지금과 마찬가지로 인간이었지만 문명에 대해서는 꿈도 꾸지 못했다. 그러나 수십만, 수백만 년 전까지 거슬러 올라가는, 최초의 인류나 사람과(科) 동물(현생 인류와 모든 원시 인류)의 화석에는 석기가 함께 출토되는 경우가 종종 있다. 우리는 적어도 부분적이지만 기술을 가지고 있었던 셈이다. 다만 아직 문명의 수준에까지 이르지 못했을 뿐이다.

인간은 도구를 쓸 줄 알고 다른 동물들은 대부분 도구를 쓰지 않기 때문에, 우리 인간을 도구를 쓰는 동물 또는 도구를 만드는 동물이라고 정의하고 싶은 유혹을 느끼게 된다. 이런 문제를 처음 제기한 사람은 조사이어 웨지우드와 에라스무스 다윈이 이끈 루나 협회 회원인 벤저민 프랭클린(Benjamin Franklin)이었던 것 같다. 1778년 4월 7일 제임스 보즈웰(James Boswell)은 프랭클린의 정의에 찬성한다는 의견을 나타냈다. 늘 까다롭고 융통성이라곤 눈곱만큼도 없는 새뮤얼 존슨은 반대 의견을 제출했다. "그러나 많은 사람들이 도구를 만들지 못했다. 팔이 없는 사람을 생각해 보라. 그는 도구를 만들 수 없었다." 그렇다면 인간을 정의하려 할 때, 우리는 예외 없이 모든 인간이 가지고 있는 특징을 근거로 삼아야 하는가, 아니면 잠재적이지만 가지고 있을지도 모르는 특징을 가지고 정의해야 하는가? 만약 후자라면, 다른 동물들 속에 아직 환경이나 필요성이 성숙하지 않아서 완전히 발현되지 않은 어떤 특징이 숨겨져 있는지 누가 알겠는가?

　새끼가 얼굴을 가슴에 대고 털을 꼭 잡고 방해하고 있는데도 침팬지 암컷은 아무렇지도 않게 껍질이 단단한 열매를 통나무 위에 조심스럽게 올려놓고 돌을 내리쳐 깨뜨렸다. 돌과 통나무는 각기 망치와 모루에 해당한다. 침팬지 암컷의 머리 위쪽에서 갑자기 전구에 불이 들어온 것도 아니었다. 손으로 턱을 괸 채 생각을 짜내는 것도 아니고, 어떤 계시의 순간이 있는 것도 아니고, 『차라투스트라는 이렇게 말했다』의 구절에서 배운 것도 아니다. 그것은 일상사이며 늘 하는 평범한 일일 뿐이다. 도구를 쓴 결과가 어떤 것인지 아는 인간만이 그것이 괄목할 만한 일임을 알 수 있다.

　많은 침팬지들이 비를 피해 집으로 들어올 줄은 모르지만, 그들은 도구를 쓸 줄 안다. 그뿐만 아니라 그들은 도구의 사용에 대해 '미리 계획을 세울' 줄도 안다. 즉 나중에 할 어떤 행동에 쓸 도구를 미리 구해 놓는다. 그들은 적당한 돌이나 막대기를 찾아 멀리까지 가 그것을 집으로 끌고 오기도 한다. 그들은 늘 도구를 어디에 쓸 것인지 염두에 두고 있는 것 같다.

　다윈은 『인간의 유래』에서 다음과 같이 말했다. "어떤 동물도 도구를 쓰지 않는다고 종종 이야기되고 있다. 하지만 자연 상태의 침팬지는 그 지방에서 나는, 호두와 약간 비슷한 열매를 돌로 깬다." 그는 뛰어나지만 많은 사람들에게 공격을 받았던 빅토리아 왕조 시대의 침팬지 관찰자인 의학 박사 토머스 새비지(Thomas Savage)의 관찰에 근거해서 이렇게 주장했다. 침팬지들은 보통 껍질이 단단한 종자나 나무 열매를 돌이나 나무로 된 모루에 올려놓고 돌망치로 깨뜨렸다. 그들은 열매를 깨는 데 쓸 적당한 돌멩이를 수백 미터는 족히 되는 거리를 들고 가기도 한다. 침팬지는 나무 곤봉을 사용하기도 한다. 코트디부아르의 타이 숲에 사는 침팬지는 적절한 곤봉을 골라 들고 콜라나무로 기어오른다. 좋은 콜라나무 열매를 따서 나뭇가지를 모루, 곤봉을 망치 삼아 열매를 깬다.[7] 암컷 침팬지가 수컷보다 망치와 모루를 더 자주 쓰는 것 같으며, 기술도 더 뛰어나다.*

침팬지는 풀잎의 긴 줄기나 갈대를 꺾는데, 그것은 수백 미터 떨어진 곳에서 당장이 아니라 한 시간 이상 지나서 맛있는 흰개미를 통나무나 개밋둑에서 유인해 낼 때 쓰기 위한 것이다. 침팬지는 불필요한 이파리나 잔가지를 잘라 내고 모양을 다듬어 적당한 길이로 갈대를 잘라 내야 한다. 그러고는 내부 윤곽선을 따라 교묘하게 손을 비틀어 가며 흰개미 굴에 그것을 집어넣어 살살 흔들어 대어 흰개미가 그곳에 달라붙도록 유인해야 한다. 그 다음에 흰개미가 떨어지지 않도록 매우 조심해서 그것을 끄집어 내야 한다. 침팬지가 이 기술을 익히는 데는 몇 년이 걸리며, 그런 다음에는 새끼들에게 가르쳐 준다. 새끼들은 열심히 배운다. 이것은 '도구를 만드는 인간의 특징'이라는 자신만만한 정의를 정확하게 충족한다. 즉 "지금은 눈앞에 보이지 않는

---

* 비슷한 예를 다른 종에서도 볼 수 있다. 장난을 좋아하는 총명한 해달은 보통 해저까지 잠수해서 껍데기가 단단한 홍합과 적당한 돌을 가지고 표면으로 올라온다. 몸을 뒤집은 상태로 떠서 돌을 모루 삼아 홍합을 깬다. 몇몇 새들은 쌍각류 조개를 돌 위에 떨어뜨려 깨뜨린다. 이집트대머리수리와 검은가슴솔개는 내용물을 먹기 위해 높은 곳에서 에뮤(오스트레일리아산의 타조 비슷한 새—옮긴이)와 타조의 커다란 알 위에 돌을 떨어뜨린다.[8] 출처가 분명치 않은 이야기에 따르면,[9] 고대 그리스 극작가인 아이스킬로스(Aeschylus)는 대머리수리(또는 독수리)가 무거운 돌(또는 거북이. 설에 따라 다르다.)을 대머리인 그의 머리 위에 떨어뜨리는 바람에 죽었다고 한다. 아마도 날지 못하는 새의 알로 착각한 모양이다.

먼 미래의 대상에 사용하기 위한 도구를 천연 재료를 써서 만드는 것"이라는 정의 말이다.[10]

그렇다면 침팬지의 개미 낚시는 얼마나 어려운 것일까? 어느 정도의 지능과 손재주가 필요한 것일까? 독자 여러분이 탄자니아의 곰베 국립 공원에 빈손으로 고립되었는데, 좋든 싫든 흰개미가 영양실조와 기아를 면할 수 있는 주요한 식량이라는 사실을 알았다고 해 보자. 또한 흰개미가 훌륭한 단백질원이며, 세계 여러 곳에서 자존심 센 사람들이 늘 흰개미를 먹고 있다는 사실도 알고 있다. 그리고 혹시 느낄지 모르는 양심의 가책 같은 것은 그럭저럭 떨쳐 버렸다. 하지만 한 번에 한 마리씩 잡는 것은 노력할 가치가 없는 일일 것이다. 개미 떼를 만날 만큼 운이 좋지 않다면 도구를 만들어야 할 것이다. 높이가 1미터나 되는 개밋둑 속으로 도구를 반복해서 넣었다가 꺼내어 여러분의 입으로 집어넣어야 한다. 그리고 도구를 입에서 빼내면서 이빨과 입술로 달라붙어 있는 흰개미를 훑어 내야 한다. 과연 여러분은 침팬지만큼 잘할 수 있겠는가?

인류학자인 게저 텔레키(Geza Teleki)는 실제로 그것이 가능한지 밝혀 보려고 했다. 그는 그 기술에 능통한 리키라는 침팬지에게 지도를 받으며 몇 달 동안 곰베에서 지냈다. 텔레키는 「침팬지의 생존 기술 (Chimpanzee Subsistence Technology)」[11]이라는 유명한 과학 논문에 자신이 알아낸 사실들을 써 놓았다. 곰베의 흰개미는 주로 밤에 밖으로 나왔다. 동이 트기 전에 그들은 교묘하게 개밋둑의 입구에 벽을 쌓아 구멍을 막아 버렸다. 침팬지는 개미 사냥을 할 때 늘 이 입구의 장애물을 제거하는 일부터 시작한다. 텔레키의 조사도 여기서부터 시작되었다.

나는 침팬지들이 개밋둑 위나 옆에 서서 표면을 재빠르게 일별한 후 망설임 없이 단호하게 손을 뻗어, 미리 알고 있기라도 한 것처럼 아주 정확하게 구멍의 입구를 찾아내는 것을 여러 번 관찰했다. 우선 침팬지가 아주 쉽게 구멍의 위치를 찾아내는 것이 매우 인상적이었다. 그 기술을 배우면서 나는 몇 가지 실험을 해 보았다. 즉 모든 갈라진 틈의 모양새, 튀어 나온 부분, 우묵한 곳 그리고 다른 모든 '지형적' 특징을 모조리 조사했다. 그러나 몇 주 동안 핵심적인 실마리를 찾으려고 했으나 별다른 성과를 얻지 못했다. 나는 할 수 없이 구멍이 자연스럽게 드러날 때까지 개밋둑 표면을 살살 깎아 내는 방법을 쓸 수밖에 없었다. 나는 시각적으로 어떤 물리적 특징도 찾아낼 수 없었다. 따라서 나는 침팬지가 나의 예상을 훨씬 뛰어넘는 지식을 가지고 있을 수 있다는 사실을 깨달았다.

…… 이 시점에서 관찰 사실을 합리적으로 설명할 수 있을 만한 유일한 가정은, 다 자란 침팬지는 가장 잘 알고 있는 개밋둑들의 100개가 넘는 구멍의 정확한 위치를 알고(또는 기억하고) 있을지도 모른다는 것이다. 더구나 활발한 흰개미 사냥이 1년 중 짧은 시기에 한정되기 때문에 침팬지가 나머지 10개월 동안 주요한 개밋둑의 지형적 특징을 머릿속에 지도로 가지고 있을 가능성도 역시 고려해 보아야 한다. 이 기술을 숙달하기 위해서 오랜 기간(예를 들어 4~5년)의 학습이 필요하다는 것은 …… 그리고 일부 침팬지들이 오랫동안 특별한 정보를 잊어버리지 않고 간직하고 있다는 것은 이런 가정에 대한 정황 증거가 될 수 있을 것이다.

그런 다음 텔레키는 흰개미 사냥 막대를 만들 때 침팬지들이 천연 재료를 어떻게 선별하는가를 조사했다.

경험이 많은 침팬지의 경우, 선별 과정은 놀라울 정도로 간단해 보인다.

대개 주변의 초목을 한번 흘끗 쳐다보고는 손을 뻗어 솜씨 있게 잔가지, 줄기, 풀잎의 대를 꺾었다. 때로는 개밋둑에서 두세 걸음을 옮겨 가 적당한 줄기를 가져와야만 하기 때문에, 몇몇 경우 처음에는 두세 개를 고른다. 이것들을 재빨리 살펴보고 어느 하나가 안성맞춤이라고 판단되면 나머지는 버린다. 아니면 여러 개를 개밋둑까지 가지고 온 다음 그곳에서 선별이 이루어진다. 선별은 언제나 빠르고 거의 무심결에 이루어진다. 필요한 경우 얼마간 재료를 다듬기도 한다. 이 미세한 과정을 잘 알지 못하면 이 작업에 필요한 용의주도함의 정도를 과소 평가하기가 쉽다.

아마도 침팬지들은 사냥을 하기 전에 물체의 속성을 평가할 수 있는 경험이 있는 것 같다. 왜냐하면 사냥 막대를 고르는 데 실패하는 경우가 그리 많지 않기 때문이다. …… 흰개미를 잡을 때 필요한 사냥 막대의 조건은 놀랄 만큼 까다롭다. 즉 줄기나 풀잎의 대가 너무 약하면 꼬불꼬불한 굴 속에 집어넣었을 때 휘어져 처지고(아코디언처럼) 말 것이다. 반대로 너무 뻣뻣하면 굴의 벽에 걸려 부러지거나 필요한 깊이까지 도달할 수 없을 것이다. ……

몇 달 동안 다 자란 침팬지가 부러울 만큼 쉽고 빠르고 정확하게 사냥 막대를 선별하는 것을 관찰하면서 따라서 해 보았지만, 그들만큼 하려면 어림도 없었다. 이런 서투름은 대략 네다섯 살 먹은 침팬지에게서나 볼 수 있을 뿐이다.

마침내 텔레키는 굴 입구 찾기나 도구를 만드는 어려운 일은 그만두기로 하고 도구를 쓰는 방법을 배우기로 마음먹었다.

나는 사냥 막대를 굴에 집어넣고 일정한 시간 동안 가만히 있다가 끄집어냈다. 하지만 흰개미는 한 마리도 달라붙어 있지 않았다. 거의 모두 실패했는데, 몇 주가 지나고 나서야 …… 나는 마침내 문제가 무엇인지 이해하기 시작했다. ……

땅속에 있는 흰개미를 잡기 위해서는 사냥 막대를 처음에는 주의 깊고 솜씨 있게 약 8~16센티미터의 깊이까지 집어넣어야 한다. 중간에 손목을 적절히 돌려 사냥 막대가 꼬불꼬불한 굴 속을 잘 지나갈 수 있도록 해야 한다. 그 다음 일정 시간 정지한 상태로 사냥 막대를 손가락으로 부드럽게 진동시켜 주어야 한다. 왜냐하면 이런 진동이 없으면 흰개미가 사냥 막대를 꽉 물고 싶은 충동을 느낄 수 없기 때문일 것이다. 그러나 진동이 너무 길거나 거칠게 이루어지면 흰개미의 턱이 사냥 막대를 잘라버릴 절호의 기회가 될 것이다. 이 예비 동작이 정확하게 이루어진 다음에는, 흰개미가 많이 달라붙어 있을 사냥 막대를 굴에서 끄집어내야 한다. 여기에서 다시 한 번 미세한 문제가 발생한다. 너무 급하게 또는 서투르게 끄집어내면 벌레들이 굴의 벽에 부딪혀 떨어져 나가고 말 것이다. 그리고 결국 부러진 사냥 막대만 남을 것이다. 손동작은 제대로, 하지만 너무 빠르지 않게, 그리고 일단 시작되면 물 흐르듯이 일관되게 이루어져야 한다. 특히 굴이 꼬불꼬불하면(사냥 막대를 집어넣으면서 확인할 수 있는 사항이다.) 사냥 막대를 꺼낼 때 손목을 천천히 비틀어 주어야 성공할 수 있다.

기술적 우위를 내세워 인간의 우수성을 주장하는 경우가 종종 있기 때문에, 인간 과학자가 몇 달간의 '도제' 수업을 쌓고도 어린 침팬지처럼 제대로 흰개미 사냥을 할 수 없었다는 사실을 알고 나면 조금 기가 꺾일 수밖에 없다. 텔레키는 자신의 실패를 관대하게 받아들였다. 그는 논문의 끝에 재정, 보급 등의 지원을 해 준 여러 단체에 감사한다는 말과 함께 이렇게 썼다. "덧붙여 나는 참을성 있고 아량 넓은 리키에게 특히 감사한다. 흰개미를 잡는 그의 기술은 나의 기술보다 훨씬 뛰어나다."

단단한 열매를 깨는 법이나 흰개미 잡는 법을 새끼에게 가르쳐 주는 방식은 엄격하지 않다. 즉 실제 예를 통한 학습이며, 기계적인 암기를 강요하지 않는다. 학생은 선생의 모든 손동작을 그냥 흉내 내는 것이 아니라 도구를 만지작거리며 여러 가지 방법을 시도해 본다. 그러면서 점차 기술이 향상된다. 이 때문에 침팬지는 실제로는 문화를 가지고 있지 않다는 비판을 받아 왔다(묘하게도 일단의 과학자들은 앞서 설명했듯이 침팬지가 너무 모방이 심하다는 이유로 침팬지의 언어를 부정한다. 반면에 또 다른 일단의 과학자들은 침팬지가 흉내를 잘 내지 못한다는 이유로 침팬지의 문화를 부정하고 있다.).[12]

위대한 물리학자 엔리코 페르미(Enrico Fermi)의 학습 방식은 동료들에게 최근 풀어 본 문제를 말해 보라고 하는 것이다. 물론 해답은 말하지 말라고 한다. 그는 스스로 풀어 봐야만 문제를 이해할 수 있었다. 실제로 해 봄으로써 배우는 방식은 많은 인간 활동의 경우에서와 마찬가지로 과학과 기술에서 기계적으로 암기하는 학습보다는 훨씬 더 효과적이다. 침팬지처럼 어떤 문제를 주변의 도구를 써서 풀 수 있다는 것을 안다면, 거의 성공한 것이나 진배없다.

곰베의 비비들도 흰개미를 먹는다. 하지만 그 기간은 흰개미가 이주를 하는 2~3주 정도밖에 되지 않는다. 이 기간에는 비비가 흰개미를 잡아 쩝쩝 소리를 내며 먹는다든가 앞발에 붙은 것을 잡기 위해 펄쩍 뛰는 광경을 볼 수 있다. 흰개미가 풍족치 못한 시기에는 새로 온 침팬지들에게 개밋둑에서 밀려난다. 때로 쫓겨난 비비들은 좀 떨어진 곳에 앉아 침팬지가 도구를 가지고 열심히 사냥하는 모습을 시무룩한 표정으로 쳐다보기도 한다. 침팬지는 먹기를 끝내면 줄기나

갈대를 개밋둑에 그대로 놔둔다. 그러나 비비가 버려진 도구를 쓰는 사례는 한 번도 관찰된 적이 없다. 도구를 쓰면 흰개미를 잡을 수 있는 기간이 몇 주에서 몇 달까지 연장될 수 있는데도 말이다. 분명 비비는 도구를 쓸 소질이 없는 모양이다. 그들은 그 정도로 영리하지는 못한 것이다. 아마도 뇌가 너무 작은 모양이다.

침팬지가 비비보다 훨씬 흰개미를 잘 잡는 것처럼, 흰개미를 일상적으로 먹는, 산업화되기 이전의 일부 인간들은 침팬지보다 훨씬 뛰어났다. 그들은 개밋둑을 파헤치거나 불을 피워 연기로 그을리거나 물을 집어넣는다. 좀 더 고상한 방법 가운데 하나는 혀로 입천장을 때린다든가 나무 막대 두 개로 개밋둑을 부드럽게 두드린다든가 하여 빗방울 소리를 내는 것이다. 이렇게 하면 흰개미들이 자신들의 굴에서 밖으로 나온다.[13] 침팬지가 이런 기술을 쓰는 경우는 이제까지 한 번도 관찰되지 않았다.* 침팬지는 그 정도로 영리하지는 않은 것 같다. 아마 뇌가 너무 작은 모양이다.

여기에서 우리가 발견할 수 있는 매우 흥미로운 사실은 중첩 (overlap)이다. 일부 침팬지들은 앞서 말한 사냥 기술조차 가지고 있지 않다. 따라서 흰개미를 잡는 데는 비비보다 나을 것이 없다. 다른 침팬지들은 초보적이지만 잘 발달된 기술을 가지고 있다. 효과를 거두려면 인간의 많은 문화와 마찬가지로 여러 단계를 정해진 순서대로 정확히 거쳐야 한다. 인간의 문화 가운데도 흰개미를 잡는 침팬지의 최고 수준에 간신히 이르는 것이 있는 반면 겨우 비비 수준에 머무는

* 기니의 오코로비코 산맥에 사는 침팬지는 큰 막대를 가지고 개밋둑을 헤집기도 한다. 그러면 피난을 가기 위해 빠져나오는 개미들을 한 움큼 움켜 쥔다. 주변의 카메룬과 가봉의 침팬지 집단들은 이런 방법을 쓰는 데 반해 기니의 다른 침팬지들은 이런 방법을 사용하지 않는다.[15]

것도 있다.[14] 비비와 침팬지 또는 침팬지와 인간을 가르는 명확한 경계선이란 없는 것 같다.

또한 침팬지는 침입자에게 나뭇가지를 떨어뜨려 공격하기도 하며, 나뭇잎을 이용해 물을 빨아들여 마시기도 한다. 까다롭다거나 지나치게 위생적이라고 할 정도는 아니지만 침팬지는 나뭇잎을 화장실 휴지와 손수건으로, 잔가지를 칫솔로 쓰는 것으로 알려져 있다. 그들은 나무뿌리를 파헤친다든지 은신처나 나무옹이 등에 숨어 있는 동물들을 찾는다든가 손이 닿지 않는 과일을 따는 데 막대기를 쓴다. 그들이 좀 더 복잡한 도구를 만들 수 있다면, 분명히 그들은 그것들을 쓸 수 있는 지능과 재주가 있을 것이다. 동물원에 있는 침팬지들은 관리인의 호주머니에 들어 있는 열쇠를 빼내기도 한다. 성공하면 자물쇠를 여는 경우도 종종 있다. 우리처럼 그들 역시 때로는 머리를 써서 속박에서 탈출할 수 있는 것이다.

수컷 침팬지들은 무기던지기를 좋아한다. 주변에 있는 것은 무엇이든 던지지만 보통은 막대기와 돌을 던진다(대학교 사교 클럽 회원들처럼 이따금 음식을 던지는 경우도 있다.). 암컷은 무기던지기에 그다지 관심을 보이지 않는다. 전형적인 동물원에 있는 침팬지들은 주변에 돌이 있으면 자신들을 멍하니 바라보는 방문객에게 돌을 던질 것이다. 그러나 정작 그들이 가진 것이라곤 똥밖에 없다. 야생의 침팬지가 매우 유사하게 만든 가짜 표범과 대면했을 때, 침팬지는 용기를 북돋우기 위해 미친 듯이 소리를 지르고 껴안고 올라타기를 하고 나서 적당한 막대를 찾아서는 죽을 때까지, 즉 적어도 인형이 꼼짝 못할 때까지 그 인형을 두들겨 팬다. 그러지 않을 경우 그들은 돌멩이를 퍼부을 것이다(똑같은 상황에서 비비는 미친 듯이 표범을 공격하겠지만 막대를 쓸 생각은 전혀 하지 못한다. 비비는 도구에 대해 전혀 알지 못한다.).

침팬지는 돌에 맞아 기절하거나 죽기도 한다. 방향은 대체로 정확한 편이지만 문제는 거리이다. 먹이가 되는 동물이나 적대적인 무리들과 팽팽한 접전을 벌이는 경우에는 돌을 던져 목표물을 맞힐 확률은 겨우 몇 퍼센트에 지나지 않는다. 어린아이들의 돌팔매와 비슷한 정도이다. 그러나 부정확하기는 해도 돌을 빗발치듯이 던지면 상대를 당황하게 만들 수는 있다.

도구를 '쓰는 것'과 '만드는 것'을 구별할 필요가 있다. 많은 과학자들이 다른 동물들도 도구를 쓸 줄 안다는 사실을 인정하면서도 프랭클린의 주장을 쫓아서 인간은 도구를 만드는 유일한 동물이라고 정의했다. 도구를 만들 줄 알면 얼마 지나지 않아 언어가 탄생한다고 한다.[16] 그러나 흰개미를 잡는 침팬지의 기술을 볼 때, 상당한 선견지명으로 침팬지가 도구를 쓰기도 하고 만들기도 하는 것이 분명하다. 침팬지는 우리가 알기로는 야생 상태에서 석기를 만들지는 않지만, 초보적인 석기 기술은 있다. 그러나 언어에 재능이 있는 보노보인 칸지는 사육 상태에서 인간이 하는 모습을 본떠 돌들을 서로 부딪쳐 날카로운 돌조각을 만들어 냈다. 칸지는 그 돌조각으로 끈을 잘라 음식이 가득 들어 있는 상자를 열 수 있다(이것은 적어도 5단계의 인과 관계를 거쳐야 한다.). 끈을 자를 수 있을 만큼 날카롭기만 하면 칸지는 보통은 조잡한 형태라도 그 돌칼에 만족할 것이다. 그러나 끈이 굵으면 칼을 더욱 날카롭고 크게 만든다.[17]

침팬지가 도구를 만들기 위해 의도적으로 여러 개의 사물을 결합하는 능력을 가지고 있다는 증거는 이미 수십 년 전에 확인되었다.

1913년과 1917년 사이에 볼프강 쾰러(Wolfgang Kohler)는 북아프리카의 야외 기지에서 침팬지의 지능에 대한 관찰과 실험을 수행했다. 그는 술탄이라는 수컷 침팬지를 천장의 한쪽 구석에 바나나가 매달려 있는 방으로 들여보냈다. 또한 방의 중앙에는 위쪽을 향해 열려 있는 커다란 나무 상자가 놓여 있었다. 술탄은 처음에는 펄쩍 뛰어 바나나를 잡으려고 했으나 금방 그것이 불가능하다는 것을 알게 되었다. 그 후 술탄은 "안절부절못한 채 왔다갔다하더니 갑자기 상자 앞으로 가서 조용히 서 있다가 그것을 뒤집어 …… 목표물 바로 밑에 놓고는 …… 올라갔다. 그리고 있는 힘을 다해 펄쩍 뛰어올라 바나나를 낚아챘다." 며칠이 지난 후, 술탄을 천장이 훨씬 높은 방으로 들여보냈다. 마찬가지로 바나나가 매달려 있지만 이번에는 나무 상자와 막대기가 있는 방이었다. 막대기로 바나나를 잡으려다가 실패한 술탄은 "피로한 기색으로 앉아서 …… 주변을 찬찬히 둘러보더니 머리를 긁적였다." 그런 다음 상자를 쳐다보고는 갑자기 펄쩍 뛰었다. 그리고 상자와 막대기를 잡고는 상자를 바나나 바로 밑으로 밀었다. 그리고 막대기로 바나나를 떨어뜨렸다. 쾰러는 술탄이 신속하고 계획적인 행동을 할 뿐만 아니라 분명히 문제를 해결하기 전에 생각하는 시간을 갖는다는 사실에 깊은 인상을 받았다. 그런 '통찰력 있는' 행동은 강화(reinforcement, 벌이나 상을 통해 자극에 대한 반응을 강하게 일어나게 하는 것—옮긴이)에 의존하고 점진적인 발전을 보일 뿐인 다른 형태의 학습과는 명백히 대조적인 것이다.[18]

돌조각을 더욱 날카롭게 하거나 투사체를 더욱 멀리 던질 수 있는 어떤 방법이 없을까 궁리하는, 특별히 통찰력이 있는 침팬지나 보노보를 상상하기란 그리 어렵지 않을 것이다.

인간의 기술 진보는 연속적이기 때문에 기술의 역사에서 특별히 획기적인 기술, 말하자면 불의 사용, 활과 화살, 농업, 운하, 야금술, 도시, 책, 증기, 전기, 핵무기, 우주선 등의 발명을 인간다움(humanity)

의 기준으로 삼는 것은 아무런 근거도 없는 임의적인 발상이다. 뿐만 아니라 그런 기술의 발명이나 발견이 이루어지기 전에 살았던 우리의 모든 조상들은 인간 축에 끼지도 못하는 꼴이 되고 말 것이다. 우리를 인간으로 만들어 주는 '특별한' 기술이란 없다. 잘해야 기술 일반 또는 기술에 대한 강한 지향이 있을 뿐이다. 하지만 그런 정도라면 다른 동물들도 크게 다르지 않다.

우리와 마찬가지로 인간 이외의 영장류도 모두 똑같지는 않다. 그들은 개체에 따라, 집단에 따라 다양하다. 이모처럼 기술의 천재도 있는가 하면, 순위제에 매몰된 짧은꼬리원숭이 수컷처럼 구제 불능으로 자기 방식에서 헤어나지 못하는 경우도 있다. 단단한 나무 열매껍데기를 깨뜨릴 줄 아는 침팬지 집단이 있는가 하면, 그렇지 못한 집단도 있다. 흰개미를 사냥하는 쪽이 있는가 하면 개미만을 사냥하는 쪽도 있다. 일부는 벌레를 유인하기 위해 풀잎의 대나 줄기를 쓰기도 하고 일부는 막대기나 잔가지를 쓴다. 암컷은 망치와 모루의 사용을 좋아하는 편이며, 수컷은 돌던지기를 좋아한다. 우리가 아는 한, 충분히 할 수 있고 적응력이 있는데도 영양가 있는 뿌리나 덩이줄기를 캐내기 위해 막대기를 쓰는 경우는 한 번도 없었다. 일부 개체는 기술을 꺼리지 않는 자기 집단의 다른 성원들에게 분명히 이점이 있는데도 기술이 성미에 맞지 않거나 머리를 너무 많이 써서 귀찮다는 생각이 들면 전혀 그 기술을 사용하지 않는다. 기술을 전혀 갖고 있지 않은 큰 규모의 집단도 있다. "이런 표현은 어색하지만 키발레(kibale, 우간다에 있는 키발레 국립 공원의 침팬지를 지칭한다.—옮긴이) 침팬지들은 침팬지 세계의 시골뜨기들입니다." 우간다의 침팬지 사회를 관찰한 어떤 사람의 말이다. 궁핍해야 기술을 개발하려는 의욕이 생길 텐데 키발레의 생활이 너무 평탄하고 먹을 것이 풍부하기 때문이라고 그는 추

측하고 있다.[19]

침팬지는 머리가 좋아서 머릿속에 자기 구역의 정확한 지도를 가지고 있다. 그들은 어느 계절에 어느 식물을 먹어야 하는지 아는 것 같다. 그리고 다 익은 과일이나 채소를 거두기 위해 자신들 영역의 주변으로 집결한다. 그들은 초보적인 문화, 의약, 기술을 가지고 있다. 간단한 언어를 사용하는 놀라운 능력도 가지고 있다. 또한 미래에 대한 계획을 세울 수도 있다. 다시 한 번 침팬지가 사회 생활을 하는 데 필요한 감각과 인식 능력에 대해 생각해 보도록 하자. 침팬지는 수십 명의 얼굴과 그 표정을 구별할 줄 알아야 한다. 이들이 각각 과거에 자신에게 무슨 짓을 했는지 또는 자신을 위해 어떤 일을 했는지 기억해야 한다. 잠재적인 동맹자와 적의 약점, 결점, 야망 등을 이해해야 한다. 빨리 경제적으로 독립해야 하며, 매우 유연해야 한다. 그러나 이 모든 것을 이루었다 해도, 아마 조만간에 그것을 이해하고 변화를 가할 수 있는 세계에 대한 많은 지식이 있어야 할 것이다.

인간의 고유한 특징이라고 주장되는 특징의 목록 중에서 침팬지와 보노보는 얼마나 많은 항목들을 철저하게 지워 버렸는가! 자아 인식, 언어, 사고와 연상, 이성(理性), 교환, 놀이, 선택, 용기, 사랑과 이타심, 웃음, 배란기의 은폐, 입맞춤, 얼굴을 맞대는 성교 체위, 암컷의 오르가슴, 분업, 식인 습관, 미술, 음악, 정치 그리고 털 없는 양족성(兩足性), 특히 도구의 사용, 도구의 제작 등이 거기에 포함된다. 철학자들과 과학자들이 확신에 찬 태도로 인간에게만 독특한 것으로 여기는 특징을 열심히 제기하면, 유인원들이 아무렇지도 않게 그것들을 탈락시키는 셈이다. 그들은 지구의 생물 가운데 일종의 생물학적 귀족을 자처하는 인간의 주장을 만신창이로 만들고 있다. 인간은 귀족보다는 오히려 졸부에 가깝다. 최근 급작스레 높아진 지위에 제대로 적응하지도 못하고 자신이 누구인지에 대한 확신도 없는 채, 현재의 자기와 과거의 비천한 출신 가문 사이의 거리를 어떻게든 벌려 놓으려고 안간힘을 쏟는 졸부 말이다. 그러나 우리의 가장 가까운 친척에 해당하는 동물들이 그 존재 자체로 우리의 모든 설명과 정당화를 뒤엎고 있다. 따라서 인간의 오만과 자만에 대한 균형추 노릇을 하며 지구에 유인원이 아직 존재하고 있다는 사실은 우리에게는 그나마 다행스러운 일이다.

이런 침팬지와 보노보의 특징은 대부분 최근에야 밝혀졌다. 우리 인간은 그 해답에 이권이 걸린 공정치 못한 관찰자임에 틀림없다. 이런 불공정을 극복하려면 더 많은 자료가 있어야 한다. 그러나 실험실 연구든 야외 연구든, 영장류의 행동에 대한 모든 연구는 대체로 빈약한 재정 지원밖에 받지 못하고 있다.

상대적인 차이가 아니라 절대적인 차이라고 계속 고집을 부린다 해도, 우리는 적어도 아직까지는 우리 인간에게만 고유한 어떤 특징도 발견하지 못했다. 특히 우리의 가장 가까운 친척에 해당하는 동물과 관련해서는 정도의 차이가 있을 뿐, 본질적인 차이는 없다고 보는 것이 타당하지 않을까? 그것이 진화론이 가르쳐 준 교훈이 아닐까? 도구, 문화, 언어, 교환, 미술, 춤, 음악, 종교, 개념 사고를 할 수 있는 지능 등을 우리 인간만 가지고 있다면, 우리는 우리가 누구인지 이해하지 못할 것이다. 반면에 기꺼이 우리와 다른 동물의 차이가 어떤 성향의 많고 적음의 문제라고 인정한다면, 우리는 조금이나마 앞으로 나아갈 수 있을 것이다. 그리고 원한다면, 우리는 영장류의 능력이 우리 종에 이르러 완전히 개화되었다는 자부심을 가질 수도 있을 것이다.

동물의 몸무게가 많이 나가면 나갈수록 뇌가 통제해야 할 부분이 그만큼 많아진다. 따라서 비록 한계가 있지만 뇌는 커야 한다. 이 같은 사실은 같은 종의 다른 개체 간에는 성립하지 않지만 다른 종 사이에는 성립한다. 몸무게에 비해 뇌가 큰, 특히 고도로 뇌중추가 큰 종은 어느 수준에서는 머리가 좋을 가능성이 많다. 실제로 몸무게에 비해 인간은 다른 영장류보다 뇌가 큰 경향이 있다. 영장류는 다른 포유류보다, 포유류는 조류보다, 조류는 어류보다, 어류는 파충류보다 뇌가 큰 경향이 있다.[20] 자료에 어느 정도 분산이 있기는 하지만 상관관계는 분명 존재한다. 이것은 일반적으로 받아들여지고 있는(물론 인간들 사이에서) 동물의 지능 순위와 아주 일치하고 있다. 최초의 포유류는 비슷한 몸무게의 동시대 파충류에 비해 굉장히 커다란 뇌를 가지고 있었다. 마찬가지로 최초의 영장류는 다른 포유류에 비해 큰 뇌를 가지고 있었다. 우리는 뇌가 큰 혈통 출신인 것이다.

성인은 다 자란 침팬지보다 몸무게가 조금밖에 더 나가지 않지만, 뇌는 3~4배나 더 무겁다. 생후 2~3개월밖에 안 된 유아도 다 자란 침팬지보다 더 큰 뇌를 가지고 있다.[21] 몸무게에 비해 매우 큰 뇌를 가지고 있기 때문에 우리가 침팬지보다 훨씬 머리가 좋은 것은 분명한 듯하다. 뇌의 무게나 3~4배 더 나가려면, 뇌의 '크기(말하자면 그 둘레)'가 약 50퍼센트 정도 증가해야 한다. 하지만 침팬지의 뇌가 그런 비율로 커진다고 해서 인간의 뇌가 되는 것은 아니다. 헉슬리의 주장처럼 크지는 않지만, 인간에게는 있지만 적어도 대부분의 다른 영장류에게는 없는 뇌의 구조가 존재한다. 중요한 점은 그 구조의 일부가 언어 능력과 연관된 것처럼 보인다는 사실이다.

인간 뇌의 어떤 부분은 다른 영장류의 똑같은 부분에 비해 훨씬 더 크다. 즉 사고를 담당하는 대뇌 피질은 일반적으로 침팬지의 그것에

20장 인간 속에 내재하는 동물

비해 훨씬 더 크다(인간이 되기 이전의 우리의 영장류 조상들에 비해서도 꽤 크다.). 우리가 두 발로 안정적으로 서 있을 수 있는 능력은 대뇌가 담당하고 있다.²² 인간의 전두엽은 침팬지보다 훨씬 더 튀어 나와 있다. 전두엽은 현재의 행동이 가져올 미래의 결과를 예측하는 데, 즉 미리 계획을 세우는 데 중요한 역할을 하는 것으로 생각된다.●

그러나 뇌의 해부학적 차이라는 주제는 주의 깊게 다루어야 한다. 아직 충분한 연구가 이루어지지 못한 영장류가 많이 있고, 이제까지 잘못된 주장이 제기된 경우도 수없이 많았기 때문이다. 예를 들어, 인간의 대뇌 피질 좌우 두 반구(半球)에는 서로 다른 정보가 저장되고 서로 다른 능력이 제어된다. 이것은 두 반구를 연결하는 신경 섬유 다발을 절단한 환자에게서 얻은 놀라운 발견이다.²³ "뇌의 좌우 기능 분화(lateralization)"라고 하는 이 비대칭성은 언어와 관련이 있으며, 논쟁의 여지가 있지만 도구 사용과도 관련이 있다.²⁴ 따라서 인간의 뇌만이 좌우 기능이 분화되어 있다는 독단적인 생각이 생겨났다.²⁵ 그 후 명금(songbird)은 거의 뇌의 한쪽 반구에만 노래를 저장한다는 사실이 밝혀졌다.²⁶ 언어를 배운 침팬지의 경우에도 뇌의 좌우 기능 분화가 발견되었다.²⁷ 모든 경우에서 침팬지와 인간 뇌의 '질적인' 차이란 ─설령 있다 해도─ 거의 없다고 할 만큼 미미한 것이다.

그렇다면 더 이상 아무런 차이도 없는 것일까? 침팬지에게 커다란 뇌와 인간의 말과 같은 분절어를 구사할 수 있는 능력을 주고, 테스토스테론을 얼마간 제거하고, 배란기를 알아차리기 어렵게 만들고, 몇 가지 금기를 지키게 만들고, 면도와 이발을 해 주고, 뒷다리로 서

● 뇌의 크기가 증가하고 구조가 향상되는 과정은 대부분 매우 빠르게 진행되었다. 이것은 고작 200만~300만 년 전에 일어났다. 따라서 아직 제거되지 않은 버그(컴퓨터 프로그램에서 일어나는 실수를 빗댄 표현이다.─옮긴이)가 남아 있을 수도 있다.

도록 하고, 밤에 나무에서 내려오도록 하면 어떻게 될까? 그러면 침팬지와 최초의 인류를 구별할 수 없지 않을까?

우리가 매우 우수한 이상적인 유인원 "이상이 아닐지도" 모른다는 가능성, 유인원과 우리 인간의 차이는 거의 전적으로 정도의 차이일 뿐 본질적인 차이가 아닐 가능성, 그리고 설사 본질적인 차이가 있다고 해도 미미한 것일 가능성, 이 모든 가능성은 인간의 진화가 진지하게 고려되기 시작한 처음부터 사람들이 품고 있는 커다란 불쾌함의 근원이었다. 『종의 기원』이 출간되고 몇 년이 지난 후 헉슬리는 다음과 같이 썼다.

이 문제에 대해 내가 가장 주의 깊고 공정한 연구를 통해 이끌어 낸 결론을 들으면 대다수 독자들은 반감을 느낄 것이다. 하지만 되도록 많은 지적 대중에게 알리기 위해서 그 반감을 무시해 버린다면 정당하지 못한 비겁한 행위일 것이다.

사방팔방에서 나는 다음과 같은 비명소리를 듣게 될 것이다. "우리는 인간이다. 단지 유인원보다 좀 나은 정도가 아니다. 즉 당신이 주장하는 저 야만적인 침팬지와 고릴라보다 다리가 조금 더 길고, 발이 더 탄탄하고, 뇌가 더 큰 정도가 아니란 말이다. 침팬지와 고릴라가 아무리 우리와 비슷하게 보인다 하더라도, 선악을 분별하는 지식의 힘, 인정에 쉽게 마음이 움직이는 것 등을 볼 때 우리는 전혀 동물들과 동류 관계에 있지 않다."

이런 주장에 대해 나는 그런 외침이 정당할 때에만 나 자신도 전적으로 공감할 수 있다는 답을 할 수밖에 없을 것이다. 그러나 인간의 존엄성을 엄지발가락에서 찾으려고 하는 사람은 내가 아니다. 유인원의 뇌에 소해마(小海馬, 측뇌실(側腦室)의 측두엽에 있는 작은 돌기—옮긴이)가 있다면 인간의 독자성은 없을 것이라고 암시하는 사람도 내가 아니다. 반대로 나는 이런 허황한 이야기를 일소하기 위해 최선을 다했다. ……

이 문제의 권위자를 자처하는 사람들은, 인간과 동물의 기원이 똑같다고 믿는 것은 인간을 짐승으로 격하시키는 것이라고 말한다. 하지만 정말 그럴까? 이런 결론을 우리에게 강요하려 드는 천박한 논지를, 분별 있는 사람이 나와서 분명한 주장을 통해 논파할 수는 없는 것일까? 나체 상태의 짐승 같은 야만인의 후손이라는 의심할 여지 없는 역사적 개연성(확실성은 아니고) 때문에 시대의 영광이었던 천재적인 시인, 철학자, 예술가 들의 품위가 떨어진다는 것이 정말 사실이란 말인가? 그 야만인의 지능은 여우보다 좀 더 영리하고 호랑이보다 훨씬 더 위험한 것이다.[28]

개인용 컴퓨터가 있다고 하자. 그 크기는 대개 타자기 정도로, 책상 위에 놓으면 그 계산력은 100명의 수학자도 당해 내지 못한다. 몇십 년 전만 해도 이런 물건은 지구에 존재하지도 않았다. 이런 모형의 장점을 바탕으로 제조업체들은 더 빠르고 더 강력한 마이크로프로세서와 몇 가지 새로운 주변 기기를 갖춘, 상대적으로 더 작은 기종을 만들어 내고 있다. 분명히 이것은 최초의 개인용 컴퓨터의 발명에 비하면 커다란 성과는 아니다. 그러나 새로운 컴퓨터는 구형 컴퓨터가 할 수 없는 기능을 실행할 수 있다. 아무리 집중력과 결의를 가지고 덤벼들어도 전에는 무한에 가까운 시간이 걸렸던 문제들을 이제 짧은 시간 안에 해결할 수 있다. 전에는 손도 댈 수 없었으나 이제는 풀 수 있는 문제도 많다. 그러나 만약 이런 문제를 푸는 것이 개인용 컴퓨터가 살아남는 데 중요하다면, 곧 새로운 기능이 추가된 개인용 컴퓨터가 많이 생겨날 것이다. 아마 우리 인간의 독특함은 이 정도이거나 그보다 좀 나은 정도일 것이다. 즉 인간의 능력이 세계를 이해하고 변화시킬 수 있는 능력의 문턱을 넘기 위해서는 이전부터 가지고 있던 발명, 예측, 언어 그리고 지능이라는 재능을 조금 향상시키는 것만으로도 충분하다.

그렇지만 동물이 어떤 종인가에 따라 다르지만 추론 능력이 좋다고 해서 반드시 모든 상황에 적응성이 있고 생존에 도움이 되는 것은 아니다. "다른 무엇보다도 이성이야말로 인간의 특징이다."[29] 아리스토텔레스의 말이다. 마크 트웨인은 이렇게 반박했다.

> 그것은 논쟁의 여지가 많은 문제라고 생각한다. …… 인간에게 지능이 있다는 생각에 대한 가장 강력한 반증은, [역사적] 기록을 거슬러 올라가 보면 인간은 아무렇지도 않게 스스로를 동물의 우두머리로 규정하고 있다는 사실이다.[30]

우리가 스스로를 순전히 이성적인 존재, 또는 대체로 이성적인 존재라고 생각하는 한 우리는 결코 우리 자신을 알지 못할 것이다.

식물을 파괴하거나 식물에게 심각한 해를 입히기에는, 또는 지구에 있는 모든 생명을 절멸시키기에는 우리 인간은 너무나 약하다. 그런 일은 우리 능력 밖의 일이다. 그러나 우리 인간은 지구의 문명을 파괴할 수 있으며, 인류를 대다수의 다른 동물들과 함께 멸종시킬 만큼 충분히 환경을 바꿀 수도 있다.[31] 아직 인류 전체를 절멸시킬 수준은 아니지만, 기술은 인간에게 가공할 힘을 주고 있다. 우리 조상들이 보면 아마 신의 능력이라고 생각했을 것이다. 이것은 단지 사실을 말한 것일 뿐이다. 어떤 충고도 아니며 우리를 정의하려고 꺼낸 말도 아니다. 그러나 이 문제를 생각하면 우리에게 선택의 여지가 남아 있는 것인지, 아니면 인간의 상대적인 지능과 가망성에도 불구하고 인간의 본성에 깊이 자리 잡고 있는 어떤 것 때문에 조만간 최악의 사태에 빠질 수밖에 없는 것인지 의문에 사로잡힌다.

"고차원의 본성이 잠을 자고 있는 것에 비례해서 우리 내부에 동물성이 깨어 있음을 느끼고 있다."[32] 헨리 데이비드 소로(Henry David Thoreau)의 말이다. 이 말은 어떤 의미에서는 당연한 것으로, 조금만 자신을 되돌아보아도 금방 알 수 있다. 가령 꿈속에서 어떻게 "영혼 가운데 점잖은 부분이 잠들고, 이성의 통제가 사라질 때 …… 우리 내부의 수성(獸性)이 …… 날뛰기 시작하는가."를 기술한 사람은 적어도 플라톤까지 거슬러 올라갈 수 있다.[33] 플라톤은, 수성은 "그 순간에 수치심과 모든 사리분별력을 내팽개치고" 근친상간, 살인 그리고 "금지된 음식" 등 "아무것도 거칠 것이 없을 것이다."라고 말한다. 지그문트 프로이트를 통해 우리는 내재하는 수성이라는 개념에 익숙해 있다. 그는 이것을 '이드(id)'라고 불렀는데, 이는 라틴 어로 '그것'이라는 뜻이다. 또한 휴링스 잭슨(J. Hughlings Jackson)의 연구에서부터 시작된 신경 생리학에서도 이것은 친숙한 개념이다.[34] 좀 더 최근의 것으로는 신경 생리학자 폴 매클린(Paul MacLean)의 주장을 들 수 있다.[35] 매클린은 깊숙하고 오래된 부분에 성, 공격성, 지배욕, 세력권 등의 제어 중추에 해당하는 R 복합체(R-complex)가 존재한다는 사실을 확인했다. 여기서 R는 파충류(reptile)라는 말에서 따온 것인데, 파충류는 인간과 비교할 때 의식의 자리인 대뇌 피질의 상당 부분이 없지만 R 복합체 부분은 인간과 똑같이 가지고 있기 때문이다.

인류는 동물로부터 물려받은 유산을 부정하기 위해 먼 길을 걸어가고 있다. 그것은 과학적, 철학적 부분에만 한정된 것이 아니다. 면도한 남자의 얼굴, 옷 그리고 그 밖의 장식품에서도 그런 부정의 태도를 엿볼 수 있다. 동물을 죽이고 가죽을 벗겨 먹는다는 사실을 숨기기 위해 고기가 상점에 오기까지 거치는 긴 거리에서도 그런 흔적을 찾아볼 수 있다. 수컷이 암컷에게 올라타기를 해서 우위를 나타내려는 가짜 성행위는 영장류에서는 흔히 있는 관습이지만 인간들 사이에는 없다. 이런 사실에 위안을 삼는 사람도 있다. 그러나 영어나 많은 다른 언어에서 욕설 가운데 가장 지독한 욕은 그 앞에 대명사 '나'가 은연중에 암시되고 있는 '씹할 년(또는 씹할 놈, fuck you)'이라는 욕이다. 욕을 하는 사람은 그 말을 통해 자신보다 하위라고 여겨지는 사람에 대한 경멸과, 자신의 우위를 강력하게 표현하고 있는 것이다. 자세의 표현을 조금 어조에 변화를 주어 언어 표현으로 바꾸는 것이 인간의 특징이다. 이 욕은 매일 전 세계에 걸쳐 수백만 번도 더 쓰이지만 아무도 이 말이 무슨 뜻인지 생각하기 위해 말을 멈추지는 않는다. 무심결에 입에서 튀어 나올 때도 종종 있다. 욕을 내뱉으면 그것으로 족하다. 그것만으로 효과가 있다. 그것은 영장목(目)을 나타내는 상징으로 우리가 아무리 부정하고 그렇지 않은 양 가장해도 우리 본성의 일부를 드러내고 있는 것이다.

그런데 무언가 분명한 위험이 있는 것 같다. 분명 우리 내부 깊숙이 자리 잡고 있고 스스로 알아서 움직이고 이따금 의식적인 통제를 벗어날 수 있는 무언가가 있다. 그것은 우리가 최선이라고 생각해서 한 일인데도 불구하고 남에게 해를 끼칠 수 있는 어떤 것이다. "내가 원하는 착한 일은 하지 않고, 도리어 원치 않는 악한 일을 하는도다."[36]

때로 우리는 '고차원의 본성', 즉 이성을 사용해서 내재하는 수성을 깨운다. 정작 무서운 것은 바로 그런 자극을 받아 움직이는 동물성이다. 그것의 존재를 인정할 경우 위험한 운명론에 빠지지 않을까 걱정하는 사람들이 있다. 범죄자는 다음과 같이 변명할지도 모른다. "나는 얌전하게 행동하고 법을 지키고 훌륭한 시민이 되려고 애썼다.

하지만 나에게 요구하는 것이 너무 많다. 나의 내부에는 동물이 들어 있다. 결국 그것이 인간의 본성이다. 나는 나의 행동에 책임이 없다. 테스토스테론이 그렇게 시킨 것이다."[37] 만약 이와 같은 견해가 널리 받아들여진다면 사회 구조가 불안정해질 수도 있다. 그것은 두려운 일이다. 그런 경우 우리의 '동물적' 속성에 대한 지식이 널리 퍼지지 못하도록 하는 편이 좋을 것이며, 인간의 동물적 속성을 논하는 사람들은 인간의 자부심을 훼손하기 위한 불장난을 하고 있는 양 위장하는 편이 나을 것이다.

자세히 살펴보면, 우리가 정말 두려워하는 것은 필경 우리의 마음속에 잠복해 있는 단호한 악의, 어찌할 수 없는 이기심 그리고 유혈에 대한 욕망 등이라는 사실을 알 수 있을 것이다. 즉 우리 내면 깊숙이 비정한 악어와 같은 살인 기계가 들어 있다는 두려움 말이다. 그것은 우리의 자화상으로는 듣기 좋은 말이 아니며, 그런 생각이 널리 받아들여진다면 분명 인간의 자부심은 무너지고 말 것이다. 인간이 세계의 환경을 파괴할 만큼의 힘을 가지고 있는 현대에서는 이와 같은 사고방식은 인류의 미래에 대한 전망을 낙관적으로 볼 수 없게 만든다.

범죄자와 반사회적 성격 이상자가 인간이 다른 동물에서 진화했다는 과학적 발견에서 용기를 얻을 것이라는 생각은 차치하고라도, 이런 사고방식의 기이한 특성은 동물, 특히 우리와 가장 가까운 친척에 해당하는 영장류에 대한 데이터를 자기 마음대로 취사 선택한다는 사실이다. 영장류의 세계에서도 우정, 이타심, 애정, 성실, 용기, 지능, 발명, 호기심, 예측 등 많은 특징을 볼 수 있다. 우리는 우리 자신이 그런 특징을 많이 가지고 있다는 사실에 기뻐할 것이다. 인간의 '동물적 속성'을 부정하거나 비난하는 사람들은 그런 속성이 어떤 것인지 제대로 알지 못하고 있다. 원숭이와 유인원의 생활에는 부끄러운 점도 있지만 자랑스러운 점도 많지 않을까? 이모, 루시, 술탄, 리키 그리고 칸지와 우리가 어떤 연관이 있다는 사실을 기꺼이 인정해야 하지 않을까? 동료들에게 해를 끼치고 자신은 이득을 얻는 대신에 오히려 굶주리는 쪽을 택하는 원숭이를 생각해 보라. 우리의 윤리가 그들의 수준에 이르렀다고 확신할 수 있다면, 인류의 미래에 대해 좀 더 낙관적인 생각을 가질 수 있지 않을까?

지성이 우리 인간의 특징이라면, 적어도 인간의 본성에 두 가지 측면이 있다고 한다면, 지성을 통해 한쪽을 조장하고 다른 쪽을 억제해야만 하는 것은 아닐까? 지난 몇 세기 동안 우리는 미친 듯이 사회 구조를 주물러 왔다. 그렇다면 사회 구조를 다시 세울 때 인간의 본성을 더욱 잘 이해하고 확고하게 고려할 수 있다면 더 안전하지 않을까?

플라톤은 여러 가지 사회적 통제가 잠을 자고 있으면, 내재하는 수성이 인간에게 '어머니나 다른 아무하고나, 남자, 신 또는 짐승'과 근친상간을 하도록 유혹하고 다른 범죄를 저지르도록 부추기는 사태를 두려워했다. 그러나 원숭이와 유인원 그리고 다른 '야수'들이 부모자식 또는 형제자매 간의 근친상간을 하는 경우는 거의 없다. 금기는 이미 다른 영장류 사회에도 발달되어 있으며, 진화할 만한 충분한 이유가 있다. 우리 자신의 근친상간의 성향을 다른 동물들의 탓으로 돌리는 것은 그들의 품격을 떨어뜨리는 짓이다. 플라톤은 우리 자신 속에 내재하는 수성이 '피비린내 나는 행위'를 부추길 것이라고 두려워했다. 그러나 원숭이와 유인원 그리고 다른 '야수'들은 적어도 집단 내에서는 유혈 사태를 일으키지 않는 방향으로 강력하게 억제되어 있다. 지배와 복종, 우정, 동맹, 성적인 상대 관계 등이 확립되어 있기 때문에, 폭력적인 범죄가 실제로 일어날 만한 상황에서도 으르렁거리는 정도로 그치고 만다. 대량 살해의 예는 한 가지도 알려진 적이 없다. 전력을 다해, 모든 무기를 동원해 싸우는 경우도 전혀 관찰되지 않았다. 우리의 폭력적 성향을 그들 탓으로 돌린다면, 그것은 다시 한 번 그들을 과소 평가하는 것이다. 우리가 일상적으로 피하려고 하는 것에 대해 그들도 충분히 억제되어 있음은 매우 분명한 것 같다.

이빨과 맨손으로 적을 죽이는 것은 방아쇠를 당기거나 단추를 누르는 것에 비해서 감정적으로 매우 격한 행위이다. 도구와 무기를 발명하거나 문명의 이기를 고안하면서 우리 인간은 제어 장치를 배제시켰다. 때로는 깊이 생각하지 않고 경솔하게 때로는 냉정하게 앞뒤를 재 보고 그런 조치를 취했다. 우리의 가장 가까운 친척에 해당하는 동물들이 마구잡이로 근친상간과 대량 살해를 감행했다면, 그들은 멸종되고 말았을 것이다. 인간이 되기 이전의 우리 조상들이 만일 그랬다면, 우리는 지금 여기 존재할 수 없을 것이다. 우리가 가지고 있는 결점은 모두 단지 우리 자신, 우리의 정치적 수완 때문이다. 그것은 '야수들'이나 우리의 먼 조상들 탓이 아니다. 그들은 우리의 이기적인 비난에 대해 방어할 수 있는 방법조차 갖고 있지 않다.

그러나 절망하거나 겁낼 이유는 없다. 우리가 부끄러워해야 할 것은 우리의 본성을 숨겨서라도 자기 회의를 회피하려는 행위이다. 우리가 다루고 있는 상대가 누구인지 알아야만 우리는 문제를 해결할 수 있다. 우리의 조상과 가까운 친척들은 우리가 인식하고 있는 우리 내부의 위험한 성향이 무엇이든 균형을 맞추기 위해 폭력을 억제하고 통제했으며, 적어도 종 내부의 충돌에서는 주로 상징적인 싸움밖에 하지 않았다. 우리는 그 점을 똑똑히 알아야 한다. 다른 한편 우리는 동맹과 우정 관계를 형성할 수 있는 자질이 있으며, 정치에 대한 우수한 자질을 갖추고 있고, 자기 인식의 능력과 새로운 형태의 사회를 조직할 수 있는 능력이 있다는 사실을 알아야 한다. 또한 우리는 지구에 살았던 어떤 종보다도 이 세계를 잘 이해하고 일찍이 존재하지 않았던 것을 만들 수 있는 능력을 가지고 있음을 깨달아야 한다.

최초 생명체의 화석에서도 공동 생활과 상호 협동이 있었다는 분명한 증거가 나타나 있다. 우리 인간은 타고난 특징 가운데 한쪽을 신장시키고 다른 쪽은 억제하는 효율적인 문화를 고안할 수 있었다. 뇌의 구조, 인간의 행동, 개인적인 자기 반성, 역사의 기록, 화석, DNA 염기 서열, 우리의 가장 가까운 친척들의 행동 등에서 우리는 분명한 교훈을 얻을 수 있다. 즉 인간의 본성에는 한 가지 측면만이 있는 것이 아니라는 사실이다. 상대적으로 높은 지능이 인간의 특징이라면, 다른 종들이 각각의 장점을 살려 자손을 번창시키고 유산을 후세에 물려주듯이 우리도 지능을 살려 나가야 한다. 진화의 찌꺼기로 우리에게 남아 있는 어떤 성향이 지성, 특히 무언가에 종속된 지능과 결합하는 경우 인류의 미래를 위협할 수 있다는 것을 이해해야 한다. 우리의 지능은 분명히 불완전하며, 최근에 생긴 것이다. 지능이 다른 영구적인 성향의 달콤한 유혹에 쉽게 넘어간다든가, 영구적인 성향 앞에서 힘을 못 쓰거나 파괴되어 버릴 수 있다는 사실은 우려할 만한 일이다. 영구적인 성향은 때로는 냉정한 이성으로 위장하는 경우도 있다. 그러나 지능이 우리의 유일한 칼날이라면, 우리는 그것을 잘 쓰는 법을, 날카롭게 가는 법을 배워야 한다. 또한 그 한계와 결점을 이해하고 고양이가 발소리를 죽이고 몰래 걷듯이, 또는 대벌레가 위장을 하듯이 생존의 도구로 지능을 쓸 줄 알아야 한다.

무상

죽음은 숨어 있는 호랑이처럼 자신이 죽으리라고는 꿈에도 생각하지 않는 사람을 죽이려고 몰래 잠복해 기다리고 있다.
— 마명(馬鳴), 『순다리와 난다(孫陀利難陀詩)』(1165년경)[38]

21장
잊혀진 조상의 그림자

나는 일찍이 소년이고 소녀였다.

수풀이고 새였다.

바다에 사는 말없는 물고기였다.

— 엠페도클레스, 『정화(淨化)』[1]

진화 과정을 거치면서 지구는 생명으로 가득 찼다. 이윽고 지상에는 갖가지 생물이 살게 되었다. 걷고, 뛰고, 깡충거리고, 날고, 떠 있고, 주르르 미끄러지고, (굴을) 파고, 물 표면을 성큼성큼 걸어가고, 천천히 달리고, 뒤뚱뒤뚱 걷고, 양손으로 매달려 건너고, 헤엄치고, 몸을 구르고, 그리고 참을성 있게 기다리는 생물들이 있다. 실잠자리는 허물을 벗고, 낙엽수는 싹을 틔우고, 대형 고양잇과 동물은 사냥감에게 몰래 다가가고, 영양은 소스라치게 놀라고, 새들은 지저귀고, 선형동물들은 부식토의 알갱이를 씹어 먹고, 나뭇잎과 나뭇가지를 완벽하게 닮은 곤충들은 나뭇가지에서 몰래 휴식을 취하고, 암수 한몸의 지렁이는 열렬한 포옹 자세로 뒤엉켜 있고, 지의류를 이루는 조류와 균류는 편안한 짝들이고, 대형 고래는 대양을 건너가며 구슬픈 노래를 부르고, 버드나무는 눈에 보이지 않는 땅속의 대수층(帶水層)에서 물기를 빨아들이고, 눈곱만큼의 쓰레기라도 있으면 세균의 우주가 생긴다. 생명이 살지 않는 곳은 어디에도 없다. 한 줌의 흙, 한 방울의 물, 한 숨의 공기에도 생명은 있다. 지구 표면의 온갖 구석과 틈새는 생명으로 넘쳐나고 있다. 상공에는 세균이 있고 높은 산의 꼭대기에는 깡충거미가 살고 있고, 심해의 해구에는 황(S)을 대사하는 생물이 있고, 지표에서 수 킬로미터 지하에는 호열성 세균이 살고 있다. 이런 생물들은 거의 모두 밀접한 관계를 유지하고 있다. 서로를 먹고 마시며, 서로가 방출한 가스를 들이쉬고, 서로의 몸속에 살며, 서로 상대방의 모습으로 위장하고, 상호 협동의 복잡한 망을 이루고 있다. 그리고 아무런 대가도 받지 않고 서로의 유전적 명령에 영향을 미친다. 지구 전체에 걸쳐 상호 의존과 상호 작용의 거대한 그물망이 형성되어 있다.

30억 년 전에 생명체들은 내해(內海)의 색을 변화시켰다. 20억 년 전에는 대기의 조성을, 10억 년 전에는 기후와 기상을, 3억여 년 전에는 토양의 지질을, 그리고 지난 2~3억 년 전에는 지구의 외양을 바꾸었다. '원시적'이라고 생각하기 쉬운 생명체를 통해, 물론 자연의 과정을 통해서 이런 근본적인 변화가 일어났다. 인간의 기술 문명이 '자연의 종말'을 가져왔다고 걱정하는 사람들이 있지만 이에 비하면 아무것도 아니다. 우리는 많은 종을 멸종시키고 있다. 나아가 스스로를 파괴시킬 지경에까지 이를지도 모른다. 그러나 지구로 보면 이것은 전혀 새로운 것이 아니다. 지구라는 무대에서는 벼락부자가 된 종이 무대 장치를 바꾸고 다른 종을 멸종시키며, 그 후 스스로도 무대에서 영원히 퇴장하는 일이 오랫동안 반복되고 있다. 인간은 아마도 마지막 벼락부자일 것이다. 그리고 다음 막에서는 새로운 주역이 등장할 것이다. 지구는 여전히 꿈쩍도 하지 않고 버티고 있다. 지구로 보면 이 모든 것은 예전에 여러 번 겪은 일에 불과하다.

생명은 위로는 하늘, 아래로는 지옥과 같은 지구 내부와 맞닿은 얇은 지구 표층에만 번성하고 있다. 지구는 하루 한 번 자전을 하고, 1년에 한 번 태양 주위를 공전하며, 2억 5000만 년에 한 번 우리 은하의 중심을 돌고 있다. 암석과 금속으로 이루어진 이 세계에는 내부 깊숙이 대륙을 형성하기도 하고 파괴하기도 하는, 또한 지구 자기장을 만들어 내는 대류 물질이 있다. 이런 지구는 생명에 대해 아무것도 알지 못한다. 지구는 생명이 없어도 있을 때와 똑같이 운동을 계속할 것이다. 지구는 전혀 개의치 않는다. 표면의 엷은 온화한 지대를 빼면, 어떤 생명도 살 수가 없다.

엄청나게 강력한 충돌이 일어난 때부터 시뻘겋게 용융된 물질과 칠흑 같은 하늘에서 지구가 막 생겨나기 시작할 때, 바다와 생명을 이루는 재료가 우주에서 계속 떨어지고 있을 때, 주변 우주와 지구가 뚜렷하게 관련을 맺고 있을 때, 우리의 계통수는 뿌리를 내리기 시작했다. 고아의 이력서에서 앞부분은 서사적 형태를 띠고 있었다.

앞에도 말했듯이, 인간의 가계도 가운데 아마 20~30세대 전까지 과거로 거슬러 올라갈 수 있는 경우는 있기는 해도 드물다. 오히려 대부분의 경우 기록이 없기 때문에 3~4세대 정도밖에 추적하지 못한다. 여기저기 예외가 있는 하지만 초기의 조상들은 모두 그야말로 허깨비일 수도 있다. 그러나 수백 세대를 거슬러 올라가야 문명이 시작된 시기까지 갈 수 있으며 우리 종의 기원까지는 수천 세대를 거슬러 올라가야 한다. 우리와 사람속의 최초 성원들 사이에는 수십만 세대의 시간이 가로놓여 있다. 인간이 되기 이전의 영장류, 포유류, 파충류, 양서류, 어류 그리고 원시 바다의 미생물의 조상까지는 얼마나 많은 세대가 가로놓여 있는지, 이보다 이전 시기인, 최초의 유기 분자가 조잡하지만 스스로를 복제할 수 있었던 시기까지 얼마나 많은 세대가 놓여 있는지는 아직도 풀리지 않은 수수께끼이다. 잘은 몰라도 어림잡아, 1000억 세대 정도 될 것이다. 우리 각각의 가계도는 위대한 발명자들로 빛나고 있다. 즉 자기 복제, 단백질 공구(工具)의 제조,

세포, 협동, 포식, 공생, 광합성, 산소 호흡, 성, 호르몬, 뇌, 기타 모든 것을 처음으로 시도해 본 생물들이 있다. 1000억 세대라는 시간 사슬에서 누가 그것을 발명했는지, 이름도 모르는 은인들의 은혜를 우리가 얼마나 입었는지 한 번도 생각해 보지 않은 채 우리는 매일 그 것들을 쓰고 있다.

인간이 다른 동물과 친척간이라는 말을 인간의 존엄성에 대한 모독으로 간주하는 사람들이 많이 있다. 그러나 우리 가운데 누구도 다른 동물보다는 아인슈타인과 스탈린, 간디와 히틀러와 훨씬 더 가까운 것이 사실이다. 그렇다면 우리는 얼마간이라도 우리 자신에 대해 생각해야 하는가? 인간의 '모든' 속성과 지구상의 다른 생명체 사이에 긴밀한 연관이 있다는 사실을 금방 쉽게 알아낼 수는 없다. 그래도 그 사실을 알면 우리 자신에 대해 알 수 있는 길이 열린다.

우리와 다른 동물이 친척이라는 사실을 받아들이는 경우, 우리가 취하는 행동의 도덕성(신중함뿐만 아니라)에 대해 재고해 보아야 한다. 즉 우리는 지구 전체를 통틀어 밤과 낮을 가리지 않고 몇 분마다 한 종씩 다른 동물을 멸종시키고 있다. 지난 몇 세기 동안 우리는 수백 종에 가까운 동물들을 멸종시켰다. 그 가운데 어떤 것은 새로운 식량이 될 가능성이 있었으며, 어떤 것은 몹시 필요한 약재(藥材)였다. 그러나 40억 년이라는 생명의 진화 시기 동안 우여곡절을 거쳐 진화해 온 독특한 DNA 염기 서열은 영원히 사라져 버렸다. 우리는 후손들의 세대는 조금도 생각하지 않고 가족의 재산을 허투루 낭비하는 미덥지 못한 상속인인 셈이다.

이제 우리는 진실과는 동떨어진 무언가인 체하는 짓을 그만두어야 한다. 감상적이고 무비판적으로 동물을 의인화하는 태도와, 동물과 인간의 유연관계를 인정하는 것을 불안해하며 고집스럽게 거부하는 태도(후자의 태도는 아직도 널리 퍼져 있는 '특별한' 창조물이라는 생각 속에 극명하게 표현되고 있다.) 사이 어딘가에 우리가 자리를 잡을 수 있는 넓은 땅이 있다.

우주가 정말로 우리 인간을 위해 만들어졌다면, 또한 정말 자애롭고 전지전능한 신이 있다면, 과학은 냉혹하고 무정한 짓을 저지른 셈이다. 과학의 진가란 오랜 과거로부터 진실로 받아들여 온 믿음이 맞는지 저울질해 보는 일일 것이다. 그러나 우주가 인간의 열망과 운명에 대해 신경을 쓰지 않는다면, 과학은 우리에게 우리를 둘러싸고 있는 환경의 중요성을 일깨워 줌으로써 가능한 한 최대의 도움을 준다. 자연선택이라는 용서 없는 원칙을 따라 인간은 스스로의 존속에 대해 책임이 있으며, 실패하는 경우 멸망하고 말 것이다.

그런데 우리는 아직도 대량 학살을 거듭하고 있다. 기술이 발달함에 따라 잠재적인 비극도 커지고 있다. 최근 역사에 있었던 많은 슬픈 사건을 볼 때 인간에게 학습 능력이 있는지조차 의심스럽다. 제2차 세계 대전과 유대인 대학살이라는 소름끼치는 사건을 통해 우리 인간은 끔찍한 사건이 가져오는 해독에 대해 충분히 예방 접종을 받았다고 생각할지도 모르겠다. 그러나 약효는 빠르게 떨어지고 있다. 새로운 세대는 기꺼이 비판적이고 회의적인 정신을 내던지고 있다. 옛 구호와 반전 사상은 찾아볼 수가 없다. 최근까지만 해도 죄책감에서 조그만 소리로 속삭이던 것들이 이제는 공공연히 정치적 원리와 의제로 제기되고 있다. 자민족 중심주의, 외국인 혐오증, 동성애 혐오증, 인종주의, 성 차별 그리고 지역주의가 새롭게 판을 치고 있다. 인간에게는 지배자의 의지에 따르며 안도하거나, 몸을 의탁할 수 있는 지배자가 나타나기를 열망하는 경향이 있다.

우리 조상들이 많은 소집단으로 나뉘어 있던 1만 세대 전에는 이러한 성향이 도움이 되었을 수도 있다. 우리는 왜 그들이 어떤 자극에 대해서도 거의 즉각적이고 무조건적인 반응을 보이는지, 왜 그들이 그렇게 쉽게 남의 유혹에 넘어가는지, 왜 그들이 선동가와 낡은 정치가들이 날뛰는 토양이 되고 있는지 이해할 수 있다. 그러나 자연선택을 통해서 먼 옛날의 영장류가 가지고 있던 그런 성질이 누그러지기를 기다리고만 있을 수는 없다. 그러려면 너무 오랜 시간이 걸릴 것이다. 우리가 가지고 있는 도구를 써서 작업을 해야 한다. 즉 우리가 누구인지, 어떻게 그런 길로 가게 되었는지, 어떻게 우리의 약점을 극복할지 이해하는 것 말이다. 그러면 최악의 결말에 이를 가능성이 좀 덜한 사회를 만들기 시작할 수 있을 것이다.

그렇지만 지난 1만 년이라는 관점에서 볼 때 이례적인 변화가 최근에 두드러지게 나타나고 있다. 우리 인간이 스스로를 어떻게 조직하고 있는지 생각해 보라. 알파 수컷에 대한 순종과 복종을 강요하는 순위제는 세습제와 마찬가지로 한때 세계 정치 구조의 표준이었다. 최고의 철학자들과 종교 지도자들은 이런 제도를 신이 내려준 가장 적절한 제도라는 식으로 정당화했다. 오늘날 이런 제도들은 거의 지구에서 사라졌다. 마찬가지로 존경받는 사상가들이 처음부터 인간의 본성과 어울리는 제도라고 오랫동안 옹호해 온 노예제 역시 전 세계에서 거의 폐지되었다. 예외가 있기는 하지만, 얼마 전까지만 해도 지구 전체에 걸쳐 여성은 남성에게 종속되어 있었으며, 평등한 지위나 권한은 부정되었다. 이것 역시 어쩔 수 없이 미리 방향이 정해진, 불가피한 일이라고 생각했다. 오늘날 이런 생각에도 거의 모든 지역에서 변화의 조짐이 분명히 나타나고 있다. 민주주의와 인권에 대한 공감은, 몇 가지 후퇴 사례도 있기는 하지만, 지구 전체에 퍼져 있다.

이 모든 사실들을 종합해 보면, 이러한 사회 변화가 10세대가 안

되는 짧은 기간 동안 일어났다는 사실을 통해 인간이 집행 유예의 희망도 없이 겨우 침팬지 사회와 흡사한 사회 구조에서 끝까지 생활하라는 선고를 받았다는 주장에 대해 반론을 제기할 수 있을 것이다. 더구나 변화가 너무 빠르게 일어나고 있어서 그것을 자연선택의 결과라고 할 수는 없을 것이다. 그보다는 인간의 문화가 인간의 내면 깊숙이 자리 잡고 있는 성향과 성질을 끌어내고 있음에 틀림없다.

우리 인간은 적어도 DNA 염기 서열의 99.9퍼센트가 서로 똑같다. 우리 인간은 다른 어떤 동물보다 서로에 대해 훨씬 더 유전적으로 가깝다. 다른 문제에도 적용되는 유사성이라는 기준에서 볼 때, 문화와 민족적 혈통이 가장 동떨어진 경우에도, 인간은 유전 형질의 측면에서 본질적으로 동일하다. 실현되었든 그렇지 않았든 간에 무수히 많은 생명체 가운데, 우리 인간은 똑같은 옷감을 잘라 똑같은 형태로 만든 존재로서 똑같은 장점과 단점을 가지고 있다. 따라서 궁극적인 운명 또한 같을 것이다. 그렇다면 인류의 존폐와 연관된 위기가 눈앞에 펼쳐져 있는데도 우리 인간은 우리에게 주어진 상호 의존성과 지능으로 먼 옛날의 조상들에게 도움을 주기 위해 진화한 낡은 행동 유형에서 벗어날 수 없단 말인가?

우리는 더 이상 쓸모없는 옛 제도를 해체하고 여러 가지 새로운 제도를 시험해 보고 있다. 우리 종은 서로 소통하는 하나의 전체가 되고 있다. 그 속에는 지구를 하나로 묶어 주는 강력한 경제적·문화적 연대가 존재한다. 인류가 안고 있는 문제는 날이 갈수록 전 지구적인 차원으로 커져 가고 있으며, 그 해결책 역시 전 지구적 규모가 아니고는 찾아낼 수 없다. 우리는 인류의 과거에 대한 수수께끼와 우주의 성질을 밝혀내고 있다. 우리는 엄청난 힘을 발휘하는 도구를 발명했다. 우리는 주변 천체를 탐구해 왔으며, 별들을 향해 항해에 나서고 있다. 예언은 사라진 능력이며, 우리는 우리의 미래에 대해 어떤 명확한 전망도 받지 못했다. 우리는 다가올 미래에 대해 거의 전적으로 무지한 상태이다. 그렇다면 어떤 근거를 가지고 비관주의를 정당화할 수 있을까? 그들의 그림자 속에 다른 어떤 것이 숨겨져 있다 해도, 우리 조상들은 우리에게—물론 한계가 있기는 하지만—분명히 제도와 우리 자신을 변화시킬 수 있는 능력을 건네주었다. 그 외에는 그 무엇도 처음부터 미리 정해진 것은 없다.

자신의 부모에 대해 감상적이거나 신비적인 태도를 갖지 않고, 동시에 자신의 결점을 두고 부당하게 부모를 탓하지 않으며, 있는 그대로 부모를 바라볼 수 있을 때, 우리는 비로소 어른이 되었다고 할 수 있다. 어른이 되면, 비록 고통스럽더라도 길고 긴 음지(陰地)나 무시무시한 그림자를 외면하지 않고 똑바로 쳐다볼 수 있다. 그리고 조상들에 대한 기억을 되살리고 받아들이는 과정에서 우리 후손들이 안전하게 살아갈 수 있는지 살필 수도 있을 것이다.

맺음말

사물의 시초를 안다면

사물의 끝에 대해 무지할 수 없을 것이다.

— 토마스 아퀴나스, 『신학대전』[1]

지금까지 인간이 발을 디디기 이전의 지구에 대해 설명했다. 화석 기록과 지구를 빛내고 있는 생명의 현란한 파노라마를 안내인 삼아 우리 조상들에 대해 이해하려고 애썼다. 아직도 천애 고아의 이력서에는 빠져 있는 부분이 엄청나게 많이 있지만, 과학이 진보하면서 잃어버렸거나 잊혀진 기재 사항 가운데 몇 가지를 대충 살펴볼 기회가 있었다. 그 가운데에는 중요한 항목이 많이 있다. 인류의 여명에서 문화의 발명에 이르는 이야기는 이 시리즈에서 다음 책의 주제가 될 것이다.

옮긴이의 말
과학적 엄밀함과 상상력의 결합

지난 1996년 칼 세이건이 세상을 떠났을 때 전 세계의 과학계는 큰 슬픔에 빠졌다. 그는 죽기 직전까지도 화성 탐사 계획과 자신이 쓴 유일한 SF 소설 『콘택트』를 영화로 제작하는 작업에 관여했다. 과학자이자 과학 저술가였고, 파이어니어 계획을 비롯한 수많은 우주 탐사 계획에 중요한 제안을 했던 그는 우리의 대중 과학 출판에서도 매우 중요한 자리를 차지한다. 세계 60여 개국에 방송되었고, 책으로도 발간된 『코스모스』는 우리나라에서 처음 베스트셀러 반열에 오른 과학서이다. 지금 현역에서 활동하는 과학 기술자들이라면 서가에 이 책이 한 권쯤은 꽂혀 있을 것이다.

그가 과학자는 물론 일반인들에게도 존경과 사랑을 받는 큰 이유는 과학자로서의 일관된 태도와 대중들과 소통하려는 끝없는 노력 때문일 것이다. 그는 과학계에 큰 영향력을 발휘했지만, 오로지 과학자로서의 자신의 위치를 지켰다. 특히 그는 지구 밖 지적 생물체를 탐색하는 세티(SETI) 프로그램을 비롯해서, 이른바 돈 안 되는 순수한 과학적 연구를 실현시키기 위해 많은 노력을 기울였다.

한국어판 서문에서 앤 드루얀도 말했듯이 그는 과학적 엄밀함과 뛰어난 상상력을 모두 갖춘 몇 안 되는 인물 중 하나이다. 이러한 그의 상상력은 최초로 태양계를 벗어나 깊은 우주를 탐사했던 파이어니어 10호에 지구의 위치와 지구인의 모습을 담은 디스크를 실어 보내게 한 그의 아이디어에서도 잘 드러났다.

이러한 과학성과 상상력의 결합은 이 책 『잊혀진 조상의 그림자』에서도 잘 발휘된다. 『코스모스』가 우리를 둘러싸고 있는 큰 세계, 즉 우주를 이해하기 위한 기획이었다면, 『잊혀진 조상의 그림자』는 안쪽으로 시선을 돌려 인간이라는 종을 생명의 탄생에까지 거슬러 올라가서 이해하려는 큰 기획이다. 저자들은 미국과 소련 간에 군비 확장 경쟁이 한창이었고 핵전쟁이 발발할지도 모른다는 위기감이 팽배하던 1980년대 초에 이 기획을 시작했다. 그것은 인류가 처한 곤경의 뿌리가 생명 탄생의 어느 순간에 시작된 것인지 찾아내겠다는 야심 찬 계획이었다. 이 책은 원래 그들이 세웠던 시리즈의 첫째 권, 즉 인간이 태어나기 전 단계에 대한 서술이다.

세이건과 드루얀은 인간이 이름이나 출생지를 적은 기록 한 장 없이 현관 앞에 버려진 갓난아이에 비유한다. 고아는 다 그렇듯이, 왜 자신이 버려졌는지 책임을 물을 사람이 없고 스스로 자신에 대한 기록을 찾아야 한다. 유년 시절에 이 고아는 인간이 세계의 중심인줄 알았다. 그러나 지난 수세기 동안 이러한 편안하고 안락한 관점은 더 이상 통용될 수 없게 되었다. 코페르니쿠스 이래 기댈 수 있는 신도 사라지고, 진화론의 대두로 인간의 기원은 신비스러움을 잃었다. 이른바 과학의 시대에 인류는 공허한 우주의 변방에서 어찌할 바 모르는 위태로운 청년기를 맞이한 것이다. 고아는 무엇에 기대서 자신의 존재 의미를 찾아야 할지 알지 못하고 방황하고 있는 것이다.

이 대목에서 저자들은 생명의 역사를 재구성함으로써 이러한 위기를 극복할 수 있는 가능성을 찾으려고 시도한다. 왜 과거에 초점을 맞추는가? 그들은 우리의 잊혀진 조상들, 비록 우리가 만나보지는 못했지만 어둠 속에서 그 존재를 확인할 수 있는 생명체들을 통해 인간이란 무엇인가라는 의문을 풀 수 있는 열쇠를 얻으려 하는 것이다.

이 책은 많은 부분을 인간의 생물학적 근원에 대한 해명에 할애하고 있다. 그렇지만 인간이란 무엇인가의 물음을 생물학으로 환원시키려는 시도는 결코 아니다. 그보다는 우리 안에 있는 우리의 선조들을 인식함으로써 인간에 대한 이해를 새롭게 재구성하려는 것이 그들의 진정한 의도일 것이다. 드루얀은 이렇게 말한다. "모든 생물 속에 들어있는 생명의 성스러운 메시지는 우리 조상들이 쓴 것이다. 우리는 그들을 모를 수 있지만, 그 생명들은 우리 안에 살아 있다."

인류는 오랫동안 "인간이란 무엇인가?"라는 물음에 대한 답을 "인간이 삼라만상의 중심"이라는 허위 의식 속에서 구축했다. 코페르니쿠스와 뉴턴, 그리고 다윈을 통해 인류는 고아로 밀려난 것이 아니라 그동안 자신이 빠져 있던 인간 중심주의라는 낡은 신화를 깨뜨리고 비로소 자신의 힘으로 설 수 있는 토대를 얻은 것이다. 세이건과 드루얀의 은유를 빌자면 이제 앳된 청년기를 벗어나 장년기로 접어드는 인류는 모든 생명이 우리와 연결되어 있다는 인식을 통해 실은 자신이 고아가 아니며 수많은 생명체들과 한몸이라는 깨달음을 얻고 있는 셈이다. 어쩌면 고인이 된 세이건은 이런 깨달음을 주면서 이 책의 다음 권들을 우리를 위해 남겨 두었는지도 모른다.

2008년 4월
김동광

주(註)

프롤로그

1) 섹스토스 엠피리쿠스(Sextos Empiricus)는 엠페도클레스의 말이라고 추정한다. *Against the Mathematicians*, VII, 122~125, in Jonathan Barnes, editor and translator, *Early Greek Philosophy* (Harmondsworth, Middlesex, England: Penguin Books, 1987), p. 163.

2) *Science and Humanism* (Cambridge: Cambridge University Press, 1951). 슈뢰딩거는 양자 역학의 발견자 중 한 사람이었다.

3) 인간이라는 종(種)의 기원에 대한 여러 가지 설명 중에 이와 비슷한 주장이 있다. 예를 들면 Misia Landau, *Narratives of Human Evolution* (New Haven and London: Yale University Press, 1991) 참조. 그러나 확실한 증거를 갖춘 주장은 없다. 실제로 인간의 기원은 그야말로 보잘것없다. 여러 가지 기준에서 우리는 지구라는 행성의 가장 지배적인 종이 되었다. 그 부분적 원인은 우리 자신의 노력이다. 그러나 우리는 우리 자신의 기원에 대한 상세한 사실에 대해 너무도 무지하다. 따라서 인간을 모호한 환경 속에서 성장해 온 축복받은 어린아이, 그리고 자신의 정체성을 찾기 위해 과감히 세상 속으로 모험을 떠나는 영웅으로 비유하는 것도 무리는 아니다. 그러나 이런 비유가 갖는 큰 위험은 자칫 인류가 거둔 성공을 어느 한 세대, 특정 국가, 특정 민족이 이루어 낸 것이라고 오해하게 만들 수 있다는 점이다. 그리고 우리가 거둔 성공이 현재 우리 스스로 자초한 위기를 가리는 역작용을 하지 않도록 주의해야 한다.

4) Robert Redfieid, *The Primitive World and Its Transfomations* (Ithaca, NY: Cornell University Press, 1953), p. 108.

5) Fyodor Dostoyevsky, *Brothers Karamazov* (1880), translated by Richard Pevear and Larissa Volokhonsky (San Francisco: North Point Press, 1990), Book Six, Chapter 3, p. 318.

6) Mary Midgley, *Beast and Man: The Roots of Human Nature* (Ithaca, NY: Cornell Universtity Press, 1978), pp. 4, 5.

7) 이와 비슷한 은유가 『종의 기원』 10장에서도 사용되었다. 찰스 다윈은 그 대목에서 지질학적 기록들을 다음과 같이 은유적으로 묘사했다. "불완전하게 보존되고, 여러 가지 방언으로 기록된 역사. 이 역사 중에서 우리는 고작 마지막 한 권을 손에 넣고 있다……. 그것도 여기

저기 짧은 장(章)들만이 보존되어 있을 뿐, 게다가 쪽마다 몇 줄씩밖에는 기록이 남아 있지 않다."

1장

1) Lucien Stryk and Takashi Ikemoto, translators, *Zen Poems of China and Japan: The Crane's Bill* (New York: Grove Press, 1973), p. 20.
2) Translated by Dennis Tedlock (New York: Simon and Schuster/ Touchstone, 1985, 1986), p. 73.
3) 이것은 우리가 살고 있는 태양계의 기원에 대한 것으로, 흔히 대폭발(Big Bang)이라고 불리는 우주의 기원에 대한 설명이 아니다.
4) 열역학 제2법칙은 모든 과정에서 우주 질서의 총량은 반드시 줄어든다고 규정하고 있다. 따라서 어떤 장소의 질서도가 높아지면, 반드시 다른 곳의 무질서도는 높아져야 한다. 광활한 우주에서는 얼마든지 질서를 이끌어 낼 수 있다. 그렇기 때문에 행성이나 생명의 기원과 탄생은 절대 열역학 제2법칙에 위배되지 않는다.
5) 원래 은하계의 다른 곳에서 쏟아졌던 원자들의 방사성 붕괴로 인해 생성된 작은 조각들을 제외한다.
6) 마지막 숭배자가 죽고 2,000년이 지난 후에 이 신의 이름은 새로 발견된 천체(천왕성)에 붙였다.

2장

1) Translated by Dennis Tedlock (New York: Simon and Schuster/Touchstone, 1985, 1986), p. 72.
2) *Just So Stories* (New York: Doubleday, Page & Company, 1902), p. 171.
3) 우리가 아는 한, 한 시간을 운전해서 올라가고 내려가는 이미지는 원래 천문학자인 프레드 호일(Fred Hoyle)에서 유래했다.
4) 원시 지구가 현재의 바다와 똑같은 크기와 깊이를 가지고 있었다고 상상해 보라. 그리고 원시 지구의 유기 분자들이 그 유기 분자를 먹을 어떤 생물체도 없는 상태에서 1000만 년 동안이나 떠돌아다니다가 뜨거운 지구 내부로 들어갔다고 생각해 보라. 원시 바다는 기껏해야 유기 물질의 0.1퍼센트에 해당하는 용액(그 정도라면 굉장히 묽은 고기 수프에 해당한다.)에 불과했다. 전 세계의 바다가 모두 마찬가지였을 것이다. 일부 호수, 만(灣) 등은 좀 더 농축된 유기 분자 용액이었을 것이다. Christopher Chylba and Carl Sagan, "Endogenous Production, Exogenous Delivery, and Impact-Shock Synthesis of Organic Molecules: An Inventory for the Origins of Life, *Nature* 355 (1992), pp. 125-132.
5) D. H. Erwin, "The End-Permian Mass Extinction," *Annual Review of Ecology and Systematics* 21 (1990), pp. 69-91.
6) 페름기 말기에 발생한 대격변은 백악기의 경우(공룡이 멸종했던 약 2억 년 전의 대격변)보다 훨씬 심했다.
7) Marcus Aurelius, *Marcus Aurelius: Meditations*, IV, 48, translated by Maxwell Staniforth (Harmondsworth, UK: Penguin Books, 1964), quoted in Michael Grant, ed., *Greek Literature: An Anthology* (London and Harmondsworth, Middlesex, England: Penguin Books, 1977), p. 430.

8) The Venerable Bede, *The Ecclesiastical History of the English Nation* (*Historia Ecclesiastica*) (London: J. M. Dent, 1910, 1935) (written in 732), Book 11, Chapter XIII, p. 91.

3장

1) 이 불길은 지금도 계속 타오르고 있다. 이 원고를 쓰고 있는 동안에도 우리가 진행하는 텔레비전 시리즈 「코스모스」를 보고 격분한 한 시청자가 다음과 같은 편지를 보내왔다. "우리는 아이들에게 인간이 원숭이의 후손이라고 가르치면서도, 아이들이 그런 가르침에 따라 행동하면 몹시 놀랍니다. 도덕성이라는 절대적 기준을 뿌리째 던져 버린다면 그 결과는 분명 도덕적 혼돈이 될 것입니다." 그 비판자는 진화의 근거에 대해서는 아무런 비판도 하지 않으면서, 단지 그 영향으로 파국이 예상되는 사회적 결과에 대해서만 우려하고 있다.

이와 같은 창조론을 옹호하는 대표적인 저작으로는 D. T. Gish, *Evolution? The Fossils Say No!* (San Diego: Creation Life Publishers, 1979); H. M. Morris, *Scientific Creationism* (위의 책, 1974) 등이 있다. 많은 과학자들에게 비판의 표적이 되는 저작으로는 A. N. Strahler, *Science and Earth History* (Buffalo, N.Y.: Prometheus, 1987); D. J. Futuyama, *Science on Trial: The Case for Evolution* (New York: Pantheon, 1983); G. B. Dalrymple, *The Age of the Earth* (Stanford, CA: Stanford University Press, 1991); Tim M. Berra, *Evolution and the Myth of Creationism* (위의 책, 1990) 등이 있다. 그리고 National Academy of Sciences의 솔직한 팸플릿인 *Science and Creationism* (Washington, D.C.: National Academy Press, 1984)은 특수한 창조를 "무효한 가설"이라고 기술하면서 다음과 같은 결론을 맺었다. "과학적 연구가 아니라 교의(敎義)에 근거를 둔 믿음이란 과학으로 용인될 수 없다……. 이러한 가르침을 교과 과정에 포함시킨다는 것은 비판적 사고력을 질식시키는 행위이며…… 신성한 국민 교육에서 용납될 수 없는 타협이다." 베라의 책이 훌륭한 이유 중 하나로 헌정사를 들 수 있다. "식사를 하면서 책을 읽을 수 있도록 허락해 주신 어머니에게 이 책을 바친다."

1982년 갤럽 설문 조사 결과 미국인 응답자 중 44퍼센트가 "신이 지난 1만 년 이내의 어느 시점에 그의 현재의 형상과 매우 흡사하게 인간을 창조했다."라는 설명을 지지했다. 반면 "사람이 수백만 년 전에 지금보다 하등한 생명 형태에서 발전해 왔다. 신은 이 과정에서 아무런 역할도 하지 않았다."라는 항목을 선택한 사람은 9퍼센트에 불과했다. *Creation/Evolution*, No. 10 (Fall 1982), p. 38.

1988년 조사에서는 설문에 응한 미국 하원 의원 중에서 43명이 "현대 진화론이 타당한 과학적 기초를 가지고 있다."라고 응답한 반면, 진화론의 기본적인 개념이 무엇인지 대략이라도 말할 수 있는 사람은 절반 이하에 불과했다. 지구의 나이가 40~50억 년이라는 주장에 강하게 동의한 사람은 세 명에 한 명밖에 되지 않았다. 똑같은 내용의 설문을 오하이오 주 의회 의원들을 대상으로 실시한 결과, 앞의 결과에 상응하는 비율은 각각 74퍼센트, 23퍼센트, 그리고 23퍼센트였다. Michael Zimmerman, "A Survey of Pseudoscientific Sentiments of Elected Officials," *Creation/Evolution*, No. 29 (Winter 1991/1992), pp. 26-45.

2) Erasmus Darwin, *The Botanic Garden*, Part II, *The Loves of the Plants* (1789), Canto III, line 456; in Desmond King-Hele, editor, *The Essential Writings of Erasmus Darwin* (London: MacGibbon & Kee, 1968), p. 149.

3) Dumas Malone, *Jefferson and His Time*, Volume One, *Jefferson the Virginian* (Boston: Little,

Brown, 1948), p. 52.
4) Gerhard Wichler, *Charles Darwin: The Founder of the Theory of Evolution and Natural Selection* (Oxford: Pergamon Press, 1961), p. 23.
5) London, 1803 (사후 출판). Howard E. Gruber, *Darwin on Man: A Psychologycal Study of Scientific Creativity* (Chicago: The University of Chicago Press, 1974), p. 50에서 인용.
6) 이 예는 J. B. S. Haldane, *The Causes of Evolution* (New York: Harper, 1932), p. 130에 수록되었다.
7) 이와 유사한 19세기 말엽에 있었던 아우구스트 바이스만(August Weismann)의 실험에서, 다섯 세대 동안 계속 생쥐의 꼬리를 잘랐지만 그 결과로 어떤 효과도 얻을 수 없었다. 조지 버나드 쇼는 라마르크의 주장의 요점을 놓쳤다는 이유로 이런 예증들을 인정하지 않았다. 다시 말해서 기린은 살아남기 위해 긴 목을 얻으려고 애썼지만, 생쥐들에게는 꼬리를 없애고 싶다는 어떤 갈망도 없었다는 것이다. *Back to Methuselah: A Metabiological Pentateuch* (New York: Brentano's, 1929). 이것은 아주 재미있는 발상이다. 아직도 남아 있는 라마르크 가설의 화신들 중에는 에덴의 낙원에서 아담이 하느님의 명령을 어겨 "원죄(original sin)"를 얻게 되었고, 그 원죄가 유전적으로 후대에 전파되었다는 주장도 있다(이 주장은 트렌토 공의회에서 가톨릭 교회에 의해 받아들여졌고, 1950년대 피우스 12세의 회칙(回勅)에 의해 재확인되었다.).

그리고 스탈린이 총애했던 사이비 과학자 트로핌 리센코(Trofim Lysenko)의 엉터리 농업 유전학이 있다. 그런데도 획득 형질의 유전은, 생물체 수준에서는 명백하게 잘못인 것처럼 보이지만 유전자 수준에서는 옳을 수 있다. 돌연변이는 유전자 구조가 약간의 변화를 일으킨 화학적 사고에 해당한다. 그러나 바이스만의 칼은 유전자에 도달하기에는 너무 무뎠다.

8) Sir Francis Darwin, editor, *Charles Darwin's Autobiography, with His Notes and Letters Depicting the Growth of the ORIGIN OF SPECIES* (New York: Henry Schuman, 1950), pp. 29, 30.
9) 위의 책, pp. 34, 35.
10) John Bowlby, *Charles Darwin: A New Life* (New York: W. W. Norton, 1990), p. 110.
11) 위의 책, p. 118.
12) *Charles Darwin's Autobiography*, p. 33.
13) 위의 책, p. 37.
14) Stephen Jay Gould, *Ever Since Darwin* (New York: Norton, 1977), p. 33.
15) Charles Darwin, *The Voyage of the Beagle* (London: J. M. Dent & Sons Ltd., 1906), p. 18.
16) Frank H. T. Rhodes, "Darwin's Search for a Theory of the Earth: Symmetry, Simplicity and Speculation," *British Journal of the History of Science 24* (1991), pp. 193-229.
17) *The Autobiography of Charles Darwin* (찰스 다윈의 손녀 Nora Barlow 편집의 무삭제 판) (New York: Harcourt Brace, 1958), p. 95.
18) Bowlby, 앞의 책, p. 233.
19) Francis Darwin, editor, *The Life and Letters of Charles Darwin* (London: John Murray, 1888), Volume II, p. 16.
20) Ronald W. Clark, *The Survival of Charles Darwin: A Biography of a Man and an Idea* (New York: Random House, 1984), pp. 90, 91.

21) 위의 책, pp. 90, 91.
22) 위의 책, p. 105.
23) 월리스의 논문 중 일부를 인용하면 다음과 같다.
  "들고양이는 다산(多産)이고, 천적은 거의 없다. 그렇다면 들고양이가 토끼처럼 숫자가 많지 않은 이유는 무엇인가? 이 물음에 대해 납득할 만한 유일한 대답은 숫자가 늘어날수록 먹이의 공급이 불확실해진다는 것이다. 따라서 어떤 지역이 물리적으로 불변인 상태를 유지한다면 그 속 지역에서 사는 동물들의 숫자가 현저하게 증가할 수 없음은 자명한 것 같다. 한 종(種)이 증가하면, 동일한 먹이를 공유하는 다른 종들은 그에 비례해 줄어들 수밖에 없다. 해마다 죽는 동물들의 숫자는 엄청나게 늘 것이다. 같은 종에 속하는 동물들 중에서 가장 어리고, 약하고, 질병에 걸린 개체들이 죽어갈 것이다. 그리고 건강하고 힘이 센 개체들만이 살아남을 수 있을 것이다. 그것이 우리가 강조하는 '생존을 위한 투쟁'이다. 그 투쟁 과정에서 가장 약하고 가장 불완전한 구성을 가진 개체들이 항상 패배자가 될 것이다." Alfred Russel Wallace, "On the Tendency of Varieties to Depart Indefinitely from the Original Type" (Darwin and Wallace, "On the Tendency of Species to Form Varieties; and on the Perpetuation of Varieties and Species by Natural Means of Selection"에 대한 월리스의 기고문), *Journal of the Proceedings of the Linnean Society: Zoology*, Volume III (London: Longman, Brown, Green, Longmans & Roberts, and Williams and Norgate, 1859), pp. 56, 57.
24) 후속 판에서 이 문장은 다음과 같이 수정되었다. "인류의 근원과 그 역사에 대해 '많은' 빛이 비칠 것이다."(강조는 인용자)

4장

1) *Philosophical Works, with Notes and Supplementary Dissertations by Sir William Hamilton*, with an Introduction by Harry M. Bracken, 2 volumes (Hildesheim: Georg Olms Verlagsbuchhandlung, 1967), Vol. 1, p. 52.
2) Charles Darwin, *The Origin of Species by Means of Natural Selection or the Preservation of Favored Races in the Struggle for Life* (New York: The Modern Library, 날짜 미상)(원래는 1859년에 출간됨.) (Modern Library edition also contains *The Descent of Man and Selection in Relation to Sex*), Chapter XV, "Recapitulation and Conclusion," p. 371.
3) 물론 적응에 대한 전통적인 종교적 이해는 신의 의지였다. 그러나 이것은 그 과정에 대한 설명이 아니다.
4) 지금까지 특별히 출전을 밝히지 않은 인용문들은 다음에서 인용한 것이다. Charles Darwin, 앞의 책, pp. 29, 31, 33, 34, 64-67, 359, 370; Charles Darwin and Alfred R. Wallace, "On the Tendency of Species to Form Varieties; and on the Perpetuation of Varieties and Species by Natural Means of Selection, *Journal of the Proceedings of the Linnean Society: Zoology*, Volume III (London: Longman, Brown, Green, Longmans & Roberts, and Williams and Norgate, 1859), p. 51.
5) Francis Darwin, editor, *The Life and Letters of Chales Darwin* (John Murray: London, 1888), Volume III, p. 18.
6) *The Westminster Review 143* (January 1860), pp. 165-168.
7) *The Edinburgh Review 226* (April 1860), pp. 251-275.

8) John A. Endler, *Natural Selection in the Wild* (Princeton: Princeton University Press, 1986)는 무엇이 자연선택이고 무엇이 아닌지, 진화 속에서 자연선택이 수행하는 역할이 무엇인지, 그리고 그것을 검사하기 위한 방법이 어떤 것인지에 대한 유용한 현대적 요약을 제공해 준다. 최근 과학 문헌들을 선별해서 작성한 그의 표 5.1은 야생에서 이루어지는 160건의 자연선택의 '직접적인 증거들'을 요약해 주고 있다.
9) *The North American Review 90* (April 1860), pp. 487, 504.
10) *The London Quarterly Review 215* (July 1860), pp. 118-138.
11) *The North British Review 64* (May 1860), pp. 245-263.
12) *The London Quarterly Review 36* (July 1871), pp. 266-309.
13) George Bernard Shaw, *Back to Methusaleh: A Metabiological Pentateuch* (New York: Brentano's, 1929), p. xlvi. 마지막 문장은 현대의 진화적 관점에서도 사실이다.
14) 레이건 행정부 1기의 내무부 장관이었던 제임스 와트(James Watt)는 "주님이 올 때까지 얼마나 많은 시간이 남아 있는지 불확실하다."라는 것을 근거로 공유지 탈취를 정당화했다. 부시 행정부의 내무부 장관이었던 마누엘 루한(Manuel Lujan)은 다음과 같은 이유로 멸종 위기종에 대한 보호를 반대했다. "[인간이] 쪼기 순서의 정상이고, 나는 하느님이 우리에게 이러한 피조물들에 대한 지배권을 주었다고 생각한다. …… 나는 인간이 더 높은 수준에 있다고 판단한다. 어쩌면 그 이유는 닭이 말을 하지 못하기 때문일 것이다. …… 하느님은 아담과 하와를 창조했고, 그들로부터 우리 모두가 유래했다. 하느님은 우리를 오늘날 우리가 보는 것과 비슷하게 창조했다." Ted Gup, "The Stealth Secretary," *Time*, May 25, 1992, pp. 57-59. 「창세기」는 우리에게 자연을 '정복'할 것을 재촉하고, '모든 금수'가 우리에 대한 '공포'와 '외경'을 갖게 될 것이라고 예견했다. 이러한 종교적 가르침들은 환경에 대한 인간의 공격에 실제적인 영향을 미쳤다. 다음 문헌을 참조하라. John Passmore, *Man's Responsibility for Nature: Ecological Problems and Western Traditions* (New York Scribner's, 1974). 그런데도 여러 다양한 종교의 지도자들은 환경 보호를 위한 확실한 입장과 정치적 행동을 취해 왔다. 예를 들어 다음을 참고하라. Carl Sagan, "To Avert a Common Danger: Science and Religion Forge an Alliance," *Parade*, March 1, 1992, pp. 10-15.
15) 찰스 다윈과 함께 자연선택에 의한 진화를 공동으로 발견한 월리스──야량 있고 자신을 내세우지 않는 성품의 월리스는 자신을 "수줍고, 어색하고, 상류 사회에 익숙지 않다."라고 기술했다.──는 결정적인 한 가지 측면에서 그와 차이를 나타냈다. 그는 모든 동물과 식물이 그런 식으로 진화했지만, 사람은 그렇지 않다는 것을 스스로 인정했다. 그는 어떤 성스러운 (그리고 자기 재생적인) 불꽃이 진화 과정의 비교적 최근 시기에 개입했다고 주장한다. 그렇다면 월리스의 근거는 무엇인가?

당대의 인종 차별주의자들과 달리, 월리스는 모든 사람들의 뇌 크기와 해부학적 구조가 똑같다는 사실에 주목했다. "미개한 사람들을 더 많이 볼수록, 나는 사람의 본성에 대해 더 많은 것을 생각하게 된다. 그리고 문명인과 미개인 사이의 본질적인 차이는 사라지는 것 같다. …… 우리는 모든 선사 시대 사람들의 낮은 도덕성과 지능에 대한 폭넓은 서술을 발견하지만, 그 사실들은 전혀 정당한 근거를 통해 입증되지 않는다." Loren Eiseley, *Darwin's Century* (New York: Doubleday, 1958), p. 303에서 인용. 그러나 그는 기술 문명 이전 (pretechnological)의 사람들이, 가령 증기 기관을 발명할 수 있는 뇌를 가질 필요가 없었다고 생각했다. 따라서 사람의 뇌는 훨씬 나중에 복잡한 적응적 기능들을 수행하기 '위해' 초기에 고안되어야 했다. 그는 이러한 예측이 우연적이고 단기적인 자연선택의 특성과 모순된다는 것을 잘 알고 있었다. 따라서 "어떤 더 높은 지성이, 그로 인해 인류가 발생할 수 있었던 과정을 지시했을 수도 있다."(위의 책, p. 312.)

그러나 월리스는 산업화 이전 사회의 복잡성을 지나치게 과소 평가했다. 기술 문명 이전의 인간 문명이란 한 번도 존재하지 않았다. 석기를 만들고 몸집이 큰 동물을 사냥하는 것은 결코 쉬운 일이 아니었다. 큰 뇌는 인류가 탄생한 처음부터 우리에게 큰 도움이 되었다.

또한 월리스는 빅토리아 여왕 시대 후기 영국에서 크게 유행했던 심령술사들의 실연(實演)에 큰 영향을 받았다. 거기에는 영계와의 대화, 강령회, 망자와의 대화, 영매의 몸에서 나온다는 '영기(靈氣)'의 실체화 등이 포함되었다. 이런 현상들은 사람의 구성 요소로서 숨겨진 영혼의 존재가 있음을 입증해 주는 것처럼 보였다. 그러나 사람 이외의 다른 생물에게는 영혼이 없다고 생각되었다. 이러한 무모한 음모는 능란한 협잡꾼과 남을 쉽게 믿는 상류층 관객들이 함께 만들어 낸 한바탕의 소동이었다. 마술사 해리 후디니는 후일 이러한 사기 행각 중 일부를 폭로하는 데 주요한 역할을 했다. 빅토리아 시대의 유명 인사들 중에서 이런 협잡에 휘말린 사람은 월리스뿐만 아니었다. 이 책의 말미에서 우리는 실험실에서 밝혀진 침팬지의 탁월한 인지 능력을 다루면서 비슷한 의문을 품게 될 것이다. 어떻게 침팬지들은 이처럼 복잡한 문제를 풀도록 미리 적응할 수 있었을까? 그리고 그 답은, 또는 최소한 그 답의 일부는 월리스가 품었던 수수께끼의 그것과 비슷할지도 모른다. 야생의 일상생활에서, 침팬지들에게는 광범위한 범용 지능이 필요했다. 그것은 사람만큼 발전된 수준은 아니었지만, 우리가 생각하는 수준보다는 훨씬 높았다.

16) Nora Barlow, editor, *The Autobiography of Charles Darwin* (New York: Harcout Brace, 1958), p. 93.

17) James H. Jandl, *Blood: Texbook of Hematology* (Boston: Little Brown, 1987), pp. 319 이하 참조. 또한 다음을 참조하라. David G. Nathan and Frank A. Oski, *Hematology of Infancy and Childhood*, 3rd ed. (Philadelphia: W. B. Saunders, 1987), Chapter 22.

18) A. C. Allison, "Abnormal Haemoglobin and Erythrocyte Enzyme Deficiency Traits," in D. F. Roberts, editor, *Human Variation and Natural Selection, Symposium of the Society for the Study of Human Biology 13* (1975), pp. 101-122.

19) Nora Barlow, 앞의 책, p. 93.

20) 다윈의 관점에서 동물 집단의 행동을 평가한 중요한 연구로는 E. O. Wilson, *Sociobiology: The New Synthesis* (Cambridge, MA: Harvard University Press, 1975)를 들 수 있다. 이 책의 다른 부분들은 거의 논쟁의 여지가 없는 훌륭한 저술이지만, 자연선택을 인간에게 적용하는 마지막 장(章)은 엄청난 비난을 불러일으켰다. 심지어 윌슨은 한 과학 회의에서 물 양동이를 뒤집어쓰기까지 했다. 후일 윌슨은 인간의 행동이 진화와 환경 요인 양자에 의한 것이라는 사실을 강조하고, 자신의 주장을 부드럽게 바꾸었다. "내가 틀렸을 수도 있다. 특정한 결론에서, 자연선택의 역할에 대한 과도한 기대라는 측면에서, 그리고 과학적 유물론에 대한 지나친 의존에서……. 과학적 정신 자체가 비틀거린다면, 그리고 개념이 확실히 수립되지 못한다면 진화론을 인간 존재의 모든 측면에 적용하려는 완고한 시도는 수포로 돌아가고 말 것이다." E. O. Wilson, *On Human Nature* (Cambridge, MA: Harvard University Press, 1978), pp. x-xi.

우리는 이 논쟁이 얼마나 격렬했는지를 다음의 지나친 언사에서 짐작해 볼 수 있다. "미국의 사회 과학자들은 생물학을 두려워하고 경멸한다. 그럼에도 불구하고, 그들 중에서 [생물학을] 공부하려고 시도한 사람은 거의 없었다. …… 사회 과학자들의 글에서는 우리는 '생물학적'이라는 말을 '불변의'라는 말과 동일시하는 것을 계속 반복적으로 발견하게 된다. …… 이러한 용례는 무심코 생물학에 대한 몰이해를 드러내는 것이다." Martin Daly and Margo Wilson, *Homicide* (New York: Aldine de Gruyter, 1988), p. 154.

일반 독자들을 위한 진화론에 관한 최근의 뛰어난 저작으로는 도킨스(*Richard Dawkins*)(예를 들어 *The Selfish Gene* [Oxford: Oxford University Press, 1976]; *The Blind Watchmaker* [New York: Norton, 1986])와 굴드(Stephen J. Gould)(예를 들어 *Ever Since Darwin* [New York: Norton, 1977]; *The Panda's Thumb* [New York: Norton, 1980]; *Wonderful Life* [New York: Norton, 1990])의 저서를 들 수 있다.

이 두 권의 책을 비교해 보면, 현대 진화 생물학이라는 토대 위에서 이루어지는 건전하고 활기찬 과학적 논쟁이 어떤 것인지 조금이나마 알 수 있다.

21) John Bowlby, *Charles Darwin: A New Life* (New York: W. W. Norton, 1990), p. 381.
22) Francis Darwin, 앞의 책, Volume I, pp. 134, 135.
23) 위의 책, Volume III, p. 358.
24) 예를 들어 Leonard Huxley, *Thomas Henry Huxley* (Freeport, NY: Books for Libraries, 1969); Cyril Bibby, *Scientist Extraordinary* (Oxford: Pergamon, 1972) 참조.
25) Cyril Bibby, *T. H. Huxley: Scientist, Humanist and Educator* (London: Watts, 1959), pp. 35, 36.
26) Thomas H. Huxley, "On the Hypothesis that Animals Are Automata, and its History" (1874), *Collected Essays*, Volume I, *Method and Results: Essays* (London: Macmillan, 1901), p. 243.
27) Francis Darwin, editor, *The Life and Letters of Charles Darwin* (London: John Murray, 1888), Volume III, p. 358.
28) 엠마 다윈의 말인 마지막 인용문을 제외한 나머지는 실제 목격자들의 증언이다. 물론 그 대부분은 사건이 일어난 후 몇 년, 또는 몇십 년이 흐른 뒤에 기록되었다. 이 논쟁을 다룬 유명한 글이 Steven J. Gould, *Bully for Brontosaurus* (New York: W. W. Norton, 1991)이다. 윌버포스에 대한 헉슬리의 반박은 당시 현장에 있었던 존스톤 스토니(G. Johnstone Stoney)의 증언에서 따온 것이다(스토니는 행성의 대기권에서 벗어나는 주제에 대해 선구적인 연구를 했고, 달에 공기가 없다는 사실을 처음 이해한 사람이었다.). 그러나 이것은 후일 헉슬리 자신이 했던 회상과 차이가 났다. 헉슬리는 이렇게 말했다. "나는 이렇게 말했다. 만약 내게 볼품없는 원숭이를 할아버지로 둘 것인지, 아니면 뛰어난 능력을 타고났고 영향력을 발휘할 수 있는 엄청난 수단을 가지고 있지만 그러한 능력과 영향력을 단지 진지한 과학적 토론을 우스꽝스러운 조롱거리로 만들기 위한 목적으로 사용하는 사람을 할아버지로 둘 것인지 묻는다면, 나는 주저하지 않고 원숭이를 더 선호한다고 단언할 것이다." (Bibby, 1959, 앞의 책, p. 69)
29) Bibby, 1959, 앞의 책, p. 259.

5장

1) *The Bhagavad Gita*, translated by Juan Mascaró (London: Penguin, 1962), Introduction, p. 14.
2) Lucien Stryk and Takashi Ikemoto, translators, *Zen Poems of China and Japan: The Crane's Bill* (New York: Grove Press, 1973), p. 87.

3) 우리가 사용하는 언어 곳곳에도 동작이 영혼을 필요로 한다는 생각이 배어 있다. 그러나 순간마다 무엇을 어떻게 해야 하는지 지시하는 하급 영혼이 존재한다면, 그 영혼을 움직이는 것은 무엇일까? 그보다 지위가 높은 상급 영혼이 필요하지 않겠는가? 그 상급 영혼에게는 다시 더 높은 상급 영혼이 있어야 하고……. 이런 식으로 극미한 비물질적인 동기 부여자의 무한 회귀가 계속될 것이다. 그러나 아무도 이런 생각을 갖지는 않는다.
4) 불연속적인 유전 단위인 유전자의 발견은 식물 육종가인 그레고어 멘델이 1866년에 최초로 발간한 어느 실험 결과로까지 거슬러 올라간다. 그러나 그의 논문은 20세기 초에 독자적인 다른 실험에 의해 재발견될 때까지 아무도 읽지 않았다. 다윈은 멘델의 연구에 대해서는 전혀 알지 못했다. 만약 멘델의 연구를 알았더라면 다윈의 연구는 훨씬 쉬웠을 것이다. 핵산은 1868년에 세포 속에서 발견되었지만, 핵산의 유전적 중요성에 대해 처음 알려진 것은 1940년대 이후였다. DNA의 놀라운 구조, 즉 책 속에 쓰여진 문자들처럼 길다랗게 늘어선 뉴클레오티드의 서열과 복제를 위한 이중 나선 구조를 처음 이해한 것은 1953년 왓슨과 크릭이었다. 고전적인 유전학은 유전자의 화학에 대해서는 무지한 상태였다.
5) 서로 다른 생물의 유전적 명령을 판독해서 그 진화적 기록의 비밀을 풀 수 있다는 주장을 처음으로 편 사람은 에밀 주커캔들과 라이너스 폴링이었다. Emile Zuckerkandl and Linus Pauling, "Molecules as Documents of Evolutionary History," *Journal of Theoretical Biology* 9 (1965), pp. 357-366.
6) Loren Eiseley, *The Immense Journey* (New York: Vintage, 1957).
7) Wen-Hsiung Li and Dan Graur, *Fundamentals of Molecular Evolution* (Sunderland, MA: Sinauer Associates, 1991), Figure 21, p. 135. 여기에 나온 염기 서열은 5S 리보솜-RNA(r-RNA)의 염기 서열을 부호화하는 DNA의 부분이다.
8) 위의 책, pp. 6, 10.
9) Edward N. Trifonov and Volker Brendel, *Gnomic: A Dictionary of Genetic Codes* (New York: Balaban Publishers, 1986), p. 8 참조.
10) Natalie Angier, "Repair Kit for DNA Saves Cells from Chaos," *New York Times*, June 4, 1991, pp. C1, C11.
11) Daniel E. Dykhuizen, "Experimental Studies of Natural Selection in Bacteria," *Annual Review of Ecology and Systematics 21* (1990), pp. 373-398.
12) Monroe W. Strickberger, *Evolution* (Boston: Jones and Bartlett, 1990), p. 34에서 인용.
13) 켈빈 경이 자신의 주장을 전문지와 대중지의 중간적인 성격의 잡지에 처음 쓴 것 (당시 그는 글래스고 대학교의 W. 톰슨에 불과했다.)은 *Macmillan's Magazine* 1862년 3월호에 실린 "On the Age of the Sun's Heat"였다.
14) Thomas Henry Huxley, "On a Piece of Chalk," *Collected Essays*, Volume VIII, *Discourses: Biological and Geological* (London and New York: MacMillan, 1902), p. 31.
15) Niles Eldredge, *Time Frames: The Rethinking of Darwinian Evolution and the Theory of Punctuated Equilibria* (New York: Simon and Schuster, 1985). 여러 가지 다른 형태의 '단속(斷續, punctuation)'이 가능하다. 엘드리지와 굴드의 주장은 제2차 세계 대전 이래로 생물학자들의 가장 일반적인 관점으로 받아들여지고 있다. 예를 들어 George Gaylord Simpson, *Tempo and Mode in Evolution* (New York: Columbia University Press, 1944) 참조. 창조론자들의 주장과는 달리, 단속 평형설은 진화나 자연선택에 전혀 위배되지 않는다. 그런 면에서 특히 굴드는 다윈의 진화론을 효과적으로 옹호한 인물이다.

16) 좀 더 정확하게 이야기하자면, 하나의 가닥은 상보적인 가닥을 만들어 낸다. 다시 말해서 A는 T로, G는 C로 바뀐다(물론 그 역도 성립한다.). 그리고 상보적인 가닥이 완성되면, 원래의 가닥이 복제되는 것이다. 그러나 세대마다 동일한 유전 정보가 복제된다.
17) RNA는 DNA의 명령을 전달하는 전령인 셈이다. RNA가 전달하는 명령에 따라 세포가 특정한 단백질을 생산하게 된다. 또한 RNA는 DNA가 지시한 단백질을 아미노산으로 연결시키는 과정에 관여한다. M. Mitchell Waldrop, "Finding RNA Makes Proteins Gives 'RNA World' a Big Boost," *Science* 256 (1992), pp. 1396-1397과 *Science*, June 5, 1992에 실린 그 밖의 논문들을 참조할 것. 점차 많은 분자 생물학자들이 이런 사실을 통해 초기의 생물에서 RNA가 명령에 보관, 복제, 촉매 작용을 대신하게 되었다고 생각하고 있다.
18) Jong-In Jong, Qing Feng, Vincent Rotello, and Julius Rebek, Jr., "Competition, Cooperation, and Mutation: Improvement of a Synthetic Replicator by Light Irradiation," Science 255 (1992), pp. 848-850; J. Rebek, Jr., private communication, 1992. 현재의 지식 상태에 대해서는 다음을 참조할 것. Leslie Orgel, "Molecular Replication," Nature 358 (1992), pp. 203-209.
19) Lucien Stryk and Takashi Ikemoto, translators, *Zen Poems of China and Japan: The Crane's Bill* (New York: Grove Press, 1973), p. xlii.

6장
1) Book XXII, line 262.
2) Lynn Margulis, *Symbiosis in Cell Evolution* (San Francisco: W. H. Freeman, 1981).
3) Andrew H. Knoll, "The Early Evolution of Eukaryotes: A Geological Perspective," *Science* 256 (1992), pp. 622-627.
4) Margulis, 앞의 책.
5) L. L. Woodruff, "Eleven Thousand Generations of *Paramecium*," *Quarterly Review of Biology* 1 (1926), pp. 436-438.
6) Z. Y. Kuo, "The Genesis of the Cat's Response to the Rat," *Journal of Comparative Psychology* 11 (1930), pp. 1-30.
7) Benjamin L. Hart, "Behavioral Adaptations to Pathogens and Parasites: Five Strategies," *Neuroscience and Biobehavioral Reviews 14* (1990), pp. 273-294.
8) George C. Williams and Randolph M. Nesse, "The Dawn of Darwinian Medicine," *Quarterly Review of Biology* 66 (1991), pp. 1-22.
9) Harry J. Jerison, "The Evolution of Biological Intelligence," Chapter 12 of Robert J. Sternberg, editor, *Handbook of Human Intelligence* (Cambridge: Cambridge University Press, 1982), Figure 12-11, p. 774.
10) 최근 들어 가장 일반적으로 받아들여지는 관점은 신경 심리학자인 폴 D. 매클린과 칼 세이건의 관점이다. Carl Sagan, *The Dragons of Eden: Speculations on the Evolution of Human Intelligence* (New York: Random House, 1977) 그리고 Paul D. MacLean, *The Triune Brain in Evolution: Role in Paleocerebral Functions* (New York and London: Plenum Press, 1990)에서 그런 관점을 제시하고 있다.
11) 일반 독자들이 이런 관점을 가장 쉽게 이해할 수 있는 책으로는 Richard Dawkins, *The Selfish Gene*, revised edition (Oxford: Oxford University Press, 1989)을 들 수 있다. 그는 다

음 문장(pp. 19-20)에서 분명하게 이렇게 쓰고 있다. "외부로부터 차단된 로봇 속에서 안전하게 거대한 떼를 지어 살면서 복잡한 간접 경로를 통해 외부와 연락하고, 원격 조종으로 외부를 조작하고 있다. 그것들은 당신 안에서도 그리고 내 안에도 있다. 또한 그것은 우리의 몸과 마음을 창조했다. 그리고 그것들의 존속이야말로 우리가 존재하는 궁극적인 이론적 근거이기도 하다. …… [우리는] 그것들의 생존 기계이다."

12) 그와 연관되고 좀 더 격렬한 논쟁—어미 새가 자신이 하는 일을 어떤 식으로든 의식하는지, 아니면 단지 탄소에 기반을 둔 자동 기계에 지나지 않는지에 대한—은 이 책 후반부에서 다루고 있다. 호혜적인 이타주의, 즉 미래의 이익을 위해 현재 이익을 포기하는 행위는 집단 선택 그 자체를 부인하는 사람들도 인정한다.

13) Martin Daly and Margo Wilson, *Homicide* (New York: Aldine de Gruyter, 1988), pp. 88, 89.

14) W. D. Hamilton, "The Genetical Evolution of Social Behavior," *Journal of Theoretical Biology 7* (1964), pp. 1-51; John Maynard Smith, "Kin Selection and Group Selection," *Nature 201* (1964), pp. 1145-1147.

15) 가령 곤충과 같은 군집이 구형(球形)을 이루었다고 가정하자. 이때 군집에 의해 발생하는 열은 그 부피(즉 크기의 세제곱)에 비례할 것이다. 그러나 복사(輻射)를 통해 잃는 열은 그 군집의 면적(즉 크기의 제곱)에 비례한다. 따라서 군집이 크면 클수록 더 많은 열을 얻을 수 있다. 대규모 집단에서 구의 표면에 위치한, 즉 차가운 공기에 노출된 개체들은 소수에 불과하다. 그 나머지는 다른 개체들에게 둘러싸여 따뜻한 온도를 유지할 수 있다. 반면 집단이 작을수록 차가운 주변에 위치하는 개체들의 비율이 커지게 된다.

16) 집단 행동을 하는 개체들이 함께 움직이는 한도 내에서.

17) Dawkins, 앞의 책, p. 171, 아모츠 자하비(Amotz Zahavi)의 저작물 인용.

18) 위의 책, 1989년 판 서문. 지금은 소수 견해인 반대 입장에 대해서는 다음을 보라. "집단 선택이 효율적인 진화적 힘이 아니라고 생각하는, 널리 받아들여지는 이 관점은 증거가 아니라 가정에 기반을 두고 있다. …… 그것은 사람들의 경험, 즉 다른 사람들의 희생 위에서 살아가는 사기꾼, 범죄자, 압제자와 같은 사람들의 경험에서 비롯된 비판되지 않은 주장이다. 또한 그 관점은 동물계에서 생존 가능한 모든 착취자들이 자신들의 숫자를 제한할 필요가 있을 때면 반드시 숫자를 줄여야 한다는 사실을 간과하고 있다." V. C. Wynne-Edwards, *Evolution Through Group Selection* (Oxford: Blackwell, 1986), p. 313.

인위적인 광학적 환상뿐만 아니라 실세계에서도 두 가지 서로 다른 해석이 동등한 결과를 줄 수 있다는 것은 기이하게 생각된다. 그러나 물리학에서는, 즉 양자 역학과 입자 물리학 연구에서는 이런 일이 비일비재하다. 여기에서는 서로 다른 초기 가정과 수학적 장치에서 시작된 두 가지 접근 방식들이 동일한 정량적 답변을 주며, 따라서 문제의 해에 대한 등가의 정식화로 이해된다.

19) K. Aoki and K. Nozawa, "Average Coefficient of Relationship Within Troops of the Japanese Monkey and Other Primate Species with Reference to the Possibility of Group Selection," *Primates 25* (1984), pp. 171-184; J. F. Crow and Kenichi Aoki, "Group Selection for a Polygenic Behavioral Trait: Estimating the Degree of Population Subdivision," *Proceedings, National Academy of Sciences 81* (1984), pp. 6073-6077.

20) Aoki and Nozawa, 앞의 책.

21) Jules H. Messerman, S. Wechkin, and W. Terris, " 'Altruistic' Behavior in Rhesus

Monkeys," *American Journal of Psychiatry 121* (1964), pp. 584, 585; Stanley Wechkin, J. H. Masserman, and W. Terris, "Shock to a Conspecific as an Aversive Stimulus," *Psychonomic Science 1* (1964), pp. 47, 48.

22) 특히 권력자가 우리에게 다른 사람에게 전기 고문을 할 것을 강요한다면, 우리 인간들은 기꺼이 타인에게 고통을 줄 것이다. 굶고 있는 마카크 원숭이에게 미끼로 주어진 먹이보다 훨씬 하잘것없는 보상을 위해서도 그런 행동을 할 것이다. Stanley Milgram, *Obedience to Authority: An Experimental View* (New York: Harper & Row, 1974) 참조.

23) Translated by Richmond Lattimore (Chicago: The University of Chicago Press, 1951), Book XXI, lines 463-466, p. 430.

7장

1) Fragment 118 in *Herakleitos and Diogenes*, Guy Davenport, translator (Bolinas, CA: Grey Fox Press, 1979).
2) Jonathan Barnes, editor, *Early Greek Philosophy* (Harmonds-worth, UK: Penguin Books, 1987), p. 104.
3) Wen-Hsiung Li and Dan Graur, *Fundamentals of Molecular Evolution* (Sunderland, MA: Sinauer Associates, 1991), pp. 10-12.
4) B. Widegren, U. Arnason, and G. Akusjarvi, "Characteristics of Conserved 1, 579-bp High Repetitive Component in the Killer Whale, *Orcinus orca*," *Molecular Biology and Evolution 2* (1985), pp. 411-419.
5) 사람의 수준에서 그 문제는 매우 심각하다. 일례로 대부분의 사람들은 19번 염색체에서 CTGCTGCTGCTGCTG라는 염기 서열이 다섯 차례나 반복된다. 그러나 어떤 사람들의 19번 염색체에서는 그 염기 서열이 수백, 수천 회나 반복되고, 그 때문에 근육 긴장 퇴행 위축이라는 심각한 질병에 시달리기도 한다. 그 밖의 다른 유전적 질병들도 그와 유사한 원인으로 발생한다.
6) M. Herdman, "The Evolution of Bacterial Genomes," *The Evolution of Genome Size*, T. Cavalier-Smith, ed. (New York: Wiley, 1985), pp. 37-68.
7) Richard Dawkins, *The Blind Watchmaker* (New York: Norton, 1986), pp. 46-49.
8) J. W. Schopf, private communication, 1991; Andrew W. Knoll, "The Early Evolution of Eukaryotes: A Geological Perspective," *Science 256* (1992), pp. 622-627.
9) Philip W. Signor, "The Geologic History of Diversity," *Annual Review of Ecology and Systematics* 21 (1990), pp. 509-539.
10) Sewall Wright, *Evolution and the Genetics of Populations: A Treatise in Four Volumes*, Volume 4, *Variability Within and Among Natural Populations* (Chicago: The University of Chicago Press, 1978), p. 525.
11) Sewall Wright, "Surfaces of Selective Value Revisited," *The American Naturalist* 131 (1) (January 1988), P. 122.
12) Ilkka Hanski and Yves Cambefort, editors, *Dung Beetle Ecology* (Princeton: Princeton University Press, 1991); Natalie Angier, "In Recycling Waste, the Noble Scarab Is Peerless," *New York Times*, December 19, 1991 참조.
13) Charles Darwin, *Origin of Species*, quoted in John L. Harper, "A Darwinian Plant Ecology,"

in D. S. Bendall, editor, *Evolution from Molecules to Men* (Cambridge: Cambridge University Press, 1983), p. 323.

14) Clair Folsome, "Microbes," in T. P. Snyder, editor, *The Biosphere Catalogue* (Fort Worth, TX: Synergetic Press, 1985), quoted in Dorion Sagan, *Biospheres: Metamorphosis of Planet Earth* (New York: McGraw-Hill, 1990), p. 69.

8장

1) George Santayana, *The Works of George Santayana*, Volume II, *The Sense of Beauty: Being the Outlines of Æsthetic Theory*, edited by William G. Holzberger and Herman J. Saatkamp, Jr. (Cambridge: The MIT Press, 1988), Part II, §13, p. 41.

2) Richard Taylor, editor, quoted in George Seldes, *The Great Thoughts* (New York: Random House, 1985), p. 373.

3) 성(性)을 빠른 진화의 수단이자 유해한 돌연변이의 축적에서 집단적으로 ― 특히 작은 개체군에서 ― 벗어나는 수단으로 처음 분명하게 설명한 사람은 유전학자 H. J. 멀러였다. 예를 들어 "Some Genetic Aspects of Sex," *American Naturalist 66* (1932), pp. 118-138; "The Relation of Recombination to Mutational Advance," *Mutation Research 1* (1964), pp. 2-9. 그는 유성 생식이 생존을 위해 거의 불필요하다고 주장하면서 이렇게 말했다. "(단지) 장기적인 유전적 발전이라는 관점에서 볼 때, (유전자) 재조합의 결여는 유성 생식을 하는 경쟁자들과 보조를 맞추는 데 크게 불리한 요인으로 작용했을 것이다." 성이 어떤 종에게 장기적으로 이익을 준다는 개념은 집단 선택의 한 예인 것 같다. 현대 집단 유전학의 선구자 격인 피셔는 매우 솔직하게 그런 견해를 밝혔다. R. A. Fisher, *The Genetical Theory of Natural Selection* (Oxford: Clarendon Press, 1930). 그런데 피셔는, 그 밖의 다른 사례에서 겉보기로는 집단 선택인 것 같지만 실제로는 혈연 선택임을 주장한 최초의 인물 중 한 사람이기도 하다.

4) D. Crews, "Courtship in Unisexual Lizards: A Model for Brain Evolution," *Scientific American 259* (June 1987), pp. 116-121.

5) Raoul E. Benveniste, "The Contributions of Retroviruses to the Study of Mammalian Evolution," Chapter 6 in R. I. MacIntyre, editor, *Molecular Evolutionary Genetics* (New York: Plenum, 1985), pp. 359-417.

6) 우리는 생식 기관의 복잡성과 다양성에 대해서는, 문자적 수준에서든 개체의 생식 기관의 수준에서든 간에, 거의 언급하지 않았다. 더구나 우리는 성이 무엇을 위한 것인지에 대해 신랄한 논쟁을 벌이지도 않았다. 이러한 주제에 대한 간결하고도 훌륭한 글로 다음 책을 추천한다. James L. Gould and Carol Grant Gould, *Sexual Selection* (New York: W. H. Freeman, 1989). 또한 다음 책을 보라. John Maynard Smith, *The Evolution of Sex* (Cambridge: Cambridge University Press, 1978); H. O. Halvorson and A. Monroy, editors, *The Origin and Evolution of Sex* (New York: A. R. Liss, 1985); Lynn Margulis and Dorion Sagan, *Origins of Sex* (New Haven: Yale University Press, 1986); R. E. Michod and B. R. Levin, *The Evolution of Sex* (Sunderland, MA: Sinauer, 1988); Alun Anderson, "The Evolution of Sexes," *Science 257* (1992), pp. 324-326; Bell, 앞의 책, Note 3.

7) D. J. Roberts, A. B. Craig, A. R. Berendt, R. Pinches, G. Nash, K. Marsh and C. I. Newbold, "Rapid Switching to Multiple Antigenic and Adhesive Phenotypes in Malaria," *Nature 357*

(1992), pp. 689-692.
8) W. D. Hamilton, R. Axelrod, and R. Tanese, "Sexual Reproduction as an Adaptation to Resist Parasites (A Review)," Proceedings of the National Academy of Sciences 87 (1990), pp. 3566-3573.
9) Helen Fisher, "Monogamy, Adultery, and Divorce in Cross-Species Perspective," in Michael H. Robinson and Lionel Tiger, editors, Man and Beast Revisited (Washington and London: Smithsonian Institution Press, 1991), p. 97.
10) E. A. Armstrong, *Bird Display and Bird Behaviour. An Introduction to the Study of Bird Psychology* (New York: Dover, 1965), p. 305.
11) W. D. Hamilton and M. Zuk, "Heritable True Fitness and Bright Birds: A Role for Parasites?" *Science 218* (1982), pp. 384-387.
12) 이와 똑같은 거래가 에덴의 낙원을 성적으로 억압된 사회로 묘사한 변형 판에서도 이루어진다. 그 이야기에는 아담과 하와의 성행위가 하느님의 분노를 불러일으켜 결국 인간은 죽을 수밖에 없는 형벌을 받았다고 한다.
13) 이에 관한 훌륭하고 생생한 이미지는 다음 책에 수록되어 있다. Frans de Waal, *Peacemaking Among Primates* (Cambridge: Harvard University Press, 1989), p. 11.
14) Translated by Edward Kissam and Michael Schmidt (Tempe, AZ: Bilingual Press/Editorial Bilingüe, 1983), p. 47.

9장

1) Alexander Pope, *An Essay on Man*, Frank Brady, editor (Indianapolis: Bobbs-Merrill, 1965) (원 책은 1733-1734년에 발간됨.), Epistle I, "Argument of the Nature and State of Man, with Respect to the Universe," p. 13, lines 221-226.
2) Jakob von Uexküll, "A Stroll Through the Worlds of Animals and Men: A Picture Book of Invisible Worlds" (1934), reprinted in Claire H. Schiller, translator and editor, *Instinctive Behavior: The Development of a Modern Concept* (New York: International Universities Press, 1957), pp. 6 ff.
3) 이 분자에서 여섯 개의 탄소 원자가 고리를 이루고 있다. 화학자들은 그 원자에 1에서 6까지 차례로 번호를 붙였다. 염소 원자(Cl)는 2번과 6번 위치에 붙어 있다. 가령 염소 원자들이 2번과 5번 위치에 결합했다면, 다른 성(性)의 진드기는 전혀 관심을 보이지 않았을 것이다.
4) 진드기는 다리가 여덟 개인 거미류에 속하는 곤충이며, 거미류에는 거미, 타란튤라거미, 전갈 등이 포함된다. 이 곤충들은 가축뿐만 아니라 인간에게 로키산 뇌척수막염, 라임병(급성 염증의 일종)을 비롯한 여러 가지 질병을 전파하기 때문에 매우 실제적인 관심의 대상이 되고 있다. 우리는 그 밖의 다른 종들을 대상으로 좀 더 세밀한 조사를 실시하여 다른 전략과 능력을 알게 되었다. 일부 종은 생명 주기의 각기 다른 시기에 하나가 아니라 세 개의 포유류 숙주를 가진다. 동굴에 사는 진드기 종류는 적당한 숙주가 나타나기를 몇 년이나 기다리기도 한다. 진드기들은 화학적으로 피브리노겐(혈액 응고에 관여한다.)을 비롯한 다른 기구의 활동에 개입하고, 피를 빨기 전 몸무게의 100배나 되는 피를 빨아들일 수 있는 종류도 있다. 또한 부티르산뿐만 아니라 락트산($CH_3HCOHCOOH$)과 암모니아(NH_3)까지 감지할 수 있는 종류도 있다. 진드기들은 페로몬을 이성을 유혹하는 수단 이외의 다른 용도로도 사용한다. 예컨대 어셈블리 페로몬(assembly pheromone)은 좁은 바위 틈바구니나 동굴 속으

로 동료들을 불러 모으는 데 사용된다. Daniel E. Sonenshine, *Biology of Ticks*, Volume 1 (New York: Oxford University Press, 1991) 참조.

5) J. L. Gould and C. G. Gould, "The Insect Mind: Physics or Metaphysics?" in D. R. Griffin, editor, *Animal Mind-Human Mind* (Report of the Dahlem Workshop on Animal Mind-Human Mind, Berlin, March 22-27, 1981) (Berlin: Springer-Verlag, 1982), p. 283.

6) Thomas H. Huxley, "On the Hypothesis that Animals Are Automata, and its History" (1874) in *Collected Essays*, Volume I, *Method and Results: Essays* (London: Macmillan, 1901), p. 218.

7) von Uexküll, 앞의 책, pp. 43, 46.

8) Karl von Frisch, *The Dancing Bees* (New York: Harcourt, Brace, 1953).

9) 신경 생리학과 컴퓨터 과학적 지식을 바탕으로 한 최근의 흥미로운 논쟁이 다음 책에 수록되어 있다. Daniel C. Dennett, *Consciousness Explained* (Boston: Little, Brown, 1991). 인공 지능과 인공 생명의 미래를 낙관적으로 평가한 책은 다음과 같다. Hans Moravec, *Mind Children* (Cambridge: Harvard University Press, 1988); Maureen Caudill, *In Our Own Image: Building an Artificial Person* (New York: Oxford University Press, 1992). 비판적인 견해는 다음 책이 대변하고 있다. Roger Penrose, *The Emperor's New Mind* (New York: Oxford University Press, 1990).

10) Konrad Lorenz, "Companionship in Bird Life: Fellow Members of the Species as Releasers of Social Behavior," in Schiller, 앞의 책, p. 126에 인용됨.

11) 뉴캐슬의 후작에게 보낸 데카르트의 편지. Mortimer J. Adler and Charles Van Doren, *Great Treasury of Western Thought: A Compendium of Important Statements on Man and His Institutions by the Great Thinkers in Western History* (New York and London: R. R. Bowker Company, 1977), p. 12에 인용됨.

12) Aristotle, *History of Animals*, Book VIII, 1, 588ª, in *The Works of Aristotle*, Great Books edition, Volume II, translated into English under the editorship of W. D. Ross (Chicago: Encyclopaedia Britannica, 1952), p. 114.

13) Charles Darwin, *The Descent of Man and Selection in Relation to Sex* (New York: The Modern Library, 날짜 없음) (원 책은 1871년에 발간됨.) (이 판에 *The Origin of Species by Means of Natural Selection or the Preservation of Favored Races in the Struggle for Life* 역시 수록됨.), Chapters 1 and 3.

14) René Descartes, *Traité de l'Homme*, Victor Cousin, editor, pp. 347, 427, translated by T. H. Huxley, in Huxley, *Collected Essays*, Volume I, *Method and Results: Essays* (London: Macmillan, 1901), "On Descartes' 'Discourse Touching the Method of Using One's Reason Rightly and of Seeking Scientific Truth'" (1870).

15) Voltaire, "Animals", *Philosophical Dictionary* (1764), T. H. Huxley, translator, 앞의 책, ref. 14.

16) Thomas H. Huxley, "On Descartes' 'Discourse Touching the Method of Using One's Reason Rightly and of Seeking Scientific Truth'" (1870), and "On the Hypothesis that Animals Are Automata, and its History" (1874), in Huxley, *Collected Essays*, Volume I, *Method and Results: Essays* (London: Macmillan, 1901), pp. 186-187, 184, 187-189, 237-238, 243-244.

17) J. L. and C. J. Gould, "The Insect Mind: Physics or Metaphysics?" in D. R. Griffin, editor,

Animal Mind-Human Mind (Report of the Dahlem Workshop on Amimal Mind-Human Mind, Berlin, March 22-27, 1981) (Berlin: Springer-Verlag, 1982), pp. 288, 289, 292.

10장

1) Thomas Hobbes, *Leviathan, or the Matter, Forme and Power of a Commonwealth Ecclesiasticall and Civil*, Michael Oakeshott, editor (Oxford: Basil Blackwell, 1960), Part 2, Chapter 30, p. 227.
2) Charles Darwin and Alfred R. Wallace, "On the Tendency of Species to Form Varieties; and on the Perpetuation of Varieties and Species by Natural Means of Selection," *Journal of the Proceedings of the Linnean Society: Zoology*, Volume III (London: Longman, Brown, Green, Longmans & Roberts, and Williams and Norgate, 1859), p. 50. 여기에서도 다윈은 수컷이 암컷의 관심을 끌기 위해 경쟁하거나, 암컷이 자신의 기준에 따라 여러 마리의 수컷 중에서 하나를 선택하는 성 선택에 대해 이렇게 기술하고 있다. "그러나 이러한 종류의 선택은 다른 선택에 비해 덜 가혹하다. 비록 이기지 못해도 죽음을 요구당하지는 않기 때문이다. 그러나 패자는 적은 숫자의 자손밖에 남기지 못한다."
3) Curt P. Richter, "Rats, Man, and the Welfare State," *The American Psychologist 14* (1959), pp. 18-28.
4) John B. Calhoun, "Population Density and Social Pathology," *Scientific American 206* (2) (February 1962), pp. 139-146, 148과 함께 언급된 참고 문헌. references cited there.
5) Frans de Waals, *Peacemaking Among Primates* (Cambridge, MA: Harvard University Press, 1989).
6) 도킨스는 과밀에 따른 출생률의 저하를 집단 선택뿐만 아니라 개체 선택으로도 잘(훌륭한 정도는 아니지만) 설명하고 있다. Richard Dawkins, *The Selfish Gene* (Oxford: Oxford University Press, 1989), p. 119.
7) John F. Eisenberg, "Mammalian Social Organization and the Case of *Alouatta*," in Michael H. Robinson and Lionel Tiger, editors, *Man and Beast Revisited* (Washington: Smithsonian Institution Press, 1991), p. 135.
8) Peter Marler, "*Golobus guereza*: Territoriality and Group Composition," *Science 163* (1969), pp. 93-95.
9) John F. Eisenberg and Devra G. Kleiman, "Olfactory Communication in Mammals," in *Annual Review of Ecology and Systematics 3* (1972), pp. 1-32.
10) As first pointed out by Charles Darwin (1872) in *The Expression of the Emotions in Man and the Animals* (Chicago: University of Chicago Press, 1965, 1967), p. 119.
11) C. G. Beer, "Study of Vertebrate Communication—Its Cognitive Implications," in D. R. Griffin, editor, *Animal Mind-Human Mind* (Report of the Dahlem Workshop on Animal Mind-Human Mind, Berlin, March 22-27, 1981) (Berlin: Springer-Verlag, 1982), p. 264.
12) 이것은 동물의 언어를 로렌츠가 번역한 것이다. Konrad Lorenz, *On Aggression* (New York: Harcourt Brace, 1966), pp. 174, 175.
13) 한 가지 예를 들겠다. "내 친구이자 스승인 빌 드러리(Bill Drury)가 어느 날 메인 주 해안에 있는 작은 섬으로 새를 관찰하러 가자고 제의해 왔다. 우리는 조류 도감과 쌍안경을 놓아둔 채 평활한 공간에 외따로 서 있는 가장 가까운 작은 나무 아래로 갔다. 그는 높은 음조의 새

소리를 내기 시작했고, 얼마 지나지 않아 나무는 날아와 앉은 새들로 가득 차게 되었다. 소리를 듣고 모인 새들이 다시 울음소리로 일련의 신호를 냈기 때문이다. 나무에 새들이 빼곡 들어차기 시작하자, 점점 더 많은 새들이 그곳으로 홀려 드는 듯했고, 마치 마술에라도 걸린 듯 그 지역의 모든 명금(鳴禽)들이 우리가 그 밑에 서 있는 작은 나무를 향해 줄지어 몰려왔다. 이때 빌은 무릎을 꿇고 앉은 자세로 몸을 구부려 부엉부엉 하는 구슬픈 소리를 냈다. 새들은 마치 가능한 한 빌을 가까이에서 보기 위해 줄을 지어 서 있는 것 같았다. 새들은 가지에서 가지로 뛰어내려 2.5미터 정도 높이의 나무 가지 위로 옮겨 왔다. 즉 내 얼굴에서 불과 60센티미터밖에 떨어지지 않은 위치였다. 새들이 하나 둘 내려오기 시작하자 빌은 기회를 놓치지 않고 내게 새들을 소개해 주기 시작했다. '이놈은 수컷이야. 아메리카쇠박새라고 부르지. 목과 어깨죽지를 따라 검은 띠가 있어서 쉽게 알아볼 수 있다네. 아마 두세 살쯤 되었을 거야. 어깨 가운데 등에 나 있는 노란색이 보이나? 그게 나이를 알 수 있는 표지인 셈이지.'

나로서는 그 짧은 순간 마치 마술에라도 걸려 있는 듯한 느낌이었다. 몇 분 동안 빌은 마치 기적처럼 우리와 새들 사이의 거리를 줄였다. 물리적인 거리와 사회적 거리 모두를 말이다. 나는 약 60센티미터 떨어진 거리에서 새들을 하나하나 소개받았다. 분명 빌은 어떤 속임수를 써서 그가 내는 새소리로 새들을 황홀경에 빠뜨리는 것 같았다. …… 처음에 빌은 참새목(目)의 집합 신호를 흉내냈다. 그리고 가끔씩 부엉이 울음소리를 내 모여든 새들을 흩어지게 만들었다. 그러자 새들은 부엉이를 자신들의 지역에서 몰아내기 위해 떼를 지어 몰려들었다. 때로는 이 새들이 부엉이를 공격하거나 죽이기까지 한다. …… 그런데 나무에 몰려온 새들은 눈이 네 개 달린 안경잡이 두 인간을 발견했을 뿐 부엉이는 찾을 수 없었다. 빌이 무릎을 꿇고 몸을 엎드린 다음 부엉부엉 하는 소리를 낸 것은 새들에게 그의 몸 아래 쪽에 부엉이가 있다는 의미로 받아들여진다. 따라서 새들은 좀 더 자세히 보기 위해 우리에게 접근하는 것이다. 다른 마술과는 달리 빌이 어떻게 새들을 불러 모으게 되었는지 알게 된 후에도, 내 기쁨은 조금도 줄지 않았다." Robert Trivers, "Deceit and Self-Deception: The Relationship Between Communication and Consciousness," in Michael H. Robinson and Lionel Tiger, editors, *Man and Beast Revisited* (Washington: Smithsonian Institution Press, 1991), pp. 182, 183.

14) Mary Jane West-Eberhard, "Sexual Selection and Social Behavior, in Robinson and Tiger, 앞의 책, p. 165.

15) T. J. Fillion and E. M. Blass, "Infantile Experience with Suckling Odors Determines Adult Sexual Behavior in Male Rats," *Science 231* (1986), pp. 729-731.

16) Marcus Aurelius, *Meditations*, translated with an introduction by Maxwell Staniforth (Harmondsworth, Middlesex, England: Penguin, 1964), II, 17, p. 51.

11장

1) Charles Darwin, *The Origin of Species by Means of Natural Selection or the Preservation of Favored Races in the Struggle for Life* (New York: The Modern Library, 날짜 없음) (원 책은 1859년에 발간됨.) Chapter XV, "Recapitulation and Conclusion," p. 371.

2) George Seldes, *The Great Thoughts* (New York: Ballantine, 1985), p. 302.

3) 예를 들어 Natalie Angier, "Pit Viper's Life: Bizarre, Gallant and Venomous," *New York Times*, Octover 15, 1991, pp. C_1, C_{10}.

4) 뱀들은 세력권을 놓고 싸움을 벌이기도 한다. 일례로, 구렁이는 새들이 둥지를 트는 나무의 옹이 구멍을 둘러싸고 싸운다. 패자는 다른 나무를 찾아간다.
5) David Duvall, Stevan J. Arnold, and Gordon W. Schuett, "Pit Viper Mating Systems: Ecological Potential, Sexual Selection, and Microevolution," in *Biology of Pitvipers*, J. A. Campbell and E. D. Brodie, Jr., editors (Tyler, TX: Selva, 1992).
6) B. J. Le Boeuf, "Male-male Competition and Reproductive Success in Elephant Seals," *American Zoologist 14* (1974), pp. 163-176.
7) C. R. Cox and B. J. Le Boeuf, "Female Incitation of Male Competition: A Mechanism in Sexual Selection," *American Naturalist 111* (1971), pp. 317-335.
8) 예를 들면 Peter Maxim, "Dominance: A Useful Dimension of Social Communication," *Behavioral and Brain Sciences 4* (3) (September 1981), pp. 444, 445.
9) Charles Darwin, *The Descent of Man and Selection in Relation to Sex* (New York: The Modern Library, 날짜 없음) (원 책은 1871년에 발간됨.) Part II, "Sexual Selection," Chapter XVIII, "Secondary Sexual Characters of Mammals-continued," p. 863.
10) Paul F. Brain and David Benton, "Conditions of Housing, Hormones, and Aggressive Behavior," in Bruce B. Svare, editor, *Hormones and Aggressive Behavior* (New York and London: Plenum Press, 1983), p. 359.
11) 위의 책, Table II, "Characteristics of Dominant and Subordinate Mice from Small Groups," p. 358.
12) 일대일로 마주쳤을 때의 우위와 순위제 속에서의 서열이 반드시 같은 것은 아니며, 둘 중 한 관계를 통해 다른 하나를 항상 예측할 수 있는 것 또한 아니다. Irwin S. Bernstein, "Dominance: The Baby and the Bathwater," and subsequent commentary, *Behavioral and Brain Sciences* 4 (3) (September 1981), pp. 419-457. 일부 동물들은 자신보다 서열이 낮거나 높은 개체들을 분간할 수 있다. 비비를 비롯한 다른 동물들은 자신과 비슷한 지위의 개체들에 대한 행동 양식과 순위제 속에서 현격한 차이가 나는 개체들에 대한 행동 양식이 다르다. Robert M. Seyfarth, "Do Monkeys Rank Each Other?," 위의 책, pp. 447-448.
13) W. C. Allee, *The Social Life of Animals* (Boston: Beacon Press paperback, 1958), 특히 p. 135 (원 책은 1938년 Abelard-Schuman Ltd.에서 발간됨.; 이 개정판은 1951년에 *Cooperation Among Animals With Human Implications*라는 제목으로 양장본 출간됨.).
14) V. C. Wynne-Edwards, *Evolution Through Group Selection* (Oxford: Blackwell, 1986), pp. 8-9.
15) Neil Greenberg and Daid Crews, "Physiological Ethology of Aggression in Amphibians and Reptiles," in Svare, 앞의 책, pp. 483 (varanids), 481 (crocodiles), 474 (*Dendrobates* [dendratobids]), and 483 (skinks).
16) B. Hazlett, "Size Relations and Aggressive Behaviour in the Hermit Crab, *Clibanarius Vitatus*," *Zeitschrift für Tierpsychologie 25* (1968), pp. 608-614.
17) Patricia S. Brown, Rodger D. Humm, and Robert B. Fischer, "The Influence of a Male's Dominance Status on Female Choice in Syrian Hamsters," *Hormones and Behavior 22* (1988), pp. 143-149.
18) 이와 비슷한 예는 그 밖에도 많다. 다음 논문을 참조하라. Bart Kempenaers, Geert Verheyen, Marleen van den Broeck, Terry Burke, Christine van Broeckhoven, and Andre

Dhondt, "Extra-pair Paternity Results from Female Preference for High-Quality Males in the Blue Tit," *Nature* 357 (1992), pp. 494-496.
19) Mary Jane West-Eberhard, "Sexual Selection and Social Behavior," in Michael H. Robinson and Lionel Tiger, editors, *Man and Beast Revisited* (Washington and London: Smithsonian Institution Press, 1991), p. 165.
20) 1857년에 엘리자베스 캐디 스탠턴은 이렇게 썼다. "[여성들의 옷은] 얼마나 훌륭하게 그녀들의 처지를 웅변하는가! 꽉 졸라맨 허리와 질질 끌리는 치마는 여성들에게서 호흡과 행동의 자유를 앗아 갔다. 남성들이 그녀들의 지위를 미리 결정 지었다는 데에는 의심할 여지가 없다. 여성들은 항상 남성들의 도움을 받지 않을 수 없다. 남성들은 여성들이 계단을 오르내리거나 마차에 타고 내릴 때, 언덕을 오를 때, 도랑이나 울타리를 넘을 때 항상 도와주어야 하고, 더군다나 여성들에게 의존이라는 노래를 가르쳐야 한다." J. C. Lauer and R. H. Lauer, "The Language of Dress: A Sociohistorical Study of the Meaning of Clothing in America," *Canadian Review of American Studies* 10 (1979), pp. 305-323. 의존이라는 노래가 여전히 여성 패션 사업에서 반복되고 있기는 하지만, 1857년 이래로 놀라운 변화가 일어났다.
21) Owen R. Floody, "Hormones and Aggression in Female Mammals," in Svare, 앞의 책, pp. 51, 52.

12장

1) Elizabeth Wyckoff, translator (Chicago: University of Chicago Press, 1954), line 781.
2) David Grene, translator (Chicago: University of Chicago Press, 1942), line 1268.
3) Ovid, *Metamorphoses*, translation by Frank Justus Miller (Cambridge: Harvard University Press/Loeb Classical Library, 1916, 1976), Book XII, pp. 192-195; Robert Graves, *The Greek Myths* (Harmondsworth, Middlesex, England: Penguin Books, 1955, 1960), Volume 1, pp. 260-262; Froma Zeitlin, "Configurations of Rape in Greek Myth," in Sylvana Tomaselli and Roy Porter, editors, *Rape: An Historical and Social Enquiry* (Oxford and New York: Basil Blackwell, 1986), pp. 133, 134.
4) 미량의 안드로젠은 두 개의 콩팥 위에 있는 부신 피질에서 체내의 다른 호르몬을 원료 삼아 생성된다. 그리고 태반에서도 일부 생성된다.
5) R. M. Rose, I. S. Bernstein, and J. W. Holaday, "Plasma Testosterone, Dominance Rank, and Aggressive Behavior in a Group of Male Rhesus Monkeys," *Nature* 231 (1971), pp. 366-368; G. G. Eaton and J. A. Resko, "Plasma Testosterone and Male Dominance in a Japanese Macaque (*Macaca fuscata*) Troop Compared with Repeated Measures of Testosterone in Laboratory Males," *Hormones and Behavior* 5 (1974), pp. 251-259.
6) Peter Marler and William J. Hamilton III, *Mechanisms of Animal Behavior* (New York: John Wiley & Sons, 1966), p. 177.
7) D. Michael Stoddart, *The Scented Ape: The Biology and Culture of Human Odour* (Cambridge: Cambridge University Press, 1990), pp. 136, 137, 163.
8) J. Money and A. Ehrhardt, *Man and Woman, Boy and Girl: The Differentiation and Dimorphism of Gender Identity from Conception to Maturity* (Baltimore: Johns Hopkins University Press, 1972); J. Money and M. Schwartz, "Fetal Androgens in the Early Treated

Adrenogenital Syndrome of 46XX Hermaphroditism: In-fluence on Assertive and Aggressive Types of Behavior," *in Aggressive Behavior 2* (1976), pp. 19-30; J. Money, M. Schwartz, and V. G. Lewis, "Adult Erotosexual Status and Fetal Hormonal Masculinization and Demasculinization," *Psychoneuro-endocrinology 9* (1984), pp. 405-414; Sheri A. Berenbaum and Melissa Hines, "Early Androgens Are Related to Childhood Sex-Typed Toy Preferences," *Psychological Science 3* (1992), pp. 203-206.

9) Aristotle, *Generation of Animals*, in *The Oxford Translation of Aristotle*, W. D. Ross, translator and editor (London: Oxford University Press, 1928), 737ᵃ28.

10) Stefan Hansen, "Mechanisms Involved in the Control of Punished Responding in Mother Rats," *Hormones and Behavior 24* (1990), pp. 186-197.

11) Mary Midgley, *Beast and Man* (Ithaca, NY: Cornell University Press, 1978), p. 39.

12) John Sparks with Tony Soper, *Parrots: A Natural History* (New York: Facts on File, 1990), p. 90.

13) Owen R. Floody, "Hormones and Aggression in Female Mammals," in Bruce B. Svare, editor, *Hormones and Aggressive Behavior* (New York: Plenum Press, 1983), pp. 44-46.

14) Alfred M. Dufty, Jr., "Testosterone and Survival: A Cost of Aggressiveness?" *Hormones and Behavior 23* (1989), pp. 185-193.

15) Hansen, 앞의 책.

16) Lester Grinspoon, Harvard Medical School, private communication, 1991.

17) John C. Wingfield and M. Ramenofsky, "Testosterone and Aggressive Behaviour During the Reproductive Cycle or Male Birds," in R. Gilles and J. Balthazart, editors, *Neurobiology* (Berlin: Springer-Verlag, 1985), pp. 92-104.

18) Stephen T. Emlen, Cornell University, private communication, 1991.

19) R. L. Sprott, "Fear Communication via Odor in Inbred Mice," *Psychological Reports 25* (1969), pp. 263-268; John F. Eisenberg and Devra G. Kleiman, "Olfactory Communication in Mammals," *Annual Review of Ecology and Systematics 3* (1972), pp. 1-32.

20) 1939년에 콘라드 로렌츠가, 1948년에는 니코 틴베르헨(Nikko Tinbergen)이 이 고전적인 실험에 대해서 기술했다. 얼마 후 이루어진 일부 연구는 새와 새끼들이 실루엣에 익숙해지자(실루엣이 아무도 잡아먹지 않는다는 사실이 분명해지자) 점차 두려움을 잃게 되었음을 보여 주었다. Wolfgang Schleidt, "Über die Auslösung der Flucht vor Raubvögeln bei Truthühnern," *Die Naturwissenschaften* 48 (1961), pp. 141-142에서는 땅에 있는 새들이, 비행하는 낯선 실루엣에 대해서 모두 겁을 내고, 하늘을 나는 거위의 이미지에 대해서는 익숙하게 되지만, 그보다 덜 익숙한 매에 대해서는 계속 두려움을 품는다고 주장하고 있다. 이것은 걸음마를 시작한 사람의 아이가 낯선 사람이나 '괴물'에 대해 품는 공포와 그리 다르지 않다.

21) Peter Marler, "Communication Signals of Animals: Emotion or Reference?" Address, Centennial Conference, Department of Psychology, Cornell University, July 20, 1991.

22) Marcel Gyger, Stephen J. Karakashian, Alfred M. Dufty, Jr., and Peter Marler, "Alarm Signals in Birds: The Role of Testosterone," *Hormones and Behavior 22* (1988), pp. 305-314.

23) Stoddart, 앞의 책, pp. 116-119.

24) 문제의 화학 물질은 감마 아미노부티르산과 세로토닌이다. 예를 들어 다음을 참조할 것.

Jon Franklin, *Molecules of the Mind* (New York: Laurel/Dell, 1987), pp. 155-157.
25) Heidi H. Swanson and Richard Schuster, "Cooperative Social Coordination and Aggression in Male Laboratory Rats: Effects of Housing and Testosterone," *Hormones and Behavior 21* (1987), pp. 310-330.

13장

1) Edward Conze, editor, *Buddhist Scriptures* (Harmondsworth, UK: Penguin, 1959), p. 241.
2) 집단 속에서 나타나는 새로운 돌연변이의 최초 증가 속도는 매우 느리다. 집단 유전학자인 제임스 F. 크로는 1,000세대 추정 계산으로 유전자 빈도 0.001(거의 어떤 개체에서도 나타나지 않음)에서 0.9(거의 모든 개체에서 나타남)로 확산된다는 결과를 발표했다.
3) Sewall Wright, *Evolution and the Genetics of Populations: A Treatise in Four Volumes*, Volume 4, *Variability Within and Among Natural Populations* (Chicago: The University of Chicago Press, 1978); Wright, *Evolution: Selected Papers*, edited by William B. Provine (Chicago: The University of Chicago Press, 1986); Wright, "Surfaces of Selective Value Revisited," *The American Naturalist 131* (January 1988), pp. 115-123; William B. Provine, *Sewall Wright and Evolutionary Biology* (Chicago: University of Chicago Press, 1986); J. F. Crow, W. R. Engels, and C. Denniston, "Phase Three of Wright's Shifting-Balance Theory," *Evolution 44* (1990), pp. 233-247; Roger Lewin, "The Uncertain Perils of an Invisible Landscape," *Science 240* (1988), pp. 1405, 1406.
4) Carl Sagan, "Croesus and Cassandra: Policy Responses to Global Change," *American Journal of Physics 58* (1990), pp. 721-730.
5) Plutarch, "Antony," *The Lives of the Noble Grecians and Romans*, translated by John Dryden and revised by Arthur Hugh Clough (New York: The Modern Library, 1932), p. 1119.
6) Stewart Henry Perowne, "Cleopatra," *Encyclopaedia Britannica*, 15th Edition (1974), Macropaedia, Volume 4, p. 712.
7) Graham Bell, *Sex and Death in Protozoa: The History of an Obsession* (Cambridge: Cambridge University Press, 1988), pp. 65-66.
8) K. Ralls, J. D. Ballou, and A. Templeton, "Estimates of Lethal Equivalents and Cost of Inbreeding in Mammals," *Conservation Biology 2* (1988), pp. 185-193; P. H. Harvey and A. F. Read, "Copulation Genetics: When Incest Is Not Best," *Nature 336* (1988), pp. 514-515.
9) James L. Gould and Carol Grant Gould, *Sexual Selection* (New York: W. H. Freeman, 1989), p. 64.
10) Anne E. Pusey and Craig Packer, "Dispersal and Philopatry," Chapter 21 of Barbara B. Smuts, Dorothy L. Cheney, Robert M. Seyfarth, Richard W. Wrangham, and Thomas T. Struhsaker, editors, *Primate Societies* (Chicago: University of Chicago Press, 1986), p. 263.
11) P. H. Harvey and K. Ralls, "Do Animals Avoid Incest?" *Nature 320* (1986), pp. 575, 576; D. Charlesworth and B. Charlesworth, "Inbreeding Depression and Its Evolutionary Consequences," *Annual Review of Ecology and Systematics 18* (1987), pp. 237-268. 두 번째 참고 문헌에는 식물에 강제되고 있는 근친 상간 금기에 관한 개요가 실려 있다.
12) John Paul Scott and John L. Fuller, *Genetics and the Social Behavior of the Dog* (Chicago: University of Chicago Press, 1965), pp. 406, 407.

13) William J. Schull and James V. Neel, *The Effects of Inbreeding on Japanese Children* (New York: Harper and Row, 1965).
14) Morton S. Adams and James V. Neel, "Children of Incest," *Pediatrics 40* (1967), pp. 55-62.
15) 도브잔스키는 20세기의 유명한 유전학자이다. 그는 이 예를 다음의 저서에 제시했다. Theodosius Dobzhansky, *Mankind Evolving* (New Haven: Yale University Press, 1962), p. 281.
16) 오랜 시간이 지나면, 격리는 심지어 대규모 집단에서도 다양성을 낳는다. 예를 들어 판게아 초대륙이 분열했을 때, 인접한 육지에 서식하던 동물들은 더 이상 이종 교배가 불가능하거나 드물게 되었고, 한 대륙에서 확립된 유전자 조합이 자동적으로 다른 대륙에 전달될 수 없었다. 이렇게 되자, 더 이상 널리 분산된 집단들의 유전자 풀을 연결 짓는 이계 교배는 이루어지지 못했다. 뉴질랜드, 마다가스카르, 갈라파고스 군도처럼 고립된 지역의 독특한 생태계는 물리적 격리나 그 밖의 지리적 격리에 의해 초래되었다.
17) George Gaylord Simpson, *Tempo and Mode in Evolution* (New York: Columbia University Press, 1944), p. 119.
18) 우리는 여기에서 라이트와 함께 집단 선택을 상정하고 있는 셈이다. 그러나 한 개체군 내에서 최적 유전자 '빈도'에 대한 모든 주장은 같다.
19) "우리는 우리 자신의 먼 과거의 문화의 씨앗, 기원, 그리고 그와 연관된 모든 사실들을 볼 수 있다. 그 말은 인류의 문화의 모든 측면이 그 근원지인 생태계에 대한 이해를 통해 큰 도움을 얻을 수 있음을 뜻한다." John Tyler Bonner, *The Evolution of Culture in Animals* (Princeton, NJ: Princeton University Press, 1980), p. 186.

14장
1) (London and Ediburgh: Williams and Norgate, 1863), p. 59.

15장
1) Translated by E. Gurney Salter (London: J. M. Dent and Co., 1904), Chapter VIII, p. 85.
2) Book III, Chapter 30 (1781년 판에 각주로 보충됨.); translated by Arthur O. Lovejoy in *The Great Chain of Being: A Study of the History of an Idea* (Cambridge, MA: Harvard University Press, 1953), p. 235.
3) 한노의 탐험에 대해서는 다음을 볼 것. Jacques Ramin, "The Periplus of Hanno," *British Archaeological Reports*, Supplementary Series 3 (Oxford: 1976). 한노 일행이 어떤 영장류의 종을 죽였는지에 대한 학문적인 논쟁을 보려면 다음을 참고할 것. William Coffmann McDermott, *The Ape in Antiquity* (Baltimore: Johns Hopkins Press, 1938), pp. 51-55.
4) Aristotle, *History of Animals*, Book II, 8-9, 502^a-502^b, in *The Works of Aristotle*, Great Books edition, Volume II, translated into English under the editorship of W. D. Ross (Chicago: Encyclopaedia Britannica, 1952) (원 책은 옥스퍼드 대학교 출판부에서 출간됨.), pp. 24, 25.
5) H. W. Janson, *Apes and Ape Lore in the Middle Ages and the Renaissance* (London: University of London, 1952).
6) Paul H. Barrett *et al.*, editors, *Charles Darwin's Notebooks, 1836-1844* (Ithaca, N.Y.: Cornell University Press, 1987), p. 539.

7) Thomas N. Savage and Jeffries Wyman, "Observations on the External Characters and Habits of the Troglodytes niger, by Thomas N. Savage, M.D., and on its Organization, by Jeffries Wyman, M.D.," *Boston Journal of Natural History*, Volume IV, 1843-1844; Thomas Henry Huxley, *Man's Place in Nature and Other Anthropological Essays* (London and New York: Macmillan, 1901)에서 인용.
8) Keith Thomas, *Man and the Natural World: A History of the Modern Sensibility* (New York: Pantheon Books, 1983), p. 66에서 인용.
9) William Congreve, *The Way of the World*, edited by Brian Gibbons (New York: W. W. Norton, 1971), pp. 37, 42, 44.
10) Letter of July 10, 1695; in William Congreve, *Letters and Documents*, John C. Hodges, editor (New York: Harcourt, Brace and World, 1964), p. 178.
11) Jeremy Collier, *A Short View of the Immorality and Profaneness of the English Stage*, edited by Benjamin Hellinger (New York: Garland Publishing, 1987) (원 책은 1698년 런던에서 출간됨.), p. 13.
12) G. L. Prestige, *The Life of Charles Gore: A Great Englishman* (London: William Heinemann, 1935), pp. 431, 432.
13) Aelian, McDermott, 앞의 책, p. 76의 인용.
14) 런던 린네 협회의 명칭은 린네의 이름을 따서 지어졌다. 이 협회의 회보에 다윈과 월리스는 자연선택에 관한 글이 최초로 게재되었다.
15) Arthur O. Lovejoy, *The Great Chain of Being: A Study of the History of an Idea* (Cambridge: Harvard University Press, 1953), p. 235.
16) Letter to J. G. Gmelin, February 14, 1747, quoted in George Seldes, *The Great Thoughts* (New York: Ballantine, 1985), p. 247.
17) Thomas Henry Huxley, *Evidence as to Man's Place in Nature* (London and Edinburgh: Williams and Norgate, 1863), pp. 69, 70.
18) 위의 책, p. 102.
19) Monroe W. Strickberger, *Evolution* (Boston: Jones and Bartlett, 1990), p. 57에서 인용.
20) Michael M. Miyamoto and Morris Goodman, "DNA Systematics and Evolution of Primates," *Annual Review of Ecology and Systematics 21* (1990), pp. 197-220. 인간의 경우, 베타글로빈의 유전 부호는 11번 염색체에 있다.
21) M. Goodman, B. F. Koop, J. Czelusniak, D. H. A. Fitch, D. A. Tagle, and J. L. Slightom, "Molecular Phylogeny of the Family of Apes and Humans," *Genome 31* (1989), pp. 316-335; Morris Goodman, 개인 서신, 1992. 비슷한 결과가 DNA 하이브리드 연구에서 발견된다. C. G. Sibley, J. A. Comstock and J. E. Ahlquist, "DNA Hybridization Evidence of Hominoid Phylogeny: A Reanalysis of the Data," *Journal of Molecular Evolution 30* (1990) pp. 202-236.
22) Strickberger, 앞의 책, pp. 227, 228의 자료에 의거함.
23) 예를 들어 Richard C. Lewontin, "The Dream of the Human Genome," *New York Review of Books*, May 28, 1992, pp. 31-40.
24) Donald R. Griffin, "Prospects for a Cognitive Ethology," *Behavioral and Brain Sciences* 1 (4) (December 1978), pp. 527-538.

25) Jane Goodall, *The Chimpanzees of Gombe: Patterns of Behavior* (Cambridge, MA: The Belknap Press of Harvard University Press, 1986); Goodall, *Through a Window: My Thirty Years with the Chimpanzees of Gombe* (Boston: Houghton Mifflin, 1990); Toshisada Nishida and Mariko Hiraiwa-Hasegawa, "Chimpanzees and Bonobos: Cooperative Relationships among Males," Chapter 15 in Barbara B. Smuts, Dorothy L. Cheney, Robert M. Seyfarth, Richard W. Wrangham, and Thomas T. Struhsaker, editors, *Primate Societies* (Chicago: University of Chicago Press, 1986); Nishida, "Local Traditions and Cultural Transmission," Chapter 38 in Smuts *et al.*, eds., 앞의 책; Nishida, editor, *The Chimpanzees of the Mahale Mountains: Sexual and Life History Strategies* (Tokyo: University of Tokyo Press, 1990); Frans de Waal, *Chimpanzee Politics: Power and Sex among Apes* (New York: Harper & Row,1982); de Waal, *Peacemaking among Primates* (Cambridge, MA: Harvard University Press, 1989).

26) B. M. F. Galdikas, "Orangutan Reproduction in the Wild," in C. E. Graham, editor, *Reproductive Biology of the Great Apes* (New York: Academic Press, 1981), pp. 281-300.

27) Anne C. Zeller, "Communication by Sight and Smell," Chapter 35 of Barbara B. Smuts, Dorothy L. Cheney, Robert M. Seyfarth, Richard W. Wrangham, and Thomas T. Struhsaker, editors, *Primate Societies* (Chicago: University of Chicago Press, 1986), p. 438.

28) Jane Goodall, *The Chimpanzees of Gombe: Patterns of Behavior* (Cambridge, MA: The Belknap Press of Harvard University Press, 1986), p. 368.

29) 이것은 「시편」의 가장 아름다운 성가 중 한 편의 내용과 놀랄 만큼 흡사하다. 바빌론 유수 기간 동안 유대인들은 그들의 점령자의 아이들을 이런 식으로 죽여 복수해 달라고 기도했다.

> 바빌론아, 너는 멸망할 것이다.
> 네가 우리에게 행한 대로
> 갚아 주는 자는 복이 있으리라.
> 네 아이들을 잡아다가 바위에
> 메어치는 자는 복이 있으리라.
> ——「시편」 137장 8~9절

30) Janis Carter, "A Journey to Freedom," *Smithsonian 12* (April 1981), pp. 90-101.

31) Goodall, *The Chimpanzees of Gombe*, pp. 490, 491.

32) Thomas, 앞의 책, (ref. 8), p. 22.

33) Euripides, *The Trojan Women*, in *The Medea*, Gilbert Murray, translator (New York: Oxford University Press, 1906), p. 59.

16장

1) In Greg Whincup, editor and translator, *The Heart of Chinese Poetry* (New York: Anchor Press/Doubleday, 1987), p. 48.

2) 14~16장에서 특별한 언급이 없이 침팬지의 생활에 대해 기술한 내용들은 주로 다음 저서들을 참고로 한 것이다. Goodall, Nishida, and de Waal: Jane Goodall, *The Chimpanzees of Gombe: Patterns of Behavior* (Cambridge, MA: The Belknap Press of Harvard University

Press, 1986); Goodall, *Through a Window: My Thirty Years with the Chimpanzees of Gombe* (Boston: Houghton Miffin, 1990); Toshisada Nishida and Mariko Hiraiwa-Hasegawa, "Chimpanzees and Bonobos: Cooperative Relationships among Males," Chapter 15 in Barbara B. Smuts, Dorothy L. Cheney, Robert M. Seyfarth, Richard W. Wrangham, and Thomas T. Stuhsaker, editors, *Primate Societies* (Chicago: University of Chicago Press, 1986); Nishida, "Local Traditions and Cultural Transmission," Chapter 38 in Smuts *et al.*, eds., 앞의 책; Nishida, editor, *The Chimpanzees of the Mahale Mountains: Sexual and Life History Strategies* (Tokyo: University of Tokyo Press, 1990); Frans de Waal, *Chimpanzee Politics: Power and Sex among Apes* (New York: Harper & Row, 1982); de Waal, *Peacemaking among Primates* (Cambridge, MA: Harvard University Press, 1989).

3) Chapter III, verse 1.

4) Frans de Waal, *Peacemaking among Primates* (Cambridge, MA: Harvard University Press, 1989), P. 49.

5) Frans de Waal, Chimpanzee Politics: Power and Sex among Apes (New York: Harper & Row, 1982), pp. 37, 38.

6) 다음은 다윈이 번식기에 관찰한 분홍색 엉덩이에 대한 기록이다. "나의 저서 『인간의 유래』에 들어 있는 성 선택에 관한 논의 중에서 특정한 원숭이들의 밝게 빛나는 엉덩이와 인접 부위들만큼 내 흥미를 끌고 나를 당황스럽게 만든 문제는 없을 것이다. 원숭이 암컷의 엉덩이는 수컷보다 더 밝은색을 띤다. 그리고 번식기 동안 훨씬 더 밝게 빛난다. 나는 그 색깔이 성적 유혹을 위한 것이라고 결론 지었다. 그렇지만 나는 또 다른 수수께끼가 있다는 사실도 잘 알고 있다. 그것은 원숭이가 분홍색 엉덩이를 과시하는 행동이 공작이 아름다운 꼬리를 과시하는 것보다 그다지 놀라운 일이 아니라는 점이다. 그러나 당시 나는 원숭이가 구애 기간 동안 신체의 이 부위를 과시한다는 아무런 증거도 갖고 있지 않았다. 새의 경우에는 수컷들의 장식이 암컷을 흥분시키고 유혹하는 기능을 한다는 확실한 증거가 있다. …… 피셔는 …… 비비뿐만 아니라 드릴개코원숭이와 그 밖의 세 종류의 비비가 기분이 좋을 때면 밝게 빛나는 엉덩이 부위를 그에게 돌리며, 다른 사람들에게는 일종의 인사로 엉덩이를 돌린다는 사실을 발견했다."

"다 자란 동물들이 나타내는 습성은 어느 정도까지 성적 감정과 연관되어 있다. 피셔는 유리벽을 통해 며칠 동안 원숭이를 관찰했다. '[원숭이는] 돌아서서 목을 꿀꺽거리는 소리를 내면서 분홍빛 엉덩이를 격렬하게 과시했다. 그 이전에는 한 번도 관찰하지 못했던 모습이었다. 이 모습을 보자 수컷은 흥분하기 시작했다. 수컷은 우리의 쇠창살을 사납게 흔들어댔다(다윈의 인용. 원래는 독일어였다.).' 그의 설명에 따르면, 분홍빛 엉덩이는 멀리 떨어진 이성 상대의 눈에 잘 띄게 하기 위한 것이라고 한다. 그러나 원숭이처럼 군거 습성을 갖는 동물들은 굳이 멀리 떨어져서 서로를 식별할 필요는 없다고 생각된다. 오히려 밝은 색깔은 얼굴이든 엉덩이든 성적 장식과 유혹이라는 기능을 갖고 있는 것 같다. Charles Darwin, "Supplemental Note on Sexual Selection in Relation to Monkeys," *Nature*, November 2, 1876, p. 18.

7) R. M. Yerkes and J. H. Elder, "Oestrus, Receptivity and Mating in the Chimpanzee," *Comparative Psychology Monographs 13* (1936), pp. 1-39.

8) Helen Fisher, "Monogamy, Adultery, and Divorce in Cross-Species Perspective," in Michael H. Robinson and Lionel Tiger, editors, *Man and Beast Revisited* (Washington and London:

Smithsonian Institution Press, 1991), p. 98.
9) de Waal, *Peacemaking among Primates*, p. 82.
10) Sarah Blaffer Hrdy, "The Primate Origins of Human Sexuality," in Robert Bellig and George Stevens, eds., *Nobel Conference XXIII: The Evolution of Sex* (San Francisco: Harper & Row, 1988), pp. 112 ff.
11) Kelly J. Stewart and Alexander H. Harcourt, "Gorillas: Variation in Female Relationships," Chapter 14 of Barbara B. Smuts, Dorothy L. Cheney, Robert M. Seyfarth, Richard W. Wrangham, and Thomas T. Struhsaker, editors, *Primate Societies* (Chicago: University of Chicago Press, 1986), p. 163.
12) 데이비스(Nicholas Davies)의 영국에서의 연구. 엠렌(Stephen Emlen)의 개인 편지에 기술되었다.(1991년).
13) Emily Martin, "The Egg and the Sperm: How Science Has Constructed a Romance Based on Stereotypical Male-Female Roles," *Signs: Journal of Women in Culture and Society 16* (1991), pp. 485-501.
14) 이것은 정자 세포의 특성이 정자 세포 자체가 운반하는 다음 세대를 위한 DNA 명령이 아니라, 부친의 유전자에 따라 결정된다는 점에서 그다지 설득력이 없다. 어쨌든 정자들의 경쟁은 특정한 암컷에게 한 마리 이상의 수컷들이 연속적으로 사정을 하는 동물, 특히 영장류에게 매우 중요하다.
15) Goodall, *The Chimpanzees of Gombe*, p. 366.
16) H[ippolyte] A. Taine, *History of English Literature*, translated by H. van Laun, second edition (Edinburgh: Edmonston and Douglas, 1872), Volume I, p. 340.
17) Jacqueline Goodchilds and Gail Zellman, "Sexual Signaling and Sexual Aggression in Adolescent Relationships," in *Pornography and Sexual Aggression*, Neil Malamuth and Edward Donnerstein, editors (New York: Academic Press, 1984).
18) Neil Malamuth, "Rape Proclivity among Males," *Journal of Social Issues 37* (1981), pp. 138-157; Malamuth, "Aggression against Women: Cultural and Individual Causes," in Malamuth and Donnerstein, editors, 앞의 책.
19) 가장 광범위한 전국적 조사를 후원한 곳은 국립 희생자 센터와 사우스캐롤라이나 의과 대학의 범죄 희생자 연구 및 치료 센터이다. 이곳은 미국 보건 복지부의 재정 지원을 받고 있다. David Johnston, "Survey Shows Number of Rapes Far Higher than Official Figures," *New York Times*, April 24, 1992, p. A14를 볼 것.
20) 도착적인 성충동과 강간은 미국뿐만 아니라 영국, 프랑스, 독일, 남아메리카, 일본 등지의 포르노 영화에서 자주 등장하는 주제이다. 일본의 포르노 영화에서는 여고생 강간이라는 주제가 반복적으로 등장한다. Paul Abramson and Haruo Hayashi, "Pornography in Japan," in Malamuth and Donnerstein, editors, 앞의 책.
21) Robert A. Prentky and Vernon L. Quinsey, *Human Sexual Aggression: Current Perspectives*, Volume 528 of the Annals of the New York Academy of Sciences (New York: New York Academy of Sciences, 1988); Howard E. Barbaree and William L. Marshall, "The Role of Male Sexual Arousal in Rape: Six Models," *Journal of Consulting and Clinical Psychology 59* (1991), pp. 621-630; Gene Abel, J. Rouleau, and J. Cunningham-Rather, "Sexually Aggressive Behavior," *Modern Legal Psychiatry and Psychology*, A. L. McGarry and S. A. Shah,

editors (Philadelphia: Davis, 1985); Gene Abel, Faye Knopp, *Retraining Adult Sex Offenders: Methods and Models* (Syracuse, NY: Safer Society Press, 1984), p. 9에서 인용됨.
22) 예를 들어 Lee Ellis, "A Synthesized (Biosocial) Theory of Rape," *Journal of Consulting and Clinical Psychology 59* (1991), pp. 631-642.
23) 예를 들어 Susan Brownmiller, *Against Our Will: Men, Women and Rape* (New York: Simon & Schuster, 1975); Judith Lewis Herman, "Considering Sex Offenders: A Model of Addiction," *Signs: Journal of Women in Culture and Society 13* (1988), pp. 695-724.
24) Lee Ellis, *Theories of Rape* (New York: Hemisphere, 1989).
25) Peggy Reeves Sanday, "The Socio-Cultural Context of Rape: A Cross-Cultural Study," *Journal of Social Issues 37* (1981), pp. 5-27.

17장

1) (London and Edinburgh: Williams and Norgate, 1863), p. 105.
2) Sarah Blaffer Hrdy, "Raising Darwin's Consciousness: Females and Evolutionary Theory," in Robert Bellig and George Stevens, editors, *Nobel Conference XXIII: The Evolution of Sex* (San Francisco: Harper & Row, 1988), p. 161.
3) John Paul Scott, "Agonistic Behavior of Primates: A Comparative Perspective," in Ralph L. Holloway, editor, *Primate Aggression, Territoriality, and Xenophobia: A Comparative Perspective* (New York: Academic Press, 1974), 특히 p. 427; Shirley C. Strum, *Almost Human: A Journey into the World of Baboons* (New York: Random House, 1987).
4) Dorothy L. Cheney, "Interactions and Relationships Between Groups," Chapter 22 in Barbara B. Smuts, Dorothy L. Cheney, Robert M. Seyfarth, Richard W. Wrangham, and Thomas T. Struhsaker, editors, *Primate Societies* (Chicago: University of Chicago Press, 1986), p. 281.
5) Solly Zuckerman, *The Social Life of Monkeys and Apes* (New York: Harcourt, Brace, 1932), pp. 49, 50.
6) Solly Zuckerman, *From Apes to Warlords* (New York: Harper & Row, 1978), p. 39.
7) 위의 책, p. 12.
8) F. W. Fitzsimons, *The Natural History of South Africa*, Volume 1, *Mammals* (London: Longmans, Green, 1919), Zuckerman, *The Social Life of Monkeys and Apes*, p. 293에서 인용됨.
9) Zuckerman, *From Apes to Warlords*, pp. 220, 219와 p. 220의 각주.
10) Zuckerman, *The Social Life of Monkeys and Apes*, pp. 228, 229.
11) 위의 책, p. 237.
12) Scott, 앞의 책; H. Kummer, *Social Origin of Hamadryas Baboons* (Chicago: University of Chicago Press, 1968).
13) Zuckerman, *From Apes to Warlords*, p. 41.
14) 위의 책, p. 42.
15) Zuckerman, *The Social Life of Monkeys and Apes*, p. 148.
16) Hrdy, 앞의 책 (ref. 2), p. 163.
17) Donna Robbins Leighton, "Gibbons: Territoriality and Monogamy," Chapter 12 in Smuts

et al., eds., 앞의 책, pp. 135-145.
18) Randall Susman, editor, *The Pygmy Chimpanzee: Evolutionary Biology and Behavior* (New York: Plenum, 1984).
19) Frans de Waal, *Peacemaking among Primates* (Cambridge, MA: Harvard University Press, 1989), p. 181.
20) Toshisada Nishida and Mariko Hiraiwa-Hasegawa, "Chimpanzees and Bonobos: Cooperative Relationships among Males," Chapter 15 in Smuts *et al.*, 앞의 책, p. 167.
21) Charles Darwin, *The Descent of Man and Selection in Relation to Sex* (New York: The Modern Library, 날짜 없음) (원 책은 1871에 발간됨.) pp. 396, 397.
22) Edward O. Wilson, *Sociobiology: The New Synthesis* (Cambridge, MA: The Belknap Press of Harvard University Press, 1975), p. 538.
23) Irenäus Eibl-Eibesfelat, *The Biology of Peace and War: Men, Animals, and Aggression*, translated by Eric Mosbacher (New York: The Viking Press, 1979) (원 책은 1975년 R. Piper 에 의해 뮌헨에서 *Krieg und Frieden*라는 제목으로 발간됨.), p. 108.
24) Paul D. MacLean, "Special Award Lecture: New Findings on Brain Function and Socioexual Behavior," Chapter 4 in Joseph Zubin and John Money, editors, *Contemporary Sexual Behavior: Critcal Issues in the 1970s* (Baltimore: The Johns Hopkins University Press, 1973), p. 65.
25) Barbara B. Smuts, "Sexual Competition and Mate Choice," Chapter 31 in Barbara B. Smuts, Dorothy L. Cheney, Robert M. Seyfarth, Richard W. Wrangham, and Thomas T. Stuhsaker, editors, *Primate Societies* (Chicago: University of Chicago Press, 1986), p. 392.
26) Sarah Blaffer Hrdy, "The Primate Origins of Human Sexuality," in Robert Bellig and George Stevens, editors, *Nobel Conference XXIII: The Evolution of Sex* (San Francisco: Harper & Row, 1988).
27) Alison F. Richard, "Malagasy Prosimians: Female Dominance," Chapter 3 in Smuts *et al.*, eds., 앞의 책, p. 32. 글 안의 인용문에 대한 참구 문헌은 다음과 같다. A. Jolly, "The Puzzle of Female Feeding Priority," in M. Small, ed., *Female Primates: Studies by Women Primatologists* (New York: Alan R. Liss, 1984), p. 198.
28) Toshisada Nishida and Mariko Hiraiwa-Hasegawa, "Chimpanzees and Bonobos: Cooperative Relationships among Males," Chapter 15 in Smuts *et al.*, eds., 앞의 책, p. 174.
29) Mireille Bertrand, *Bibliotheca Primatologica*, Number 11, *The Behavioral Repertoire of the Stumptail Macaque: A Descriptive and Comparative Study* (Basel: S. Karger, 1969), p. 191.
30) Frans de Waal, *Peacemaking among Primates* (Cambridge, MA: Harvard University Press, 1989), pp. 153, 154.
31) Frank E. Poirier, "Colobine Aggression: A Review," in Ralph L. Holloway, editor, *Primate Aggression, Territoriality, and Xenophobia: A Comparative Perspective* (New York and London: Academic Press, 1974), pp. 146-147, 130-131, 140-141.
32) Sherwood L. Washburn, "The Evolution of Human Behavior," in John D. Roslansky, editor, *The Uniqueness of Man* (Amsterdam: North-Holland, 1969), p. 170.
33) Robert M. Seyfarth, "Vocal Communication and Its Relation to Language," Chapter 36 in Smuts *et al.*, eds., 앞의 책, pp. 444, 445, 450.

34) P. D. MacClean, "New Findings on Brain Function and Sociosexual Behavior," in *Contemporary Sexual Behavior*, Zubin and Money, eds., 앞의 책.
35) Solly Zuckerman, *The Social Life of Monkeys and Apes* (New York: Harcourt, Brace, 1932), p. 259.
36) Darwin, 앞의 책, p. 449.
37) Zuckerman, 앞의 책, p. 474.
38) Patricia L. Whitten, "Infants and Adult Males," Chapter 28 in Smuts *et al.*, eds., 앞의 책, pp. 343, 344.

18장

1) Translated by John Dryden and revised by Arthur Hugh Clough (New York: The Modern Library, 1932), pp. 378, 379.
2) Wendy Bailey, Morris Goodman의 저작; Morris Goodman에게 받은 개인 서신(1992년). 또한 참고 12를 볼 것.
3) Michael M. Miyamoto and Morris Goodman, "DNA Systematics and Evolution of Primates," *Annual Review of Ecology and Systematics 21* (1990), pp. 197-220.
4) Marc Godinot and Mohamed Mahboubi, "Earliest Known Simian Primate Found in Algeria," *Nature 357* (1992), pp. 324-326.
5) Leonard Krishtalka, Richard K. Stucky, and K. Christopher Beard, "The Earliest Fossil Evidence for Sexual Dimorphism in Primates," *Proceedings of the National Academy of Sciences of the United States of America 87* (13) (July 1990), pp. 5223-5226.
6) 식충류(가장 원시적인 포유동물의 일종으로 영장류의 선조와 비슷했을지도 모르는 작은 포유동물이다.) 뇌 부피의 약 9퍼센트는 냄새 분석에 관여하고 있다. 그러나 원원류(原猿類, 여우원숭이, 안경원숭이 등이 포함된다.—옮긴이)에서는 그 비율이 1.8퍼센트로 떨어지고, 원숭이의 경우에는 0.15퍼센트, 대형 유인원에서는 0.07퍼센트로 급격히 하락한다. 인간은 겨우 0.01퍼센트에 불과하다. 즉 우리 뇌의 부피 중에서 100분의 1이 냄새의 분석에 관여하는 셈이다. H. Stephan, R. Bauchot, and O. J. Andy, "Data on Size of the Brain and of Various Brain Parts in Insectivores and Primates," in *The Primate Brain*, C. Noback and W. Montagna, editors (New York: Appleton-Century-Crofts, 1970), pp. 289-297. 식충류 동물에게 냄새란 뇌의 기능에서 매우 중요한 부분이다. 그러나 인간의 경우, 냄새는 외부 세계에 대한 지각 중에서 그리 중요치 않은 일부에 국한된다. 사람이 공기 중에서 부티르산의 냄새를 맡을 수 있으려면 개에 비해 1000만 배나 많은 양이 필요하다. 그리고 초산은 2억 배, 카프로산은 1억 배, 성적 신호에 이용되는 에틸메르캅탄은 2,000배가 필요하다. R. H. Wright, *The Sense of Smell* (London: George Allen & Unwin, 1964); D. Michael Stoddart, *The Scented Ape: The Biology and Culture of Human Odour* (Cambridge: Cambridge University Press, 1990), Table 9. 1, p. 235.
7) J. Terborgh, "The Social Systems of the New World Primates: An Adaptationist View," in J. G. Else and P. C. Lee, eds., *Primate Ecology and Conservation* (Cambridge: Cambridge University Press, 1986), pp. 199-211.
8) H. Sigg, "Differentiation of Female Positions in Hamadryas One-Male-Units," *Zeitschrift für Tierpsychologie 53* (1980), pp. 265-302.

9) Connie M. Anderson, "Female Age: Male Preference and Reproductive Success in Primates," *International Journal of Primatology 7* (1986), pp. 305-326.
10) Dorothy L. Cheney and Richard W. Wrangham, "Predation," Chapter 19 in Barbara B. Smuts, Dorothy L. Cheney, Robert M. Seyfarth, Richard W. Wrangham, and Thomas T. Struhsaker, editors, *Primate Societies* (Chicago: University of Chicago Press, 1986), pp. 227-239.
11) Susan Mineka, Richard Keir, and Veda Price, "Fear of Snakes in Wild- and Laboratory-reared Rhesus Monkeys (*Macaca mulatta*)," *Animal Learning and Behavior 8* (4) (1980), pp. 653-663.
12) Wendy J. Bailey, Kenji Hayasaka, Christopher G. Skinner, Susanne Kehoe, Leang C. Sien, Jerry L. Slighton and Morris Goodman, "Re-examination of the African Hominoid Trichotomy with Additional Sequences from the Primate β-Globin Gene Cluster," *Molecular Phylogenetics and Evolution*, in press, 1993. 또한 다음을 참고할 것. C. G. Sibley, J. A. Comstock and J. E. Ahlquist, "DNA Hybridization Evidence of Hominid Phylogeny: a Reanalysis of the Data," *Journal of Molecular Evolution 30* (1990), pp. 202-236.
13) Toshisada Nishida, "Local Traditions and Cultural Transmission," Chapter 38 in Smuts *et al.*, eds., 앞의 책, pp. 467, 468. 원 토론은 다음에 실려 있다. S. Kawamura, "The Process of Subculture Propagation Among Japanese Macaques," *Journal of Primatology 2* (1959), pp. 43-60. 또한 다음을 참고할 것. Kawamura, "Subcultural Propagation Among Japanese Macaques," in *Primate Social Behavior*, C. A. Southwick, ed. (New York: van Nostrand, 1963); and A. Tsumori, "Newly Acquired Behavior and Social Interaction of Japanese Monkeys," in *Social Communication Among Primates*, S. Altman, ed. (Chicago: University of Chicago Press, 1982).
14) Masao Kawai, "On the Newly-Acquired Pre-Cultural Behavior of the Natural Troop of Japanese Monkeys on Koshima Islet," *Primates* 6 (1965), pp. 1-30.
15) 이 발견은 폭넓게 받아들여져 왔다. 그러나 아직 확증되지 않은 신화로서, 때로는 '100번째 원숭이 현상'이라고 불린다. Lyall Watson, *Lifetide* (New York: Simon and Schuster, 1979); Ken Keyes, Jr., *The Hundredth Monkey* (Coos Bay, OR: Vision, 1982). 고구마 씻기는 원숭이 집단 사이에서 임계점에 도달할 때까지 느린 속도로 확산되어 나갔다고 한다. 100번째 원숭이가 그 기술을 배우게 되자, 모든 개체들이 그 지식을 갖게 되었다. 그러니까 일종의 초자연적인 집단 의식이 형성되었다는 것이다. 이 사실을 통해 인간 사회에 유익한 여러 가지 교훈을 이끌어 낼 수 있다. 그러나 불행하게도 이러한 가슴 벅찬 평가를 뒷받침할 수 있는 아무런 증거도 없다. Ron Amundson, "The Hundreath Monkey Phenomenon," in *The Hundredth Monkey and Other Paradigms of the Paranormal*, Kendrick Frazier, editor (Buffalo, N. Y.: Prometheus, 1991), pp. 171-181. 어쩌면 처음부터 끝까지 꾸며 낸 이야기인지도 모른다.
16) 선구적인 물리학자 막스 플랑크는 자신이 발견한 양자론에 대해 많은 비판이 제기되자, 물리학자들이 이 새로운 개념을 받아들이려면 한 세대는 걸릴 것이라고 말했다.
17) William Coffmann McDermott, *The Ape in Antiquity* (Baltimore: Johns Hopkins Press, 1938).
18) Julian Huxley, *The Uniqueness of Man* (London: Chatto and Windus, 1943), p. 3.

19) B. T. Gardner and R. A. gardner, "Comparing the Early Utterances of Child and Chimpanzee," in A. Pick, editor, *Minnesota Symposium in Child Psychology* (Minneapolis, MN: University of Minnesota Press, 1974), volume 8, pp. 3-23.

20) H. S. Terrace, L. A. Pettito, R. J. Sanders, and T. G. Bever, "Can an Ape Create a Sentence?" *Science 206* (1979), pp. 891-902; C. A. Ristau and D. Robbins, "Cognitive Aspects of Ape Language Experiments," in D. R. Griffin, editor, *Animal Mind-Human Mind* (Report of the Dahlem Workshop on Animal Mind-Human Mind, Berlin, March 22-27, 1981) (Berlin: Springer-Verlag, 1982), p. 317.

21) Herbert S. Terrace, *Nim* (New York: Knopf, 1979); H. S. Terrace, L. A. Pettito, R. J. Sanders, and T. G. Bever, "Can an Ape Create a Sentence?" *Science 206* (1979), pp. 891-902; Robert M. Seyfarth, "Vocal Communication and Its Relation to Language," Chapter 36 in Smuts *et al.*, eds., 앞의 책.

22) Roger S. Fouts, Deborah H. Fouts, and Thomas E. Van Cantfort, "The Infant Loulis Learns Signs from Cross-fostered Chimpanzees," in R. A. Gardner, B. T. Gardner, and T. E. Van Cantfort, eds., *Teaching Sign Language to Chimpanzees* (New York: State University of New York Press, 1989).

23) *The Great Ideas: A Syntopicon of Great Books of the Western World*, Volume II, Mortimer J. Adler, editor in chief, William Gorman, general editor, Volume 3 of *Great Books of the Western World*, Robert Maynard Hutchins, editor in chief (Chicago: William Benton/Encyclopaedia Britannica, 1952, 1977), Introduction to Chapter 51, "Man."

24) E. S. Savage-Rumbaugh, D. M. Savage-Rumbaugh, S. T. Smith, and J. Lawson, "Reference — the Linguistic Essential," *Science 210* (1980), pp. 922-925.

25) Patricia Marks Greenfield and E. Sue Savage-Rumbaugh, "Grammatical Combination in *Pan paniscus*: Processes of Learning and Invention in the Evolution and Development of Language," in *"Language" and Intelligence in Monkeys and Apes*, Sue Taylor Parker and Kathleen Gibson, editors (Cambridge: Cambridge University Press, 1990); *idem*, "Imitation, Grammatical Development, and the Invention of Protogrammar by an Ape," in *Biological and Behavioral Determinants of Language Development*, Norman Krasnegor, D. M. Rumbaugh, R. L. Schiefelbusch and M. Studdert-Kennedy, editors (Hillsdale, NJ: Erlbaum, 1991).

26) 새비지럼보와 럼보는 이 예에 대해 다음 책에 간략히 기술하고 있다. D. S. Rumbaugh, "Comparative Psychology and the Great Apes: Their Competence in Learning, Language and Numbers," *The Psychological Record 40* (1990), pp. 15-39. 더 자세한 설명은 다음 책에 있다. E. Sue Savage-Rumbaugh, Jeannine Murphy, Rose Sevcik, S. Williams, K. Brakke, and Duane M. Rumbaugh, "Language Comprehension in Ape and Child," *Monographs of the Society for Research in Child Development*, in press, 1993.

27) D. M. Rumbaugh, W. D. Hopkins, D. A. Washburn, and E. Sue Savage-Rumbaugh, "Comparative Perspectives of Brain, Cognition and Language," In N. A. Krasnegor, *et al.*, editors, 앞의 책, (ref. 22).

28) David Premack, *Intelligence in Ape and Man* (Hillsdale, NJ: Erlbaum, 1976).

29) D. J. Gillan, D. Premack, and G. Woodruff, "Reasoning in the Chimpanzee: I. Analogical

Reasoning," *Journal of Experimental Psychology and Animal Behavior 7* (1981), pp. 1-17; D. J. Gillan, "Reasoning in the Chimpanzee: II. Transitive Inference," 위의 책, pp. 150-164.
30) David Premack and G. Woodruff, "Chimpanzee Problem-solving: A Test for Comprehension," *Science 202* (1978), pp. 532-535; Premack and Woodruff, "Does the Chimpanzee Have a Theory of Mind?" *Behavior and Brain Sciences 4* (1978), pp. 515-526.
31) 제한된 시도이기는 하지만 초반의 시도에 대해서는 다음과 다음을 참조할 것. Duane M. Rumbaugh, Timothy V. Gill and E. C. von Glasersfeld, "Reading and Sentence Complection by a Chimpanzee (Pan)," *Science 182* (1973), pp. 731-733; James L. Pate and Duane M. Rumbaugh, "The Language-Like Behavior of Lana Chimpanzee," *Animal Learning and Behavior 11* (1983), pp. 134-138.
32) 이를 지지하는 인용문이나 기초 사항에 대해서는 다음을 참고하라. Derek Bickerton *Language and Species* (Chicago: University of Chicago Press, 1990).
33) E. Sue Savage-Rumbaugh *et al.*, 앞의 책 (Note 24).
34) Eugene Linden, *Silent Partners: The Legacy of the Ape Language Experiments* (New York: Times Books, 1986), pp. 144, 145.
35) Jane Goodall, *Through a Window* (Boston: Houghton Mifflin, 1990), p. 13.
36) Linden, 앞의 책, pp. 79, 81.
37) Janis Carter, "Survival Training for Chimps: Freed from Keepers and Cages, Chimps Come of Age on Baboon Island," *The Smithsonian* 19 (1) (June 1988), pp. 36-49.
38) 지구에 남아 있는 전체 침팬지는 현재 5만 마리에 불과하다. 멸종 위기인 것이다.
39) II, 17, translated by Maxwell Staniforth (Harmondsworth, UK: Penguin Books, 1964); in Michael Grant, editor, *Greek Literature: An Anthology* (Harmondsworth, UK: Penguin Books, 1977) (초판은 1973년 펠리컨 북스에서 *Greek Literature in Translation*이라는 제목으로 출간됨.), p. 427.

19장

1) Gavin Rylands de Beer, editor, "Darwin's Notebooks on Transmutation of Species, Part IV: Fourth Notebook (October 1838-10 July 1839)," *Bulletin of the British Museum (Natural History), Historical Series* (London) 2 (5) (1960), pp. 151-183에서 인용됨. 인용문은 163쪽 각주 47번에 등장한다. quotation (from notebook entry 47) appears on p. 163.
2) Frank Roper, *The Missing Link: Consul the Remarkable Chimpanzee* (Manchester: Abel Heywood, 1904). 현재는 멸종된, 약 3000만 년 전의 영장류에게—필경 원숭이와 인간 모두의 조상이었을 것이다—빅토리아 시대의 궤변으로 '프로콘술(Proconsul)'이라는 이름이 붙었다.
3) Mortimer J. Adler, *The Difference of Man and the Difference It Makes* (New York: Holt, Rinehart and Winston, 1967), p. 84.
4) Theodosius Dobzhansky, *Mankind Evolving* (New Haven: Yale University Press, 1962), p. 339.
5) George Gaylord Simpson, *The Meaning of Evolution* (New Haven: Yale University Press, 1949), p. 284.
6) Adler, 앞의 책, p. 136.

7) 이 답은 1880년 다윈의 친구이자 식물학자, 진화 생물학자인 그레이가 예일 신학 학교 강연에서 처음 제안할 것이었다. Asa Gray, *Natural Science and Religion* (New York: Scribner's, 1880).
8) *Metaphysics, Materialism and the Evolution of Mind: Early Writings of Charles Darwin*, transcribed and annotated by Paul H. Barrett, commentary by Howard E. Gruber (Chicago: University of Chicago Press, 1974), p. 187.
9) 특히 *The Descent of Man*.
10) Adam Smith, *An Inquiry into the Nature and Causes of the Wealth of Nations*, Edwin Cannan, editor (New York: Modern Library/Random House, 1937), Chapter II, "Of the Principle Which Gives Occasion to the Division of Labour," p. 13.
11) Keith Thomas, *Man and the Natural World: A History of the Modern Sensibility* (New York: Pantheon, 1983), p. 31.
12) Frans de Waal, *Peacemaking Among Primates* (Cambridge, MA: Harvard University Press, 1989), p. 82.
13) Smith, 앞의 책, p. 14.
14) Tacitus, *The Histories*, translated by alfred John Church and William Jackson Brodribb, in Volume 15 of *Great Books of the Western World*, Robert Maynard Hutchins, editor in chief (Chicago: William Benton/Encyclopaedia Britannica, 1952, 1977), Book IV, 13, 17, pp. 269, 271.
15) 또 다른 주장으로 인간의 육체적 특징을 토대로 한 것이 있다. "인간은 얼굴 중앙에 뚜렷한 돌출부를 가진 유일한 동물이다." 이것은 18세기의 미학자 프라이스(Uvedale Price)의 견해이다. Keith Thomas, 앞의 책, p. 32에서 인용됨. 그는 맥, 코주부원숭이, 코끼리에 대해서는 전혀 무지했던 모양이다.
16) Thomas Aquinas, *Summa Theologica*, Volume I, translated by Fathers of the English Dominican Province, revised by Daniel J. Sullivan, Volume 19 of *Great Books of the Western World* (Chicago: Encyclopaedia Britannica, 1952), Second Part, Part I, I. "Treatise on the Last End," Question I, "On Man's Last End" (p. 610); Part I, II. "Treatise on Human Acts," Question XIII, "Of Choice" (pp. 673, 674); Question XVII, "Of the Acts Commanded by the Will" (p. 688).
17) Jakob von Uexküll, "A Stroll Through the Worlds of Animals and Men: A Picture Book of Invisible Worlds" (1934), Part I of Claire H. Schiller, translator and editor, *Instinctive Behavior: The Development of a Modern Concept* (New York: International Universities Press, 1957), p. 42.
18) John Dewey, *Reconstruction in Philosophy* (New York: Henry Holt, 1920), p. 1.
19) Hugh Morris, *The Art of Kissing* (1946), p. 47. 출판사 미상의 작은 소책자.
20) Desmond Morris, *The Naked Ape* (New York: Dell, 1984) (원 책은 1967년 McGraw Hill에서 발간되고, 개정판은 1983년에 발간됨.), p. 62.
21) Donald Symons, *The Evolution of Human Sexuality* (New York: Oxford University Press, 1979), pp. 78, 79.
22) Gerritt S. Miller, "Some Elements of Sexual Behavior in Primates, and Their Possible Influence on the Beginnings of Human Social Development," *Journal of Mammalogy* 9

(1928), pp. 273-293.
23) Gordon D. Jensen, "Human Sexual Behavior in Primate Perspective, Chapter 2 in Joseph Zubin and John Money, editors, *Contemporary Sexual Behavior: Critical Issues in the 1970s* (Baltimore: The Johns Hopkins University Press, 1973), p. 20.
24) 위의 책, p. 22 참조.
25) 예를 들어 K. Imanishi, "The Origin of the Human Family: A Primatological Approach," *Japanese Journal of Ethnology 25* (1961), pp. 110-130 (일본어 판); discussed in Toshisada Nishida, editor, *The Chimpanzees of the Mahale Mountains: Sexual and Life History Strategies* (Tokyo: University of Tokyo Press, 1990), p. 10.
26) Johan Huizinga, *Homo Ludens* (Boston: Beacon, 1955).
27) Epictetus, *The Discourses of Epictetus*, translated by George Long, pp. 105-252 of Volume 12, *Great Books of the Western World* (Chicago: Encyclopaedia Britannica, 1952), Book IV, Chapter 11, "About Purity," pp. 240, 241. (제3권의 7장 Epictetus proposes another "unique" quality: shame and blushing.)
28) 예를 들어 Jane Goodall, *Through a Window: My Thirty Years with the Chimpanzees of Gombe* (Boston: Houghton-Mifflin, 1990).
29) Plato, *The Dialogues of Plato*, translated by Benjamin Jowett (in Volume 7 of *Great Books of the Western World*), *Laws*, Book VII, p. 715.
30) Goodall, 앞의 책.
31) Charles Darwin, *The Descent of Man and Selection in Relation to Sex* (New York: The Modern Library, 날짜 없음) (원 책은 1871년에 출간됨.) p. 449.
32) Toshisada Nishida, "Local Traditions and Cultural Transmission," Chapter 38 of Barbara B. Smuts, Dorothy L. Cheney, Robert M. Seyfarth, Richard W. Wrangham, and Thomas T. Struhsaker, editors, *Primate Societies* (Chicago: University of Chicago Press, 1986), p. 473.
33) Leo K. Bustad, "Man and Beast Interface: An Overview of Our Interrelationships," in Michael H. Robinson and Lionel Tiger, editors, *Man and Beast Revisited* (Washington and London: Smithsonian Institution Press, 1991), p. 250.
34) Martin Daly and Margo Wilson, *Homicide* (New York: Aldine de Gruyter, 1988), p. 187.
35) Owen Chadwick, *The Secularization of the European Mind in the 19th Century* (Cambridge: Cambridge University Press, 1975), p. 269.
36) Solly Zuckerman, *The Social Life of Monkeys and Apes* (New York: Harcourt, Brace, 1932), p. 313.
37) Leslie A. White, "Human Culture," *Encyclopaedia Britannica, Macropaedia* (1978), Volume 8, p. 1152.
38) Toshisada Nishida, "A Quarter Century of Research in the Mahale Mountains: An Overview," Chapter 1 of Nishida, editor, *The Chimpanzees of the Mahale Mountains*, p. 34.
39) Henri Bergson, *The Two Sources of Morality and Religion* (New York: Holt, 1935).
40) Toshisada Nishida, 앞의 책, Note 38, p. 24. 다른 영장류 학자들이 침팬지의 민간 요법은 독자적으로 재발견한 것으로 생각된다. Ann Gibbons, "Plants of the Apes," *Science 255* (1992) p. 921. 산업화 이전의 인류 사회에서, 거의 모든 식물은 어떤 식으로든 이용되었다. 식물학자인 프란스(Gillian Prance)와 그의 동료들은 볼리비아의 토착 원주민들이 열대 우

림 지역의 나무들의 95퍼센트를 사용한다는 사실을 발견했다. 가령 육두구(肉豆蔲, 열대 상록수──옮긴이)에 속하는 나무의 수액(樹液)은 강한 살균제로 이용되었다.

41) 예를 들면 Raymond Firth, *Elements of Social Organisation* (London: Watts and Co., 1951), pp. 183, 184; D. Michael Stoddart, *The Scented Ape: The Biology and Culture of Human Odour* (Cambridge: Cambridge University Press, 1990), p. 126.

42) Napoleon A. Chagnon, *Yanomamo: The Fierce People* (New York: Holt, Rinehart, Winston, 1968), p. 65.

43) Desmond Morris, *The Biology of Art* (London: Methuen, 1962); R. A. Gardner and B. T. Gardner, "Comparative Psychology and Language Acquisition," in K. Salzinger and F. E. Denmarks, editors, *Psychology: The State of the Art* (New York: Annals of New York Academy of Sciences, 1978), pp. 37-76; K. Beach, R. S. Fouts, and D. H. Fouts, "Representational Art in Chimpanzees," *Friends of Washoe*, 3:2-4, 4:1-4. 오늘날 개인 소장품이 된, 콩고(Congo)라는 이름의 침팬지가 그린 유화는 화려하고 추상적인 표현주의를 나타내며, 침팬지 회화 중 최고의 작품으로 간주되고 있다.

44) 예를 들어, 새들은 4세대 전에 자신들의 선조를 놀라게 했던 새로운 포식자를 (심지어는 우유병까지도) 인식하고 무리를 지어 공격한다. 그리고 우유병에 대해서 이야기하자면, 어떤 푸른박새가 우유병의 금박 뚜껑을 부리로 뚫어 크림을 마신 직후에 영국 전역의 모든 푸른박새들이 크림을 마시기 시작했다고 한다. John Tyler Bonner, *The Evolution of Culture in Animals* (Princeton, NJ: Princeton University Press, 1980). 물론 이 선구적인 새가 어떤 새였는지는 아무도 알지 못한다. 그러나 이것은 모방에 따른 학습이 아닐 수도 있다. 이미 열려 있는 우유병이 있고 운 좋게도 그 근처에 있던 또 다른 새가 있었다면, 그것만으로도 순진한 새에게 그런 생각을 주기에 충분할지도 모른다. D. F. Sherry and B. G. Galef, Jr., "Social Learning Without Imitation: More About Milk Bottle Opening by Birds," *Animal Behaviour 40* [1990], pp. 987-989.

45) Zuckerman, 앞의 책, pp. 315, 316.

46) Nishida, "A Quarter Century of Research," p. 12.

47) 그렇다면 영혼은 의식을 떠받쳐 주는 역할을 하는가? 지질학적 시간이라는 장구한 시간 척도에서 이처럼 작은 생물들에게 사사건건 신이 개입해야 했다면 무척이나 성가실 뿐 아니라 극도로 비효율적이었을 것이다. 그렇다면 처음부터 생물들이 스스로 살아가도록 설계되지 않을 이유가 어디에 있을까? DNA 속에 들어 있는 정보가 장구한 진화 과정을 통해 전달되어 온 것이라면, 신이 제일 먼저 정보, 유전자, 또는 영혼의 주입을 설명해야 할 필요가 어디 있겠는가?

48) A. I. Hallowell, "Culture, Personality and Society," in *Anthropology Today*, A. L. Kroeber, editor (Chicago: University of Chicago Press, 1953), pp. 597-620; Hallowell, "Self, Society and Culture in Phylogenetic Perspective," in *Evolution After Darwin*, Volume 2, S. Tax, editor (Chicago: University of Chicago Press, 1960), pp. 309-371. 인간만이 자기 인식 능력을 가진다는 주장은 그 밖의 여러 철학, 과학 논문에서 찾아볼 수 있다. Karl R. Popper and John C. Eccles, *The Self and Its Brain* (New York: Springer, 1977)이 그 예이다.

49) G. G. Gallup, Jr., "Self-Recognition in Primates: A Comparative Approach to the Bidirectional Properties of Consciousness," *American Psychologist 32* (1977), pp. 329-338.

50) 13세기부터 시작된 중세 유럽의 문학과 도상학에서 흔히 채택된 주제는 거울 속에 비친 자

신의 모습을 흠모하는 원숭이였다. H. W. Janson, *Apes and Ape Lore in the Middle Ages and the Renaissance* (London: University of London, 1952), pp. 212 이하 참조.

51) Montaigne, *The Essays of Michel Eyquem de Montaigne*, Book II, Essay XII, "Apology for Raimond de Sebonde," translated by Charles Cotton, edited by W. Carew Hazlitt, Volume 25 of *Great Books of the Western World* (Chicago: Encyclopaedia Britannica, 1952), p. 227. 인접 문장에서 몽테뉴는 로마의 풍자 시인 유베날리스의 "더 강한 사자가 약한 사자의 목숨을 취하는 적이 있었느냐?"라는 구절을 인용했다. 그러나 앞에서 이미 언급했듯이, 사자들은 자신의 권위를 유지하기 위해서 정기적으로 새끼들을 물어 죽인다. 이런 행위는 수컷이 자신의 새끼가 아닌 다른 새끼들을 기르는 수고를 덜어 주며, 암컷들이 다시 발정을 하도록 돕는다.

52) 예를 들면 R. L. Trivers, *Social Evolution* (Menlo Park, CA: Benjamin/Cummings, 1985), 특히 "Deceit and Self-Deception"을 볼 것.; Joan Lockard and Delroy Paulhus, editors, *Self-Deception: An Adaptive Mechanism?* (Englewood Cliffs, NJ: Prentice-Hall, 1989).

53) C. G. Beer, "Study of Vertebrate Communication—Its Cognitive Implications," in D. R. Gnffin, editor, *Animal Mind-Human Mind* (Report of the Dahlem Workshop on Animal Mind-Human Mind, Berlin, March 22-27, 1981) (Berlin: Springer-Verlag, 1982), p. 264; E. W. Menzel, "A Group of Young Chimpanzees in a One-acre Field," in A. M. Schrier and F. Stollnitz, editors, *Behavior of Nonhuman Primates* (New York: Academic Press, 1974).

54) Stuart Hampshire, *Thought and Action* (London: Chatto and Windus, 1959).

55) T. H. Huxley, *Evidence as to Man's Place in Nature* (London: Williams and Norgate, 1863), p. 132.

56) 1649년 2월 5일의 편지. Mortimer J. Adler and Charles Van Doren, *Great Treasury of Western Thought: A Compendium of Important Statements on Man and His Institutions by the Great Thinkers in Westem History* (New York and London: R. R. Bowker Company, 1977), p. 12.

57) 그 예를 다음을 볼 것. Eugene Linden, *Silent Partners: The Legacy of the Ape Language Experiments* (New York: Times Books, 1986); Roger Fouts, "Capacities for Language in the Great Apes," in *Proceedings, Ninth International Congress of Anthropological and Ethnological Sciences* (The Hague: Mouton, 1973).

58) 예를 들어, "인간은 …… 기호를 사용할 수 있는 유일한 동물이다."(Max Black, *The Labyrinth of Language* [New York: Praeger, 1968]), "동물은 언어를 가질 수 없다. …… 만약 그들에게 언어가 있다면, 그들은 …… 더 이상 동물이 아니라 사람일 것이다."(K. Goldstein, "The Nature of Language," in *Language: An Enquiry into Its Meaning and Function* [New York: Harper, 1957]), "사람의 언어가 동물계의 다른 곳에서 발견되는 것보다 조금 더 복잡한 사례에 불과하다는 견해에는 아무런 실체가 없다."(Noam Chomsky, *Language and Mind* [New York: Harcourt Brace Jovanovich, 1972]). 이 예들은 다음 책에 실려 있다. Donald R. Griffin, The Question of Animal Awareness, revised edition (New York: Rockefeller University Press, 1981) 이런 주장에 반대하는 견해는 드물게 제기될 뿐이다. 예를 들어 다음을 보라. A. I. Hallowell, *Philosophical Theology*, Vol. 2 (Cambridge: Cambridge University Press, 1937), p. 94.

59) Derek Bickerton, *Language and Species* (Chicago: University of Chicago Press, 1990), 특히

pp. 8, 15-16.
60) 비커턴은 앞의 책에서 어린아이가 처음 구사하는 말이 완전히 발전된 인간 언어와 다른 '원형 언어(protolanguage)'라고 주장하고 있다. 또한 그는 유인원도 이 원형 언어를 쓸 수 있고, 유인원에서 사람으로의 이행 과정에서 우리 선조들도 사용했다고 주장했다.

20장

1) (New York: Doubleday, 1958), p. 345.
2) 야생 생태에서 때로 침팬지의 암컷이 값비싼 희생을 치르면서 수컷들을 거부하는 경우가 있다. 물론 그런 암컷은 후손을 생산할 수 없다. 과연 그 암컷은 그런 상관 관계를 알까? 침팬지들이 성과 새끼 사이의 관계를 생각할 수 있을까? 아니, 그렇지 않다고 단정할 수 있는 근거는 어디에 있는가?
3) Bolingbroke (1809), Arthur O. Lovejoy, *The Great Chain of Being: A Study of the History of an Idea* (Cambridge: Harvard University Press, 1953), p. 196에서 인용됨.
4) Ambrose Bierce, "Reverence," in *The Enlarged Devil's Dictionary*, Ernest Jerome Hopkins, editor (Garden City, NY: Doubleday, 1967), p. 247.
5) Walt Whitman, *Leaves of Grass*, Harold W. Blodgett and Sculley Bradley, editors (New York: New York University Press, 1965), "Song of Myself," stanza 32, lines 684-691, p. 60.
6) *The Essays of Michel Eyquem de Montaigne*, translated by Charles Cotton, edited by W. Carew Hazlitt, Volume 25 of *Great Books of the Western World*, Robert Maynard Hutchins, editor in chief (Chicago: William Benton/Encyclopaedia Britannica, 1952, 1977), Book III, Essay I, "Of Profit and Honesty," p. 381.
7) C. Boesch and H. Boesch, "Possible Causes of Sex Differences in the Use of Natural Hammers by Wild Chimpanzees," *Journal of Human Evolution 13* (1984), pp. 415-440.
8) 예를 들어 다음을 보라. John Alcock, "The Evolution of the Use of Tools by Feeding Animals," *Evolution 26* (1972), pp. 464-473; K. R. L. Hall and G. B. Schaller, "Tool-using Behavior of the Californian Sea Otter," *Journal of Mammalogy 45* (1964), pp. 287-298; A. H. Chisholm, "The Use by Birds of 'Tools' or 'Instruments,'" *Ibis 96* (1954), pp. 380-383; J. van Lawick-Goodall and H. van Lawick, "Use of Tools by Egyptian Vultures," *Nature 12* (1966), pp. 1468-1469.
9) Anthony J. Podlecki, *The Political Background of Aeschylean Tragedy* (Ann Arbor: University of Michigan Press, 1966), pp. 1, 7, 155.
10) Mortimer J. Adler, *The Difference of Man and the Difference It Makes* (New York: Holt, Rinehart, Winston, 1967), p. 121.
11) Geza Teleki, "Chimpanzee Subsistence Technology: Materials and Skills," *Journal of Human Evolution 3* (6) (November 1974), pp. 575-594. 우리의 우리가 인용한 글은 585~588쪽, 593쪽에 있다.
12) Michael Tomasello, "Cultural Transmission in the Tool Use and Communicatory Signalling of Chimpanzees?" in *"Language" and Intelligence in Monkeys and Apes*, Sue Taylor Parker and Kathleen Gibson, editors (Cambridge: Cambridge University Press, 1990).
13) Teleki, 앞의 책.
14) 위의 책.

15) C. Jones and J. Sabater Pi, "Sticks Used by Chimpanzees in Rio Muni, West Africa," *Nature* 223 (1969), pp. 100-101; Y. Sugiyama, "The Brush-stick of Chimpanzees Found in Southwest Cameroon and Their Cultural Characteristics," *Primates 26* (1985), pp. 361-374; W. McGrew and M. Rogers, "Chimpanzees, Tool and Termites: New Record from Gabon," *American Journal of Primatology 5* (1983), pp. 171-174.

16) 예를 들면 Kenneth P. Oakley, *Man the Tool-Maker* (Chicago: University of Chicago Press, 1964).

17) E. Sue Savage-Rumbaugh, Jeannine Murphy, Rose Sevcik, S. Williams, K. Brakke and Duane M. Rumbaugh, "Language Comprehension in Ape and Child," *Monographs of the Society for Research in Child Development*, in press, 1993; Duane M. Rumbaugh, private communication, 1992.

18) Susan Essock-Vitale and Robert M. Seyfarth, "Intelligence and Social Cognition," Chapter 37 of Barbara B. Smuts, Dorothy L. Cheney, Robert M. Seyfarth, Richard W. Wrangham, and Thomas T. Stuhsaker, editors, *Primate Societies* (Chicago: University of Chicago Press, 1986), pp. 456, 457; Wolfgang Kohler, *The Mentality of Apes*, second edition (New York: Viking, 1959) (원 책은 1925년에 출간됨.), p. 38.

19) Richard Wrangham, quoted by Ann Gibbons, "Chimps: More Diverse than a Barrel of Monkeys," *Science 255* (1992), pp. 287, 288.

20) H. J. Jerison, *Evolution of the Brain and Intelligence* (New York: Academic Press, 1973); Carl Sagan, *The Dragons of Eden: Speculations on the Evolution of Human Intelligence* (New York: Random House, 1977), Chapter 2; William S. Cleveland, *The Elements of Graphing Data* (Monterey, CA: Wadsworth, 1985). 클리블런드는 "행복하게도 현대 인간은 최고 자리에 있다."라고 적고 있다.

21) R. E. Passingham, "Changes in the Size and Organization of the Brain in Man and His Ancestors," *Brain and Behavioral Evolution 11* (1980), pp. 73-90.

22) 위의 책.

23) 예를 들면 Sagan, 앞의 책 (note 20).

24) Gordon Thomas Frost, "Tool Behavior and the Origins of Laterality," *Journal of Human Evolution 9* (1980), pp. 447-459.

25) 예를 들면 Mortimer J. Adler, 앞의 책 (note 10), p. 120.

26) F. Notteboh, "Neural Asymmetries in the Vocal Control of the Canary," in *Lateralization in the Nervous System*, S. R. Harnad and R. W. Doty, editors (New York: Academic, 1977).

27) 예를 들면 W. D. Hopkins and R. D. Morris, "Laterality for Visual-Spatial Processing in Two Language-Trained Chimpanzees," *Behavioral Neuroscience 103* (1989), pp. 227-234.

28) Thomas Henry Huxley, *Evidence as to Man's Place in Nature* (London and Edinburgh: Williams and Norgate, 1863), pp. 109, 110.

29) Aristotle, *Ethica Nicomachea*, in Volume IX of *The Works Aristotle*, translated into English under the editorship of W. D. Ross (Oxford: Clarendon Press, 1925), Book X, "Pleasure; Happiness," 7, 1178ᵃ5.

30) Mark Twain, *Letters from the Earth*, Bernard DeVoto, editor (New York and Evanston: Harper & Row, 1962), "The Damned Human Race," V, "The Lowest Animal," p. 227.

31) 예를 들면 Carl Sagan and Richard Turco, *A Path Where No Man Thought: Nuclear Winter and the End of the Arms Race* (New York: Random House, 1990).
32) Henry D. Thoreau, *Walden*, edited by J. Lyndon Shanley (Princeton, NJ: Princeton University Press, 1971), "Higher Laws," p. 219.
33) Plato, *The Republic*, translated by Benjamin Jowett (New York: The Modern Library, 1941), IX, 571, p. 330.
34) J. Hughlings Jackson, *Evolution and Dissolution of the Nervous System* (London: John Bale, 1888), p. 38.
35) Paul D. MacLean, *The Triune Brain in Evolution: Role in Paleocerebral Functions* (New York and London: Plenum Press, 1990).
36) 로마서 4:18 (킹 제임스 번역판).
37) 우리가 알고 있는 한, 테스토스테론을 빌미로 한 변호는 아직까지 법정에서 시도된 적이 없다.
38) *Buddhist Scriptures*, Edward Conze, editor (Hormondsworth, UK: Penguin, 1959), p. 112; *The Saundarananda of Ashvaghosha*, E. H. Johnston, editor and translator (Delhi: Motilal Banarsidass, 1928, 1975), Canto XV, "Emptying the Mind," p. 86 of English Translation, verse 53.

21장

1) 히폴리투스는 엠페도클레스의 말이라고 추정한다. *Refutation of All Heresies*, I, iii, 2, in Jonathan Barnes, editor, *Early Greek Philosophy* (Harmondsworth, Middlesex, England: Penguin Books, 1987), p. 196.

맺음말

1) Thomas Aquinas, *Summa Theologica*, Volume I of *Basic Writings of Saint Thomas Aquinas*, translated by Father Laurence Shapcote, edited and translation revised by Anton C. Pegis (New York: Random House, 1945), Part I, VIII, "The Divine Government," Question 103, Article 2, p. 952.

저작권 사용 허락에 대한 감사

Grateful acknowledgment is made to the following for permission to reprint previously published material:

The Belknap Press of Harvard University Press: Excerpts from *The Chimpanzees of Gombe: Patterns of Behavior* by Jane Goodall. Copyright © 1986 by the President and Fellows of Harvard College; excerpts from *The New Synthesis* by Edward O. Wilson. Copyright © 1975 by the President and Fellows of Harvard College. Reprinted by permission of The Belknap Press of Harvard University Press.

Bilingual Press and Anvil Poetry Press Ltd.: Excerpt from *Poems of the Aztec Peoples*, translated by Edward Kissam and Michael Schmidt. Copyright © 1977, 1983 by Edward Kissam and Michael Schmidt. Rights throughout the world excluding the United States are controlled by Anvil Press Poetry Ltd. Reprinted by permission of Bilingual Press and Anvil Press Poetry Ltd.

Doubleday, a division of Bantam, Doubleday, Dell Publishing Group, Inc.: Excerpts from *Darwin's Century* by Loren Eiseley. Copyright © 1958 by Loren Eiseley; excerpt from "Written for Old Friends in Yang-jou..." from *The Heart of Chinese Poetry* by Greg Whincup. Copyright © 1987 by Greg Whincup. Reprinted by permission of Doubleday, a division of Bantam, Doubleday, Dell Publishing Group, Inc.

Encyclopedia Britannica: Excerpts from "Human Culture" by Leslie A. White from *Encyclopedia Britannica*, 15th edition (1978), 8:1152. Reprinted by permission of Encyclopedia Britannica.

Grove Press, Inc.: Excerpts from *Zen Poems of China and Japan: The Crane's Bill* by Lucien Stryk, Takashi Ikemoto, and Taigan Takayama. Copyright © 1973 by Lucien Stryk, Takashi Ikemoto, and Taigan Takayama. Reprinted by permission of Grove Press, Inc.

Harcourt Brace Jovanovich, Inc.: Excerpts from *The Social Life of Monkeys and Apes* by Solly Zuckerman. Reprinted by permission of Harcourt Brace Jovanovich, Inc.

HarperCollins Publishers, Inc.: Excerpts from *Nobel Conference XXIII* by Sarah Blaffer Hrdy, edited by Bellig and Stevens; excerpts from *From Apes to Warlords* by Solly Zuckerman. Reprinted by permission of HarperCollins Publishers, Inc.

Harvard University Press: Excerpts from *Peacemaking Among Primates* by Frans B. M. de Waal. Copyright © 1989 by Frans B. M. de Waal. Reprinted by permission of Harvard University Press.

Houghton Mifflin Company and Weidenfeld & Nicolson Ltd: Excerpts from *Through a Window: My Thirty Years with the Chimpanzees of Gombe* by Jane Goodall. Copyright © 1990 by Soko

Publications Ltd. Rights throughout the British Commonwealth are controlled by Weidenfeld & Nicolson. Reprinted by permission of Houghton Mifflin Company and Weidenfeld & Nicholson Ltd.

The Johns Hopkins University Press: Excerpts from "Special Awards Lecture" by MacLean from *Contemporary Sexual Behavior*, edited by John Money and Joseph Zubin, published by The Johns Hopkins University Press, Baltimore/London, in 1973. Reprinted by permission.

John Murray (Publishers) Ltd: Excerpts from *The Bhagavad Ghita*, translated by Juan Mascaro. Reprinted by permission of John Murray (Publishers) Ltd.

Penguin Books Ltd.: Excerpts from *Early Greek Philosophy*, translated and edited by Jonathan Barnes (Penguin Classics, 1987). Copyright © 1987 by Jonathan Barnes. Reprinted by permission of Penguin Books Ltd.

Simon and Schuster, Inc. Excerpts from *Popul Vuh*, translated by Dennis Tedlock. Copyright © 1985 by Dennis Tedlock. Reprinted by permission of Simon and Schuster, Inc.

Smithsonian Institution Press: Excerpts from "Deceit and Self-Deception: The Relationship Between Communications and Connsciousness" by Robert Trivers in *Man and Beast Revisited*, edited by Michael H. Robinson and Lionel Tiger. Copyright © 1991 by Smithsonian Institution. Reprinted by permission of Smithsonian Institution Press.

University of Chicago Press: Excerpt from Williams and Nesse, *Quarterly Review of Biology* 66:1 (March 1991); excerpts from *Primate Societies*, edited by Smuts et. al.; excerpts from "Hippolytus" translated by Grene from *Complete Greek Tragedies;* excerpts from *Genetics and the Social Behavior of the Dog* by Scott and Fuller. All excerpts reprinted by permission of University of Chicago Press.

Viking Penguin, a division of Penguin Books USA Inc. Excerpts from *The Biology of Peace and War* by Irenaus Eibl-Eibesfeldt, translated by Eric Mosbacher. Translation copyright © 1966 by R. Piper & Co., Verlag, Munchen. English translation copyright © 1979 by Viking Penguin, a division of Penguin Books USA, Inc. Reprinted by permission.

찾아보기

가
가드너, 비어트리스 554~555, 558
가왕 51
가이아 51
가자니가, 마이클 298
각인 325~327
갈라파고스 군도 94
갈레노스 433~434
갈색꼬리감기원숭이 530
개인 위생 584
개코원숭이 536
갤럽, 고든 595~596
거세 362
게브 51
게임 이론 202
격변론 90~91, 158
겸형 적혈구 122~124, 150, 393
계몽 사상 90
고대 그리스 신화 51
고릴라 432, 493
고보리 난레이 32
고어, 앨버트 13
고어, 찰스 439
고정 배선 186, 297, 318
곤드와나 대륙 233
공격 도피 반응 194
공동 우점 524
공생 180, 211
공통 조상 125, 542
공포의 페로몬 377
과도한 보편화 394~395
과도한 특화 395, 400
과밀 상태 문제 302~307

과학의 오용 126
광견병 바이러스 189, 196
광합성 62, 211
광합성 세균 178
교미구 334
구달, 제인 453, 465, 565~566
구아닌 143
구애 표현 485~486
국민 국가 18
군거성 30, 322
군비 확장 경쟁 17~19, 522
군생 64
굴드, 스티븐 제이 160
굴드, 제임스 297
굴드, 캐럴 297
귀런위안 186
그레이하운드 104
그리핀, 도널드 451
근친 교배 401~406
근친 상간 기피 401~406
긴팔원숭이 454, 523~525
꿩꼬리자카나 307

나
남천 보원 40
내성 278
냄새 각인 327
노아의 홍수 90
뇌의 좌우 기능 분화 626
뇌의 진화 192~193
누트 51
뉴클레오티드 139~141
뉴턴, 아이작 119, 128

니시다 도시사다 453

다
다람쥐원숭이 530, 535
다산성 30
다세포 생물 188
다윈, 로버트 워링 76, 81, 86~87
다윈, 에라스무스 77~81, 92, 610
다윈, 찰스 76~100, 103~128, 144, 158, 236, 245, 302, 332, 435, 442, 450, 488, 570, 575, 585, 609, 611
다이테쓰 소레이 136
다중 생명 회귀 182
단백질 142, 148
단성 생물 199
단세포 동물 62, 178, 181
단속 평형설 160
달의 탄생 56~57
담배 모자이크 바이러스 190
대격변 159~160
대뇌 피질 545, 630
대륙 이동 65~70
대륙 지괴 66
대멸종 69, 396
데카르트, 르네 276~278, 290, 294~296, 322, 442, 450, 598, 601
도덕성 35
도둑 교미 339
도킨스, 리처드 220~221
독거성 30
돌연변이 112, 149, 150, 150, 152~153, 154, 155, 156, 160~162, 168, 170, 232, 246, 252, 401
돌연변이 유발 유전자 155
동굴고기 161
동성애 306
동일 과정설 159
듀이, 존 581
디스토마 190
디오게네스 576
디옥시리보핵산(DNA) 143, 145~146, 150~155, 164~167, 175~176, 180, 193, 197, 206, 216~219, 222~224, 246, 251~252, 259, 301, 326, 364, 446~447, 541
디옥시리보핵산 폴리머라아제 155, 165, 176

라
라마르크, 장 바티스트 드 79
라이엘, 찰스 90~91, 95, 158
라이트, 슈얼 396, 401, 467
래브라도 레트리버 104
러스킨, 존 436
레드필드, 로버트 35
로렌츠, 콘라트 316, 521
로마네스, 조지 450
로크, 존 435
루나 협회 77
루소, 장자크 441
루시 554~556, 565~566, 600
루터, 마르틴 577
리드, 토머스 102
리보핵산(RNA) 166~167
린네, 칼 폰 440~443, 507

마
마그마 60
마르크스, 카를 578, 586
마카크원숭이 205
마키아벨리, 니콜로 454
말라리아 122~124
말러, 피터 380
망토비비 509~511, 536
매스티프 104
매클린, 폴 630
맨틀 55
맹호연 472
먹이 구역 45
먹이 사슬 238
메가 몬순 69
멘첼, 에밀 457

모리스, 데즈먼드 521
목축 18
몽테뉴 596, 609
무성 생식 248
무솔리니, 베니토 332
무신론 124
문명의 붕괴 31
문명의 태동 35
문자 돌연변이 실험 220~221
뮐러, 막스 598
미즐리, 메리 36
미토콘드리아 214, 216, 218, 224, 246, 262

바

바바리원숭이 434
바이킹 호 271
발, 프란스 드 453, 491
발바리 104
발정 주기 368~369
방사선 150
방사성 동위 원소 연대 측정법 157
방사성 붕괴 51
방사성 원자 67
배란기 368, 478
배우자 관계 491~492
배타주의 323~326, 356
배타주의 413
백색 잡음 466
백인 지상주의 125
뱀 공포증 548~549
버틀러, 새뮤얼 246
번식장 345
베르그송, 앙리 589
베르베트원숭이 305, 337, 534, 548~549
베타글로빈 445~446
벤담, 제러미 584
변연계 189, 585
병렬 처리 283
병원 미생물 188
보나벤투라 430

보네, 샤를 430
보노보 524~528
보르조이 104
보어, 닐스 19
보즈웰, 제임스 610
복종 자세 312
볼테르 293
부양 능력 104
분류학 440
불사성 260
붉은얼굴원숭이 532
브라운, 퍼트리셔 347
브루노, 조르다노 278
블러드하운드 104
비글호의 탐험 86~90
비단털원숭이 352
비드 72
비비 305, 536
비엇, 앰브로즈 607
비용 대비 효과 64, 354, 377
빙하기 229

사

사람속 32
사회성 곤충 341
사회성 동물 198
산소 호흡 212~213, 393
산소의 형성 63, 211~212
산타야나, 조지 242
산화 213
삼각 고리 관계 342
새비지, 토머스 435~438, 611
새비지럼보, 수 560
생존 전략 195
생태적 지위 193, 231
서열 조정 196
선택압 550
선형 위계 341, 346
성 243~262
성 선택 257
성 유인 물질 355

성간 물질 48
성간 진공 42
성서 원리주의 91
성층권 66, 69
성페로몬 244, 269~270
성호르몬 370
세계의 설계 160
세력권 334
세지윅, 애덤 84, 94, 118
셰익스피어, 윌리엄 219, 501
소로, 헨리 데이비드 630
소포클레스 358
송과선 296
송로버섯 365
쇼, 조지 버나드 120
쇼펜하우어, 아르투어 242
수성 630
수용체 363
수유 기간의 발정 휴지기 499
슈뢰딩거, 에어빈 28
슈스터, 리처드 384~385
스몰, 윌리엄 77
스미스, 애덤 576~578
스원슨, 헤이디 384~385
스콧, 존 폴 404
스테로이드 분자 361~362
스트로마톨라이트 61~64, 180, 182, 198, 262
시빌리스, 클라우디우스 579
시조새 113
시토신 143
신벌 35
신열대구 537
신화 31
심프슨, 조지 게일로드 574

아

아니마 137
아담 32
아데닌 143
아드레날린 194, 318

아드레이, 로버트 521
아르 복합체 630
아르기닌 218
아리스토텔레스 291, 367, 433~434, 579~580, 629
아미노산 142, 147, 148, 218
아우렐리우스, 마르쿠스 71, 567
아이스킬로스 612
아이젤리, 로런 145, 604
아퀴나스, 토마스 580, 648
안드로젠 362, 366
알파 수컷 336, 338~339, 343, 344, 351~352, 356, 374, 473~477, 478, 480, 490
알파 암컷 341
암사슴 집단 352
암세포 153
양배추 104
양서류 225
양치식물 226
양털원숭이 538
언어의 판도 163
에너지 보존의 법칙 120
에스트라디올 368
에스트로젠 367, 370~373
에우리피데스 358, 468, 501
에픽테토스 584
엘드리지, 닐스 160
엠렌, 스티븐 307, 588
엠페도클레스 28, 638
엥겔스, 프리드리히 578
여우원숭이 531, 544
염기 서열 145~149, 154, 198, 219, 222, 232, 246, 251, 255, 397, 399, 541
염색체 112
엽록체 179~180, 185, 198, 214, 224, 262
영구적인 군비 확장 경쟁 1 90
영웅주의 198, 380
영장류 32, 507~509, 542
오랑우탄 531
오로라 59

오존층 63, 154, 225
온실 효과 66, 392
온혈 동물 542
올라타기 340, 350
와트, 제임스 77
외골격 188
요시다 겐코 171
우드러프, G. 563
우라노스 51
우세 종 571
우연적인 실재 164
우위 행동 336
우주선 51, 150
우주진 47
울음원숭이 306
웃음의 기원 317
웅성화 366
원숭이 숭배 433
원숭이의 문화 551~554
원시 대기의 조성 63
원시 바다 140, 167, 182
원시 원반 41~46
원시 지구 55~61
원시 태양계의 탄생 41~47
월리스, 앨프리드 러셀 98~100
웨지우드, 수재나 76, 81
웨지우드, 엠마 95~97
웨지우드, 조사이어 77, 81, 610
웩스킬, 야코프 폰 286, 581
윌버포스, 새뮤얼 114~115, 119, 439
유기 분자 59
유년기 30, 43
유성 생식 30, 199, 223, 248, 258~259, 396
유성우 233
유아 살해 493
유연 관계 145
유연성 175
유인원과 인간의 근연도 445~449
유전 103
유전자 112, 140, 143, 355

유전자 빈도 398~401, 410
유전자 재조합 251~252, 255, 396, 547
유전적 부동 409, 411
유추와 이행 추론 능력 562
유혈 사태 35
육종가 105
은하계 29, 43
의사 과학 96
의인화 문제 450~452
이기주의 198, 203, 206
이드 630
이리듐 234
이성적 동물 580
이중 나선 143, 217
이타주의 64, 197~198, 203, 206~207
인간 유전체 140
인간과 침팬지의 계통 분화 541~542
인간의 정의 575~602
인위 선택 104, 105
인플루엔자 189, 196
인헨서 147
일부일처제 254~255, 493
일자일어법 147
임계 크기 201

자

자기 복제 능력 154, 166
자기 성찰 155
자기 집단 중심주의 323, 326, 413
자연선택 104~109, 113, 115~123, 124, 156, 183, 192, 202, 203, 219, 232, 245, 279, 302~303, 337, 397, 401, 496
자연선택 이론에 대한 비판 110~122
자유 의지 297
장반 51
잭슨, 휴링스 630
전사 147~148, 185, 397
전위 315~316
정자 경쟁 495~497
제1원인 124
제임스, 윌리엄 559

제퍼슨, 토머스 77
조물주 76, 170
조산 운동 49, 95
조상 숭배 11
조석 현상 57
존, 헨리 세인트 606
존재의 대사슬 33
종 내부 공격성 309~314
주자성 세균 290
주커먼, 솔리 514~519, 521~522
죽음 258~259
죽음의 페로몬 274
중앙 해령 66
지구 온난화 12
지구의 나이 157~158
지구조판 운동 49, 65~70
지구형 행성 46
지배자에 의한 평화 344
진핵 생물 216, 218, 223, 224
진화와 유신론 124~125
진화의 근시안성 170
질소 순환 211
집단 선택 197, 202, 306, 344
짚신벌레 182
짧은꼬리원숭이 434, 538
쪼는 순서 341~342

차

창조주 160
챔버스, 로버트 96~98, 130~131
체위 487
초대륙 68
초신성 42
촉매 166~167
최초의 생물 61
최초의 영장류 544
충격파 59
칠성장어 145~146
침팬지 143, 442, 446~449, 453~470
침팬지 연구 453~454
침팬지의 교미 487~489

침팬지의 언어 능력 554~566

카

카이니스, 카이네우스 신화 359~361
카터, 재니스 462, 566
카홀레우 52
칸지 560~562, 600
칼라일, 토머스 119
퀼훈, 존 304~307, 483
켈빈 경 156~157
콘술 572
콜로부스 533
콜리지, 새뮤얼 테일러 77
콩그리브, 윌리엄 437~438, 441, 449
클레오파트라 403, 405
클론 259
키메라 224
키신저, 헨리 349
키체마야 족 51
키플링, 러디어드 54

타

타이슨, 마이크 349
타키투스 579
탄수화물 178
태양 41
태양풍 59
태음 주기 369
테라스, 허버트 557, 564
테멀린, 제인 556
테스토스테론 362~377, 381~386, 399, 478, 484, 513, 546~547, 626
텐, 이폴리트 501
텔레키, 게저 613~616
톰슨가젤 202
톰슨, 윌리엄 156~157
톱셀, 에드워드 439
트웨인, 마크 629
티민 143
티티원숭이 537
틴베르헨, 니코 314

파

판게아 68
페르미, 엔리코 617
폐름기 68~69, 230
폐름기 대멸종 69, 230~231
포이어바흐, 루트비히 586
포프, 알렉산더 266
폴섬, 클레어 238~239
표본 추출의 우연 406~408
풀러, 존 404
품종 개량 103
프랭클린, 벤저민 77, 610
프로게스테론 367~368
프로모터 147
프로이트, 지그문트 367, 630
프리맥, 데이비드 563
프리스틀리, 조지프 77
플라톤 576, 584, 630, 633
플랑크톤 223
플루오르화탄화수소 63
플루타르코스 540
플리머라아제 연쇄 반응법(PCR법) 165
피그미침팬지 525
피브리노겐 145~146
피셔, 로알드 198
피츠로이, 로버트 86~89, 91~92, 127~128, 132
피타고라스 137~138
핀치 94

하

하데스대 60, 64
하렘 307, 592
한노 431~432
항성 29
해독 기관 188
해묵은 악습 31
해저 산맥 66
핵융합 반응 41, 44
행동주의 450~452
행성 29

행성 간 파편 56
향선 310
허턴, 제임스 159
헉슬리, 줄리언 555
헉슬리, 토머스 헨리 98~99, 129~132, 159, 206, 276, 287, 294, 443~445, 448, 506, 555, 598, 627
헤라클레이토스 210, 214
헤모글로빈 150
헤이스, 비키 559
헨즐로, 스티븐 85~86, 94
현무암 61
혈연 선택 200, 204, 206~207, 306, 344
혜성 50, 215
호메로스 174, 207
혼외 교미 254
혼합 짝짓기 전략 254
홉스, 토머스 300
화석 증거 112
활성 유전자 398, 541
황도운 43
획득 형질의 유전 79~80
효소 177
효소 수리 특공대 154
효소 연쇄 177
후커, 조지프 97~99, 127
훔볼트, 알렉산더 폰 90
휘트먼, 월트 608~609
휴얼, 윌리엄 95
흄, 데이비드 574
흐르디, 세라 블래퍼 493
흔적지 161
흡혈성 곤충 165
힘의 냄새 348

옮긴이 **김동광**

고려 대학교 독문학과를 졸업하고 같은 대학교 대학원 과학 기술학 협동 과정에서 과학 기술 사회학을 공부했다. 과학 기술과 사회, 대중과 과학 기술, 과학 커뮤니케이션 등을 주제로 연구하고 글을 쓰고 번역을 하고 있다. 현재 고려 대학교 과학기술학연구소 연구원이며, 고려 대학교를 비롯해서 여러 대학에서 강의하고 있다. 지은 책으로는 『사회 생물학 대논쟁』(공저), 『과학에 대한 새로운 관점-과학혁명의 구조』 등이 있고, 옮긴 책으로 스티븐 제이 굴드의 『판다의 엄지』, 『생명, 그 경이로움에 대하여』, 『인간에 대한 오해』, 『레오나르도가 조개화석을 주운 날』, 『힘내라 브론토사우루스』가 있고, 그 외에도 『원소의 왕국』, 『기계, 인간의 척도가 되다』, 『이런, 이게 바로 나야』 등이 있다.

사이언스 클래식 13
잊혀진 조상의 그림자

1판 1쇄 펴냄 2008년 5월 1일
1판 10쇄 펴냄 2024년 5월 15일

지은이 칼 세이건·앤 드루얀
옮긴이 김동광
펴낸이 박상준
펴낸곳 (주)사이언스북스

출판등록 1997. 3. 24.(제16-1444호)
(06027) 서울특별시 강남구 도산대로1길 62
대표전화 515-2000, 팩시밀리 515-2007
편집부 517-4263, 팩시밀리 514-2329
www.sciencebooks.co.kr

한국어판 ⓒ (주)사이언스북스, 2008. Printed in Seoul, Korea.

ISBN 978-89-8371-222-6 03400

사진 Peter Morenus

칼 세이건 Carl Edward Sagan, 1934~1996년

1934년 미국 뉴욕 브루클린에서 우크라이나 이민 노동자의 아들로 태어났다. 시카고 대학교에서 인문학 학사, 물리학 석사, 천문학 및 천체 물리학 박사 학위를 받았다. 스탠퍼드 대학교 의과 대학에서 유전학 조교수, 하버드 대학교 천문학 조교수를 지냈다. 그 후 코넬 대학교의 행성 연구소 소장, 데이비드 던컨 천문학 및 우주 과학 교수, 캘리포니아 공과 대학의 특별 초빙 연구원, 세계 최대 우주 동호 단체인 행성 협회의 공동 설립자 겸 회장 등을 역임했다. 또한 미국 항공 우주국(NASA)의 자문 위원으로 매리너, 보이저, 바이킹, 갈릴레오 호 등의 무인 우주 탐사 계획에 참여했고 과학의 대중화에도 많은 노력을 기울여 저술과 방송을 통해 세계적인 지성으로 주목받았다.

행성 탐사의 난제들을 해결한 공로와 핵전쟁의 영향에 대한 연구와 핵무기 감축에 기여한 공로를 인정받아 NASA 훈장, NASA 아폴로 공로상, 미국 우주 항공 협회의 존 에프 케네디 우주 항공상, 탐험가 협회 75주년 기념상, 소련 우주 항공 연맹의 콘스탄틴 치올코프스키 훈장, 미국 천문학회의 마수르스키 상 그리고 1994년에는 미국 국립 과학원의 최고상인 공공 복지 훈장 등을 받았다. 그 외에도 과학, 문학, 교육, 환경 보호에 대한 공로로 미국 각지의 대학으로부터 명예 학위를 스물두 차례 받았다.

그의 저서 『코스모스Cosmos』는 지금까지 영어로 출판된 과학책 중 가장 많이 판매되었고 30여 권의 저서 중 『에덴의 용The Dragons of Eden』(1978년)은 퓰리처 상을 수상했다. 외계 생물과의 교신을 다룬 소설 『콘택트Contact』(1985년)는 1997년에 영화로 상영되어 전 세계에 감동을 선사했다. 이 외에도 『우주의 지적 생명Intelligent Life in the Universe』(1966년), 『코스믹 커넥션The Cosmic Connection』(1973년), 『화성과 인간의 마음Mars and the Mind of Man』(1973년), 『다른 세계들Other Worlds』(1975년), 『브로카의 뇌Broca's Brain』(1979년), 『창백한 푸른 점Pale Blue Dot』(1994년), 『악령이 출몰하는 세상The Demon Haunted World』(1995년), 『에필로그Billions & Billions』(1997년) 등을 썼다. 평생 동안 우주에 대한 꿈과 희망을 일구었던 그는 1996년 12월 20일에 골수성 백혈병으로 세상을 떠났다.

앤 드루얀 Ann Druyan, 1949년~

미국의 뉴욕 퀸즈에서 태어났다. 앤 드루얀은 미국 항공 우주국(NASA) 보이저 성간 메시지 프로젝트의 기획자였고, 2005년 러시아 ICBM으로 발사된 솔라 세일을 활용한 최초의 심우주 탐사 우주선의 프로그램 기획자였다. 작고한 남편 칼 세이건과 함께 1980년대에 「코스모스」 텔레비전 시리즈를 만들어서 에미 상과 피보디 상을 받았고, 공저로 6권의 책을 써서 《뉴욕 타임스》 베스트셀러에 올렸다. 드루얀은 또 워너브러더스 제작, 조디 포스터 주연, 밥 저메키스 감독의 영화 「콘택트」를 공동 제작했다. 2014년 폭스 채널과 내셔널 지오그래픽 채널이 제작한 「코스모스: 스페이스 타임 오디세이Cosmos: A Space Time Odyssey」의 대표 제작자, 감독, 공동 작가로 2014년 피보디 상, 미국 제작자 조합상, 에미 상을 받았다. 에미 상 13개 부문에 오른 「코스모스: 스페이스 타임 오디세이」는 전 세계 181개국에서 상영되었다. 2020년에 전 세계 방영된 「코스모스」 시리즈의 최신작 「코스모스: 가능한 세계들Cosmos: Possible Worlds」의 총 제작자, 작가, 감독으로 참여했다. 그리고 이 다큐멘터리를 바탕으로 한 동명 도서를 출간했다. 소행성 세이건(2709)과 드루얀(4970)은 결혼 반지 같은 궤도로 영원히 함께 태양을 돌고 있다.